高等学校“十二五”规划教材

精细化学品化学

第二版

周立国　段洪东　刘　伟　主编

化学工业出版社

·北京·

本书是根据编者多年的教学经验、科研实践，按照新形势下教学与教材改革的精神编写而成的。本书首先介绍了精细化学品的定义、分类、特征、发展阶段及发展前景，然后分章介绍了表面活性剂、日用化学品、造纸化学品、皮革化学品、食品添加剂、染料化学品、香料香精、胶黏剂、涂料、信息化学品、油田化学品、农药化学品等十二大类精细化学品的主要内容。主要从各种精细化学品的组成、结构、性质、制备、应用等方面进行介绍，每类还介绍了当前情况和今后发展的前景。

本书内容丰富，选材新颖，资料翔实，并对新领域的精细化学品进行了着重介绍。本书可作为大专院校应用化学、化工、轻化工及相关专业的教学用书，也可供从事化学、化工、轻化，特别是精细化工的科研、生产和应用的技术人员和管理人员阅读。

图书在版编目（CIP）数据

精细化学品化学/周立国，段洪东，刘伟主编. —2版. —北京：化学工业出版社，2013.12 (2019.11重印)

高等学校“十二五”规划教材

ISBN 978-7-122-18770-3

Ⅰ.①精… Ⅱ.①周…②段…③刘… Ⅲ.①精细化工-化工产品-高等学校-教材 Ⅳ.①TQ072

中国版本图书馆CIP数据核字（2013）第251200号

责任编辑：宋林青　　文字编辑：孙凤英

责任校对：王素芹　　装帧设计：关　飞

出版发行：化学工业出版社（北京市东城区青年湖南街13号　邮政编码100011）

印　　装：三河市延风印装有限公司

787mm×1092mm　1/16　印张23½　字数600千字　2019年11月北京第2版第9次印刷

购书咨询：010-64518888　　售后服务：010-64518899

网　　址：http://www.cip.com.cn

凡购买本书，如有缺损质量问题，本社销售中心负责调换。

定　　价：39.80元

前　言

本书第一版于2007年8月出版，出版后得到了国内许多高校和化学工作者的支持和厚爱，被广泛选为教材或参考书，期间多次重印，作为专业课教材能收获这样的成绩颇为鼓舞人心；为此，我们对有关各高校和化学工作者表示衷心感谢！但是本书第一版毕竟使用六年了，六年来我国精细化学品工业得到了进一步迅速发展，精细化工产品年产值在以百分之十几的速度增长，精细化学品的新品种、新技术也不断出现。我国又是精细化学品消费大国，今后精细化学品还会发展很快，预计到2015年，精细化工产值将达16000亿元，精细化工自给率将达到80%以上，我国将进入世界精细化工大国与强国之列。为了配合精细化学品工业的发展，适应当前形势的要求，化学工业出版社建议将本教材进行修订并出第二版，为此，我们组织了《精细化学品化学》的修订再版工作。

第一版出版后，我们还收到了许多同行的意见和建议，在修改中，我们尽可能地采纳这些意见和建议，改正了第一版中出现的疏漏和缺失。为此，也向关心和支持本书出版的有关同行表示衷心感谢！

在第二版中，我们不仅对各章精细化学品的发展及前景进行了修改，在举例数据及说明发展前景时，尽量增加了近些年的例子和统计数据，参考文献也作了更新，适当增加近几年出现的各类化学品。

根据同行的要求在第二版中增加了第十三章农药化学品，因为我国是一个农业大国，农药在农业飞速发展中起到了非常重要的作用，可以说没有农药和化肥，我国只能养活不到现有人口的一半。所以，增加农药一章很有必要。

本版主要由第一版各章编写者修改，第十二章石油用化学品由山东科技大学的刘迪和韩淑娜老师进行了修改编写，新增的第十三章农药化学品由齐鲁工业大学的班青教授执笔编写。

为方便教学，本书有配套的电子课件，使用本书作教材的院校可向出版社免费索取，songlq75@126.com。

化学工业出版社的编辑在本书再版工作中给予了大力支持与协助，特此致谢。

本书涉及的学科多、范围广，限于编者水平和能力，难免有疏漏和不足之处，敬请同行、专家和广大读者给予批评指正。

编者

2013年2月

第一版前言

精细化学品品种多、附加值高、用途广泛、产业关联度大，又直接服务于国民经济的诸多行业和高新技术产业的各个领域，大力发展精细化学品工业已成为世界各国调整化学工业结构、提升化学工业产业能级和扩大经济效益的战略重点。精细化率（精细化工产值占化工总产值的比例）的高低已经成为衡量一个国家或地区化学工业发达程度和化工科技水平高低的重要标志。精细化学品工业也已是当今化学工业中最具活力的新兴领域之一。

精细化学品领域的迅速发展表现在：其化学结构与其特殊性能之间的关系和规律，由于其具有的特殊性能已被应用到激光技术、信息记录与显示、能量转换与储存、生物活性材料、食品、轻工、医药与农药等高新技术领域中；其学科的基础知识与生命科学、信息科学、电子学、光学等多学科的知识综合交叉；新品种的研究开发将出现质的变化，即从目前的经验式方法走向定向分子设计阶段，从而创造出性能更优异、具有突破性、完全新型的精细化学品品种；精细化学品工业的各个行业都将获得蓬勃发展。

我国精细化工产业起步较晚、发展较慢，与世界上经济发达国家相比有一定差距，这种现实在一定程度上严重影响了整个化学工业的发展速度，加速发展我国的精细化学品工业势在必行。为了适应精细化工行业的需要，许多高校在应用化学、化工、轻化工等专业相继开设了“精细化学品化学”课程，为精细化学品行业培养专门技术人才打基础。本书编者根据在高校多年的教学、科研实践，按照新形势下教材改革的精神，并结合精细化学品的特点编写了此书。

本书包括绪论、表面活性剂、日用化学品、造纸化学品、皮革化学品、食品添加剂、染料化学品、香料香精、胶黏剂、涂料、信息化学品、石油用化学品 12 章。本书具有以下特点。

1. 内容丰富、突出重点。本书内容覆盖了精细化学品大部分领域，较为系统，但着重介绍了新领域的精细化学品，如造纸化学品、皮革化学品、食品添加剂、信息化学品等。

2. 涉及面广、概括性强。由于精细化学品种类繁多、涉及面广泛，所以每章开始都对该章所讲的精细化学品的定义、分类、特性、发展前景进行了简述，并对涉及其他行业的相关重要知识也进行了简介，力求扩大读者的知识面，启发对新产品的开发思路。

3. 内容系统、材料新颖。对每章的精细化学品从结构、性质、制备、作用原理和应用等方面进行介绍，还增加了各类精细化学品典型实例的制备工艺、制备条件和应用效果。

4. 资料翔实、适用面宽。本书不仅适用应用化学专业，还适用轻化工专业和化工等相关专业。

本书收集整理了国内外近年来精细化学品各领域的文献资料，力求所介绍的知识与时代同步，并列出了主要参考文献以便于读者自学和深入探讨。通过本课程的学习，使学生对精细化学品全貌有一个较为完整的了解和掌握，增强独立思考的能力。

本书由周立国、段洪东、刘伟、周仕学、彭安顺、马烽、崔月芝执笔，其中山东科技大学周仕学教授编写第十二章，临沂师范学院彭安顺教授编写第七章，山东轻工业学院周立国教授编写第一、四、五、六章，刘伟副教授编写第二、三章，崔月芝教授编写第八章，段洪东教授编写第九、十章，马烽副教授编写第十一章。

山东大学侯万国教授对本书的编写提出了宝贵的意见并对本书的出版给予了大力支持，特此致谢。

本书涉及的学科多、范围广，限于编者水平和能力，难免有不足之处，敬请同行、专家和广大读者给予批评指正。

编　者

2007 年 5 月

目 录

第一章 绪 论

第二章 表面活性剂

第三章 日用化学品

第四章 造纸化学品

第五章 皮革化学品

第六章 食品添加剂

第七章　染料化学品

第八章　香料香精

第九章　胶　黏　剂

第十章 涂料

第十一章 信息化学品

第十二章 石油用化学品

第十三章 农药化学品

第一章 绪 论

精细化学品工业是当今化学工业中最具活力的新兴领域之一，世界各国、尤其是美国、欧洲、日本等化学工业发达国家及其著名的跨国化学品工业公司，都十分重视发展精细化学品工业，把精细化学品工业作为调整化工产业结构、提高产品附加值、增强国际竞争力的有效举措，世界精细化学品工业呈现快速发展态势，产业集中度也进一步提高。近些年来，我国也十分重视精细化学品工业的发展，把精细化学品工业、特别是新领域精细化学品作为化学工业发展的战略重点之一，并列入国家计划，从政策和资金上予以重点支持。“十二五”期间我国经济将由资源消耗型转为节约型，由高污染型转为清洁型。预计到2015年，精细化工产值将达16000亿元，精细化工自给率达到80%以上，进入世界精细化工大国与强国之列。所以，大力发展精细化学品已成为世界各国化学工业发展趋势，精细化率的高低已经成为衡量一个国家或地区化学工业发达程度和化工科技水平高低的重要标志。目前，精细化学品工业已成为我国化学工业中一个重要的独立分支和新的经济效益增长点。作为从事化学工作的工作者必须对其有一个充分的了解。

一、精细化学品的定义

精细化学品（Fine Chemicals）又称精细化工产品，它是化学工业中用来与通用化工产品或大宗化学品（Heavy Chemicals）相区分的一个专用术语。到目前，还没有一个公认的比较严格的定义。在我国精细化学品一般指深度加工的，技术密集度高，产量小，附加价值大，一般具有特定应用性能的化学品。例如：医药、染料、香精香料、表面活性剂、涂料、化学助剂等。通用化学品一般是指那些应用广泛，生产中化工技术要求高，产量大的基础化工产品。例如：石油化学工业中的合成树脂、合成橡胶及合成纤维的合成材料；无机化工中的酸、碱、盐等，这就是精细化学品与通用化学品或大宗化学品的区别。研究精细化学品的组成、结构、性质、变化、制备及应用的科学就称为精细化学品化学。

“精细化工”是精细化学品生产工业的简称。近20多年来，由于社会生产水平和人们生活水平的提高，化学工业中的产品结构的变化以及开发新技术和新材料的要求，精细化学品越来越受到重视，它们的产值比重在逐年上升，生产精细化学品的工业也逐年增多，研究精细化学品的人也逐年增多，因此生产精细化工似乎有成为化学工业中的一个独立分支、精细化学品化学也有成为化学中一个独立分支的倾向。

“精细化学品”一词在国外沿用已久，但是在国际上一般有两种定义，一种是日本的定义，日本把凡是具有专门功能、研制及应用技术密集度高、配方技术左右着产品性能、附加价值高、收益大、批量小、品种多的化工产品统称为精细化学品。另一种是欧美国家将日本所称的精细化学品分为精细化学品和专用化学品（Specialty Chemicals）。专用化学品是采用美国克林（C. H. Kline）分类法来定义的，1974年克林提出从商品质和量的角度对化工产品在特性上与其他企业有无差别性而分为差别性产品和非差别性产品两类。并结合此种分类，再以“量”为标准，根据生产规模的大小，将化工产品分为通用化学品、拟通用化学品、精细化学品、专用化学品四类。精细化学品是指那些小量生产的非差别性制品，如染料、颜料、医药和农药的原药。专用化学品是指那些小量生产的差别性制品，如医药、农药和香料等，也就是特指那类对产品功能和性能全面要求的化学品。这就是精细化学品和专用化学品的区别。实际上欧美国家常用的专用化学品一词，在其他国家中使用得很少，而日本和我国在化工领域常用精细化学品一词。目前，随着精细化学品和专用化学品的发展，国外对精细化学品和专用化学品也倾向于通用。现已得到较多人公认的定义是：对基本化学工业生产的初级或次级化学品进行深度加工而制取的具有特定功能、特定用途、小批量生产的系列产品，称为精细化学品。

二、精细化学品的分类

精细化学品的范围非常广泛，各国对精细化学品范畴的规定有所差别。但是从化学角度，也就是从其化学组成和结构来分，精细化学品应分为无机精细化学品和有机精细化学品两大类。无机精细化学品是指精细化学品为无机物的，有机精细化学品是指精细化学品为有机物的。有的还分出生物精细化学品，包括微生物的精细化学品。这种分类方法对使用不太适用。目前，各国较统一的分类原则还是以精细化学品的特定功能和行业来分类。我国1986年3月6日原化学工业部颁发的《精细化工产品分类暂行规定》将精细化学品分为11大类，即：①农药；②染料；③涂料（包括油漆和油墨）；④颜料；⑤试剂和高纯物；⑥信息用化学品（包括感光材料、磁性材料等）；⑦食品和饲料添加剂；⑧黏合剂；⑨催化剂和各种助剂；⑩化学药品和日用化学品；⑪功能高分子材料（包括功能膜、感光材料等）。但该分类并未包含精细化学品的全部内容，如医药制剂、酶制剂、精细陶瓷等。现在我国的教科书上有的分为18类，如：①医药和兽药；②农药；③黏合剂；④涂料；⑤染料和颜料；⑥表面活性剂和合成洗涤剂、油墨；⑦塑料、合成纤维和橡胶助剂；⑧香料；⑨感光材料；⑩试剂和高纯物；⑪食品和饲料添加剂；⑫石油化学品；⑬造纸用化学品；⑭功能高分子材料；⑮化妆品；⑯催化剂；⑰生化酶；⑱无机精细化学品。

日本在1984年《精细化工年鉴》中将精细化学品分为35个类别，如下所示。

①医药；②兽药；③农药；④合成颜料；⑤涂料；⑥有机染料；⑦油墨；⑧黏合剂；⑨催化剂；⑩试剂；⑪香料；⑫表面活性剂；⑬合成洗涤剂；⑭化妆品；⑮感光材料；⑯橡胶助剂；⑰增塑剂；⑱稳定剂；⑲塑料添加剂；⑳石油添加剂；㉑饲料添加剂；㉒食品添加剂；㉓高分子凝聚剂；㉔工业杀菌防霉剂；㉕芳香消臭剂；㉖纸浆及纸化学品；㉗汽车化学品；㉘脂肪酸及其衍生物；㉙稀土金属化合物；㉚电子材料；㉛精细陶瓷；㉜功能树脂；㉝生命体化学品；㉞化学-促进生命物质；㉟盥洗卫生用品。

1985年又新增了以下16个品种：酶、火药和推进剂、非晶态合金、贮氢合金、无机纤维、炭黑、皮革用化学品、溶剂与中间体、纤维用化学品、混凝土添加剂、水处理剂、金属表面处理剂、保健食品、润滑剂、合成沸石、成像材料。

在上述51类产品中，有12类比较重要，在今后会有很大的发展，它们分别是；黏合剂、农药、生化酶、医药、功能高分子、香料、涂料、催化剂、化妆品、表面活性剂、感光材料、染料。

这一分类是按日本精细化工生产的具体条件分类的。由于精细化学品范围很广，品种繁多，并且随着科学技术的不断发展，品种会越来越多，涉及的行业也会越来越多。其类的划分应因每个国家不同的经济体制、生产和生活水平不同而不同，并会不断地修改和补充。

三、精细化学品的特点

由于精细化学品的含义决定了精细化学品的特点，就目前精细化学品的含义包含的精细化学品的种类、性能、研究、开发、生产及应用综合来看，精细化学品主要有以下几方面的特点。

(1) 多品种、小批量

从精细化学品的范畴和分类看出，精细化学品整体涉及面广，可广泛应用于各个行业和领域。但就某种产品来说，一般都是有特定功能的，应用面窄，针对性强。特别是某些专用化学品和特制配方的产品，使得一种类型的产品往往有多种牌号。再加上精细化学品应用领域的不断扩大，商品的不断创新，使得精细化学品具有多品种这一特点。例如，目前表面活性剂的品种有5000多种。据《染料索引》第三版统计，不同化学结构的染料品种有5000种以上。又如法国的发用化妆品就有2000多种牌号。再例如，各种各样的产品在各种生产过程中必须用到各种各样的助剂，我国就将助剂分为20大类，每大类又分不同的品种，仅印染助剂中匀染剂就有30多种，柔软剂有40多种。

精细化学品的小批量是相对生产量大的基础化工产品而言的，它的产品一般针对性强，许多又是针对某一个产品要求而加进去的辅助化学品，如各种工业助剂，不像基础化工原料、大型石油化工等化工产品生产量都很大。但也有一些精细化学品年产总量也较多，在万吨以上，例如表面活性剂。

(2) 一般具有特定的功能

精细化学品一般具有特定功能，这一特点是精细化学品的定义所决定的，大量的精细化学品也说明这一点。例如各种工业助剂都具有特定功能，印染中匀染剂就起到匀染的作用；塑料中发泡剂就具有发泡功能，再有引发剂、阻燃剂、造纸助剂、皮革助剂、食品添加剂等都各自具有特定的功能。

(3) 生产投资少、产品附加价值高、利润大

前面讲到精细化学品一般产量较少，装置规模就较小，很多有时采用间歇生产方式，其设备通用性强，与连续化生产化工产品大装置相比，具有投资少、见效快的特点，也就是说投资效率高，所谓的投资效率是：

$$投资效率=(附加价值/固定资产)\times 100\%$$

另外，在配制新品种、新剂型时，技术难度并不一定很大，但新品种的销售价格却比原品种有很大提高，其利润较高。

附加价值是指在产品的产值中扣除出原材料、税金和设备厂房的折旧费后，剩余部分的价值。这部分价值是指当产品从原料开始经加工至成品的过程中实际增加的价值，它包括利润、工人劳动、动力消耗以及技术开发的费用，所以称为附加价值。附加价值不等于利润。因为若某种产品加工深度大，则工人劳动、动力消耗也大，技术开发的费用也会增加，而利润则受各种因素的影响，例如，是否属垄断技术，市场的需求量如何等。目前精细化工产品的附加价值与销售额的比率在化学工业的各大门类中是最高的。所以说精细化学品具有生产投资少、附加价值高、利润大这一特点。

(4) 技术密集度高

精细化学品工业是综合性较强的技术密集型工业。要生产一个优质的精细化学品，除了化学合成以外，还必须考虑如何使其商品化，这就要求多门学科知识的相互配合和综合运用。就合成而言，由于步骤多，工序长，影响收率及质量的因素很多，而每一生产步骤（包括后处理）都涉及生产控制和质量鉴定。因此，要想获得高质量、高收率且性能稳定的产品，就需要掌握先进的技术和科学管理。不仅如此，同类精细化工产品之间的相互竞争也是十分激烈的。为了提高竞争力，必须坚持不懈地开展科学研究，注意采用新技术、新工艺和

新设备，及时掌握国内外情报，搞好信息贮存。因此，一个好的精细化学品的研究开发，要从市场调查、产品合成、应用研究、市场开发甚至技术服务等各方面全面考虑和实施。这需要解决一系列课题，渗透着多方面的技术、知识、经验和手段。从另一方面看，精细化学品的技术开发成功率还是很低的，特别是医药和生物用的药物，随着对药效和安全性越来越严格的要求，造成了新品种开发时间长、费用大，其结果必然造成高度的技术垄断。按目前统计，开发一种新药需5～10年，其耗资可达上千万美元。如果按化学工业的各个行业来统计，医药上的研究开发最高，可达年销售额的14%；对一般精细化工来说，研究开发投资占年销售额的6%～7%则是正常现象。精细化工产品的开发成功率也很低，如在印染的专利开发中，成功率通常在0.1%～0.2%。

技术密集还表现为情报密集、信息快。由于精细化工产品是根据具体应用对象设计的，它们的要求经常会发生变化，一旦有新的要求提出，就必须按照新要求重新设计化合物的结构，或对原有的结构进行改进，其结果就会出现新产品。技术密集这一特点还反映在精细化工产品的生产中技术保密性强，专利垄断性强。这几乎是各精细化工公司的共同特点。综合可以得出精细化学品的研究、开发、生产，具有技术密集度高的特点。

(5) 商品性强、竞争激烈

精细化学品的品种繁多，用户对商品选择性高，再加上精细化学品生产投资少，效益高，易上马，生产企业争相生产，易造成市场饱和，所以市场竞争激烈。因此，生产企业应抓好应用技术和技术的应用服务是组织生产的两个重要环节。在技术开发的同时，应积极开发应用技术和开展技术服务工作，以增强竞争体制，开阔市场，提高信誉。同时还要注意及时把市场信息反馈到生产计划中去，不断开发新产品，从而提高竞争力，确保产品畅销，增强企业的经济效益。

四、精细化学品的发展及前景

科学的发生及发展进程，归根到底是由生产所决定的。物质资料的生产是社会的基础，科学的发展，其中包括精细化学品的发展也是由这一基础所决定的。精细化学品发展到今天大约有一个半世纪了。在这一个半世纪中精细化学品的发展大致经历了三个历史阶段，从它的发展历史我们可以体会到，目前精细化学品的快速发展有其客观的必然性，而且今后精细化学品的发展还将以更快的速度向前发展。

1. 精细化学品发展的主要阶段

(1) 初期阶段

据精细化学品的定义和含义来看，我们认为，精细化学品始于19世纪中叶到20世纪30年代，这一时期化学最显著的特点之一是有机合成化学以惊人的速度发展起来。当时以美国、德国为中心的欧美掀起了炼焦工业。煤焦油展示出了它的魅力，由煤焦油开发出的苯、甲苯、苯酚、苯胺、萘、蒽等芳香族化合物成为重要的基本原料。利用这些基础化工原料合成新的人们需要的化学品就出现了许多精细化学品。如染料，1856年英国18岁的W. H. Perkins在试图由粗苯胺氧化制取治疗疟疾的特效药奎宁时，偶然得到了一种紫色物质，可以用于丝绸的染色，制得了第一个合成染料苯胺紫。翌年实现了工业生产。后来，1863年制得了第一个偶氮染料卑斯麦棕（Bismark Brown）。接着出现了酸性偶氮染料。1868年德国化学家Greabe以蒽为原料合成茜素，翌年实现了工业化生产，推动了蒽醌化学品的发展。1875年Perkin首次合成了香豆素；1880年Baeye首次合成靛蓝；1930年铜酞菁染料产生，以后人们又从染料生产中发现抗生素药物等。这一时期染料化学品得到了迅速发展，许许多多的合成染料和颜料在天然纤维、合成纤维、橡胶、塑料、纸张、皮革、油脂、涂料、医药、饮食品、化妆品、文具用品等各种领域中得到广泛应用。

这一阶段的主要特点是，各种染料、颜料、香料、医药不断涌现，使人们改变了过去依赖自然界动物、植物、矿物获取这些产品的习惯。但这个时期，这些产品的产量还很少，价格昂贵，应用也不普及。

(2) 发展完善阶段

20 世纪 30 年代以后，随着石油工业的迅速发展，特别是对石油裂解技术和聚合物生产技术的掌握，化工生产格局发生了根本的变化，大量的物力、人力都用在基础化工工业，特别是石油化工工业，相对说来精细化工不像以前那么引人注目，但利用石油化工产品还能制取许多精细化学品，从 30 年代到 1970 年这段时期，可认为是精细化学品发展完善的第二阶段。

在这一阶段精细化学品仍然得到了持续不断的发展，特别是农药、涂料、表面活性剂、橡胶助剂、塑料助剂等，得到了较快的发展。例如，20 世纪 60 年代是国外化学助剂的大发展的时期。在此期间日本塑料助剂中均增长率为 16%，美国为 10%；日本橡胶助剂生产平均增长率高达 20%。

(3) 快速发展阶段

1970 年以来，由于几次石油危机的出现，加之长期基础化工原料生产和发展为其奠定了坚实的基础，特别是日本，石油资源缺乏，只有发展石油化工基础原料的深加工，所以首先是日本，紧接着欧美国家相继制定方针，将本国化学工业发展的格局进行调整，重点发展精细化工产品，而将基础原料化工工业维持现状，有些装置甚至停产。这样做的成果是明显的，精细化学品的巨大经济效益反过来又刺激了这些国家进一步把更多人力、物力投入到精细化学品的生产和产品开发上，使精细化工的发展产生了一个飞跃。

由于起步早，以及资金和技术上的优势，到目前为止，欧、美、日发达国家和地区在精细化学品，特别是在专用化学品市场和技术上基本形成了垄断地位，其精细化率有的达到 70%以上。有的国家如瑞士，甚至在 93%以上。由此也可以看出精细化学品在这些国家中的重要地位。

这一时期的精细化工是以发展高技术含量、高附加值精细化学品，特别是专用化学品为特点，精细化学品的产值、产量都达到了前所未有的地步，并且普及到工农业和人们生活的各个方面。

2. 精细化学品的发展趋势

目前，精细化学品是当今世界各国争相发展的化学工业的重点，它也是 21 世纪评价一个国家综合国力的重要标志之一。发达国家都相继将化学工业的发展重点转向精细化学品生产工业，精细化学品生产工业的发展将从战略高度上促进化工产业结构发生重大转变。我国精细化学品起步虽晚，但发展较快，国家也从“六五”到“十一五”把精细化学品生产工业列为国民经济发展的战略重点之一。“十二五”期间我国经济将由资源消耗型转为节约型，将高污染型转为清洁型。预计到 2015 年，精细化工产值将比 2008 年增长一倍，精细化工自给率达到 80%以上，进入世界精细化工大国与强国之列。综合近十几年来精细化学品的发展，预测今后国内外精细化学品发展趋势有以下几点。

(1) 精细化学品的品种继续增加、其发展速度继续领先

随着科学技术的发展，各种新材料、新技术不断出现，新领域的精细化学品将不断涌现。例如在能源方面：核聚变、太阳能、氢能、燃料电池、生物质能、海洋能、地热能、风

能等新能源的开发利用中，都有精细化学品的用武之地；食品结构的改变与保健食品的兴起，离不开各种功能的食品添加剂；信息技术的发展要求高技术的精细无机材料和精细陶瓷；医用人工器官；汽车精细化学品；有机氟精细化学品等品种及门类都将逐渐诞生和形成。从发展速度上看，近几十年来，发达国家化学工业发展速度一般在3%～4%，而精细化学品工业的发展速度则在6%～7%，并且这种领先的发展速度将会继续。我国精细化学品需求量大，精细化率又远低于发达国家，所以今后精细化品的品种会继续增加，发展速度会高于基础化工的产品。特别是新领域精细化学品未来发展机遇更大，预计"十二五"期间我国新领域精细化学品年增长率在10%以上。

(2) 精细化学品将向着高性能化、专用化、系列化、绿色化发展

加强技术创新，调整和优化精细化工产品结构，重点开发高性能化、专用化、系列化、绿色化产品，已成为当前世界精细化工发展的重要特征，也是今后世界精细化工发展的重点方向，特别是向低毒、无污染的绿色产品的发展。以精细化工发达的日本为例，技术创新对精细化学品的发展起到至关重要的作用。过去十几年中，日本合成染料和传统精细化学品市场缩减了一半，取而代之的是大量开发高功能性、专用化、系列化等高端精细化学品，从而大大提升了精细化工的产业能级和经济效益。这一点是我国目前急需加强和调整的，因为近年来欧美发达国家和地区利用自身的技术优势，以保护环境和提高产品安全等为由，陆续实施了一批新的条例和标准，这些新的条例和标准有的对化工新材料和精细化工影响较大。例如，为了避免电子产品垃圾的环境污染，镉等重金属的化学材料的应用将要被逐步替代，否则这些相应的电子产品将不被允许进入欧美市场。《室内装饰装修材料十种有害物质限量》标准，对人造板及其制品、内墙涂料、溶剂型木器涂料、胶黏剂等建筑材料中的挥发性有机化合物和有毒污染物的含量作出了更严格的规定。新的食品安全法规已开始实施，对食品生产中使用的各类食品添加剂提出了新的要求和规定。这些都要求我们的产品急需升级换代。再加上国外公司大举进入、生产发展面临更加严格的环保要求，作为全球最大的制造基地，全球经济发展最具活力的国家之一，涉及行业广泛的精细化工业必须加强技术创新，调整和优化精细化工产品结构，使其产品向着高性能化、专用化、系列化、绿色化发展。

(3) 大力采用高新技术，向着边缘、交叉学科发展

高新技术的采用是当今化学工业激烈竞争的焦点，也是综合国力的重要标志之一。对技术密集的精细化工行业来说，这方面更为突出。从科学技术的发展来看，各国正以生命科学、材料科学、能源科学和空间科学为重点进行开发研究。其中主要的研究课题有：①新材料，含精细陶瓷、功能高分子材料，金属材料、复合材料等；②现代生物技术，即生物工程，包含遗传基因重组的应用技术、细胞大量培养利用技术、生物反应器等；③新功能元件，如三维电路元件、生物化学检测元件等；④无机精细化学品，如非晶态化合物、合金类物质、高纯化合物等；⑤功能高分子材料，是指具有物理功能、化学功能、电器功能、生物化学功能、生物功能等的高分子材料，其中包括功能膜材料、导电功能材料、有机电子材料、医用高分子材料、信息转换与信息记录材料等。这些研究课题许多是边缘和交叉学科，要采用高新技术，靠交叉学科力量来完成。

(4) 调整精细化学品生产经营结构，使其趋向优化

随着经济全球化趋势的快速发展，一些跨国公司通过兼并和收买，调整经营结构，进行合理改组，独资或合资建立企业发展精细化工，使国际分工更为深化，技术、产品、市场形成了一个全球性的结构体系，并在科学技术推动下不断升级和优化。在这方面许多跨国公司来我国投资，也推动了我国精细化学品工业的发展。例如，世界著名的精细化学品生产商、

德国第3大化学品公司德古萨公司看好我国专用化学品市场，1998年以来，该公司已在我国南京、广州、上海、青岛、天津和北京等11个地区建有18家生产厂，2004年实现营业额3亿欧元。为了扩大中国市场，德古萨在上海成立了研发中心，为中国乃至亚洲市场研发专用产品。又如，世界10大涂料公司已全部进入我国，迄今为止独资和合资建涂料厂约16家，生产规模都在（2～5）万吨/年。立邦公司投资41亿日元使廊坊公司和苏州公司的生产能力各扩建为16万吨，上海扩建为14万吨，广州为7万吨，全部项目已竣工投产，立邦公司已占我国19%的市场份额。以生产不含铅、汞等有毒有害成分的涂料著称的ICI公司声称要在我国市场的争夺中超越立邦成为第一。ICI和立邦的产品销售额现占中国市场的30%。近几年来，德国克莱恩正在惠州建设非离子表面活性剂生产装置，芬兰凯美拉公司在南京建设水处理剂生产装置等。

(5) 精细化学品销售额快速增长、精细化率不断提高

近几年，全世界精细化学品和专用化学品年均增长率在5%～6%，高于化学工业2～3个百分点。预计今后全球精细化学品市场仍将以6%的年均速度增长。目前，世界精细化学品品种已超过10万种。美国、西欧和日本等化学工业发达国家和地区，其精细化学品工业也最为发达，代表了当今世界精细化学品工业的发展水平。这些国家的精细化率已达到70%。美国精细化学品年销售额约为1250亿美元，居世界首位，欧洲约为1000亿美元，日本约为600亿美元，名列第三。三者合计约占世界总销售额的75%以上。精细化率已是衡量一个国家和地区化学工业技术水平的重要标志。我国精细化率与发达国家的差距还较大，但我国精细化学品近几年发展迅速，年产值都在百分之十几的速度增长，我国又是消费大国。“十二五”期间我国经济将向着由资源消耗型转为节约型，将高污染型转为清洁型发展。这对精细化学品提供很好的发展机会，预计到2015年，精细化工产值将达16000亿元，比2008年增长一倍，精细化工自给率达到80%以上，进入世界精细化工大国与强国之列。所以，今后我国精细化学品销售额增长速度会更快，精细化率提高幅度将会更大。

参 考 文 献

[1] 钱旭红，徐玉芳等编．精细化工概论．北京：化学工业出版社，2000.

[2] 闫鹏飞，郝文辉，高婷编著．精细化学品化学．北京：化学工业出版社，2004.

[3] 宋启煌主编．精细化工工艺学．第2版．北京：化学工业出版社，2004.

[4] 陈孔常，田禾编著．高等精细化学品化学．北京：中国轻工业出版社，1999.

[5] 中国化工信息网．精细化工发展趋势．化工时刊，2011，25 (1)：6.

[6] 李小强，李留刚，关民普．中国精细化工的现状和发展前景展望．科技信息，2011 (23)：471-473.

[7] 龚彦．我国汽车精细化学品的市场现状及发展前景．新材料产业，2010 (5)：33-38.

[8] 江镇海．我国有机氟精细化学品现状和发展．精细化工原料及中间体，2012 (4)：33-34.

[9] 韩秋燕．“十二五”新领域精细化工展望．化学工业，2010，28 (12)：1-8.

第二章　表面活性剂

第一节　概　　述

一、表面活性剂的定义及分类

1. 表面活性剂的定义

在浓度很低时，能显著降低溶剂（一般为水）的表（界）面张力，从而明显改变体系的表（界）面性质和状态的物质称为表面活性剂。在不同的资料中，表面活性剂的定义会有不同的叙述方式，但基本含义是相同的，即用量不大但能显著降低溶液的表（界）面张力并能显著改变这两种物质间的界面状态和性质。

2. 表面活性剂的分类

表面活性剂有很多分类方法，但一般是根据表面活性剂在水中的电离情况来进行分类，可将表面活性剂分为 4 大类型：阴离子型、阳离子型、两性型、非离子型。表面活性剂溶于水时，若能离解成离子的叫离子型表面活性剂，若不能离解成离子的叫非离子表面活性剂。具体分类如下（表 2-1）。

表 2-1　表面活性剂的分类

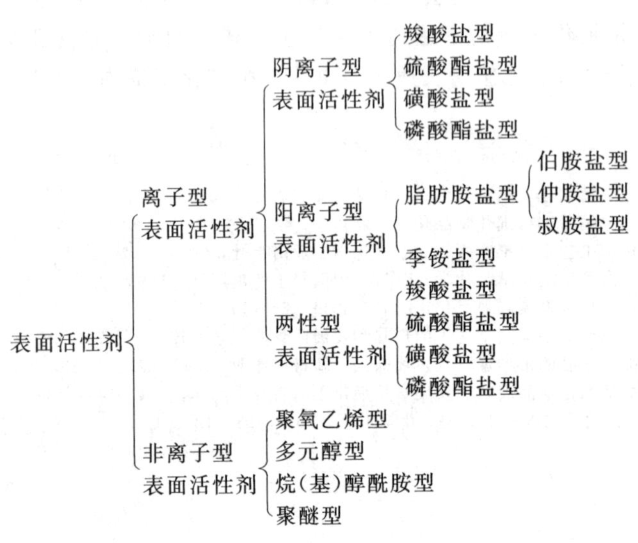

二、表面活性剂的结构与性质

1. 表面活性剂的结构

表面活性剂的种类很多，用途广泛，其作用各有差异。它们的分子结构有共同的特点，都具有双亲结构（图 2-1）——在同一个表面活性剂分子中同时具有亲油基和亲水基。它们的分子由两部分组成，分子结构具有不对称性，一头大一头小，一头亲油一头亲水，亲油的部分是碳氢结构易溶于油叫亲油基（也叫疏水基或憎水基），亲水的部分易溶于水叫亲水基。

表面活性剂溶于水后，当其浓度较低时，由于疏水基的作用，表面活性剂分子会聚集在一起形成若干个小型胶束，溶液表面上也同时聚集了一些表面活性剂分子，这些分子的疏水基远离水面而朝向空气。当表面活性剂的浓度进一步增加时，小型胶束的数目在增加，每个小型胶束中的表面活性剂分子数也在增加，同时溶液表面上的表面活性剂分子数也在增加，此时溶液的表面张力随浓度增加而成比例地下降。当表面活性剂的浓度达到某一临界值时，由于每个胶束中最多能容纳的分子个数有限，因此，每个胶束达到了饱和状态，即所谓的形成了完整胶束，此时溶液表面上的表面活性剂分子也达到了一种饱和状态，表面活性剂分子紧密地排列起来形成了完整的单分子膜，单分子膜的形成使空气与水不再直接接触从而完全隔离开，此时溶液的表面张力达到了最低值。若再增加表面活性剂的浓度，溶液中只是增加表面活性剂完整胶束的个数，单分子膜早已形成，空气与水的接触面积不再变化，此时溶液的表面张力不再降低。这种形成表面活性剂完整胶束的最低浓度叫作表面活性剂的临界胶束浓度，简称 cmc（Critical Micelle Concentration）。表面活性剂水溶液的浓度与表面张力的关系见图 2-2。

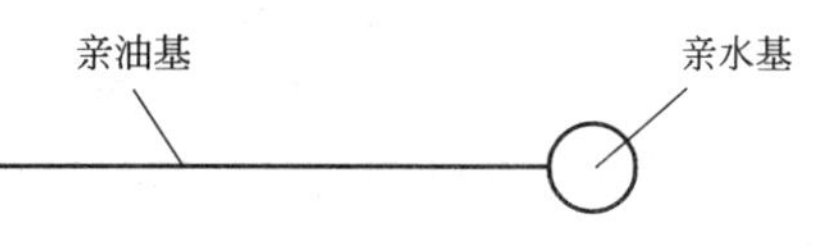

图 2-1　表面活性剂的双亲结构

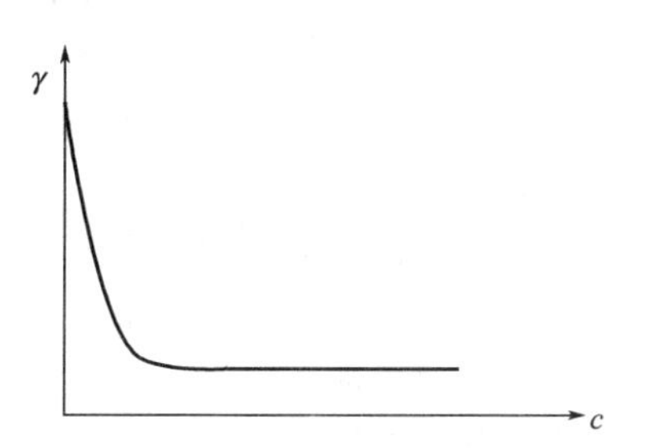

图 2-2　表面活性剂水溶液的浓度与表面张力的关系

表面活性剂的亲油基结构一般是饱和的碳氢链，其碳链长度一般为 $C_{10}\sim C_{18}$，碳链太短，则表面活性剂溶解性太大，在水中不易形成胶团，而是以单个分子呈溶解状态；若太长，则表面活性剂溶解性太小，而使表面活性剂在水中的浓度太低，都会影响其表面活性的发挥。表面活性剂的亲水基是一些能跟水分子发生水和（亲和）作用的基团，如离子型基团的羧基—COONa、硫酸酯基—OSO_3Na，非离子型基团如羟基—OH、醚键—O—等。

2. 表面活性剂的性质

表面活性剂的性质分为基本性质和附加性质。

基本性质包括润湿、渗透、乳化、分散、增溶、起泡、消泡、洗涤、去污等。

固体表面与液体接触时，原来的固-气界面消失，形成新的固-液界面，这种现象叫润湿。由于表面活性剂能降低水的表面张力，使水与固体的接触角 θ（润湿角 θ）变小，固体就容易被润湿和渗透。

互不相溶的两种液体，其中一种液体以微小粒子分散于另一种液体中，这种现象叫乳化，形成的液体叫乳液（或叫乳浊液、乳化体）。常见的是油与水的乳化体，如牛奶、雪花膏等。油与水的乳化体一般有两种形式：一种是少量油分散于多量水中，水是连续相而油是分散相，称为水包油（O/W）型乳化体；另一种则相反，是少量水分散于多量油中，油是连续相而水是分散相，称为油包水（W/O）型乳化体。本来油水是互不相容的，若加入了合适的第三种组分——表面活性剂，其亲油基吸附到油珠里，亲水基浸泡在水里，使被分散的油珠不能够再结合成大油滴，从而稳定了下来，因此表面活性剂也叫乳化稳定剂。一种固体以微小粒子的形式均匀地散布于另一种液体中，这种现象叫分散。表面活性剂被吸附于固体微粒表面，降低了固-液界面张力，阻止了固体微粒的再结合，稳定了固体微粒在液相中的分散作用。

增溶也叫加溶。表面活性剂能使某些难溶或不溶于水的有机物在水中的溶解度显著提高，这种现象叫增溶。增溶作用是在表面活性剂处在或高于临界胶束浓度以上即形成大量胶束以后才明显地表现出来。增溶不同于溶解，因为被增溶的有机物是进入了表面活性剂的胶团后才增加其溶解的；增溶也不同于乳化，因乳化形成的乳化体是外观一般不透明、热力学不稳定体系，而增溶形成的是透明、热力学稳定、各向同性的溶液。

对含表面活性剂的溶液进行搅拌或鼓泡，使空气进入溶液中，则会形成气泡。气泡是液体薄膜包围着一些气体，在液膜的内侧，表面活性剂的疏水基伸向气泡内部的空气，而在液膜的外侧，表面活性剂的疏水基伸向气泡外部的空气，因此，气泡膜是双分子膜结构，双分子膜之间含有大量的表面活性剂溶液。双分子膜有一定的厚度和强度，容易起泡的表面活性剂所形成的气泡是比较稳定的。有些表面活性剂不但不易起泡，反而会削弱气泡膜的厚度和强度，起到消泡作用。

由于表面活性剂降低了水的表面张力，并产生润湿、渗透、乳化、分散、增溶、起泡等多种作用，这些作用联合起来并作用于被洗涤物，先经润湿、浸透，使含表面活性剂的溶液进入被洗涤物内部，削弱了污垢与被洗涤物之间的结合力，再经机械作用，把脱落下来的污垢进行乳化、分散于水中，最后经清水漂洗掉，从而起到洗涤去污的效果。洗涤去污与表面活性剂的所有性能有关，它是一个综合的效果。

表面活性剂的附加性质包括润滑柔软性、杀菌性、抗静电性、匀染性、防水性。

纤维织物使用了含有以某些表面活性剂为主要成分的纤维油剂后，由于表面活性剂的亲水基被纤维表面吸附，疏水基背离纤维表面而朝向空气，使纤维表面间的摩擦力降低，因而使人感到纤维柔软润滑。作为润滑柔软剂的表面活性剂其疏水基应具有较长的链烃结构，如柔软剂 IS：

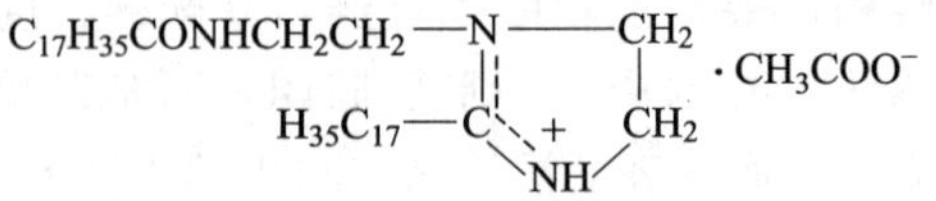

$$\begin{array}{l} C_{17}H_{35}CONHCH_2CH_2-N\text{——}CH_2 \\ \qquad\qquad\qquad\qquad\quad \| \qquad\;\; | \qquad \cdot CH_3COO^- \\ \qquad\qquad\quad H_{35}C_{17}-C \overset{+}{\diagdown} \;\; CH_2 \\ \qquad\qquad\qquad\qquad\qquad NH \end{array}$$

阳离子表面活性剂具有很强的杀菌抑菌性，特别是含有苄基时如十二烷基二甲基苄基氯化铵，万分之一甚至是十万分之一的浓度，就具有很强的杀菌性，可作为外科手术消毒、伤口洗涤、餐具消毒、食品厂容器、设备与生产环境的消毒等。

由于表面活性剂的存在，增加了纤维织物的润滑性，降低了纤维的摩擦系数，使静电不容易产生，再加上表面活性剂的亲水基还能从空气中吸收一些水分，即便由于摩擦而产生少量静电，也由于这些水分的存在而使产生的静电容易传递到大气中去，从而避免了静电。

匀染（缓染）是纺织印染工业中能使染料在纤维织物上均匀上色或延缓上色，并能使染料从纤维的重色区域转移至浅色区域的功能，这样的一些纺织印染助剂就叫匀染剂或缓染剂。一些阴离子、非离子、阳离子表面活性剂常被用作匀染剂。

纤维织物、纸张等表面常带有负电，一些阳离子表面活性剂由于电荷的相互作用，能吸附在纤维表面上，表面活性剂的疏水基朝外，在纤维表面上形成连续的防水膜，从而产生防水性。

三、表面活性剂的发展及前景

表面活性剂的发展经历了 4 代。第 1 代：脂肪酸盐系；第 2 代：烷基苯系；第 3 代：醇的衍生物系；第 4 代：烷基葡萄糖苷（APG）系。早在公元前 2500 年苏美尔人用油脂与草木灰加热制造了肥皂。1885 年开发了电解食盐制造烧碱的方法，此后以碱皂化油脂制造肥皂便进入了工业化阶段。第一次世界大战期间的 1917 年在德国制备了世界上第一个合成表面活性剂——一种含短碳链的烷基萘磺酸盐。1936 年烷基苯磺酸钠首先由美国国家苯胺公司生产，此后合成洗涤剂便进入了家庭。20 世纪 50 年代后期石油化工的发展，促进了醇系特别是醇醚非离子表面活性剂的发展。20 世纪 90 年代，随着人们环保意识的加强和对生活质量要求的提高，一种对环境友好的新型表面活性剂——烷基葡萄糖苷（APG）被引起了重视，它以葡萄糖为主要原料生产，产品去污力强、泡沫丰富、配伍性好、无毒、无刺激、易生物降解等特点，受到大家喜爱。自 1917 年算起，近代表面活性剂的发展已经历了 100 多年。

我国的表面活性剂工业起始于 20 世纪 50 年代。不过那时的表面活性剂主要是民用表面活性剂，用于民用洗涤剂。经过几十年的改革开放，我国的表面活性剂随着国民经济的发展而迅速发展，表面活性剂的产量已居世界第二位，仅次于美国。

表面活性剂素有“工业味精”之美称。表面活性剂属精细化工产品，其作为精细化工的支柱产业，在国民经济中具有重要地位。表面活性剂功能独特，用途广泛，其应用几乎涵盖国民经济的所有领域，如日化、化工、造纸、印刷、食品、医药、农药、皮革、石油、建材、纺织、印染、涂料、塑料、橡胶、煤炭、采矿、电镀、金属加工、水处理、交通、灭火等。不论是产量、品种数量还是新型表面活性剂，我国与世界水平相差较大，目前仍处于生产传统的表面活性剂阶段，急需开发生产新型的、功能化的、系列化的、对环境友好的多元化产品。随着世界经济和我国经济的发展，对表面活性剂的需求将越来越大。除传统的表面活性剂外，也对表面活性剂提出了更高的要求，如绿色环保、易生物降解、功能全面、性能专一等。近年来的科学研究，也开发了结构特殊的表面活性剂，如双亲油基-双亲水基的双联表面活性剂（也有的叫双子表面活性剂或孪连表面活性剂）、含过渡金属元素的表面活性剂、特殊结构的高分子表面活性剂等。

当前表面活性剂工业也有新问题需要加以研究解决，比如，如何改进现有工艺，以进一步提高产品品质并降低成本；继续研究表面活性剂之间、表面活性剂与其他添加剂之间的复配规律，以达到减少使用量并增加效能之目的；研发结构新颖、性能独特的表面活性剂；开发采用对环境友好，对人体低毒低刺激的油脂基、淀粉基等可再生资源的表面活性剂，以达到“绿色”、“温和”之目的。为适应新的要求，将进一步加强绿色、环保、发展油脂基可再生资源为原料的表面活性剂的研究、开发和应用。

总之，表面活性剂的前景十分广阔，其研究工作会越来越深，应用范围将越来越广，产量和数量必然越来越大。

第二节　阴离子表面活性剂

一、概述

表面活性剂溶于水后，其亲水基经电离若带有负电荷，则这样的表面活性剂就是阴离子表面活性剂。阴离子表面活性剂是历史最长、产量最大、品种较多的一类表面活性剂。原料易得、加工方便、成本低、性能好的优点使其长期占有绝对优势地位，不过由于非离子表面活性剂后来居上，阴离子表面活性剂的地位有所下降，但仍约占整个表面活性剂的 40%。根据阴离子亲水基的不同，阴离子表面活性剂可分为磺酸盐型、硫酸（酯）盐型、磷酸（酯）盐型、羧酸盐型四种类型，其中磺酸盐型、硫酸盐型是主要的类型。

二、阴离子表面活性剂的结构与性质

阴离子表面活性剂的分子中亲油基团（R—）所连接的亲水基团是阴离子。其结构见图 2-3。

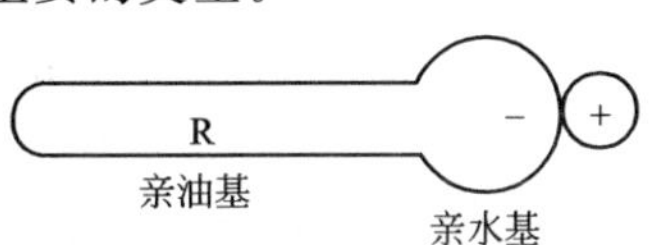

图 2-3　阴离子表面活性剂分子结构示意图

阴离子表面活性剂结构较为简单，性质比较稳定，特别是磺酸盐型阴离子表面活性剂无论是在酸性、碱性及氧化剂（如次氯酸盐、过氧化物等）溶液中稳定性好。阴离子表面活性剂一般发挥表面活性剂的基本性质，如润湿、渗透、乳化、分散、增溶、起泡、消泡、洗涤、去污等。

三、常用的几种阴离子表面活性剂

1. 十二烷基苯磺酸钠（LAS）

结构式 $C_{12}H_{25}—C_6H_4—SO_3Na$。

物化性质 白色至微黄色粉状颗粒，微毒、无味，能完全溶解于水，泡沫力强，泡沫的稳定性好。在酸性、碱性、硬水中均很稳定，对金属盐也很稳定，在某些氧化剂溶液中，如次氯酸钠和过氧化物中都很稳定。本品具有高效的去污、润湿、发泡、乳化和分散等作用。pH（1%水溶液）7～9。

制备方法 大规模生产 LAS 的方法目前主要用十二烷基苯经 SO_3 磺化、中和而得。反应原理如下：

$$R—C_6H_5 \xrightarrow{SO_3} R—C_6H_4—SO_3H \xrightarrow{NaOH} R—C_6H_4—SO_3Na$$

SO_3 磺化工艺是 20 世纪 60 年代发展起来的新工艺。SO_3 由单质硫经燃烧后变成 SO_2、SO_2 再经催化转化而成。烷基苯中的碳氢链 R—基团链长一般为 C_{10}～C_{14}，平均为 C_{12}。由于 SO_3 的磺化能力和氧化能力都很强，因此在与烷基苯磺化时 SO_3 的浓度一般控制在4%～6%，以降低反应的速度，此浓度是用干燥空气稀释后而得。磺化反应一般在多管膜式磺化器中进行，进料摩尔比一般控制在 SO_3：烷基苯＝(1.03～1.05)：1，磺化温度一般为40～45℃。烷基苯磺化后必须进行老化以完成反应，老化时间为 20～30min，老化温度为 45～50℃。老化后的磺酸要加入约 1%的水，以破坏副产物磺酸酐，使磺酸稳定。最后经与 NaOH 中和而得 LAS，中和温度一般为 50～60℃，中和后活性物浓度依 NaOH 浓度而定。

用途 广泛应用于化工、农药、化肥、金属、建材、涂料、橡胶、纺织、印染、皮革、石油开采、造纸、化学试剂、电子化学品、洗涤剂等，与其他助剂配伍性良好，如作为工业及民用洗涤剂、纺织工业脱脂及染色助剂、造纸工业脱墨剂、石油工业驱油剂、电镀工业的脱脂剂、农药乳化剂、化肥防结块剂等。还可用作压敏胶聚合用高效乳化分散剂，高级皮革的优良脱脂剂，涤纶基材及胶片基的优良抗静电剂，聚烯烃、聚酯等塑料、高分子材料的抗静电剂等。

2. 烷基磺酸钠（SAS）

结构式 $R—SO_3Na$。

物化性质 浅黄色液体，能完全溶于水，对酸、碱稳定，耐热性好，耐硬水，有较强的洗涤去污、润湿渗透、乳化和发泡性能，生物降解性好。

制备方法

(1) 磺酰氯化工艺 以饱和正构石油烷烃、二氧化硫、氯气、氢氧化钠为原料，经磺酰氯反应、脱气、中和、静置分油而得成品。其反应如下：

$$RH + SO_2 + Cl_2 \xrightarrow{h\nu} RSO_2Cl + HCl\uparrow$$

$$RSO_2Cl + 2NaOH \longrightarrow RSO_3Na + NaCl + H_2O$$

在紫外线照射下，将 SO_2 和 Cl_2 以 1.1：1 在气体混合器内混合后通入 C_{12}～C_{18} 的饱和石油烃中，于 30℃反应，生成烷基磺酰氯，再与氢氧化钠中和，中和温度控制在 98～100℃，则得烷基磺酸钠成品。

(2) 磺氧化工艺　正构烷烃在紫外线照射下，与二氧化硫、氧气反应，然后再与氢氧化钠中和。反应如下：

$$RH + SO_2 + O_2 \xrightarrow{h\nu} RSO_3H \xrightarrow{NaOH} RSO_3Na$$

用途　可用于洗涤剂、香波、浴液，还广泛用于橡胶、纺织、印染、皮革、造纸、建筑、铸造、爆破、消防等作乳化剂、气泡剂、润湿剂、洗涤剂、油类增塑剂等，如乳液聚合的乳化剂、氯乙烯悬浮聚合的助分散剂、塑料的抗静电剂、磷矿浮选剂等。还可作钻井液发泡剂、乳化剂和清洁剂等。

3. α-**烯基磺酸盐**（AOS）

结构式　$R'CH{=}CH(CH_2)_nSO_3Na$/ $R'CH(OH)(CH_2)_nSO_3Na$。

物化性质　淡黄色粉状或黄色透明液体，有较好的乳化力、去污力、发泡力和钙皂分散力，极易溶于水，但在质量分数>40%时，易成黏胶状。低毒、温和，对皮肤的刺激性小。与酶有较好的相容性，是制造加酶洗涤剂的良好原料。生物降解性良好，接近100%（质量分数）。耐酸、耐碱，对硬水不敏感。溶解度随碳链增长而降低，在水中溶解度以C_{12}最高，去污力以C_{14}～C_{16}最好，起泡性以C_{12}～C_{13}较好，而润湿性能以C_{12}最强。

制备方法　AOS的制法是，用三氧化硫等磺化剂将α-烯烃磺化，先生成磺内酯的反应混合物，然后将含有磺内酯的混合物用苛性钠中和、水解。所得AOS组分复杂，主要是烯烃磺酸盐和羟烷基磺酸盐及少量的二磺酸盐等。生产工艺过程与LAS类似，但工艺参数不同。主要参数为：SO_3气体浓度为2%～3.5%，SO_3与α-烯烃的摩尔比为（1.06～1.08）：1，老化时间为3～10min，水解温度为170～180℃，水解时间0.5h以上。

$$RCH{=}CH_2 + SO_3 \longrightarrow 1,3\text{-磺内酯和}1,4\text{-磺内酯} \longrightarrow AOS$$

用途　α-烯基磺酸盐是一种性能优良的洗涤活性物，在日化和工业上都有广泛用途。它可用于配制洗手液，餐具洗涤剂，香波，洗衣粉，抗硬水块皂，牙膏，浴液以及各种重垢衣用洗涤剂，羊毛、羽毛清洗剂，工业清洗剂等。还可用作乳液聚合的乳化剂、配制增加石油采收率的油田化学品、混凝土密度改进剂、农药乳化剂和润湿剂、消防用泡沫剂等。

4. **脂肪酸甲酯磺酸盐**（MES）

结构式　$\underset{\displaystyle SO_3Na}{\underset{|}{RCHCOOCH_3}}$。

物化性质　微黄色膏状物，pH（1%水溶液）6～8，具有良好的水解稳定性、钙皂分散力、生物降解性、去污力、润湿力、乳化力、起泡力。毒性低，对皮肤无明显刺激性。

制备方法　工艺大致过程类似LAS。具体工艺参数：SO_3气体浓度为5%～7%，SO_3与脂肪酸甲酯的进料摩尔比为（1.2～1.3）：1，磺化反应温度为70～90℃，老化温度为80～90℃，老化时间为40～60min。

$$RCH_2COOCH_3 + SO_3 \longrightarrow \underset{\displaystyle SO_3H}{\underset{|}{RCHCOOCH_3}} \xrightarrow{NaOH} \underset{\displaystyle SO_3Na}{\underset{|}{RCHCOOCH_3}}$$

用途　可用于香皂中作钙皂分散剂，也是主要的洗涤活性物，可部分代替烷基苯磺酸钠和三聚磷酸钠而制成低磷或无磷洗涤剂。也可用作各种液体洗涤剂的活性物。工业上可用作中泡型矿物浮选剂，也用在皮革脱脂剂中。在染料、颜料、农药、油田化学品中也有使用。

5. **十二烷基硫酸钠**（K_{12}）

结构式　$C_{12}H_{25}OSO_3Na$。

物化性质　白色或微黄色粉末，堆积密度0.25g/mL，熔点180～185℃（分解），易溶于水、热乙醇，pH（1%水溶液）7.5～9.5。稳定性较差，不耐强酸、强碱和高温；对硬水较敏感。在强酸性溶液中水解，对热不稳定，80℃以下才稳定。发泡力强，泡沫细而密，洁白丰满。对皮肤的刺激性较小，易被生物降解。

制备方法 大规模生产可用十二醇（月桂醇）与气相 SO_3 硫酸化后再中和而得，具体工艺过程可参考LAS的生产。具体工艺参数：SO_3 气体浓度为4%～5%，SO_3 与脂肪醇的摩尔比为（1.02～1.03）∶1，由于 K_{12} 的稳定性较差，硫酸化后必须立即进行中和。

也可由十二醇（月桂醇）与氯磺酸反应而得。

$$C_{12}H_{25}OH + SO_3 \longrightarrow C_{12}H_{25}OSO_3H$$

$$C_{12}H_{25}OH + ClSO_3H \longrightarrow C_{12}H_{25}OSO_3H + HCl$$

$$C_{12}H_{25}OSO_3H \xrightarrow{NaOH} C_{12}H_{25}OSO_3Na$$

用途 具有良好的润湿、乳化、去污、发泡性能。广泛用于日用化工、牙膏、医药、化工、纺织、电镀、选矿等工业，如可用作液体洗涤剂、化妆品的乳化剂、牙膏的发泡剂、医药药膏的乳化剂、乳液聚合的乳化剂等。

6. 脂肪醇聚氧乙烯醚硫酸钠（AES）

结构式 $RO(CH_2CH_2O)_nSO_3Na$（n=1～5，平均为3）。

物化性质 白色或淡黄色凝胶状膏体，商品AES一般为含活性物30%或70%液体或膏体。易溶于水，具有优良的去污、润湿、乳化、分散和发泡性能，对合成纤维有抗静电、平滑、柔软等作用。生物降解性能良好（降解度为99%），对皮肤和眼睛刺激性低微。

制备方法 原料脂肪醇醚 $C_{12}H_{25}(CH_2CH_2O)_nH$ 与 SO_3 硫酸化后，再与NaOH中和而得，工艺过程与LAS类似。SO_3 与脂肪醇醚的进料摩尔比为（1.01～1.02）∶1，SO_3 气体浓度为2.5%～3.5%，中和温度为45～50℃。

$$C_{12}H_{25}(CH_2CH_2O)_nH + SO_3 \longrightarrow C_{12}H_{25}(CH_2CH_2O)_nSO_3H$$

$$\xrightarrow{NaOH} C_{12}H_{25}(CH_2CH_2O)_nSO_3Na$$

用途 广泛应用于日化、纺织、造纸、矿山、石油、农药、食品、金属加工、皮革等领域，如纺织工业润湿剂、助染剂、清洗剂等，主要应用于洗涤剂中，如餐具洗涤剂、洗发香波、泡沫浴剂、洗手剂、轻垢液体洗涤剂等。脂肪醇聚氧乙烯醚硫酸盐的溶解性、抗硬水能力、起泡性、润湿性均优于脂肪醇硫酸盐，且刺激性也低于脂肪醇硫酸盐，因而可取代脂肪醇硫酸盐而广泛应用于洗涤剂、个人护理用品等配方中。

第三节 阳离子表面活性剂

一、概述

表面活性剂的疏水基通过共价键与带正电荷的亲水基相连，这样的表面活性剂就叫阳离子表面活性剂，或者说，表面活性剂的亲水基带正电荷的就叫阳离子表面活性剂。阳离子表面活性剂问世于20世纪30年代，1935年，G. Domagk阐明了季铵盐化合物的杀菌效果，因此可以说阳离子表面活性剂最初是作为杀菌剂出现的。后来经过研究发现，阳离子表面活性剂还有很多其他性质，20世纪60年代后其产量、品种数量有了较大增长，应用范围逐步扩大，如作为纺织纤维的柔软剂、匀染剂、抗静电剂；纸张的柔软剂；皮革的加脂剂；肥料的抗结块剂；农作物的除莠剂；金属的防锈剂；沥青与石子表面间的黏结促进剂；塑料抗静电剂；头发调理剂；矿石浮选剂等。不过阳离子表面活性剂的产量和数量占总表面活性剂的量相对来说还是较少，其产量还不足表面活性剂总产量的10%。阳离子表面活性剂应用最广的还是作为纺织柔软剂。

二、阳离子表面活性剂的结构与性质

阳离子表面活性剂，就其形式来看，正好与阴离子表面活性剂结构相反。它的分子中亲油基团（R—）所连接的亲水基团是阳离子。其结构如图2-4。

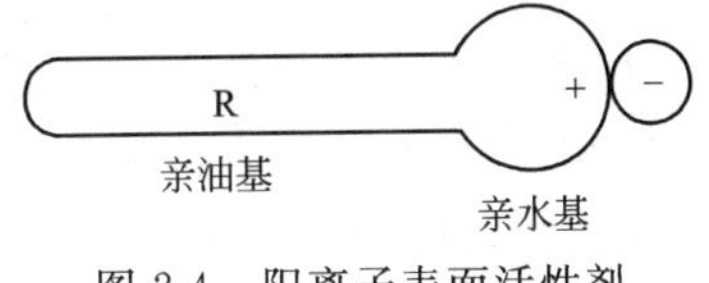

图 2-4　阳离子表面活性剂分子结构示意图

阳离子表面活性剂的亲油基与阴离子表面活性剂相似，一般是由碳氢链构成，但其亲水基上带有正电荷，此正电荷可由氮、硫、磷、碘等原子提供，不过到目前为止，具有商业经济价值的最重要的仍是含氮原子的，如伯胺盐、仲胺盐、叔胺盐、季铵盐，特别是季铵盐阳离子表面活性剂地位最重要，产量最大。

阳离子表面活性剂的性质可归结为：①具有基本性质（洗涤去污除外）和附加性质；②一般不能与阴离子表面活性剂复配混合使用；③当使用溶液的 pH＞7 时伯、仲、叔胺盐阳离子表面活性剂会失效。一般纤维织物和固体表面均带有负电荷，能与阳离子表面活性剂发生强烈的静电吸引，亲油基朝向水相，在基质表面形成一层疏水的 R 膜，使基质疏水，因此一般情况下阳离子表面活性剂不作为洗涤去污剂使用；在遇到偏硅酸钠、蛋白质、羧甲基纤维素等也会发生作用而失效；与直接染料或荧光染料也会发生作用。但它的杀菌作用是相当显著的，作为强力杀菌剂使用，尤其是含有苄基的季铵盐其溶液浓度在万分之一甚至是十万分之一就有杀菌作用，因此常用于外科消毒，餐具消毒，伤口洗涤，食品生产加工的容器、设备、生产环境的消毒等。不能与肥皂或其他阴离子表面活性剂共同使用，因阴阳离子相互吸引而形成较大分子后带有两个疏水基，影响了溶解性，发生沉淀而失效。当使用溶液的 pH＞7 时伯、仲、叔胺盐又会变成原来的伯、仲、叔胺，从而会失去阳离子表面活性剂性质。

仅从结构上看，含氮阳离子表面活性剂可以看作是氯化铵分子的铵根离子（NH_4^+）中的氢原子被烷基所取代的产物。如果 NH_4^+ 中的一个氢原子被烷基（R—）取代，生成 $RNH_2 \cdot HCl$，叫做伯胺盐酸盐；NH_4^+ 中的两个氢原子被烷基（R—）取代，生成 $R_2NH \cdot HCl$，叫仲胺盐酸盐；NH_4^+ 中的三个氢原子被烷基（R—）取代，生成 $R_3N \cdot HCl$，叫叔胺盐酸盐；NH_4^+ 中的四个氢原子全部被烷基（R—）取代，叫季铵盐酸盐。当然，这些胺类的盐酸盐并不是由氯化铵跟烷基直接反应制取的。实际生产中，长碳链伯、仲、叔胺盐可分别由相应的伯、仲、叔胺与酸中和而得，季铵盐是由长碳链叔胺与烷基化剂反应而得。

阳离子表面活性剂的疏水基多数只有一个长碳链 R（C_{10}～C_{18}），少数为两个长碳链 R 的，其余碳链结构为甲基、乙基、苄基等。

三、常用的几种阳离子表面活性剂

1. 十二烷基三甲基氯化铵（1231）

结构式　$C_{12}H_{25}N^+(CH_3)_3 \cdot Cl^-$。

物化性质　白色或微黄色液体，含活性物50%，其余为乙醇和水。化学稳定性好，耐光、耐热，耐强酸、强碱，具有优良的渗透、乳化、抗静电及杀菌等性能。

制备方法　由十二烷基二甲基叔胺（C_{12}叔胺）与氯甲烷反应而得。先将 C_{12}叔胺、乙醇、水、少量碱加入压力反应釜，之后置换空气，并升温至反应温度，通入氯甲烷进行季铵化反应一定时间即可，反应式如下：

$$C_{12}H_{25}N(CH_3)_2 + CH_3Cl \xrightarrow{NaOH} C_{12}H_{25}N^+(CH_3)_3 \cdot Cl^-$$

文献介绍，将60kg C_{12}叔胺、171kg 水加入反应釜，将反应釜抽空并升温，至40～45℃后，维持此温度，从氯甲烷钢瓶将氯甲烷经流量计自反应釜底部通入釜内，并使釜内压力保持200kPa。在此条件下维持反应约1.5h后，取样加入5～10倍水中，观察水液是否透明，若显浑浊，则需继续反应，直至溶液呈清澈为止。放料，得30%的浅黄色液体成品245kg。

用途 可作杀菌剂、分散剂、柔软剂、调理剂、絮凝剂和抗静电剂等。用于护发素作调理剂；用于水处理作水质稳定剂；化纤工业作抗静电剂；颜料及染料工业作乳化分散剂等。

2. 十二烷基二甲基苄基氯（或溴）化铵（1227，洁尔灭或1227Br，新洁尔灭）

结构式 $C_{12}H_{25}N^+(CH_3)_2CH_2C_6H_5 \cdot Cl^-(Br^-)$。

物化性质 本品为具有芳香味的无色至淡黄色黏稠液体，新洁尔灭味极苦。工业品含量一般为30%～50%。洁尔灭纯品为淡黄色固体，熔点45～47℃；新洁尔灭纯品为无色或淡黄色固体，熔点46～48℃。pH值6.5～7.0，易溶于水，化学性质稳定，耐光、耐热、耐硬水、耐酸碱。具有强烈的杀菌、抑菌性能，以及良好的乳化、抗静电、柔软、调理等性能。

制备方法 C_{12}叔胺与氯化苄季铵化反应而得，反应式如下：

$$C_{12}H_{25}N(CH_3)_2 + ClCH_2C_6H_5 \longrightarrow 1227$$

文献介绍，将纯度约为75%的C_{12}叔胺424kg投入反应釜中，加水400kg，缓慢加入氯化苄164kg，控制2h内加完，温度40～45℃，加完后，继续保持40～45℃反应1h。用C_{12}叔胺调pH至6.7～7.0，放料，得成品1227约1000kg。

用途 可作为杀菌剂、抗静电剂、匀染剂、稳定剂和消毒剂等，如用于食品加工的杀菌消毒剂、医院手术及医疗器械消毒剂、腈纶纤维染色的匀染剂及缓染剂、织物柔软剂和抗静电剂、石油化工冷却水系统及油田油井注水系统的水质杀菌稳定剂等。

3. 十六烷基三甲基氯（或溴）化铵（1631或1631Br）

结构式 $C_{16}H_{33}N^+(CH_3)_3 \cdot Cl^-(Br^-)$。

物化性质 白色或淡黄色固体或膏状胶体。耐光、耐热，耐强酸、强碱，化学性质稳定，具有优良的抗静电、柔软、调理、乳化、杀菌作用，易生物降解。

制备方法 由十六烷基二甲基叔胺与氯（溴）甲烷进行季铵化反应而得，反应式如下：

$$C_{16}H_{33}N(CH_3)_2 + CH_3Cl(Br) \longrightarrow C_{16}H_{33}N^+(CH_3)_3 \cdot Cl^-(Br^-)$$

据文献，将250kg十六烷基二甲基叔胺投入反应釜中，加250L石油醚溶解，通入47kg氯甲烷。在密封条件下搅拌升温，在80℃共沸1h。冷却、降温、降压，在常压加乙醇-乙酸乙酯混合溶剂进行重结晶，得成品，为白色粉末。

用途 可用作抗静电剂、缓蚀剂、柔软剂、香波助剂、乳液起泡剂、皮革柔软剂、金属清洗剂和抛光乳液、皮革加脂剂、天然橡胶及合成橡胶的乳化剂、相转移催化剂以及蚕室杀菌剂等。

第四节 非离子表面活性剂

一、概述

表面活性剂的亲水基在水中不发生电离，不会解离成离子状态，在水中以电中性的分子状态存在并发挥表面活性作用，这样的表面活性剂就是非离子表面活性剂。非离子表面活性剂起始于20世纪30年代，第一个非离子表面活性剂是油酸与聚乙二醇的缩合产物，后来又开发了脂肪醇（烷基酚）聚氧乙烯醚，20世纪50年代又开发了多元醇型非离子表面活性剂。由于非离子表面活性剂具有优良的性能，20世纪70年代后非离子表面活性剂发展得很快，其产量、用量、品种都有了较大提高。20世纪80年代末90年代初，随着环保的加强和可再生资源的利用，开发并工业化了新一代非离子表面活性剂——烷基糖苷（APG）。APG表面活性优良，具有许多卓越的性能，除具有优良的洗涤去污力、泡沫力、润湿力等基本功能特性外，还具有优良的温和性和高度的生物降解性，可称得上21世纪的“绿色”表面活性剂。我国从20世纪80年代末开始进行APG的合成研究，当时的中国日化所于1988年率先进行APG的合成研究，并于1991年通过小试技术鉴定，于1992年申请了中国专利，同时列入“八五”国家科技攻关项目。

非离子表面活性剂开始主要用作纺织助剂，由于这一产品性能优良，其产量、用量、应用范围不断扩大，特别是随着石油工业的环氧乙烷的大量增加，聚氧乙烯（EO）型非离子表面活性剂尤其是脂肪醇聚氧乙烯醚的生产和应用得到了迅速发展。目前脂肪醇聚氧乙烯醚仍是非离子表面活性剂的主要品种。1960年世界非离子表面活性剂的产量占世界总表面活性剂产量的17%，阴离子表面活性剂占78%；1970年世界非离子表面活性剂上升为占29%，阴离子占62%；1980年世界非离子表面活性剂与阴离子表面活性剂产量基本持平，约各占40%，目前基本维持这一比例。

二、非离子表面活性剂的结构与性质

非离子表面活性剂的亲水基在水中不电离，其疏水基为普通表面活性剂的碳氢链，其亲水基一般是醚键—O—、羟基—OH等。根据其亲水基结构的不同，可将非离子表面活性剂分为聚氧乙烯型、多元醇型、聚醚型、烷醇酰胺型。

非离子表面活性剂有以下性质特点：

① 非离子表面活性剂在水中不电离，以中性分子形式存在并发挥表面活性作用；

② 非离子表面活性剂稳定性高（除含酯基等结构外），耐酸、耐碱、耐盐、耐硬水；

③ 表面张力低，表面活性高，临界胶束浓度（cmc）低，胶团聚集数大，增溶作用强，泡沫低，具有良好的乳化力、去污力等；

④ 可与阴、阳离子表面活性剂复配使用；

⑤ 聚氧乙烯型非离子表面活性剂的水溶液存在浊点现象；

⑥ 毒性低，刺激性小。

浊点又叫雾点，这是非离子表面活性剂的特性。（含醚键或酯基的）非离子表面活性剂在水中的溶解度随温度的升高而降低，当达到一定温度时溶液开始变浑浊，这一温度叫浊点。这是一物理过程，是可逆的，降温后溶液又会变透明。聚氧乙烯型非离子表面活性剂的亲水基上的醚键氧原子与水分子以氢键的形式发生水合作用，氢键的键能是较低的，当温度逐渐升高时，氢键会逐步受到破坏，水溶性降低，因而非离子表面活性剂会逐渐聚集在一起，形成另一相而从溶液中析出，使溶液变浑浊，这就是产生浊点的原因。当溶液温度下降时，氢键又会形成，使非离子表面活性剂又重新溶于水，溶液又会变透明。在浊点温度附近或浊点温度以上，非离子表面活性剂的溶解度会大大降低，其水溶液的表面活性会大减，因此在使用非离子表面活性剂时应在浊点温度以下。非离子表面活性剂的浊点与其化学结构和溶液组成有关：EO数增加，浊点上升；疏水基碳原子数增加，浊点下降；无机盐、碱可使浊点下降；加入离子型表面活性剂可使浊点显著提高。

聚氧乙烯型非离子表面活性剂的表面活性与疏水基的碳链长度和聚氧乙烯的聚合度（EO 数）有很大关系。EO 数越大，降低表面张力的能力越弱；碳链越长（在 C_{10}～C_{18} 之间）降低表面张力的能力越强；EO 数增加、碳链增长，润湿力降低；泡沫性较离子表面活性剂低，起泡力随温度的提高和 EO 数的增加而提高，但浊点以上时泡沫显著下降，水的硬度对泡沫力没有影响；C_{12}～C_{18} 的脂肪醇醚、C_8～C_{10} 的烷基酚醚以及斯盘（Span）、吐温（Tween）等的乳化能力都较强。

三、常用的几种非离子表面活性剂

1. 脂肪醇聚氧乙烯醚（AEO）

结构式　$RO(CH_2CH_2O)_nH$。

物化性质　白色液体至乳白色膏状体，EO 数小、疏水基 R 的碳链短或温度高时易呈液体状，反之呈膏状。随着 EO 数增加，水溶性增大。具有良好的乳化、润湿、渗透、匀染、洗涤作用。

制备方法　脂肪醇与环氧乙烷在一定温度、压力、碱性催化剂作用下进行加成聚合反应而得。温度通常为 130～180℃，压力为 0.2～0.5MPa，碱性催化剂常用的有粉状或片状的氢氧化钠、氢氧化钾、甲醇钠等。反应前应先将原料脂肪醇加热并进行真空脱水，再用 N_2 等惰性气体将反应体系中的空气赶走。反应式如下：

$$ROH + nEO \xrightarrow{cat.} RO(CH_2CH_2O)_nH$$

用途　可用作乳化剂、润湿剂、洗涤剂、匀染剂、脱脂剂等。如用作家用及工业用洗涤剂、工业乳化剂、金属清洗剂、羊毛脱脂剂、纺纤油剂、纺织印染的匀染剂、皮革涂色填充剂、农业浸种渗透剂等。也可作为原料用于生产其他表面活性剂。

2. 月桂醇聚氧乙烯（3）醚（AEO-3 或 AEO_3）

结构式　$C_{12}H_{25}O(CH_2CH_2O)_3H$。

物化性质　淡黄色油状物，熔点 5～6℃，浊点（1%水溶液）35～45℃，pH（1%水溶液）5.0～7.0。不溶于水而易溶于油及其他非极性溶剂，具有良好的乳化性。

制备方法　由月桂醇与环氧乙烷按 1∶3 摩尔比在一定温度、压力、催化剂作用下聚合而成。反应式如下：

$$C_{12}H_{25}OH + 3EO \xrightarrow{cat.} C_{12}H_{25}O(CH_2CH_2O)_3H$$

据文献，将原料脂肪醇加入反应釜中并加热熔化，开动搅拌，加入脂肪醇原料量的 0.2%的质量分数为 50%的 NaOH 做催化剂，加热到 100℃。搅拌均匀后减压脱水，用 N_2 驱尽釜内空气，再抽真空。加入计量的环氧乙烷，在 130～180℃、0.15～0.20MPa 下反应至釜内压力不再下降为止。冷却后，将反应物压入漂白釜，先用冰醋酸中和至 pH 5～6，再用 1%的 H_2O_2 在 70～90℃下漂白 0.5h。冷却出料即可。

用途　可作 W/O 型膏体的乳化剂、合成纤维油剂的组分，也可作洗涤剂的有效组分。也是生产阴离子表面活性剂 AES 的原料。

3. 月桂醇聚氧乙烯（9）醚（AEO-9）

结构式　$C_{12}H_{25}O(CH_2CH_2O)_9H$。

物化性质　乳白色至淡黄色膏状物，浊点（1%水溶液）＞70℃，pH（1%水溶液）5.0～7.0。易溶于水，具有良好的洗涤去污性、乳化性、润湿性、渗透性、分散性。

制备方法 脂肪醇与环氧乙烷按摩尔比 1∶9 在一定温度、压力、催化剂作用下聚合而成。反应式如下：

$$C_{12}H_{25}OH+9EO \xrightarrow{cat.} C_{12}H_{25}O(CH_2CH_2O)_9H$$

用途 用作工业净洗剂、乳化剂和民用洗涤剂等，如用作羊毛净洗剂、织物净洗剂、毛纺工业脱脂剂、工业乳化剂，配制液体洗涤剂、合成洗衣粉的活性物等。

4. 脂肪醇聚氧乙烯（25）醚（平平加O-25）

结构式 $RO(CH_2CH_2O)_{25}H$（R：C_{12}～C_{18}烷基）。

物化性质 乳白至淡黄色固体，易溶于水，浊点（1%水溶液）>100℃，浊点（1%活性物水溶液在 10% $CaCl_2$ 中）≥90℃。具有优良的去污、乳化、润湿、扩散、匀染性能。

制备方法 脂肪醇与环氧乙烷按摩尔比 1∶25 在一定温度、压力、催化剂作用下聚合而成。反应式如下：

$$ROH+25EO \xrightarrow{cat.} RO(CH_2CH_2O)_{25}H$$

用途 纺织印染工业的匀染剂和缓染剂、工业乳化剂、金属清洗剂、农业浸种渗透剂。

5. 辛基酚聚氧乙烯（10）醚（乳化剂OP-10）

结构式 $C_8H_{17}—C_6H_4—O(CH_2CH_2O)_{10}H$。

物化性质 工业品为无色至淡黄色黏性液体。浊点（1%水溶液）65～80℃，pH（1%水溶液）6.0～7.0。稳定性好，耐高温、耐酸碱、耐氧化还原剂、耐硬水、耐无机盐。易溶于水，具有良好的洗涤去污性、乳化性、润湿性、渗透性、分散性、匀染性。生物降解差。

制备方法 辛基酚与环氧乙烷按摩尔比 1∶10 在一定温度、压力、催化剂作用下聚合而成。反应条件与 AEO 类似。具体反应条件：N_2 保护，温度（170±30）℃，压力 0.1～0.3MPa(1.5～3kgf/cm^2)，催化剂 KOH 或 NaOH，用量为烷基酚的 0.1%～0.5%。反应式如下：

$$C_8H_{17}—C_6H_4—OH+10EO \xrightarrow{cat.} C_8H_{17}—C_6H_4—O(CH_2CH_2O)_{10}H$$

用途 纺织印染工业的匀染剂、扩散剂、润湿剂、净洗剂，金属加工的清洗剂，皮革工业的脱脂剂，橡胶、塑料聚合的乳化剂，医药、农药的乳化剂，民用洗涤剂。

6. 脂肪胺聚氧乙烯醚（匀染剂AN）

结构式 通式：$RN\begin{cases}(CH_2CH_2O)_xH\\(CH_2CH_2O)_yH\end{cases}$ （$x+y=n$，R=C_8～C_{18}）。

物化性质 依 R 由长到短不同呈淡黄色液体、油膏状或固体。浊点（R=$C_{12}H_{25}$，n=10，10% NaCl 水溶液）72～75℃，pH（1%水溶液）8.0～10.0。在中性及碱性中稳定，呈非离子态，发挥基本性质；在酸性中呈阳离子态，发挥附加性质。具有良好的乳化、柔软、抗静电、润湿、分散、匀染、杀菌、增溶性。

制备方法 乙氧基化反应分两步：

第一步 $$RNH_2+EO \xrightarrow{100℃} RN\begin{cases}CH_2CH_2OH\\H\end{cases} \xrightarrow{EO} RN\begin{cases}CH_2CH_2OH\\CH_2CH_2OH\end{cases}$$

第二步 $$RN\begin{cases}CH_2CH_2OH\\CH_2CH_2OH\end{cases} \xrightarrow[\text{NaOH、KOH、醇钠等}]{(n-2)EO} RN\begin{cases}(CH_2CH_2O)_xH\\(CH_2CH_2O)_yH\end{cases}$$

用途　广泛用于纺织、印染、造纸、润滑油、金属清洗、石油工业用作乳化剂、润湿剂、抗静电剂、起泡剂、防腐剂、杀菌剂、破乳剂、匀染剂、钻井泥浆添加剂等。它在固体表面有很强的吸附性，可用作防锈剂。在印染工业，它对毛、麻、丝、合成纤维都具有显著的剥染效果。

7. 硬脂酸聚氧乙烯（10）酯（乳化剂SG-10；SE-10）

结构式　$C_{17}H_{35}COO(CH_2CH_2O)_{10}H$。

物化性质　淡黄至黄色膏状物或蜡状软固体，pH（1%水溶液）5.0～7.0，滴点（27±2)℃，皂化值60～85mgKOH/g。因结构中有酯基，不耐强酸、强碱、高温。不溶于水，在水中呈分散状态，具有良好的乳化、柔软、抗静电、增稠效能，起泡性差。

制备方法　由硬脂酸与环氧乙烷按摩尔比1∶10在一定温度、压力、催化剂作用下聚合而成。具体反应条件：温度160～180℃，压力0.1～0.3MPa，催化剂KOH或NaOH，用量为硬脂酸的0.1%～0.5%。反应分两步进行，第一步先生成硬脂酸单乙二醇酯（单酯），只有在硬脂酸都转变为单酯后，环氧乙烷才与单酯进一步反应生成聚氧乙烯酯。反应式如下：

$$C_{17}H_{35}COOH + EO \longrightarrow C_{17}H_{35}COOCH_2CH_2OH$$

$$C_{17}H_{35}COOCH_2CH_2OH + 9EO \xrightarrow{\text{cat.}} C_{17}H_{35}COO(CH_2CH_2O)_{10}H$$

用途　一般作乳化剂、分散剂、润滑剂，不宜作洗涤剂。适用于纺织工业、化妆品、药膏生产。如作为纤维柔软剂；适用于化妆品、膏体鞋油等产品的乳化，制得的产品均匀细腻；是纺织乳蜡的重要组分；对化纤具有抗静电作用。

8. 椰子油酸二乙醇酰胺（6501，尼纳尔，Ninol，1∶2型）

结构式　$RCON(CH_2CH_2OH)_2 \cdot HN(CH_2CH_2OH)_2$　（$R=C_9H_{19} \sim C_{15}H_{31}$）。

物化性质　淡黄色至褐色或琥珀色黏稠液体，含有效活性物60%～65%，易溶于水，pH（1%水溶液）9.0～10.0。具有优良的润湿性、渗透性、脱脂力、抗静电性、柔软性、调理性；具有较强的增泡、稳泡性和增黏（稠）性；无浊点；对盐、酸敏感（产生浑浊或胶凝，宜在pH=8～12之间使用）。对皮肤刺激性小，毒性低，易生物降解。

制备方法　椰子油酸乙酯与二乙醇胺按1∶2摩尔比投入缩合反应釜内，并加入椰子油酸乙酯量0.5%左右的KOH或Na_2CO_3作催化剂，加热至140～150℃，反应3～5h后取样化验，活性物含量达60%以上时即可停止反应。椰子油酸乙酯也可用椰子油酸甲酯或椰子油代替。反应式如下：

$$RCOOH + 2HN(CH_2CH_2OH)_2 \xrightarrow[\text{KOH, 3～5h}]{\text{140～150℃}} RCON(CH_2CH_2OH)_2 \cdot HN(CH_2CH_2OH)_2 + C_2H_5OH$$

用途　本品具有卓越的稳泡性、增泡性、渗透性，与其他表面活性剂配合时，则会发生协同效果，常用作各种工业与民用液体洗涤剂、浴液、洗发香波等的增泡剂、稳泡剂、增稠剂、调理剂，以及纺织、皮革工业的净洗剂，金属加工的清洗剂，也用于鞋油、印刷油墨等。

9. 失水山梨醇单硬脂酸酯（山梨醇酐单硬脂酸酯，Span-60，S-60乳化剂，斯盘60）

结构式　Span类表面活性剂是失水山梨醇与脂肪酸经脱水、酯化而得，常用的脂肪酸有月桂酸、棕榈酸、硬脂酸、油酸等。Span-20即失水山梨醇单月桂酸酯，Span-40即失水山梨醇单棕榈酸酯，Span-60 即失水山梨醇单硬脂酸酯，Span-80 即失水山梨醇单油酸酯。它们一般是单酯、双酯、三酯的混合物。Span-60 的结构为：

OH OH
$-CH_2-CH_2OCOC_{17}H_{35}$
O

1,4-单酯

OH
HO　OH
$-CH_2OCOC_{17}H_{35}$
O

1,5-单酯

OH
O
$-OCOC_{17}H_{35}$
O

1,4-/3,6-单酯

物化性质　白色至棕黄色蜡状物或米黄色片状体，熔点 (52±3)℃，皂化值 147～157mg KOH/g，羟值 235～260mg KOH/g，酸值≤10mg KOH/g。无毒无嗅，具有较好的化学稳定性，耐酸、耐碱、耐金属盐。不溶于水，能分散于热水中，溶于热乙醇、苯、热油中，微溶于乙醚、石油醚。具有很强的乳化、分散功能及增溶、润湿性，可与大多数表面活性剂复配使用，与 Tween-60 配合最佳，是 W/O 型乳化体的优良乳化剂。

制备方法　由山梨醇与硬脂酸在高温下边酯化边缩水反应而得，或先将山梨醇脱水闭环生成山梨糖醇酐之后再与硬脂酸进行单酯化反应制得。

$$\begin{array}{l} CH_2OH \\ | \\ CHOH \\ | \\ HO-CH \\ | \\ CHOH \\ | \\ CHOH \\ | \\ CH_2OH \end{array} + C_{17}H_{35}COOH \xrightarrow[190℃]{NaOH} \xrightarrow[225\sim250℃]{H_2SO_4 或 H_3PO_4}$$

$H_2C-OCOC_{17}H_{35}$
HC—OH
CH
HC—OH　O
HC—OH
CH_2

1,4-单酯

\+

$H_2C-OCOC_{17}H_{35}$
CH_2
HO—CH
HC—OH　O
HC—OH
CH_2

1,5-单酯

\+

CH_2
$C_{17}H_{35}OCO-CH$　O
CH
CH
O　HC—OH
CH_2

1,4-/3,6-单酯

用途　主要用于食品、化妆品、医药、涂料、塑料工业作乳化剂、分散稳定剂；纺织工业作抗静电剂。在食品中主要用于蛋糕油、冷饮、乳品、奶糖、冰淇淋、面包、糕点、麦乳精、巧克力的乳化剂和分散剂，在冰淇淋类冷食和奶油中除可起到膨胀作用外，还可阻止脂肪由组织结构细腻的 β′-晶体转变为 β-晶体，防止造成产品粗糙沙质感。

10. 聚氧乙烯失水山梨醇单硬脂酸酯 [聚氧乙烯 (20) 山梨醇酐单硬脂酸酯，Tween-60，乳化剂T-60，吐温60]

结构式　Tween 类表面活性剂是由相应的 Span 与环氧乙烷聚合而成。Tween-20 即聚氧乙烯失水山梨醇单月桂酸酯，Tween-40 即聚氧乙烯失水山梨醇单棕榈酸酯，Tween-60 即聚氧乙烯失水山梨醇单硬脂酸酯，Tween-80 即聚氧乙烯失水山梨醇单油酸酯。Tween-60 的结构为：

$O(CH_2CH_2O)_yH$
$H(OCH_2CH_2)_xO$　$O(CH_2CH_2O)_zH$
O　$CH_2OCOC_{17}H_{35}$

物化性质 黄色或琥珀色油状液体或膏状体，能溶于水及乙醇、异丙醇等多种有机溶剂，不溶于油。具有润湿、扩散、增溶、起泡、抗静电等性能，是优良的O/W型乳化剂。

制备方法 由Span-60与环氧乙烷缩合而成。将Span-60加入反应釜并加热熔化，将催化剂量的KOH、NaOH或$NaOCH_3$加入反应釜并搅拌均匀，然后减压脱水，之后多次用N_2置换釜中空气，当釜中温度升至约140℃时，往釜中通入20倍（摩尔比）于Span-60的环氧乙烷进行反应，反应温度保持在160～180℃之间。反应完毕，往釜内加入冰醋酸进行中和，至酸值低于10mg KOH/g。最后用H_2O_2脱色即可。反应式如下：

$$\text{Span-60} + 20\text{EO} \longrightarrow \text{Tween-60}$$

用途 本品是优良的O/W型乳化剂，可单独或与Span-60复配使用，用于食品、医药、塑料、化妆品等产品中，可用作增溶剂、稳定剂、扩散剂、抗静电剂、化妆品中作乳化剂、纤维丝中作油剂、润滑剂、柔软剂。

第五节 两性表面活性剂

一、概述

在表面活性剂的亲水基上同时带有正、负两种离子电荷的表面活性剂就叫两性表面活性剂。两性表面活性剂的开发较晚，1940年美国杜邦公司首次报道了甜菜碱型两性表面活性剂，大约1946年联邦德国首先开发了Tego型氨基酸系的两性表面活性剂，而真正大量开发和使用两性表面活性剂还是在1950年以后。由于两性表面活性剂具有许多优异的特性，特别是具有其他表面活性剂不可替代的性能，使两性表面活性剂的发展非常迅速。

我国从20世纪70年代开始研究两性表面活性剂，起步晚，发展慢。在我国两性表面活性剂的产量还占不到表面活性剂总产量的1%，但其发展速度相当惊人，比如从1988年到1995年的8年间两性表面活性剂的产量以24%的年平均增长率增长。2003年我国两性表面活性剂品种已达264种，占当年表面活性剂总品种数的7.8%。

但到目前为止，由于两性表面活性剂的生产成本较高，制备较难，两性表面活性剂的生产和应用受到了一定的限制，其产量和品种数目还相对较少。

二、两性表面活性剂的结构与性质

两性表面活性剂的亲水基同时具有正、负两种电荷，也就是同时具有阴离子、阳离子两种亲水基团。从它的结构来看，与疏水基R相连接的既有阳离子，也有阴离子。其结构见图2-5。

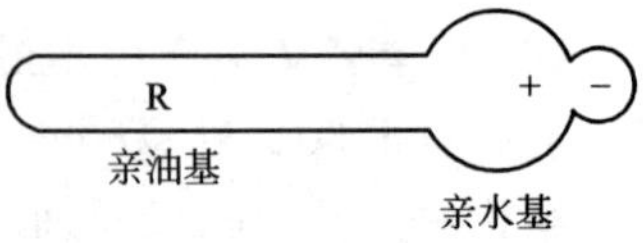

图2-5 两性表面活性剂分子结构示意图

两性表面活性剂的疏水基团R如同阴、阳、非离子表面活性剂的疏水基团；两性表面活性剂的亲水基团的阴离子部分如同阴离子表面活性剂的阴离子部分，如羧基、磺酸基、硫酸酯基、磷酸酯基等；两性表面活性剂的亲水基团的阳离子部分如同阳离子表面活性剂的阳离子部分，如含氮原子、硫原子、磷原子、碘原子等。若按阴离子部分来分类，两性表面活性剂可分为羧酸盐型、磺酸盐型、硫酸酯盐型、磷酸酯盐型。最具有商业价值的是阴离子为羧基、阳离子为含氮原子的，也就是羧基氨基酸系列、羧基甜菜碱系列、羧基咪唑啉系列，而咪唑啉型两性表面活性剂是两性表面活性剂中产量最大、商品品种最多、应用最广的一种。

两性表面活性剂性能优异，它具有以下性质特点：

① 具有良好的去污、乳化、润湿、分散、起泡性；

② 具有良好的柔软性、抗静电性、杀菌性；

③ 耐酸、耐碱、耐硬水、耐无机盐；

④ 有等电点；

⑤ 具有良好的配伍性和配方的协同效果；

⑥ 毒性低，刺激性小，性能温和；

⑦ 具有良好的生物降解性。

因此，两性表面活性剂可广泛地应用于日化、纺织、造纸、金属加工等行业，作为洗涤剂、杀菌剂、乳化剂、润湿剂、分散剂、柔软剂、抗静电剂等。

两性表面活性剂既具有阴离子表面活性剂的基本性质，同时又具有阳离子表面活性剂的附加性质，但它不同于单纯的阴离子表面活性剂，也不同于单纯的阳离子表面活性剂，可以说它把阴、阳离子表面活性剂的性质有机地融合在一起，才赋予它更多、更优异的性能。

等电点是两性表面活性剂的特性。同其他两性电解质一样，两性表面活性剂也有一个等电区域，即正、负离子离解度相等时溶液的 pH 值范围，这就是两性表面活性剂的等电点。两性表面活性剂的表面活性既与它的结构有关，又与它所处的溶液酸碱性即溶液 pH 值有关，当溶液的 pH＞等电点时，溶液的碱性增强，两性表面活性剂表现出阴离子活性，主要显示去污、乳化等基本性质；当溶液的 pH＜等电点时，溶液的酸性增强，两性表面活性剂表现出阳离子活性，主要显示杀菌、抗静电等附加性质；溶液的 pH＝等电点时，两性表面活性剂呈电中性，形成一种内盐，此时其溶解度最低，甚至产生沉淀，表面活性也最低。

三、常用的几种两性表面活性剂

1. 梯戈型两性表面活性剂（Tego）

结构式　Tego 型两性表面活性剂属于羧基氨基酸系列的两性表面活性剂，它有如下商品形式。

Tego51：$R^1NHCH_2CH_2NHCH_2CH_2NHCH_2COOH + R^1NHCH_2CH_2NHCH_2COOH$；

Tego51B：$R^1NHCH_2CH_2NHCH_2CH_2NHCH_2COOH$；

Tego103：$(R^2NHCH_2CH_2)_2NCH_2COOH \cdot HCl$；

Tego103S：$R^1NHCH_2CH_2NHCH_2CH_2NHCH_2COOH \cdot HCl$；

Tego103G：$R^1NHCH_2CH_2NHCH_2CH_2NHCH_2COOH \cdot HCl + (R^2NHCH_2CH_2)_2NCH_2COOH \cdot HCl$；

其中：$R^1 = C_{12}H_{25}$，$R^2 = C_8H_{17} \sim C_{12}H_{25}$。

物化性质　淡黄色液体，其中纯盐酸盐产品为无色片状结晶，易溶于水，即使在低温下也不会出现沉淀物。能适应广泛的酸碱环境，低腐蚀性、低刺激性、低毒，是一类具有广谱性的杀菌消毒剂，对革兰阴性菌和革兰阳性菌都有很强的杀菌力，并且其毒性大大低于阳离子表面活性剂和苯酚类杀菌消毒剂，毒性是阳离子表面活性剂的 1/60，安全性很高。还具有柔软、抗静电性。

制备方法　氯代烷与多亚乙基多胺反应后再与氯乙酸反应而得。如 Tego51B 的制备反应如下：

$$C_{12}H_{25}Cl + H_2NCH_2CH_2NHCH_2CH_2NH_2 \longrightarrow C_{12}H_{25}HNCH_2CH_2NHCH_2CH_2NH_2$$

$$\xrightarrow{ClCH_2COOH} C_{12}H_{25}HNCH_2CH_2NHCH_2CH_2NHCH_2COOH$$

用途　用作杀菌剂、柔软剂、抗静电剂，适合于一些外科手术、医疗、食品、食具、家具和公共场所的消毒灭菌。

2. 十二烷基二甲基甜菜碱（BS-12）

结构式　$C_{12}H_{25}-\overset{\overset{CH_3}{|}}{\underset{\underset{CH_3}{|}}{N^+}}-CH_2COO^-$ 。

物化性质　无色或浅黄色透明黏稠液体，可溶于水，密度 $1.03g/cm^3$，等电点 pH＝4.8～6.8，商品的活性物含量为（30±2）%，pH（1%水溶液）6.5～7.5。耐酸碱、耐硬水、耐氧化剂，对次氯酸钠稳定，不宜在100℃以上长时间加热。在酸性介质中呈阳离子性，在碱性介质中呈阴离子性。配伍性良好，对皮肤刺激性低，生物降解性好，具有优良的去污、发泡、杀菌、柔软、抗静电、防锈性。易生物降解。

制备方法　将十二烷基二甲基叔胺与氯乙酸钠水溶液混合，于60～80℃反应数小时，直至反应液变成透明为止。反应式如下：

$$C_{12}H_{25}N(CH_3)_2 + ClCH_2COONa \xrightarrow{60\sim80℃} C_{12}H_{25}N^+(CH_3)_2CH_2COO^- + NaCl$$

用途　可作洗涤剂、乳化剂、柔软剂、杀菌剂、抗静电剂、缓蚀剂、缩绒剂等。用于日化工业配制洗发香波、浴液、洗手液、餐具洗涤剂；用于纺织工业的纤维柔软剂、抗静电剂、羊毛缩绒剂；还用作钙皂分散剂、杀菌消毒洗涤剂、橡胶工业的凝胶乳化剂、灭火泡沫剂；也用作农药草甘膦的增效剂。

3. 月桂基咪唑啉乙内铵盐

结构式　$H_{23}C_{11}-\overset{\overset{N}{\|}}{C}-\underset{\underset{CH_2COO^-}{|}}{N^+}-CH_2CH_2OH$ 。（N 与 N^+ 之间以 $-CH_2CH_2-$ 连接成环）

物化性质　无色至淡黄色液体，易溶于水。在弱酸、弱碱、硬水中稳定，但在碱性条件下会发生咪唑啉的开环反应，因此两性咪唑啉只是习惯上的称呼。具有良好的去污、起泡、乳化、柔软、抗静电、杀菌等作用，与阴离子、阳离子、非离子表面活性剂有良好的配伍性，低毒、低刺激，生物降解性好。

制备方法　由月桂酸与羟乙基乙二胺、氯乙酸钠反应而得。反应分两步：第一步，由等摩尔的月桂酸与羟乙基乙二胺在高温下真空脱去两分子水生成咪唑啉环中间体；第二步，生成的咪唑啉环再与等摩尔的氯乙酸钠在碱性水溶液中于60～100℃的条件下进行季铵化反应。烷基咪唑啉环的季铵化反应通常是在碱性条件下进行的，季铵化反应与咪唑啉环的水解开环同时进行，而且水解开环反应更快，所以季铵化反应分别发生在仲酰胺的仲胺氮和叔酰胺的伯胺氮上，得到的季铵化产物实际上是复杂的链状混合物。反应式表示如下：

$$C_{11}H_{23}COOH + H_2NCH_2CH_2NHCH_2CH_2OH \xrightarrow[-2H_2O]{\triangle} \text{咪唑啉环} \xrightarrow{ClCH_2COONa} \text{产品}$$

用途　广泛用于日化、医药卫生、纺织、印染、造纸、塑料、金属加工等工业，如由于性能温和，可用于制备低刺激洗发香波、浴液、洗手液；在纺织印染工业用作柔软剂、抗静电剂；在医药卫生方面，可用于配制医用消毒洗手液、医疗器械消毒清洗剂，也可用于配制公共场所的消毒清洗剂。

4. **十二烷基二甲基氧化胺**（OA-12）

结构式 $C_{12}H_{25}-\overset{\displaystyle CH_3}{\underset{\displaystyle CH_3}{N}}\rightarrow O$ 。

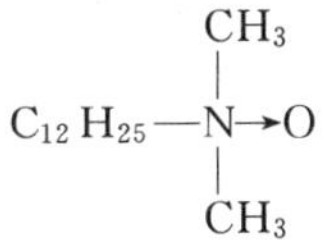

物化性质　无色或浅黄色透明液体，易溶于水和极性有机溶剂，微溶于非极性有机溶剂，pH（1%水溶液）6～8。用水作溶剂时，氧化胺产品最大浓度为35%，超过35%即成凝胶体。氧化胺类表面活性剂是一类比较特殊的表面活性剂，在中性及碱性介质中不解离，属非离子表面活性剂，在酸性介质中吸收 H^+ 而变为阳离子，又属于阳离子表面活性剂，因此其表面活性的发挥视介质的pH值而定。

$$C_{12}H_{25}-\overset{\displaystyle CH_3}{\underset{\displaystyle CH_3}{N}}\rightarrow O \qquad\qquad C_{12}H_{25}-\overset{\displaystyle CH_3}{\underset{\displaystyle CH_3}{\overset{+}{N}}}-O-H$$

非离子态　　　　阳离子态

氧化胺具有良好的洗涤性、发泡性、稳泡性、增稠性、调理性、抗静电性，在产品配方中也被用来代替6501。它对皮肤和眼睛温和无刺激，基本无毒，生物降解性好。

制备方法　由十二烷基二甲基叔胺经氧化而得。工业上可用过氧化氢或空气直接氧化。小规模生产采用过氧化氢作氧化剂，按 H_2O_2 ∶叔胺＝1.1∶1（mol）投料，先投加叔胺，再在搅拌下慢慢加入 H_2O_2，于60～80℃回流反应约4h，并加入适量的去离子水以调节活性物含量在30%～35%，避免产物凝胶化。反应式如下：

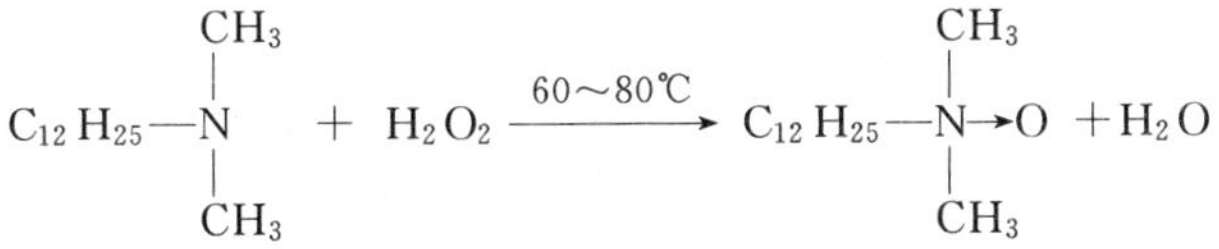

$$C_{12}H_{25}-\overset{\displaystyle CH_3}{\underset{\displaystyle CH_3}{N}} + H_2O_2 \xrightarrow{60\sim80℃} C_{12}H_{25}-\overset{\displaystyle CH_3}{\underset{\displaystyle CH_3}{N}}\rightarrow O + H_2O$$

用途　主要在餐具洗涤剂、洗发香波、浴液及其他液体洗涤剂配方中作为增泡稳泡剂，能改善增稠剂的相容性和产品的整体稳定性。也用于纺织印染工业。

第六节　其他表面活性剂

一、含氟表面活性剂

表面活性剂的亲油基若是碳氟链结构而非普通的碳氢链，这样的表面活性剂就是含氟表面活性剂，也叫氟碳表面活性剂。由于氟原子取代了碳氢链中的氢，使含氟表面活性剂具有比普通碳氢表面活性剂更优异的性能，其用途特殊。但含氟表面活性剂价格一般较高，因此其市场规模较小。

1. 结构特点

含氟表面活性剂也具有双亲结构，其亲水基就是普通表面活性剂的亲水基，其亲油基是碳氟链，由于氟原子取代了氢原子，而氟原子是各种元素中电负性最大的，因而使碳氟链比碳氢链疏水性更强，为保证含氟表面活性剂分子在水中有一定的溶解度，要求其碳氟链不能太长，但也不能太短，否则在水中不易形成胶束，碳氟链的碳原子个数一般为 C_6～C_{12}。

2. **性质特点**

含氟表面活性剂的性能与碳氟链直接有关，具有“三高”、“二憎”的特性，令人刮目相看。“三高”——高表面活性、高耐热稳定性、高化学惰性；“二憎”——既憎水又憎油。

(1) 高表面活性，用量少，表面张力低

一般的C—H链普通表面活性剂的使用浓度为0.1%～1%，水溶液的表面张力（γ）只能降到30～40mN/m（dyn/cm），而C—F链表面活性剂的一般使用浓度为0.005%～0.1%（50～5000ppm），水溶液的表面张力（γ）能降到20mN/m（dyn/cm）以下，在相同浓度下其降低表面张力的能力可从表2-2中明显看出来。

表2-2 几种表面活性剂的表面张力 单位：mN/m

表面活性剂品种 \ 水溶液浓度(质量分数)/%	1.0	0.1	0.01	0.001
$C_8F_{17}SO_2NC_2H_5(C_2H_4O)_{14}H$	18.5	18.5	20.0	25.0
$C_8H_{17}—C_6H_4O(C_2H_4O)_nH$	30.4	30.0	31.1	46.2
$C_8F_{17}SO_2N(C_2H_5)CH_2COOK$	14.3	14.7	19.0	34.2
$C_{12}H_{25}OSO_3Na$(K-12)	32.7	31.9	44.5	—

另外，还表现在临界胶束浓度（cmc）上，含氟表面活性剂的cmc更低（表2-3），说明使用量很小即浓度很低时就可达到饱和吸附而发挥表面活性作用。

表2-3 几种表面活性剂的cmc值 单位：mol/L

$C_8F_{17}COOK$	0.0093	$C_{12}H_{25}COOK$	0.0125
$C_7H_{15}COONa$	0.031	$C_{10}H_{21}COONa$	0.032
$C_8H_{17}COONa$	0.0091	$C_{12}H_{25}COONa$	0.0081
$C_{10}F_{21}COONa$	0.00043	$C_{16}H_{33}COONa$	0.00058

再如：$C_8F_{17}SO_3Na$的cmc=0.0085mol/L，而$C_8H_{17}SO_3Na$的cmc=0.16mol/L。

迄今为止，含氟表面活性剂具有最高的表面活性，对热非常稳定，在化学性质上出乎寻常地不活泼。这与F原子具有最高的电负性、最高的键能和较短的化学键长有关。

因此，当F原子取代H原子后，使C—F键很牢固，C—C键也较牢固（C—C键缩短），C—C骨架不易变化。而且，F^-又较大，对C—C骨架起了保护作用，使之不易被破坏。这就是C—F链具有很高的热稳定性和化学惰性的原因所在。

(2) 高耐热稳定性

当温度足够高时（如热分解温度时），全氟烷烃链断的是C—C键而不是C—F键，因为C—F键能比C—C键能大得多［C—F键能485.34kJ/mol（116kcal/mol），C—H键能416.3kJ/mol（99.5kcal/mol），C—C键能346.73kJ/mol（82.87kcal/mol）］。这与普通烷烃的情况是不同的（C—H键虽然比C—C键强，但相差不太大，因此热分解时一般这两种键都会断）。如一般的全氟烷烃加热到400～500℃也不会分解，六氟乙烷在800℃以上才开始分解。

(3) 高化学惰性

F原子对C—C链有保护作用，即屏蔽效应。一般的烷烃结构是呈锯齿状，但在C—F链中，F原子电负性特别大，邻近的F原子之间发生相当大的斥力（比H原子之间的斥力大得多)，因而倾向于使F原子之间尽可能隔得远一些，错开一些，因此F原子在C—C链周围的排列是围绕C—C主轴作螺旋形分布。这样，C—C链周围被带有多余负电荷的（体积又是比H原子大的）F原子所包围，形成一种负电保护层，产生屏蔽效应（同种电荷相斥)，使亲核试剂难以接近，F原子难以离去，即化学惰性。

另外，全氟烷烃中的C—C键长比一般的C—C键长缩短了，键能增加了，因而其热稳定性提高了，化学稳定性增大了。

含氟表面活性剂之所以具有最高的表面活性，这是由于C—F键不易极化，C—F链之间的分子间作用力（范德华力）比C—H链之间的分子间作用力要小的缘故，引起分子间的作用力减小，这可从一些化合物的沸点数据（表2-4）看出来。

表2-4 几种化合物的沸点 单位：℃

正己烷	69	全氟正己烷	62
乙酸	118	全氟乙酸	72.4
丁酸	164	全氟丁酸	120
正丁胺	213	全氟正丁胺	180
十氢萘	194	全氟十氢萘	146

由此可见，C—F化合物分子间的引力变小了。表面张力是分子间作用力的体现，因此碳氟化合物的表面张力必然很低，含氟表面活性剂在水溶液中自溶液内部移至溶液表面要比碳氢化合物所需的张力要小，做功要小，从而导致强烈的表面吸附和很低的表面张力。也正是由于碳氟链的范德华引力小，使C—F链具有更强的疏水性，与水的亲和力小，而且与碳氢化合物的亲和力也小（C—F键极性大，共价性小，但还没达到完全离子性)，因此既憎水又憎油。为了保持其在水中有一定的溶解度，要求碳氟链的碳原子数不能太多（$n=6\sim12$)。

3. 制备方法

含氟表面活性剂的合成包括含氟疏水基的合成和亲水基的引入。亲水基的引入方法如同普通碳氢链表面活性剂，而碳氟链的合成主要有电解氟化法、氟烯调聚法、全氟烯烃低聚法等。下面举例介绍电解氟化法。把烷基羧酸酰氯或烷基磺酸酰氯溶于无水氢氟酸液体中，用镍板阳极在低电压4～6V、高电流0.1～2A、低温0～15℃下进行电解氟化，原料中的H、Cl原子全部被F所取代，分别生成全氟羧酰氟和全氟磺酰氟，全氟羧酰氟和全氟磺酰氟经水解后分别得到全氟羧酸和全氟磺酸，全氟羧酸和全氟磺酸用碱中和后分别得到全氟羧酸盐和全氟磺酸盐。可用反应式表示如下：

$$C_7H_{15}COCl \xrightarrow[4\sim15V]{HF} C_7F_{15}COF \xrightarrow{H_2O} C_7F_{15}COOH \xrightarrow{NaOH} C_7F_{15}COONa$$

$$C_8H_{17}SO_2Cl \xrightarrow[4\sim15V]{HF} C_8F_{17}SO_2F \xrightarrow{H_2O} C_8F_{17}SO_3H \xrightarrow{NaOH} C_8F_{17}SO_3Na$$

$C_7F_{15}COF$ 和 $C_8F_{17}SO_2F$ 等还可以衍生出其他类型的含氟表面活性剂。

4. 用途

由于性能特殊，用途也较广泛，含氟表面活性剂可用于纺织、皮革、造纸、选矿、农药、化工等工业领域，作为乳化剂、润湿剂、铺展剂、起泡剂、浮选捕集剂、抗粘剂、防污剂、除尘剂等。比如，在电镀工业，把 $C_8F_{17}SO_3Na$、$C_6F_{13}OC_2F_4SO_3K$ 以千分之几的量加入电镀液，在电镀槽的电镀液表面形成一层致密的泡沫，从而阻止铬酸雾的逸出，既保护了环境，改善了劳动条件，也减少了铬的损失。铬液有强酸性、强氧化性，一般的表面活性剂不能适应这样的环境。在灭火上，含氟表面活性剂的水溶液（尽管其密度比油大）能在油面上铺展成水膜，隔断了油与空气的接触，成为一种极有效的扑灭油料着火的方法，称为“轻水”型灭火剂。不粘锅既不粘油，也不粘水，制造不粘锅涂层“特富龙（TEFLON）”的主要原料是全氟辛酸铵。

二、含硅表面活性剂

含硅特种表面活性剂是随着有机硅材料的发展而发展起来的。如果按疏水基来分，可分为硅烷基型（Si—C 键）和硅氧烷型（Si—O—C）两类；如果按亲水基类型来分，可分为阴、阳、非离子三类。目前较常用的主要品种是硅醚型非离子表面活性剂。

(1) 性质特点

表面张力低，表面活性好，其表面活性仅次于含氟表面活性剂，水溶液的最低表面张力也可降至 20mN/m（dyn/cm）。具有优良的润湿性、消泡性，热稳定性高，毒性小，刺激性低。生物降解性较差。

(2) 制备方法

首先合成具有活性基团的有机硅化合物（这是第一步，主要是在有机硅厂完成），第二步是接上亲水基团。这里仅介绍第二步过程。

① 阴离子型

$$R_3SiC_nH_{2n}X + H\text{—}\underset{COOC_2H_5}{\overset{COOC_2H_5}{C}}\text{—}H \longrightarrow R_3SiC_nH_{2n}\text{—}\underset{COOC_2H_5}{\overset{COOC_2H_5}{C}}\text{—}H \xrightarrow{\text{水解}}$$

$$R_3SiC_nH_{2n}CH_2COOH \xrightarrow{\text{皂化}} R_3SiC_nH_{2n}CH_2COONa$$

用这种方法可制备下列物质：$(CH_3)_3SiCH_2CH_2COONa$；$C_6H_5(CH_3)_2SiCH_2CH_2COONa$；$(CH_3)_3SiCH_2CH_2CH_2CH_2COONa$ 等。

② 阳离子型 如：$[(C_4H_9O)_2Si(OCH_2CH_2NH_3)_2]^{2+}(C_{17}H_{35}COO^-)_2$，$[(C_{18}H_{37}\text{—}\underset{CH_3}{\overset{CH_3}{N}}\text{—})_2\text{—}Si(C_2H_5)_2]^{2+}\cdot 2Cl^-$，$[(C_{12}H_{25}NH_2)_4Si]^{4+}\cdot 4Cl^-$。

③ 非离子型

$$CH_3SiCl_3 + 3RO(CH_2CH_2O)_nH \xrightarrow{25\sim30℃} RO(CH_2CH_2O)_y\text{—}\underset{RO(CH_2CH_2O)_z}{\overset{RO(CH_2CH_2O)_x}{Si}}\text{—}CH_3$$

此产品叫分散剂 WA，具有低泡性、高分散性，在纺织工业中可提高印染效果，防止染料沉淀。

(3) 用途

可在日化、造纸、纺织、印染、食品、医药、石油、化工、塑料、涂料、橡胶、消防等行业使用，起到消泡、润湿、分散、乳化、渗透、增溶、破乳、柔软整理、杀菌、抗静电等作用。

三、含硼表面活性剂

含硼表面活性剂分子的亲水基中含有硼元素，能够形成 B—O 键。

含硼表面活性剂通常是一种半极性化合物，具有沸点高、不挥发、高温下极其稳定的特点，但在水溶液中能水解。含硼表面活性剂无腐蚀性，毒性较低。

含硼表面活性剂具有很好的阻燃性和杀菌抗菌性。可用作气体干燥剂，润滑油、压缩机工作介质和防腐剂，还可用作聚乙烯、聚氯乙烯、聚丙烯酸甲酯的抗静电剂、防滴防雾剂以及一些物质的分散剂、乳化剂、杀菌剂等。

含硼表面活性剂的品种、特性、用途仍在积极开发中。

四、木质素磺酸盐

木质素磺酸盐是制浆造纸工业的副产品，可由制浆过程中的亚硫酸废液中获得，木浆与二氧化硫水溶液和亚硫酸氢钙反应就可制得木质素磺酸盐。

木质素磺酸盐的化学结构是愈创木基丙烷的多聚物，是线型高分子化合物，含有多个磺酸基团，相对分子质量 200～10000 不等，一般水溶性较好，可生物降解。

木质素磺酸盐主要用于工业，作为分散剂使用，如石油钻探中可使无机泥土和无机盐在钻井泥浆中保持悬浮状态，从而保证钻井泥浆的流动性；还可用于废水处理。

木质素磺酸钠是一种黄褐色或棕色固体，能溶于任何硬度的水中，水溶液化学性质稳定，具有良好的扩散性，可用作分散剂、乳化剂、悬浮剂、润湿剂、调理剂、抑泡剂、抗絮凝剂。用作农药作杀虫剂和除草剂；用作饲料和肥料的添加剂和黏合剂；用作水泥和混凝土的乳化与润湿剂；用作水处理剂、金属加工清洗剂、纺织印染扩散剂、橡胶耐磨剂；还用于选矿、冶金、皮革等工业。

木质素磺酸钙为深褐色黏稠液，可溶于水，呈微酸性。可用作分散剂、乳化剂、润湿剂等。用于工业洗涤剂、农药杀虫剂、除草剂、水泥及混凝土的减水剂、染料及颜料扩散剂、蜡乳液等。

五、冠醚类表面活性剂

冠醚类表面活性剂是冠醚类大环化合物与烷基疏水基相连而成的一类新型表面活性剂。冠醚类大环化合物如 15-冠-5、18-冠-6 等主要由聚氧乙烯链段构成，为冠醚类表面活性剂的亲水基。

冠醚类表面活性剂性能独特，主要特点是其冠醚部分的极性亲水基与某些金属离子能形成配合物，此配合物因结合了金属离子而转变成带电荷的阳离子，且易溶于有机溶剂中，因此冠醚大环化合物可作为相转移催化剂使用，并可作为金属离子萃取剂、离子选择性电极使用。

六、高分子表面活性剂

一般认为相对分子质量在 1000 以上的表面活性剂被称为高分子表面活性剂。高分子表面活性剂按亲水基分类也分为阴离子、阳离子、非离子、两性四种类型；按来源分类可分为天然、半合成、合成高分子表面活性剂。天然高分子表面活性剂历史较长，如淀粉、纤维素、阿拉伯树胶、海藻酸钠等早已得到应用；半合成高分子表面活性剂如淀粉衍生物、纤维素衍生物等；用化学合成方法制备了大量的合成高分子表面活性剂。

高分子表面活性剂与普通表面活性剂相比，降低表面活性的能力较差，因此表面活性相对较弱，比如洗涤去污性差，润湿渗透力低，不易起泡，但高分子表面活性剂有其特殊的表面活性，如乳化能力强，稳泡性好，分散力好，且具有增稠、增黏、增溶、絮凝、胶体保护、消泡、抗污垢再沉积、成膜、保湿等特性，一般情况下使用这些高分子表面活性剂就是发挥它们的这些特性。如聚醚（Pluronic）可用作消泡剂、乳液聚合的乳化剂；萘磺酸甲醛缩合物可用作染料、颜料的分散剂；羧甲基纤维素（CMC）可用作增稠剂、乳化体稳定剂、合成洗涤剂中的抗再沉积剂；聚乙烯醇（PVA）可用作胶体保护、乳液稳定剂；聚丙烯酸钠（PAANa）用于增黏、胶体保护、颜料的分散剂、废水处理的絮凝剂；聚丙烯酰胺（PAM）用作絮凝剂；聚乙烯吡咯烷酮（PVP）用作抗再沉积剂、整发化妆品的成膜物质；聚甘油酯用于食品、饮料、化妆品中作为乳化剂、分散剂、保湿剂；聚乙二醇 6000 双月桂酸酯（DM-639）可用于洗发香波、护发素、洗面奶等作为毛发梳理剂、泡沫增厚剂。

七、生物表面活性剂

由细菌、酵母和真菌等微生物产生的具有表面活性剂特征的化合物叫生物表面活性剂。微生物在一定条件下培养时，在其代谢过程中会分泌产生一些具有一定表/界面活性的代谢产物，如糖脂、多糖脂、肽脂或中性类脂衍生物等。它们具有与一般表面活性剂类似的双亲结构（其非极性基大多为脂肪酸链或烃链，极性部分多种多样，如糖、多糖、肽及多元醇等），也能吸附于界面、改变界面的性质。

生物表面活性剂具有很高的表面活性，降低表面张力的能力很强，如鼠李糖脂的最低表面张力仅为 26～27mN/m。与化学合成表面活性剂相比，生物表面活性剂还具有选择性好、用量少、无毒、能够被生物完全降解、不对环境造成污染、可用微生物方法引入化学方法难以合成的新化学基团等特点。另外，生物表面活性剂主要用微生物发酵法生产，工艺简便易行。

按照生物表面活性剂的化学结构不同，可将其分为糖脂系生物表面活性剂、酰基缩氨酸系生物表面活性剂、磷脂系生物表面活性剂、脂肪酸系生物表面活性剂和高分子生物表面活性剂五类。

生物表面活性剂可以从动植物及生物体内直接提取。磷脂类表面活性剂就是从蛋类及大豆的油和渣中分离提取的。这是一种天然表面活性剂，目前已广泛用于医药、食品及化妆品中。磷脂酸胆碱也叫卵磷脂，是一种黄色蜡状产品，不溶于水但溶于油脂，可作为乳化剂、分散剂大量用于食品及动物饲料工业，还可在化妆品、医药品等产品中用作乳化剂、分散剂。卵磷脂在医药制品中用于脂质体或药用乳化剂，治疗高血脂、脂肪肝、老年性痴呆症及癌症等药物的原辅料，在保健食品中具有健脑益智、调节血脂、保护肝脏、延缓衰老的功效。大豆磷脂是制造大豆油时的副产品，将提取大豆油的溶剂蒸发出去，再通入水蒸气，则会有磷脂沉淀出来，将沉淀分离的黄色乳浊液经离心脱水，再在 60℃下减压干燥、精制，就得到大豆磷脂。

另一种方法是由微生物制备，生物表面活性剂主要通过微生物方法来生产。

(1) 发酵法

发酵法生产工艺简单，绝大部分生物表面活性剂几乎都可以由发酵法获得。

① 糖脂是发酵法生产生物表面活性剂的一大品种。糖脂系生物表面活性剂是生物表面活性剂中最主要的一种，主要包括鼠李糖脂、海藻糖脂、槐糖脂等。鼠李糖脂是假单胞菌在以正构烷烃为唯一碳源的培养基时得到的一种表面活性剂。鼠李糖脂可在工业中用作乳化剂。鼠李糖脂还对正构烷烃有优良的促进降解的功能，如在炼油厂废水的活性污泥处理池中加入鼠李糖脂，污泥中的正构烷烃可在两天后完全分解。此外，鼠李糖脂还有一定的抗菌、抗病毒等性能。海藻糖脂是一种酯化产物，它具有很好的表面活性，乳化能力很强，主要用

于石油三次开采的研究中。槐糖脂是球拟酵母或假丝酵母在葡萄糖和正构烷烃或长链脂肪酸中培养时产生的，是糖脂系生物表面活性剂中最有应用前途的一类。由槐糖脂进一步衍生的不同生物表面活性剂可用在化妆品、医药、食品、农药等产品中。

② 酰基缩氨酸系生物表面活性剂是由枯草杆菌等细菌培养的产物。如表面活性蛋白的脂肽有很高的表面活性，它有溶菌和抗菌作用。

③ 脂肪酸系生物表面活性剂如青霉孢子酸的钠盐及烷基铵盐的表面活性、洗涤能力都比 LAS 高，cmc 比 LAS 低。

④ 脂多糖属高分子生物表面活性剂，它是多糖与脂肪酸酯化后的产物，虽然降低表面张力的能力不很强，但它可以作为 W/O 型乳化体的稳定剂。

(2) 酶促反应

酶促反应可生产甘油单酯。酶促反应本质上属于有机合成，生物酶在反应中充作传统非生物催化剂的生物替代品。

生物表面活性剂有着比较广泛的用途，在医药、化妆品、食品、纺织等工业领域中都有重要应用，发挥其乳化、破乳、湿润、发泡、抗静电等功能。在石油化工方面也有应用，如它可在使用量非常小的情况下在高浓度盐的环境中非常有效地将一采、二采后仍遗留在油井中的脂肪烃、芳香烃和烷烃彻底乳化，甚至在地下高温环境中仍能发挥其表面活性作用。

参 考 文 献

[1] 徐燕莉主编．表面活性剂的功能．北京：化学工业出版社，2000.
[2] 赵德丰，程侣柏，姚蒙正，高建荣编．精细化学品合成化学与应用．北京：化学工业出版社，2001.
[3] 周波主编．表面活性剂．北京：化学工业出版社，2006.
[4] 闫鹏飞，郝文辉，高婷编．精细化学品化学．北京：化学工业出版社，2004.
[5] 徐宝财．日用化学品——性能　制备　配方．北京：化学工业出版社，2002.
[6] 肖进新，赵振国编．表面活性剂应用原理．北京：化学工业出版社，2003.
[7] 李和平，葛虹编．精细化工工艺学．北京：科学出版社，1997.
[8] 程铸生主编．精细化学品化学．修订版．上海：华东理工大学出版社，1996.
[9] Drew Myers 著．表面、界面和胶体——原理及应用．吴大诚等译．北京：化学工业出版社，2005.
[10] 黄洪周主编．化工产品手册——工业表面活性剂．第 4 版．北京：化学工业出版社，2005.
[11] 马晓梅，刘少敏，陈宗琪．表面活性剂工业，1997，4：1-4.
[12] 顾良荧主编．日用化工产品及原料制造与应用大全．北京：化学工业出版社，1997.
[13] 化学工业出版社组织编．化工产品手册：日用化学品．北京：化学工业出版社，1999.
[14] 宋小平，王佩华，韩长日编．洗涤剂制造技术．北京：科学技术文献出版社，2005.
[15] 黄洪周主编．化工产品手册：工业表面活性剂．北京：化学工业出版社，1999.
[16] 王慎敏主编．日用化学品．北京：化学工业出版社，2005.
[17] 郭祥峰，贾丽华编．阳离子表面活性剂及应用．北京：化学工业出版社，2002.
[18] 罗希权．表面活性剂工业，1998，30 (1)：6.
[19] 方云主编．两性表面活性剂．北京：中国轻工业出版社，2002.
[20] 徐星喜．阴离子表面活性剂的应用与创新．中国洗涤用品工业，2012，8：46-50.
[21] 孙淑华，李真，万晓萌．表面活性剂行业现状及发展趋势．精细化工原料及中间体，2012，3：18-21.
[22] 王泽云，陈海兰．我国洗涤用绿色表面活性剂最新进展．日用化学品科学，2011，34 (7)：21-23.
[23] 王燕．转型与发展中的中国洗涤用品行业．日用化学品科学，2012，35 (6)：1-6.

第三章 日用化学品

第一节 概 述

一、日用化学品及其分类

日用化学品是人们在日常生活中所使用的化学制品，其范围很广，产品包括化妆品、洗涤用品、家庭日用化学品等，涉及人们日常生活的各个方面，是人们日常生活中不可缺少的消费品。

日用化学工业，简称日用化工，是指生产人们在日常生活中所需要的化学工业产品的工业。日用化学工业产品也称为日用化学品。

日用化学品的门类很多，如肥皂、香皂、洗衣粉、洗洁精、牙膏、各种化妆品、香精香料、鞋油、皮革上光剂、家用表面光亮清洁剂、墨水、火柴、电池、杀虫驱虫剂、空气清新剂等。随着人们生活水平的不断提高和对日常生活用品需求的不断变化，日常生活用品也会不断变化，因此，日用化学品的分类是随着时代的发展而不断变化着的，但洗涤用品、化妆品、香精香料等依然是日化工业的主体产品。

二、日用化学品在化学工业中的地位

日用化学品是日常生活的化学制品，与人们的衣食住行密切相关。在生活由温饱奔向小康的进程中，生活质量不断改善，对日用化学品的需求会越来越大。

化学工业是国民经济的支柱产业，日用化学工业是整个化学工业的重要组成部分。随着社会的发展和经济的迅速增长，人民生活水平不断提高，日用化学工业在化学工业中的比重逐步上升。

合成洗涤剂、化妆品等都是典型的精细化学品，我国精细化工产业现在处于快速增长阶段。精细化工产业属于高附加值行业，在很多绩效指标上比相关行业要高。而日用化学品和专用化学品产业中的技术水平、营销策略和营销方式起了很大甚至是关键的作用，但产品销售率相比来说较低一些，所以市场开发是精细化工产业特别是日用化学品工业面对的问题，必须高度重视，认真研究，找到突破口，加以解决。

三、日用化学品的发展及前景

我国的近代化妆品工业从最早的1830年谢宏远创办的江苏扬州谢馥春日用化工厂算起，已有180多年的历史。从1958年建厂生产合成洗涤剂开始，日用化学工业形成了一个独立的工业体系。

日用化学产品制造行业是与人民日常生活息息相关的消费品制造行业。我国日用化学产品制造行业经历了近些年的快速发展，从市场规模看，我国日用化工市场仍处于增长期。整个行业的发展趋势如下：从增长模式上看，正从简单的数量扩张向结构优化转变；从产品结构看，正从基本消费向个性化消费转变；从品牌结构看，正从外资主导向中外资竞合转变；

从城乡结构看，正从城市为主、农村为辅，向城乡并重转变；从渠道结构看，传统业态渠道向现代立体渠道发展；从区域结构看，定位区域市场正在逐步向定位全国市场的方向转变。总之，我国的日化市场需求潜力巨大，市场规模稳步增长，市场结构日趋优化。

第二节　化　妆　品

一、概述

化妆品是对人体面部、皮肤、毛发、口腔等处起到清洁、保护、美化作用的日常生活用品。化妆品在我国“化妆品卫生监督条例”中是这样定义的：是指以涂擦、喷洒或者其他类似的方法，散布于人体表面任何部位（皮肤、毛发、指甲、口唇等），以达到清洁、消除不良气味、护肤、美容和修饰目的的日用化学工业产品。

化妆品的种类很多，其分类方法也很多，可按化妆品的功能、使用部位、剂型、适用年龄、性别等来分类。按化妆品的功能来分类，可将化妆品分为清洁类化妆品、保护类化妆品、美容类化妆品、芳香类化妆品等类型；按化妆品的使用部位来分，可将化妆品分为皮肤用化妆品、毛发用化妆品、口腔用化妆品、眼用化妆品、指甲用化妆品；按化妆品的剂型来分类，可将化妆品分为膏霜状、液状、油状、粉状、块状、棒状、蜡状等类型；按使用年龄来分，可将化妆品分为婴幼儿化妆品、青少年化妆品、中老年化妆品；按性别来分，可将化妆品分为女用化妆品、男用化妆品。

可用于化妆品的原料很多。按它们在化妆品中的作用和使用量的不同，可分为基质原料和配合原料。基质原料是构成、配制化妆品的主体原料，包括油脂类、蜡类、高级脂肪酸、醇、酯、粉质类、溶剂等。油脂类原料如动物性的牛脂、貂油、蛇油等，植物性的如椰子油、蓖麻子油、橄榄油、棕榈油、甜杏仁油、花生油、大豆油等，矿物性的如液体石蜡、凡士林、石蜡、地蜡等；蜡类原料如巴西棕榈蜡、霍霍巴蜡、蜂蜡、鲸蜡、羊毛脂及其衍生物等；高级脂肪酸如硬脂酸、月桂酸、棕榈酸、油酸等；醇类如硬脂醇、鲸蜡醇、油醇、丙三醇、丙二醇、聚乙二醇等；酯类如棕榈酸异丙酯、肉豆蔻酸异丙酯等；粉类如滑石粉、钛白粉、高岭土、碳酸钙、碳酸镁、磷酸氢钙、氧化锌、硬脂酸锌、硬脂酸镁等；溶剂类如去离子水、乙醇、丁醇、丙酮、乙酸乙酯、二乙二醇单乙醚、甲苯等。配合原料也叫辅助原料，是用来改善化妆品的某些性质和赋予化妆品以色、香等的辅助原料，包括化妆品的乳化剂、防腐剂、抗氧化剂、香精、色素以及紫外线吸收剂、氨基酸、维生素、蜂王浆、人参水解液、胎盘水解液、表皮生长因子、SOD、透明质酸、药物添加剂等。

二、护肤用化妆品

护肤用化妆品是指对皮肤具有滋润、保护、美化、营养作用的化妆品。

人体皮肤由表皮、真皮、皮下组织构成。表皮的最外层即角质层的水分来源于汗腺分泌的汗液。人体皮肤含有一种天然润湿因子（N. M. F.），它使皮肤保持一定的水分，使皮肤处于滋润、柔软、富有弹性的健康状态。正常皮肤是微酸性的（pH 值平均为 5.5～5.7），角质层的含水率一般在 10%～20%，当人体皮肤由于使用肥皂、香皂、洗涤剂等而使皮肤的 N. M. F. 受到损失或由于天气寒冷、干燥等而使皮肤角质层的含水率低于 10%时，皮肤就会显得干燥、粗糙，失去弹性。通过使用护肤化妆品，可以给皮肤补充适当水分，并且护肤化妆品会在皮肤表面形成一层油膜（亦可称为“人造皮脂膜”），阻止皮肤水分的过量挥发，从而使皮肤柔软、滋润，达到护肤美容养颜的功效。

1. **雪花膏**

雪花膏是一种典型的水包油（O/W）型膏状乳化体护肤化妆品，它外观洁白如雪，当涂抹在皮肤上时就像雪花一样很快消失，故名雪花膏。实际上当雪花膏在皮肤表面融化后，会在皮肤表面留下一层由硬脂酸、硬脂酸甘油酯、液体石蜡、甘油等组成的油膜，这层油膜的存在会使皮肤保持柔软、润滑状态，从而达到雪花膏护肤之目的。

雪花膏可分为微碱性雪花膏、微酸性雪花膏、营养雪花膏、粉质雪花膏、药性雪花膏等。微碱性雪花膏是一种传统的常用的普通化妆品，它以硬脂酸钾皂等作为乳化剂，因此产品显微碱性（pH7.0～8.5）；微酸性雪花膏以K-12、Span、Tween、单甘酯等为乳化剂，调节膏体的pH值在4.0～7.0，比较适合皮肤的天然微酸性，对皮肤的刺激性大大降低；营养雪花膏是在膏体里边添加了氨基酸、人参提取液、胎盘水解液、珍珠水解液、蜂王浆、维生素等营养成分；粉质雪花膏具有增白作用，是在配方里增加了具有优良遮盖力、附着力的TiO_2等粉质原料；药性雪花膏是在配方里添加了具有一定疗效作用的药物成分。

传统的雪花膏是由硬脂酸、单硬脂酸甘油酯（单甘酯）、高级醇、甘油、氢氧化钾、白油、防腐剂、香精、去离子水等组成。其主要成分的用量为硬脂酸15%～25%（其中15%～30%被碱中和），保湿剂2%～20%，滋润性物质1%～5%，碱类0.5%～2%。

【配方】 基础雪花膏（质量分数，%）

硬脂酸	15.0	白油	1.0	防腐剂	适量
单甘酯	1.0	甘油	10.0	香精	适量
十六醇	1.0	KOH	0.6	去离子水	加至100.0

配方中硬脂酸需用化妆品级硬脂酸，它的用量一般占配方总量的15%～25%（其中15%～30%被KOH中和成皂，形成配方的阴离子乳化剂），它是形成油膜的主要成分，也是与KOH反应形成乳化剂的原料；单甘酯是配方的非离子乳化剂，它的加入可使膏体细腻、洁白、稳定；十六醇、十八醇是熔点较高的原料，它们能使膏体变稠，起到助乳化、稳定膏体的作用；白油即液体石蜡，是矿物油，滋润性物质，起到软化皮肤的作用；甘油是保湿剂；KOH是碱性皂化剂；防腐剂起到抑制细菌、稳定产品、延长使用寿命的作用；香精能掩盖原料的气味、同时释放香气使人心神愉悦，达到吸引人的目的；水在配方中占60%～80%，它既是配方的溶剂，又能向皮肤直接提供水分。

配制工艺：将油相成分加热至85～90℃ 20～30min，将KOH溶于水后加热至90～95℃20～30min，然后边搅拌边将油相加入水相中，充分乳化均匀后，慢慢降温至50℃左右加入防腐剂、香精搅拌均匀，冷至约35℃即可出料灌装。

由于配方技术的发展，打破了传统配方工艺，比如，KOH用三乙醇胺代替，乳化剂使用Span、Tween等合成表面活性剂，在配方中加入营养、增白等成分。

【配方】 增白型雪花膏（质量分数，%）

硬脂酸	3.0	羊毛醇	2.0	熊果苷	适量
Tween-60	6.0	三乙醇胺	0.5	防腐剂	适量
Span-80	5.0	TiO_2	2.5	香精	适量
十六醇	10.0	甘油	15.0	去离子水	至100.0

配制工艺：同基础雪花膏。

2. **润肤霜**

常用的润肤霜是O/W型乳化体，它所含的油性成分较普通雪花膏高一些，因此其润肤效果很好。

【配方】 润肤霜（质量分数，%）

十六醇	1.0	白油	10.0	防腐剂	适量
羊毛脂	5.0	Span-60	2.5	香精	适量
橄榄油	20.0	Tween-60	2.5	去离子水	至 100.0

3. 润肤油

润肤油也叫护肤油，是一种可流动的、透明的、动植物性油的混合物，配方中不含水分，因此不是油和水的乳化体。它护肤的作用在于在皮肤表面形成一层油膜，从而阻止皮肤中水分的过量挥发，软化皮肤。

从动植物中提取的一些天然油性成分如橄榄油、小麦胚芽油、沙荆油、霍霍巴油、水貂油、羊毛油、角鲨油甚至是蛇油等对皮肤具有很好的滋润作用，用这些油性成分配制的润肤油，具有很好的润肤效果，且安全性极高，几乎无毒、无刺激。

因为动植物油是天然原料，容易氧化酸败，因此配方中需添加抗氧剂。

【配方】 润肤油（质量分数，%）

橄榄油	20.0	霍霍巴油	7.0	棕榈酸异丙酯	12.3
小麦胚芽油	8.0	水貂油	5.0	抗氧剂	0.2
沙荆油	7.0	白油	40.0	香精	0.5

4. 润肤脂

润肤脂也叫润肤膏或护肤脂，是不流动的黏稠膏状，可做成棒状或用大口容器包装。润肤脂是凡士林、石蜡、地蜡、白油等配制而成的一种护肤化妆品，油性较大，对皮肤产生良好的滋润护肤效果，特别适用于冬季寒冷季节和空气干燥的季节，以及干性皮肤的人使用。

【配方】 润肤脂（质量分数，%）

白油	40.25	地蜡	8.0	冰片	0.25
石蜡	36.0	凡士林	15.0	香精	0.5

5. 润肤水

润肤水是一种液状化妆品，由于在配方中添加了滋润性物质如沙荆油、霍霍巴油、羊毛脂及其衍生物、角鲨烷等以及保湿剂如甘油、丙二醇、山梨醇、聚乙烯吡咯烷酮等，当涂在皮肤上后，也产生一定的润肤效果。

【配方】 润肤水（质量分数，%）

甘油	3.0	乙醇	15.0	防腐剂	适量
丙二醇	4.0	Tween-20	1.5	香精	0.1
一缩二丙二醇	4.0	色素	适量	去离子水	至 100.0

三、美容用化妆品

美容用化妆品是涂于面部、皮肤、指甲、口唇、眼睛等处，以改善人体外观或遮盖某些瑕疵，从而达到修饰目的，使人容貌更加出彩的化妆品。根据使用部位的不同，美容用化妆品主要有香粉、胭脂、唇膏、指甲用化妆品、眼用化妆品等。

1. 香粉

香粉主要用于面部皮肤和脖颈处，用以调整肤色和遮盖某些缺陷，因此它的主要成分是一些具有良好遮盖力的粉质原料，如 TiO_2、氧化锌等，高岭土、碳酸钙、碳酸镁等对香精、油脂、水分具有吸收作用，还用一些滑石粉，是为了增加产品的润滑性，方便在皮肤上涂抹，也还用一些硬脂酸镁、硬脂酸锌等，以增加产品在皮肤上的黏附性。香粉色素色彩的选择要使做出来的香粉颜色符合健康肤色为宜。

【配方】 香粉（质量分数，%）

滑石粉	50.0	碳酸镁	10.0	硬脂酸锌	3.0
高岭土	20.0	钛白粉	3.0	色素	1.0
碳酸钙	5.0	氧化锌	7.0	香精	1.0

也可以把香粉做成块状，叫粉饼，便于携带，其功能和配方与香粉相近，只是为了使产品能压制成块，在配方中加入少量胶黏剂如海藻酸钠、纤维素及其衍生物、阿拉伯树胶等。

2. 胭脂

胭脂主要涂于面部脸颊，使面部产生红润、健康的气色，并呈现一定的立体感。胭脂一般做成块状，其成分与粉饼类似，但胭脂的色素比粉饼用量大，色彩也更鲜艳。

【配方】 胭脂块（质量分数，%）

滑石粉	60.0	硬脂酸锌	6.0	色淀	15.0
高岭土	12.0	甘油	4.0	香精	适量
钛白粉	3.0				

3. 唇膏

唇膏也叫口红，是一种棒状产品，涂于上、下口唇，用以突出口唇的红润，滋润、保护口唇，并有衬托口唇轮廓的作用，使面部产生整体美感。

唇膏的主要成分是油、脂、蜡类，以及一些色素颜料。由于唇膏涂在口腔黏膜上，并且容易随饮食时进入口腔，因此对唇膏的各种原料安全性要求较高，不能有毒性和刺激性，特别是色素原料。

【配方】 口红（质量分数，%）

蓖麻油	45.0	单甘酯	10.0	色淀	12.0
蜂蜡	22.0	羊毛脂	4.0	抗氧剂	适量
加洛巴蜡	5.0	十六醇	2.0	香精	适量

4. 指甲用化妆品

指甲用化妆品是涂在指甲上以美化、保护指甲的化妆品。最常用的一种产品是指甲油，其主要原料是成膜剂、树脂、增塑剂、溶剂、色素以及珠光剂等。成膜物质如硝化纤维素、醋酸纤维素等；树脂类物质如醇酸树脂、氨基树脂等；增塑剂如邻苯二甲酸二丁酯、磷酸三丁酯等；溶剂如乙醇、乙酸乙酯、丙酮、甲苯等；色素如立索红、色淀枣红等。

【配方】 指甲油（质量分数，%）

硝化纤维素	15.0	丙酮	4.0	甲苯	30.0
醇酸树脂	10.0	乙酸乙酯	5.0	颜料	适量
邻苯二甲酸二丁酯	4.0	乙酸丁酯	32.0		

5. 眼用化妆品

眼用化妆品是用于眉毛、睫毛、眼睑等处用以修饰、美化眼部的美容化妆品。眼用化妆品能衬托眼球的黑白对比，并有使眼睛增大的感觉。眼睛是心灵的窗户，漂亮的眼睛使人更加有神，魅力倍增。眼用化妆品主要有眉笔、眼影膏、睫毛膏、眼线笔等。

眉笔是用于修饰眉毛的，笔式眉笔外观形如铅笔，它用两片木质材料包住笔芯，用刀片削出笔芯即可使用。眉笔的主要成分是油、脂、蜡、色素，如白油、羊毛脂、蜂蜡、巴西棕榈蜡、色素等。色素以黑色系为主，以便修饰出乌黑、浓密的眉毛，但近些年来也比较流行棕色、灰色等，其色素原料有群青、氧化铁黑、氧化铁红等。

【配方】 眉笔（质量分数，%）

蜂蜡	15.0	巴西棕榈蜡	6.0	可可脂	10.0
石蜡	25.0	白油	5.0	色素	15.0
地蜡	4.0	羊毛脂	20.0		

四、香水类化妆品

香水类化妆品能产生芬芳香气，消除人体及周围环境不良邪味，使人产生心神愉快的感觉，包括香水、古龙水、花露水等。香水类化妆品实际就是香精的酒精溶液。香水类化妆品的香型一般就是香精的香型，有花香型、果香型、幻想型等。

香水的香精含量较高，达20%左右，因此能较长时间散发香气，香型可以模仿自然界中的花香、果香、草香等，如玫瑰香、紫罗兰香、茉莉香、梨香、柠檬香等，幻想型是由调香师根据自己的丰富想象调制出来的香型，如巴黎香型、素馨兰香型、东方香型等；古龙水的香精用量达2%～5%，传统香型以柑橘为主，主要以男士使用；花露水香精用量在2%～5%，配以浓度（质量分数）为70%～75%的酒精，因此它具有消毒杀菌、祛痛止痒功能，特别适用于夏季防蚊虫叮咬。

【配方】 茉莉香水（质量分数，%）

苯乙二醇	1.0	甲位戊基桂醛	8.0	松油醇	0.4
羟基香草醛	1.0	乙酸乙酯	0.2	茉莉净油	2.0
香叶醇	0.4	乙酸苄酯	7.0	酒精（95%）	80.0

五、毛发用化妆品

毛发用化妆品是用来对头发、胡须起到清洁、保护、美化作用的化妆品，主要包括洗发化妆品、护发化妆品、染发化妆品、烫发化妆品、脱毛化妆品、剃须化妆品等。

1. 洗发化妆品

洗发化妆品就是洗发香波（Shampoo），或叫洗发水，用以清除头发和头皮的污垢，并使头发产生美感。洗发香波经历了皂型、皂与合成表面活性剂的混合型、表面活性剂型三个阶段的发展，现在的洗发香波基本都以合成表面活性剂为主要活性物来配制，克服了皂在硬水中使用的一些弱点，也使洗发香波性能更加温和，功能更加全面。按洗发香波的外观，有透明香波、乳状香波、珠光香波，按洗发香波的功能，有调理香波、止痒香波、祛屑香波、二合一（2 in 1）香波、三合一（3 in 1）香波等。

对洗发香波的要求：①使用方便；②产生丰富细密的泡沫；③易于冲洗；④洗后毛发易于梳理；⑤洗后毛发具有良好的光泽；⑥具有一定的香气；⑦刺激性低；⑧稳定性好。

【配方】 止痒珠光洗发香波（质量分数，%）

AES（70%）	15.0	甘油	1.0	色素	适量
6501	3.0	止痒剂	2.0	香精	适量
珠光剂	2.0	柠檬酸	0.2	水	至100.0

2. 护发化妆品

护发化妆品能使头发柔软、光泽、抗静电、易梳理，并向头发输送一定的营养性物质，产品如发油、发蜡、发乳、护发素、焗油膏、摩丝、啫喱水等。发油是动植物油脂的混合物，能使头发柔软光泽；发乳一般为 W/O 型乳化体，它流动性好，使用方便，油腻感也减小了；护发素的有效成分是阳离子表面活性剂、阳离子纤维素、阳离子瓜尔胶等，它能吸附在毛发表面，对头发起到柔软、润滑、抗静电的作用，使头发容易梳理成型；焗油膏里还含有营养性的成分如羊毛脂及其衍生物、水貂油、维生素等，对头发起到了很好的护发、养发作用；摩丝含有高分子聚合物，它以泡沫形式喷涂在头发上，对头发起到了护发定型的作用；啫喱水一般是无色透明的水溶液，也含有水溶性高分子化合物，它以喷雾形式喷涂在头发上，对头发起到护发定型的作用。

【配方】 护发素（质量分数，%）

1831	2.0	羊毛脂	1.0	香精	适量
十六醇	3.0	T-60	1.0	去离子水	至 100.0
硅油	1.0	防腐剂	适量		

3. 烫发化妆品

化学卷发剂也叫冷烫精，是用于在常温下进行卷发的，不需加热，使用时比较方便和舒适。使用时先将头发洗净，然后将头发涂敷冷烫精后卷在卷发器上，维持一定的时间后，用氧化剂处理或暴露于空气中氧化，干燥后就保持一定的卷曲状态。卷曲的形状依卷发器的形状而定。

冷烫精的主要成分是巯基乙酸铵，它具有很好的还原性，在冷烫精中的含量一般为 5.0%左右，冷烫精的 pH 值一般为 8.5～9.5。

【配方】 冷烫精（质量分数，%）

巯基乙酸铵	5.5	尿素	1.0	去离子水	87.0
碳酸氢铵	6.5				

4. 剃须化妆品

剃须化妆品是使胡须毛柔软便于剃去，同时减轻皮肤和剃刀之间的摩擦，免予皮肤受损伤。常用的是剃须膏，它有泡沫剃须膏和无泡剃须膏两种。泡沫剃须膏在使用时配合以刷子，并产生大量泡沫，而无泡剃须膏在使用时不产生泡沫，也不用刷子。

【配方】 泡沫剃须膏（质量分数，%）

硬脂酸	30.0	KOH	7.2	薄荷香精	1.0
月桂酸	10.0	NaOH	1.0	去离子水	至 100.0
甘油	25.0				

第三节　洗涤用化学品

一、概述

家用洗涤剂是指用于日常生活中的洗涤衣物、身体、居室、厨房、卫生间等的洗涤剂产品。随着经济的不断发展和人们生活水平的不断提高，人们对于洗涤剂的需求日益多样化，当今市场，家用洗涤剂琳琅满目，种类繁多，功能各异。为满足不断变化的市场的需求，更加注重新材料、新品种、新配方、新技术、新功能的推陈出新，使洗涤剂市场充满活力。

洗涤剂产品属于典型的精细化工产品，它商品附加价值较高，投资少，见效快，需求量大，它的使用已渗透到日常生活的各个方面，是商家和生产企业的必争之地。全球几乎所有的大公司都倾向于形成跨国公司，洗涤剂行业的两大世界级巨头——宝洁（P&G）和联合利华（Unilever）早已将其触角伸向了全球的每一角落，全球洗涤剂市场宝洁排名第一，联合利华第二。

肥皂是最古老的洗涤用品，但由于其明显的缺陷，后来性能优良、功能各异、使用方便的各种合成洗涤去污剂应运而生，如洗衣粉、洗发香波、沐浴液、餐具洗涤剂、果蔬清洗剂、金银首饰清洁剂、厨房用洗涤剂、玻璃清洗剂、地毯清洗剂、地板清洗剂、卫生间清洗剂、冰箱清洗剂等。我国在 20 世纪 50 年代后期才开始合成洗涤剂的生产和应用研究。近几十年来，我国洗涤用品总产量逐年上升，其中合成洗涤剂逐年增加，而肥（香）皂变化不大。

当今家用洗涤剂的发展趋势是：商品形态由粉状向液状发展，商品性能由通用向专用发展，商品功能由单纯去污向多功能发展，商品活性物由普通向浓缩型发展，并且向着环保、安全、节能方向发展。

二、合成洗涤剂

合成洗涤剂是以多种表面活性剂和多种洗涤助剂复配而成的洗涤去污用品，可以做成洗衣粉、洗衣膏、液体洗涤剂等品种。由于合成洗涤剂性能优、用途广、价格低、使用方便，其发展速度很快，已成为家用洗涤用品中的主导产品，在产量上早已远远超过了肥（香）皂，合成洗涤剂超过肥（香）皂的时间为：全世界在 1963 年，而美国在 1953 年，日本在 1963 年，中国在 1985 年。

洗衣粉是我国乃至世界家用洗涤剂的主要品种之一，它价格低，使用方便，去污力强。市场上洗衣粉的品种琳琅满目，性能各异，但基本功能都相同，那就是洗涤去污。在基本功能配方的基础上，增添一些特效成分，就做成了特效洗衣粉，如加酶洗衣粉、消毒洗衣粉、彩漂洗衣粉、柔软洗衣粉等。根据活性物含量以及泡沫高低的不同，也分为普通洗衣粉、浓缩洗衣粉、高泡洗衣粉、中泡洗衣粉、低泡洗衣粉、手洗洗衣粉、机洗洗衣粉等。

洗衣粉的配方构成为：活性物和洗涤助剂。洗衣粉中的活性物目前仍以十二烷基苯磺酸钠（LAS）为主，也可以配入少量皂粉、脂肪醇聚氧乙烯醚（如 AEO_9）等。洗涤助剂有无机助剂和有机助剂，无机助剂如三聚磷酸钠、4A 沸石、纯碱、泡花碱、芒硝、过碳酸钠或过硼酸钠等；有机助剂如羧甲基纤维素（CMC）、甲苯磺酸钠、荧光增白剂、酶、香精等。这些助剂在洗衣粉配方中的主要作用如下。三聚磷酸钠（也叫五钠、STPP）：①螯合 Ca^{2+}、Mg^{2+}，软化硬水；②对污垢的分散、乳化作用；③缓冲溶液的 pH 值；④不易吸潮，保持洗衣粉的流动性。4A 沸石：①对 Ca^{2+}、Mg^{2+} 的吸附交换作用，软化硬水；②对污垢的分散、乳化性。纯碱：①提高并保持洗衣粉溶液的碱性；②皂化油脂污垢。泡花碱（硅酸钠，也叫水玻璃）：①缓冲溶液的 pH 值；②对纤维织物有保护作用；③悬浮、乳化污垢和稳泡作用；④对金属的抗腐蚀性。芒硝（元明粉）的主要作用是降低成本。过碳酸钠或过硼酸钠可释放活性氧，起到漂白、杀菌消毒功能。羧甲基纤维素（CMC）是抗污垢再沉积剂。甲苯磺酸钠是料浆调理剂，降低料浆黏度、提高成品粉的含水率、保持粉的流动性。荧光增白剂可使洗过的白色衣物更洁白，使有色衣物更鲜艳。酶有蛋白酶、脂肪酶、纤维素酶、淀粉酶等，可有效分解汗渍、血渍、茶渍、果汁等污渍。香精可使产品释放香气和使衣物留有香气。

普通洗衣粉通常用高塔喷雾干燥成型法生产，活性物含量在15%左右或以上，产品呈空心颗粒状，易溶于水，颗粒视密度小（0.3～0.45g/cm^3），而浓缩粉或高密度浓缩粉一般采用附聚成型法生产，颗粒的视密度大，可达0.4～0.9g/cm^3甚至0.8～0.9g/cm^3，活性物含量远高于普通粉，高的可在40%以上。

由于磷酸盐对水域的富营养化问题，一些国家和地区早已颁布法律或条例，明令限制或禁止使用含磷洗涤剂，因此无磷、低磷洗涤剂应运而生。无磷、低磷洗涤剂实际上是用4A合成沸石、聚丙烯酸钠（PAANa）等助剂部分或全部代替三聚磷酸钠。

【配方】 普通洗衣粉（质量分数，%）

组分	含量	组分	含量	组分	含量
LAS	16.0	泡花碱	6.0	荧光增白剂	0.1
AEO_9	3.0	芒硝	40.0	香精	0.1
STPP	16.0	CMC	1.0	水分	余量
纯碱	12.0				

【配方】 无磷洗衣粉（质量分数，%）

组分	含量	组分	含量	组分	含量
LAS	16.0	4A沸石	20.0	荧光增白剂	0.1
纯碱	10.0	PAANa	3.0	香精	0.1
泡花碱	5.0	CMC	1.0	水分	余量
芒硝	40.0				

三、体用香皂

香皂是以高级脂肪酸的钠或钾盐为主要活性物的块状体用洗涤去污剂。香皂主要用来清洁人体皮肤，要求对人体温和、无刺激，并有持久的留香。制造香皂的原料有牛羊油、椰子油、烧碱、食盐、小苏打、二氧化钛、滑石粉以及一些添加剂如富脂剂、杀菌剂（硫黄）等。

香皂所使用的原料比普通肥皂严格，制造过程比肥皂讲究，香皂的碱性比肥皂低。高级白色香皂的油脂原料为80%的牛羊油和20%的椰子油。油脂原料要经过碱炼、脱色、脱臭的精制处理，然后再与烧碱反应，经过皂化、盐析、碱析、整理等过程制备皂基，皂基再与小苏打、二氧化钛、滑石粉、香精、色素等在三辊研磨机中混合研磨均匀，最后经抽条、切块、打印、包装。

皂化过程中一次皂化率要达到95%以上；用食盐进行盐析，以便使皂基与甘油的水溶液分离；碱析的目的是进一步提高皂化率，使达99.2%以上；整理的目的是调整皂基中皂的含量、碱的含量、食盐的含量、甘油的含量等。使用小苏打而不用纯碱是保证有一定碱性，提高去污力，而不致碱性太高而刺激人体皮肤；二氧化钛、滑石粉是提高成品皂的白度，也可以配入适当的色素，做成粉红、黄、天蓝、淡绿等颜色以吸引消费者；加入约1%的香精，以使皂体产生香气，且洗后皮肤也会留有香皂的香气。有的香皂也加入油性富脂剂，赋予香皂以护肤作用；加入硫黄，产生杀菌作用。

四、专用清洁剂

日常生活离不开清洗去污。随着人们生活水平的不断提高，要求在生活的不同方面使用不同的去污清洗剂，除肥皂、香皂、洗衣粉等洗涤剂外，还有大量用于日常生活其他方面的清洁用洗涤剂，如餐具洗涤剂、果蔬清洗剂、金银首饰清洁剂、厨房用洗涤剂、玻璃清洗剂、地毯清洗剂、地板清洗剂、卫生间清洗剂、冰箱清洗剂等，它们既丰富了洗涤用品的品种，同时也满足了人们在日常生活中不同方面的需要。今后家庭日用品清洁剂会进一步向着多品种、专用化发展，不同的洗涤对象会有不同的专用清洁剂，以达到不同的清洗目的。

【配方】 餐具洗涤剂（质量分数，%）

LAS（30%）	25.0	6501	2.0	柠檬香精	0.1
AES（70%）	12.0	NaCl	2.0	水	至100.0

【配方】 洁厕净（质量分数，%）

烷基苯磺酸	5.0	草酸	1.0	EDTA	0.5
OP-9	2.0	尿素	10.0	香精、色素	适量
氨基磺酸	15.0	食盐	5.0	水	余量
硫酸氢钠	4.0				

【配方】 冰箱杀菌清洗剂（质量分数，%）

1227	1.0	碳酸氢钠	3.0	水	余量

【配方】 玻璃洗涤剂（质量分数，%）

LAS	2.0	对甲苯磺酸钠	5.0	水	余量
AEO_9	10.0	乙醇	3.0		

五、沐浴用化学品

过去人们洗澡基本都用香皂或肥皂，现在有了专用的沐浴用品。沐浴用化学品除了具有清洁皮肤的作用外，还具有护肤作用，因此沐浴用化学品可归属于护肤化妆品。在欧洲，沐浴用化学品在个人护理用品的销售额中占有较大的比例，而在亚洲，所占的比例较小，这除了与生活水平有一定的关系外，还与生活习惯有关。

沐浴用化学品是用于沐浴或淋浴以除去身体污垢和不良气味，以达到清洁身体、护理皮肤并赋予香气的浴用洗涤剂，包括浴盐、浴油、泡沫浴、淋浴剂等。浴盐主要由水溶性无机盐、香精、色素组成，能软化硬水、产生芳香香气和悦目色泽；浴油主要由动植物油脂、香精、色素组成，它能漂浮在浴水表面，当沐浴者由水中出浴时，能在人体皮肤表面形成一层均匀的油膜，使皮肤润滑柔软，另外浴油含香精较多，热浴水会使香气迅速扩散到整个浴室，形成怡人香气，增加沐浴时的舒适感；泡沫浴在欧洲特别流行，是浴用制品中销量最大的产品，供盆浴者使用，它能在水中产生丰富的泡沫，浴者躺在充满浴盆的泡沫中，泡沫浮在水面上，产生良好的去污效果；淋浴剂在我国实际就是沐浴露或沐浴液，也叫浴液或浴用香波，是有一定黏度的可流动液体，它作用温和，去污效果好，泡沫丰富，易于冲洗，擦干皮肤后有润滑柔软的感觉。

【配方】 泡沫浴（质量分数，%）

AES（70%）	30.0	氯化钠	2.5	香精	适量
6501	5.0	防腐剂	适量	去离子水	至100.0

【配方】 沐浴液（质量分数，%）

K-12	30.0	柠檬酸	适量	香精	0.2
CAB-30	20.0	防腐剂	0.2	去离子水	至100.0
甘油	5.0				

参 考 文 献

[1] 徐宝财．日用化学品——性能　制备　配方．北京：化学工业出版社，2002：408.
[2] 王慎敏．日用化学品．北京：化学工业出版社，2005.
[3] 尤启辰．中国化妆品行业现状及其发展．日用化学品科学，2007，30：1-3.
[4] 李东光．实用洗涤剂生产技术手册．北京：化学工业出版社，2001.
[5] 刘创．家用洗涤剂．北京：化学工业出版社，2001：2.
[6] 刘云．洗涤剂——原料、原理、工艺、配方．北京：化学工业出版社，1998：232.
[7] 陈强．国内外化妆品市场分析．日用化学品科学，2011，34（1）：3-7.
[8] 郭华山，李永帅．化妆品行业发展状况以及进出口市场分析．日用化学品科学，2011，34（7）：13-16.
[9] 郭华山．我国化妆品行业发展现状、瓶颈及趋势．日用化学品科学，2012，35（7）：6-9.

第四章　造纸化学品

第一节　概　　述

造纸工业已是国民经济的一个重要组成部分，纸和纸板的消费水平已成为衡量一个国家现代化水平的重要标志。当前，全世界造纸业已发展到一个新的水平。20 世纪末全世界纸与纸板的产量已达到 3 亿多吨。我国 20 世纪末也达到 3000 万吨，2009 年我国纸与纸板的总产量达到了 8600 万吨，是新中国成立时 1949 年年产量 10.8 万吨的约 800 倍。2009 年我国已超过美国成为全球第一大纸和纸板生产与消费国。但是，与发达国家比，我国人均纸张的消费量还很低，有较大的上升空间，预计“十二五”期间纸和纸板的生产将会保持年均 6%～8%的增长速度，因此未来国内造纸化学品的需求会持续增加。随着科学技术的发展和人类对纸张功能的要求，造纸化学品在造纸工业中的应用日益广泛，从原料的处理到成品的整饰，几乎遍及整个生产过程。这主要是因为随着造纸业生产技术和产品质量的提高，新工艺、新产品逐渐增多。目前，纸张的品种已达 5000 种以上。这样仍然采用过去的方法造出的纸远远不能满足人们的需要，而广泛使用化学品则可以达到这一目的。例如：造纸机车速的提高，需要加快浆料的脱水；生活用纸和代布用纸的增加，需要提高纸的湿强度和柔软度；使用次级原料抄纸，需要补强；纸厂环境保护的加强，需要处理和净化废水；旧纸的再利用需要脱墨化学品，以及各种涂布加工纸、复印纸、钞票纸、证券纸、电缆纸、电容器纸、云母纸、玻璃纸、记录纸等大量特殊功能纸的开发，都必须借助各种化学品。在造纸中使用造纸化学品一般不需要特殊设备，用量较少、简单易行、效果明显，许多化学品赋予了产品以特殊性能。可以说，研究、应用造纸化学品是制浆造纸行业技术发展的一个重要标志，是提高纸张质量，开发新品种和增加经济效益的重要措施。所以世界各国都非常重视研究和开发造纸化学品，造纸化学品已成为新领域的精细化学品。所以，我们把造纸化学品作为一章来介绍。为了便于非造纸专业的学生学习，我们先介绍一下造纸的主要工序。

一、造纸过程中的主要工序

造纸过程通常分为制浆、抄纸、涂布加工三道工序。

1. 制浆工序

制浆过程是将含纤维的原料分离出纤维的过程，其主要方法如下。

制浆方法
- 化学法：碱法、亚硫酸盐法、硫酸盐法、氯碱法
- 机械法：木段磨木法、木片磨木法、草类机械法
- 化学机械法：半化学法

基本工艺见图 4-1。

① 蒸煮　蒸煮是以化学方法，使含纤维原料分离出纤维的过程。蒸煮方法很多，但主要分为碱法和亚硫盐法两类。a. 碱法是以碱液处理原纤维的植物原料，常用的有石灰法、烧碱法和硫酸盐法。石灰法蒸煮液的成分主要为 $Ca(OH)_2$；烧碱法蒸煮液的成分主要为

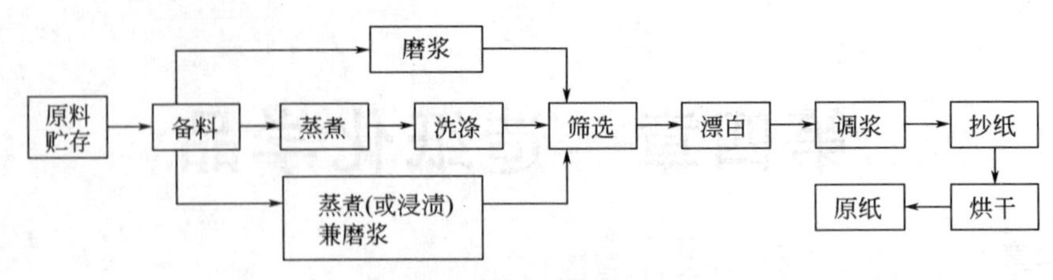

图 4-1 制浆工艺流程简图

NaOH；硫酸盐法蒸煮液的成分主要为 NaOH 和 Na_2S。b. 亚硫酸盐法蒸煮主要原料是亚硫酸盐。根据蒸煮液 pH 的不同又分为酸性亚硫酸氢盐法、中性和碱性亚硫酸盐法。目前主要是中性和碱性亚硫盐法。

② 洗涤 将蒸煮后的浆液中除了纤维外的其他成分洗涤除去，如浆液中的木素、残余的化学药品等。

③ 漂白 主要是将浆液中残留的有色物经漂白剂处理，进一步消除有色物质，如残留的木素等。

2. 抄纸工序

抄纸工序主要是将制浆工序制备的浆料生产成纸和纸板的过程，是由悬浮在液体中的纤维在网上形成错综交织的均匀的纤维层，再经压榨和干燥之后即得成品纸。在这段工序中常包括打浆、施胶、加填料、抄纸等过程。打浆主要是经物理方法处理纸浆，使纤维的某些物理形态和性质发生变化而适合生产纸张的要求。施胶是为了提高纸的质量，对纸浆、纸张或纸板进行施胶处理，加填料，主要是在浆料中加入无机填料和有机高分子添加剂，添加染料主要根据需要对纤维进行染色处理。

3. 纸的涂布加工工序

该工序主要是根据用户要求对抄制的原纸进行再加工处理，获得原纸所没有的某些特性纸张。根据加工方法，常又分为涂布加工、变性加工、成型加工等。

二、造纸化学品的定义及分类

在制浆、造纸和涂布加工等过程中所需的化学药品称为造纸化学品。在这些处理过程中常用的酸、碱、盐等无机药品，滑石粉、白土等无机填料是基本化工原料，不属于精细化学品研究范围。除此之外，其他用于提高制浆造纸生产效率、减少制浆造纸原料消耗、改进成品和半成品质量、控制和促进生产过程中可能发生障碍或使产品具有某些特殊性质和功能所使用的化学药品，统称为制浆造纸精细化学品，简称为造纸化学品，也称为造纸助剂。因为这些造纸化学品一般具有用量少（添加量一般在 2%左右）、附加值大、专项作用和辅助作用明显等特点，符合精细化学品特点。本章介绍的造纸化学品，不包括酸、碱、盐、填料等大宗通用的造纸化学品。

造纸化学品按不同的分类标准有不同的分类方法，一般有按用途分类和按加工工艺过程分类两种。按用途分类有一定的随意性。本章介绍的是按加工工艺过程分的，按此法可分为制浆化学品、抄纸化学品、涂布加工化学品和其他造纸化学品，如表 4-1 所示。

三、造纸化学品的发展及前景

从造纸工业的发展趋势来看，我国造纸化学品行业是一个很有发展前景的朝阳行业，未来我国造纸化学品的需求会持续增加。综合其发展趋势大致如下。

表 4-1 造纸化学品分类及主要组分

分类	助剂品种	主要组分
制浆化学品	蒸煮助剂	有机蒸煮助剂：蒽醌及醌类衍生物，表面活性剂（阴离子、非离子为主） 无机蒸煮助剂：多硫化钠，连二亚硫酸钠，硼氢化钠等
	漂白助剂	无机漂白助剂：如镁的化合物、磷酸盐、V_2O_5、Na_2SiO_3 等；有机漂白助剂：如氨基磺酸、整合剂等；生物漂白助剂：如白腐菌、木糖酶、木素酶
	消泡剂	煤油、脂肪酸酯、正辛醇、聚醚、硅油等
	防腐剂	卤化水杨酸、苯并异噻唑酮、对氯间甲酚等
	脱墨剂	表面活性剂、助洗剂、防油墨再沉积剂、分散剂等
	废水处理剂	无机絮凝剂：铝盐、铁盐等；有机絮凝剂：聚丙烯酰胺、聚丙烯酸钠；生物处理剂
抄纸化学品	浆内施胶剂	松香胶、强化松香、乳液型松香胶、中性施胶剂（如阳离子松香胶）、反应性施胶剂、AKD、ASA 等
	助留剂、助滤剂	明矾、聚丙烯酰胺、聚乙烯亚胺、聚甘露糖半乳糖、阳离子淀粉、壳聚糖及其改性物等
	干强剂	淀粉及各种变性淀粉、聚丙烯酰胺、聚酰胺、羟乙基皂荚豆胶、聚丙烯酰胺接枝淀粉等
	湿强剂	三聚氰胺甲醛树脂、双醛淀粉、聚乙烯亚胺、聚酰胺多胺环氧氯丙烷
	浆内消泡剂	聚醚类、脂肪酸酯类、有机硅类
	柔软剂	表面活性剂、（阳离子、两性）、高碳醇、改性羊毛脂、高分子蜡、有机硅高分子等
	分散剂	聚氧化乙烯、聚丙烯酰胺、海藻酸钠等
	色料	颜料（无机和有机）和染料（酸性、碱性、直接和活性染料等）
	其他	荧光增白剂、树脂控制剂、纤维分散剂等
	表面施胶剂、表面增强剂	改性天然高分子（如氧化淀粉、羧甲基纤维素等）、合成高分子（如聚乙烯醇、聚丙烯酸酯、苯乙烯马来酸酐共聚物）、蜡乳液、硬脂酸盐配合物等
涂布加工化学品	涂布黏合剂	天然高分子（如阿拉伯树胶、骨胶、明胶、酪素、皂荚、豆胶、淀粉等）、改性天然高分子（如甲基纤维素、氧化淀粉、羟乙基淀粉等）、合成高分子（如丁苯胶、丁腈胶、聚乙烯、聚乙烯醇、聚醋酸乙烯酯、聚丙烯酸酯、改性醇酸树脂、酚醛树脂、有机硅高分子、聚氨酯等）
	涂布助剂	消泡剂、光亮剂、柔软剂、黏度调节剂、防腐剂等
其他造纸用化学品		防油剂、防粘剂、防水剂、抗静电剂、毛毯洗净剂、防锈剂、润滑剂、离子剂等

① 造纸化学品发展数量和速度继续增加，发展潜力巨大。

目前，从造纸化学品的发展规模和应用范畴的变化来看可以称得上日新月异，极其迅速。例如美国生产造纸化学品的工厂自 20 世纪 60 年代初期 34 家、66 个品种，70 年代增加到 69 家、211 个品种，到 90 年代又发展到 200 多家工厂专门为制浆造纸提供各种性能的造纸化学品，应用范畴从原料处理到成纸整饰、环境保护、三废处理，几乎包括整个造纸领域。我国 20 世纪 80 年代初，造纸化学品还几乎是空白，到“九五”末才达到 30 多万吨，到“十五”末高达 60 多万吨，“十一五”末高达 160 万吨。目前，我国已成为全球第一大纸和纸板生产与消费国，造纸化学品的需求会持续增加，预计“十二五”期间我国造纸化学品的年消费增长速度在 8%以上，到 2015 年的需求量将达到 230 万吨以上。从前面介绍造纸工业发展来看，造纸化学品的缺口很大。因此，今后我国造纸化学品的发展数量和速度会继续增加，并且发展潜力很大。

② 高效、低毒、无污染和合成聚合物的造纸化学品将有很大的发展。

根据前面讲到的造纸工业今后将向着有利环境保护和节约能源、资源的方向发展，造纸化学品必然要向着高效、低污染的方向发展。特别是一些高效聚合物在造纸中得到更广泛的应用，如高效改性聚丙烯酰胺做增干强剂，效果好、用量少、适用性强，并广泛用于污水处理；再如有机防腐剂具有高效、低毒、生物降解性好等特点；高效能废纸再利用的脱墨剂等。这主要是我国虽是世界第一大纸和纸板生产与消费国，但由于资源匮乏，草浆和废纸浆是我国造纸工业的主要原料，木浆仅占20%，这就需要继续发展废纸回收利用的造纸化学品，如脱墨剂、纤维增强剂以及提高非木浆纤维纸性能需要的造纸化学品。

③ 功能性和过程性添加用造纸化学品将大量发展，并由一元化单组分转向多品种、复配型发展。

这一点主要是长纤维资源紧张，造纸原料逐步由针木浆转向阔木浆、化学机械浆、磨木浆等短纤维浆，再生纤维大量回收利用；生产设备向大型高效化，纸机结构日趋复杂，添加助剂日趋广泛等原因。再有纸张质量要求也越来越高、功能也越来越多，如卫生纸要求柔软性、包装纸板要求防潮性、建筑用纸要求阻燃性、精美印刷纸要求光泽性等。因此，各种柔软剂、阻燃剂、防潮剂、光亮剂等各种功能性助剂也应需而生，各种助剂也由一元化向多组分、多品种复配型发展。

④ 纸面处理和涂布加工用化学品日趋增加。

由于浆内添加易受生产条件如水质、pH值、温度和送浆时的速率等因素的影响，单用内添加剂难以达到特殊要求的纸，再加上湿添加易造成污染等。例如高度憎水性的防水纸、优异防火性的阻燃纸、抗油性的食品包装纸等，可采用纸面处理、涂布加工处理。因此，纸面处理和涂布加工用化学品也将迅速发展。

⑤ 造纸化学品向着规模化、专用化、系列化方向发展。

我国造纸化学品行业正进入快速发展时期，不管是品种和数量，还是产业结构的调整，都要求造纸化学品向着规模化、专业化、系列化方向发展。因为我国目前造纸用化学品还处在发展阶段，产量低、质量不稳定、品种少、专用性差、生产企业规模小，为了适应造纸行业高速发展，必然加快步伐，向着规模化、专用化、系列化方向发展。

第二节　制浆用化学品

制浆过程是将植物纤维原料分离成纤维的过程，它是造纸工业中制浆、造纸、涂布加工三大主要工艺过程之一。在这一过程中，纤维原料制浆都要经过化学药剂的处理，在处理过程中用于提高制浆生产效率、减少制浆中原料的消耗、提高纸浆质量、控制和缓和制浆过程中可能发生障碍时所用的辅助化学药品都称为制浆用化学品，造纸行业常称为制浆化学助剂。

在制浆处理过程中所用的酸、碱、盐虽然也是制浆用化学品，但它们不属于精细化学品研究范围。本节主要介绍制浆处理过程的各种化学助剂，因为这些辅助化学品符合精细化学品的特征。

制浆过程中所需的化学助剂主要包括：纤维原料蒸煮时所用的蒸煮助剂；制浆漂白用的漂白助剂；消除制浆过程中泡沫的消泡剂；废纸制浆用的脱墨剂；黑液浓缩过程的阻垢剂和废液处理过程中的絮凝剂等。本章主要介绍制浆过程中所需的蒸煮、漂白、废纸脱墨、消泡及废液处理方面的化学助剂。

制浆化学助剂与造纸业中其他化学品一样，正在随着造纸业的发展而不断改进。特别是近些年来，随着人们对环境保护和能源节约意识的重视，制浆用化学品将主要向着高效、低污染、多功能型方面发展。

一、蒸煮化学助剂

造纸工业中的蒸煮是在蒸煮锅内控制一定的温度和压力，使含化学药品的蒸煮液与纤维原料发生作用，使原料纤维分离的过程。在这个过程中，蒸煮液的化学组成起着重要的作用。这些蒸煮液中除了常用的酸、碱、盐蒸煮剂外，为了提高蒸煮速度，减少蒸煮药剂的用量，提高纸浆得率或强度，还添加一些辅助化学药品。由于这些辅助化学药品的加入，大大提高了蒸煮效率，再加上工艺和设备的不断改进，使蒸煮能力不断提高。目前，在蒸煮工艺和设备已达到相当高程度后，要想再提高效率，深入研究新的蒸煮药品和辅助药品显得尤为重要，本节主要介绍蒸煮液中的辅助化学品。

1. 蒸煮助剂的分类及作用原理

(1) 蒸煮助剂及分类

所谓的蒸煮助剂，就是用以加速蒸煮液对纤维原料的渗透或加速脱木素作用，从而缩短蒸煮时间或降低蒸煮温度、减少蒸煮药剂的用量、提高纸浆得率或强度的化学品。

蒸煮过程中所用的助剂，从化学组成来看主要分为两大类：一类是无机蒸煮助剂，另一类是有机蒸煮助剂。

① 无机蒸煮助剂　在蒸煮过程中添加的辅助化学药品是无机物的称为无机蒸煮助剂。例如：在硫酸盐法蒸煮中添加多硫化钠作为蒸煮助剂。挪威 Peferson&Son 纸厂，日产 600t 多硫化钠纸浆，得率比一般的硫酸盐高 3%。在硫酸盐法和烧碱法蒸煮中添加亚硫酸钠，也可提高蒸煮得率，纸浆的颜色较浅，滤水性好，易洗、易漂白，泡沫少。添加较多时，还有硫化木素作用。一些还原性的无机助剂，如硼氢化钠（$NaBH_4$）和连二亚硫酸钠（$Na_2S_2O_4$），也常作为蒸煮助剂添加于硫酸盐法和碱法蒸煮过程中。

② 有机蒸煮助剂　在蒸煮过程中添加的辅助化学品是有机物的称为有机蒸煮剂。这类蒸煮助剂使用较早，品种较多，包括氧化性的有机助剂、还原性的有机助剂及既有氧化性又有还原性的助剂。目前，蒸煮助剂已转向采用有机蒸煮助剂方面。

早期的蒸煮助剂主要是阴离子型和非离子型表面活性剂类有机助剂。这种蒸煮助剂具有强力的渗透、分散特性，并在高温、强酸、强碱蒸煮条件下稳定。可以缩短蒸煮时间，减少化学药品用量和热能消耗，相应提高纸浆得率。对于碱法、硫酸盐法、中性亚硫酸法等多种方法均有效。

随着化学和造纸业的发展，到了 20 世纪 70 年代初期，造纸工业采用在碱法制浆中加入蒽醌及其衍生物来加速蒸煮时碱液对纤维原料的脱木素作用，稳定碳水化合物，降低化学品及能量消耗，相应提高纸浆得率。在硫酸盐法制浆中，也可降低硫化度，减少环境控制系统的负荷。除了造纸碱法和硫酸盐法外，目前，已在高得率亚硫酸法、磺化化学机械法等多种制浆方法中推广使用，目前已成为主要的蒸煮助剂。

(2) 蒸煮助剂作用原理

蒸煮的目的是适当地将原料中的木素除去，使原料纤维分离，在除去木素的同时，原料中的纤维和半纤维亦会不同程度地受到降解。其他成分如树脂、蜡、脂肪、松节油、单宁等成分也会发生某些化学反应。这些反应有的对蒸煮有利，但也有的对蒸煮不利。为了更快更有效地达到蒸煮的目的，就必须了解蒸煮过程中蒸煮剂和蒸煮助剂的作用和原理，从而达到使用更少助剂，更快更多地得到造纸用的纤维素和半纤维素。

蒸煮过程大致可分为两个阶段：第一个阶段为渗透和反应阶段，即蒸煮液进入木片或草片中，并与木素等发生反应；第二个阶段是溶出阶段，即反应后的木素进入蒸煮液中。当然这两个阶段也不能截然分开。作为蒸煮助剂在这两段的作用原理是：加快蒸煮液的渗透，加速蒸煮反应，创造和改善蒸煮和溶出非纤维素的条件。下面分别举例说明。

① 加速蒸煮液的渗透作用　在蒸煮过程中，蒸煮液的渗透对脱木素起着重要的作用。例如：在酸性亚硫酸氢盐的蒸煮中，药液的渗透作用显得很重要，渗透不均匀、不完全，则筛渣量增多，细浆得率低，漂白率和尘埃度增高，降低纸浆的质量。严重时则出现“黑煮”。加入少量蒸煮助剂增加渗透作用，可防止上述现象发生。常用的有阴离子型和非离子型表面活性剂，可达到浸透、分散之目的。

② 参与蒸煮反应保护碳水化合物　绝大多数的蒸煮助剂都参与蒸煮反应，并加快脱木素的作用。例如：在硫酸盐和烧碱法蒸煮中添加多硫化钠的氧化作用，它能使碳水化合物醛末端基形成各种对碱稳定的糖酸末端基，从而停止剥皮反应。与多硫化钠的反应如下：

$$R_{纤}—CHO+S_2^{2-}+3OH^- \longrightarrow R_{纤}—COO^-+2S^{2-}+2H_2O$$

此外，用多硫化钠蒸煮，还能加快脱木素率，这也是因为增加 S^{2-} 的缘故。再如：在蒸煮中添加蒽醌助剂，蒽醌在蒸煮中的作用是首先氧化碳水化合物的还原末端基，使之变为羧基，从而避免剥皮反应，而蒽醌本身还原为蒽氢醌。反应如下：

$$R_{纤,半纤}—CHO + AQ \longrightarrow R_{纤,半纤}—COOH + H_2AQ$$

蒽醌 AQ　　　　蒽氢醌 H_2AQ

这个反应在蒸煮初期低温时就反应。在蒸煮后期较高温度时，由于碳水化合物的碱性水解产生了新的还原末端基，因此，这个反应也还存在。反应中形成蒽氢醌溶解在碱液中变成蒽酚酮离子（HAQ^-）后与木素亚甲基醌结构反应，反应后蒽酚酮离子又变回蒽醌，继续与碳水化合物进行氧化反应。

由此可见，蒽醌在蒸煮中参与了反应。它既保护了碳水化合物，提高了得率，又促进了木素的脱除，缩短了蒸煮时间，降低了纸浆硬度。蒽醌的其他衍生物如：四氢基蒽醌、双氨基蒽醌、蒽醌磺酸钠等都有类似的作用。

采用羟胺作碱法蒸煮助剂，也可以保护纤维素和半纤维素的末端基，并进一步氧化为羧基。反应过程如下：

$$R_{纤}—CHO+NH_2OH \xrightarrow{脱水} R_{纤}—CH{=}NOH(肟) \xrightarrow{OH^-\ 脱水} R_{纤}—C{\equiv}N \xrightarrow{OH^-\ 水解} R_{纤}—COO^-$$

此外，羟胺也能与木素中的羰基反应，使木素结构单元之间的缩合反应减少，从而加速蒸煮过程和提高纸浆的白度。

③ 改善蒸煮条件　从以上各例可以看出，蒸煮助剂可加速蒸煮液的渗透，参与各种化学反应，加速脱木素的作用，从而缩短蒸煮时间和降低蒸煮温度，减少蒸煮药剂用量，特别是碱的用量，相应地改善了蒸煮条件，使纤维原料在相对较低碱度、较低温度下蒸煮较短的时间就达到目的。例如：硫酸盐和碱法蒸煮中，添加甲醇（CH_3OH），甲醇对活性苄醇基的甲基化作用防止了木素的缩合，提高了蒸煮脱木素速率。

综上所述，添加蒸煮助剂可加快蒸煮液的渗透作用，加快脱木素速率，保护碳水化合物，改善蒸煮条件。由于各种蒸煮助剂不同，上述作用有所不同，但多数蒸煮助剂都兼有上述几种作用。

2. 重要的蒸煮助剂

在造纸工业中不同蒸煮方法需要不同的蒸煮助剂，同一种方法中，由于原料不同、制浆的要求不同也需采用不同的蒸煮助剂，从而促使蒸煮助剂的品种越来越多。本节就几种常用的无机和有机蒸煮助剂的结构、性质、制备、作用及应用方面做一介绍。

(1) 常用的无机蒸煮助剂

① 多硫化钠（Na_2S_x） 多硫化钠作为蒸煮助剂，20 世纪 70 年代初国外制浆厂就开始在硫酸法蒸煮中使用，并取得了很好的效果。

多硫化钠中多硫离子具有链状结构，S 原子是通过共用电子对相连成硫链，主要为 S_3^{2-}、S_5^{2-}，其结构如图 4-2。

$[S-S-S]^{2-}$（0.215nm，103）　　$[S-S-S-S-S]^{2-}$

S_3^{2-}　　S_5^{2-}

图 4-2 多硫离子的结构

由于多硫化钠中存在过硫链，它与 H_2O_2 中的过氧链类似。因此，多硫化物具有氧化性，并能发生歧化反应。

$$Na_2S_2 = Na_2S + S$$

多硫化钠为黄色微晶粉末。吸湿性很强，易溶于水，水溶液一般显黄色，随着 x 值的增加由黄、橙色而至红色。

多硫化钠在酸性溶液中很不稳定，容易生成硫化氢和硫。

$$S_x^{2-} + 2H^+ = H_2S + (x-1)S$$

多硫化钠制备：一般可由硫化钠溶液溶解单质硫生成多硫化钠。

$$Na_2S + (x-1)S = Na_2S_x$$

造纸业多硫化钠蒸煮液的制备通常是直接加硫至硫酸盐蒸煮液中，也可将白液中的硫化钠进行部分氧化制得多硫化钠。

加硫到硫酸盐蒸煮液中的反应有：

$$4S + 6NaOH \rightleftharpoons 2Na_2S + Na_2S_2O_3 + 3H_2O$$

$$Na_2S + (x-1)S \longrightarrow Na_2S_x$$

用空气中的氧作氧化剂，将白液中 Na_2S 氧化为 Na_2S_x 是最经济的方法，但是易将 Na_2S 氧化为硫代硫酸钠，为了防止进一步地氧化，需要用活性炭加以控制，使之只氧化为多硫化钠，此法称为 Moxy 方法。反应式为：

$$2Na_2S + 1/2O_2 + H_2O \xrightarrow{C} Na_2S_2 + 2NaOH$$

或：$$2Na_2S + O_2 + 2H_2O \longrightarrow 2S + 4NaOH$$

$$Na_2S + (x-1)S \longrightarrow Na_2S_x$$

此外，也可用 MnO_2 来氧化 Na_2S 使之变成多硫化钠：

$$Na_2S + MnO_2 + H_2O \longrightarrow S + 2NaOH + MnO$$

$$(x-1)S + Na_2S \longrightarrow Na_2S_x$$

$$MnO + 1/2O_2 \longrightarrow MnO_2 \text{（循环使用）}$$

蒸煮中作为蒸煮助剂，主要是利用多硫化钠的氧化作用，它能使碳水化合物醛末端基氧化成各种碱稳定的糖酸末端基，从而停止剥皮反应，提高蒸煮得率。例如在一种松木的硫酸盐蒸煮试验中，加入 12%多硫化钠，制浆得率由 50%提高到 61%。

② 亚硫酸钠 亚硫酸钠（Na_2SO_3）可作为烧碱法和硫酸盐法的蒸煮助剂。烧碱法蒸煮

时添加 Na_2SO_3 可形成碱性亚硫酸钠法蒸煮，硫酸盐法蒸煮时可添加 Na_2SO_3 代替部分 NaOH 和 Na_2S。Na_2SO_3 用于中性亚硫酸盐制浆的蒸煮液。

Na_2SO_3 中，硫的氧化数为＋4，硫的常见氧化数为－2、0、＋4、＋6，所以 Na_2SO_3 既有氧化性，又有还原性，在制浆蒸煮中主要是利用其氧化性，而在化工业主要是利用它的还原性。Na_2SO_3 在空气中易氧化成硫酸钠，受热易分解。

在硫酸盐法和烧碱法蒸煮制浆中，添加 Na_2SO_3 用量不多时起到助剂的作用，它能氧化纤维素和半纤维素的醛末端基为羧基，从而减少剥皮反应。

$$3R_{纤}-CHO+SO_3^{2-}+3OH^- \longrightarrow 3R_{纤}-COO^-+S^{2-}+3H_2O$$

Na_2SO_3 用量多时可作为蒸煮剂，有磺化木素的作用。添加 Na_2SO_3 可使蒸煮得率提高，纸浆颜色较浅，滤水性好，好洗、易漂，废液泡沫少。

③ 硼氢化钠　硼氢化钠（$NaBH_4$），白色结晶粉末。密度为 1.074g/cm^3，在干空气中稳定，在湿空气中分解。溶于水、液氨、胺类，微溶于四氢呋喃，不溶于乙醚、苯、烃。

$NaBH_4$ 与水作用产生氢气，在碱性溶液呈棕黄色。$NaBH_4$ 是一种良好的还原剂，可用作醛类、酮类和酰氯类的还原剂。

$NaBH_4$ 的制备通常是用氢化钠-硼酸甲酯法，此法是将硼酸与甲醇作用生成硼酸甲酯，再和由氢气与钠作用而得的氢化钠反应即生成硼氢化钠。其反应式如下：

$$H_3BO_3+3CH_3OH = B(OCH_3)_3+3H_2O$$

$$2Na+H_2 \xlongequal{石蜡油} 2NaH$$

$$4NaH+B(OCH_3)_3 \xlongequal{加热} NaBH_4+3NaOCH_3$$

由于 $NaBH_4$ 是一个强还原剂，所以可用它作为还原性无机助剂添加到蒸煮液中，它能使还原性基团如羰基还原为羟基，从而使纤维素、半纤维素避免剥皮反应：

$$4R_{纤,半纤}-CHO+NaBH_4+2NaOH+H_2O \longrightarrow 4R_{纤,半纤}-CH_2OH+Na_3BO_3$$

结果是提高了蒸煮得率。但是，由于 $NaBH_4$ 在 135℃的热碱液中即完全分解，反应如下：

$$NaBH_4+2NaOH+H_2O = 4H_2+Na_3BO_3$$

因此，最好在 80℃左右用 $NaBH_4$ 预处理后再进行普通的碱蒸煮。

④ 连二亚硫酸钠　连二亚硫酸钠（$Na_2S_2O_4$）又称保险粉。固体时有无水和含两个结晶水之分，不含结晶水的是细砂状粉末，含结晶水的（$Na_2S_2O_4 \cdot 2H_2O$）为细小发光棱晶，但两个结晶水不稳定，易分解。工业品密度为 2.3～2.4g/cm^3，易溶于水，不溶于乙醇，但水溶液中有食盐和 NaOH 时溶解度急剧减低。

$Na_2S_2O_4$ 是一个很强的还原剂，它的水溶液在空气中放置就被空气中的氧氧化，生成亚硫酸盐或硫酸盐：

$$2Na_2S_2O_4+O_2+2H_2O = 4NaHSO_3$$

$$Na_2S_2O_4+O_2+H_2O = NaHSO_3+NaHSO_4$$

其水溶液不稳定性的另一个表现是升温易分解，遇无机酸则剧烈分解。如遇稀硫酸立即分解为：

$$2H_2S_2O_4 = 3SO_2+S+2H_2O$$

潮湿状态的 $Na_2S_2O_4$ 在空气中易分解放出大量热，达 250℃时会自燃或爆炸。

连二亚硫酸钠的制备方法有：锌粉法、甲酸钠法等。

a. 锌粉法：在还原器中加入一定量的水和锌粉，搅拌成浆状，通入 SO_2，反应温度 35～45℃，反应生成连二亚硫酸锌。反应完后再用碱液充分中和，然后再经过滤除去

$Zn(OH)_2$、盐析、洗涤、干燥、混合等步骤而制得。反应式为：

$$SO_2 + H_2O \longrightarrow H_2SO_3$$

$$2H_2SO_3 + Zn \longrightarrow ZnS_2O_4 + 2H_2O$$

$$ZnS_2O_4 + 2NaOH \longrightarrow Na_2S_2O_4 + Zn(OH)_2 \downarrow$$

b. 甲酸钠法：将甲酸钠和苛性钠溶液加入装有乙醇水溶液的反应器里，搅拌下通入 SO_2 至所需要量，在一定温度、压力和 pH 值下充分反应制得：

$$HCOONa + NaOH + 2SO_2 \longrightarrow Na_2S_2O_4 + H_2O + CO_2 \uparrow$$

连二亚硫酸钠也是一种强还原剂，能还原羰基为羟基。因此，将其作为无机还原性助剂加入蒸煮液中还原浆料中碳水化合物中的羰基，还能还原木素中的羰基，结果使纸浆的发色基团减少，纸浆颜色变白，同时也增进了脱木素的速率。

(2) 重要的有机蒸煮助剂

有机蒸煮助剂也很多，既有氧化性的，又有还原性的。有的助剂既有氧化性又有还原性。这些助剂中，有些对加快脱木素速率有帮助，有些对保护碳水化合物有帮助，有些则两者兼有。目前，蒸煮中加入有机助剂已成为主要发展趋势，下面介绍几种有机蒸煮助剂。

① 蒽醌　蒽醌（Authraquinone，简写 AQ）作为蒸煮助剂是 20 世纪 70 年代初由德国人首次报道。目前，它作为蒸煮助剂的研究和利用已取得了可喜的成绩，它在制浆中的作用机理已被认识，在提高蒸煮速度、提高纸浆的得率和强度等方面的效果也已被确认。随着植物纤维原料资源的日趋减少和环境保护条例的实施，世界许多国家和地区越来越重视 AQ 类助剂的应用。并逐渐发展到使用 AQ 的各类衍生物。

蒽醌的分子式为 $C_6H_4(CO)_2C_6H_4$，其结构式为：。

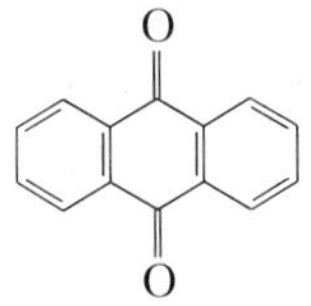

从蒽醌的结构看，蒽醌分子中，中间一环是对醌的结构，环上两个键被两个苯基保护着。因此不易被氧化，但能被硝化、溴化、磺化等。

纯的蒽醌为淡黄色针状晶体。密度 $1.438g/cm^3$、熔点 286℃、沸点 379～381℃。工业品为灰绿色结晶粉末。微溶于水、乙醇、乙醚和氯仿，易溶于热苯、热的浓硫酸，但不溶于稀硫酸。

蒽醌的制备：蒽醌的制备方法有蒽氧化法、邻苯二甲酸酐法（Friedel-Crafts 法）、蒽醌法（Diels-Alder 法）、苯乙烯单体法（BASF 法）等。目前，生产蒽醌的方法主要是第一种方法。蒽氧化法是将汽化了的蒽和空气混合，经雾滴捕集器和热交换器进入转化器，通过催化剂发生氧化反应，再经冷却、沉降等步骤得到蒽醌。反应式为：

$$\xrightarrow[O_2]{催化剂}$$

纯蒽醌是染料的中间体，价格昂贵，因此大多数制浆厂应用的是粗蒽醌、萘醌及其衍生物。例如可从染料厂生产的还原蓝 RSH 染料中得到蒽醌衍生物。本法是以苯二甲酸酐为基本原料，经与氯苯缩合后制成 2-氯蒽醌，再经氨化制成 2-氨基蒽醌，最后经碱熔等化学反应而制成还原蓝染料。这种染料的回收率仅为 50%左右，其余原料均形成蒽醌类化合物而存在于废液之中，经回收可作为蒸煮添加剂。

蒽醌类蒸煮助剂的作用机理：蒽醌在化学制浆中的作用是一个氧化还原催化作用。在碱法制浆中，碳水化合物分子上的醛基在碱性条件下变为酮基，导致碳水化合物分子的剥皮反应。严重的剥皮反应，将造成纸浆得率和强度下降。添加AQ后，AQ把碳水化合物分子上的隐性醛基氧化为羧基，避免了剥皮反应，提高了纸浆的得率和强度。蒽醌在此过程中被还原为蒽氢醌（HAQ）。反应如下：

$$\text{AQ} + R\text{—CHO} + H_2O \longrightarrow R\text{—COOH} + \text{HAQ}$$

AQ　　碳水化合物　　HAQ

蒽氢醌在碱性条件下电离为易溶的蒽氢醌离子（HAQ^{2-}）。蒽氢醌离子进而与木素大分子中的亚甲基醌结构反应，提供电子促使木素分子中β-芳基醚键迅速断裂，加速木素的溶出。而蒽氢醌则又被氧化为蒽醌形式。

蒽醌在制浆中重复进行氧化-还原反应，使其可以在很少的用量下，对脱木素反应产生催化作用。

用蒽醌加快脱木素速率可降低蒸煮温度，缩短蒸煮时间，减少碱的用量，降低蒸煮液硫化度和降低纸浆硬度；而减少碳水化合物降解则可以提高纸浆得率和纸浆强度。

蒽醌在各种制浆方法中的应用实践证明，对不同的原料，不同蒸煮方法中使用蒽醌的效果有所差异，可概括如下。

a. 碱法制浆。在烧碱法及硫酸盐法蒸煮中加入蒽醌，不同的原料应用效果有所差异。对于各种杉木、松木等针叶材的硫酸盐法制浆，加入蒽醌后，纸浆得率可提高0.8%～4.0%，蒸煮液的硫化度可降低20%，蒽醌的用量在0.05%～0.2%范围内。对于阔叶材制浆，蒽醌加入多在0.05%～0.1%范围内。烧碱法制浆中加入蒽醌后，纸浆得率可提高2.5%～3.5%，用碱量降低10%，浆质量也有所改善。

对于非木材植物原料，在进行烧碱法制浆时添加蒽醌0.05%～0.1%，均有一定效果，用碱量可降低10%～20%，纸浆得率提高2%～5%。但对硫酸盐法制浆，蒽醌的加入未显出明显效果。

b. 亚硫酸盐法制浆。由于蒽醌仅在碱性条件下显示催化作用，所以，蒽醌反应用于碱性亚硫酸盐（AS）及中性亚硫酸盐（NS）制浆过程中。对于各类原料的AS-AQ法制浆，总的效果为：在纸浆得率相近时，AS-AQ浆较硫酸盐浆硬度低，浆强度和白度高；在纸浆硬度相近时，AS-AQ浆较硫酸盐浆得率高，易漂白。

蒽醌对于中性亚硫酸盐化学浆（NS）及中性硫酸盐半化学浆（NSSC）的制浆也是很有效的。对针叶所做的NS-AQ浆与硫酸盐制浆比较表明：NS-AQ浆得率较硫酸盐浆高8%～10%，浆的硬度也提高5%～8%（卡伯值）。

② 蒽醌衍生物　除了蒽醌作为制浆蒸煮助剂外，许多蒽醌的衍生物也应用于蒸煮过程，并且蒸煮效果更佳。蒽醌衍生物可按蒽醌上结合的基团不同而分为：羟基蒽醌、硝基蒽醌、蒽醌磺酸盐等。由于蒽醌衍生物较多，其性质和制备这里就不再介绍，下面举几种在制浆蒸煮中应用的实例。

四氢蒽醌（简称THAQ）作为蒸煮助剂，其蒸煮效果比蒽醌更好，这主要是THAQ可溶于碱液中达到与原料均匀混合的目的，结果使蒸煮得率比蒽醌高。

$$THAQ + 2NaOH \longrightarrow \text{二氢蒽氢醌的钠盐}$$

THAQ　　　　二氢蒽氢醌的钠盐

二氢蒽氢醌的钠盐与木素反应生成二氢蒽醌，二氢蒽醌再与碳水化合物反应。这样，周而复始地循环反应，既加快脱木素过程，又保护碳水化合物。

氨基蒽醌比蒽醌更易溶于碱液中，也可作为蒸煮助剂使用。如：在碱法麦草蒸煮中添加0.05%氨基蒽醌（$AQ—NH_2$），当蒽醌用量和其他条件相同时，粗浆得率提高2.1%，成浆颜色浅，易洗涤，易漂白。

在麦草碱性亚硫酸钠法制浆中加入以羟基蒽醌为主的蒽醌衍生物蒸煮，也可取得很好的效果。例如：吉林化工厂生产蒽醌衍生物（A），其主要成分为羟基蒽醌，占总量的80%。作为麦草碱性亚硫酸钠蒸煮，可节约耗碱量，缩短蒸煮时间，增加浆得率。该衍生物价格也较蒽醌低。

③ 烷基苯磺酸盐　烷基苯磺酸盐是一类应用非常广泛的阴离子表面活性剂，其中以烷基苯磺酸钠为最常用的盐。烷基苯磺酸钠是一种黄色油状液体。经纯化可以形成六角形或斜方形薄片状结晶。通常烷基苯磺酸钠不是纯粹的化合物，当选用不同的原料和工艺路线时，其组成和结构差异很大，致使其表面活性和胶体性质有所不同。如烷基碳原子数、烷基链支化度、苯环在烷基链上的位置、磺酸基在苯环上的位置及数目等对其性质有影响。

烷基苯磺酸钠为阴离子型表面活性剂，具有渗透、乳化、分散、发泡、洗涤去污等功能。生物降解度高，并可在较宽的pH范围内稳定，所以可用作破布脱色和废棉去除油脂的蒸煮助剂，从而提高漂白棉布浆的白度。

二、漂白化学助剂

在制浆过程中分离出的纤维素或多或少都含有一定量木素、有色物质及其他杂质，因而使纸浆具有一定颜色。各种不同原料和制浆方法所制得纸浆颜色的深浅也不同，制造出纸的颜色也不一样，这样会影响纸张的印刷和使用。因此，长期以来人们在制浆造纸中增加纸浆漂白过程，从而来提高纸浆的白度和性能。在漂白过程中能有效提高漂白效率的辅助化学药品称为漂白过程的化学助剂。本节主要介绍这方面的内容。

1. 漂白助剂及分类

在漂白过程中，根据不同的方法和不同的目的要求选用不同的化学助剂。

(1) 漂白的目的和方法

纸浆漂白的目的是：以合理的费用，在保持纸浆良好强度和适宜的造纸性能的情况下，使用适量药品和合理的方法，消除纸浆中有色物质和杂质，从而生产出一定白度的纸浆。在生产化学加工用浆时，通过漂白还需使纸浆具有新的物理化学性能。

纸浆的漂白方法：漂白的方法多种多样，但从纸浆漂白的发展历史看，人们主要从漂白剂、漂白助剂和漂白设备及工艺两方面进行研究和开发。例如：在纸浆漂白剂方面，最早是手工业生产时代的氧漂。后来，发现氯气漂白，逐渐发展到用次氯酸钠、次氯酸钙、连二亚硫酸盐、过氧化氢、氧、臭氧等漂白剂。当前人们正开发高效、低污染和多组分、多功能的漂白剂和漂白助剂。

从漂白设备和工艺看，较早漂白是在打浆机内进行。1895年德国Bellmer兄弟制成贝麦漂白池设备，后来逐渐发展到连续漂白、分段漂白和综合多段漂白等工艺。

就其漂白所用药品的作用来看：传统漂白方法主要分两类，一类称氧化漂白，它是利用漂白剂的氧化作用除去制浆中残留的木素，破坏发色基团，使木素分子氧化溶出。另一类称还原性漂白，它是用还原性漂白剂，有选择地破坏纸浆中的发色基团的结构，并不除去浆中木素。

目前，投产和开发的新型漂白方法有氧漂白（氧-碱漂白）、置换漂白、臭氧漂白、气相漂白、酶漂白和漂白助剂协同漂白等方法。并且漂白助剂已是目前漂白方法中不可缺少的越来越重要的组成部分。这主要是因为单一漂白剂的功能总是有限的，并且单一漂白剂会受条件限制。

(2) 漂白助剂

漂白助剂是指：在漂白过程中，用于提高漂白剂稳定性，减少无效分解或减少纤维素降解，保持漂白后纸浆强度的化学药品。例如：在次氯酸盐漂白过程中，加入氨基磺酸，可缓和漂白氧化速率，从而减少纤维素降解，相应地保持漂白浆强度和减少漂白剂损失。

由于硅酸钠、硫酸镁表面有吸附重金属离子的作用，可防止漂白剂 H_2O_2 的分解。因此，可作为 H_2O_2 漂白保护剂，以调节酸值和防止微量重金属离子对 H_2O_2 的催化分解作用。碳酸镁、硫酸镁、氧化镁可作为氧碱漂白时纤维保护剂。如添加少量二亚乙基三胺-戊亚甲基磷酸（DTPMP)，则有更好的效果。

(3) 漂白助剂的分类

漂白助剂可按其性能和作用分类，但该分类法有一定的任意性。从化学角度可将漂白助剂分为以下几类。

① 无机漂白助剂　在漂白过程中，添加的化学助剂是无机物的称为无机漂白助剂。例如：MgO、$MgSO_4$、$MgCO_3$、Na_2SiO_3，在二氧化氯漂白中添加的 Cl_2、V_2O_5，氧碱漂白中的 KI，螯合剂三聚磷酸钠（STPP)，碱处理中 KBH_4、Na_2SO_3、H_2O_2 等都属于无机化学助剂类。

② 有机漂白助剂　在漂白过程中，添加的化学助剂是有机物的称为有机漂白助剂。例如：次氯酸盐漂白中氨基磺酸；螯合剂乙二胺四乙酸及其钠盐、二亚乙基三胺五醋酸及其钠盐；过氧化氢漂白中的尿素等都属于有机漂白助剂。

③ 生物漂白助剂　在漂白过程中，通过微生物或酶制剂预处理来协助纸浆漂白过程，这类微生物或酶制剂常称为生物漂白助剂。例如，木聚糖酶作为漂白助剂，已在北欧和北美地区不少工厂用于硫酸盐浆的漂白。

2. 漂白助剂的作用原理

在漂白过程中，由于加入漂白剂和漂白助剂的不同，漂白助剂的作用原理也各不相同，就漂白助剂来看主要作用原理有下列几点。

(1) 加速漂白剂与发色基团的作用

在前面已讲过，漂白的主要目的是利用还原性或氧化性物质与纸浆中残留的木素作用，破坏发色基团，从而提高纸浆的白度。但是这些氧化性或还原性物质在作用时，会受各种因素的影响而受阻或降低其性能，使用漂白助剂可加速或提高漂白剂与发色基团的作用。如在 ClO_2 漂白时或多或少会发生分解产生氯酸盐，降低了 ClO_2 的漂白能力。为了使这部分氯酸盐发挥漂白作用，并使 ClO_2 起到充分漂白作用，可添加五氧化二矾作助剂，用量为浆的0.008%，使氯酸盐充分发挥漂白作用，其反应如下：

$$V^{5+} + \text{有色物质(木素)} \longrightarrow \text{氧化了的有色物质} + V^{4+}$$

$$6V^{4+} + ClO_3^- + 6H^+ \longrightarrow 6V^{5+} + Cl^- + 3H_2O$$

$$ClO_3^- + 2H^+ + Cl^- \longrightarrow ClO_2 + 1/2Cl_2 + H_2O$$

由此可见，V_2O_5 助剂的催化作用，实际上是 V_2O_5 本身发生了氧化还原反应，间接地发挥了氯酸盐的漂白作用。V_2O_5 的催化作用，在终漂 pH 值为 4 时效果最佳。

(2) 提高各种漂白剂的利用率

化学漂白中的漂白剂都是氧化剂或还原剂，它们都易和接触到的物质反应，除了与有色物质作用外，还易和周围其他杂质作用或受条件影响而分解。为使其稳定，减少无效分解，例如在 H_2O_2 的漂白过程中，可添加 Na_2SiO_3、$MgSO_4$ 等能吸附重金属离子的助剂，也可添加三聚磷酸钠、乙二胺四乙酸及其钠盐、二亚乙基三胺五醋酸及其钠盐等螯合剂等，这样可防止微量重金属离子对 H_2O_2 的分解，从而提高 H_2O_2 漂白剂的利用率。

(3) 改善各类漂白过程的条件

在各种漂白方法中，各种漂白剂都有其最佳使用条件，只有在最佳使用条件下，漂白剂才能发挥最佳效果。如，漂白过程中的酸碱度、温度、时间、其他物质及杂质的存在、设备及工艺等。还有在多段漂白中，前段漂白剂会带入后段漂白剂中，也会影响后段漂白。解决上述问题的主要方法就是添加漂白助剂来改变不利漂白剂发挥最大作用的条件。

例如，H_2O_2 漂白中，添加 Na_2SiO_3 具有缓冲酸、碱度的作用和降低浆中重金属离子作用，从而减少 H_2O_2 无效分解。

3. 常见的漂白助剂及应用

(1) 常见的无机漂白助剂

在各种纸浆的漂白过程中，所添加的无机漂白助剂较多，下面列举几种。

① 镁的化合物　在氧碱漂白生产过程中，纤维素易发生降解，其原因主要是氧的自由基氧化反应，特别是有过渡金属离子存在时更为严重。为了阻止或减轻这种碱性氧化降解，人们发现添加镁的化合物能阻止这种氧化降解。常见的有碱式碳酸镁、硫酸镁、氧化镁或镁的配合物。

② 硅酸钠　硅酸钠（Na_2SiO_3）俗称水玻璃或泡花碱。液体为透明无色或带淡黄色、浅灰色的黏稠液体。固体为天蓝色或黄绿色玻璃状物质，与少量水或蒸汽能发生水合作用生成水合水玻璃。

工业生产的硅酸钠是一类多硅酸钠，其组成常用 $Na_2O \cdot nSiO_2$ 表示，其性质随分子中氧化钠和二氧化硅的比值（摩尔比）不同而不同。此比值称为模数。模数在 3 以上的称为中性水玻璃，在 3 以下的称为碱性水玻璃。固体水玻璃的密度随模数变化而变化，无固定的熔点。对急冷急热非常敏感，骤冷骤热时立即裂成不规则小块。置露在空气中与空气中的 CO_2 作用，生成 Na_2CO_3，析出白色固体结晶。

硅酸钠的制备可分为干法和湿法两种。干法又分为纯碱法和硫酸钠法。用它们和石英砂在反应器中加温加压而得，但难制得高模数的水玻璃。

硅酸钠作为造纸业的漂白助剂，主要应用于 H_2O_2 漂白过程。其作用主要有两点：一是缓冲作用，二是消除金属离子的作用。缓冲作用的机理是 H_2O_2 是一种弱酸，在溶液中存在下列平衡：

$$H_2O_2 \rightleftharpoons H^+ + HOO^-$$

起漂白作用的是 HOO^-，因此需要补充 OH^- 以促进 H_2O_2 产生足够 HOO^- 进行漂白反应，但 OH^- 也不能过高。加入一定量 Na_2SiO_3，补充一定碱度，以促进 H_2O_2 解离出漂白作用的 HOO^-。Na_2SiO_3 是一种弱酸强碱盐，水解过程的酸碱性正适宜 H_2O_2 漂白的 pH

值，并且漂白过程漂白液的 pH 变化很小。所以 Na_2SiO_3 起到缓冲作用。

消除金属离子的作用机理是：在各种纸浆中都或多或少存在着重金属离子 Fe^{2+}、Cu^{2+}、Mn^{2+}、Fe^{3+}等。加入 Na_2SiO_3 后，可吸附这些重金属离子，减少 H_2O_2 因受重金属离子催化的分解。所以，在 H_2O_2 漂白中 Na_2SiO_3 的稳定和保护作用是降低浆料中重金属离子。

③ 亚硫酸盐　在制浆造纸工业中所用的亚硫酸盐，主要有碱金属的钠、钾和铵盐，碱土金属的钙、镁盐。它们在制浆中可作为蒸煮剂、漂白剂和漂白助剂。常用的是亚硫酸钠和连二亚硫酸钠。关于它们的性质和制备在第一节已介绍。它们作蒸煮和漂白剂的作用，在制浆造纸工艺书中也有介绍。此处仅介绍它们作为漂白助剂的情况。

在某些制浆工业中设有碱处理工艺，在碱处理过程中存在着碳水化合物的降解问题。为减少降解反应，可在碱处理时添加助剂，早期用的助剂就是 Na_2SO_3。添加 Na_2SO_3 不仅减少降解，还增加纸浆的可漂白性。Na_2SO_3 在碱处理时的作用与碱蒸煮时的作用相似。主要是 Na_2SO_3 能作为氧化剂对碳水化合物的还原性末端基进行氧化，同时又是脱木素的反应剂。因此，碱处理后的纸浆的可漂白性提高。

为了提高白度，也可采用加入螯合剂或同时加入 Na_2SO_3 进行预处理后，再用 H_2O_2 漂白的方法。

④ 磷酸盐　磷酸盐有正磷酸盐、偏磷酸盐、焦磷酸盐和聚磷酸盐等多种磷酸盐，这些盐的酸根基本结构单元都是磷氧四面体结构。作为造纸业常用的有磷酸钠、磷酸氢钠、焦磷酸钠和三聚磷酸钠等。这些可溶性的磷酸盐中的酸根具有很强的配位能力，能与许多金属离子形成可溶性配合物。造纸业用作漂白助剂使用，主要是利用它们的这一性质。下面举三聚磷酸钠说明。

三聚磷酸钠（Sodium Tripolyphosphate）：简称 S. T. P. P。分子式 $Na_5P_3O_{10}$，结构式为：

```
          O        O        O
          ‖        ‖        ‖
NaO — P — O — P — O — P — ONa
          |        |        |
        NaO      NaO      NaO
```

$Na_5P_3O_{10}$为白色粉末或颗粒状固体，是链状缩合磷酸盐。常见有无水 $Na_5P_3O_{10}$及含结晶水 $Na_5P_3O_{10}\cdot 6H_2O$ 的两种，有较大吸湿性，水溶液呈碱性，在水中会逐渐水解生成正磷酸盐。

三聚磷酸钠作为漂白助剂，其作用是利用它的配合性。例如：在连二亚硫酸盐漂白工艺中，由于浆中的重金属离子，特别是铁离子会严重地影响到漂白浆的白度。其原因主要是铁离子能与无色多元酚反应生成有色配合物，或与有色的多元酚形成更深的配合物。铁离子还能催化多元酚的氧化作用以生成深色化合物。Fe^{2+} 作用是首先由空气中 O_2 氧化 Fe^{2+} 为 Fe^{3+}，Fe^{3+} 再氧化多元酚，并本身还原 Fe^{2+}，反应为：

$$Fe^{3+} + \text{多元酚} \longrightarrow \text{氧化了的多元酚(深色)} + Fe^{2+}$$

这样反复循环进行着催化作用，结果使浆的颜色变深。加入 0.2%～0.5% $Na_5P_3O_{10}$ 助剂，与 Fe^{2+} 等重金属形成稳定的螯合剂来消除重金属离子的影响，提高纸浆的白度。

⑤ 其他漂白助剂

a. 硼氢化钠（$NaBH_4$）：它是一种强还原剂，选择性强。早在 1958 年 W. C. Mayer 等人就用 $NaBH_4$ 对 65%红松和 35%香脂冷杉的 SGW 浆进行漂白试验，试验结果表明，$NaBH_4$ 用量为 1%，可提高白度 8%；2% $NaBH_4$ 漂白时，可提高白度 10.4%。Ventron

公司开发了用由40%NaOH、12%$NaBH_4$和48%水构成混合物能与$NaHSO_3$作用产生新生态$Na_2S_2O_4$，用于高得率纸浆的漂白，可节约化学药品，省人省力、安全方便，且稳定性好。

b. 碘化钾（KI）：KI作为漂白助剂，可以单独使用，也可与镁盐配合物联合使用。例如，在氧碱漂白中可用KI作助剂。过去认为：碘化物对氢氧自由基·OH是很好的消除剂，同时对过氧化氢自由基HOO·反应也很顺利。但是，在硫酸盐浆氧碱漂白是很难直接测定的。不过I^-对碳水化合物稳定作用的效果是很明显，比起其他氢氧自由基消除剂来说效果好得多。

其他无机漂白助剂，如草酸、高锰酸钾、过氧乙酸、过二硫酸等都可作漂白助剂使用。

(2) 常用的有机漂白助剂

① 氨基磺酸　氨基磺酸（H_2NSO_3H）：外观为无色无臭晶体；相对密度为2.126；熔点478K；在482K开始分解，分解产物为二氧化硫、三氧化硫、氮气和水等。氨基磺酸不挥发、不吸湿，在空气中稳定。可溶于水和液氮，微溶于甲醇，不溶于乙醇、乙醚和烃类。在硫酸和硫酸钠存在下，在水中的溶解度降低。10%水溶液pH值为0.5～1.5。水溶液加热时，水解成硫酸氢铵。容易同亚硝酸反应，在20℃时溶解度21.3g/100g水，80℃为47.1g/100g水。

氨基磺酸能和NaOH反应生成氨基磺酸盐，将其加入漂白液中，能抑制纤维素的剥皮反应和其他降解反应，因而可提高浆料的得率和强度性能。利用其性能常作为漂白助剂使用。氨基磺酸的制备是由尿素与发烟硫酸或氯磺酸反应制得，反应式如下：

$$H_2N\overset{\overset{\displaystyle O}{\|}}{C}NH_2 + SO_3 + H_2SO_4 \longrightarrow 2H_2NSO_3H + CO_2\uparrow$$

制备方法是将尿素先加入到反应釜中，在搅拌下缓慢加入发烟硫酸，控制温度不超过80℃，至发烟硫酸加完，反应液相无气体放出时，将反应液在冰水中冷却后慢慢移入盛有硫酸钠的结晶罐中，冷却结晶，结晶物经离心分离后，将粗氨基磺酸加入溶解罐中，加水在80℃加热搅拌溶解，全溶后将溶液转入结晶罐中，加入工业乙醇，冷却使其充分结晶，再经离心分离后，干燥即为产品。

氨基磺酸作为漂白助剂可用于次氯酸盐漂白中。由于次氯酸盐漂白需在碱性条件下漂白，漂白的pH值为10～10.5时，漂白纸浆白度的稳定性最好。但是漂白时pH值越高，漂白速度就越低，在某些情况下，为了加速漂白速度，有时采用降低pH值的方法。但是，这种情况下必须添加助剂防止碳水化合物的剧烈降解，用来抑制降解的助剂常用氨基磺酸。氨基磺酸保护碳水化合物的原理是氨基磺酸与次氯酸盐形成氯氨磺酸盐，如下式：

$$NH_2SO_3Na + NaClO = NHClSO_3Na + NaOH$$

氨基磺酸作为次氯酸盐漂白时的助剂，实际上是起到“自由基清除剂”的作用。在pH值较低的条件下，HOCl含量增加，HOCl能形成HO·和·Cl自由基，对碳水化合物的氧化能力特别强。所以，加入“自由基清除剂”就可以减少碳水化合物的降解。

② 甲脒亚磺酸（Formamidine Sulfinicacid，简称FAS）：化学结构式为$H_2N-\overset{\overset{\displaystyle NH}{\|}}{C}-SO_2H$，因其具有较强的还原性，国外已用于纸浆的漂白。甲脒亚磺酸为无色针状晶体，易溶于水，新配制的水溶液接近中性，但放置一段时间后酸性增强。在沸水中易分解并具有还原性。在碱性溶液中，甲脒亚磺酸分解同时生成强还原性的不稳定的次硫酸盐（SO_2^{2-}）。在弱酸性溶

液中，甲脒亚磺酸很易被氧化成甲脒磺酸［$NH_2(NH)CSO_3H$］。

甲脒亚磺酸的制备：将硫脲和过氧化氢在中性水溶液中反应而得。其化学反应式为：

$$H_2N-\overset{\overset{\large S}{\|}}{C}-NH_2 + H_2O_2 = H_2N-\overset{\overset{\large NH}{\|}}{C}-SO_2H$$

制备工艺过程是将 6%H_2O_2 水溶液，置于冰浴中冷却，缓慢加入硫脲，待硫脲溶解，1h 后，甲脒亚磺酸以无色针状结晶析出。

甲脒亚磺酸具有较强的还原性，可被用在纸浆的漂白中。例如，FAS 用于脱墨浆（DIP）高白度漂白，日本专利报道了这方面的情况，其方法是用 P-FAS 两段漂白，可使脱墨浆白度达 80%ISO 以上。

③ EDTA、DTPA　EDTA 和 DTPA 是两种能与许多金属离子形成螯合物的螯合剂，它们与金属离子形成的螯合物很稳定。所以，常被添加到纸浆的漂白中，用以消除金属离子对漂白剂和漂白后纸浆白度的影响。

EDTA 是乙二胺四乙酸的简称。其结构式为：

$$\begin{matrix} HOOCH_2C & & & & CH_2COOH \\ & \diagdown & & \diagup & \\ & & NCH_2-CH_2N & & \\ & \diagup & & \diagdown & \\ HOOCH_2C & & & & CH_2COOH \end{matrix}$$

EDTA 为白色结晶，微溶于水，不溶于普通的有机溶剂。加热到 150℃趋向于脱羧基，加热到 240℃时分解。与碱金属的氢氧化物中和，生成溶于水的盐，如乙二胺四乙酸钠。盐类比游离的酸更稳定，EDTA 和它的盐都具有很强螯合能力。

EDTA 的制备：先以氯乙酸溶液和纯碱溶液为原料制得氯乙酸钠溶液，然后与乙二胺在氢氧化钠的作用下缩合生成乙二胺四乙酸钠盐，在混合液中，加入适量浓硫酸酸化得到乙二胺四乙酸结晶，经过吸滤、水洗、脱水即得成品。

DTPA 是二亚乙基三胺五醋酸的简称，它和它的钠盐也是螯合剂。由于 DTPA 的结构有五个支链，比 EDTA 的四个支链具有更强的螯合能力。所以，DTPA 也是一种很好的漂白助剂。

EDTA 和 DTPA 及其可溶性盐在漂白过程中的作用，主要是利用它们配合能力强，将纸浆中的金属离子螯合起来，防止金属离子影响漂白过程。例如，在 H_2O_2 漂白中 Fe^{2+}、Mn^{2+}、Cu^{2+} 等重金属离子会引起 H_2O_2 的催化分解；在 $Na_2S_2O_4$ 漂白中 Fe^{3+}、Mn^{2+}、Al^{3+}存在时，白度也下降，因为它们能使 $Na_2S_2O_4$ 催化分解。更有像 Fe^{3+}这样的金属离子能与无色的多元酚反应生成有色的配合物，或与有色多元酚形成更深色的配合物，还能催化多元酚的氧化作用以生成深色的化合物。为了减少这些金属离子的影响，通常加入 EDTA 或 DTPA 漂白助剂来解决。其用量一般为 0.2%～0.5%。另外像柠檬酸钠、酒石酸等有螯合能力的有机物，也可作为漂白助剂使用。

(3) 生物漂白剂　在制浆漂白中，人们为了减少对环境的污染，对不使用或少使用有害化学药品漂白技术非常关注。目前，利用生物漂白是减少化学药品污染的最理想的漂白技术。生物漂白技术就是利用真菌、细菌和酶等微生物来辅助漂白。这些辅助漂白的微生物，称为生物漂白剂。下面就白腐菌、木糖酶等生物漂白剂在漂白中的应用结果举例说明。

① 白腐菌　白腐菌中的黄孢原毛平革菌（*Phanerochaete chrysosporium*）是目前用得最多的白腐担子菌，它能产生多种被称为木素酶的胞外酶，这些酶的活性依赖于过氧化氢，故称为木素过氧化酶。这些酶与木素的酚型和非酚型结构的侧链进行氧化反应，从而起到脱

木素而漂白的作用。用其对硫酸盐浆漂白试验表明：用白腐菌生物漂白法制得的纸浆，其光学性能与常规化学漂白相当，同时明显地减少漂白化学药品的使用量和废液的污染负荷，并增加纸浆的白度。

② 木糖酶　木糖酶是能催化降解木聚糖的一种半纤维素酶，主要用于硫酸盐浆漂白中。它是由法国 Viikari 等人 1986 年提出来的，此后迅速被大量研究结果证实和完善。1989 年，芬兰率先进行了木糖酶硫酸盐浆漂白工业化试验，现在北欧和北美地区不少工厂已应用这一技术漂白硫酸盐浆的工业化生产。

木糖酶的制备可由黑曲菌（*Aspergillus niger* var. *tieghem*）的培养提取液，经交联葡聚糖凝胶（G-75 Sephadex）的层析柱精制而得。此外，枯草杆菌、青霉菌、米曲菌等亦能生产。

木糖酶用于硫酸盐浆的漂白，其主要作用是降解浆料中的木聚糖。这一点已被研究证实。然而，为什么木糖酶对浆料中木聚糖降解能促使后续漂白作用，目前普遍被人们所接受的是由 Reid 等人提出的机理。Reid 等人认为，在硫酸盐蒸煮中，蒸煮液中的木聚糖部分重新被纤维吸回。这些被纤维素吸回的木聚糖阻碍了漂白药剂对木质素的漂白作用。木糖酶使用后使得这些木聚糖降解，从而有利于这些后续漂白药剂进行漂白。另一方面，在未漂硫酸盐浆中，部分木聚糖与部分木质素存在着化学键连接，即存在着木质素-木聚糖复合体（LCC），以这种形式存在的木质素难以漂白，而木聚酶使这些复合体中木聚糖部分降解，进而也有利于后续漂白药剂对木质素进行漂白作用。LCC 的结构示意图见图 4-3。

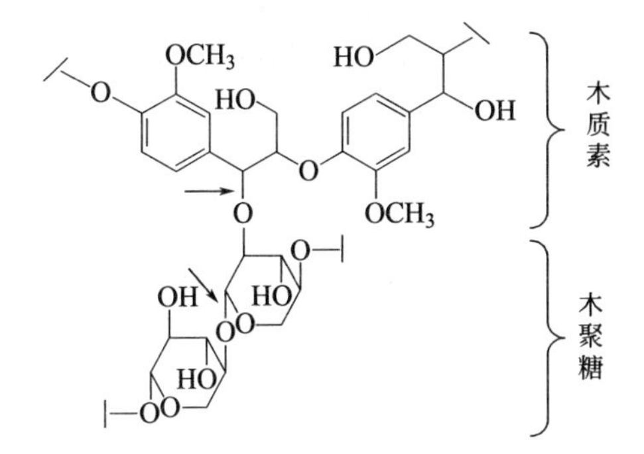

图 4-3　未漂白硫酸盐浆中 LCC 的结构示意图

图中箭头为酶水解的位置

③ 木素酶　最近几年，人们试验了木素酶在麦草浆漂白中的应用，结果表明：木素酶漂白效果优于木糖酶。

三、废纸脱墨用化学品

废纸在 20 世纪初开始作为造纸工业的再生资源，亦称“二次纤维”，其用量及其在造纸原料中的比例逐年增加。进入 90 年代以来，由于人们要求改善环境、保护森林、节约能源及原材料、降低造纸成本的呼声日益高涨，再加上环保要求越来越严格，造纸原料价格不断上涨和能源压力，废纸作为再生资源，再度引起世界各国政府及企业的重视。这主要是因为，利用废纸原料制浆与直接使用植物纤维原料制浆相比，废纸制浆除能够大量节约能源、节约植物纤维原料、降低产品成本外，还可以节约设备投资、减轻环境公害。

利用废纸制浆的关键工序是脱墨，脱墨所用的化学药品称为脱墨剂。本节主要就脱墨剂及其种类，各类脱墨剂成分的作用机理，影响脱墨过程的因素等内容做一介绍。

1. 脱墨剂及其种类

(1) 脱墨剂及其作用

脱墨剂是能使黏附在纸张上的油墨、颜料颗粒及胶黏物脱落所用的化学药品。以往多以氢氧化钠、碳酸钠、硅酸钠等碱性物质作为脱墨剂，但效果较差。碱类物质对皂化油脂虽有效，但对紧密吸附于纤维间的油墨很难除去，并易使纸浆返黄。当前，使用的废纸脱墨剂应具有使油墨润湿、渗透、发生润胀的功能，减少对纤维的结合力，并使油墨乳化、分散、与纤维脱离，防止再沉积在纤维上的多种功能复合型混合物。例如，以聚氧乙烯烷基酚醚、聚氧乙烯烷基苯醚等非离子型表面活性剂为主体，配有其他助剂组成的脱墨剂，可有效去除书刊、杂志和报纸的印刷油墨，现被广泛应用。具体组分要根据废纸种类，以及脱墨纸浆质量的要求而不同。

脱墨剂的作用，主要是降低脱墨温度、节约能源；加速脱墨反应、缩短脱墨时间，并减少纤维受机械作用的损伤；减少碱的用量，减少纤维强度的降低，从而提高脱墨效果，并尽可能取得高质量的回收纸浆。

(2) 脱墨方法及步骤

① 脱墨方法　现代废纸脱墨的基本方法分为洗涤法和浮选法两种，这是根据油墨与纤维分离方式不同而分的。

a. 洗涤法：这是最早使用的方法，该法是把从废纸上脱离下来的与纸浆悬浮液共存的油墨等污物，用脱水处理的方法进行污水-清水轮流置换洗涤，使油墨污物和纸浆纤维分离。该法动力消耗较浮选法少，处理后的纸浆灰分含量少，脱墨洁净，白度高，适于生产薄页纸及要求灰分低的纸张。但用水量较大，纸浆得率较浮选法低。

b. 浮选法：在与纸浆悬浮液共存的油墨及污物中不断通入微小空气气泡，使气泡吸附油墨及污物并浮到表面，然后排除的方法。该法特点是耗水量少，但要求精确控制 pH 值，占地面积较大，动力消耗大。

② 脱墨步骤　分离废纸油墨、脱色及漂白统称为废纸脱墨。废纸脱墨一般要通过制浆、净化、筛选、洗涤、漂白等步骤。具体步骤概略如图 4-4。

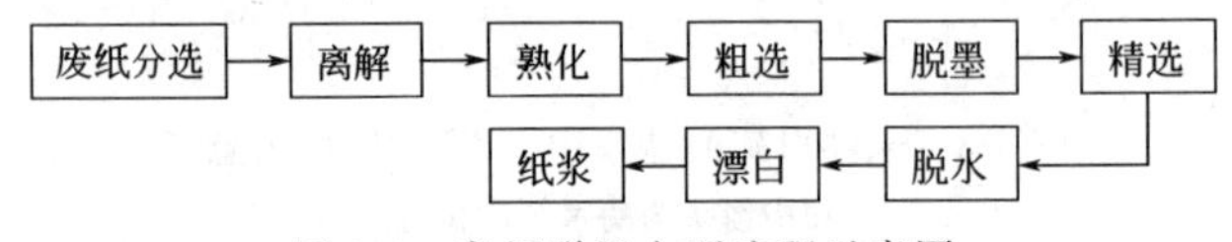

图 4-4　废纸脱墨主要流程示意图

(3) 对脱墨剂的要求

废纸的脱墨是通过脱墨剂的作用使废纸纤维恢复或超过原来的净化度、白度、原纤维的柔软性及其他特性，使纸浆具有较好的抄纸性能，并达到所需要的产品指标。所以，要求脱墨剂应具有以下性质。

① 有助于废纸的疏解及脱墨，不产生脱墨后的再吸附现象，有利于除去与分离墨分。

② 有利于降低纸浆含碳量，提高白度，洗涤或浮选时，碳分能顺利地洗去或随气泡跑掉。

③ 不影响制浆造纸的得率，不影响抄纸机的生产，能在废水处理中起良好的作用。

(4) 脱墨剂的种类

随着纸张、油墨组成的变化及脱墨技术的改进，脱墨剂的品种也在不断增加，所以脱墨剂分类方法也有所不同，比较常见的有两种。一种是按化学组分分类，另一种是按脱墨药品性能分类，下面简述这两种分类法。

① 按化学组成分类　按脱墨物质的化学组成可将所有的脱墨剂分为无机脱墨剂和有机脱墨剂两大类。

无机脱墨剂是指脱墨剂是无机物，常用的有 NaOH、Na_2CO_3、Na_2SiO_4、磷酸盐、过氧化物等。

有机脱墨剂是指脱墨剂是有机物，常用的有阴离子型表面活性剂，如烷基苯磺酸钠、油酸钠、二辛基琥珀酸盐等。非离子表面活性剂如：聚氧乙烯烷基酚醚、聚氧乙烯烷基酯等。在实际应用中大多数以阴离子型与非离子型合用。

② 按脱墨剂的性能和作用分类　目前常用的有以下四类。

a. 碱类和过氧化物：碱类化学品，如 NaOH、Na_2CO_3、Na_2SiO_3 等，过氧化物如 Na_2O_2、H_2O_2。

b. 表面活性剂类：具有表面活性的物质，如阴离子型的烷基苯磺酸盐、脂肪酸盐等；非离子型的聚氧乙基烷基酚醚。

c. 螯合剂类：是指具有螯合性能的物质，如：三聚磷酸钠、焦磷酸钠、ETPA、EDTA 等。

d. 吸附剂类：为了使脱墨效果更好，有的方法还加入吸附剂，常用的有高岭土、硅藻土等。

2. 脱墨剂各成分的作用

从脱墨机理看，脱墨过程主要分两步：第一步是使各种油墨从纤维上脱落，第二步把脱落的油墨从浆料中分离出去。这些过程实际上是一个物理化学过程。加入脱墨剂能使油墨黏合剂皂化溶解，这样就破坏了油墨与纤维的黏附力，并降低印刷油墨的表面张力，乳化油墨中的油分，从而剥离纤维中的炭黑等染料，并与炭黑粒子形成胶体，再就是采用有效的方法，除去已脱离纤维的油墨。这就是脱墨剂在脱墨过程中的作用机理。关于脱墨剂中各成分的性质和制备在前几节中已介绍了，下面就各成分在脱墨中的作用分别作以下介绍。

(1) 无机成分

① 氢氧化钠　氢氧化钠（NaOH）在脱墨过程中主要是将溶液中的 pH 值调至碱性范围，而使油墨黏合剂皂化或水解，并使纤维润胀。脱墨过程中纤维的润胀很重要，它使油墨粒子附着在纤维表面的强度变弱，也有助于松动涂层和分裂油膜，从而有利通过机械作用使油墨颗粒变小。NaOH 的加量要根据废纸含墨量而定。不含磨木浆的账本纸、计算机打印纸、课本纸和轻淡印刷的纸板上的油墨在 pH 值 10～11 的范围内可以得到有效的除去和分散。除去浓重印刷或上亮油的涂布纸上的油墨时，要求 pH 值 11.5。但要注意 NaOH 的用量不能过低或过高。

② 碳酸钠　碳酸钠（Na_2CO_3）也是一种无机碱，其作用和 NaOH 类似，有时与 NaOH 一起使用。二者共同使用比单独使用 NaOH 脱墨条件缓和，并可制出较白的纸浆。但由于 Na_2CO_3 碱性弱，延长脱墨时间，所以通常不单独使用。Na_2CO_3 除了提供碱度外还具有缓冲碱度的作用。

③ 硅酸钠　Na_2SiO_3，通常在脱墨厂中使用 41.6°Bé 的 Na_2SiO_3 溶液，其 SiO_2 和 Na_2O 的含量基本相等，其碱度大约与 11%NaOH 相当。Na_2SiO_3 是一种具有渗透性的缓冲剂和分散剂，在脱墨中具有润湿和分散作用，既能皂化油类物质，又能分散颜料，并保护纸浆不

再吸附污点。当 Na_2SiO_3 与 H_2O_2 同时使用时，它还有助于稳定 H_2O_2，以利于 H_2O_2 效能的发挥。

Na_2SiO_3 溶液的碱性是由于水解，反应式：

$$Na_2SiO_3 + H_2O = 2Na^+ + OH^- + HSiO_3^-$$

pH 值为 11.3 时，它又是 pH 缓冲剂。由于 Na_2SiO_3 具有上述多重性，所以用它作脱墨剂加入，脱墨效果好。

④ 过氧化氢　H_2O_2 既起到脱墨剂的作用，又起到漂白剂的作用。在废纸脱墨中加入 H_2O_2 能提高表面活性剂的性能，更好地分离油墨。在碎浆机中用 H_2O_2 作漂白剂的效果不高，这是因为存在碎浆机中的油墨和杂质能降低 H_2O_2 的漂白效率。

(2) 有机成分

目前，作为脱墨剂使用的有机成分主要是表面活性剂和少量溶剂等。

① 表面活性剂　表面活性剂作脱墨剂使用，主要是利用它们的渗透、湿润、分散、乳化、发泡、消泡、可溶、洗涤、润滑等各种性能，在废纸脱墨过程中加入少量的表面活性剂，可使脱墨剂更快地渗透到油墨中，使油墨润湿、分散开，并乳化到水中洗涤除去。这就是表面活性剂的作用。脱墨用主要表面活性剂见表 4-2。

表 4-2　脱墨用主要表面活性剂

名　　称	结 构 式	实　　例
1. 阴离子型		
(1)烷基羧酸盐	R—COOM	$C_{17}H_{35}COONa$
(2)烷基硫酸盐	$R—OSO_3M$	$C_{12}H_{25}OSO_3Na$
脂肪醇聚氧乙烯硫酸盐	$RO(CH_2CH_2O)_nSO_3M$	$R=C_{12}\sim C_{13}$；$n=3$
(3)烷基磺酸盐	$R—SO_3M$ $R^1R^2CHSO_3M$	$C_{11}H_{23}CH(SO_3Na)C_2H_5$ 渗透剂 T
磺化琥珀酸酯盐	$H_2C—COOR$ $HC(SO_3Na)—COOR$	
烷基苯磺酸盐	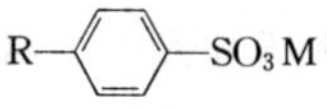 $R—C_6H_4—SO_3M$	 $H_{25}C_{12}—C_6H_4—SO_3Na$
(4)烷基磷酸酯盐	$R—O—P(=O)(ONa)—ONa$	$C_{12}H_{25}O—P(=O)(ONa)—ONa$
2. 非离子型		
(1)醚型		
聚氧乙烯烷基醚	$RO—(CH_2CH_2O)_n—H$	JFC，AEO-9
聚氧乙烯烷基苯醚	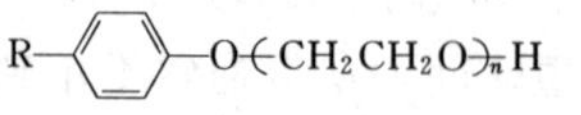 $R—C_6H_4—O(CH_2CH_2O)_nH$	OP-10
聚氧乙烯聚氧丙烯醚	$H(CH_2CH_2O)_n(CH_2CH(CH_3)O)_mH$	
(2)酯型		
聚氧乙烯烷基酯	$R—C(=O)—O(CH_2CHO)_nH$	SE-10

续表

名　　称	结 构 式	实　　例
山梨糖醇酐脂肪酸酯	$R-\overset{O}{\overset{\|}{C}}-O-$（环：HO，O，HO，$CH_2OH$）	Span-80
聚氧乙烯山梨糖醇酐脂肪酸酯	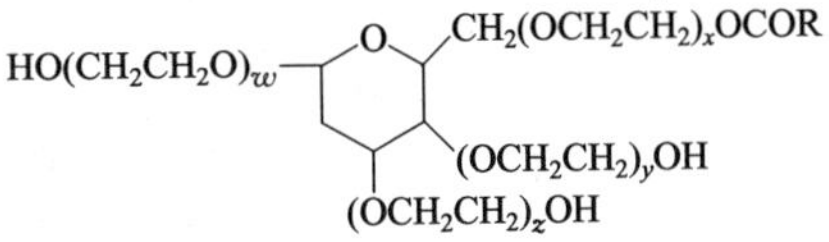 $HO(CH_2CH_2O)_w$—（环 O）—$CH_2(OCH_2CH_2)_xOCOR$；$(OCH_2CH_2)_yOH$；$(OCH_2CH_2)_zOH$	Tween-80
(3)烷基酰胺	$R-\overset{O}{\overset{\|}{C}}-N(CH_2CH_2OH)_2$	$R=C_{12}\sim C_{14}$，6501
3. 两性型 (1)氨基酸型	$R-NHCH_2CH_2COOH$	$C_{14}H_{29}NHCH_2CH_2COOH$ $R=C_{12}\sim C_{14}$，BS-12
(2)甜菜碱型	$R-N^{+}(CH_3)_2-CH_2COO^{-}$	$R=C_{12}\sim C_{25}$
(3)咪唑啉型	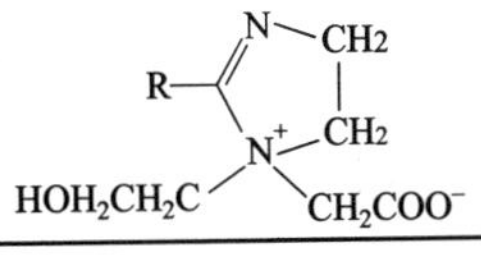 R—C(=N—CH_2—CH_2—N^{+})（环）；N^{+}上：HOH_2CH_2C，CH_2COO^{-}	

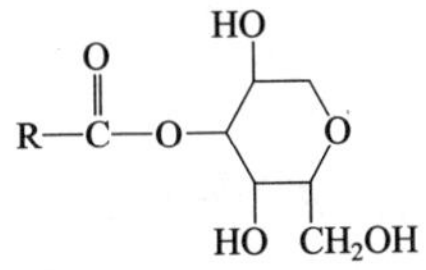

表面活性剂的使用还取决于脱墨的工艺流程，也就是说要根据不同脱墨流程来选择具有不同性能的活性剂作为脱墨剂。

洗涤法是利用污水-清水置换洗涤的方法使纸浆和油墨等污物分离，这就需要进行浸透、乳化、分散等综合洗涤才能起作用。这种方法所采用的脱墨剂是使用具有上述特性的表面活性剂，其主要是非离子型表面活性剂为主要成分，如壬基酚乙氧基化合物和直链乙氧基化合物等。

浮选法脱墨是一种需要气-液-固表面共同参与的脱墨法。选用脂肪酸皂、氧化乙烯和氧化丙烯共聚物、羟乙基化的脂肪酸的混合物等，它们不仅起着脱离、凝集油墨作用，而且又提高对气泡的吸附性。该法要使油墨粒子呈疏水性而随气泡除去。使用不同非离子和阴离子表面活性剂，还起到分散、乳化作用，不会发生油墨黏附脱墨装置的问题。

② 螯合剂　在脱墨过程中常使用 H_2O_2 等过氧化物，由于过氧化物不稳定，特别是溶液中有少量铁、铜、锰、铬等重金属离子存在时，能使过氧化物分解而失效。为了稳定过氧化物，一般加入少量螯合剂，使其和重金属离子形成稳定的螯合物，而起到保护过氧化物的作用。常用的有机螯合剂有 DTPA 和 EDTA 及其钠盐。它们的结构式分别为：

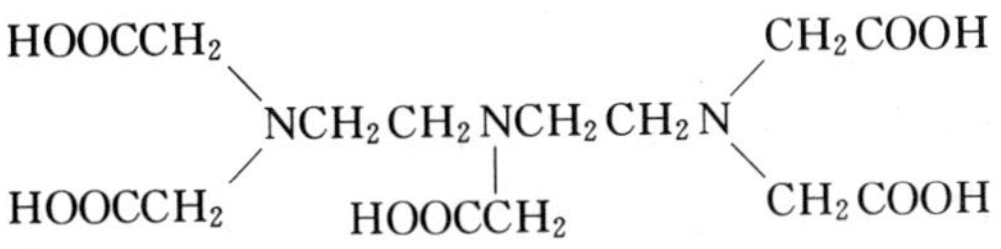

$$(HOOCCH_2)_2NCH_2CH_2N(CH_2COOH)CH_2CH_2N(CH_2COOH)_2$$

DTPA

$$(HOOCCH_2)_2NCH_2CH_2N(CH_2COOH)_2$$

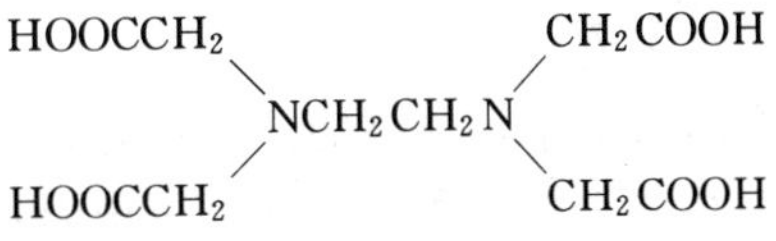

EDTA

从上述结构看出，它们都含有多个能提供孤电子对的原子，因此称为多基配体。它们可以和金属离子形成很稳定的多圆环螯合物，这些螯合物可溶于水。形成螯合物可以防止这些金属离子分解过氧化氢。

综合上述，可以看出脱墨剂的脱墨效果往往是各种组成作用的结果，各种脱墨剂的性能和用量可参考表 4-3。

表 4-3　常用脱墨剂的性能和用量

脱墨化学品类型	结构式和名称	性能	配料类型	用量(对纤维)/%
氢氧化钠	NaOH	纤维素润胀，油墨分离、皂化，油墨分散	不含磨木浆	3.0～5.0
硅酸钠	Na_2SiO_3	润湿、胶化、油墨分散、碱性和缓冲，过氧化物稳定作用	磨木浆类、轻印刷账本废纸	2.0～6.0
碳酸钠	Na_2CO_3	碱性、缓冲，水软化	磨木浆、轻印刷账本废纸	2.0～5.0
磷酸盐类	$(NaPO_3)_n$ $Na_5P_3O_{10}$　$Na_4P_2O_7$	螯合作用，油墨分散，碱性、缓冲、洗涤、胶溶作用	所有浆种	0.2～1.0
非离子表面活性剂	$RO\text{-}(CH_2CH_2O)_n\text{-}H$ 聚氧乙烯醚 $R\text{-}C_6H_4\text{-}O\text{-}(CH_2\text{—}CH_2\text{—}O)_n\text{-}H$ 聚氧乙烯醚烷基苯酚醚	润湿、分散、乳化、除去油墨、加溶剂	所有浆种	0.2～2.0
溶剂	C_1～C_4 脂肪族饱和烃	软化油墨、溶剂化作用	不含磨木浆	0.5～2.0
亲水聚合物	$\text{-}(CH_2CH(COONa))_n\text{-}$ 聚丙烯酸钠	分散油墨、抗再沉积作用	所有浆种	0.1～0.5
脂肪酸	$CH_3(CH_2)_{16}COOH$	油墨浮选助剂	各种废纸	0.5～3.0

四、消泡剂

泡沫是制浆厂、造纸厂以及废液处理中一个较为严重的问题，也是食品、印染等行业中经常遇到的问题。缺乏对泡沫的足够认识和控制可能导致减产或降低产品质量，还能造成环境污染。因此，如何消除和抑制上述工业生产过程中的泡沫是一个很重要的课题。要控制泡沫，必须了解泡沫形成的原因以及采用的方法。实践证明，使用化学消泡剂和阻泡剂是有效地控制泡沫的方法，这类化学助剂已广泛应用于制浆、造纸及其他行业中。因为利用该法控制泡沫形成比其他方法，如机械法，要有效、方便，还不需要设备投资。本节主要对造纸行业中所用的消泡剂做概述性介绍。

1. 消泡剂及其分类

(1) 消泡剂

在造纸业中，所谓的消泡剂是指用于消除制浆、造纸和涂布加工等过程中出现泡沫的化学品。与此类似，用于上述过程中阻止泡沫出现的化学品称作阻泡剂。一般消泡剂都具有一定的阻泡性。

造纸过程的工艺流程比较复杂，各工序条件也不一样，所以形成泡沫的原因也是多方面的。例如，各工艺装备形式、机械设备形式、施胶种类、染料 pH 值、化学品添加、纸机车速、浆料输送等均对泡沫的产生与形成有影响。因此必须对各个工序中物料的性质、产生泡沫的原因及消泡的要求弄清楚，有目的地选择使用相应的消泡剂，才能取得预期的效果。

(2) 消泡剂的种类

消泡剂的种类很多，从普通的烃油、聚硅氧烷油、脂肪酸及其盐，到聚氧乙烯醚类系列等，所以，常将它们分成几类，常见的有按消泡剂的化学组成分类，还有按造纸生产工序分类，下面简述这两种方法的分类情况。

① 按消泡剂化学组成分类　按消泡剂的化学组成可分为：高级醇类、脂肪酸及其盐类、磷酸酯类、烃油类、聚醚类、有机硅聚合物、酰胺类等。

② 按造纸工序分类　按造纸工序可将消泡剂分为制浆消泡剂、抄纸消泡剂、涂布消泡剂三大类。

a. 制浆消泡剂：该类消泡剂是指消除制浆过程中泡沫所用的化学药品。如在未漂碱法、硫酸盐法制浆中，含有大量可溶性有机物；废纸浆经脱墨后也含有皂化物。在洗涤、筛选和漂白过程中，往往会积聚大量泡沫，黑液在蒸发浓缩时，也会产生严重泡沫，影响洗涤和浓缩效果。由烃油类溶剂和亲油性表面活性剂组成的化学品是制浆消泡剂类，它具有耐碱、耐高温特性，加入纸浆或黑液中，可减少或消除泡沫，提高洗涤、筛选和浓缩效果，节约用水，并提高纸浆脱水后的干度。

b. 抄纸消泡剂：是指用于消除造纸机上泡沫的化学品。在造纸过程中，由于不合理地施胶及洗涤不良纸浆，酸性系统中使用碱性填料，以及过量或其他不适当浆内添加剂等，均可能使在造纸机沉砂槽、高位箱、网前箱、白水坑等湿部系统积聚泡沫。含有泡沫的纸料，上网抄纸时，则会在纸面形成空洞等，所以需要添加消泡剂。用于造纸机的消泡剂，要求在纸面不会形成油点和影响抗水性，通常选用硅油、脂肪酰胺钙（钠）皂或环氧丙烷衍生物等组成的乳液型消泡剂，也有用以非离子型表面活性剂为主体组成的脱气剂等。这些消泡剂可以减少纸面针眼，提高平滑度，加强滤水性和有利于提高纸页的湿强度。

c. 涂布消泡剂：是指纸张在涂布加工过程中使用的消除泡沫的化学品。有阻泡和消泡两种，用于防止涂布过程中吸收空气而产生泡沫的为阻泡剂；消除在涂布系统已产生泡沫的为消泡剂。这些消泡剂要求干燥后涂布纸无“鱼眼”，不影响涂层光亮度和印刷性能，常用的如：有机磷酸酯，例如磷酸三丁酯、磷酸三丙酯等；还有由脂肪酰胺与聚氧乙烯酯、醇、醚等多种表面活性剂复配而成的消泡剂。

2. 消泡剂的作用原理

要选择有效的消泡剂消除泡沫，必须对泡沫的形成和消泡剂的作用原理有所了解，因此，下面就这两方面的问题做一简单介绍。

(1) 泡沫的形成

当我们取一盆肥皂水溶液，往里吹气或搅拌时，肥皂溶液即可产生泡沫，这就是说泡沫必须有气体和溶液才能产生。实践证明，泡沫是气体分散在溶液中的分散体系。气体是分散相（不连续相），液体是分散介质（连续相）。被分散的气泡呈多面体形状。由于气体和液体的密度相差很大，故液体中的气泡总是较快升到液面，形成以小液体构成的液膜隔开气体的气泡聚集物，即通常说的泡沫，作为分散相的泡沫是多面体形，不像乳浊液的分散相为球形。

根据实验，纯的液体不能形成较稳定的泡沫，只有在液体中溶解其他物质时才与气体产生泡沫。例如，溶解表面活性剂、蛋白质及高分子的溶液才能形成稳定的泡沫。当然非水溶液也能产生泡沫。在制浆过程中，浆料中含有碱、碱木素和皂化物等其他物质，在浆料搅拌过程中或流送过程中，经泵送浆料流送的位差等原因混入空气和其他气体，由此会产生大量泡沫，造成洗涤和运送纸浆的困难，也易造成浆池浮浆，影响浆料洗涤和漂白的质量。此外，在抄纸工序、在涂布加工中都会混入气体产生泡沫。

(2) 消泡剂的作用原理

消泡剂的作用原理主要是降低液体的表面张力，即消泡剂能在泡沫的液体表面铺展，并置换膜层上的液体，使得液膜层厚度变薄至机械失稳点而达到消泡的目的。一般消泡剂在液体表面铺展得越快，液膜变薄得就越快，消泡作用就越强。能在表面铺展，起消泡作用的液体，其表面张力都较低，易于吸附于液体表面，此类物质主要是醚、醇等表面活性剂。消泡剂的种类多种多样，其作用原理也有所不同。表 4-4 列举消泡剂能起作用原理及作用方法，要控制泡沫，可以应用其中一种或几种方法。

表 4-4 消泡剂的作用原理及作用方法

作用	方法
降低泡沫稳定剂的作用	①化学反应;②非极性溶剂
置换泡沫形成体	①偶合表面活性剂;②极性溶剂
降低泡沫稳定性	①提高表面张力;②降低表面黏度;③减少氢键
形成局部薄弱点	①形成低表面张力点;②加入憎水固体

3. 对消泡剂的要求及使用时应注意的问题

(1) 对消泡剂的要求

作为消泡剂来说，对其应有如下几点要求。

① 成泡倾向低，否则被加入后也会起泡。

② 有移动气-液界面的倾向。

③ 与气泡剂相反，有正铺展系数。

④ 使用条件（pH 值、温度等）下化学稳定。

(2) 使用消泡剂时应注意的问题

一种好的消泡剂，是否起到好的作用，除消泡剂本身原因之外，还要取决于加入是否恰当、正确。因此，在使用时应注意以下几点。

① 在使用消泡剂时要注意浆料的条件。如酸碱性、温度、何种浆等，针对条件选择消泡剂。例如，脂肪酸在酸性条件下可能是消泡剂，而在碱性条件下则是起泡剂，在低温下效果好，但在高温时可能是无效的。

② 注意消泡剂加入的位置和用量。使用消泡剂时，要距泡沫处尽量远些加入，使消泡剂得到良好的分散，分散速度因不同产品而有差异。一般用量在 0.045kg/t 浆，而泡沫严重的系统用量达 3.2～3.6kg/t 浆，这也与不同产品有关。

③ 通常使用两种以上的消泡剂比用较高比率加单一消泡剂更为经济有效，并将两种在相距较远的部位分别添加。例如，一种消泡剂在打浆机前加入，而另一种在网前箱前加入，比添相同量单一消泡剂效果好。

④ 有些消泡剂存在某些缺点，使用时应注意。例如，酰胺类消泡剂，可能造成沉淀而使筛板缝堵塞，由于分散不良造成纸面出现鱼眼点。一些消泡剂也可能是对施胶剂和增强剂有干扰的活性剂。所以使用时要特别注意。

4. 几种重要的消泡剂

消泡剂的种类很多。目前，最常用的有高级醇、脂肪酸酯、磷酸三丙酯、磷酸三丁酯、烃油类等。近些年来开发了有机极性聚合物，即环氧丙烷和脂肪酸以及脂肪醇的缩合物，其他具有消泡能力的许多表面活性剂也被开发。其中较大分子量聚氧乙烯醚类消泡剂在我国已形成系列。下面介绍几种合成的消泡剂。

(1) 聚氧乙烯醚类消泡剂

聚氧乙烯醚类消泡剂是一类非离子型表面活性剂。这类聚合物是以含活泼氢原子的疏水性物质同环氧乙烷进行加成反应制得的，活泼氢原子是指羟基（—OH）、羧基（—COOH）、氨基（$—NH_2$）和酰氨基（$—CONH_2$）等基团中的氢原子。由于这些基团中的氢原子的化学活泼性较强，容易参加反应，所以常用含上述原子团的疏水性物质与环氧乙烷反应，生成聚氧乙烯型非离子表面活性剂。

① 聚氧乙烯型非离子表面活性剂的制备　聚氧乙烯非离子消泡剂合成方法，是将含疏水基化合物加入反应器中，再加碱作催化剂，通氮气赶走水分以及空气，再通入环氧乙烷，保持一定压力和温度，使它们发生反应。反应式如下：

$$R—OH + n\,\underset{O}{\triangle} \xrightarrow[\text{压力、温度}]{\text{催化剂}} R—O\!\left(—CH_2—CH_2—O—\right)_n H$$

脂肪醇聚氧乙烯醚(AE)

$$R—C_6H_4—OH + n\,\underset{O}{\triangle} \longrightarrow R—C_6H_4—O\!\left(—CH_2—CH_2—O—\right)_n H$$

烷基酚聚氧乙烯醚(APE)

$$R—COOH + n\,\underset{O}{\triangle} \longrightarrow \begin{cases} R—C(=O)—O\!\left(—CH_2—CH_2—O—\right)_n H \\ R—C(=O)—O\!\left(—CH_2—CH_2—O—\right)_n C(=O)—R \\ HO\!\left(—CH_2—CH_2—O—\right)_n H \end{cases}$$

聚氧乙烯脂肪酸酯(混合物)

$$R—C(=O)—NH_2 + n\,\underset{O}{\triangle} \longrightarrow R—C(=O)—N\begin{cases}\left(H_2C—CH_2—O—\right)_x H \\ \left(H_2C—CH_2—O—\right)_y H\end{cases} \quad (x+y=n)$$

聚氧乙烯烷基酰胺

$$R—NH_2 + n\,\underset{O}{\triangle} \longrightarrow R—N\begin{cases}\left(H_2C—CH_2—O—\right)_x H \\ \left(H_2C—CH_2—O—\right)_y H\end{cases} \quad (x+y=n)$$

聚氧乙烯脂肪胺

以脂肪醇聚氧乙烯醚为例，说明合成方法。

在不锈钢反应釜中加入起始剂原料，搅拌下加入预先配好的50%碱催化剂，加热同时抽真空脱水，然后充 N_2 再抽真空，再通入环氧乙烷，并根据反应所需要压力和温度控制环氧乙烷加入量。反应釜内搅拌并冷却、保温150～180℃，当环氧乙烷加入后，继续搅拌直到压力不再下降为止，冷却至 100℃，用 N_2 压入漂白釜内，用冰醋酸中和至微酸性，加 1%H_2O_2 漂白，滴加完 H_2O_2 后，保温 30min，冷却出料，制得高黏度液体成品。合成工艺除了上述单釜合成法外，现在还有如物料循环的周期性生产法，这里就不作介绍。

溶剂混合：由于聚氧乙烯醚化合物在水中溶解度不大，如果单独使用，则由于其分散不良而不能充分发挥其消泡作用。因此，必须选用适当的溶剂使该聚醚溶解。溶解的方法是将一定量聚氧乙烯醚与一定量的溶剂加入配制锅，升温至 60～80℃，搅拌 30min，滤去杂质即得制品。

② 聚氧乙烯醚消泡剂的主要性质　聚氧乙烯醚是一类非离子型表面活性剂，它在无水状态时虽称直链型，但实际上形状为如下锯齿形：

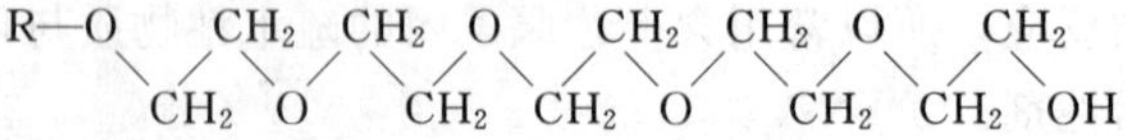

$$\begin{array}{l} R—O\quad\ CH_2\ \ CH_2\ \ O\quad\ CH_2\ \ CH_2\ \ O\quad\ CH_2 \\ \quad\ \ CH_2\ \ O\quad\ CH_2\ \ CH_2\ \ O\quad\ CH_2\ \ CH_2\ \ OH \end{array}$$

在水溶液中聚氧乙烯醚则以曲折型形状存在。

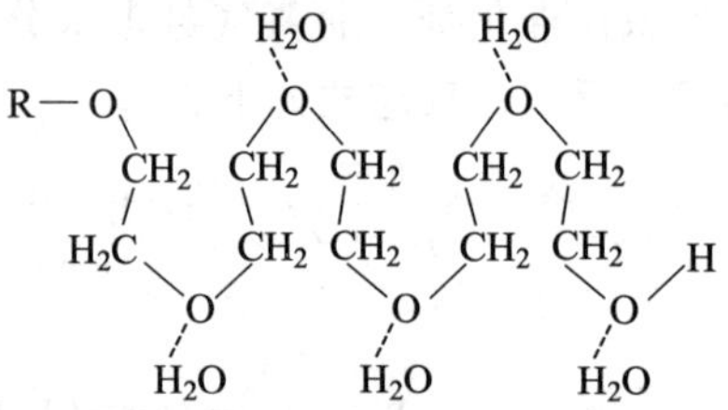

$$\begin{array}{cccccccccc} & & & H_2O & & & H_2O & & & \\ R—O & & & O & & & O & & & \\ & CH_2 & CH_2 & & CH_2 & CH_2 & & CH_2 & & \\ H_2C & & CH_2 & & CH_2 & CH_2 & & CH_2 & H & \\ & O & & & O & & & O & & \\ & H_2O & & & H_2O & & & H_2O & & \end{array}$$

从以上结构可看出，该聚合物分子中有亲水基的聚氧乙烯基或羟基，因而能溶于水，但在水中不电离，它的亲水基团不是离子，而是聚氧乙烯醚链$\leftarrow OCH_2CH_2 \rightarrow$及—OH 链中的氧原子都可能与水分子生成氢键，而具有水溶性。其水溶性的大小与聚氧乙烯醚基多少有关系，一般 n 值为 5～10 时具有较好水溶性。但在水中氢键的结合是不牢固的，如果升高温度氢键断裂，水分子脱落，则亲水性减弱，而变成不溶于水，原先透明溶液就会变成浑浊乳状液。当这类非离子表面活性剂的水溶液在加热情况下，由清晰变为浑浊时的温度称为浊点。聚氧乙烯醚型非离子表面活性剂在浊点温度以下可溶于水，在浊点温度以上则不溶于水。并且该类聚合物中聚氧乙烯醚基增多时浊点随着增高。

③ 聚氧乙烯非离子型消泡剂种类　按含活泼氢原子的疏水基和环氧乙烷加成原料不同，可合成如下几种类型的消泡剂。

a. 脂肪醇聚氧乙烯醚：是由脂肪醇与环氧乙烷加成而得。常用的脂肪醇有月桂醇、油醇、十八醇等。其通式是 $R—O \leftarrow CH_2CH_2O \rightarrow_n H$，国产品 MPO 即为此类。各种产品的不同之处主要在于疏水基和聚氧乙烯基团数 n 的不同，从而决定它们在水中或油中的溶解度及性质，也影响消泡性能。此类消泡剂的脂肪基和环氧乙烯基是醚键结合，故稳定性较高。

b. 烷基苯酚聚氧乙烯醚消泡剂：该类是由烷基酚和环氧乙烷反应制得的。通式为：

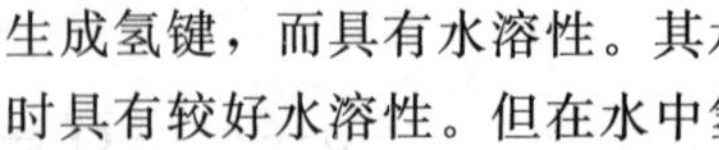

$$R—C_6H_4—O \leftarrow CH_2—CH_2—O \rightarrow_n H \qquad R = C_5 \sim C_{16}$$

该类物质化学稳定性好，不怕强酸强碱，高温时也不会被破坏。

c. 聚氧乙烯脂肪酸酯类消泡剂：该类是由脂肪酸与环氧乙烷反应制得。通式为：

$$R—COO \leftarrow CH_2—CH_2—O \rightarrow_n CO—R$$

所用的脂肪酸原料主要是月桂酸、油酸、硬脂酸、软脂酸等。

d. 聚氧乙烯脂肪胺类消泡剂：该类是由脂肪胺与环氧乙烷加成反应制得。通式为：

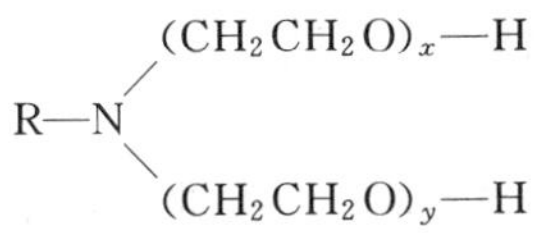

$$R-N\begin{cases}(CH_2CH_2O)_x-H\\(CH_2CH_2O)_y-H\end{cases}$$

此类消泡剂，当 x，y 值较小时，同其他非离子型表面活性剂一样，不溶于水而溶于油。但它是一种有机胺，可用于 pH 值小的酸性溶液中。因此，聚氧乙烯烷基胺类同时具有非离子和阳离子型表面活性剂的一些特性。

④ 聚氧乙烯醚类消泡剂的应用效果　下面以聚氧乙烯脂肪醇醚为例说明其应用方法和效果。该消泡剂的使用方法与以前用柴油消泡剂一样，在纸浆洗涤出口处的沉沙盘上滴加，也可在贮浆池中加入，一般用量在 0.045～0.11kg/t 就能快速有效地消除和抑制造纸过程中所产生的泡沫。该消泡剂的消泡能力为柴油的 10～20 倍，并且无毒、无臭、不黏稠、不沉淀，还有利于提高纸张质量。在制浆造纸中可以代替柴油等消泡剂。由于 MPO 具有较大疏水性，有可能在纸面形成油点和影响施胶度，因而不宜用于白纸和优质纸中。

(2) 有机硅类消泡剂

有机硅类消泡剂现在种类也很多。例如，有机硅乳液就是一种表面活性大、不易挥发、耐热、抗氧化、对人体无害、对机械不腐蚀、消泡性能好而且经济的消泡剂。它是有机硅油与乳化剂经乳化设备（如超声波乳化器）加工后，使硅油变成十分微小的颗粒，分散在水中而制成的白色乳液。乳化剂常用聚乙烯醇、吐温-80 等。有机硅乳液消泡性主要与有机硅油有关，有机硅油的主链是—Si—O—Si—的无机结构，而侧链与有机基团相连，由于结构特殊，因而有特殊功能。乳化硅油已被极度冲稀，良好的乳化状态已被破坏，形成了硅油膜，它会干扰或破坏气、液相的表面张力，从而破坏空气泡沫的稳定性，使空气泡不断地破裂，迁移合并成较大的气泡，起到消泡和抑泡的作用。

有机硅乳液消泡能力强，在造纸中泡沫严重情况下使用 0.03%～0.04%该乳液，即可消除泡沫。使用该乳液车速提高，产量增加 10%，成品率上升 2%。

目前，对聚有机硅氧烷类消泡剂研究得较多。如聚二甲基硅氧烷，其结构为：

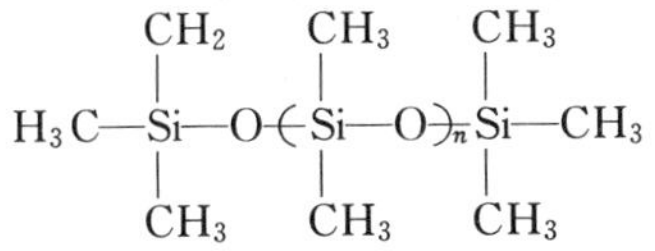

$$H_3C-\overset{\overset{\large CH_2}{|}}{\underset{\underset{\large CH_3}{|}}{Si}}-O\!\left(\overset{\overset{\large CH_3}{|}}{\underset{\underset{\large CH_3}{|}}{Si}}-O\right)_{\!n}\overset{\overset{\large CH_3}{|}}{\underset{\underset{\large CH_3}{|}}{Si}}-CH_3$$

它可作消泡剂使用，但在水溶液中使用需使用表面活性剂乳化。其他大量是二甲基硅氧烷的衍生物。

(3) 酰胺类聚合物消泡剂

酰胺类聚合物消泡剂是碱法制浆造纸中常用的、效果良好的消泡剂。其主要成分为酰胺，是由二胺与脂肪酸在加热下反应制得的。反应式为：

$$2R-\overset{\overset{\large O}{\|}}{C}-OH+H_2N\!\left(CH_2\right)_{\!n}NH_2\xrightarrow{\triangle}R-\overset{\overset{\large O}{\|}}{C}-NH\!\left(CH_2\right)_{\!n}NH-\overset{\overset{\large O}{\|}}{C}-R+2H_2O$$

该类消泡剂稳定性高，耐酸、耐碱、耐热、耐氧化性好。实践证明，该类消泡剂是碱法制草浆生产中较理想的消泡剂，其优点是用量少，一般是纸浆的 0.04%～0.05%，用滴加法即可，使用时不加任何溶剂，不需加温，可直接加入，所以操作简单。

(4) 高碳醇消泡剂

这是一类与水不相溶，需要乳化后才能使用的消泡剂，其消泡效果较显著。但若用量较多时，在浆中产生白点，常用的有仲辛醇和正丁醇等。

(5) 油类消泡剂

这类消泡剂主要有煤油、柴油、汽油、烃类油等，是一类早期使用的消泡剂，在网前箱等处添加。加入后，能扩展到水的表面，并形成新的表面，使泡沫层溃裂。由于这类消泡剂性能差，用量大，现在已基本不用。

此外，还有蓖麻油及其衍生物消泡剂。它是以蓖麻油为原料制成的，其主要成分是蓖麻酸和甘油酯。主要品种有磺化蓖麻油、羟乙基化的蓖麻油。它们对消泡有一定效果，但应用不广泛。

五、废液治理用化学品

制浆造纸工业是一个产量大、用水多、消耗化学药品多、污染严重的工业。从20世纪70年代初，世界上许多国家就对制浆造纸废液排放制定了控制标准，促使造纸业对废液进行治理。但是，随着人们环境意识增强和废液有害物质不断发现，对废液的排放标准要求越来越高。因此，如何更有效地处理制浆造纸废液仍是一大课题。目前来看，处理废液最佳方法是厂内处理，这是消除造纸废液污染中最积极的措施和途径，是治本的办法，厂外处理应是厂内处理的补充。但是，从目前我国情况来看，主要还是采取厂外处理方法。在这些处理废液的方法中，所用的处理剂称为废液治理助剂。

在废液治理剂中，最常用的是絮凝沉淀剂，本节主要介绍废液治理所用的絮凝剂及有关生物处理剂方面的内容。

1. 絮凝剂

絮凝剂是能使溶胶变成絮状沉淀的凝结剂。絮凝剂能使分散相从分散介质中分离出絮状沉淀，其凝结作用称为絮凝作用。用于促进废液中废物沉降、过滤、澄清等过程的普通絮凝剂，包括无机物和有机高分子。两者可单独使用，也可配合使用，但配合使用比单独使用效果更佳。

(1) 絮凝原理

制浆造纸的废液中所含杂质多，从呈稳定胶体状态的杂质，到只有流动状态下的悬浮，以至在静止时沉淀的较大颗粒等杂质。其粒度分布直径为$10^{-1}\sim10^{-7}$cm范围内，其中在$10^{-4}\sim10^{-7}$cm大小的细而轻的粒子是造成浑浊和颜色的主要原因。它们在水中不容易沉淀。必须添加药剂改变物质的界面特性，使分散的胶体聚合，然后形成大颗粒，使这些胶体粒子易于沉降或浮上分离，此过程称为絮凝。

在废水处理中，水中胶体粒子多数带负电荷，这些带负电荷的粒子吸引水中的阳离子，而排斥阴离子，这也是胶体粒子得以稳定的原因。因此在胶体粒子表面附近，阳离子浓度高，阴离子浓度低。这样胶体粒子表面形成Zeta电位。絮凝剂多为电解质，加入水中电离出带相反电荷的部分与胶体粒子的电荷中和，粒子间斥力作用也随之消失，便可形成大颗粒而沉降，水即可澄清。一般认为，如果将粒子表面的Zeta电位降到±5V以下，可以得到良好的絮凝效果。由此看出，微小粒子聚集形成大颗粒的絮凝作用是由于静电力、化学力或机械力的作用或三者共同作用的结果，这就是一般絮凝的原理。

(2) 絮凝剂的种类

在水处理中，所用的絮凝剂种类很多，但从化学的角度看主要有无机絮凝剂和有机絮凝剂两大类。

① 无机絮凝剂　凡是使用的絮凝剂是无机物的都称为无机絮凝剂。这类絮凝剂应用最早、用量大，应用也广泛。常见的无机絮凝剂见表4-5。

表 4-5 无机絮凝剂

分 类	物 质
无机盐	硫酸铝、聚合氯化铝、氯化铁、硫酸亚铁 $FeSO_4 \cdot 7H_2O$
酸	硫酸、盐酸、二氧化碳
碱	碳酸钠、氢氧化钠、消石灰、生石灰
其他	活性硅土

a. 硫酸铝：该盐有无水硫酸铝和含结晶水的硫酸铝。常温下水溶液中析出的是 $Al_2(SO_4)_3 \cdot 18H_2O$，为无色单斜晶体，密度为 1.69g/cm³，熔点 770℃。200℃时失去结晶水。能溶于水，水溶液呈酸性，不溶于醇。

硫酸铝的制备：硫酸铝通常用硫酸处理含铝的矿石而制得。例如，硫酸分解高岭土，高岭土的主要成分是硅酸铝，它与酸共热时生成硫酸铝和二氧化硅。反应如下：

$$H_2Al_2(SiO_4)_2 \cdot 2H_2O + 3H_2SO_4 = Al_2(SO_4)_3 + 2SiO_2 + 6H_2O$$

硫酸铝溶于水，SiO_2 则不溶，从而分离。还有硫酸分解铝土矿法，铝土矿主要含 Al_2O_3，反应式为：

$$Al_2O_3 + 3H_2SO_4 = Al_2(SO_4)_3 + 3H_2O$$

硫酸分解氢氧化铝法，反应为：

$$2Al(OH)_3 + 3H_2SO_4 = Al_2(SO_4)_3 + 6H_2O$$

硫酸铝的絮凝机理：通常认为溶液中硫酸铝与水中碱反应生成氢氧化铝。

$$Al_2(SO_4)_3 + 6NaOH = 2Al(OH)_3 + 3Na_2SO_4$$

氢氧化铝胶体带正电，被废液中胶体粒子吸附，胶体粒子的负电荷被中和而产生絮凝。现在进一步研究认为，铝离子水解形成氢氧化物沉淀之前，先形成各种大的聚合体，溶液中可存在 $[Al_6(OH)_{15}]^{3+}$ 和 $[Al_8(OH)_{20}]^{4+}$ 等离子。这种聚合体的氢氧化物，吸附了带负电的胶体粒子而使电中和。这样胶体粒子的 Zeta 电位下降，削弱了促使胶体稳定的粒子间斥力，胶体粒子互相聚集形成大颗粒而产生絮凝。

硫酸铝的应用：硫酸铝作为絮凝剂广泛应用于自来水和工业废水净化，并且是造纸业应用最早的絮凝剂之一。硫酸铝在制浆造纸中还用作调节浆料 pH 值、提高填料的留着剂、松香料的沉淀剂等。

硫酸铝作为絮凝剂的特点：硫酸铝与其他絮凝剂相比，具有价格便宜；对浊度、色度、细菌、藻类等几乎所有悬浮和漂浮物质均有效；并且无毒、无腐蚀性等优点。其缺点是，与铁盐相比，絮凝适宜 pH 值的范围较窄，生成的絮凝颗粒较轻；在废水处理中，一般需添加碱和助凝剂；与 PAC 相比，用量较大，制浆造纸厂废水处理中用量在 0.33～3000mg/kg。

b. 聚合氯化铝絮凝剂：作废水处理用的氯化铝有含 6 个结晶水的固体三氯化铝（$AlCl_3 \cdot 6H_2O$）和液体聚合氯化铝（Polyaluminium Chloride，缩写 PAC），造纸业废水常用液体 PAC，本节主要介绍一下液体聚合氯化铝。

液体聚合氯化铝通式为 $[Al_2(OH)_nCl_{6-n}]_m$ 或 $Al_n(OH)_mCl_{3n-m}$，是一种无机高分子絮凝剂，呈灰色或浅黄色液体。其中 OH^- 与铝离子的比值叫碱化度，以百分数表示，即：

碱化度 $$(B) = \frac{[OH^-]}{3[Al^{3+}]} \times 100\%$$

一般碱化度要求在 40%～60%，若碱化度高于 70%，加适量的水搅拌后，可聚合成树脂状固体，此固体产物较原产品易溶于水。

关于液体聚合氯化铝制备方法，工业上常用的有铝灰酸溶法，铝灰酸碱溶法，氯化铝、硫酸铝混合法，铝、矾土二段酸溶法。如铝灰酸溶法是将含铝废渣与盐酸反应，经聚合、沉降得液体聚合氯化铝。

聚合氯化铝的作用：主要用作工业废水的净化，造纸废水及自来水的净化用絮凝剂。还可用来代替硫酸铝作纸浆施胶沉淀剂等。在铝系絮凝剂中，铝离子在水溶液中离解为单核配合离子 $[Al(OH)]^{2+}$、$[Al(OH)_2]^{+}$、$[Al(OH)_5]^{2-}$ 等；铝离子在水解过程中还发生羟基架桥式多核配合离子 $[Al_7(OH)_{18}]^{3+}$、$[Al_8(OH)_{20}]^{4+}$、$[Al_{13}(OH)_{34}]^{5+}$ 等。这些多核离子絮凝能力很强，而 PAC 在水中直接提供这些高效能的多核配合离子，避免出现那些效率较低的离子，因此能得到较好絮凝效果。

c. 铁盐：作为絮凝剂使用的铁盐主要是硫酸亚铁、氯化铁和氯化亚铁。它们主要是用作废水处理，一般不用于自来水和工业用水的处理。原因是它们和铝盐相比，铁盐絮凝颗粒比硫酸铁重而易沉淀，价格也便宜。

d. 活性硅絮凝剂：活性硅是在硅酸钠的稀溶液中，加入稀酸等制成的胶体状聚合硅酸。它在净化水厂中，作为低浊度水的絮凝剂使用，也广泛用于工业用水和废水处理，与硫酸铝共用，则有促进沉淀的作用。

② 有机絮凝剂　有机絮凝剂是指起絮凝作用的物质是有机物。这类絮凝剂主要是有机高分子化合物，早期使用的主要是淀粉、明胶、藻朊酸钠等天然有机高分子化合物。合成有机高分子絮凝剂是从 1950 年以后才开始应用，当时主要应用聚丙烯酰胺，并且主要是用于矿山工程中。随着环境保护要求日益提高，高分子絮凝剂用于工业废水净化受到重视，随之品种也越来越多。目前，有机高分子絮凝剂按其离子性分类，可分为阴离子型、弱阴离子型、非离子型、阳离子型 4 大类。其中聚丙烯酰胺类用量最大，其用量约占高分子絮凝剂的 80%。表 4-6 列举了这四大类有机高分子絮凝剂。

表 4-6　高分子絮凝剂

聚合度	离子性质	高分子絮凝剂实例
中等聚合度(相对分子质量数千～数万)	弱阴离子型	藻朊酸钠、CMC—Na
	阳离子型	水溶性苯胺树脂盐酸盐、聚乙烯亚胺、聚胺、聚二芳基二甲基氯化铵、己亚甲基二胺和 3-氯-1,2-环氯丙烷缩聚物
	非离子型	淀粉改性树脂、明胶
高聚合度(相对分子质量数十万～千万)	阴离子型	聚丙烯酸钠
	弱阴离子型	丙烯酰胺和丙烯酸钠共聚物
	阳离子型	聚乙烯咪唑啉、聚烷氨基丙烯酯或丙烯酸酯、聚丙烯酰胺的衍生物
	非离子型	聚丙烯酰胺、聚氧化乙烯

上述中阴离子型、弱阴离子型、非离子型一般用于废水处理，而阳离子型主要用于有机污泥的废水处理中。

高分子絮凝剂的作用原理：高分子絮凝剂的作用原理与废水中悬浮物的种类、表面性质，特别是 Zeta 电位、粒度、浊度和悬浮液的 pH 值有关，可分如下几点。a. 能使疏水性的胶体颗粒表面的 Zeta 电位下降，从而让颗粒彼此接触而絮凝。b. 悬浮粒子被高分子絮凝剂吸附，桥联结合，形成大颗粒絮凝而沉淀。c. 高分子絮凝剂可以沉淀溶解在水中的一些离子型有机物。例如染料、制浆废液、土壤中的有机腐殖质、蛋白质等。这是由于阳离子型高分子絮凝剂与阴离子型有机物间的静电作用。在水中生成难溶性盐后而沉淀。

关于有机高分子絮凝剂的性质和制备，本节只着重介绍应用较多的聚丙烯酰胺和聚丙烯酸钠。

a. 聚丙烯酰胺絮凝剂：聚丙烯酰胺简称PAM，其结构式为：

$$\left[H_2C-\underset{\underset{CONH_2}{|}}{CH}-CH_2 \right]_n$$

PAM一般是白色粉末状，是由丙烯腈在浓 H_2SO_4 中水解后，再经氨和NaOH中和制得单体。单体丙烯酰胺中有活泼的双键及酰胺基，可采用不同的聚合工艺，导入不同的官能团，可得到不同相对分子质量和不同电荷的产品，也可与其他单体共聚，获得一系列PAM产品，PAM分子量较低时易溶于水，高分子量通过搅拌或改性后溶于水。它有广泛的分子量，可以从数千至千万以上。氢键结合加强。

PAM在造纸业中可作为絮凝剂、助留剂、干强剂、湿强剂、表面施胶剂、涂料胶黏剂、分散剂等。作为絮凝剂使用的主要是非离子型、弱阴离子型和阳离子型的聚丙烯酰胺。

非离子型聚丙烯酰胺作为絮凝剂，是以水合状态溶于水中，此时高分子链不是伸展状态，而是呈卷曲状态，其絮凝作用是通过酰胺基与粒子表面的氢形成氢键结合而产生吸附。为了在被吸附粒子间产生桥联作用而形成坚实的絮聚体，聚丙烯酰胺的分子量应尽可能大些。

弱阴离子型聚丙酰胺是由非离子聚丙烯酰胺部分水解或丙烯酰胺与丙烯酸钠共聚而得。与非离子型PAM相比，絮凝沉淀性强，所以工业上应用广泛。悬浮胶体粒子与絮凝剂间靠氢键结合。

阳离子型聚丙酰胺在水中溶解时，具有带正电的活性基，从而吸附带负电的悬浮胶体粒子，中和粒子表面电荷，消除了粒子间的斥力，产生絮凝。如果聚合物有较长的链，则一个聚合物分子链可同时吸附几个粒子，聚合物分子链之间形成桥联作用，就能导致大颗粒而产生沉淀。

使用PAM絮凝剂，其优点是加入量少，沉淀速度快，在废水处理时投入量约为无机盐絮凝剂的1/30～1/200。如对浑浊水澄清时，与无机混凝剂配合投入0.1～5mg/LPAM就可发挥显著的助凝作用。这主要是PAM絮凝剂不仅有无机絮凝剂所具有的电荷粒子的电中和作用，还具有对粒子表面产生吸附架桥这种独特作用之故。

经过大量使用证明：对含有机悬浮物较多的制浆造纸厂废水宜采用无机絮凝剂和阴离子型或非离子型PAM共用的絮凝，这样效果更显著。并且废液pH值偏低时使用阴离子型比非离子PAM产生的沉淀速度快。

b. 聚丙烯酸钠：聚丙烯酸钠是阴离子型高分子絮凝剂的代表性盐类，是由丙烯酸钠水溶液缩聚或悬浮聚合而成。

聚丙烯酸钠分子链上有羧基，由于静电斥力而使分子链呈较舒展状态，使活性官能团暴露在表面，这些活性官能团易吸附悬浮粒子而形成粒子间的桥联作用。同时，如果在聚丙烯酸钠水溶液中添加 Al^{3+}、Ba^{2+}、Ca^{2+}、Sr^{2+}、Mg^{2+} 等多价金属离子，很容易生成不溶性凝胶，因而起到与悬浮胶体粒子共沉淀的协同作用。

2. 生物处理剂

利用生物处理剂对制浆造纸废水处理是今后废水处理的发展方向。目前，在这方面已取得了很大的进展。各种各样生物处理剂不断出现，如活性污泥、微生物处理剂、酶制剂等。在处理方法方面也取得了可喜的成绩，如活性污泥法、生物转盘法、曝气塘法、滴滤池法、厌氧/好氧处理法等。

① 白腐菌　白腐菌 *Phanerochaete chrysosporium* 是能分解木素的真菌，早期用于碱处理废液的脱色。如白腐菌经繁殖后，与碱处理液在pH值为4.5和39℃条件下处理5h后，脱色率达到60%，甚至可以达到80%。BOD_5 和 COD_{Cr} 也降低了40%左右。白腐菌之所以能脱色，主要是由于白腐菌对有色物质有破坏作用，并能将有色物质分解为低分子量的、无色的、可溶性和挥发性的物质。白腐菌的脱色与菌种、废液种类、处理条件和方法有关。

② 生物活性炭　生物活性炭是将具有生物活性物质固定在活性炭上而制得。例如将驯化培养好的微生物中置入活性炭进行物理吸附挂膜，挂膜后的活性炭称为生物活性炭。将其填充到柱子中，然后让待处理的黑液通过柱子，可达脱色、除杂目的。

③ 活性污泥处理剂　活性污泥是由细菌、真菌、原生动物、昆虫类和其他高级生物等组成，其中细菌是主要的微生物群。利用活性污泥处理废液，就是利用这些絮状微生物群的活性，在有氧条件下把有机物氧化，生成 CO_2、H_2O 和细胞物质。这细胞物质再用沉淀的方法从悬浮液中分离出来，一部分回用，剩余部分则加以处理。因此，利用活性污泥处理废水，包括一个废水曝气的过程和污泥沉淀的过程，曝气通常用曝气池，沉淀常用沉淀池。

活性污泥处理法中，曝气池是该法核心，曝气器是影响曝气法效果的关键部件。因此，采用活性污泥处理废水影响因素很多。有设备问题、工艺问题、活性污泥的活性问题和废液种类等。这就要根据各种废液，选择适宜的设备、工艺和活性污泥，才能达到最佳处理效果。

第三节　抄纸用化学品

抄纸是将制浆工序制备的浆料生成原纸的过程，在抄纸过程中所添加的化学品称为抄纸化学品（也称造纸化学品）。抄纸化学品包括范围也较广，可将它们分为两类：一类为功能化学品，主要是用于提高抄纸的质量和功能的；另一类为过程化学品，这一类主要是用于提高纸机效率和操作性能，减少纤维、细小纤维和填料损失的。这两类化学品常用的有施胶剂、增强剂、染色剂、助留与助滤剂、抄纸消泡剂、防腐剂、树脂控制剂等。本书主要介绍施胶剂、增强剂和助留助滤剂三类，其他几种在相关章节中介绍。

一、施胶剂

施胶剂是指用以延迟纸和纸板被水或水性溶液渗透的化学品。它在造纸工业中起着重要作用。以胶黏性为目的的应用包括纸浆内施胶剂、表面施胶剂、涂布胶黏剂以及加工胶黏剂等。本节重点介绍浆内施胶剂。

1. 浆内施胶剂

浆内施胶剂是在纸页形成前，对纤维施胶用的胶料。因施胶时pH值的不同，又可分为酸性施胶剂和中（碱）性施胶剂。酸性施胶剂主要是松香系列，松香施胶已有200年的历史。因其资源充沛、价格低廉，制胶和施胶工艺易掌握，迄今仍为造纸工业主要的施胶剂。中（碱）性施胶剂发展比较晚，主要有烷基烯酮二聚物（AKD）、烯基琥珀酸酐（ASA）和硬脂酸酐（SA）等合成胶。

浆内施胶剂的作用机理：浆内施胶剂的主要作用是提高纸张的抗水性和抗油性，其机理是通过在纤维表面形成一个憎水层来实现上述作用。在浆内添加适当的水溶性高聚物，可改变稍经打浆后纤维表面的胶体性质，有效地提高纤维重新排列所需要的纤维分散度。这里水溶性高聚物不仅起到了分散剂的作用而且又是胶黏剂。由于水溶性多聚物的存在，纸纤维间的结合键不仅分布均匀，而且结合点的数目增多，结合表面积大大增加，因而有效地提高了纸纤维间结合强度。

浆内施胶剂的种类：用作浆内施胶剂的主要有淀粉及其衍生物、松香胶、石蜡胶、硬脂酸胶、石油胶、沥青胶、合成聚合物胶。

(1) 淀粉

以淀粉为内部施胶剂是造纸工业最常用的水溶性高聚物。淀粉是一种天然碳水化合物类高聚物，有直链淀粉和支链淀粉两种异构体。淀粉价格便宜、来源丰富、胶黏性较好。后来又相继出现了各种化学改性淀粉的衍生物，由于其黏度和流动性均可得到很好控制，故其不仅广泛用于内部施胶，而且还大量用作表面施胶剂和涂布胶黏剂等。造纸工业所用的各种天然淀粉主要有效成分是胶淀粉。这是因为胶淀粉中有支化结构，易于膨化，故在水中易形成高分散度的胶体溶液。各种改性淀粉的制备方法及性能见表面施胶剂。

(2) 松香系列施胶剂

松香是造纸工业常用的一种胶料，它具有价廉、易于制备和控制以及废水容易处理等优点，所以一直被用于施胶剂。天然松香约50%是应用于造纸工业。

松香的性质：俗称熟松香或熟香，透明的玻璃状脆性物质浅，黄色至黑色，不溶于水，溶于乙醇、乙醚、丙酮、苯、二硫化碳、松节油、油类和碱溶液，有特殊的气味。松香的品质一般根据颜色、酸度、软化点、透明度等而定。一般，颜色越浅，品质越好；松香酸含量越高，酸度越大，软化点越高。

造纸工业用的松香是从松树采集来的松脂，经蒸馏除去松节油以后得到的固体产品。是一种玻璃状无定形物质。软化点在75～95℃，其结构式为$C_{19}H_{27\sim33}COOH$。松香中主要含80%～90%松脂酸，松脂酸也不是均一的物质，而是由各种酸性物质组成，一般为具有各种不饱和度与化学反应性的松香酸（$C_{19}H_{29}COOH$）与海松酸，其余为中性化合物。

松香按其色泽深浅、纯度高低可分为9级。造纸用的松香分为3～6级。1～2级的松香色浅。纯度高、价格贵，而且软化点高，所以造纸工业上较少用。

造纸用松香要求外观透明，黄色或琥珀色。皂化值大于170mgKOH/g，酸值大于165mgKOH/g。不皂化物小于7%，挥发物不超过5%。软化点68～74℃，熔点96～107℃。

松香胶的熬制：松香胶由松香与碱作用，其皂化反应如下。

$$C_{19}H_{29}COOH + NaOH \longrightarrow C_{19}H_{29}COONa + H_2O$$

$$2C_{19}H_{29}COOH + Na_2CO_3 \xrightarrow{\triangle} 2C_{19}H_{29}COONa + H_2O + CO_2\uparrow$$

一般皂化松香多用纯碱（Na_2CO_3），根据皂化时用碱量的不同，生成的松香胶中含有的游离松香含量不同。按游离松香含量的多少，松香胶又可分为中性胶（褐色胶）、酸性胶（白色胶）和高游离松香胶三种。

中性胶（褐）：松香全部皂化，不含游离松香，松香钠在溶液中呈分子状态（施胶效果差）。

酸性胶（白）：部分皂化，酸性，游离松香含量40%～50%。

高游离松香胶：部分皂化，酸性，游离松香含量70%～80%。

因为在皂化时用碱量较少，所以白色胶（又名酸性胶）含有部分未皂化的游离松香，胶液呈酸性，其游离松香含量一般在40～50%，按照胶体化学观点，白色松香胶属于溶胶，分散质是固体的松香质点，分散剂为胶料溶液。

高游离松香胶含游离松香多达 70%～80%，加有酪素作为稳定剂。

中性溶胶施胶效果比白色胶和高游离松香胶施胶效果差，所以工业上多采用白色胶和高游离松香胶。

(3) 烯基琥珀酸酐施胶剂

烯基琥珀酸酐（Alkenyl Succunic Annydide，简称 ASA）是一种反应性施胶剂，又称为石油树脂施胶剂。通常 ASA 是一种带黄色的油状产品，这种活性物能贮存很长时间，但是必须防止水或潮湿。它不溶于水，使用之前必须现场乳化，但是通常加入少量的活化剂，还加入阳离子淀粉和合成阳离子聚合物作为稳定剂。活化剂是表面活性剂，能够促进有效乳化。合成聚合物能使乳液具有很好的稳定性，阳离子淀粉能够大大提高施胶效率。现在已经开发出合适的混合乳化系统，淀粉对 ASA 的比例一般为（2∶1）～(4∶1)。乳化可以采用间歇的方式或在连续操作的专用自动化设备中进行，受这些低剪切和高剪切程序的影响，获得的颗粒粒径为 0.5～2μm。用间歇法乳化的 ASA 的效率在使用期间有些下降，这是由于活性物的水解，可由计算机控制连续改变添加量来补偿，间歇生产的主要优点是具有高效的灵活性。

ASA 的结构式为：

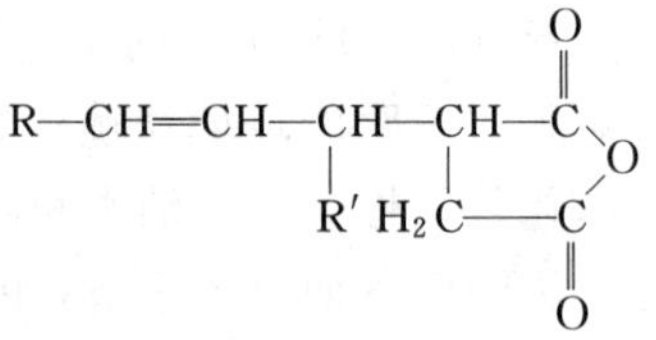

```
                              O
                              ‖
R—CH═CH—CH—CH—C
          |    |    \
          R′  H₂C    O
                |   /
                —C
                 ‖
                 O
```

其中 R、R′=C_6～C_8，一般为 C_8。

ASA 能与纤维素上的羟基反应，如下所示：

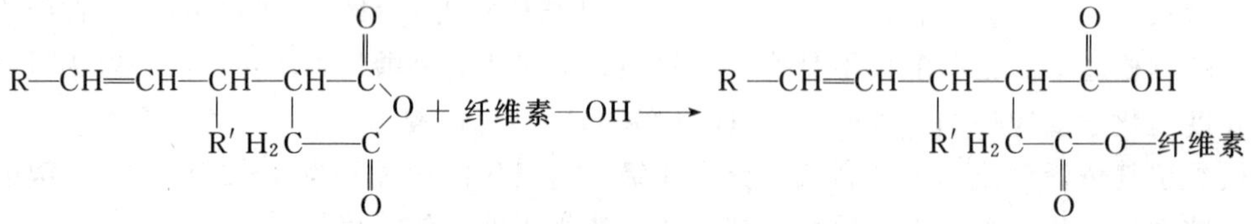

```
                    O                                                 O
                    ‖                                                 ‖
R—CH═CH—CH—CH—C                            R —CH═CH—CH—CH—C—OH
          |    |    \                                   |    |
          |    |     O + 纤维素—OH ⟶                   R′ H₂C—C—O—纤维素
          R′ H₂C—C  /                                          ‖
                 ‖                                              O
                 O
```

ASA 的制备：将固体石油树脂与马来酸酐以 1∶1.2 的比例加入反应釜中，加热熔化，以对苯二酚为阻聚剂，在氮气保护下，在 250℃下进行 α-氢的加成反应，得到的是一种棕红色的固体，不溶于水，为此必须加入乳化剂，通常是以油溶性和水溶性表面活性剂复配效果较好。产品可制成粉状，用时以热水化料，然后迅速加入浆中进行施胶。

(4) 烷基烯酮二聚体

烷基烯酮二聚体（AKD）是一种不饱和的内酯。常用的合成路线是：首先用羧酸与亚硫酰氯（或三氯化磷、五氯化磷）反应制备羧酸酰基氯，然后用三乙胺脱去它们的卤化氢，生成一种不稳定的羧酸中间体，再经它们的分子间内酯环缩合生成 AKD。

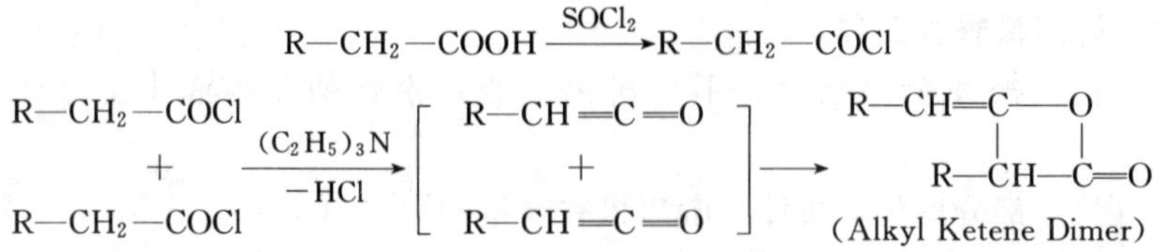

$$R—CH_2—COOH \xrightarrow{SOCl_2} R—CH_2—COCl$$

$$\begin{matrix} R—CH_2—COCl \\ + \\ R—CH_2—COCl \end{matrix} \xrightarrow[-HCl]{(C_2H_5)_3N} \left[\begin{matrix} R—CH═C═O \\ + \\ R—CH═C═O \end{matrix} \right] \longrightarrow \begin{matrix} R—CH═C—O \\ \quad | \quad\; | \\ R—CH—C═O \end{matrix}$$

(Alkyl Ketene Dimer)

内酯环

用于造纸工业的 AKD，一般用工业级饱和脂肪酸来合成。对各种酸进行分离是十分困难的，同一种脂肪至少含 5 种不同的酸，甚至可以含 12 种或更多的酸，其中棕榈酸存在最普遍，几乎是所有脂肪的一种成分，其他常见的饱和酸是月桂酸、肉豆蔻酸、硬脂酸、花生酸和山萮酸。动物脂肪含有丰富（10%～30%）的硬脂酸，但是植物脂肪的硬脂酸含量却很少。

用于造纸的AKD的原料一般是C_{14}～C_{20}硬脂酸同系物的混合物。这种AKD（硬脂酸）是一种不溶于水的固体，熔点为51～52℃。由于工业级硬脂酸常含有某些油酸、肉豆蔻酸和棕榈酸，它们能使AKD的熔点降至44～48℃。虽然通常90%以上的AKD能够在熔点范围内熔化，但是剩余的部分可将熔点范围扩大到70℃以上。

与许多湿部添加剂的情况一样，为了将AKD加入纸料中，必须将其转化为能分散于水中的微小颗粒。第一步是由熔化的蜡开始的，因此被称为乳化。乳化过程如下：首先向含有阳离子淀粉稳定剂和少量表面活性剂（例如：木素磺酸钠）的热溶液（70～90℃）中加入AKD薄片，待AKD熔化后，将这种混合物强制通过微粒流化器并冷却，在乳化时也可以加入少量促进剂（低分子量高电荷密度的阳离子聚合物）和杀菌剂。乳液的颗粒粒径一般为0.5～2μm，平均值接近1μm。虽然较低的AKD熔点有助于熔化，但是在热抄纸系统中，那里的温度能高于这一熔点，由于颗粒内的AKD熔化能使分散颗粒的稳定性得到破坏。

2. 表面施胶剂

近些年来，纸张表面处理越来越受到造纸界的重视，其原因是：①造纸原料危机而普及再生纸；②纸制品多样化及开发高附加值产品；③减少公害，从合理施胶来看，用表面施胶取代内部施胶的倾向日趋突出；④从施胶效果和操作性能考虑，特别是在中性抄纸时，表面施胶剂的作用越来越大。

（1）表面施胶剂概述

用以处理纸面的胶料叫做表面施胶剂。表面施胶剂是在纸或纸板的两面，以含有一种或多种物质的水分散液，在特定的设备中进行施胶的一种方法。表面施胶剂的目的是增进纸或纸板表面强度以及改善产品的其他性能。主要改善性能有下列几点。

① 提高纸或纸板的适印性能：如提高纸或纸板的表面强度，使其对掉毛、掉粉有一定的抵抗性；改善纸或纸板吸收油墨的性能，从而改善其印刷性能；提高纸或纸板的平滑度，降低透气度，增进纸张的结合强度，使纸面紧密、细腻、匀整，从而使印迹清晰、颜色均匀、层次清楚、黑白分明。

② 改进纸张的其他性能：例如大多数施胶剂能同时改进纸张的强度、挺度、耐摩擦性、耐久性以及手感，减少纸张静电；减少纸张变形。

（2）使用表面施胶剂的优点

与内部施胶相比较，表面施胶的优点是：①上胶成本低；②在用内部施胶剂受到限制时，表面施胶可增加施胶效果；③减轻用内部施胶剂引起的纸张强度的下降；④提高纸张表面性能（书写性和涂布性）；⑤较少因内部施胶引起的涂布困难；⑥降低正反面差。

（3）表面施胶的方法

① 机内表面施胶：在造纸机干燥的适当位置装设表面施胶装置。未完全干燥的纸或纸板经施胶装置后涂上一层施胶剂，再经干燥后使其表面形成一层胶膜。

② 机外表面施胶：纸或纸板在造纸机上抄成后，卸下纸卷，再将其移到单独的施胶装置上完成表面施胶。

（4）常用表面施胶剂的种类

表面施胶剂的种类很多，常用的有：淀粉及其衍生物，动物胶，石蜡胶，松香胶，水溶性纤维素及其衍生物（如纤维素、羟甲基纤维素、羟乙基纤维素等），聚乙烯醇，聚丙烯酰胺，聚氨酯，藻朊酸钠等。

下面介绍具体的种类。

① 淀粉及其改性物　淀粉是一种常见的表面施胶剂，但作为造纸工业助剂，大多数情况下需要对淀粉进行改性处理。淀粉的改性处理方法很多，适用于表面施胶的有氧化淀粉、阳离子淀粉、阴离子淀粉、酶转化淀粉、双醛淀粉、乙酸酯淀粉、羟烷基淀粉等。

a. 氧化淀粉　氧化淀粉是早期的改性淀粉。此法较古老，但由于其改性工艺简单，使用方法方便，仍广泛应用至今。淀粉可被许多氧化剂氧化，如次氯酸盐、过氧化物、过碘酸、重铬酸盐等氧化成不同产品。造纸工业中最常用的是次氯酸盐氧化淀粉。制备这种改性淀粉的方法是：在少量 NaOH 存在下，以天然淀粉的水悬浮液（固含量 30%～40%）和次氯酸盐作用生成氧化淀粉。次氯酸盐用量以淀粉为基准。有效氯为 2%～9%。

氧化淀粉的优点：与天然淀粉比较氧化淀粉熬制时间短；糊状液透明度高；黏合强度大；糊状液黏度较小；凝固速度低，退减作用小。

过碘酸氧化淀粉（双醛淀粉）是由淀粉和过碘酸盐反应而成的。作为表面施胶剂使用，它能使纸张的干、湿强度均增加。湿强度与经三聚氰胺树脂、阳离子型脲醛树脂浆内处理的纸张相同，但由于双醛淀粉成本高，未得到广泛应用。

b. 阳离子淀粉　阳离子淀粉是美国 20 世纪 60 年代开发并得到发展的一种改性淀粉。其制备方法是将淀粉在碱性催化剂作用下，加温与含氮醚化剂反应，使其在结构中引进季铵与叔氨基，从而使淀粉具有阳离子性。为在醚化过程中避免凝胶，加入 Na_2S 或 NaCl 作为阻聚剂。

醚化剂条件：具有强电荷和较多活性反应基，以便与淀粉在温和条件下结合，并有良好的稳定性。

醚化剂结构：一端为季铵基或叔氨基，具有阳电荷，另一端则为活性烷基，这样可取代淀粉分子中羟基的氢原子而使淀粉呈阳性。

常用的醚化剂：二烷基氨基环氧化物如：二甲胺-氮-环氧氯丙烷缩合物；二烷基胺卤化物如：β-二乙基氨基乙基氯化物盐酸盐；叔丁基卤化醇如：4-氯-2-丁基三甲苯氯化铵等。醚化剂用量一般为 5%～10%（相对淀粉而言）。

反应时间和浓度：根据其活性而定。例如，纳尔可公司（Nalca. Co）介绍的阳离子型醚化剂，为卤化醇型化合物，即将淀粉、水、碱和醚化剂在蒸汽喷射器瞬间完成（202～232℃）混合，可瞬间完成淀粉的氧离子化。

作用机理：由于阳离子淀粉带阳电荷，可与带阴离子的纤维紧密结合形成表面定向排列，因此主要可作印刷纸表面施胶，它不仅显著提高纸张强度，改善抗拉毛性能，适合高黏油墨印刷，而且印刷后色调均匀、清晰度好、色泽鲜艳、透印少，为其他淀粉衍生物所不能相比。

c. 阴离子淀粉　阴离子淀粉主要是淀粉磷酸酯，即 $\text{淀粉}-O-\overset{\displaystyle OH}{\overset{|}{\underset{\underset{\displaystyle OH}{|}}{P}}}=O$ 。

其制备方法是将淀粉先用碱金属与高浓度磷酸盐，如 Na_2HPO_4 和 NaH_2PO_4 溶液吸附，然后真空脱水干燥或惰性气体保护下高温（282～357℃）反应制成。制备淀粉磷酸酯溶液，不需要加热，只需在搅拌下缓慢加入温水即可调成黏稠状而流动性良好、透明清晰的淀粉溶液。阴离子淀粉高浓度时不凝冻，用水稀释后沉淀，且成本较低。

d. 羟烷基（丙基或乙基）醚化淀粉　羟烷基醚化淀粉也是20世纪60年代初期开发的一种淀粉衍生物。它是将淀粉在碱性催化剂下与环氧化合物加温作用而得到的，醚化剂如环氧乙烷，所得到产物为羟乙基淀粉。

$$\text{淀粉}—OH + \overset{O}{\triangle} \longrightarrow \text{淀粉}—O—CH_2CH_2OH$$

用环氧丙烷，其产物为羟丙基淀粉。

淀粉经羟烷基醚化后，其亲水性增加，凝胶温度降低。经加热糊化后，可形成不冻凝、流动性好、稳定的溶液，具有很好的成膜性。干燥后能形成清晰、柔韧、亲水的膜，加入浆内，也可提高纸张的干强度。

② 动物胶　动物胶是从动物的骨头、皮毛或筋中提炼出来的一种蛋白质。上等的皮胶和骨胶色浅且透明，又称明胶。动物胶是应用较早的高级纸张的表面施胶剂。

动物胶的制备：原料蛋白质是不溶于水的，经酸和碱处理后，转化为皮胶和骨胶是溶于水的。在用皮类制胶时，先用水把皮洗净，然后以酸和碱处理，再经洗涤、中和后，用热水抽取蛋白质。可进行几次抽提，但最优质的胶是第一次抽提的。将抽提所得胶液进行真空低温蒸发，再经小心干燥后把产品磨碎或压成片状。所得产品分子链相对长，而且有不少支链，平均分子量20万左右。

皮胶和骨胶是坚硬的角质状物质，由于来源和加工方法的不同而呈现不同颜色，可溶于酸性和碱性溶液，一般不溶于油、蜡及大多数有机溶剂。

动物胶的应用：使用动物胶时，先将其在冷水中充分润胀，然后再用温水进行溶解，并进行搅拌，以制成4%～10%浓度的溶液。如有必要可在溶解过程中加入少量碱，以提高其溶解度。

③ 松香胶　松香广泛用于浆内施胶。在表面施胶中，一般采用褐色松香胶，这种胶可增加纸张表面的光泽度和减少粘辊现象。使用松香胶还能使纸张的光泽度持久，减少细小纤维黏附烘缸而影响其表面清洁，还能减少纸张在印刷中的掉毛现象。

④ 纤维素衍生物　用于表面施胶的改性纤维素主要有羧甲基纤维素（CMC）、甲基纤维素和羟乙基纤维素。

羧甲基纤维素与淀粉相同，纤维素的结构单元也是葡萄糖基，每个葡萄糖基上含有3个游离羟基，许多纤维素的改性都是利用这些羟基来进行的。

羧甲基纤维素可用漂白木浆或其他纤维素加烧碱和氯乙酸进行醚化反应而制得。使用CMC通常是它的钠盐，其反应如下：

$$[C_6H_7O_2(OH)_3]_n + nClCH_2COOH + 2nNaOH \longrightarrow [C_6H_7O_2(OH)_2(OCH_2COONa)]_n + nNaCl + 2nH_2O$$

在制备CMC的过程中，改变醚化条件，可得到不同取代度的CMC，表面施胶用CMC的取代度一般在0.75左右，溶于水。CMC又分为高、中、低黏度三种，表面施胶用CMC黏度一般是低黏度，施胶效果较好，价格也便宜。CMC是一种白色的粉末状、粒状或纤维状物质，无臭、无味、无毒，是一种很好的表面施胶剂。

CMC胶液的制备比较容易，在溶解锅内加水，在搅拌下慢慢加入CMC，黏度一般不超过3%，溶解后加盐酸调节pH至中性即可。CMC胶液在室温下不会腐败、发酵和结皮。用CMC表面施胶，能提高纸张强度，改善纸张的抗油性和吸墨性，成膜强度大。CMC可单独使用，以进一步改善纸页的施胶和增强效果。

⑤ 石蜡胶　用蜡乳胶进行表面施胶可增进纸页抗水性和表面平滑度。在压光机上进行表面施胶，具有润滑作用，以防止淀粉破坏纸板的表面。

⑥ 海藻酸盐　海藻酸是从海藻植物中提取的，如马尾藻、海带等。用于造纸工业的海藻酸盐主要是海藻酸钠和海藻酸铵。

其特点是：胶体易制备和使用；胶体浓度和黏度可调；具有较好的流动性，其溶液可与一系列造纸用化学物质相容，提高了纸张表面结合强度。表面施胶的海藻酸盐浓度常为0.25%～0.30%。

⑦ 合成类表面施胶剂

a. 聚乙烯醇（PVA）　PVA是最常用做表面施胶剂的一类合成水溶性高聚物，其产品很多。用作表面施胶的PVA其聚合度为1000～2000，水解度为98%～99%（完全水解）或87%～88%（部分水解）。

经PVA表面施胶的纸张干燥后具有很好的黏结力，不再需要高温或老化等处理，其所形成的覆膜具有良好的抗油性，因此是一种良好的表面施胶剂。但由于PVA易渗透到纸层内部，为达到表面施胶的效果，必须加大用量。为了解决这一过度渗透现象，现在广泛采用硼砂处理纸页。在涂布PVA时，硼砂和PVA可能产生瞬间的化学反应并生成网状结构的PVA-硼砂二聚体缩合物。其反应如下：

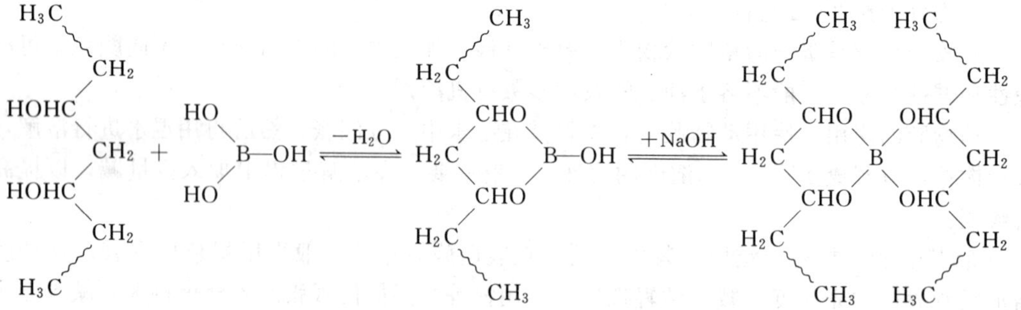

$$H_3C\sim CH_2-CH(OH)-CH_2-CH(OH)-CH_2\sim CH_3 + (HO)_2B-OH \xrightleftharpoons{-H_2O} \text{[}H_3C\sim CH_2-CHO-CH_2-CHO-CH_2\sim CH_3\text{]}B-OH \xrightleftharpoons{+NaOH} \text{[}H_3C\sim CH_2-CHO-CH_2-CHO-CH_2\sim CH_3\text{]}_2B$$

从上式反应可见，PVA线型高分子经硼砂交联后可形成网状交联结构的二聚体配合物。该二聚体配合物一般条件下是稳定的凝胶体，可有效地抑制PVA胶料在纸层中的过量渗透，但应注意的是在强酸条件下存在可逆反应。

b. 聚氨酯　聚氨酯是一种新型表面施胶剂。作为表面施胶剂的聚氨酯是一种低分子量聚合物，这类聚合物的分子链上带有—NHCOO—基团，所以具有独特性能。

聚氨酯的结构：聚氨酯链结构上可以连接不同的基团，从而生成阳离子型和阴离子型两种聚氯酯。施于纸张表面时聚合物电荷与纸张表面的相反电荷相结合，使聚合物停留在纸张表面达到施胶效果，其结构示意图4-5。

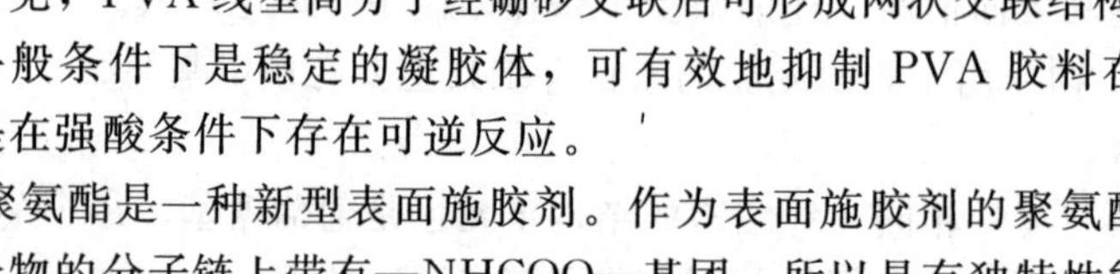

图4-5　聚氨酯结构示意图

○ 离子基团；○ 疏水基团

作用机理：阳离子施胶剂的正电荷与纤维的负电荷相结合，因此聚合物保留在干纸表面。如图4-6。

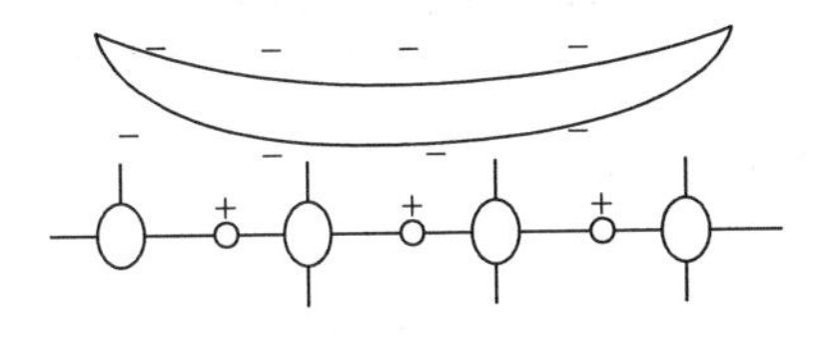

图 4-6 阳离子聚氨酯与阴离子纤维相结合示意图

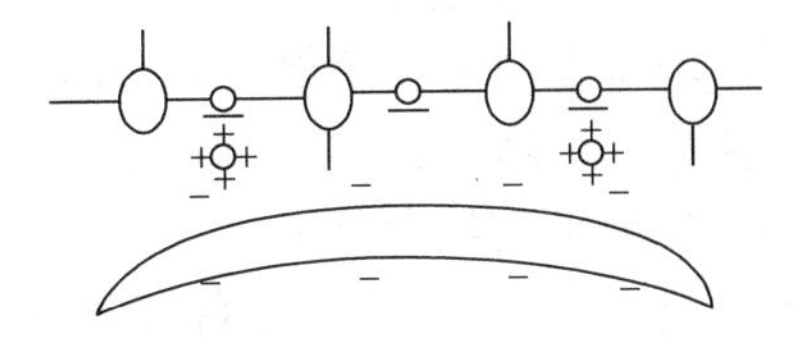

图 4-7 阴离子聚氨酯通过硫酸铝与阴离子纤维基团相结合示意图

阴离子聚氨酯则与硫酸铝离子结合，而硫酸铝离子作为桥联与带负电荷纤维相结合。如图 4-7。

聚氨酯除有良好的表面施胶性能外，对纸的表面性能也有许多改善，如增加表面温度、抗掉毛、抗涂料渗透、抗涸等。

聚氨酯能降低施胶成本，因为它可以较小用量产生较高的施胶度，大多情况下，每吨纸只要加入 0.25～1kg 聚氨酯即达到施胶规格。

二、增强剂

增强剂是指用以提高纸和纸板物理强度的化学品。增强剂根据纸张增强的方法有两种，一种是浆内添加增强剂，另一种是抄纸时添加表面增强剂。表面增强可归于表面处理剂介绍。下面主要介绍浆内增强剂。浆内增强剂又根据使用效果不同，分为增干强剂和增湿强剂两类。

纸的强度是衡量纸质量好坏的重要标志，重要的强度性质包括：抗张强度，抗撕裂强度，耐折强度，抗弯曲强度，耐破强度，表面张力，内结合程度，抗压强度等。提高纸张这些强度的措施主要是使用增强剂。特别是近几年来，造纸工业所用针叶木等长纤维原料日见短缺，如何用好如草类、蔗渣、阔叶木等纤维和废纸的再生利用已成为纸张工业的重要课题。另一方面，造纸工业逐渐趋向纸机高速化、纸张轻定量化、品种用途多样化和纸机用水封闭循环化。在这样的前提下，从维持和提高纸张强度这方面来说，利用增强剂显得非常重要。下面我们就增干强剂的基本概念和有关主要干强剂介绍一下。

1. 增干强剂

(1) 增干强剂及种类

增干强剂是指在造纸过程中用于增强纤维间的结合，以提高纸张物理强度，而不影响湿强度的化学品。目前，常用的增干强剂有：①淀粉及其衍生物，约占市场份额的 95%；②植物胶，约占市场份额的 2%；③合成增干强剂，约占市场份额的 2%；④其他增干强剂，约占 1%。早期的增干强剂多为淀粉、植物胶等天然产品，后来发展为淀粉衍生物和羧甲基纤维素等半合成品，但都存在用量大、效果不理想等缺点。20 世纪 50 年代后期，阴离子型聚丙烯酰胺引入造纸工业才有较大发展，以后发展有一系列离子型高聚物，这些高聚物能使较次级原料生产出高强度产品，增干强剂分成天然和合成有机聚合物两大类。现在常用的有变性淀粉、植物胶和丙烯酰胺聚合物。

(2) 增干强剂作用机理

人们对增干强剂增进纸页强度的机理作了详细的实验，认为增干强剂主要作用机理是：①增加纤维结合的表面积；②提高纤维与纤维间的结合强度；③改进结合键的分布（即纤维的分散度或纸页匀度），对纤维强度则没有影响，所以纸张强度增加了。

例如，在相同的纸浆中加入槐豆胶用作增干强剂，则影响纸页强度。主要四因素：增加结合面积 15%；改进结合键的分布 25%；提高结合强度 60%；对纤维强度是没有影响。由上得出：增干强剂能有效增进纤维间的结合强度，但增进结合强度的原因是由于增干强剂本身的胶体分子的结合强度，而是增加纤维单位面积的氢键结合所致。

(3) 对增干强剂的要求

原则上，用作增干强剂的有机聚合物，最好能符合或接近下列几点要求。

① 直链或线型聚合物：纸浆纤维素分子是由氧桥键合的直链葡萄糖基组成，因此分子直链的聚合物比分子有侧支或近球形的聚合物对纸浆纤维素有更好的结合力，可增加架桥机会，减少过度絮凝现象。

② 低至中等分子量：增干强剂的分子量应接近纤维素分子量为宜，换言之，以 $1\times10^5\sim1\times10^6$ 为宜。分子量过高，不但黏度高，不易溶解或处理，并易酿成过度絮凝作用或产生絮凝体，尤其阴性高聚物在酸性或近中性溶剂中，阴性高聚物在碱性溶液中，由于相邻电荷相互排斥，分子链将更加扩展或伸长，导致“过度絮凝”，并降低聚合物与纸浆纤维素分子间的亲和性。

③ 较低阳电荷：纸浆纤维在水相中是阳离子型，本着“同性相斥异性相引”原理，阳电荷的增干强剂可与阴电荷纤维形成电价键，增加纤维间的结合强度，而使更加靠近，但是纤维素的电荷强度一般不是很高，因此阳离子增干强剂电荷密度也不需太高，过强的电荷密度也会引起纸浆的“过电荷”现象，而使成纸匀度不良，如阳性有机聚合物本身兼常有微量阴电荷离子时，即两性型聚合物，阳性基与阴性基之比为（5～14）∶1 较宜。

④ 成薄膜性：有机聚合物如具有成膜性，能在纤维表面形成一层薄膜，则本身也是一种键合，从而提高了纤维间的结合强度。反之，聚合物如沉积在纤维间，同样重量的纸张，将因聚合物的留着所取代的纸浆纤维量，因而降低纤维的结合强度。

(4) 常用几种增干强剂

① 淀粉类　在各种造纸助剂中，淀粉使用最早，它可以使纸张提高强度、挺度、硬度，加以本身成膜性好，也能提高表面强度，减少拉毛掉粉，改善印刷性能，又可进行湿添加，提高纸张强度和填料留着率，还有一点它的价格低，所以具有竞争力。目前，世界造纸工业使用淀粉作为增干强剂的消耗量大约为丙烯酰胺的 20 倍。淀粉类包括原淀粉及改性淀粉。改性淀粉的种类较多，常用的有氧化淀粉、阳离子淀粉、阴离子淀粉、两性淀粉、双醛淀粉、羟烷基淀粉、磷酸酯淀粉。目前作为增干强剂的改性淀粉有：阳离子淀粉、磷酸酯淀粉和两性淀粉三种。

② 植物胶类

a. 植物胶　作为造纸增干强剂的植物胶有皂角、豆胶、刺槐豆胶、古尔胶等。主要成分有四分子 D-半乳糖和一分子 D-甘露糖为单元的高分子多糖。

这类胶是从植物中用温水浸出其中黏液而成，加入浆内起黏合作用。可以单独使用，也可以与淀粉配用。这类植物胶特别适用于长纤维进行抄纸。在提高干强度的同时，也提高了纸张的匀度。

b. 改性植物胶（羟乙基皂角豆胶）　这类胶是将天然皂角豆胶用环氧乙烷反应进行羟乙基化而得到白色粉末状物质，加入浆内可提高纸张的干强度，并在抄纸时可减少湿纸压榨处的断头率，从而可以提高车速。

③ 羧甲基纤维素类　羧甲基纤维素类增干强剂主要有羧甲基纤维素和羧乙基纤维素，二者均为天然高分子纤维素衍生物。羧甲基纤维素是由纤维素和一氯醋酸在氢氧化钠溶液中相互作用而制得的。

通常用的是其钠盐。这是一种水溶性高分子化合物，加入浆料中，能有效地提高纸张的干强度。由于 CMC 在水中的溶解度较大，易随同白水流失，因此使用时应加硫酸铝作为助留剂。

④ 合成聚合物类 近些年来发展较快的是丙烯酰胺聚合物、聚乙烯醇。

聚丙烯酰胺简称 PAM，是一种水溶性线型高分子聚合物，它和它的改性聚合物具有很多有用的性能。如絮凝、分散、增稠、黏附、成膜等。广泛用于工农业中。它是 1893 年莫利氏（Morrcu）发明后，20 世纪 50 年代初期开始用于纺织工业作上浆剂。后来在石油、采矿、选煤、制糖等工业逐步得到推广应用，至 50 年代后期才引入造纸工业，用于提高干强度的一种助剂化学品。当然它作为一种良好的絮凝剂在三废处理方面也得到广泛应用。

PAM 在造纸工业中作为絮凝剂（留着、脱水、凝集）、干强剂、湿强剂、表面施胶剂、涂料纸胶剂、分散剂、合成纤维纸黏合剂以及提高电容器、纸击穿电压等，被广泛地应用，有标准造纸助剂之称。它的主要优点是可以提高纸张质量，对某些强度达不到指标或需赶超的产品特别适宜。同时也为纸板原料做高级纸开辟了一条途径。可以提高浆料脱水性能，从而提高了车速，增加了产量，对于纸浆特别有效，可以提高微纤维、填料留着率，降低白水浓度，以达到降低用浆量、减少白水生物耗氧量的目的。由于基本原料是同一丙烯酰胺，在做补强助剂时，以补强为主，也能提高成纸灰分，降低白水浓度，同时施胶度大大改善；在做滤水助剂时，以提高车速为主，也能增加强度，改善胶度。作用是共同的，只是有所侧重。

PAM 高分子聚合物有四个基本变数决定着它的使用效果：a. 聚合物的平均分子量；b. 平均离子电荷密度；c. 分子量的分布；d. 共聚单体的相对活性。

一般认为，阴离子型和非离子型 PAM 对水中负电胶体杂质只发挥絮凝作用，往往不能单独使用，而是根据不同用途配合无机铝盐、铁盐等使用。如：a. 以高分子量低丙烯酸含量的 PAM 为助留剂；b. 低分子量高丙烯酸含量的 PAM 为分散剂；c. 中等分子量及丙烯酸含量为增强剂。

阳离子型 PAM 可在水中同时发生凝聚和絮凝作用，可单独使用，对 pH 的适应范围广。以高分子量弱阳电荷的为絮凝剂，低分子量强阳电荷的为促进剂，中等分子量和阳电荷的为增强剂。

制备：以石油工业副产品丙烯腈（化学式）为原料，在浓硫酸中水解生成丙烯酰胺，经结晶、干燥即得到白色粉末状丙烯酰胺。

丙烯酰胺也可由丙烯腈经铜铝合金催化法直接水解后生成丙烯酰胺，经离子交换法除去金属离子后得到。

2. 增湿强剂

(1) 增湿强剂一些概念

增湿强剂是指能使纸张完全被水浸湿或被水饱和时，仍能保持其部分强度的化学品。湿强度是纸遇水或潮湿环境中，纸张纤维间相互结合能力的大小量度。一般情况下，纸张湿强度只有其干状态的 5%～10%，所以必须加入增湿强剂，以使当纸张用水充分浸湿以后，仍能保持原纸张干强度的 15%以上。这种添加剂称为增湿强剂。绝大部分含增湿强剂的纸张保持其干强度的 20%～40%。

许多纸品尤其是工业用纸都要求较高的湿强度。例如表 4-7 列出一些需要湿强度的纸张的名称和用途。

表 4-7　一些需要湿强度的纸张的名称和用途

纸张品种	用　途
海图纸、特种地图纸	经雨淋水后，仍保持完整、清晰和不变形
照相原纸	在涂布加工过程和长期浸泽在水中不变形和保持纸层松散，并能抵抗冲晒过程中化学药品的浸蚀
钞票纸	在受水浸泡后仍具有良好的耐折度、耐摩擦性和紧密度
广告张贴纸	用于户外，虽经雨淋风吹也不破碎
高级包装纸	虽经水浸也不破碎，而保持包装物品完整
药棉纸	医疗用
手巾纸、手帕纸	餐饮用
工业滤纸	工业生产中分离产品用
膏药纸	医药用

对于上面的一系列特殊要求纸，只用一般表面施胶剂等处理是难以达到的。一般施胶处理只能起到迟缓水分渗入纸层内与纤维接触的时间。而未经增湿强剂处理的纸纤维一旦被水所饱和就会使纸的强度完全丧失。为了解决这个问题，通常用增湿强剂处理以提高纸张的湿强度。

(2) 增湿强剂的分类

根据应用条件，可将增湿强剂分为永久性和暂时性增湿强剂两大类。

① 永久性增湿强剂　主要用于瓦楞纸张等包装材料中，如包装新鲜蔬菜、冷冻食品（肉鱼或家禽）等。虽然任何一种水溶性、热固性树脂都适用于纤维素材料中的永久性增强剂，但造纸工业中应用的主要是脲醛树脂、聚酰胺表氯醇树脂、丙烯酰胺聚合物、三聚氰胺甲醛树脂等。

② 暂时性增湿强剂　主要是用于那些短时间用后即弃掉的产品中，如面巾纸、手帕纸、薄叶纸、尿布纸及医院用一次性外衣及床单等。聚酰胺表氯醇树脂及乙二醛改性丙烯酰胺等是常用的暂时性增湿强剂。

(3) 增湿强剂的作用机理

由于纸页相邻纤维间的羟基键的结合力，容易被水分解或减弱，同时水的润滑作用也能引起纤维与纤维间的滑动而降低其强度，因而一般的纸页是没有明显的湿强度的。当将氨基树脂或聚胺-酰胺树脂等增湿强剂加入纸浆中时，经酸化或高湿处理而在纤维中成交联状的高分子聚合物，能显著增加纸张湿强度。实际总结起来主要有两种机理。

① 与纸的纤维交联，在树脂-纤维间形成化学键。

② 自身交联的树脂分子先形成网膜，对纸的纤维交织起保护作用，降低纤维的润胀，而不一定与纤维产生化学反应。

(4) 常用增湿强剂

① 早期湿强剂

a. 以浓度 70%的硫酸浸泡处理纯纤维素吸水纸作为制作的基础。该酸在纤维素表面分解纤维形成中间化合物，经水与氨的连续作用，直到纤维全部裂解为止。由此制得湿强度很高，甚至在沸水中和稀氢氧化钠的溶液中都非常稳定的“植物羊皮纸”。

b. 经人造丝黏液表面施胶后再用酸或碱，或盐处理。

c. 以动物胶、酪胶、纤维素衍生物、聚乙烯等对纸进行表面施胶处理后，再在高酸条件下与甲醛或乙二醛直接羟醛缩合，这样在纸层中形成了一个网状交联结构而阻止水的浸入，起到提高湿强度的作用。这些方法由于效果不佳及操作烦琐已被逐步淘汰。

② 现在应用在浆料中的增湿强剂主要有：

a. 甲醛树脂，包括尿素甲醛树脂（脲醛树脂）、三聚氰胺甲醛树脂；

b. 聚乙烯亚胺树脂、聚胺-酰胺树脂；

c. 环氧氯丙烷、双醛淀粉等。

优缺点对比如表 4-8。

表 4-8　主要增湿强剂优缺点对比

树脂名称	优点	缺点
阳离子型脲醛树脂(UF)	(1)成本低 (2)损纸易于处理	(1)下机湿强固化效率低 (2)半永久性湿强度 (3)需在低 pH 值和明矾存在下使用 (4)有甲醛析出，对健康有害
三聚氰胺-甲醛树脂(MF)	(1)对 pH 值敏感性低于脲醛树脂 (2)下机后湿强固化效应高 (3)永久性湿强度	(1)SO_4^{2-} 大于 125mg/L，影响湿强效率 (2)需在工厂先用盐酸溶解成 5%～10%胶体溶液后才能使用。操作比较麻烦 (3)有甲醛析出，对健康有害
聚乙烯亚胺(PEI)	(1)黏度低，使用方便 (2)不需要明矾，可增进纸的软弱性，适于生活用薄纸和滤纸等未施胶纸 (3)不需高温固化处理 (4)除可增进纸的湿强度外，兼有助留、助滤作用，白水中纤维易于凝聚和回收	(1)湿强度效率较低，一般为提高干强度 10%～20%，湿强度＜20% (2)对 H^+、OH^- 或其他阴离子型聚合物的干扰影响较大
聚胺-酰胺树脂(PAE)	(1)较高的湿强效率 (2)永久性湿强度 (3)适用 pH 值范围广，在 pH5.0～9.0 范围均有效 (4)使用时不需先予以用碱活化 (5)下机湿强固化效应较高 (6)由于不需要明矾，可增进纸的柔软性 (7)在杨格式烘缸中也有效	(1)损纸较难以处理 (2)对 OCl^- 的干扰影响较敏感
聚胺树脂(PA)	(1)成本较低 (2)损纸易于处理 (3)固含量高 (4)无毒，FOA 同意使用于食品接触的纸	(1)低-中等湿强度 (2)使用前有时需先用碱予以活化
阳离子型乙二醛改性聚丙烯酰胺(Glyoxal-PAM)	(1)无毒，FOA 同意使用于食品接触的纸 (2)可增进纸的干、湿强度 (3)下机时固化效应高 (4)可容忍 OCl^- 的干扰 (5)使用时不需要用碱予以活化 (6)损纸易于处理 (7)成本/效率合理	(1)对 pH 值敏感性较强 (2)暂时性湿强度 (3)固含量较低(一般约 10%) (4)贮存期短
环氧化合物树脂(Epoxide)	(1)无毒，FOA 同意使用于食品接触的纸 (2)永久性湿强度 (3)自然固化速度快 (4)优越的湿强效率可高达干强度的 50% (5)对杨格式纸机也有效 (6)可同时增加干强度 (7)可容忍 OCl^- 的干扰 (8)由于不需要明矾，可增进纸的柔软性	(1)成本高，售价昂贵 (2)使用前先用碱予以活化 (3)损纸难以处理

三、助留剂、助滤剂

(1) 助留剂、助滤剂定义

仅用以提高造纸过程中纤细物和填料留着率的化学品称为“助留剂”。如兼具加快纸料在纸机网部滤水性，则称为“助留/助滤剂”。

一般将可通过直径200目的粒子，统称为纤细物（Fines），造纸过程中，由于打浆作用形成细小纤维，加入填料和其他化学品，均会在浆料和白水系统中生成纤细物，这类纤细物在造纸机和湿部系统中，起着重要的作用，如不稳定控制将会使纤维、填料等大量流失，增加原料消耗，并使成纸质量下降或波动。为提高填料和纤细物的留着作用，一般可从两方面着手，即改进造纸机的白水系统和选用合适的助留剂，两者适当配合，可以最经济手段使纤维物填料得到最高的留着率。

(2) 留着率的计算方法

即总留着率（Total Retention）和单程留着率（One-pass Retention），在一定时间内，造纸机网前箱的各种固形物（纤维、填料和各种纤维物总和）含量和生产纸重量比较，称为“总留着率”。例如，网前箱每分钟流出浆料100kg，而生产出90kg成纸，则总留着率为90÷100＝90%；而单程留着率则为进入网前箱的固形物，即上网浓度与网下白水（即浓白水浓度）比较，例如上网浓度为0.1%。而进入白水浓度为0.04%。则“单程留着率”为(0.1－0.04)/0.1×100＝60%，通常以单程留着率来表示填料和纤细物的留着率较为恰当。因为“总留着率”的高低，代表纸机白水系统和回收设备的设计完善和合理，而“单程留着率”则能表示湿部化学是否控制正确。

(3) 助留剂、助滤剂的作用机理

助留剂是指提高浆料中微细颗粒在网上的留着率，一般是通过胶体吸附和机械截流来实现，所以助留剂的作用就是使疏水性胶体悬浮液产生聚集，而后达到被截留在造纸机的网案上成为滤纸幅的目的。

胶体的吸附作用在助留机理中占主导地位，而机械截留作用分为两个方面：一是造纸机滤网的过滤作用，另一是在网上先形成湿纸幅的过滤作用。一般纸机过滤网是一定的，所以助留剂提高留着率起着相当重要的作用，下面主要介绍一下高分子聚合物的助留机理。

高分子聚合物作为助留剂、助留剂/助滤剂，可用下列几种机理进行解释。

① Zeta-电位电荷中和（Zeta-potential Charge Neutralization） 纸浆和大多数填料均具阴电荷，当加入阳离子型助留剂时，可将其电荷逐步中和，当纸料系统中，Zeta-电位之间趋向等电点（Iso-electric Point）时，则减少了纤维、填料间的相互排斥力，从而得到最大的留着率，如图4-8。

② 嵌镶结合（Mosaic Bonding） 阳离子型助留剂与带阴电荷的纤维的纤细物接触时，由于聚合物带有强阳电荷功能会抢先在纤维的纤细物表面吸附，形成局部区域性阳电荷（见图4-9），这些纤维的纤细物表面局部阳电荷（助留剂在纸浆表面和填料粒子的部分吸附，可形成阳电荷嵌镶中心）也可吸附表面仍为阴电荷的纤维、纤维物填料，这就称为嵌镶结合。

③ 形成桥联（Bridge Formation） 是具有足够链长的高分子聚合物，可在纤维-填料粒子等空隙间架桥，形成絮凝，如图4-10所示。不仅长链阳离子型聚合物可具有此种效应，阴离子高分子聚合物在小量正电介质（如硫酸铝）也有桥联形成。

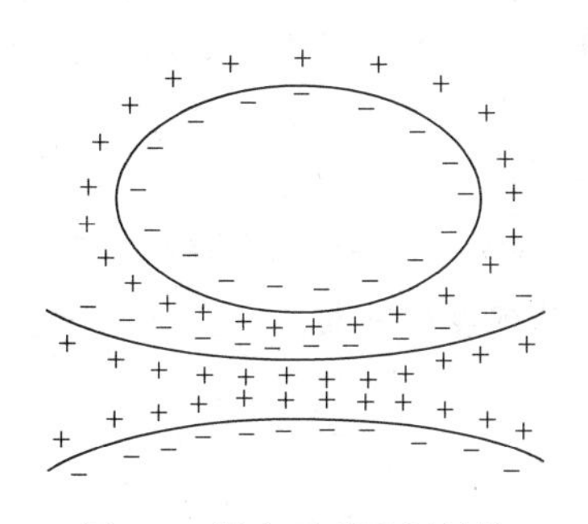

图 4-8　阳离子型助留剂的 Zeta-电位控制电位中和

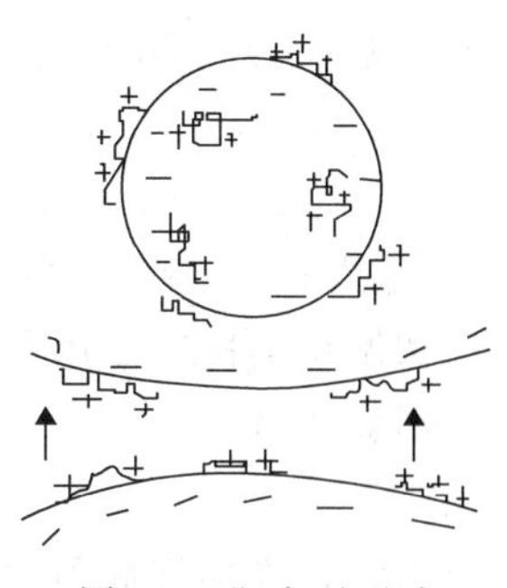

图 4-9　阳离子型助留剂的嵌镶结合

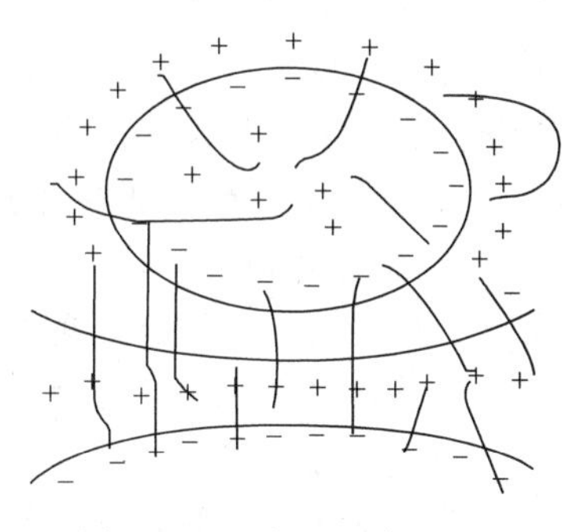

图 4-10　阳离子型高分子聚合物形成桥联示意图

④ 凝结与絮凝　阳离子型高聚物可加速降低纤维和填料粒子间的表面电荷，其结果是使其间结合水分脱离，从而促进纸料的滤水性，而阴离子型高聚物，则是使纤维间絮聚，降低纤维、纤细物等的比表面积，在网部可以加快其滤水性，但湿纸页经压榨和干燥部往往不能提高其干度。

(4) 助留剂、助留/助滤剂的使用效益

使用助留剂、助留/助滤剂后，通常可获得下列效益。

① 提高填料和纤维的留着率，减少纸浆损失，降低纤维原料用量。

② 降低白水中盐类含量负荷，延长铜网、毛毯使用寿命，降低纸机湿部沉淀物，提高纸机运行速度。

③ 由于白水中固形物含量减少，有利于白水封闭循环，提高白水回收设备利用效率。

④ 可提高如淀粉、胶料、染料及其他浆内造纸化学品留着率，节约上述材料用量。

⑤ 增进纸张均匀度、不透明度、两面性、形稳性及印刷质量。

⑥ 改进排放废水质量，有利于环境保护。

(5) 助留剂、助滤剂的分类

造纸工业中使用的助留剂有三大类。

① 无机助剂：硫酸铝、硫酸钠、硅酸钠、聚合氯化铝。

② 天然助剂：动物胶、植物胶、阳离子淀粉、羧甲基纤维素。

③ 合成聚合物：聚丙烯酰胺（PAM）、聚乙烯酰胺（PEI）、聚己烯亚胺-环氧氯丙烷聚氨基酰胺、聚胺、聚乙烯胺。

第四节　涂布加工用化学品

目前，对原纸进行涂布加工已成为造纸工业中的重要组成部分，它是提高造纸质量，增加造纸性能，满足用户要求的重要手段。涂布加工过程主要用的涂布剂是指用以防止液体和气体渗入纸品或防止纸氧化退色及增加纸张功能的涂料。涂布剂主要由涂布颜料、胶黏剂、分散剂、其他助剂和溶剂组成。下面介绍几类涂布剂的成分。

一、涂布胶黏剂

1. 涂布胶黏剂及主要功能

涂布加工中能使颜料相互黏合，并黏着于原纸，使涂布纸有良好光亮度和印刷性能的化学品。涂布胶黏剂的功能是：①用作水溶液或分散液，既是颜料粒子的分散介质又是运载介质；②能使颜料或干燥涂布面与纸面黏着；③使颜料和涂料具有保水性；④提高涂布纸的印刷适用性能；⑤使涂布层具有耐水性等。

2. 涂布黏合剂的基本要求

①能适应较广的 pH 值（6～10）范围；②能承受高剪切力的作用，在高速搅拌下有良好的机械稳定性；③有优越的黏着力和湿耐磨性；④用于制备高浓度涂料时，有良好的流动性；⑤使成品纸有光亮外观，老化后不宜泛黄。

3. 涂布黏合剂分类

涂布加工纸用黏合剂有天然黏合剂和合成黏合剂两大类。

① 天然黏合剂　天然黏合剂主要品种和性能列于表 4-9。在天然黏合剂中，使用最多的各种变性淀粉，它们配制的涂料在使用过程中质量稳定，无增稠及沉淀现象，流动性好，使用后涂布纸的质量有所提高，平滑度高，光泽好，无掉毛、掉粉及涂层剥落现象，具有良好的印刷适性。且价格较低，纸厂有能力接受。

表 4-9　天然黏合剂主要品种和性能

分类	主要品种	性能
变性淀粉	氧化淀粉、酶转化淀粉、酸解淀粉等	有良好的黏合性、流平性，适于高速刮刀涂布，但抗水性差
酪素及改性物	干酪素、豆酪素、接枝酪素等	有良好的黏合性，涂层平滑，吸收油墨性好，不透明度高，能改进适印性，但抗水性差，易发生降解
动物胶	明胶、骨胶、皮胶、紫虫胶等	常和淀粉共用，主要用于表面施胶，易发生腐败，加甲醛可作为防水剂

② 合成黏合剂　合成黏合剂目前使用最多，而且其性能优于天然高分子。合成黏合剂的主要品种和性能列于表 4-10。

表 4-10　主要涂布黏合剂品种和性能

主要品种	主要性能
丁苯胶	黏合性好，涂膜柔软适中、平滑、光亮，但胶乳稳定性差，受光、热作用易变黄。多和干酪素或聚乙烯醇混用
羧基丁苯胶	黏合性较高，和其他组分相容性改善，胶乳稳定性好，成膜性和光、热稳定性提高，但羧基含量＞6%后，涂膜过硬。多和淀粉混用
氰基丁苯胶	性能和羧基丁苯胶相似，但涂膜强度更好，胶乳稳定性较好，涂膜较硬，多和淀粉混用
聚乙烯醇	为水溶性高分子，有较强的黏合力，对纤维有很强的亲和性，成膜较硬且抗水、抗溶剂性好，一般和胶乳或淀粉共用，主要用于表面施胶剂
聚醋酸乙烯酯	和聚乙烯醇性能相似，但成本较丁苯胶高，常以丙烯酸酯来共聚改性
丙烯酸树脂胶	胶乳稳定，和淀粉等的相容性好，耐光性和耐热性好，抗溶性好，有适中的黏合性，成膜柔软，耐剪切性和耐摩擦性好

4. 几种合成涂布胶黏剂

(1) 聚乙烯醇

在造纸中应用的 PVA 主要有两大类：一类是超水解树脂（水解度大于 98.3%），其具有较强的抗水性和抗溶剂性能，并能形成较硬的、抗张强度较高的薄膜；另一类是部分水解的树脂（水解度为 87%～89%），特别适用于要求改善表面性能（如较低透气度、平滑度、均匀洗墨性以及胶料覆盖强度），但表面强度要求不高的纸种。

PVA 具有优异的黏合性能，对含有大量—OH 基的纤维素有着较强的亲和力，同时对油、脂、溶剂和油墨具有排斥性，是一种典型的水溶性高分子黏合剂，在许多涂饰应用中卓有成效。

PVA 制备方法常用的有先将乙酸乙烯酯单体在甲醇存在下进行自由基溶液聚合成聚醋酸乙烯酯，然后再将其醇解而成。反应如下。

醋酸乙烯聚合：

$$n\mathrm{CH_2{=}\underset{\displaystyle COOCH_3}{\underset{|}{CH}}} \xrightarrow[66\sim68^\circ\mathrm{C}]{\text{甲醇液、引发剂}} \mathrm{[\!-CH_2-\underset{\displaystyle COOCH_3}{\underset{|}{CH}}-]_{\mathit{n}}}$$

聚醋酸乙烯醇解：

$$\mathrm{[\!-CH_2-\underset{\displaystyle COOCH_3}{\underset{|}{CH}}-]_{\mathit{n}}} \xrightarrow[50^\circ\mathrm{C}\text{下醇解}]{\mathrm{NaOH}} \mathrm{[\!-CH_2-\underset{\displaystyle OH}{\underset{|}{CH}}-]_{\mathit{n}}} + \mathrm{CH_3COOCH_3}$$

PVA 为白色颗粒或粉末，无毒无味，易溶于水，也溶于含有羟基的有机溶剂，如甘油、乙二醇、醋酸、乙醛和苯酚等。PVA 中羟基与醇类相似，与钠发生作用放出氢气，其羟基可以发生酸化、醚化及缩醛化。热稳定性：130～140℃，性质几乎不变，色泽微黄，160℃下长时间加热变深，200℃分子间开始脱水，水溶性降低，300℃分解成水、醋酸、乙醛和巴豆醛。

（2）聚醋酸乙烯酯

聚醋酸乙烯酯（PVAC）的单体原料、聚合方法与聚乙烯醇基本相同，两者制备方法的区别在于：用作黏合剂的 PVAC 采用乳液聚合或分散聚合生产，通过醇解 PVAC 得到 PVA 的生产通常用溶液法聚合。PVAC 的性能除有 PVA 的特点之外，还具有优良的耐候性，主要用于生产食品包装纸。但其成本较丁苯胶乳高，故限制了它的应用。目前多用其改性产品如醋酸乙烯酯与其他丙烯酯单体共聚物等。

制备实例：在装有搅拌器、回流冷凝管和滴液漏斗的 250L 三口瓶中加入 6g 聚乙烯醇和 78g 蒸馏水，升温至 80℃，将聚乙烯醇完全溶解。另称 1g 过硫酸钾，用 5mL 水溶解于烧杯中，将此溶液的一半倒入反应瓶，通入 N_2，体系降温至 65～70℃，加入 0.5g 亚硫酸氢钠，然后滴加 60g 醋酸乙烯酯，加完后再将剩余的引发剂溶液加入三口瓶中。升温至90～95℃，继续聚合约 1.5h，直至无回流为止。冷却至 50℃，加 0.25g 碳酸氢钠溶于 5mL 水的溶液，再加入 10g 邻苯二甲酸二丁酯作为增塑剂，搅拌下冷却，得到乳白色黏稠液体，可直接作为黏合剂，也可加入颜料配成各色乳胶漆。

（3）丁苯胶乳

丁苯胶乳和改性丁苯胶乳是常用的合成涂布胶黏剂。使用丁苯胶乳的主要优点是降低涂料黏度，适当降低涂布纸的挺度，有利于进一步加工和具有更好的印刷适性。

丁苯胶乳的制备是由丁二烯、苯乙烯单体在一定聚合条件下，以水为介质乳液法聚合而成的，是一种乳胶状聚合物，比天然黏合剂和一般合成黏合剂使纸张涂层有更好的力学性能和物理性能。丁苯胶乳颗粒细小，乳液稳定，耐碱性和耐水性良好，能生成强而韧的膜，并能降低涂料的黏度，改善流动性，另外成膜的光泽度和平滑度十分理想，具有高的黏合性，和纸基的结合力强。根据其分子结构又可分为非羧基丁苯胶乳和羧基丁苯乳胶两种，两者的性能差异很大。

丁苯胶乳的原料单体是丁二烯和苯乙烯。丁二烯和苯乙烯的共聚合反应技术在工业上是十分成熟的。反应历程属于自由基共聚，所得产物具有无规结构，分子结构表达式为：

$$\left[\!\!-CH_2CH{=}CHCH_2-\!\!\right]_m\left[\!\!-CH_2CH-\!\!\right]_n$$

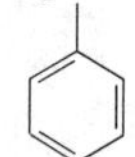

乳液法生产丁苯胶可在50℃聚合，称为“热法丁苯”，在5℃聚合时称为“冷法丁苯”。共聚温度不同，两种单体的竞聚率也不同。冷法制得的胶在质量、均匀性等方面较好。因此目前世界上约80%乳液丁苯用冷法生产。

二、涂布颜料分散剂

颜料分散剂是指能使固体颜料粒子呈悬浮状态，防止在流体介质中凝聚或沉降、降低高浓涂料黏度，使之具有良好流动性而加入的化学品。其主要作用是，分散颜料，使之在涂布剂中不易结成较大的颗粒，引起涂料的不稳定；涂布过程中均匀分布，涂层薄且光滑，具有较高的遮盖力，提高涂布质量。

颜料分散剂通常分为无机分散剂和有机分散剂，无机分散剂是指分散剂的组成是无机物的，如聚磷酸钠、聚硅酸钠、磷酸氢铵、焦磷酸钠、四磷酸钠等。有机分散剂是指分散剂的组成是有机物的，如苯磺酸与甲醛的缩合物、干酪素、聚丙烯酸钠溶液、聚甲基丙烯酸钠溶液及衍生物或二异丁烯与马来酸酐共聚物的二钠盐溶液等。此外，还可以采用一些合成表面活性剂，如非离子型聚氧乙烯醚等。

1. 聚磷酸盐类颜料分散剂

这是目前应用最多的颜料分散剂，特别在制备水性涂料中具有非常好的效果。聚磷酸盐品种较多，其制备反应如下所述。

焦磷酸四钠或二磷酸钠由2个分子正磷酸二钠脱水而成：

$$2Na_2HPO_4 \xrightarrow{\triangle} Na_4P_2O_7 + H_2O$$

三磷酸五钠或三磷酸钠由2分子正磷酸二钠和1分子正磷酸钠脱水而成：

$$2Na_2HPO_4 + NaH_2PO_4 \xrightarrow{\triangle} Na_5P_3O_{10} + 2H_2O$$

四磷酸钠由2分子正磷酸钠和2分子正磷酸二钠脱水而成：

$$2Na_2HPO_4 + 2NaH_2PO_4 \xrightarrow{\triangle} Na_6P_4O_{13} + 3H_2O$$

偏磷酸钠由正磷酸钠脱水而成：

$$xNaH_2PO_4 \xrightarrow{\triangle} (NaPO_3)_x + xH_2O$$

偏磷酸钠的聚合度或链的长度部分取决于脱水温度，焦磷酸盐和三聚磷酸盐都是结晶体，四磷酸盐和偏磷酸盐是无定形的玻璃体。由于偏磷酸盐能以几种晶体形式存在，故在纸张涂布中无实用价值。玻璃状磷酸盐产品一般含 P_2O_5 为61.5%～67%，其链长从4到20个磷原子。

制备结晶磷酸盐一般是将碱石灰和磷酸以正确的比例混合，在低分子脱水所需的温度下经过干燥，制成稀浆，然后放在适当的炉中煅烧使正磷酸盐达到分子脱水，最后将其冷却、压碎和包装。

聚磷酸盐的最大特点是在达到相同分散效果时，用量较其他分散剂少得多。颜料种类不同，加入的聚磷酸盐可以从0.1%到1%以上。

2. 聚丙烯酸钠颜料分散剂

聚丙烯酸钠由丙烯酸聚合并皂化而成。

$$nH_2C{=}CH(COOH) \xrightarrow[30\sim40^\circ C]{(NH_4)_2S_2O_8} {+}CH_2{-}CH(COOH){+}_n \xrightarrow{NaOH} {+}CH_2{-}CH(COONa){+}_n$$

聚丙烯酸钠为硬而脆的白色固体，吸湿性强，能溶于水及极性溶剂甲醇、乙醇、乙二醇、二甲基酰胺中。由于聚丙烯酸钠在水中能够完全电离，可产生大分子阴离子及钠正离子，故称为聚电解质，也是一种非常典型的阴离子表面活性剂。

聚丙烯酸在造纸工业中有重要的应用，高相对分子质量（几十万至上百万）的聚丙烯酸可作为增稠剂，中等相对分子质量（几万～几十万）的则可用作表面施胶剂和助留剂等，低相对分子质量的可用作分散剂等。

三、涂布消泡剂、阻泡剂

涂布加工使用的消泡剂，有阻泡剂和消泡剂两类，阻泡剂的作用是防止涂布过程中吸入空气而产生泡沫；消泡剂则可消除在涂料系统中已产生的泡沫，涂料消泡剂的要求是干燥后涂布纸无“鱼眼”（油点），不影响涂层光亮度和印刷性能，常用的如有机磷酸酯（如磷酸三丁酯）或由脂肪酰胺与聚氧乙烯酯醇醚等多种表面活性剂复配而成。

四、涂布防腐剂、防霉剂

涂料防腐剂是防止酪素、淀粉等天然胶黏剂配成涂料在加工涂布过程中发生变质；而防霉剂则是对涂布纸赋予抗霉性能，提高纸的使用价值，与造纸防腐剂不同，涂料防腐剂应具有在 pH9～10 下的碱稳定性和温度在 50℃时的热稳定性，并与涂料中其他组分有良好的相容性、溶解性或分散性；大多为有机硫、有机溴和季铵型化合物；而防霉剂则应具有无毒($LD_{50}>5000mg/kg$)、长效等特点。常用的有季铵型化合物、水杨酰苯胺、对羟基苯甲酸丁酯和苯并咪唑氨基甲酸甲酯等。国内普遍使用的为苯并咪唑氨基甲酸甲酯，有较好的防霉效果。

五、涂布憎水剂、防水剂

憎水剂和防水剂是某些纸常用的助剂，但憎水性和防水性是很容易混淆的。憎水性是指有不透水滴的性质，能防止水的渗透，通过使构成纸的纸浆纤维表面疏水化，增大其与水的接触角，可赋予纸页憎水性。而防水性是指不仅对水，而且对蒸汽都有防止透过的能力，这是靠用树脂之类的物质填充纸中纤维间的空隙来达到目的的，因此，对纸进行憎水性加工时，纸中仍然保留着空孔，加压的水也能通过，但是进行过防水性加工的纸，由于纸中空隙已被防水剂填满，即使加压的水也不能通过，而且空气和水蒸气的透过率也变低。

吸水剂是一种能吸收等于自重数百倍到数千倍的水，且吸水膨胀后生成的凝胶在加压条件下易将水析出，具有优良的保水性能的高分子聚合物。其作用机理是使水溶性高分子在一条件下，同时或者先后活化生成自由基进行接枝共聚或交联等一系列化学反应，形成一种不溶于水但能高度吸水而润胀的高分子物质。

1. 憎水剂

要求具有憎水性的纸和纸板（或纸和纸板的制品）很多，如：瓦楞纸板、纸袋、纸容器、食品包装纸、培育水果用纸，根据使用目的，有时还要求有防水性。憎水剂主要有石蜡、金属配合盐、有机硅树脂、脂肪酸衍生物等。一般来说，只进行憎水处理，纸张容易发滑，所以市售的憎水剂具有憎水性的同时，还具备防滑性。下面介绍几种憎水剂。

① 石蜡　石蜡是广泛应用的一种憎水剂。石蜡以烷烃蜡、微晶蜡等石油类石蜡为主，也使用各种合成蜡。石油类石蜡是相对分子质量在 300～700 的烃类。用作憎水剂时，通常是用乳化剂及保护胶体进行乳化了的所谓石蜡乳液，可用浆内添加、涂布、浸渍喷雾等方法进行加工，也有将石蜡加热熔融直接涂布于纸上的。浆内添加用的石蜡乳液，一般以阴离子型为多，用硫酸铝使之固着在纤维上。也有用阳离子型石蜡乳液的。使用石蜡乳液与其说是为了憎水，不如说是为了施胶，当目的是为了憎水时，纸的整饰性好，起毛减少，在赋予憎水性的同时，还具有耐水等特性。

② 金属配合物　长链脂肪酸，如硬脂肪酸和肉豆蔻酸的铬配合盐也是优良的憎水剂。1950 年杜邦公司已经以 Quilon 的商品名出售。该产品为含有少量水的异丙醇溶液，呈暗绿色。对于纸的加工最好用施胶压榨法。

该配合盐与纤维素的羟基反应，疏水性基（长链烃基）与纸面呈垂直形排列，起到憎水作用。铬的配合盐若提高 pH 或加热就会引起水解，还会本身缩合而形成—Cr—O—Cr—的沉淀聚合物，并失效，使用时要加以注意。

③ 有机硅树脂　有机硅树脂主要用作剥离纸的剥离剂，但也有一部分用作憎水剂。有机硅类憎水剂以甲基氢聚硅氧烷为主要成分，有溶剂型和乳液型，前者是把硅油和硅漆溶解在溶剂中，用浸渍和喷雾涂布的方法加工。在用甲基氢聚硅氧烷加工时，通常要添加金属盐类催化剂（醋酸锌、醋酸锆等）。

上述主要用做憎水剂，松香胶、烷基烯酮二聚体等通常用作施胶剂，如果增加一些用量，也可获得憎水的效果，但在现实中很少用作憎水剂。

2. 防水剂

要求防水性的主要是包装材料，如瓦楞纸板和大型纸袋等，在流通中暴露在自然环境下。

借助于防水剂，可在纸面上形成水不溶性连续薄膜，或填充在纸中的纤维间，便可获得抑制水蒸气透过及防止加压水渗透的防水性能。

① 石蜡　石蜡类作为防水剂，性能、价格两方面都合适，所以被广泛采用。石蜡的主体是烃类石蜡，但单独使用时涂层发脆，缺乏柔软性，耐热性也差。气温一高，纸就会产生黏着现象。这一问题可通过混入微晶蜡、低分子量聚乙烯、乙烯醋酸乙烯共聚物、异丁橡胶等来加以改善。

用石蜡类进行防水加工，可用直接涂布熔融的石蜡或把纸浸渍在熔融石蜡中的方法。对瓦楞纸板的加工方法，有帘式涂布法、辊式涂布法、喷涂法、浸渍法等。

用石蜡加工的纸有用于食品包装的蜡纸。纸面施胶纸可用于点心、面包、冷冻食品的包装，浸渍加工纸可用于纸杯、牛奶包装等。

② 热塑性树脂　不溶于水的高分子物质，特别是乙烯类热塑性树脂，也可用于纸的防水或防水防潮加工处理。这类物质是聚氯乙烯、聚偏氯乙烯、聚醋酸乙烯、乙烯醋酸乙烯共聚物、偏氯乙烯丙烯腈共聚物等的溶液或乳液。溶液型鉴于操作时的毒性、价格等问题，几乎不怎么使用，现在以使用乳液型为主。上述高分子物质中，偏氯乙烯类的乳液与其他聚合物相比，其防水防潮性能显然要好得多，着重用在食品、药品的包装上，而且耐油性也好。用作暂时性的防水防潮纸袋，鉴于经济上的原因，采用聚乙烯层压纸而不使用聚偏氯乙烯涂布加工纸。

第五节 其他造纸用化学品

造纸工业常用化学品除了上述的制浆、造纸、涂布加工三大类化学品外，还有其他的一些具有特殊要求纸用化学品。如染料、增白剂、阻燃剂、毛毯清洗剂、抗静电剂、柔软剂、再湿剂、阻絮聚剂、渗透剂、微胶囊、感光材料等。下面选几种简述一下。

一、荧光增白剂

使纸张染成各种颜色的化学品称为“染色剂”，也称“染料”。常用的有碱性染料、酸性染料和活性染料等。除了对纸染色外，造纸工业使用最广的为荧光增白剂，它的特性是能将紫外线转变成蓝、蓝紫或红色等可见光，产生光学上的增白作用，又因射入光线的激发产生荧光，使所染物质获得彩色珠光的效应。这种情况类似萤石，故名“荧光增白剂”或“光学漂白剂”。在其化学结构中，必须含有共轭双键、例如：香豆素、二氨基苯、二氨基芪、氨基萘、三氨基酚醚等能激发荧光的基团。此外尚需含有能吸收紫外线后，使转变为适宜波长的基团。通常为芳香胺、脂肪胺或其衍生物等。在国内目前主要应用的，也是最有效的增白剂，则为二氨基芪基团与芳香胺衍生物合成的复杂有机化合物。

荧光增白剂主要作用是在很少用量下，就能明显增加纸的白度，并产生光亮悦目色调，绝非任何化学漂白剂所能达到这一目的，因为一般的不耐酸（或硫酸铝），日久或日晒后会返黄。近年来虽发展有耐酸性荧光增白剂，但是与阳离子型聚合物混合使用时，则将抵消其增白效率。此外，某些染料也能起调色作用，如用半漂或较低白废纸浆抄纸时，加入少量蓝色燃料，能部分抵消纤维原有的微量黄色，起到了补色效应，而产生增白效果，这种染料称为“调色剂”。关于染料的内容将在第七章介绍，下面主要介绍一下荧光增白剂。

1. 荧光增白剂及其作用

荧光增白剂（Fluorescent Whitening Agent）是一种无色的有机化合物，它能吸收人肉眼看不见的紫外线（波长 300～400nm），然后再发射出人肉眼可见的蓝紫色荧光（波长420～480nm）。荧光增白剂能显著地提高被作用物的白度和光泽，所以被广泛用于纺织、造纸、塑料及合成洗涤剂等工业。荧光是一种光致发光现象，许多能吸收光的物质并不一定能发出荧光；能发出荧光的化合物也不一定能作为荧光增白剂使用。一个化合物能成为荧光增白剂，必须同时具备下列条件：①化合物本身接近无色或微黄色；②有较高的荧光量子产率；③对被作用的物体具有较好的亲和性，但相互间不发生化学作用；④有较好的热化学和光化学稳定性。目前工业上使用的荧光增白剂都是人工合成的有机化合物。荧光增白剂之所以对被作用物能起增白作用，是因为增白剂吸附在被作用物上后吸收了波长为 350nm 左右的紫外线，同时反射了波长 450nm 左右的蓝色或蓝紫色可见光，这种反射光与原来被作用物上的泛黄色调相补，给人眼的感觉是物体的白度和鲜艳度增加了，也就是说物体被增白增艳了。从这个意义上来说，荧光增白剂是可增加物体白度的白色染料。然而，利用荧光增白剂增白物体实际上是一种光学效应，故它常常又被称作光学增白剂。这种增白作用不能代替化学漂白。

2. 荧光增白剂的分类

荧光增白剂可按化学结构或其用途分类。

① 按化学结构分类　荧光增白剂大致可分为二苯乙烯类、香豆素类、萘酰亚胺类、联

苯类、唑类等。由于荧光增白剂的分子结构通常比较复杂，有时一个荧光增白剂分子中同时含有几种发色基团，此时就按最重要的那个基团分类，因此这种方法不是很严格的。

② 按用途分类　荧光增白剂可按其用途分类，例如：用于涤纶纤维增白的称作涤纶增白剂，用于洗涤剂的称作洗涤用增白剂等。如此，经常有人把荧光增白剂 DT 称作涤纶增白剂，把荧光增白剂 DCB 称作腈纶增白剂，把荧光增白剂 VBL 称作棉用增白剂。然而这种分类法也有缺陷，或者说不够严格，因为有的增白剂可以有多种用途，并且可以用于不同的行业中，例如：荧光增白剂 VBL 除了用于大量的棉纤维的增白外，还大量用于洗涤剂。

在商业上有时还按荧光增白剂的离解性质分类，即将它们分为阳离子类、阴离子类和非离子类，或者按其使用方式分为直染型、分散型等。直染型荧光增白剂是指一类水溶性的荧光增白剂，它对底物有亲和性，在水中可被植物纤维所吸引，故有直接增白作用。这类增白剂对纤维具有优良的匀染性且使用方便，主要用于天然纤维素纤维的增白。分散型荧光增白剂是指一些不溶于水的增白剂。在使用前先经过研磨等工序同时借助于分散剂的作用，制成均匀的分散液，用轧染热熔法或高温浸染法对底物进行增白。这类荧光增白剂主要用于合成纤维的增白。

二、阻燃剂

大量的树脂作为施胶剂、增强剂、涂布剂等用于造纸业，由于有机树脂类化合物是可燃的，再加上造纸纤维本身可燃，因而人们逐渐对这些材料的阻燃提出了越来越迫切的要求，使用阻燃剂的目的是使这些可燃性材料成为难燃性，即在接触火源的燃烧速度较慢，当离开火源时能很快停止燃烧而熄灭。应该说在造纸过程中使用添加剂增强纸张性能时添加燃烧性差的最好，但由于添加剂材料本身功能限制和对造纸成本要求，很难满足各方面要求。因此，采用添加阻燃剂是比较实用和经济的。

1. 阻燃剂及其分类

阻燃剂是指能够提高纸张的防火阻燃效率，点燃后仅碳化而不燃烧的化学品。迄今为止，使用的阻燃剂大多为：ⅢA、ⅣA、ⅦA 元素的化合物，最常用的有 P、Br、Cl、Sb、Al 的化合物。

按其组成常用的有两大类。①无机型：如聚磷酸铵、锑化物（Sb_2O_3，Sb_2O_5），用于壁纸、绝缘纸板、建筑纸板等。②有机型：有机磷（四羟基氯化磷）、有机溴（四溴双酚 A）、氨基磺酸盐。

2. 对阻燃剂的基本要求

① 不损害纸张及其他添加剂物理性能，不影响原纸强度和色泽。

② 分解温度与纸张燃烧温度相适应，发挥阻燃效果，而不能在生产加工过程中分解。

③ 具有持久性、耐候性，价廉。

3. 阻燃剂的作用机理

燃烧的基本要素是：燃料、热、氧。除去其中的任何一个要素都将减慢燃烧速度，从化学反应来说，燃烧过程属于自由反应过程，因此，当链终止速度超过链增长速度时，火焰即熄灭，因此我们如果干扰因素中的一个或几个就能实际上达到阻燃的目的。

常用阻燃剂的作用机理是：阻燃剂在点火后分解吸热，并放出不燃性气体，稀释可燃气体而起到阻燃效果。不燃性气体有：H_2O、HCl、HBr、CO_2、NH_3、N_2 等。

【例 4-1】 在环氧树脂中添加 $Al(OH)_3$，这种涂料在燃烧中发生分解。

燃烧时：$2Al(OH)_3 \longrightarrow Al_2O_3 + 3H_2O - 299.6J$

燃烧时该反应放出大量水，同时吸收大量热，降低温度而起到阻燃作用，并可在燃烧中无碳质和烟尘生成。

【例 4-2】 氯代烃阻燃剂，当燃烧时含氯的聚烯烃在 C—C 链断裂前先裂解放出 HCl，起到阻燃作用。

【例 4-3】 有机磷的化合物，在火焰中：有机磷化合物→磷酸→偏磷酸→聚偏磷酸。

最后生成的聚偏磷酸是强脱水剂，能使有机物炭化，形成保护性膜，降低两相之间能量和可燃物的传递，减少向火焰输送燃料量，从而达到阻燃作用。

阻燃剂往往是各种因素综合作用的结果。

三、毛毯清洗剂

利用表面活性剂的渗透、助溶、洗涤、乳化等特性，可以用于清除黏附和堵塞毛毯空隙的胶、填料、短纤维和树脂、沥青、胶乳等杂质，常用的有碱性清洗剂（pH8～9），适用于清洗松香、树脂、沥青等有机沉淀物。酸性清洗剂（pH4～6），适用于去除明矾，白土，滑石粉，钙、镁等盐类和其他无机物。溶剂型清洗剂（中性）适用于清除废纸中油墨、乳胶、热溶物等非树脂造成的沉积物，经清洗后的毛毯，可恢复其原有滤水性，并能保持一定的柔软、疏松的弹性等。

四、分散松香乳化剂

分散松香乳化剂是可将松香乳化成微细粒子，并高度分散成乳液的化学品。一般选择与松香有相似憎水基、接近亲憎平衡值（HLB 值）和有优良乳化性能的表面活性剂复配而成，通常为非离子型和阴离子型表面活性剂的混合物，早期多采用烷基苯磺酸钠等阴离子型表面活性剂，后来发展为聚氧乙烯烷基醇醚和其磺酸盐的非离子表面活性剂混合物，现有将非离子表面活性剂磺化，如将聚氧乙烯壬烷基苯酚醚磺化所得的乳化剂，有较好的乳化效果。如乳化剂选用得当，配合以新型乳化技术，可制得粒径在 0.2～0.5μm 高度分散的松香乳液，比常规松香皂的施胶效率提高 1 倍以上。

五、抗静电剂

用以消除纸表面积聚的静电，降低表面电阻的化学品。适用于静电复印纸、涂塑的照相原纸等特殊品种，一般常为离子型的一定吸湿性的表面活性剂，也有采用氯化钠无机盐类作为抗静电剂。

六、柔软剂

柔软剂是用以增进纸张柔软性的化学品，一般为具有长链脂肪酸基或含有烯烃类溶剂组分，以加强润滑和降低纤维间的摩擦系数，早期为石蜡、硬脂酸乳液或酰胺型表面活性剂，现在采用长链脂肪酸化合物的季铵化（如甲酯季铵化咪唑），其阳电荷可吸附在阴电荷的纤维表面，长碳链可使纸面有良好的润滑和柔软性，经稀释后，可直接加入浆内，使用方便，同时也不影响成纸强度，主要用于卫生纸等生活用纸。

七、再湿剂、渗透剂

用以加强纸张吸水性，并具再湿性的化学品。通常利用表面活性剂的渗透、润湿、扩散等性能，加入浆内或表面处理后，可提高成纸吸水性，通常选用的如烷基磺酸钠等阴离子表面活性剂和聚氧乙烯壬烷基苯酚醚等表面活性剂配合而成，如烷基萘磺酸钠等渗透剂用以洗造纸毛毯，可提高或恢复其滤水性。

八、微胶囊

微胶囊是一种“内部含有液体的微粉体，且经加压可以液化的微粉体”，广泛应用于纸制品中。它的性状如表 4-11 所示。

表 4-11 微胶囊的性状

项目	性 状
大小	1～300μm 是标准的。1μm 以下的中空微胶囊、1～2μm 的含油胶囊等也得到了应用
形状	以球形为多，此外还有米粒状、糖果状、葡萄粒状等，也有其他形状的
表皮材料	微胶囊的材质一般为蛋白质、植物胶、纤维素类、合成聚合物、玻璃等，并有一层、两层、三层的结构
内容物	微胶囊的中心，有中空装入气体的，或内部装入水和油等液体的，也有装入固体的，内容物的数目可由一个到数万个不等

1. 微胶囊特性

① 把内容物质，尤其是液体物质，制成在表观上为固体的粉末，受到压力能顺利逸出，除压力外，也可用溶解加热的方法使其逸出。

② 液体可长时间保存，选择液体和外壳材料的组合是很重要的。

③ 胶囊外壳多为半透膜。体积很小的胶囊外壳厚度仅有 2μm 以下，无论用何种材质，都是半透膜。低分子质量的内容物质，容易被溶剂抽取，因而其用途受到一定限制。

2. 微胶囊的应用

微胶囊的主要应用如：无碳复写纸方面的应用、香料胶囊油墨方面的应用、液晶胶囊油墨及胶囊板方面的应用、白色颜料和填料方面的应用、纸制品方面的应用等。纸制品方面的应用如下。

① 潜香型家用卫生纸　美国一家公司出售的由香料做成数微米大小的微胶囊用于附着在卫生纸上，在使用时用手揉搓，即散发出薄荷香味，散发出清爽的感觉。

② 油质胶囊板　Armstrong Kork 公司将硅油以及其他油质、蜡质、沥青等材料封入 1mm 的藻朊酸钙胶囊中，再将胶囊夹在滤纸间的制成板出售。其目的在于消除用罐、瓶装，用后处理罐、瓶等带来的麻烦。

③ 纤维胶囊板　将纤维用聚乙烯使之胶囊化，再经热压榨成板，可用于过滤材料和蓄电池隔板。

④ 黏结剂片　黏结剂本来是黏糊糊的物质，不易处理，如将黏结剂胶囊化，制成干燥的分离并形成片状，使用就会很方便。这是将二液性黏结剂使之一液化的有效方法。

九、感光纸用化学品

将复印方法按感光材料种类进行分类可分为：①利用光还原性物质的方法，有银盐显像（银盐）、蓝图（铁盐）等；②利用光分解性物质的方法有重氮盐法、卡巴法（重氮化物）、热敏现象（4-甲氧基-*a*-萘酚）等；③利用半导体的方法有氧化锌静电复印和硒静电复印等。此外还有利用光聚合物有光敏性材料制版显像等。但以重氮法占主要地位，尤其用于设计图纸，已在全世界普及。

参 考 文 献

[1] 胡惠仁，徐立新，董荣业编著．造纸化学品．北京：化学工业出版社，2002.

[2] 张然．蒽醌衍生物在草浆蒸煮中的应用．造纸化学品，1994，9 (2)：36，30-31.

[3] 郑书敏等．ZJ-1 型蒸煮助剂应用试验研究．造纸化学品，1994，6 (3)：10-12.

[4] 安郁琴，刘忠，何北海，周立国编．制浆造纸助剂．北京：中国轻工业出版社，2003.

[5] 韩照云．氨基蒽醌在麦草蒸煮中的应用．造纸化学品，1995，7 (4)：26.

[6] 化学工业出版社组织编写．化工产品手册：新领域精细化学品．第 3 版．北京：化学工业出版社，1999.

[7] 中国造纸化学品工业协会．中国造纸化学品行业“十二五”发展规划．中华纸业，2011 (17).

[8] 黎鹰．竹木混浆漂白中氨基磺酸的应用．造纸化学品，1994，6 (2)：37-39.

[9] Viikari L，et al. International conference of Biotechnology in pulp & paper Industry. Stockholm：1986：67-69.

[10] 杜军译．硫酸盐浆的生物漂白．国外造纸，1994，13 (2)：23-25.

[11] 窦正远．H_2O_2 漂白中新型保护剂和 Na_2SiO_3 保护机理的研究．造纸化学品，1995，7 (1)：11-14.

[12] 钱旭红，徐玉芳，徐晓勇等编著．精细化工概论．北京：化学工业出版社，2000.

[13] 陈嘉翔．高效清洁制浆漂白新技术．北京：中国轻工业出版社，1996.

[14] 沈一丁编著．造纸化学品的制备和作用机理．北京：中国轻工业出版社，1999.

[15] 朱瑞．助剂与造纸业的生存与发展．四川造纸，1997 (3)：154.

[16] Meier J. Neue Moglichkeiten der reduktiven Kaolinbleiche durch den Einsatz Von Formamidin Sulfin Sauce. Das papier，Heftll，1994：677-681.

[17] 平清伟．尿素在 H_2O_2 漂白中的应用．造纸化学品，1994，6 (3)：17-18.

[18] 秦梦华等．酶制剂与制浆造纸工业．纸和造纸，1995 (2)：4-6.

[19] Claude Daneault，Celine Leduc，Jacques L Valade. The use of xylanases in kraft pulp bleaching：a revliew. Tappi Journal，1994，77 (6)：125-131.

[20] 崔旭东．废纸回用的新浪潮与新特点．纸和造纸，1995 (2)：7-8.

[21] 郝喜海．废纸再生利用的现状及今后的课题．国外造纸，1995，14(5)：14-17.

[22] 马福庭．废纸脱墨技术．国外造纸，1994，13 (4)：30-31.

[23] 卢秀萍．造纸工业中的合成聚合物．天津：天津大学出版社，1995.

[24] 佘丹波．脱墨化学在生产工艺中的应用．中国造纸，1996 (4)：34.

[25] 周立国．多组分表面活性剂在废纸脱墨中的应用．中国造纸，2001 (3)：7-10.

[26] 王金林译．制浆造纸厂的废水处理——技术现状与发展趋势．国际造纸，1995，14 (5)：18-21.

[27] 陆伟，姚献平，夏华林．促进我国造纸化学品行业“十二五”期间健康可持续发展——关于《造纸化学品行业“十二五”发展规划》的建议．造纸化学品，2011 (3).

[28] 秦梦华等．制浆造纸工业中的生物技术．中华纸业，1998 (2)：6-9.

[29] 韩秋燕．“十二五”新领域精细化工展望．化学工业，2010，28 (12)：1-8.

第五章　皮革化学品

第一节　概　述

皮革工业包括制革业、皮鞋制造业、皮革制品业、毛皮业等。皮革化学品作为制革加工过程中化学反应的参与者，已应用于制革生产的全过程，几乎绝大部分已成为成革的有机组分，可以说，没有皮革化学品，就不可能获得有高使用价值的皮革。因此，皮革化学品在制革工业生产的重要地位及其加速制革工业发展的特殊作用已不言而喻了。所以皮革工业和皮革化学品工业之间是相互依存、相互制约、共同发展的关系。近十几年来，我国皮革工业发展迅速，促使皮革化学品成为很有发展前景的一类新领域精细化学品。所以，我们将其作为一章介绍。为了便于非皮革专业的学习，我们先介绍一下皮革加工过程的主要工序。

一、皮革加工过程中的主要工序

新剥下的动物皮称为鲜皮或血皮，这些鲜皮一般不能直接使用，必须经过及时加工处理后才能使用，如经浸水、浸灰、脱脂和酶软等加工后，除去上层表皮和下层皮下结缔组织，留下的中层真皮或称裸皮，然后将裸皮经鞣制、染色、加油脂和涂饰等步骤即可制得皮革成品。在皮革的加工过程需要皮革鞣制剂、加脂剂、染色剂、涂饰剂和其他助剂等各种化学用品，这些化学用品就称为皮革化学品。这些皮革化学品在制革工业中占有重要的地位，皮革质量的提高、皮革新品种的开发以及制革工艺技术的革新及发展，都需要使用新的皮革化学品。皮革加工过程中的主要工序见图 5-1。

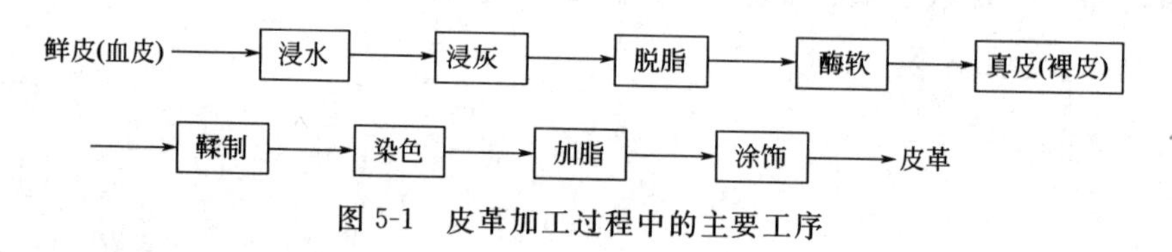

图 5-1　皮革加工过程中的主要工序

二、皮革化学品及其分类

皮革化学品是指专门用于制革加工处理的化学品。这些化学品主要是指在皮革鞣制、加脂、染色、涂饰等过程中所需用的专用化学品，因为这些专用化学品的特点是：品种多、用量少、性能要求高、应用性强，符合精细化学品的特点，属于精细化学品的研究范围。对于在皮革加工处理过程中所用的酸、碱、盐等，如盐酸、硫酸、甲酸、乙酸、氢氧化钠、硫化钠、氯化钠、氯化钡等，属于大宗基本化工原料的，一般不包括在研究范围。皮革化学品对于提高皮革的质量、开发皮革的新品种、缩短生产周期、简化工序操作、改进生产工艺、增加制革率等均起到重要作用。

皮革化学品根据其性能和应用工艺不同，一般分为鞣制剂、加脂剂、涂饰剂、皮革助剂四大类。有的书上也把酶制剂和制革专用染料单分两类，由于本书染料在第七章介绍，本章就不作介绍。

皮革的鞣制剂是指在皮革鞣制过程中所加入的化学品，其主要是为了提高皮革的强度、稳定性及其他物理性能。例如：铬鞣剂、高分子合成鞣剂等。加脂剂是指在皮革的加脂过程中所用的化学品，例如：烷基磺酰脲加脂剂、硅油加脂剂、氯化石蜡等。皮革的涂饰是在皮革的表面施涂一层有色或无色的天然或合成的高分子薄膜的操作过程，在这个过程中所用的化学品称为涂饰剂。涂饰剂起到了美化和提高皮革质量的作用。常用的如：聚氨酯涂饰剂、丙烯酸树脂涂饰剂、酪素等。皮革助剂是指在制革过程中除了前面介绍的鞣制剂、加脂剂、涂饰剂和基本化工原料外其他的辅助化学品，例如：浸水助剂、酶助剂、脱毛浸灰助剂、染色助剂等。

三、皮革化学品的发展及前景

目前，全球从事皮革化学品（简称皮化）生产的公司约有 2000 多家，年产皮革化学品 200 多万吨，品种高达几千个，产量也在逐年增加。著名的公司有德国拜耳（Bayer）公司、巴斯夫（BASF）公司、科莱恩（Clariant）公司等；美国的 Rohm-Haas 公司；荷兰的 Stahl 公司；瑞士的 Ciba-Gigy 和 Sandoz 公司等。他们生产着几千品种皮革化学品，可以说品种齐全、系列配套、各具特色。这些著名的公司都非常重视新产品研究和开发，有的公司每年开发的新产品高达 20 个以上。随着我国的改革开放，这些世界著名的化工公司也趁机挤进我国市场生产、销售他们的产品。所以，在我国涌现出一批独资、合资皮革化学品企业，例如：德国巴斯夫（BASF）公司在上海的皮化材料生产厂；德国拜耳（Bayer）公司与江苏无锡染料厂共同组建的拜耳无锡皮革化工有限公司；德瑞（TFL）公司在青岛独资组建的 QTFL 皮革化工厂；2012 年 12 月常州高新区与德国特殊化学品集团朗盛公司 9 日签署合作协议。朗盛集团将投资 2.7 亿元人民币在江苏常州新建一座皮革化学品工厂，德国科莱恩化工有限公司销售的制革用的助剂如酶脱毛制剂，浸灰助剂，复鞣、中和、填充助剂，含氟树脂，防水、防油剂等 87 个品种，适合整饰用的美利欧（Melio Resin）树脂达 231 种，包括聚丁二烯、聚丙烯酸酯分散液、聚氨酯分散液、各类清洁光亮剂、蛋白类涂饰剂、各类手感剂、颜料、染料等。科莱恩（Clariant）公司还在上海建立了一个设备齐全的实验室。由北京皮革化工厂、德国、中国台湾三方合资兴建的北京爱伯勒皮革化工有限公司主要生产水场助剂有酶软化剂、防霉剂、加脂剂等。这些独资、合资企业以及皮化材料的销售代理商，为我国皮化工厂提供了可供借鉴的管理模式，但同时也带来了皮革化学品的国际竞争，促进了皮革化学品的进步和发展。

我国皮革化学品经历了从无到有、从少到多、从产品单一到相对多样化、从质量低下到质量较高的发展历程。20 世纪 50 年代我国只能生产硫酸化蓖麻油、揩光浆和鞋油，60 年代上海皮化厂生产出了丙烯酸树脂涂饰剂、酚醛类树脂鞣剂以及合成加脂剂等少数产品。70 年代末生产皮革化学品的厂家大约有十几个。进入 80 年代以来，国家组织重点科技攻关，皮革化学品的研究、开发和生产均得到快速发展。目前，全国皮化厂 200 多家，年总产量达 50 万吨，有的产品已达到或接近国外同类产品水平。产品结构也有较大变化，我国皮革化学品的研究开发不仅只集中在鞣剂、涂饰剂、加脂剂等大类品种，对一些助剂亦给予了应有的重视。例如皮革专用染料过去基本上是空白，低档制品就是借用纺织品的酸性染料、直接染料和活性染料，高档革则依赖进口。近些年来，丹东轻化工研究院研制并生产出了“赛力牌”专用染料，包括适用于皮革、毛皮两个系列 16 个产品。上海皮革研究所生产的“花冠牌”金属络合染料，不含德国日用品法令禁用的 20 多种芳香胺。河南开封树脂厂研究开发出了“无公害多功能皮革专用染料”，除具有优异的染色性能外还兼具复鞣、填充作用，包括黑、深棕、红、黄、蓝等 9 种基本色。这些染料的研究、开发成功为扭转皮革染料依赖进口的局面起到了积极的作用。皮革助剂十多年前品种很少，近年来由于皮革工业的发展，对皮化助剂的要求日渐迫切，除原有的JFC渗透剂、增稠剂、稀释剂外，还出现了手感剂、蜡乳液、补伤剂、酶制剂、流平剂、脱脂剂、防静电处理剂等新品种。

从皮革的鞣制剂、加脂剂、涂饰剂、皮革助剂等化学品看，今后的发展趋势如下。

① 鞣剂和复鞣剂的重点向少铬、无铬方向发展　研究开发铬的代替性鞣剂，减少铬鞣剂的使用量，降低制革污水中含铬量，以减少环境污染。同时具有防水、防起皱、增厚、耐光、填充功能的复鞣剂也是重点发展品种。

② 加脂剂正朝着多功能方向发展　主要是提高加脂效果和结合能力，并具有复鞣、填充、防水、耐光、耐洗、耐电解质等功能。

③ 涂饰剂主要向无污染、耐水、耐溶剂、耐光（晒）方向发展　要求涂饰后具有皮感强等优点。目前，丙烯酸类和聚氨酯类仍是两大主要类型的皮革涂饰剂。但是它们的性能逐渐提高，研究开发它们的换代产品也是当务之急。使其具有更高韧性、更有弹性、高遮盖力、耐水、软而不黏等特性。

④ 助剂主要向专业化、系列化发展　如各种防腐剂、浸水剂、浸灰剂、脱毛剂、脱灰剂、浸酸剂、软化剂、匀染剂、中和剂、脱脂剂、缓冲剂等。特别是要加大对高效能的废水综合处理用助剂研发。

总之，世界皮革化学品工业发展趋势正朝着多功能、多品种、高质量、系列化、配套供应等方向发展。

20世纪90年代以来，欧洲发达国家的皮革工业产量逐渐下降，而人造革和PVC革逐步替代真皮革的一部分；亚太地区皮革工业则保持了较高的增长速度，中国、印度、泰国、印度尼西亚成为亚太地区皮革工业发展最快的国家。其中，中国是亚太地区皮革工业发展潜力最大的国家。目前，我国已发展成为全球最大的皮革加工国，同时也是世界最大的消费国。全国制革产量达7.2亿多平方米，约占世界总量的1/5，制鞋产量100亿双，占世界总量的50%以上。我国皮革产品的50%以上用于出口，皮革产品出口金额占全国出口总额的4%。可以看出世界制革工业的重心移向亚洲，特别是有向我国转移的趋势，这将给我国的皮革工业及其相关行业带来更多的发展机会，这也对皮革化学品行业将带来更大的发展机遇。

第二节　皮革鞣制剂

鲜皮经过浸水、浸灰、脱脂、酶软等一系列的化学和机械处理后得到裸皮，裸皮仍不具有革的性能，一般不能使用。在鲜皮转化裸皮的一系列处理中，也使皮胶原中本来所具有的许多化学键被削弱和破坏了，反而降低了皮蛋白质的结构稳定性，比原来的生皮更不耐微生物、化学药品及湿热的作用。因此，还要进行一系列的处理，其中最关键的是使其变成革的过程，这个过程就是鞣制；在这个过程中所用的能起鞣制作用的物质称为鞣制剂，简称鞣剂。鞣制剂常分为：无机鞣剂、植物鞣剂和有机合成鞣剂。无机鞣剂如：铬鞣剂、铝鞣剂、锆鞣剂等。植物鞣剂主要是各种植物的栲胶，如：橡椀栲胶、落叶松栲胶、红根栲胶等。有机合成鞣剂主要是一些高分子树脂等，如：酚醛类缩合物、萘磺酸缩合物等。

鞣剂在鞣制过程中起的作用，从化学角度看鞣制是鞣剂分子向皮内渗透，并与生皮胶原分子的活性基结合进行化学交联而发生化学性质改变的过程。这种微观的化学变化的结果，使得皮革表现出的主要效果为：①提高皮革纤维的力学性能；②增加皮革纤维结构的多孔性；③减少胶原纤维束、纤维、原纤维之间的黏合性；④减少真皮在水中的膨胀性；⑤提高胶原的耐湿、热的稳定性；⑥提高胶原的耐化学作用及耐酶作用，以及减少湿皮的挤压变形等。因此鞣制过的革，既保留了生皮的纤维结构，又具有优良的物理化学性能，尽管各种鞣剂和皮胶原的作用和交联方式不同，作用程度不一，但要求鞣制后所产生的纤维组织状态和理化效应基本是一致的。

一、铬鞣剂

在鞣制过程中以铬化合物为主的鞣革剂称为铬鞣剂。铬鞣剂主要的组分是铬的硫酸盐，它是皮革鞣制剂中用量大、应用较早的一类鞣剂，

早在19世纪，人们就知道铬酸可用作鞣剂。直到19世纪70年代后期，制革厂才开始使用铬化合物作为鞣剂。其工艺方法：先将裸皮浸在 $K_2Cr_2O_7$ 与铝盐的溶液中，直到皮完全渗透，再用油脂与蛋白质物料浸渍。采用这种工艺铬在皮内固定不牢，所得皮革为亮红色。后来，提出加入 $NaHSO_3$ 或 $Na_2S_2O_3$ 溶液，使铬固定，这样就形成了二浴法；二浴法能在短时间内浸渍，产生优质革，鞣后经油脂浸渍，再进行干燥。

随后，又发展为使用碱性氯化铬的一浴法。其较二浴法更容易控制，工艺与植鞣极为相似。不久，又提出使用葡萄糖还原 $K_2Cr_2O_7$ 作鞣液。目前有80%的皮革为铬鞣工艺制得。

1. 铬鞣剂的作用

铬有几种价态，常见的有0、+2、+3、+6氧化态的化合物。其中只有+3氧化态的化合物具有鞣性。鞣制过程中无论是使用植鞣浸膏还是无机盐做鞣制，都是使相邻胶原分子形成稳定交联的作用。碱性铬盐具有双重效应。

第一，能形成多核配合物，具有中等稳定性。因为铬可作为中心离子。借助一定的原子或原子团（如—NH_2、—OH、—O—）而连接成一个整体。这些原子或原子团称为桥基。它们具有一对以上的孤对电子，因而能与两个或两个以上的金属离子或原子配合。

第二，与羧酸基团形成很稳定的配位键而产生极强的鞣效。

2. 铬鞣液制备方法

铬鞣液制备方法通常有以下三种。

① 由新沉淀 $Cr(OH)_3$ 溶于 H_2SO_4 再加入需要量的 Na_2SO_4 或 NaOH，制成铬矾使用。

② $Na_2Cr_2O_7$ 的酸性溶液用葡萄糖或糖蜜、甘油、淀粉、锯木、亚硫酸钠、硫代硫酸钠等还原得到。其反应式如下：

$$C_6H_{12}O_6+4Na_2Cr_2O_7+12H_2SO_4 = 4Cr_2(OH)_2(SO_4)_2+4Na_2SO_4+14H_2O+6CO_2\uparrow$$

③ 用 SO_2 还原 $Na_2Cr_2O_7$ 制得。反应如下：

$$Na_2Cr_2O_7+3SO_2+H_2O = Cr_2(OH)_2(SO_4)_2+Na_2SO_4$$

性质：碱式硫酸铬［$Cr_2(OH)_2(SO_4)_2$］，为无定形墨绿色粉末，易溶于水，吸湿性强。可自配铬鞣液用于轻革鞣制或复鞣。

制法实例：将100kg重铬酸钠溶于300kg水中，搅拌使重铬酸钠溶解。然后慢慢加入93.9kg浓硫酸。再将25kg葡萄糖溶于100kg水中。然后在不断搅拌下，将葡萄糖溶液以细流状慢慢加至重铬酸钠溶液中，此时反应剧烈发生，温度迅速上升使溶液沸腾，产生大量 CO_2 和水蒸气，其中夹带着很多重铬酸钠溶液的微粒，同时溶液液面也急剧上升，因此配制鞣液应在带有自动搅拌装置的耐酸搪瓷反应釜中进行，反应釜还应带有回收重铬酸钠微粒的装置。反应时溶液颜色由红橙色转为砖红色、橄榄绿色到蓝绿色。此时应用KI-淀粉液检验溶液中不含 $Cr_2O_7^{2-}$，反应即告完成，得到铬鞣液。再经过浓缩、喷雾干燥，即可得到粉末铬鞣剂。

生产工艺：流程示意图见图5-2。

红矾钠 → 加水溶解 → 硫酸酸化 → 葡萄糖还原 → 静置陈化与碱度调整 → 喷雾干燥 → 铬粉

图 5-2 铬鞣液生产工艺流程示意图

用途：可用于各种皮的铬鞣和复鞣，也可用于媒染。铬鞣用量为灰皮重的6%～8%，复鞣用量为削匀蓝皮重的3%～5%。

二、合成鞣剂

合成鞣剂是指用化工原料，经过化学方法合成的具有鞣性的物质。合成鞣剂具有复杂的性能，具体取决于它们的化学结构和胶体状态。按其化学组成、结构通常分为无机鞣剂和有机鞣剂。无机鞣剂在皮革行业也称为金属鞣剂，前面介绍的铬鞣剂就是无机鞣剂。有机鞣剂是指合成鞣剂是有机物的一类鞣剂。平常我们讲的合成鞣剂就指有机合成鞣剂。

合成鞣剂按使用性能又分为以下三种类型。

① 辅助型合成鞣剂　这类合成鞣剂含有磺酸基团，具有鞣革性能，并有分子量低、酸性强、渗透快的特点，能改善植鞣革的色泽，用于铬革的复鞣与染色。这类鞣剂的基础原料是萘。

② 结合型合成鞣剂　这类合成鞣剂分子量较高，鞣革效能也取决于磺酸基团。它的基础原料是苯酚，由苯酚树脂磺化而得。在分子中加入尿素，能增加鞣革效能。这类主要用于铬鞣革的漂白与复鞣，具有填充作用，其性能优于辅助型合成鞣剂，且耐光性也较强。

③ 代用型合成鞣剂　这类合成鞣剂分子量在三种之中最大，能使皮革增加重量并改善丰满性。由于具有完全的鞣革效应，可以单独使用或与植鞣剂结合使用，以改进皮革产率与色泽，因价格贵，主要用于生产白色革。

1. 酚醛类合成鞣剂

酚醛类合成鞣剂是由单酚、双酚和多酚等酚类与甲醛、乙醛、糠醛等醛类经过磺化和缩合反应得到。缩合的目的是为了增大分子量，使分子上的羟基增多，提高产品的鞣制性，磺化的目的就是为了引入磺酸基，使化合物易溶于水。因此，磺化程度越低，缩合程度越高，则鞣制作用越强。合成工艺上分两类：先缩合后磺化和先磺化后缩合，前者可以得到磺甲基化缩聚物，可以避免在高温处理时，苯环被氧化成醌的危险（磺酸基在苯环上的酚有这种趋势），所制得的磺基甲酚鞣剂，相当于天然单宁成分的鞣质含量为25%左右。若采用先磺化后缩合的方法，则得到亚甲基联结的酚醛鞣剂，其鞣质含量大于28%；当苯酚上以发烟硫酸在180～190℃高温磺化形成苯酚磺酸盐后，再进行聚合，所得产品为砜桥结构，鞣质含量为25%～30%。

(1) 亚甲基桥型合成鞣剂

性质：是一种红棕色的浆状液体，呈弱酸性，能溶于水，可使成品色泽浅而鲜艳，具有漂白和扩散作用。能帮助红粉和栲胶溶解，加速鞣制，减少沉淀。用该鞣剂处理的皮革能够加脂而不会出现油斑。

主要用途：主要用于轻革、重革、革面革、皱纹革和服装革的填充、漂洗与鞣制过程中。

生产原理：利用苯酚与甲醛缩合后再与 H_2SO_4 发生磺化反应。

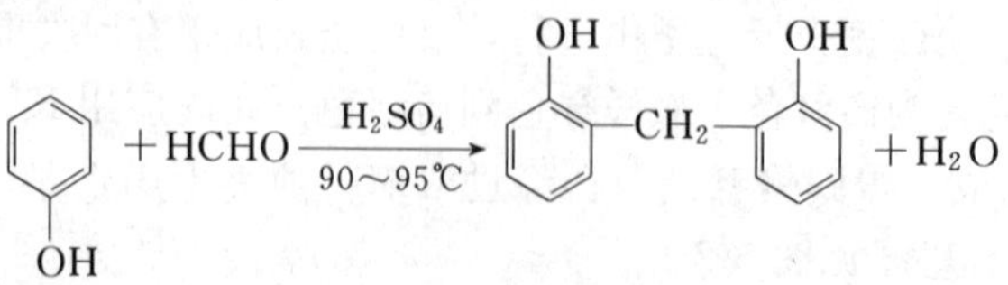

$$C_6H_5OH + HCHO \xrightarrow[90\sim95^{\circ}C]{H_2SO_4} HOC_6H_4-CH_2-C_6H_4OH + H_2O$$

OH　　OH　　　　　　　　　OH　　OH

$C_6H_4(OH)-CH_2-C_6H_4(OH) + H_2SO_4 \xrightarrow[\text{反应}]{\text{磺化}} C_6H_4(OH)-CH_2-C_6H_3(OH)(SO_3H) + H_2O$

生产工艺

① 原料（kg 原料/t 产品）：苯酚 310.0，甲醛 70.0，醋酐 64.1，硫酸 100.0，发烟硫酸 85.0。

② 工艺流程简图见图 5-3。

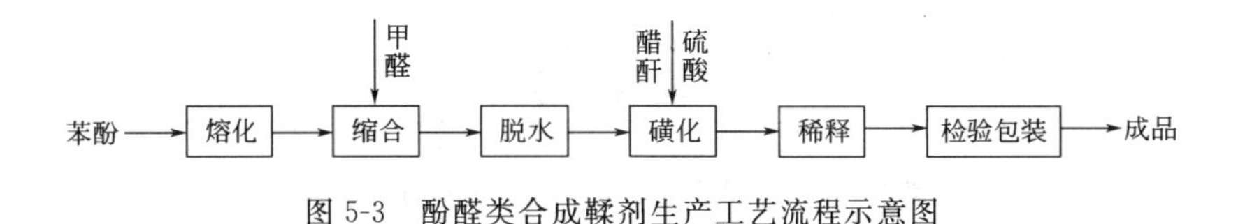

图 5-3 酚醛类合成鞣剂生产工艺流程示意图

操作工艺条件

① 将熔化好定量的苯酚吸入搪瓷反应釜，然后加含量 98%以上的浓硫酸催化剂。开动反应釜搅拌，加热到 65℃时，滴加 HCHO，控制物料液温度小于 90℃，HCHO 加完后，在 90～95℃反应 3h。

② 脱水：反应结束后，打开真空泵，在一定真空度进行脱水。脱水时适当加温，脱水时间 4.5h 左右。

③ 加醋酐：釜内降至 80℃，滴加醋酐，控制温度 85℃以下。

④ 磺化：釜内降至 70℃以下，开始滴加硫酸和发烟硫酸的混合物进行磺化反应，混合酸按配比量抽入硫酸高位槽备用，控制温度不超过 75℃，混合酸加完后，内温升至 85℃，保持 2～3h，取样溶于水中。如果完全透明状，说明磺化反应完成。

⑤ 水稀释至要求浓度、包装。

(2) 砜桥型酚醛鞣剂

性质：玫瑰紫色膏状物，溶于水，在水中呈鹅黄色。具有还原作用，用其鞣制的皮革耐光、耐热、耐老化性能良好，成革柔软、丰满；色泽浅淡鲜艳，对酸性和直接性染料有良好的吸收性能。可与铬鞣液或锆鞣液混合使用，增强皮革的撕裂强度，降低重革的吸水率。

主要用途：用于箱包革、带革、鞋里革、底革、皱纹革的鞣制。

生产原理：

磺化反应　　$C_6H_5OH + H_2SO_4 \longrightarrow HO-C_6H_4-SO_3H + H_2O$

成砜反应　　$2\ HO-C_6H_4-SO_3H \longrightarrow HO-C_6H_4-SO_2-C_6H_4-OH + H_2SO_4$

缩合反应

OH, OH HO, +HCHO ⟶ OH HO —CH_2— OH; SO_3H, S(=O)(=O), SO_3H

生产工艺

① 原料（kg 原料/t 产品）：苯酚 400.0，甲醛 138.8，硫酸 465.0。

② 工艺流程简图见图 5-4。

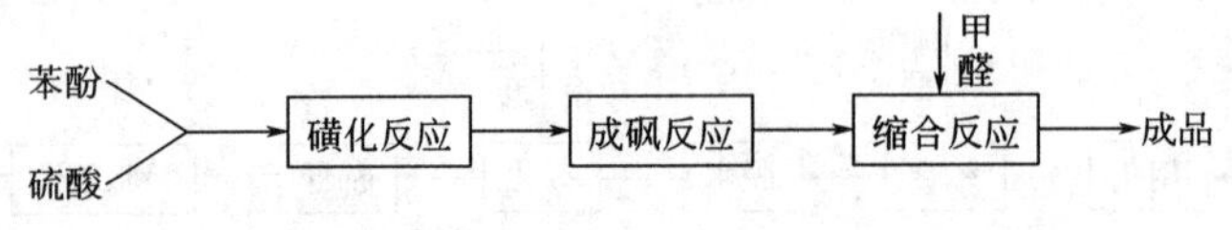

图 5-4　砜桥型酚醛鞣剂生产工艺流程示意图

操作工艺及条件

① 将苯酚加热熔化，吸入反应器内，搅拌升温，慢慢加入 465kg 硫酸。加入速度根据磺化反应温度控制，最多不超过 110℃。硫酸加完后，恒温 98～100℃反应 2h，取样检验如完全溶于水，呈桃红色，表明完成磺化反应，再取样测定游离酚的含量。

② 成砜：升温 145～150℃进行成砜反应，反应 4h。在反应时间接近 4h 时，可取样放入水中用玻璃棒搅拌 3min 左右，如析出银白色结晶，则说明成砜反应已完成，否则需延长保温反应时间。

③ 缩合：成砜反应结束，降温 100℃以下，送入缩合釜中，搅拌，冷却，等物料下降到 45℃，缓缓加入甲醛，待甲醛加完后，升温在 98～100℃，反应 2h，即得成品。

2. 萘醛类合成鞣剂

此类鞣剂是由萘或萘酚经过磺化，再与醛类缩合得到。用萘和甲醛得到的合成鞣剂，实际上是印染工业常用的匀染剂、分散剂即扩散剂 NNO：

NaO_3S … $NaSO_3$

这种辅助型鞣剂可以使单宁沉淀扩散，消除植物鞣剂中的不溶物。鞣质含量大于 45%，为青黑色黏状液体，用于植鞣、裸皮浸酸和植鞣液调 pH 值。

3. 木质素合成鞣剂

木质素磺酸可以做制革鞣剂。它是由亚硫酸盐法制造纸浆的废碱液中提取的，从废液中提取的木质素以磺酸钙形式存在，故必须加酸和碱除去钙离子，才能得到木质素磺酸鞣剂。木质素磺酸鞣剂的结构为：

HO, H, HO_3S, O, HO_3S, CH_3, O, ……O

木质素磺酸做鞣剂时，其侧链上的磺酸基与裸皮作用，产生鞣制效能，其分散力和稳定性都很高，透入裸皮比天然鞣剂更快。但由这种鞣剂鞣成的革比植物鞣革略硬，翘曲，成型不够，常用于酚醛鞣剂和萘醛鞣剂的改性，可得到性能较好的取代型鞣剂，且可以降低成本。

以上三类鞣剂的鞣性和鞣剂的分子结构有关，通过控制聚合度和磺酸量，分别得到不同性能的品种，目前，这三类鞣剂品种较多，应用得也比较普遍。其他还有合成树脂鞣剂；这类鞣剂与其他合成鞣剂不同，在使用时，通常是用其单体水溶液或单体分散体先浸透裸皮，然后在酸催化剂作用下，使之在裸皮的基皮纤维上聚合，排出纤维的水分，生成不溶性高聚物而达到鞣革的目的。这类鞣剂的主要优点是可以鞣制白色或浅色革，且革制品耐光性优良，能抗酸碱，可以用酸性染料或直接染料染色。

4. 无机合成鞣剂

无机鞣剂是指合成鞣剂组成是无机物的。所以也常称金属鞣剂，金属鞣剂又根据含金属种类的不同分为：单金属鞣剂和多金属配合鞣剂。前面介绍的铬鞣剂，就是一种单金属鞣剂。下面介绍金属配合鞣剂。

性质：金属配合鞣剂主要是铬、铝、锆、铁盐和有机酸反应生成配合物，制法各不相同，有的是多种金属盐和有机酸反应生成金属配合物；还有的是金属盐类和芳香族合成鞣剂。

制备金属配合鞣剂时应用的有机酸品种很多，常用的主要是1～3个碳原子的一元羧酸。如：甲酸、乙酸、羟基丙酸、乳酸、柠檬酸等，有时也用乙二胺四乙酸制取螯合物鞣剂，国内较成熟的是铬铝配合鞣剂。用配合鞣剂鞣革，粒面紧密、丰满、清晰，染色色调鲜艳。下面举一例。

主要用途：用于轻革预鞣和复鞣。

生产原理：根据下列反应生成。

$$CrCl_3 \cdot 6H_2O + AlCl_3 \cdot 6H_2O + HCOOH + Na_2CO_3 \longrightarrow [Cr_2Al(HCOO)_3(OH)_3(H_2O)_6]Cl_3 + NaCl + H_2O + CO_2$$

生产工艺

① 原料用量（kg原料/t产品）

氯化铬	123.5	结晶三氯化铝	56	水	696
碳酸钠	124.6	甲酸	54		

② 工艺流程：见图5-5。

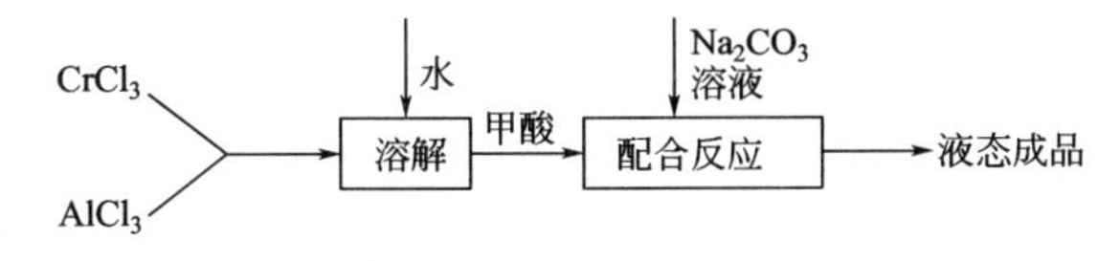

图5-5 预鞣的铬铝配合鞣剂生产工艺流程示意图

操作条件

① 分别将三氯化铬123.5kg、结晶三氯化铝56kg，从反应罐的加料孔中加入罐内，利用真空泵将327kg水吸入反应罐内。开动搅拌并加热，使罐内物料升至50℃慢慢溶解。

② 反应罐内$CrCl_3$和$AlCl_3$全溶后，慢慢加入54kg甲酸，加完后搅拌30min。

③ 滴加由124.6kg Na_2CO_3和369kg水配成的碱液，3.5～4h加完，加完后继续搅拌30min，然后静置过滤即为成品。

三、皮革助鞣剂

在制革工业中，为了减少铬鞣剂的用量，研究辅助型鞣剂或取代铬鞣剂，提高铬的利用率，减少含铬废水的污染，仍是国内外研究工作者非常关心的课题。

早在20世纪60年代，德、英等国就开始了这方面的研究工作，也相应开发了这方面的技术，并用于工业生产，如德国拜耳公司Baychrome2403助鞣剂，能改进铬的吸收，铬鞣剂利用率可达90%～95%，废铬液含氧化铬仅为0.4g/L。德国亨克尔公司在80年代初发表了硅酸盐为主要无机盐型助剂的论文和专利。

我国20世纪80年代在这方面进行了大量的研究，并在1987～1988年进行工业应用试验，效果很好。现在已经可以制备各种类型的助鞣剂。如含多元羧基和多元氨基的聚合物助鞣剂，含稀土元素助鞣剂，含硅的助鞣剂等。

以含硅皮革助鞣剂（ASN）为例。

主要原料： NaOH，$Al(OH)_3$，硅酸钠。

制备原理：

$$NaAlO_2 + xNa_2O \cdot ySiO_2 \longrightarrow (Na_2O)_x Al_2O_3 (SiO_2)_y + NaOH$$

其中 x，y 为0.5～3.4，是由原料、反应温度、反应时间等因素所决定。

ASN助鞣剂在pH值2.5～5.5范围内缓慢溶解，正常铬鞣时pH一般在3.0～4.0，正好在ASN助鞣剂溶解范围，溶解的ASN与铬形成多核配合物，使鞣剂分子增大，鞣性增加，从而提高铬与皮胶原肽键的结合能力，同时释放一定量的OH^-，逐步提高溶液的pH值，使铬鞣剂的碱性增加，不断打破结合游离铬之间的平衡，使游离铬不断地与胶原肽键结合，从而极大限度地降低溶液中的铬含量。

合成方法： 将NaOH、$Al(OH)_3$、水按一定比例投入反应釜，开动搅拌，升温到60～100℃，反应2～5h。降至30℃，滴加硅酸钠，升温至50～90℃，反应3～6h。恒温结晶6～10h，然后降至常温，过滤，水洗，调整酸度，烘干得到成品。

应用试验： 在提高和保证皮革质量、降低成本的前提下，尽可能减少红矾用量，并将红矾耗尽在皮革中，使鞣制过程中排放废液的含铬量由原废液中3～5g/L降至0.5g/L。在相同的条件下，使鞣制的皮革达到标准时，增加2%ASN（皮重），可减少红矾用量30%～40%，废液含铬量降低80%左右，成革的质量指标符合前轻工部的标准。其丰满性、柔软性能与纯铬鞣制革基本相似。ASN皮革助剂本身无毒性。

第三节　皮革加脂剂

皮革加脂是为了使处理后的皮革轻软，特别适用于工作服装革。加脂能使纤维表面附有单分子层油，使皮革变软，能阻止纤维之间的结合变硬。所以，加脂剂是能使鞣制后的皮革吸收油料，变为更柔软丰满、有延伸性、不易受潮、更有坚韧性的物质。

皮革加脂剂的种类很多，分类方法也不相同。一般按原料来源分为天然加脂剂（植物油和动物油）和合成加脂剂（氯化石蜡、烷基磺酸酰氯和合成酯等）两大类；如按乳液的电荷性质分类则有阴离子型（占加脂剂的绝大多数）、阳离子型、非离子型和两性型等四类；按加工习惯分为：硫酸化油、亚硫酸化油、磺化油、磷酸化油、氯磺化油等。

皮革加脂剂的主要作用是使皮革内部的各个纤维被具有润滑作用的油脂包裹起来或使纤维表面亲和大量的“油性”分子，平衡革纤维表面的能量，使原来的高能表面转化为低能表面，增加纤维间的相互可移动性，从而赋予成革一定的物理力学性能和使用性能，直观的现象是皮革变得柔软耐折，在应用方面获得价值。

加脂是制革生产过程中主要工序之一，加脂作用会对皮革性能产生多种影响，主要表现在革的柔软性、撕裂强度、延伸性、吸水性、透气性及透水汽性、防水性等几方面，也会影响防油、抗污、阻燃、防雾化等特殊的使用功能。这些加脂效应将会随加脂材料的种类、用量及加脂方法的不同而变化。

制革工艺的改进和皮革产品质量的提高，对加脂剂的性能提出了更高的要求，皮革加脂材料的新品种也层出不穷。初期主要是采用天然动植物油脂和化学改性的天然油脂加工产品（硫酸化、亚硫酸化、磺化、磷酸化等）。为了增加加脂剂的品种，改变仅用天然油脂为原料的局面，弥补天然油脂资源的不足，以石油产品为基料的合成油脂作为加脂剂的应用逐步显示出其独特的性能，品种与用量不断增加，发展十分迅速。不同的油脂或同一种油脂原料经过不同化学改性的产品都有不同的加脂效果，因此，制革厂可以按照各自皮革产品的不同风格要求，选择适当的加脂剂，或者采用多种加脂剂搭配混合使用。

加脂的方法主要有四种：第一种是将纯的固体或液体加脂剂加入，称为干加脂和油加脂；第二种是将加脂剂制成为油包水型的乳状液后加入；第三种将加脂剂制成为水包油的乳状液后加入；第四种是将加脂剂溶解在溶剂中加入，称为溶剂法。加脂时最好选用阳离子加脂剂和阴离子加脂剂。再加非离子表面活性剂，使加脂剂保持固定而不迁移，并加沸点适当的溶剂可使皮革干燥时能自行蒸发掉。这样加脂能使成革柔软，而且节约油脂用量。

加脂剂的发展方向是：发展新型合成加脂剂、多功能加脂剂、无污染加脂剂。国外天然加脂剂多以牛蹄油和海产动物油为主，它们的填充性、油润性很好。天然油脂资源有限，很多可食用，而且作为加脂剂易产生油斑，所以合成加脂剂发展很快。以石油加工产品（如石蜡、合成脂肪酸）合成酯、丙烯酸聚合物为基料的加脂剂不断涌现。由于汽车座套革、白色革和鲜艳的浅色革的需要，耐光、耐热不黄变和低雾化值则是优良加脂剂的重要技术指标。

一、改性天然产物加脂剂

天然产物加脂剂主要有两类。一类是天然动植物油脂作为加脂剂，如蓖麻油、羊毛脂、鱼油等；另一类是改性的天然油脂加脂剂。改性天然加脂剂主要是将天然油脂经硫酸化、亚硫酸化、磺化、磷酸化等过程而得到改性的天然油脂加工产品。在制革工艺中，天然产物加脂剂是早期使用的加脂剂。下面介绍改性天然加脂剂。

1. 磺化油加脂剂

磺化油属天然油脂加工产品类加脂剂，由油脂经硫酸化得到，是一种阴离子型表面活性剂，其化学结构含有硫酸基（$—OSO_3H$）。

传统的土耳其红油（太古油）是一个典型代表，由蓖麻油经硫酸磺化得到。蓖麻油属甘油三酸酯，内含—OH、羰基和双键，非常活泼。和硫酸反应时，—OH 生成$—OSO_3H$；双键发生加成生成$—SO_3H$；酯基水解成羧酸，用碱中和则变成分子中含有$—SO_3Na$、$—OSO_3Na$和—COONa 的复杂的阴离子表面活性剂，控制硫酸的用量可以得到不同深度的硫酸化蓖麻油，适用于不同的目的。

以硫酸化蓖麻油（Sulfated Castor Oil）为例。

主要组成：蓖麻油的硫酸酯盐。

性质：阴离子加脂剂，具有良好的分散、乳化、渗透等性能。加脂后，油脂与革结合性较好，不易逸出。成革柔软，强度增加，韧性好。

制法：蓖麻油用浓硫酸进行硫酸化，然后用饱和盐水洗酸，再中和而成。

质量指标

指标名称	指标	指标名称	指标
外观	红棕色油状液体	pH 值（10%乳液）	6.0～7.5
有效成分/%	≥70	乳化稳定性	10%乳液 24h 无浮油，不分层

用途：适用于服装革、手套革、鞋面革及各种软革的加脂，是一种常规通用型加脂剂，可单独用于加脂，也可与其他阴离子加脂剂或非离子加脂剂或两性加脂剂混合使用。用量一般控制在 2%～4%。

2. 改性菜油加脂剂（Modified Repa Oil Fatliquor）

主要组成：菜油及其菜油脂肪酸甲酯的硫酸酯盐。

性质：是一种阴离子型加脂剂，乳化性能和渗透性能均优良，含油量高。加脂后的革柔软、有弹性，油润感和丝光感均好。

制法：菜油先与甲醇酯交换，对菜油进行部分酯化，用浓硫酸进行硫酸化，然后用饱和盐水洗酸，最后中和而成。见图 5-6。

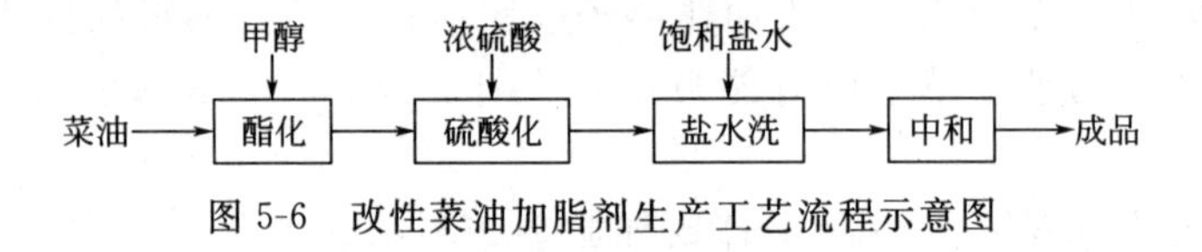

图 5-6　改性菜油加脂剂生产工艺流程示意图

质量指标

指标名称	指标	指标名称	指标
外观	红棕色透明黏稠状液体	pH 值（10%乳液）	6.0～7.5
有效成分/%	≥80	乳化稳定性	10%乳液 24h 无浮油
水分/%	15		

用途：用于轻革和羊毛的加脂。与其他加脂剂搭配使用，其用量为 20%～25%。

3. 亚硫酸化鱼油加脂剂

性质：亚硫酸化鱼油加脂剂为棕色稠状流体，稳定性好，在 pH 值 2～4 范围内对酸、碱、盐、铬液与植物鞣液都很稳定。是制革工业中的一种通用的加脂剂，主要用于各种轻、重革的加脂。

生产原理：亚硫酸氢钠与油脂在导入空气的情况下进行反应，反应时油脂首先被氧化生成酮，然后再与亚硫酸氢钠反应生成本品。

生产工艺

① 原料消耗（kg 原料/t 产品）：鱼油　200.0，亚硫酸氢钠　50.0，环烷酸钴　0.4，十二烷基硫酸钠　4.0，水　120.0。

② 工艺流程简图见图 5-7。

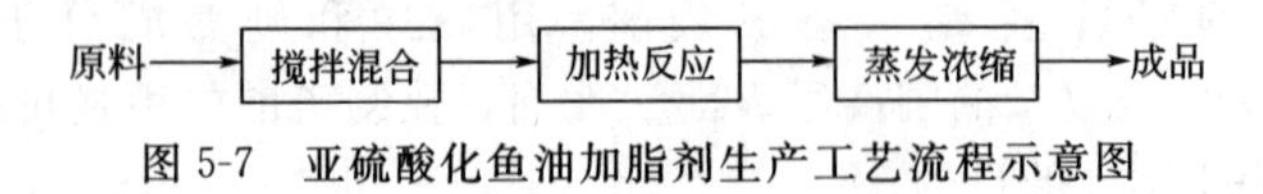

图 5-7　亚硫酸化鱼油加脂剂生产工艺流程示意图

工艺操作及条件

① 将鱼油、亚硫酸氢钠、环烷酸钴、十二烷基硫酸钠与水全部投入反应釜中，开动搅拌器和空气压缩机通空气。

② 加热至 75～80℃反应，当反应液由白色乳液转化为棕色黏稠状液体，继续反应 30h 左右，取样测碘值，合格表明已达反应终点。

③ 打开气孔，继续保持 75～80℃，蒸发浓缩至含水量低于 20%～25%便为成品。

二、合成加脂剂

合成加脂剂是以石油化工为原料，经化学方法合成制得的一类油脂。这类加脂剂大大弥补了天然油脂资源的不足，在应用方面逐步显示出其独特的性能，品种与用量不断增加，发展十分迅速。合成加脂剂常用的有氯化石蜡、烷基磺酰氯、合成酯等。

1. 烷基磺酰氯加脂剂

是一种具有鞣性的加脂剂，它是一种浅棕色的油状液体，目前市售的这类产品主要是 CM 加脂剂，氯含量在 15%左右。加脂后的皮革大大减轻松面现象。它是以液体石蜡为原料，在紫外线照射下和 SO_2、Cl_2 进行磺酰化反应所得到的。反应方程式为：

$$RH + SO_2 + Cl_2 \xrightarrow{\text{紫外线}} RSO_2Cl + HCl$$

由于是以石蜡作原料，故在组织生产时有两点要注意。一是石油中液蜡馏分除正构烷烃外，尚有一定数量的芳烃、环烷烃、支链烃等杂质，这些成分的混入，会降低加脂剂的性能，应在原料精制中加以分离；二是对碳数较宽的液蜡，在氯化前后需加以精制分离。

2. 烷基磺酰脲加脂剂

烷基磺酰脲加脂剂对皮革具有良好的润滑效应，同时不会造成纤维松弛。烷基磺酰氯与尿素反应，得到烷基衍生物，再用氯乙酸处理而得。

例：美国专利叙述了烷基磺酰脲的制法。反应如下：

$$RSO_2Cl + 2NH_2CONH_2 \longrightarrow RSO_2NHCONH_2 + NH_2CONH_2 \cdot HCl$$

因其有两个活泼官能团，所以可产生交联。用甲醛与亚硫酸氢钠处理或用氯乙酸处理，可产生亲水性能的加脂剂。

酰脲的制法：50%磺氯化石油馏分与尿素以 1∶3.75 摩尔比在 120℃反应 5h，再溶于热水中提纯，即有不溶性盐析出，使氯化油脂和未反应的油脂分离，再将所得酰脲用 KOH 处理，调 pH 值，然后以 1∶2 比例与氯乙酸钠反应。此外，酰脲也可以与 1mol 甲醛和 1mol $NaHSO_4$ 反应。

3. 烷基磺胺乙酸钠

烷基磺胺乙酸钠是一种乳化能力强、能够乳化其他油脂、乳液渗透好、助软化能力强、不油腻的加脂剂。加脂后的皮革油脂分布均匀，丰满柔软，皮面舒展，色泽鲜艳，绒毛具有丝光感。主要用于皮革加脂剂。制备原理是：

$$RSO_2Cl + 2NH_3 \longrightarrow RSO_2NH_2 + NH_4Cl$$

$$RSO_2NH_2 + ClCH_2COONa \longrightarrow RSO_2NHCH_2COONa + HCl$$

用烷基磺胺和氯乙酸钠为主要原料，经缩合、酸化等步骤制备而成。

制备工艺

① 原料消耗（kg 原料/t 产品）：烷基磺胺 500.0，烧碱 90.0，氯乙酸钠 156.0，盐酸适量，食盐 155.0。

② 工艺流程简图见图 5-8。

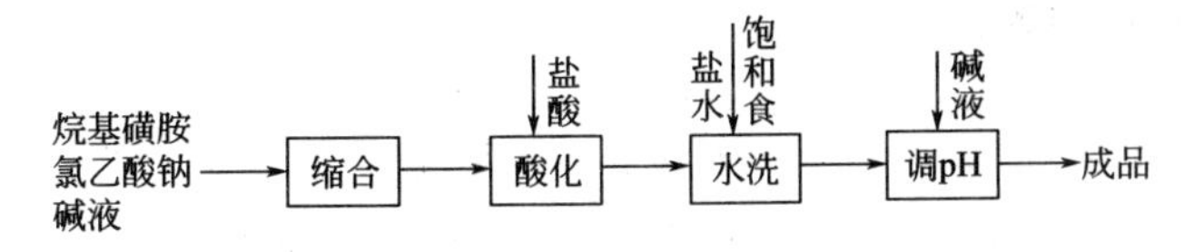

图 5-8　烷基磺胺乙酸钠生产工艺流程示意图

操作工艺条件

① 缩合：将烷基磺胺送入缩合釜中，开动搅拌，室温下先加入50%碱液。加完后，加热至70℃，再加入同浓度碱液，然后缓缓加入氯乙酸钠，加完后升温到（98±1)℃，反应2h。

② 酸化：反应终了，反应液呈现碱性。加30%盐酸酸化，用刚果红试纸检验。

③ 水洗：将物料泵入洗涤槽内，静置放去下层酸液，上层用饱和食盐水在55℃左右洗涤两三次，再用40%碱液调pH值至7，即为成品。

三、复合型加脂剂

复合型加脂剂是根据不同的要求，将各类不同的加脂剂和助剂，经化学配制而得到的加脂剂。这类加脂剂可将天然和合成加脂剂复配，可根据复配的种类、用量和助剂的情况显示各种性质和功能。如有的除了加脂性外，还有鞣性、防水、增白等性能。

1. 软皮白油加脂剂

主要组成：硫酸化油和矿物油。

主要性质：属阴离子型加脂剂，乳液色白，渗透性好。由于含矿物油较多，加脂后的革很软，但在贮存和使用过程中，矿物油极易逸出而使革变硬，因此本品多宜同其他阴离子型加脂剂混合使用。

制备方法：将蓖麻油（菜籽油或改性菜籽油）用浓硫酸进行硫酸化，然后用饱和盐水洗酸，中和，再与矿物油混合而成。其工艺流程如图5-9。

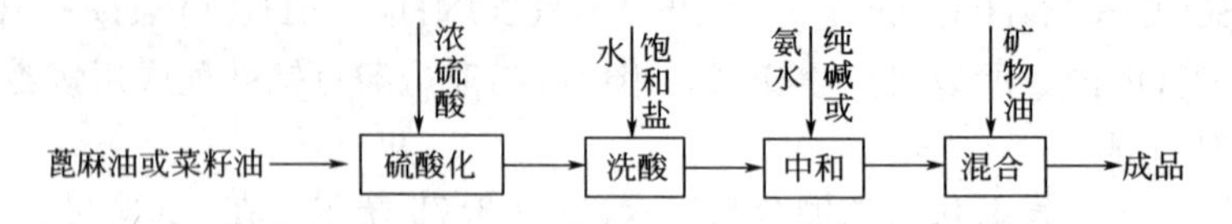

图5-9 软皮白油加脂剂生产工艺流程示意图

质量指标

指标名称	指标	指标名称	指标
外观	浅棕色油状液体	pH值（10%乳液）	6.5～7.8
有效成分/%	≥70	乳化稳定性	10%乳液24h无浮油

用途：主要用于质量普通的鞋面革、家具革、服装革以及二层革等轻革的加脂，是一类品质较低的通用型加脂剂，能与其他阴离子型加脂剂混合使用。用量一般不超过6%。

2. 多功能复合加脂剂

主要组成：高级脂肪酸酰化酯化物、酰化羊毛脂、脂肪酸聚多元醇酯、氯化烷烃、矿物油和乳化剂。

主要性能：多功能阴离子型加脂剂，集动植物油、矿物油的多种优点于一体，它具有良好的乳化性、分散性和一定的填充性，渗透性好。加脂后的皮革具有很好的柔软性，手感丰满，滋润和丝光性好。含有大量活性基团，能与皮革纤维结合牢固，加脂革久置不板硬，耐水洗性好。

制备方法：由高级脂肪酸酰化酯化物、酰化羊毛脂、脂肪酸聚多元醇酯、氯化烷烃、矿物油和乳化剂复配拼混而成。

质量指标：

指标名称	指标	指标名称	指标
外观	红棕色液体	pH值（1∶9乳液）	7.5～8.0
有效成分/%≥	85	乳化稳定性	1∶9乳液24h无浮油

用途：适用于各种软革的加脂。建议用量：黄牛软面革 7%～10%，猪皮服装革 15%～18%，山羊服装革 14%～16%。本品也可作为主加脂剂与其他阴离子型加脂剂配合使用。

第四节 皮革涂饰剂

一、概述

涂饰是制革厂最后的一道工序，也是较重要的一个环节。涂饰主要是在皮革表面上涂覆一层美观、有色或无色、挠曲延伸性好、经久耐用的成膜材料。这些涂饰皮革的材料就称为涂饰剂。

根据用途的不同，对防水、耐光、耐干湿性、耐摩擦性、光亮性、抗汗性等性能有不同程度的要求。例如：对家具的涂饰层要求抗汗性好、耐湿擦，遇碱性物不退色、不易刮伤等。绵羊革要求优美光泽；手套革需要经久耐用；漆革需要类似油布的特点；铬鞣鞋面革要求具有良好粒面纹理等，都是对成膜材料必须考虑的特殊要求。所以根据涂饰的要求就有了各种不同的涂饰剂。常用涂饰剂按习惯分为成膜剂、着色剂和涂饰助剂三大类。

成膜剂（黏合剂）主要有蛋白质、丙烯酸树脂、丁二树脂、聚氨酯及硝化纤维等。

着色剂有颜料膏、金属配合染料等。

涂饰辅助材料包括消光剂、滑爽剂、蜡剂、柔软剂、交联剂、增稠剂、流平剂、填料、手感剂等。

涂饰常有喷、滚、淋、揩等方法。为了达到各种要求，对涂料工艺进行改进，涂饰还采用多层涂饰的方式进行，一般常分底层、中层和顶层三层涂饰。

1. 底层涂饰

这层涂饰剂直接与皮革表面接触，可用酸性颜（染）料着色或无色成膜材料，其作用主要是：①为中层提供适当的基础；②使皮革表面不与不同表面性能的材料接触；③改善皮表面与中层涂饰的黏合力；④填充真皮空隙，改进皮纹，增加粒面致密度；⑤尽量使皮面平滑均匀；⑥在一定程度上，起到掩盖皮革表面缺陷的作用。

对底层涂饰剂的要求：其物理性能如弹性、延伸性等必须与皮革一致，而且须对皮革不发生化学腐蚀等损害。涂饰剂 pH 保持在对皮革安全、无毒的范围（pH=6～8）。若碱性强能吸收大量的酸，就会使铬化合物的碱性升高而造成裂面。反之，若酸性强会使植鞣革产生腐败。所以底层涂饰一般都用柔软、延伸性好、有黏性、渗透性好的涂饰剂。

2. 中层涂饰

中层涂饰在三层中占主要部分，又称“色层涂覆”，因为大部分涂料颗粒被吸附在这层涂饰剂中，这里颜料颗粒好像混凝土中的碎石子，而成膜材料如树脂、虫漆片、酪素等，有如混凝土中的水泥和沙子一样。

对中层涂饰剂要求：①中层涂饰所用的成膜材料必须对颜料、底层涂饰与顶层涂饰都有强的结合力；②要考虑有不透光性，以掩盖表面缺陷，颜料颗粒大小最好为 0.5～1.0μm；最好结合剂延伸率在 200%左右，底层涂饰树脂延伸率要大于中层涂饰树脂延伸率。

3. 顶层涂饰

顶层涂饰是最后一层涂饰，涂覆在中层上面，其作用为：①产生需要的光亮度；②保护中层，不受抓伤摩擦损伤；③膜具有防水功能；④防止表面受汗水、酸、碱、其他材料与蒸气的腐蚀；⑤增进回弹性、手感与平滑度；⑥表面便于雕花；⑦防止霉菌生长。

二、几种常用的涂饰剂

皮革涂饰剂通常有成膜剂、着色剂、涂饰助剂。其中成膜剂在涂饰液中用量较多，也起着重要的作用。本节主要介绍几种成膜剂。

1. 蛋白质类涂饰剂

蛋白质使用最广泛的是酪蛋白。虽然其成膜性能好，真皮感强，而且耐有机溶剂，可经受打光和熨烫，但是膜较硬脆，延伸率小，易产生散光、裂浆等，不耐湿擦。故当前大多使用酪蛋白改性产物。改性酪素成膜柔软，耐曲挠性和耐水性明显提高，可作为成膜剂，也可作填充剂的成分之一。羽毛蛋白和胶原蛋白（废革屑）作为酪蛋白代用品的研究已有很大进展，因其价格低廉，竞争能力较强。

以改性酪素为例。

主要组成： 酪素与乙烯基单体及丙烯酸接枝共聚产物。

性质： 成膜光亮、自然，成革手感柔软，粒面平滑，黏着力强，易于打光并能保持成革的天然粒面花纹。涂膜耐寒性好，不易腐败和变质。可与其他水性涂饰材料按任意比例混合使用。

制法： 工艺流程如图 5-10。

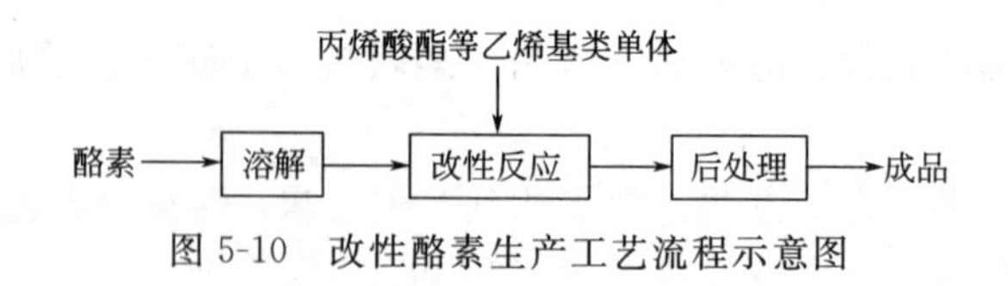

图 5-10　改性酪素生产工艺流程示意图

质量指标：

指标名称	指标	指标名称	指标
外观	淡黄色黏稠物	pH 值	7.0～8.0
固含量/%	19～21	热稳定性（60℃）	48h 不凝聚不分层

用途： 与其他树脂类成膜剂搭配可用于各种轻革的涂饰。也可用作配制补伤剂和补伤膏。

2. 丙烯酸树脂类涂饰剂

是最常用的合成树脂类涂饰剂，其应用广泛，而且仍在不断发展中。其优点是成膜性优良，黏着力强，耐光，耐干湿擦等，缺点是“热黏冷脆”和缺乏自然光泽及天然触感。对此研究主要集中在采用适度交联改性的办法以及分子设计和粒子设计等现代高分子合成技术拓宽树脂的温度适应范围，采用多种树脂复合改性，如聚氨酯-丙烯酸树脂、有机硅-丙烯酸树脂、环氧树脂-丙烯酸树脂等，从不同角度，采用不同手段来完善其综合性能。现在已发展到第三代产品，其成膜具超高柔韧性、耐高温性、耐水性和良好的熨平、压花剥离性等。同时为适应 21 世纪制革清洁化工艺，正在开发光固化新体系。

(1) 丙烯酸丁酯-丙烯酸甲酯涂饰剂

本品成胶较软，渗透性及黏着力较强，外观为乳白色液体，总固体含量为 27%，pH＝4.5～5.5，溶于水。

主要用途： 适用于作为皮革底层涂饰剂，与揩光浆配合，也可作为上层涂饰剂使用。

生产原理： 本品由丙烯酸丁酯、丙烯酸甲酯，在一定量的引发剂、乳化剂存在下，聚合而成。

$$n\mathrm{H_2C{=}CH{-}COOCH_3} + m\mathrm{H_2C{=}CH{-}COOC_4H_9} \xrightarrow{\text{引发剂}} \mathrm{{+}CH_2\underset{\underset{\displaystyle COOCH_3}{|}}{CH}{+}_n{+}CH_2\underset{\underset{\displaystyle COOC_4H_9}{|}}{CH}{+}_m}$$

制备工艺： 原料消耗（kg 原料/t 产品），丙烯酸丁酯 139.6，丙烯酸甲酯 139.6，过硫酸钾 0.195，十二烷基硫酸钠 2.792，蒸馏水 717.9。

工艺流程简图见图 5-11。

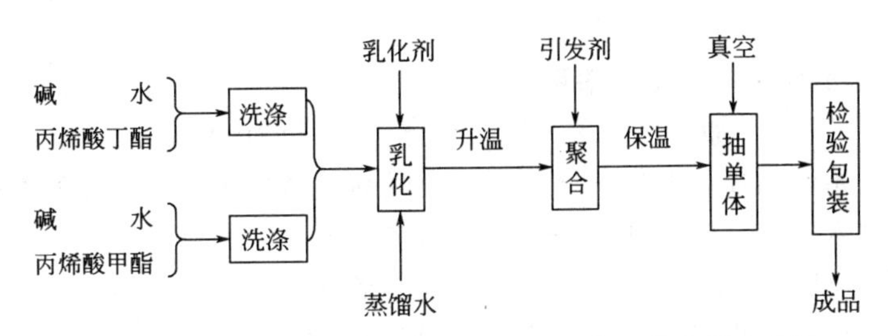

图 5-11　丙烯酸丁酯-丙烯酸甲酯涂料生产工艺流程示意图

操作条件

① 先用少量蒸馏水将十二烷基硫酸钠、引发剂、过硫酸钾分别溶解备用。

② 将丙烯酸甲酯和丙烯酸丁酯分别在各自的洗涤槽中，加入等量 NaOH 搅拌 15～20min，静置 2h 分出下层水分，上层单体用蒸馏水洗一次。

③ 将洗后的两种单体、乳化剂、蒸馏水一次抽入乳化釜中室温搅拌乳化 40min 左右。

④ 将聚合釜加热到 55℃，滴加过硫酸钾，20min 加入总量的 3/5，恒温 75℃进行反应；控制反应温度 88～90℃。结束后，降温 85℃再加入 2/5 过硫酸钾，在 5～10min 内加完，在 (85±0.5)℃恒温反应 1.5～2h。反应釜抽真空保持 $(4.7\sim5.2)\times10^4$ Pa，抽 30min，取样分析，未反应单体小于 1%即合格，过滤、包装。

(2) 甲醛-丙烯酰胺改性丙烯酸涂饰剂

性能： 通常丙烯酸酯聚合物大分子均为线型，用其修饰皮革存在“冷脆”、“热黏”缺陷。而用甲醛-丙烯酰胺改性丙烯酸树脂，其大分子交联成网状结构，同时有两个相互反应的官能团。在未完全干燥时，仍具有线型结构，易熨平，有可塑性，并随水分减少，两个亲水基团逐渐反应形成轻度交联结构。另外，由于其分子链上带 *N*-羟甲基亲水基团，能与胶原纤维上的活泼氢起反应，所以容易被皮革吸收增加黏着力。而网型的大分子结构又降低成品革受温度影响的程度。本品为半透明水乳液。

生产原理

$$\mathrm{R{-}\overset{\overset{\displaystyle O}{\|}}{C}{-}NH_2} + \mathrm{H{-}\overset{\overset{\displaystyle O}{\|}}{C}{-}H} \longrightarrow \mathrm{R{-}\overset{\overset{\displaystyle O}{\|}}{C}{-}NH{-}CH_2{-}OH}$$

$$\mathrm{R{-}C({=}O){-}NH_2} + \mathrm{HCHO} \xrightarrow{-\mathrm{H_2O}} \mathrm{R{-}C({=}O){-}NH{-}CH_2{-}NH{-}C({=}O){-}R}$$

$$\mathrm{R{-}C({=}O){-}NH_2} + \mathrm{HCHO} \xrightarrow{-\mathrm{H_2O}} \mathrm{R{-}C({=}O){-}NH{-}CH_2{-}O{-}CH_2{-}NH{-}C({=}O){-}R}$$

生产工艺： 原料消耗（kg 原料/t 产品），丙烯酸丁酯 220.6，丙烯酸 3.234，丙烯酸腈 73.56，丙烯酰胺 9.71，甲醛 10.89，十二烷基硫酸钠 4.12，过硫酸钠 1.06，蒸馏水 676.75。

工艺流程简图见图 5-12。

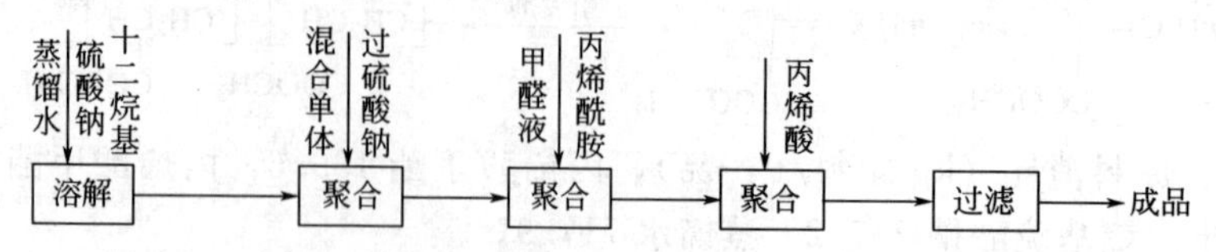

图 5-12 甲醛-丙烯酰胺改性丙烯酸涂饰剂生产工艺流程示意图

操作条件

① 乳化剂加入反应釜与蒸馏水溶解。

② 升温到 77～78℃，加入引发剂和混合单体（洗过的丙烯酸丁酯和蒸馏过的丙烯腈）。加入引发剂以后开始滴加预先配好的交联剂。交联剂的滴加速度与混合单体的滴加速度相适应，当单体总量加入 80%～85%时应先加完交联剂。

③ 随即加入先稀释为 20%浓度的丙烯酸，丙烯酸一般应与单体同时加完或稍早加完。在引发剂加完后，全过程保持 85～88℃。单体加完后经保温 1.5～2h。反应结束后，降温 30℃以下，进行过滤。

用途： 主要用于皮革上层涂饰剂、修饰剂，以及用作一般工业涂料基料。

(3) 皮革涂饰剂配方

① 铬复鞣修面革涂饰剂配方见表 5-1。

表 5-1 铬复鞣修面革涂饰剂配方

原　　料	第一层	第二层	喷涂
颜料膏(45%含固量)	100	100	100
染料(2%水溶液)	50	—	—
酪素(10%水溶液)	—	—	5
土耳其红油	—	—	2
蜡乳液	—	—	5
水	750	515	298
丁二烯-丙烯腈共聚物乳液(41.5%含固量)	100	15	—
丁二烯-甲基丙烯酸甲酯共聚物乳液(41.5%含固量)	—	70	90

② 压花涂饰剂配方见表 5-2。

表 5-2 压花涂饰剂配方

原　　料	底涂	喷涂
颜料膏(45%含固量)	200	200
水	550	400
丁二烯-丙烯腈共聚物乳液(41.4%含固量)	250	—
丁二烯-甲基丙烯酸甲酯共聚物乳液(45%含固量)	—	300

该配方适用于植鞣或铬鞣的剖层革。先底涂，在 90℃熨压，再喷涂、熨压或压花，压花时间约 10s 即可，最后用甲醛处理，进行固定。

③ 水牛沙发革涂饰剂：本品主要用于水牛沙发革的涂饰，其涂层牢固，耐摩擦，革质柔软。

配方：干酪素液（10%）0.75，25%丙烯酸树脂 1.00，液体染料 0.3～0.4，水 1.50。按上述比例混合均匀即成。

用法：先用有色或无色底浆打底，然后压花，喷中层浆，再将上述涂饰剂喷涂。干后再喷光亮剂，其操作温度 35℃。

第五节 其他皮革助剂

在皮革制备和加工过程中，除应用必要的酸、碱、盐和鞣剂、染料、加脂剂、涂饰剂等基本的化学品外，为了提高生产效率，加快生产速度，提高产品质量和性能，往往还须加入各种不同的辅助化学品，这些辅助化学品称为皮革助剂。皮革助剂种类较多，品种复杂，有的是一般的化学品如乳化剂、渗透剂、柔软剂、固色剂、防腐剂、防霉剂等。本书中只简单介绍制革专用助剂。

① 浸水助剂：它们能使水快速渗透至生皮内，使生皮充水，尽量回复至鲜皮状态；也能溶解皮内的非胶原蛋白质和黏多糖类物质。主要由多种表面活性剂复配而成。

② 浸灰助剂：起抑制皮纤维过度膨胀、充分分散皮纤维、加速脱毛等作用。

③ 脱灰剂：脱去皮中的石灰等碱性物质。主要由有机酸及其盐、无机酸及其盐组成。

④ 脱脂剂：脱除生皮中的脂肪类物质。重要是各种表面活性剂及复配物。

⑤ 浸酸剂：使裸皮酸化，以利于后继铬鞣剂的渗透，进入皮的内部而结合。也可作为生皮的防腐保存用。

⑥ 鞣制助剂：增进铬鞣剂与皮纤维牢固结合，使鞣浴中的铬被皮充分吸收，减少铬鞣剂用量。主要是含多元酸基和多元氨基的聚合物等。

⑦ 中和剂：是指在皮革的鞣制过程中能缓冲和中和皮革酸碱度的化学品。其组成主要是无机盐和有机盐等。在中和过程中具有缓冲性能和渗透性，不会因 pH 值的升高而使皮革有粒面变粗或松面等现象。

⑧ 染色助剂：使皮革染色均匀，固定染料，有匀染、固色、增艳剂等作用。

⑨ 防霉剂：防止浸酸皮、铬鞣蓝皮和成品革等产生霉斑。主要使含氮、硫、醚类的环状有机物。

⑩ 防水剂、防水防油污剂：能赋予皮革不吸水、不润湿、不透水的化学品称为防水剂。兼有防油、防污性能的防水剂称为防水防油污剂。防水剂的主要作用：皮革是由无数个半径不同的毛细管构成，皮革疏水是由于纤维表面和毛细管表面被疏水物质遮盖而使吸水作用不能进行。未经防水剂处理的皮革在潮湿的环境中容易吸水，使皮革制品发霉、干板及变形，进而影响皮革的强度、耐用性和美观。赋予皮革防水性可以解决其容易吸水的缺点，使皮革的使用环境大大扩大，特别是在户外潮湿的环境中工作和休闲活动，防水皮革更具有适用性和优越性。

⑪ 皮革柔软剂：有助于使皮革柔软从而减少加脂剂用量。常用的有表面活性剂、有机硅、合成蜡等。

⑫ 酶制剂：是一种由活体细胞产生的具有催化作用的特殊蛋白质。制革用的酶制剂主要是蛋白酶，软化工序主要用的是胰酶或复配的酶。

参 考 文 献

[1] 钱旭红，徐玉芳，徐晓勇等编．精细化工概论．北京：化学工业出版社，2000.

[2] 李友森主编．轻化工业助剂实用手册 塑料、皮革、日用化工卷．北京：化学工业出版社，2005.
[3] 石碧．皮革化学品手册．北京：中国轻工业出版社，1996.
[4] 化学工业出版社组织编写．新领域精细化学品．北京：化学工业出版社，1999.
[5] 马世亮．含硅皮革助鞣剂 ASN 的研究．精细化工，1995，12（2）：10-11.
[6] 兰云军，李乐祥．皮革化学品市场容量分析．皮革与化工，2010，27（2）：33-34.
[7] 韩秋燕．“十二五”新领域精细化工展望．化学工业，2010，28（12）：1-8.
[8] 李小强，李留刚，关民普．中国精细化工的现状和发展前景展望．科技信息，2011（23）：471-473.

第六章 食品添加剂

目前，食品添加剂（Food Additive）已成为国内外食品生产中最有活力的领域之一，特别是近些年来，随着我国人民生活水平的不断提高，生活节奏的加快，食品消费结构的变化，促进了我国食品工业的高速发展，从而也相应地促进了食品添加剂的发展，并且发展越来越快。

食品添加剂的研制、生产和应用涉及化工、轻工、医药诸多行业，但它的研制和生产，主要涉及化学方面的内容，为了研究开发和生产更多、更有效、更安全的食品添加剂，应用化学专业、化工专业的学生必须对其有关的知识进行充分的了解。目前食品添加剂已发展成为新领域精细化学品。

第一节 概 述

一、食品添加剂的定义及分类

食品添加剂是指为改善食品品质和色、香、味及防腐和加工工艺的需要而加入到食品中的化学合成或天然物质。由于各国对食品添加剂的理解不同，各国的定义也有所不同。例如：日本规定，食品添加剂是“在食品制造过程，即食品加工过程中，为了保存的目的加入到食品中，使之混合、浸润及其他目的所使用的物质。”美国规定，食品添加剂是“由于生产、加工、贮存或包装而存在于食品中的物质或物质的混合物，而不是基本的食品成分。”联合国粮农组织（FAO）和世界卫生组织（WHO）联合组成的食品法规委员会1983年规定，“食品添加剂是指本身不作为食品消费，也不是食品特有成分的任何物质，而不管其有无营养价值。它们在食品生产、加工、调制、处理、填充、包装、运输、贮存等过程中，由于技术（包括感官）的目的，有意加入食品中或者预期这些物质或其副产物会成为（直接或间接）食品的一部分，或者改善食品的性质。它不包括污染物或为保持、提高食品营养价值而加入食品中的物质。”此定义既不包括污染物，也不包括食品营养强化剂。

食品添加剂的种类很多，并且分类依据不同，通常有下列几种分类方法。

1. 据来源和生产方法分类

可分为天然的和人工化学合成的两大类。天然食品添加剂是指利用动植物或微生物的代谢产物等为原料，经提取所获得的天然物质。人工化学合成的食品添加剂是指采用化学合成手段，使单质或化合物通过氧化、还原、缩合、聚合、成盐等合成反应得到的物质。目前使用的大多数属于人工化学合成的食品添加剂。人工化学合成的食品添加剂又可细分为一般化学合成品和人工合成天然等同物。

2. 据主要功能和用途分类

我国依据功能和用途将食品添加剂分为23类：①酸度调节剂；②抗结剂；③消泡剂；④抗氧化剂；⑤漂白剂；⑥膨松剂；⑦酵母糖基础剂；⑧着色剂；⑨护色剂；⑩乳化剂；⑪酶制剂；⑫增味剂；⑬面粉处理剂；⑭被膜剂；⑮水分保持剂；⑯营养强化剂；⑰防腐剂；⑱稳定剂；⑲甜味剂；⑳增稠剂；㉑其他；㉒香精香料；㉓食品加工助剂。

3. 据其毒性分类

1983年，FAO/WHO食品添加剂法典委员会在荷兰海牙举行的第16次会议上，讨论了食品添加剂编号分类等问题，按安全性将食品添加剂分成 A、B、C 三类，每类又分为(1)、(2) 类。

(1) A类

① A(1) 类：经 FAO/WHO 食品添加剂联合专家委员会（JECFA）认为其毒理学资料清楚，已制定出 ADI 值（Acceptable Daily Intake）（每人每天允许摄入量，以 mg/kg 体重计算）；或者认为毒性有限，不需规定 ADI 值。

② A(2) 类：JECFA 已制定暂定 ADI 值，但毒理学资料不够完善，暂时允许在食品中使用。

(2) B类

① B(1) 类：JECFA 曾进行过评价，由于毒理学资料不足，未建立 ADI 值。

② B(2) 类：JECFA 未进行过评价。

(3) C类

① C(1) 类：根据毒理学，JECFA 认为在食品中使用是不安全的。

② C(2) 类：根据毒理学资料，JECFA 认为应严格控制在某些食品的特殊用途上。

二、食品添加剂的要求和标准

1. 对食品添加剂的一般要求

食品添加剂应该无毒无害，有营养价值，进而要求其具有良好的色、香、味、形和组成结构。对其要求如下。

① 食品添加剂应经过充分的毒理学鉴定程序，需确实证明其在允许适用范围内对人体无害。

② 食品添加剂进入人体后，应能参与人体正常的新陈代谢，或能被正常解毒过程解毒后完全排出体外及不被消化而完全排出体外，不在人体内分解或与其他物质反应形成人体有害的物质。

③ 最好使食品添加剂在达到使用效果后，在加工、烹调过程中消失掉不再进入人体。

④ 对食品的营养效果不应有破坏作用，也不影响食品的质量和风味。

⑤ 应有助于食品的生产、加工、制造、贮存和运输等过程，具有保持食品营养、防止腐败变质，增强感官性状和提高产品质量等作用，应在较低使用量的条件下具有显著效率。

⑥ 价格低廉、来源充足、使用安全、添加入食品后能被分析鉴定出来。

2. 使用标准

使用标准应包括允许使用的品种、使用范围、使用目的（工艺效果）和最大使用量，有的注明使用方法。

食品添加剂应该是对人体有益而无害的物质。但有些添加剂，特别是化学合成的食品添加剂往往有一定的毒性，因此要严格控制使用量。

3. 食品添加剂的毒性及评价

食品添加剂的毒性不仅取决于添加剂本身的化学结构与物化性质，而且与有效浓度、使用时间、接触途径与部位、物质的相互作用与机体机能的状态条件有关。因此不论其毒性大小，对人体都有一定剂量与效应的关系问题。只有达到一定的浓度或剂量水平，才能显示毒害作用。因此对食品添加剂及其原料进行充分的毒理评价，是制造食品添加剂使用标准的主要依据。评价食品添加剂的毒性大小常用标准如下。

① ADI　ADI（Acceptable Daily Intake）是指每日允许摄入量。其定义是指人一生连续摄入某物质而不致影响健康的每日最大摄入量，以每日每千克体重摄入的质量（mg）表

示，单位为mg/kg，这是评价食品添加剂最主要的标准。它可由对小动物（小鼠、大鼠等）进行几乎一生的毒性试验，取得最大无作用量（MNL），其1/100～1/500即为ADI值。为什么取MNL的1/100～1/500作为人摄入量的安全值呢？主要是人和动物的感受性不同，根据经验，取1/100～1/500作为安全值比较可靠。还要根据国民饮食习惯，取平均摄食量的数值作为人体可能进食的依据。例如：对于小鼠，糖精钠MNL值为500mg/kg。联合国粮农组织、世界卫生组织（1984年）ADI值为0～2.5mg/kg，假若成人体重以70kg计，则每人每天摄入量为175mg。我国GB 2760—86规定，用于面包和饼干等的最大允许使用量为150mg/kg。一般成人每天对面包和饼干最高摄食量为0.5kg，即每人每天摄食糖精钠为75mg，为ADI值的43%，因此其安全性是完全可以保证的。

② LD_{50}（50%Lethal Dose）：半数致死量，指能使一群被试验动物中毒死一半所需要的最低剂量。单位mg/kg，是衡量毒性高低的一个指标。一般某物质剂量>5000mg/kg，而动物没有死亡，则急性毒性极低，可以认为是相对无毒，没必要继续作致死量精确测定。

③ 食品添加剂的毒理学评价　毒性和安全性是食品添加剂的命脉，各国对食品添加剂能否使用及使用范围和最大用量都有严格的规定，并受法律的制约，以确保它的安全使用。

凡列入我国《食品添加剂使用卫生标准》（GB 2760）的食品添加剂，必须按我国食品安全性毒理学评价程序进行安全性试验。经全国食品添加剂标准化技术委员会审定，报请卫生部批准的，一般分为4个阶段进行试验。

第一阶段进行急性毒性试验，包括LD_{50}（经口），联合急性毒性；

第二阶段进行遗传毒性试验（三项致突变试验），致畸试验，30d喂养试验；

第三阶段进行90d喂养试验，繁殖试验，代谢试验；

第四阶段进行慢性试验（大鼠2年），致癌试验。

世界卫生组织（WHO）已公布每日允许摄入量（ADI）、理化性质与国外产品一致的食品添加剂，只要求进行第一、第二阶段试验，必要时进行第三阶段试验。

三、食品添加剂的发展及前景

食品添加剂的发展历史悠久，早在古代《食经》和《齐民要术》等书中就对食品加工有了记载。当时使用的食品添加剂大多数为天然物质。如：用盐使食品防腐，用盐卤和石膏点豆腐，用桂皮、茴香调香等。近代主要是化学合成食品添加剂，虽其发展才有一百多年的历史，但发展迅速。

随着食品工业的发展和人民生活水平的提高，加工食品不断出现，因此出现了大量使用食品添加剂的状况。食品添加剂目前出现的显著特点是：品种繁多，销售量大，变化迅速，日新月异。

例如：全世界食品添加剂品种达14000多种，其中80%为香料。直接使用3000～4000种，常用的600～1000种。美国食品用化学品法典中列出有1967种；日本使用的食品添加剂约有1100种；欧共体允许使用的有1000～1500种。据我国食品添加剂标准GB 2760及卫生部补充规定的统计，我国食品添加剂实际允许使用的品种为1524种。综合看，今后我国食品添加剂发展特点如下。

1. 天然、健康、安全的天然食品添加剂仍是今后的发展方向

随着人们生活水平的提高，人们对其自身生命健康的日趋关注，特别是对食品安全问题的关注，人们对食品的要求越来越高，如营养食品、保健食品、功能食品、绿色食品、有机食品等，已成为食品消费市场的热点。崇尚自然、回归自然已成为世界性的不可抗拒的潮

流。因此，食品添加剂也必须以安全、卫生为最基本的发展趋势。天然、营养、保健、安全、卫生的食品仍是今后食品发展趋势。与食品密集相关的食品添加剂必须以此为准则。因此，天然、健康、安全的食品添加剂仍是今后的发展方向。

2. 研究开发生物食品添加剂将是一个发展方向

利用现代生物工程技术将在食品添加剂开发中发挥巨大作用。例如：发酵法生产赖氨酸，利用基因工程新技术生产氨基酸，所有氨基酸生产可全部采用生物工程技术。发酵法制有机酸味剂，柠檬酸、乳酸、醋酸、D-酒石酸大部分和全部采用生物技术生产。其他的，例如复合调味剂所用的各种核甘酸，可用生物技术生产的单细胞蛋白中提取的核酸加工制取，新型甜味剂果萄糖浆由玉米粉酶转化制得等。用生物技术生产食用色素、香料、微生物、乳化剂、保鲜剂等产品也将逐渐增多。

目前国内已经形成产业化规模的生物合成添加剂主要是柠檬酸、酶制剂、维生素 C、乳链菌肽、味精等几十种产品。国际上对食品添加剂品质的要求趋势如下。①要求食品更天然、新鲜。②追求低脂肪、低胆固醇、低热量食品。③增强食品贮藏中品质的稳定性。④不用或少用化学合成的添加剂。为此用生物合成法取代化学合成食品添加剂已是大势所趋。

3. 具有特定保健功能的食品添加剂将迅速发展

我国食品工业今后重点发展方向之一是，方便食品，营养食品，保健食品，功能型食品等，例如，儿童食品：集中发展营养型、乳品型、利智型产品；老年人：以清淡型、风味型、疗效型为主，并注意低糖、低盐、低脂；青年人：以健康食品（乌发，美容）为主；运动员、歌唱家（清嗓）保健食品；新婚旅游、野战、病员疗效等食品。

为了使食品体现上述特色，就要求积极开发生产各种新型、特别是具有上述特定保健功能的添加剂。再如较为典型的有：可被肠道内双杆菌利用、促进双歧杆菌增殖的低聚糖产品；热量低，不刺激胰岛素分泌，能缓解糖尿病的糖醇类产品；起着保护细胞、传递代谢物质作用的磷脂类产品；能够捕集体内自由基的抗自由基物质等。

4. 用量少、作用效果明显的复配型食品添加剂市场潜力很大

随着食品添加剂的快速发展，为适应市场需要，人们对复合食品添加剂的开发和应用研究也得到重视，复配型食品添加剂至今已经成为食品添加剂的一个发展方向和潮流。资料显示，近年来我国的液态奶、蛋糕油（复合乳化剂）、冰淇淋乳化稳定剂、饮料悬浮剂、保鲜护色剂、米面制品改良剂、食用香精香料、合成色素等经复合形式上市日益普及。复合添加剂受到应用企业的普遍欢迎，产生了明显的经济效益和社会效益。随着人们对食品品种多样化、营养保健化、质量高档化日益增长的需求，复合食品添加剂的应用日趋广泛，复合产品的研究和生产正逐步发展成为一个崭新的门类。

5. 食品保鲜剂仍将迅猛发展

我国每年蔬菜收购多达 1000 万吨，夏季蔬菜损失约 15%，南北运输损失 30%～40%，北方白菜贮存损失 5%。水果也近千万吨，保存损失 15%～30%。农民贮粮 1 年粮食损失 8%以上，贮存两年以上损失 30%，根据有关部门统计，我国粮食、果蔬、肉类和水产品腐烂损失每年高达 40 亿元。其他国家损失也很大。因此，食品保鲜剂开发对于合理利用天然资源、调节市场经济有重要的现实意义。

近年来，由于我国食品添加剂研究和开发单位的积极努力，开发了不少粮食、果、蔬、禽、蛋、肉类的食品保鲜剂，并获得了很大的效果，也深受消费者欢迎。但随着人民生活水平的提高，对保持食品色味和营养成分的保鲜剂的要求也越来越高。因此，食品保鲜剂的开发和应用将达到一个崭新的高度。

第二节 食用色素

食品的色、香、味是衡量食品优劣的三个重要因素。特别是食品的色泽是人们鉴别食物的好坏、引起喜厌的先导。食品具有鲜艳的颜色，也能增进食欲。由于很多果蔬天然食品具有所需要的色泽，但在加工处理时，容易发生退色或变色，为了使食品具有所需要的色泽，有必要在加工过程中使用食用色素进行着色。自古以来，人们对食品的色泽进行过种种的研究和努力，开发了各种食用色素，作为食品添加剂加入食品中，使食品着色。但是，随着科学技术的发展和人类对自身身体健康的重视，人们逐渐认识到许多食用色素，特别是化学合成色素的使用对人体有害。因此，大力研究开发无毒、无害、无副作用以及具有疗效和保健功能的食用色素是当今世界的新趋势。

食用色素（Food Colours）又称为食品着色剂，是指以食品着色为目的的食品添加剂。食用色素按基本来源和性质可分为食用天然色素和食用合成色素两大类。

一、食用天然色素

1. 食用天然色素的定义

食用天然色素是由动植物组织及矿物中提取的一类食品着色剂。它是食用色素中非常重要并具有广泛应用前景的一类色素。其中主要是指植物色素（包括微生物色素），还有少量动物色素和无机物色素，但由于无机物色素都是一些金属或金属的化合物，一般有毒性，所以应用较少。

食品的色泽、口味、香味、形态是加工生产中的重要问题，也是对食品评价的重要指标，其中色泽给予消费者印象的影响力最大。若食品具有鲜艳的色彩，就能引起人们的喜爱增进食欲。

2. 食用天然色素的分类

食用天然色素是目前发展较快、应用广泛的一类色素，其品种已达近百种。这些色素主要依据形态、来源、化学结构和色调来分类。

（1）食用天然色素根据形态分类

① 直接使用的天然物，如水果果酱、浓缩果汁液类。

② 用干燥、粉碎等简单方法加工的粉末类，如茶末、红甜菜根末、姜黄粉末等。

③ 从天然资源（包括发酵产物）中提取获得的色素浓缩物、干燥粉末，如胭脂虫色素、红花黄、甜菜红、红曲色素等。

④ 经化学处理或酶处理而得到的，如焦糖、栀子兰（酶法处理）。

⑤ 用化学方法合成的与天然色素的同等物，如β-胡萝卜素、核黄素。

（2）食用天然色素根据原料来源分类

根据原料来源天然色素主要可分为以下几种。

① 植物性色素：这类色素是从天然植物中提取的色素，在天然色素中占大部分。这些色素一般对人体健康无害，有的对人体具有一定的营养价值，所以，自古以来就有被用作食物着色剂。如叶绿素、胡萝卜素、甜菜红、辣椒红、姜黄、红花色素等。

② 动物性色素：这类色素是从动物体内各部组织及分泌物中提取的有色物质。如：胭脂虫色素、虫胶色素、血红蛋白、骨胶原色素等。

③ 无机色素：这类色素一般都含有有害性金属，所以各国均有禁止使用于食品的规定，因此使用于食品的种类很少，主要有三氧化二铁（又称氧化铁红）、四氧化三铁（又称氧化

铁黑）、二氧化钛。

④ 微生物色素：如红曲色素。

⑤ 合成天然色素类：β-胡萝卜素、核黄素。

(3) 食用天然色素根据色调分类

见表 6-1。

表 6-1　色调分类法分类

色　调	列举色素品名
红	胭脂虫色素、甜菜红、红曲色素、虫胶色素、红甘蓝色素、紫苏色素、木槿属色素、浆果类色素
红紫	葡萄果皮色素、茜草色素、栀子红、紫玉米色素
橙	胭脂树色素、辣椒色素、β-胡萝卜色素
黄	姜黄、栀子黄、红花黄、玉米黄色素、核黄素
蓝	栀子蓝色素、螺旋藻蓝色素
绿	叶绿素、叶绿素铜钠
褐	焦糖色素、可可色素、高粱色素

二、食用天然色素的特性及提取方法

食用天然色素大多数是从动植物组织中提取的，这些动植物多数是人们食用的，因此一般具有下列优点：①一般对人体安全性高；②有的兼有营养的效果；③用其着色色调更接近天然食物的色泽、更为自然；④动植物原料来源相对稳定；⑤可使天然原料进一步深加工和综合利用；⑥生产过程对环境污染少等。常用主要食用天然色素的性状见表 6-2、表 6-3。

表 6-2　主要食用天然色素的性状

种类	色素成分	色调	由于 pH 值引起的变化
红花黄色素	红花素	黄色	几乎不变(在碱性出现微红色)
红花素	黄酮类	黄色	碱性呈黄色，酸性呈淡黄色
栀子黄色素	番红花苷，藏花酸	黄色	几乎不变(酸性稍不稳定)
胭脂树色素	胭脂树素，降胭脂树素	黄色～橙色	几乎不变(碱性可溶)
辣椒色素	辣椒红	黄色～橙红色	几乎不变
姜黄色素	姜黄	黄色	碱性变成赤褐色
胭脂红色素	胭脂红酸	橙～红～紫	酸性呈橙色，中性呈红色，碱性呈紫色
虫胶色素	虫胶红酸	橙～红～紫	酸性呈橙色，中性呈红色，碱性呈紫色
茜草色素	茜素	橙～红～紫	酸性呈橙色，中性呈红色，碱性呈紫色
红曲色素	花色苷类	橙红色～红色	几乎不变(酸性不溶)
甜菜红色素	β-花青苷	红色～紫红色	碱性变为黄色
草莓类色素	花青苷类	红色	pH3 以下，红色。pH 为 4～6，呈淡红色。pH7 以上呈暗绿色
深蓝色素	花青苷类	红色～紫红色	pH3 以下，红色。pH 为 4～6，呈淡红色。pH7 以上呈暗绿色
赤甘蓝色素	花青苷类	红色～紫红色	pH3 以下，紫红色。pH 为 4～6 时，呈淡红色。pH7 以上呈暗绿色
葡萄果皮色素	花色苷类	红色～紫红色	pH3 以下，紫红色。pH 为 4～6 时，呈淡红色。pH7 以上呈暗绿色
葡萄果汁色素	花色苷类	红色～紫红色	pH3 以下，紫红色。pH 为 4～6 时，呈淡红色。pH7 以上呈暗绿色

续表

种类	色素成分	色调	由于 pH 值引起的变化
栀子赤色素	环烯醚萜苷类化合物	紫红色	几乎不变化(碱性变成暗红色)
栀子青色素	环烯醚萜甘类化合物	青蓝色	几乎不变(酸性不溶)
蓝藻类青色素	藻青苷	青色	几乎不变(酸性不溶)
叶绿素色素	叶绿素	绿色	酸性变黄
可可色素	黄酮类	褐红色	几乎不变(酸性不溶)
高粱色素	黄酮类	褐红色	几乎不变(酸性不溶)
花青素	黄酮类	褐色	几乎不变(酸性不溶)
罗望子树色素	黄酮类	褐色	几乎不变(酸性不溶)

表 6-3 主要天然色素的溶解性和稳定性

种　　类	溶解性			稳定性				
	水	酒精	油	热	光	金属离子	蛋白质	染着性
红花黄色素	√	○	×	○	○	○	○	△
红花素	○	√	×	○	○	○	○	○
栀子黄色素	√	○	×	○	△	○	○	√
胭脂树色素	△	○	○	○	△	○	○	√
辣椒色素	×	△	√	○	△	○	○	○
胭脂红色素	√	○	×	√	√	×	×	√
姜黄色素	△	√	○	√	×	△	○	√
虫胶色素	○	√	×	√	√	×	×	√
茜草色素	○	√	×	√	√	×	×	○
红曲色素	○	√	×	○	△	○	√	√
甜菜红色素	√	○	×	×	△	○	○	△
草莓类色素	√	○	×	○	○	×	×	△
深蓝色素	√	○	×	○	○	×	×	△
赤甘蓝色素	√	○	×	○	○	×	×	△
葡萄果皮色素	√	○	×	○	○	×	×	△
葡萄果汁色素	√	○	×	○	○	×	×	△
栀子赤色素	√	○	×	√	√	○	○	○
栀子青色素	√	○	×	√	√	○	○	○
蓝藻类青色素	√	△	×	×	×	△	○	○
叶绿素色素	×	○	√	△	×	△	○	△
可可色素	√	○	×	√	√	○	○	√
高粱色素	√	○	×	√	√	○	○	√
花青素	√	○	×	√	√	○	○	√
罗望子树色素	√	○	×	√	√	○	○	√

注：√表示非常好，○表示普通，△表示稍差，×表示不好。

食用天然色素的提取主要采用溶剂提取法，该法现在常引入一些较先进的技术，如：回流技术、多种溶剂同时萃取技术、连续萃取技术、逆流萃取技术、微波萃取技术等，这些技术的引入，大大缩短了提取时间，提高了生产效率，其他提取方法还有压榨法、脱水法、熬制法等。为了提高食用天然色素的纯度和质量，目前还对提取的色素进行精制提纯，精制的方法现在有：①溶剂精制法；②两相溶剂萃取精制法；③酶精制法；④膜分离精制法；⑤离子交换提纯精制法；⑥吸附与解吸精制法等。

三、食用天然色素的发展及前景

食用天然色素是食用色素发展中最早的一个分支，它的发展与其他科学一样也是随着人类的生产而发展起来的。人类使用天然物对食品着色的历史已是非常悠久，例如：人们用花果、蔬菜汁液等对食品着色的历史已很难考究，但根据报道称公元前 1500 年埃及墓碑上的绘画中就描绘了着色的糖果的制造，葡萄酒在公元前 4 世纪已经人工着色，而调味品、调味料至少在 500 年前就已经着色。

我国利用天然色素对食品着色也有悠久的历史，从植物中提取色素的技术也很早就有记载，北魏末年（公元 6 世纪），农业科学家贾思勰所著的《齐民要术》中，就有关于从植物中提取色素的记载。明代宋应星的《天工开物》、李时珍的《本草纲目》，都对红曲这种红色素有详细记载。当然天然无机染料在我国发展得也很早。这些都证明天然色素用于食品着色由来已久，并且随着人类生活水平、科学技术的发展，天然色素的使用、加工技术也在不断提高。

到了近代，随着生产和科学技术的发展，特别是食品工业、医药工业及轻工业的发展，人们对色素需求量的增加迫使色素生产向人工制造色素发展。1856 年，英国人 W. H. Perkins 合成了第一种有机色素苯胺紫，此后相继又有许多新的有机色素被合成，由于合成色素具有品质均一，色泽鲜艳，着色力强，稳定性好，无异味，易于溶解和拼色以及成本低廉等一系列优点，很快几乎取代了天然色素对食品的着色。从 19 世纪中叶第一种有机色素合成到 20 世纪中叶，食用合成色素发展迅速，这一时期可以认为是合成色素的发展时期。在这 100 多年中，食用天然色素的技术也在发展，但相比食用合成色素来说，它的发展落后了几十年。

随着人们生活水平的提高及人们对自身身体健康的重视，加上分析检测技术的发展，人们逐渐意识到合成色素的滥用有可能给人类健康带来威胁，并发现了许多合成色素对人类的身体有害，有的甚至有致癌、致畸等严重问题。例如，联苯胺染料中的联苯胺黄就是明显的实例。因而相继许多国家先后立法，明令禁止在食品、医药中使用合成色素。有些北欧国家如挪威，已禁止在食品中使用任何合成色素。这样就变相刺激了食用色素的研究和发展，进而在全世界掀起了开发天然色素的新高潮。特别是 20 世纪 60 年代以来，在天然色素代替合成色素方面已取得了一定的进展，已形成了以天然色素为主导的市场。在食用色素的世界市场上，天然色素正以年增长 10%的速度发展。在这方面，日本、美国及欧洲各国发展迅速。日本 1969～1973 年仅 5 年时间，天然色素年产量就增加了 5 倍，接近了合成色素的生产量。现在，日本天然色素的品种和产量已远远超过了合成色素。

近几十年来，其他国家在天然色素应用方面都在迅速发展。我国由于人口众多，一时不能都转入使用天然色素，所以多数食品加工业还用合成食用色素，从而使我们在应用天然色素方面起步相对较晚。但近二十多年来，我们在天然色素的研究和开发利用方面，取得了可嘉的成绩。短短的十几年中，几十种天然色素被开发出来，在我国专利局申请的有关色素方面的专利有 20 多件。生产厂家也不断出现，而且有的产品远销国外。一批又一批的研究机构和工厂相继出现，正在充分利用我国各地丰富的天然资源，研究和生产各种食用天然色素。

四、几种常见的天然色素

1. 红曲色素

红曲色素（Monascorubrin）是从红曲霉菌丝中提取的色素。红曲霉是我国生产红曲米的主要菌种。红曲米即红曲，古代称丹曲，是我国传统产品。早在明代宋应星的《天工开物》中即有详细的记载，李时珍的《本草纲目》中亦有记述，并入药，有活血的功能。福建、广西、广东、北京、上海、江苏、浙江、台湾等地均有出产，福建古田所产最为著名。红曲米是由曲霉科红曲霉属中的红曲红曲霉、紫红红曲霉、变红红曲霉和马来加红曲霉等菌种，接种于蒸熟的大米，经培育所得。红曲红曲霉是我国生产红曲米的主要菌种。红曲色素就是从这些红曲霉菌丝中提取的食用天然色素。

(1) 主要成分及性质

红曲色素是从红曲霉中提取的色素，主要含有 6 种不同的成分，其中含红色色素、黄色色素和紫色色素。它们的化学结构如下：

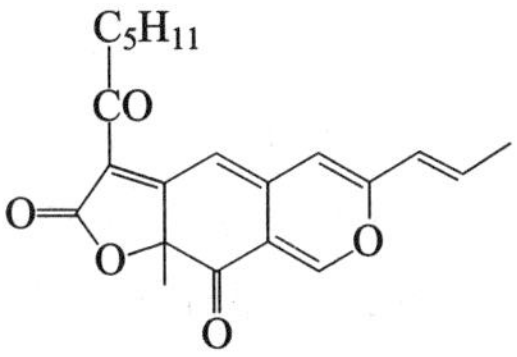

红斑素 Rubropunctatin $C_{21}H_{22}O_5$

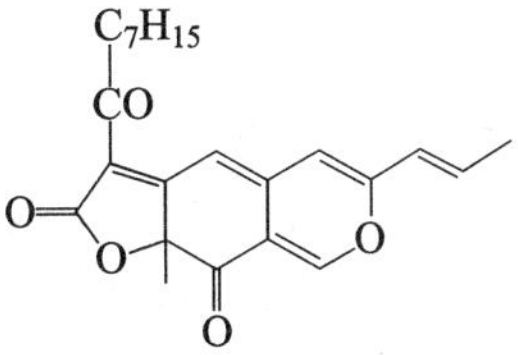

红曲红素 Monascorubrin $C_{23}H_{28}O_5$

红色色素

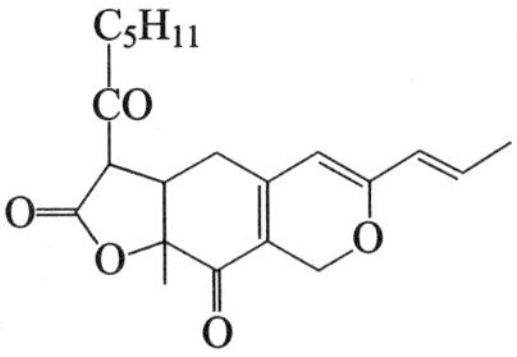

红曲素 Monascin $C_{21}H_{26}O_5$

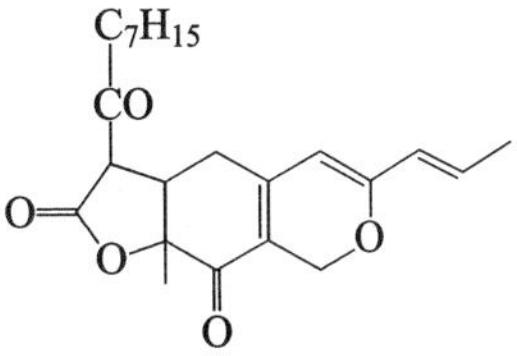

红曲黄素 Ankaflav $C_{23}H_{30}O_5$

黄色色素

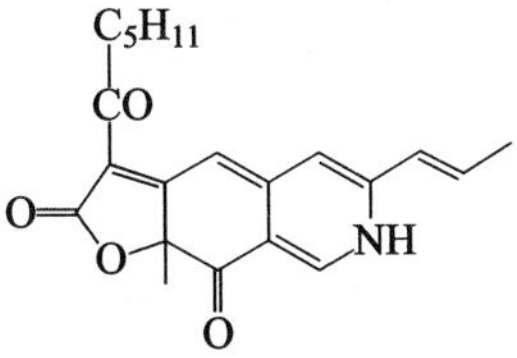

红斑胺 Rubropunctanine $C_{21}H_{23}NO_4$

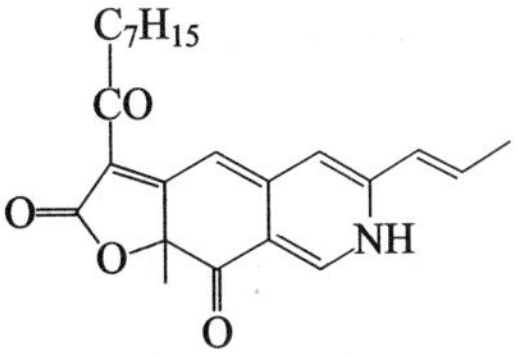

红曲红胺 Monascorubranina $C_{23}H_{27}NO_4$

紫色色素

上述 6 种色素成分的物理化学性质互不相同，实际应用主要是醇性的红色素、红斑素和红曲红素。

红曲红素为红色或暗红色液体，糊状或粉末状物。略有异臭。熔点60℃，最大吸收波长470nm(乙醇)。不溶于水、甘油，溶于乙醇、乙醚、冰醋酸。溶液为薄层时呈鲜红色，厚层时带黑褐色并发荧光，色调对pH值稳定（其乙醇抽提液至pH=11时尚稳定)。耐热性强，加热到100℃也非常稳定，几乎不发生色调的变化，加热到120℃以上亦相当稳定。耐光性强，其醇溶液对紫外线相当稳定，但日光能使其色度降低。几乎不受金属离子的影响，如加入0.01mol/L Ca^{2+}，Mg^{2+}，Fe^{2+}，Cu^{2+}等金属离子，色度几乎无变化。几乎不受0.1%的H_2O_2、维生素C、Na_2SO_3等氧化剂和还原剂的影响，但遇氯易退色。对蛋白质的染着性好，一旦染色后，经水洗也不退色。有些食品能使其褐变或退色。经醇提取的醇溶性结晶状红色色素红斑素和红曲红素的物理化学性质见表6-4。

表6-4 红色色素红斑素和红曲红素的物理化学性质

名称		红曲红素	红斑素	名称	红曲红素	红斑素
溶解性	水	不溶	不溶	色调	橙红色	橙红色
	乙醇	可溶	可溶	最大吸收波长	470nm(乙醇)	470nm(乙醇)
	氯仿	可溶	可溶	荧光	有	有
熔点		142～143℃	150～157℃	蛋白反应	阴性	阴性

(2) 提取方法

红曲色素提取主要采用发酵法。常用的菌株有紫红红曲霉（*Monascus purpureus*)、红曲红曲霉（*M. anka*)、加来加红曲霉（*M. barkeri*）等。将菌体散布于培养基内，于30℃静置培养3周，液体培养需振荡，菌株在培养基内全面繁殖，呈深红色，经干燥、粉碎、浸提而得；或将米（籼米、大米或糯米）制成红曲米，再从红曲米中提取。

(3) 工艺流程

(4) 操作步骤

① 将优质大米淘洗干净，用清水浸泡1h，过滤甩干。

② 将甩干的大米投入蒸笼中，用大火上蒸汽蒸。待冒大汽时米已半熟，停蒸。将米倾入木盆中，拌入凉水，以助降温。温度降至20℃左右时，复入蒸笼，待冒大汽时停蒸。

③ 将米倾入洁净的干燥木盆中，将优质酒曲拌入米中，拌匀后投入铺有白布的箅箩中，盖上一层白布，保温发酵24h。当米升温到60℃时，将物料倒入干净的水泥板上，搅拌翻动以助降温，当物料不烫手时将物料堆集抓紧，先盖上一块干净的布料，再用麻袋盖严。24h后将物料摊开，见物料呈现淡红色，散温后再次堆集，按上法盖严。18h后将物料装入箩筐中，放入盛有15℃清水的水缸中至刚浸没物料，30min后取出箩筐，将物料倒在干净的水泥板上，再堆积12h左右，至物料呈现深红色。

④ 将深红色红曲转置通风处摊开，自然干燥一天，再进行日晒或进入烘房干燥，即得成品。

⑤ 将大米红曲投入陶缸中，搅拌下加入4倍量的70%的乙醇，用10%的NaOH溶液于78℃加热回流1h，冷却过滤后甩干，得含有红色色素的乙醇溶液。滤渣再加入70%的乙醇水溶液于78℃加热回流浸提两次，过滤弃渣，合并第三、第四次滤液，作为下批红曲的浸泡料液。

⑥ 合并第一、第二次滤液于陶瓷桶中，静置4h，虹吸出上层清液，下层沉淀离心过

滤，滤渣用等量清水洗涤两次，过滤弃渣，合并清液和洗液。

⑦ 用水浴加热蒸馏色素提取液，并回收乙醇，升温至90℃，待大部分乙醇液回收时，再升温到100℃。当乙醇残留极少时，将残液移入浓缩锅内，加热浓缩至胶体状，可取样，当滴入水中不扩散时，停止浓缩。冷却至室温后包装，得成品Ⅰ。使用本品时，可用1/3量的无水乙醇将红色胶体溶化。将乙醇提取液浓缩至一定程度后，可进行喷雾干燥，制成粉状成品Ⅱ。

用上述提取方法生产的红曲色素，其中含有一些脂肪及脂肪类物等不溶性物质，这些物质会引起水的浑浊，妨碍了色素在水中的扩散。如需制成水溶性的红曲色素，可以加适量脂肪分解酶，使不溶性脂肪类似物分解。

(5) 应用

红曲米色素为食用红色色素，按我国国家标准规定，红曲米可用于配制酒、糖果、熟肉制品、腐乳，使用量按正常需要而定。

自古以来，我国就将红曲米用于各种食品，特别是肉类的着色。例如用以酿酒，制造红香肠、红腐乳、红曲染色的酱肉和红粉蒸肉等。现在通常用于各种酱类腐乳、糕点、香肠、火腿等食品的着色。部分产品的红曲米色素用量如下：辣椒酱0.6%～1%，甜酱1.4%～3%，腐乳2%，酱鸡1%，尚可用于糕饼。

(6) 质量指标　(GB 15961—95)

指标名称		固体培养	
		膏状	粉状
水分/%	≤	—	—
灼烧残渣/%	≤	1	7.4
吸光度 *E* (505nm)	≥	20	90
铅 (Pb)/%	≤	0.0003	0.001
砷 (As)/%	≤	0.0002	0.0005
菌落总数/(个/g)	≤	20	—
大肠杆菌/(个/g)	≤	30	—

毒性：小白鼠经口试验几乎无毒性。以实验可能的最大给予量20g/kg，也无死亡例。小白鼠腹腔注射，LD_{50} 6.96g/kg。

2. 红花黄色素

红花黄（Carthanus Yellow）又称红花黄色素（Saffower Yellow），相对分子质量450.39。结构式为

OH, HO, $OC_6H_{11}O_5$, OH, OH, O

$OC_6H_{11}O_5$ 为葡萄糖残基

(1) 性能

外观为黄色或棕黄色均匀粉末。易吸潮，吸潮后呈褐色，并结成块状，吸潮后的产品不影响使用效果。易溶于水、乙醇、丙二醇，不溶于乙醚、石油醚、油脂和丙酮。在pH＝2～7范围内几乎不变色，在碱性介质中带红色。对热稳定性差，耐微生物性较好，但遇铁离子（1mg/kg）变为黑色，而遇Ca^{2+}、Sn^{2+}、Mg^{2+}、Al^{3+}等离子则几乎无影响。耐光性好，pH值为7时在日光下照射8h，色素残留率88.9%。耐盐性好，若添加聚合磷酸盐则

可防止变色。对淀粉染色性能优良，而对蛋白质染色性能稍差。0.02%水溶液呈鲜艳黄色，随着色素浓度增加，色调由黄色转向橙黄色。小白鼠经口 LD_{50} 217mg/kg。

(2) 提取方法

红花黄是菊科植物红花（*Carthamus tinctorius*）所含的黄色色素。我国各地均有红花栽培，主要产于河南、河北、浙江、四川、云南和新疆等地。夏天开花期间，摘取带黄色的花，用水浸泡抽提，经浓缩、精制、干燥得红花黄。水中不溶物加碱也可提取红色色素。

(3) 工艺流程

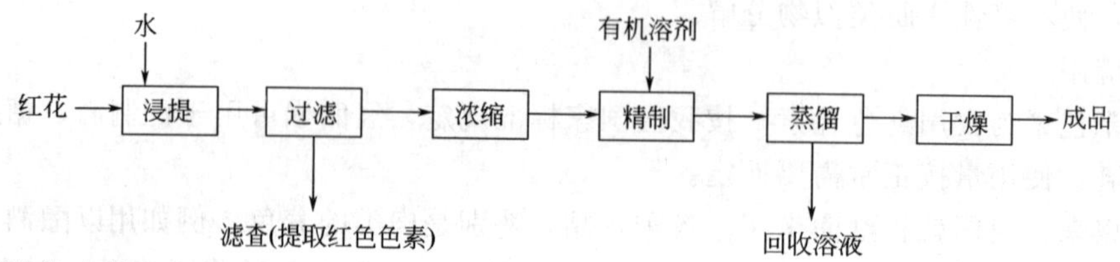

(4) 操作条件

将原料投入浸提罐中，加入 10～15 倍量的水，浸提 10h，浸提完成后过滤。反复浸取 2～3 次，浸提液经过滤得到红花水浸提液，然后在浸提液中加等量的丙二醇或丙三醇，在 11～12kPa/48℃下进行减压蒸馏，完全蒸去水分。由于蒸发水分时红花黄色素转移到有机溶剂中，不会因过热发生褐变分解，然后在残留的溶剂中，徐徐加入不溶解红花黄色素的有机溶剂，如丙醇或无水乙醇等，加量为溶液量的 4～5 倍。静置 30～50min，红花黄色素很快沉淀出来，离心分离，沉淀用溶剂洗涤 2～3 次，在真空减压条件下干燥，真空压力一般为 0.3～0.67kPa，得红花黄色素成品。

(5) 用途

用作食用黄色素。我国 GB 2760—86 和 GB 2760—90 规定可用于果汁（味）饮料类、碳酸饮料、配制酒、糖果、糕点上彩装、红绿丝、罐头、青梅、冰淇淋、冰棍、果冻、蜜饯，最大使用量为 0.2g/kg，特别适宜含维生素高的饮料。红花黄与合成色素柠檬黄相比，不仅对人体无毒无害，而且有一定的营养和药理作用。它用于食品着色，具有清热、利湿、活血化淤、预防心脏病等保健作用。

用于液体食品为提高其耐热性和耐光性，可与维生素 C 合用。

(6) 质量指标

指标名称	GB 5176—85	指标名称	GB 5176—85
干燥失量/%	≤10	铅（以 Pb 计）/%	≤0.0005
灼烧残渣/%	≤14	砷（以 As 计）/%	≤0.0001
吸光度	≤0.4	汞	≤0.00003

3. 姜黄色素

姜黄为多年生草本植物，也是一种中药材。姜黄色素占姜黄的 3%～6%，具有双酮结构：

$$HO(CH_3O)C_6H_3-CH=CH-\overset{O}{\overset{\|}{C}}-CH_2-\overset{O}{\overset{\|}{C}}-CH=CH-C_6H_3(OCH_3)OH$$

姜黄洗净干燥研磨后得到姜黄粉，用丙二醇或乙醇抽提，得到液体色素液，再将其浓缩、干燥制得膏状物，或精制成结晶粉末状姜黄色素。

姜黄色素为食用黄色素，不溶于冷水，溶于乙醇、冰醋酸和碱溶液。在碱性条件下呈红褐色，在酸性或中性条件下呈黄色，因 Fe^{3+} 存在而变色，有特殊芳香气味、耐还原性、染色性强，但耐光耐热性差。使用限量（FAO/WHO，1984）为50mg/kg。

4. 焦糖

焦糖又称酱色，是我国传统使用的色素之一。它是红褐色液体或固体。我国目前仅允许使用非铵盐法生产的焦糖。加铵盐（如亚硫酸铵）生产的焦糖因含有强致癌物质4-甲基咪唑，不允许使用。焦糖用于酱油、酱菜、醋、香干等食品的着色。也可用于清凉饮料、速溶食品、糖果等。使用量为200mg/kg。

焦糖由蔗糖、饴糖等糖类，经160～180℃高温焦化，最后用碱中和得到，系多种糖脱水缩合产物的混合物。

5. 紫胶色素

紫胶色素为红色食用色素。它微溶于水（0.1%），溶于乙醇和丙二醇（约3%），易受金属离子影响，最好同时使用螯合剂。色调随pH值变化，pH值3～5时，呈橙红色；pH值超过7时，则呈紫红色。

紫胶色素是紫胶虫在梧桐科、芒木属等植物中所分泌的紫胶原胶中的色素。紫胶原胶即紫草茸，系中药材。紫胶色素为蒽醌衍生物，其中溶于水者命名为紫胶酸。紫胶酸共有五个组分，各组分结构式为：

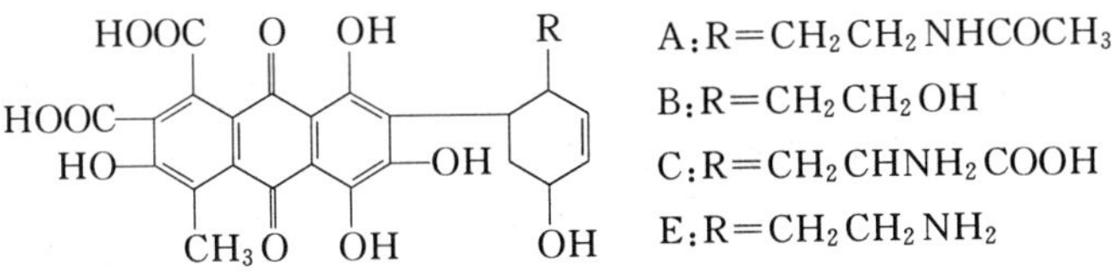

A：R＝$CH_2CH_2NHCOCH_3$

B：R＝CH_2CH_2OH

C：R＝CH_2CHNH_2COOH

E：R＝$CH_2CH_2NH_2$

紫胶酸 A、B、C、E　　紫胶酸 D

紫胶色素用于饮料、酒及糕点中，也可用于果糖及糖浆中。最大使用量为0.1g/kg。

五、食用合成色素

食用合成色素是指人工合成方法所制得的色素。合成色素按化学结构分为：偶氮化合物和非偶氮化合物。其中偶氮化合物又可分为油溶性和水溶性，油溶性的合成着色剂不溶于水，进入人体后不易排除，所以它的毒性很大，现在基本不用。水溶性的合成着色剂一般认为磺酸基（亲水基）越多，排出体外速度越快，体内残留量越小，毒性越低。

合成色素的主要有关内容将在第七章中介绍，本节仅简述食品中准许使用的几种。我国已批准七种合成色素的使用，并研制出多种复合型合成食用色素，如食用果绿、食用牛奶巧克力棕、食用葡萄紫、食用草莓红、樱桃红等。

1. 苋菜红

苋菜红为红褐色粉末，其合成路线为：

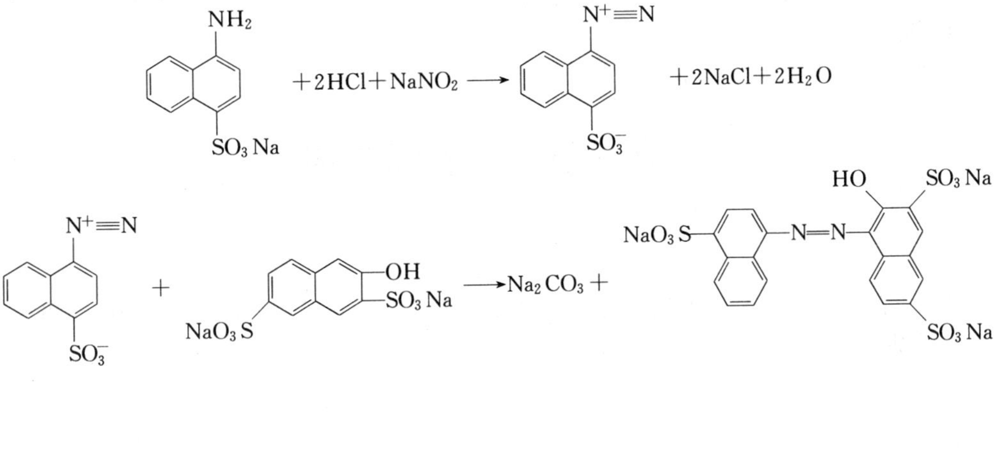

$+2HCl+NaNO_2 \longrightarrow$　　$+2NaCl+2H_2O$

$\longrightarrow Na_2CO_3+$

苋菜红无臭，耐光、耐热性强（105℃），耐氧化、还原性差，不适用于发酵食品及含有还原性物质的食品。它对柠檬酸、酒石酸稳定；遇碱变为暗红色，与铜、铁易退色；易溶于水及甘油，微溶于乙醇。苋菜红多用于饮料、果酱和罐头，最大使用量为0.05g/kg。

2. 胭脂红

胭脂红又称为丽春红 4R，结构式为：

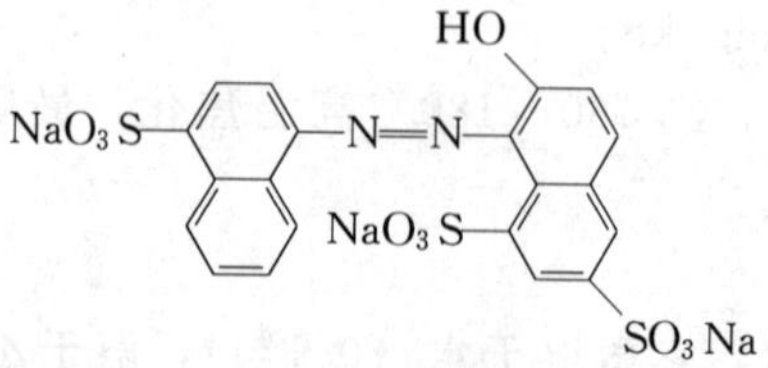

胭脂红为红至暗红色粉末或颗粒，无臭，耐光、耐热性强（105℃）；对柠檬酸、酒石酸稳定，耐还原性差；遇碱变为褐色，易溶于水呈红色。

胭脂红可由 4-氨基-1-萘磺酸经重氮化，再和 G 酸钠（即 2-萘酸-6，8-二磺酸钠）反应，用氯化钠盐析，再精制而得。

这是一种红色食用色素，可用于各种饮料、糕点和罐头中，最大使用量为 0.05g/kg。

3. 柠檬黄

柠檬黄由双羟基酒石酸与苯肼对磺酸缩合制得，或者由对氨基苯磺酸经重氮化后与1-(4′-磺酸基)-3-羧基-5-吡唑酮偶合，经氯化钠盐析后精制而得。

柠檬黄为橙黄色粉末或颗粒，无臭，耐光、耐热性（105℃）强。它在酒石酸、柠檬酸中稳定，遇碱稍变红，还原时退色；易溶于水呈黄色，溶于甘油、乙二醇。

作为食用黄色色素，多用于各类饮料。最大使用量为 0.1g/kg。

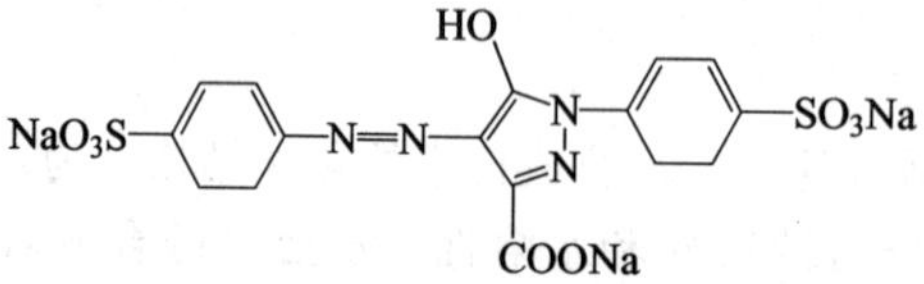

柠檬黄 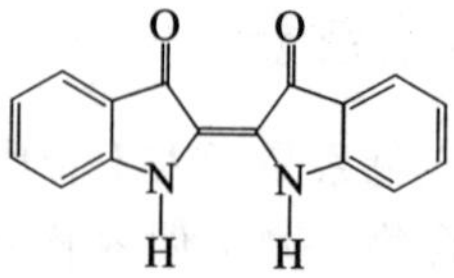　　　　靛蓝

4. 靛蓝

靛蓝是一种暗蓝色粉末，不溶于水、乙醇和乙醚。最早由蓼蓝叶中提取，现在已能人工合成。

食品中常用的实际上是靛蓝二磺酸，即靛蓝磺化物。它易溶于水，微溶于乙醇。耐热、耐光、耐碱性差，易还原。其中性或碱性水溶液能被亚硫酸钠还原，形成无色体，在空气中氧化后又复色。靛蓝二磺酸主要用于糕饼、冷饮、果酱系的调色，最大使用量为 0.1g/kg。

其他常见合成食用色素还有：日落黄、赤鲜红、亮蓝等。

第三节　营养强化剂

一、概述

传统食品并非一定是营养俱全的，同时在烹调、加工和保存、流通过程中有可能使营养成分受到损失，因此许多国家都十分重视在食品中添加必要的营养成分以提高食品的营养价值。这种为增强营养成分而加入食品中的天然或人工合成的属于天然营养素范围的添加剂称为营养强化剂。食品中添加营养强化剂的目的是用于平衡天然食品某些营养素的不足，以强化天然营养素的含量，补偿加工中的损失，提高食品的营养价值，增补人体对天然营养素的需要，防止由于缺乏某种天然营养素所导致的各种疾病。属于营养强化剂的主要有氨基酸和含氮化合物类，维生素类，矿物质和微量元素类等。

二、使用营养强化剂应注意的事项

在食品中添加营养强化剂可提高食品营养价值，增补人体需要的营养成分，从而提高人们的素质，是造福人类的事业。但添加和使用不当，会给人体造成极大影响。所以，使用营养强化剂要注意以下几点。

① 严格执行《营养强化剂使用卫生标准》和《营养强化剂卫生管理办法》，应以“营养素供给量标准”为依据添加。

② 强化剂的添加不得破坏必要营养素之间的平衡关系，应保证营养素的平衡，防止过量中毒。

③ 使用营养强化剂，应不损失品种原有的风味，也就是不能影响食品色、香、味、形，降低食品品质。

④ 添加的强化剂在正常的加工过程中和正常的贮存条件下是性质稳定的。

⑤ 强化对象最好是大众化的，日常使用的食品和奶粉、主副食、调味品等。产品应有使用指导，防止消费者由于时尚或偏见而误食或过量摄入，以防止引起副作用，甚至中毒。

⑥ 食品加工中，没有必要将食品中原有所缺乏的和在加工过程中损失的某些营养素都进行强化补充。要在全面基础上来确定食品是否需要强化营养素，需要先调查当地居民饮食情况和营养状况等。

⑦ 食品中的强化剂是针对某一个问题来强化的，它并非表明真正的合理营养，所以，使用这种产品应有的放矢，要非常慎重。

三、常用的营养强化剂

1. 维生素类

维生素是维持人体正常代谢和机能所必需的一类微量营养素。化学本质均为低分子有机化合物，多数维生素是构成某些酶的辅酶或辅基成分，这类化合物及其前体化合物都在天然食物中存在，人体内不能合成的数量较少，不能自身充分满足机体需要，所以必须经常由食物供给，膳食中某种维生素长期缺乏或不足，即可引起代谢紊乱及出现病理状态，形成维生素缺乏症。

维生素的种类很多，从化学结构上来说是分属于许多种类的有机化合物，因此，它们的物理化学性质差别很大。尽管如此，它们还有一些共同特点。

① 它们是维持人体健康和生长发育所必需的。

② 绝大多数维生素不能在人体中合成，能合成的少数几种也是数量甚微，不能充分满足机体需要，所以维生素必须从食物中摄取。

③ 维生素参与机体的代谢作用但不能提供能量。

④ 按溶解性而分成脂溶性和水溶性两大类。

脂溶性维生素主要有：维生素 A、维生素 D、维生素 E、维生素 K，这类维生素溶于油脂。

水溶性维生素主要有：维生素 C、维生素 B，这类维生素溶于水而不溶于有机溶剂。

(1) 维生素 C（L-抗坏血酸，L-Ascorbic Acid）

维生素 C 是所有具有抗坏血酸生物活性化合物的统称，是一种已糖衍生物，但有 C2 和 C3 两个烯醇式羟基。天然存在的具有生物活性 VC 均为 L-抗坏血酸，效价最高，作为强化剂用的主要是 L-抗坏血酸及 L-抗坏血酸钠。

性质：从结构上来看

① 它是一种有机酸，因为其烯醇式羟基易解离；

② 它是一种强还原剂，其烯醇式羟基可以脱氢，氧化生成脱氢抗坏血酸。在一定的条件下，又可以加氢还原成 L-抗坏血酸。

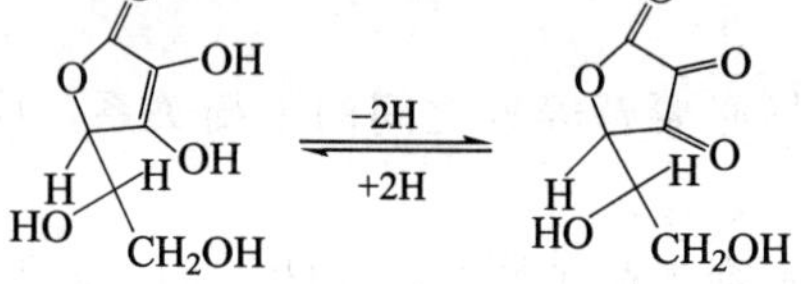

③ VC 在酸性中较稳定，在碱性溶液中易被氧化破坏，光照或金属离子（Cu^{2+}）能促使其氧化破坏。

它是白色或淡黄色晶体或粉末，有酸味，无臭。熔点 190℃，遇光颜色变深，干燥存放较稳定，易溶于水或醇，不溶于乙醚和苯等。

存在：植物中广泛存在，如新鲜水果及绿色蔬菜中，尤其是番茄、橙、橘、鲜枣、辣椒中含量最多。只要常吃新鲜蔬菜、水果，体内一般不会缺乏 VC。但由于季节或地区差别，有时需要强化。

制备：以葡萄糖为原料，在镍催化下加压氧化成山梨糖醇，经醋酸杆菌发酵氧化成 L-山梨糖，再以浓硫酸催化与丙酮反应生成双酮-L-山梨糖，然后在碱性条件下用 $KMnO_4$ 氧化成 L-抗坏血酸。

用途：作营养强化剂和抗氧化剂使用。

作用机理：VC 参与机体的代谢过程，促进抗体形成，增强对疾病的抵抗力，并且有解毒作用，还能促进机体内各种支持组织及细胞间质的生成。缺乏 VC，毛细血管变脆，渗透性变大，易引起出血，如常见于牙龈出血，会使骨骼变脆，还会造成坏血病。据报道，VC 能防治肿瘤、癌，降低胆固醇，又能治疗多种疾病，还能促进铁的吸收，VC 能使难以吸收的 Fe^{3+} 还原成 Fe^{2+}，又能与铁形成螯合物，这种螯合物在碱性条件下也能溶解，从而有利于肠道吸收。

用作抗氧化剂使用时，主要应用于啤酒、果汁、水果罐头、饮料、果酱、乳制品、硬糖和粉末状果粉。主要是防止退色、变色，保持风味。这些现象都是由氧引起，它能与氧结合，是除氧剂。

毒性：正常剂量的抗坏血酸对人无毒害作用。ADI 为 0～150mg/kg（FAO/WHO 1984），LD_{50}＞5g/kg（大鼠，经口）。FAO/WHO 建议每日摄取量：12 岁以下 20mg，13 岁以上 30mg，孕妇（第 2～3 月）50mg，授乳女 50mg。

(2) 维生素 B 类

维生素 B_1（Vitamin B_1）通常以盐酸盐形式存在，即维生素 B_1 盐酸盐（Vitamin B_1 Hydrochloride），又称盐酸硫胺素（Thiamine Hydrochloride），化学结构式：

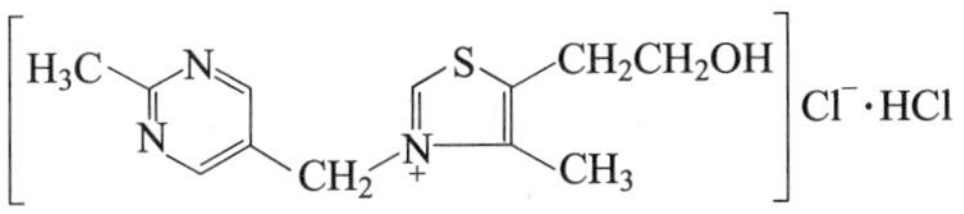

性质：白色针状结晶，有类似糠的气味，味苦，极易溶于水，略溶于醇，几乎不溶于乙醚或苯，在酸性溶液中较稳定，在碱性溶液中易破坏，在 pH＞7 的水中煮沸，可使 VB_1 大部分破坏。

存在：广泛分布于食物中，如动物肝、肾、心及猪肉中，豆类、米糠、胚芽中含量较多，麦、谷类的表皮中含量也比较多。如果常吃精米、精面粉就会缺少 VB_1。

作用机理：在机体内维生素 B_1 参与糖类的代谢，对维持机体的正常神经传导以及心脏、消化系统的正常活动具有重要的作用。饮食中缺乏维生素 B_1 会引起脚气病、肌肉萎缩、多种神经炎等。缺乏维生素 B_1 之所以会引起功能失调，是因为只有维生素 B_1 的存在下才能使丙酮酸（葡萄糖的一种代谢产物）输送入克雷布斯循环，以合成大量的三磷酸腺苷，后者能为机体的肌肉运动或神经传递功能提供足够的能量。至今尚未发现过量的维生素 B_1 有明显的害处，过量的维生素 B_1 会从尿中排出，但多量静脉注射会引起神经冲动。

制备方法：丙烯腈与甲醇在钠存在下发生加成，得到甲氧基丙烯腈；在钠存在下，与甲酸乙酯缩合，缩合物甲基化后与甲醇加成，然后与盐酸乙脒环化缩合为 3,6-二甲基-1,2-二氢-2,4,5,7-四氮萘，然后于 98～100℃下水解，再在碱性条件下开环生成 2-甲基-4-氨基-5-氨甲基嘧啶。接着与二硫化碳和氨水作用，再与 γ -氯代-γ-乙酰基丙醇乙酸酯缩合，然后在盐酸中、75～78℃下水解和环合成硫代硫胺盐酸盐，最后用氨水中和、过氧化氢氧化、盐酸酸化得维生素 B_1 盐酸盐。

用途：常用来强化面包、饼干。用量为 5～6mg/kg。要注意，它的稳定性差，易被亚硫酸盐与硫胺分解酶所破坏，所以现在多用它的各种盐类。

毒性：小白鼠经口 LD_{50} 为 9000mg/kg，一般没过剩症状。

(3) VB_2（核黄素，Riboflavine，Vitamin B_2）

分子式：$C_{17}H_{20}N_4O_6$，相对分子质量：376.37，结构式为：

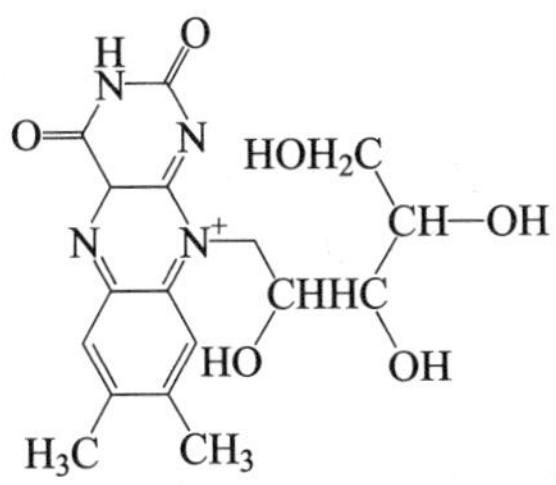

性状：是一种黄绿色的荧光色素，它对热较稳定，但紫外线可将其破坏。微溶于水，在碱性溶液中易溶解，但也易破坏。约 280℃熔化并分解。在中性或酸性条件下极稳定，对氧化剂较稳定，遇还原剂失去黄色和荧光，在乙醇中溶解性比水中差，不溶于乙醚和氯仿。制备浓缩液，可使用烟酰胺、尿素、糖精钠等助溶剂。

作用机理：进入人体后经磷酸化转变成磷酸核黄素及黄素腺嘌呤二核苷酸，遇蛋白质结合成为一种调节氧化-还原过程酶，参与糖、蛋白质及脂肪的代谢过程，在该过程中起着重要作用。若 VB_2 不足，上述酶合成便受到影响，结果破坏了正常的新陈代谢作用，可引起广泛的物质代谢障碍。如组织呼吸减弱，代谢强度降低等。主要症状为口角炎、舌炎、唇炎、眼结膜炎等。

用途：营养强化剂。小麦粉 0.2mg/100g；乳制品 0.9～0.95mg/kg，酱油 25～40mg/kg，冷饮 50 mg/kg。

医药：促进发育、营养调节、白内障、秃发症、皮肤炎、夜盲症、神经病等。

存在：天然品广泛存在于乳汁、蛋类、肝、肾、心、酵母及发芽豆类等中。

制备　① 合成法：葡萄糖经氧化后转变为钙盐，再加热转化为核糖酸，还原得 D-核糖。核糖与 3,4-二甲苯胺缩合，还原后，再与重氮苯偶合，然后与巴比妥酸环合成得维生素。

② 发酵法：用含葡萄糖、玉米浸泡液浓缩液、米糠油、无机盐的培养基于 28℃深层培养 *Eremethecium ashhyii* 菌 9 天，可生成约 5mg/mL 的核黄素，再经酸化、水解、还原、氧化、碱溶、酸析、重结晶等处理得到 VB_2。

毒性：ADI 0～0.5 mg/kg（FAO/WHO，1984），小白鼠给予需要量的 1000 倍（0.34g/kg）未发现毒性。

(4) 维生素 A 类（Vitamin A，称为 VA）

VA 是所有具有视黄醇生物活性的 β-紫罗酮衍生物的统称，又称为抗干眼病醇或抗干眼病维生素。从化学结构上，普通的 VA 是环状不饱和一元醇，包括 VA_1 和 VA_2 两种。VA_1 主要存在于海鱼类的肝脏中；VA_2 主要存在于淡水鱼的肝脏中，常用的是 VA_1。

VA_1（视黄醇）分子式 $C_{20}H_{30}O$。

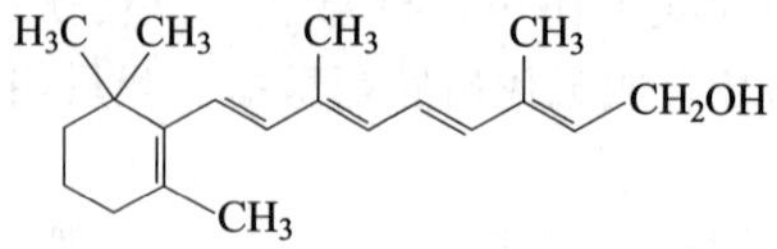

性质：VA_1 是淡黄色片状结晶，不溶于水，易溶于油脂或有机溶剂。易被紫外线或空气中的氧所氧化破坏失效。对热稳定，在碱性下稳定，在酸性条件下不稳定。VA 是多烯醇结构，侧链上有 4 个双键，它们必须与环内的双键成共轭，否则活性消失。

作用：它能促进生长发育，延长寿命，保护视觉与上皮细胞，尤其对儿童更为重要。据北京、上海等大城市对幼儿园儿童及有关大专院校在校学生抽样调查表明：大多数儿童和学生的 VA 摄入量均未达到营养学标准。为了保证婴幼儿童和在校学生健康发育，适量地添加 VA 强化剂是非常必要的。据现在研究表明，VA 是有降低血压、血脂的功能，具有养颜、补中健食、养胃益脾，能增强抗体抗病能力，还具有抗癌、防癌之作用。

存在：存在于动物来源的食物，如动物肝脏、鱼肝油、鱼卵、全奶、蛋黄。

制备方法　① 从天然物中分离提取法：如将高 VA 油（鱼肝油）用碱皂化，蒸馏浓缩，再用层析法精制而得。

天然鱼肝油原油中的含量通常为 600IU/mL，浓缩液中的含量可达 5000～50000IU/mL。将新鲜鱼类肝脏粉碎，加 1%～2%氢氧化钠溶液调节 pH 至 8～9，以破坏维生素 A 与蛋白质间的联系。含油量少的原料，另外添加肝油或鱼油作为稀释用油，在搅拌下加热 30～60min，使组织消化溶解。析出肝油，高速分离，得鱼肝油。这样制得的产品，只能制成胶丸作营养素补充品用。使用分子蒸馏法在高真空、110～270℃温度下蒸馏肝油制得浓缩液，基本上除去了腥臭味，可用于食品添加剂。

氢氧化钠的甲醇溶液加入到分子蒸馏得的维生素 A 油中，加热皂化。以甲醇稀释后，用苯提取不皂化物。将此不皂化物溶于甲醇，冷却至−10℃以下，除去甾醇类。经加入尿素除去高级醇类等精制步骤，得醇型维生素 A。用乙酰氯或棕榈酰氯等酯化，生成维生素 A 的乙酸酯或棕榈酸酯。将其溶于食用植物油中，调整维生素 A 的浓度为 300～500mg/g，加入适量抗氧剂，即得维生素 A 酯油产品。

② 合成法　合成法以柠檬醛为原料，经与丙酮缩合后环化，首先得到 β-紫罗兰酮。β-紫罗兰酮是维生素 A 合成的关键中间体。

柠檬醛 + $H_3C-CO-CH_3$ $\xrightarrow{NaOH}$ （假紫罗兰酮环状中间体）$\xrightarrow{H_2SO_4}$ β-紫罗兰酮

另以乙炔与甲基乙烯酮为原料合成制备维生素 A 的另一关键中间体是六碳醇。丙酮和甲醛发生羟醛缩合反应生成乙酰基乙醇，再用草酸脱水得甲基乙烯酮。

$$H_3C-\overset{O}{\overset{\|}{C}}-CH_3 \xrightarrow{HCHO} H_3C-\overset{O}{\overset{\|}{C}}-CH_2CH_2OH \xrightarrow{草酸} H_3C-\overset{O}{\overset{\|}{C}}-CH{=}CH_2$$

乙炔经置换反应生成的乙炔基钙后，与甲基乙烯酮在低温下进行加成反应，生成乙炔基-1-乙烯基乙醇钙，再与氯化铵发生复分解反应生成 1-乙烯基-1-乙烯基乙醇，在酸溶液中重排得六碳醇。

$$HC{\equiv}CH \xrightarrow[-40℃以下]{Ca,NH_3,Fe(NO_3)_3,H_2O} (HC{\equiv}C)_2Ca \xrightarrow[-40℃以下]{甲基乙烯酮} \left[HC{\equiv}C-\underset{O^-}{\overset{OH}{C}}-CH{=}CH_2\right]_2 Ca \xrightarrow[-40℃]{NH_4Cl}$$

$$HC{\equiv}C-\underset{OH}{\overset{OH}{C}}-CH{=}CH_2 \xrightarrow[25℃]{H_2SO_4} HC{\equiv}C-CH{=}C(CH_3)-CH_2OH$$

先由 β-紫罗兰酮与一氯乙酸乙酯在甲醇钠介质中缩合，缩合物在氢氧化钠和甲醇中水解，脱羧基得到十四碳醛，然后，六碳醇与乙基格氏试剂反应制成双溴镁化物。与十四碳醛缩合，水解得羟基去氢维生素 A。再经催化加氢得羟基维生素 A，在吡啶中与乙酰氯酯化得羟基维生素乙酸酯，再加溴，脱溴得维生素 A 乙酸酯。

β-紫罗兰酮 $\xrightarrow[-20℃]{ClH_2C-COO-CH_3,\ 甲醇钠,吡啶}$ 环氧中间体（—C(CH_3)(O)CHCHO） $\xrightarrow[0\sim5℃]{NaOH}$

十四碳醛（—CH=CH—CH(CH_3)—CHO） $\xrightarrow[34\sim36℃]{六碳醇,CH_3CH_2MgBr,乙醚}$ （—CH=CH—CH(CH_3)—CH(OMgBr)—C≡C—C(CH_3)=CHCH_2OMgBr）

$\xrightarrow{NH_4Cl,H_2O}$ （—CH=CH—CH(CH_3)—CH(OH)—C≡C—C(CH_3)=CHCH_2OH） $\xrightarrow{H_2,Pd\text{-}CaCO_3,乙酸铅,石油醚}$

H$_3$C CH$_3$ CH$_3$ CH$_3$ CHCH$_2$OH OH CH$_3$ —乙酰氯，吡啶，二氯甲烷 / $-3\sim0$℃→ H$_3$C CH$_3$ CH$_3$ CH$_3$ CHCH$_2$OCOCH$_3$ OH CH$_3$

—HBr / $-25\sim15$℃→ H$_3$C CH$_3$ CH$_3$ CH$_3$ CHCH$_2$OCOCH$_3$ Br CH$_3$ —NaHCO$_3$ / $3\sim5$℃→ H$_3$C CH$_3$ CH$_3$ CH$_3$ CHCH$_2$OCOCH$_3$ CH$_3$

(5) 维生素 D

VD 是所有具有胆钙化醇生物活性的类固醇的统称。能防治佝偻病，所以又称抗佝偻病维生素。具有这种作用的维生素已发现有多种，其中较为重要的 VD$_2$、VD$_3$，常用作食品强化剂的也是这两种。人体中合成维生素 D 的前提物质 7-脱氢胆固醇，经紫外线照射即可转变为维生素 D$_3$。但如因接触光不足，合成不够，则必须予以补充，我国北方冬季时间长，光照时间短，一些儿童易患佝偻病则更有强化的必要。

① VD$_2$ 又叫麦角钙化醇，VD$_2$ 分子式：$C_{28}H_{44}O$，相对分子质量（396.66）。

其结构式为：

CH$_3$ CH$_3$ CH$_3$ H$_2$C CH$_3$ CH$_3$ HO

性状： 为无色针状结晶或白色结晶状粉末，无臭、无味，用丙酮重结晶时则呈柱状结晶，不溶于水，略溶于植物油，易溶于乙醇、乙醚、丙酮，极易溶于氯仿，熔点 115～118℃，比旋光度 $[\alpha]_D^{20}=+102.5\sim+107.5$，在空气中易氧化，对光不稳定，对热相当稳定，溶于植物油稳定，有无机盐存在时则迅速分解。

生理作用： 能保持钙和磷代谢正常，促进机体对 Cu 和 P 的吸收，保持血中 Ca 和 P 正常比例和平衡，促进磷和钙向骨内和组织沉积。VD$_2$ 不足则发生佝偻病、骨质软化病，特别是幼儿发育不良成畸形。

使用供给标准： GB 14880—94（μg/kg），液体奶 10～20；人造奶油 125～156；乳制品 63～125；乳及乳饮料 10～40；婴幼儿食品 50～115。GB 2760—1996，固体饮料、冰淇淋 10～20mg/kg。

毒性： 豚鼠经口，LD$_{50}$ 40mg/kg×20 日；

小白鼠经口，LD$_{50}$ 1mg/kg ×20 日；

大白鼠、狗、猫经口，LD$_{50}$ 5mg/kg×20 日。

制法： 由啤酒酵母、香菇等分离的麦角甾醇经紫外线照射而制得。

② VD$_3$（Vitamin D$_3$）（胆钙化醇）分子式 $C_{27}H_{44}O$，相对分子质量 384.65，结构式为：

CH$_3$ H$_3$C CH$_3$ H$_2$C CH$_3$ HO

性状： 无色针状结晶或白色结晶粉末，无臭。无味，在空气中或日光下均能发生变化。

在乙醇、氯仿或丙酮中极易溶解，在植物油中略溶，在水中不溶。熔点 84～88℃。

生理作用、毒性、使用，参照 VD_2。

制备： 由 7-脱氢胆固醇经紫外线照射转化制得 VD_3。

2. 氨基酸强化剂

氨基酸是合成蛋白质的基本结构单元，是代谢中所需要的其他胺类的前体。蛋白质是人类机体的主要成分，是生命活动不可缺少的物质。没有蛋白质，就没有生命。食物蛋白通过消化道进入体内，先被酶分解成氨基酸，而后被机体吸收，送到身体内各组织，再合成各种必要的蛋白质。所以说氨基酸是肌肉、皮肤、血液、酶、激素等组成中不可缺少的物质。在人体中有很重要的营养作用。

形成蛋白质的氨基酸有二十多种，其中大多数在体内由其他物质合成。只有八种氨基酸体内无法合成，即色氨酸、苯丙氨酸、赖氨酸、苏氨酸、蛋氨酸、亮氨酸、异亮氨酸及缬氨酸。若这些氨基酸的种类数量不足（即构成蛋白质的成分不足）就不能有效地合成蛋白质。这些氨基酸必须从食物中得到，故称为基本氨基酸或称为营养必需的氨基酸。

目前食品中做强化剂通常有 L-盐酸赖氨酸、L-异亮氨酸、DL-蛋氨酸、L-苯丙氨酸、L-苏氨酸、L-色氨酸、L-缬氨酸。儿童食品中还要加入精氨酸和组氨酸，因为在儿童期以前，人体内组氨酸和精氨酸的合成量常不能满足生长发育的需要，所以它们也常列入必需氨基酸。

一般说来，蛋白质中必需氨基酸含量越高，其营养价值也越高。同时，还应注意，人体对必需氨基酸的吸收是按一定比例的，如果其中的一种或两种必需氨基酸的含量特别低，其他氨基酸的吸收和利用率就会受这两种缺乏的氨基酸的限制而降低，即所谓氨基酸的平衡问题。食品中最易缺少的一种氨基酸称为第一限制氨基酸。

各种食品中蛋白质的氨基酸组成相差很大，因此各种蛋白质的营养价值也大不相同。

表 6-5 列出了部分食品氨基酸的组成。

表 6-5　部分食品氨基酸的组成　单位：mg 氨基酸/mg 蛋白质

蛋白质	异亮氨酸	亮氨酸	赖氨酸	苯丙氨酸	蛋氨酸	苏氨酸	色氨酸	缬氨酸	蛋白质价
标准蛋白质	0.270	0.306	0.270	0.180	0.270	0.180	0.090	0.270	100
鸡蛋	0.428	0.565	0.396	0.368	0.342	0.310	0.106	0.460	100
牛肉	0.332	0.516	0.540	0.256	0.237	0.275	0.075	0.345	83
牛奶	0.407	0.630	0.496	0.311	0.211	0.296	0.090	0.440	78
鱼肉	0.317	0.474	0.549	0.231	0.262	0.283	0.062	0.327	70
大米	0.322	0.535	0.236	0.307	0.222	0.241	0.065	0.415	72
玉米	0.351	0.834	0.178	0.420	0.205	0.223	0.070	0.381	66
面粉	0.262	0.442	0.128	0.322	0.192	0.174	0.069	0.262	47
大豆粉	0.333	0.484	0.395	0.309	0.197	0.247	0.086	0.328	73

注：蛋白质价为第一限制氨基酸与对应的标准蛋白质的氨基酸组成之比。

从上表可见，大米、面粉蛋白质品质低于动物蛋白的主要原因之一是赖氨酸含量偏低。赖氨酸是大米和面粉的第一限制氨基酸。为此可在粮食加工过程中对米、面进行必要的氨基酸的补充和强化，使米、面中蛋白质氨基酸的组成接近动物蛋白的模式。例如，在大米、面粉加工过程中添加赖氨酸或混合赖氨酸含量高的其他谷物或粉，可使米、面赖氨酸含量提高，使其成为类似鸡蛋蛋白一样理想的蛋白质或标准蛋白质。

上海医科大学“强化米生物实验”数据表明，营养强化米蛋白质生物价比普通米提高 1.66 倍，各项指标可接近或达到酪蛋白的数值。江南大学研究报告，米、面蛋白质优化后，每 500g 大米可相对增加优质蛋白质 23g，每 500g 面粉可相对增加蛋白质 25g。若以全国每年产 1500 万吨商品大米和 1500 万吨商品面粉计算，全年可增加优质蛋白 14.4 万吨。相当于为国家节约 57.6 万吨植物蛋白用来转化动物蛋白，即每年节约 720 万吨粮。相当于我国商品大米、面粉加工原粮的 1/5 左右，全年可节约 30 多亿元。

(1) L-赖氨酸（L-Lysine）

L-赖氨酸（L-Lysine）又称 L-己氨酸、L-2,6-二氨基己氨酸（L-2,6-Diamino Hexanoicacid）、L-α,ε-二氨基己二酸。分子式 $C_6H_{14}N_2O_2$，相对分子质量 146.19。

结构式：

$$H_2N-CH_2CH_2CH_2CH_2\overset{\displaystyle H}{\underset{\displaystyle H_2N}{C}}-\underset{\displaystyle \|\atop O}{C}-OH$$

性质：近于白色结晶性粉末，几乎无臭，易溶于水。在 260℃左右熔化并分解。一般情况下稳定，高温时易结块。与维生素 C、K_3 共存时易着色。水溶液呈中性或微酸性，在碱性条件下又存在还原糖时加热易分解。

生理作用：人体必需氨基酸缺少时则发生蛋白质代谢障碍。

使用：成人每日最少需要量：男 约 0.8g，女 约 0.4g，青年 12～32mg/kg（体重），幼儿 180mg/kg（体重）。植物蛋白中一般含量较低，故 L-赖氨酸多作为粮谷类制品的强化剂。应用于面包，可在和面时加入，用量约 2g/kg；也可用于面粉和饼干等食品中。

毒性：可认为无毒，LD_{50} 为 10.75g/kg（大鼠，经口）。

制备　① 蛋白质水解抽提法：一般以血粉为原料，用 25％硫酸水解，水解液用石灰中和，过滤去渣，滤液真空浓缩，然后过滤除去不溶解的中性氨基酸，在热滤液中加入苦味酸，冷却至 5℃，保温 12～16h 析出 L-赖氨酸苦味酸盐结晶。冷水洗涤后，结晶用水重新溶解，加盐酸生成赖氨酸盐酸盐，滤去苦味酸，滤液浓缩结晶，得赖氨酸盐酸盐。

② 直接发酵法：这是目前赖氨酸工业生产的主要方法。该法利用微生物的代谢调节突变株、营养要求性突变株（突变株的 L-赖氨酸生物合成代谢调节部分或完全被解除），以淀粉水解糖、糖蜜、乙酸、乙醇等原料，直接发酵生成 L-赖氨酸。

③ 酶法：利用微生物产生的 D-氨基己内酰胺外消旋酶使 D 型氨基己内酰胺转化为 L 型氨基己内酰胺；再经 L-氨基己内酰胺水解酶作用，生成 L-赖氨酸。D-氨基己内酰胺外消旋酶产生菌有奥贝无色杆菌、裂环无色杆菌、粪产碱杆菌等。具有 L-氨基己内酰胺水解酶的菌种有劳伦隐球酵母、土壤假丝酵母、丝孢酵母等。

工艺流程

① 直接发酵法

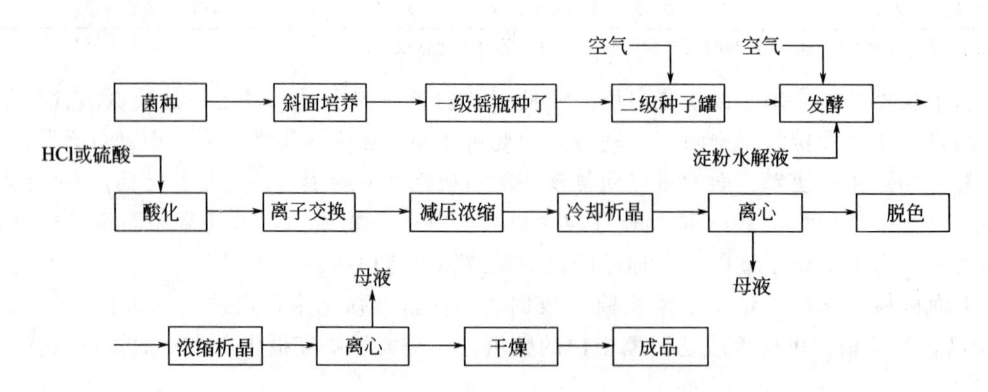

② 酶法

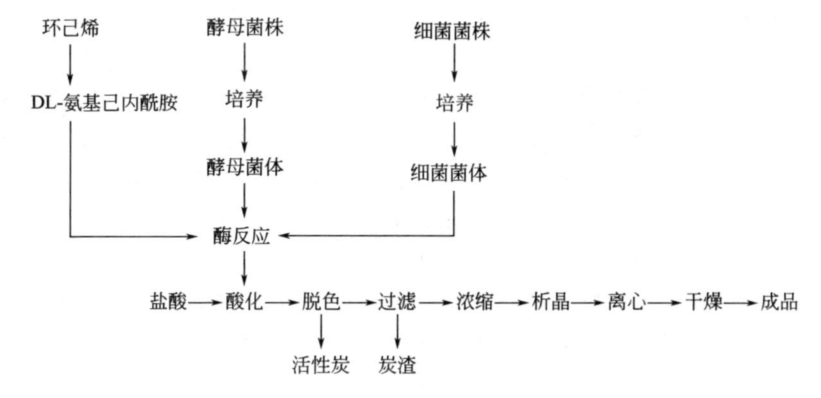

③ 合成法　以己内酰胺为原料，得到外消旋赖氨酸，经拆分得 L-赖氨酸。

$$\underset{\text{(O=C—NH—CH}_2\text{—(CH}_2)_3\text{—CH}_2\text{ 环)}}{\text{己内酰胺}} \xrightarrow{CoCl_2} \text{(N-ClCo, 2-Cl, } H_2C\text{, (CH}_2)_3\text{, CH 环)} \xrightarrow[H_2SO_4]{HNO_3} \text{(HN—C(=O)—CHNO}_2\text{—(CH}_2)_3\text{—}H_2C\text{ 环)} \xrightarrow[\text{活性Ni}]{H_2} \text{(HN—C(=O)—CHNH}_2\text{—(CH}_2)_3\text{—CH}_2\text{ 环)}$$

$$\longrightarrow \text{旋光拆分} \longrightarrow \text{D-氨基己内酰胺} \xrightarrow[\text{水}]{\text{水解}} HOOC—\underset{}{\overset{H_2N}{\overset{|}{C}}}H—(CH_2)_3—CH_2—NH_2$$

发酵法操作条件：在赖氨酸发酵制备时，通过控制培养物中的生物素，L-苏氨酸和 L-甲巯氨酸的含量、温度、pH 值、溶解氧（通风量、搅拌速度）等条件保证 L-赖氨酸生产菌大量积累赖氨酸。赖氨酸发酵时间以 16～20h 为界，分为前、后两个时期，前期为菌体生长期，后期为赖氨酸生长期。两个时期温度、pH 值、溶解氧浓度的控制稍有差异。

从发酵液中提取 L-赖氨酸主要包括离子交换、真空浓缩、中和析晶、脱色重结晶、干燥等步骤。

发酵结束，将发酵液加热升温至 80℃，保温 10min，灭菌体，冷却，加工业盐酸或工业硫酸调 pH 值至 2.0。含赖氨酸量高的发酵液，需适当稀释。然后，上柱液带菌体从树脂下部进料至一定液面高度，为防止菌体堵塞，进行真空抖料，待树脂充分扩散后，开始进行反交换，料液不断从底部向上流动通过离子交换树脂层。在此过程中，使树脂保持松动。此操作称为倒上柱或反吸附。另一种上柱方式是将以灭活的发酵液用自动排渣高速离心机离心除去菌体和固形物，清液调 pH 值并适当稀释后从树脂柱上部进料，自上而下通过树脂层，即正上柱（或称正吸附）。发酵液不除菌体进行正吸附时，离子柱上部要加压，避免菌体堵塞树脂层。

吸附过程中，控制上柱液的流速，每分钟流出量约为树脂体积的 1/100，并随时测定流出液 pH 值，当流出液 pH 值降至 4.5 时，停止上柱，同时用茚三酮溶液检查流出液是否含有赖氨酸。

交换完毕，饱和树脂用水正、反冲洗排污，使树脂充分扩散，冲至流出液澄清透明，pH 值呈中性为止。

先用 1mol/L 氨水洗脱，当流出液 pH 值达到 8.0 时改用 2mol/L 氨水进行洗脱。洗脱过程是吸附的逆过程，在洗脱过程中，洗脱液流速要控制在每小时一倍树脂体积量。流速太快，往往洗脱高峰不集中，拖尾长，部分赖氨酸尚未洗脱下来，pH 值就上升了，结果尾液中 L-赖氨酸含量较多。

洗脱时经常检查流出液的 pH 值和浓度变化。按流出液的 pH 值和赖氨酸含量分成三个流分，分段收集。

因洗脱液中赖氨酸的浓度较低，而铵离子含量较高，所以需要减压浓缩驱氨，提高 L-赖氨酸浓度。通常采用中央循环管蒸发器，膜式蒸发器及双效、三效蒸发器。浓缩前，物料用浓盐酸调 pH 值至 8.0，真空浓缩温度为 60～65℃，真空度 0.89kPa 以上。物料浓缩至 22°Bé，氨回收装置与蒸发器相连接，在浓缩过程中，回收淡氨水。

浓缩液放入中和罐，边搅拌边加入工业盐酸，调 pH 值至 4.8，然后将物料放入结晶罐，罐夹套内通入冷水，缓慢冷却物料，使冷却面与液体间的温差不超过 10℃，温差过大，冷却面上溶液产生局部过饱和而使晶体沉积在结晶罐内壁上。当物料温度降至 10℃左右，保温结晶 10～12h。在结晶过程中需要适当搅拌以促进晶体的相对运动，从而加速结晶速度，搅拌还可以使溶液浓度保持均匀，晶体与母液均匀接触，有利于晶体长大并大小均一。通常在结晶罐底部装有锚式搅拌器，搅拌速度为 10～20r/min。离心分出含 1 分子结晶水的 L-赖氨酸盐酸盐粗品。

含 1 分子结晶水的赖氨酸盐酸盐晶体以 2.5～3 倍量无离子水溶解，使溶液的 L-赖氨酸含量为 30%～35%。

活性炭脱色时，脱色温度控制在 70～80℃，脱色时间 1h。然后，趁热用板框压滤机过滤并用水洗涤，合并滤液和洗涤液，真空浓缩至 22%，放冷，结晶。

得到的 L-赖氨酸盐酸盐精品用真空干燥或热风干燥或远红外干燥，于 60℃条件下干燥至含水量≤0.1%。

(2) 其他氨基酸

名称	分子式	结构式	相对分子质量
L-异亮氨酸	$C_6H_{13}NO_2$	$CH_3CH_2CH(CH_3)CH(NH_2)COOH$	131.17
L-亮氨酸	$C_6H_{13}NO_2$	$H_3C-CH(CH_3)-CH_2-CH(NH_2)-COOH$	131.17
DL-蛋氨酸	$C_5H_{11}NO_2S$	$H_2C(SCH_3)-CH_2-CH(NH_2)-COOH$	149.2
L-苯丙氨酸	$C_9H_{11}NO_2$	$C_6H_5-CH_2-CH(NH_2)-C(=O)-OH$	165.19
L-苏氨酸	$C_4H_9NO_3$	$H_3C-CH(OH)-CH(NH_2)-COOH$	119.12
L-色氨酸	$C_{11}H_{12}NO_2$	吲哚-3-基 $-CH_2CH(NH_2)COOH$	204.23

3. 矿物质和微量元素强化剂

人体内含有 80 多种化学元素，除 C、H、O、N（约占体重的 96%）主要以有机物形式出现外，其余无论其含量多少统称为矿物质，其中含量较多（元素超过 0.005%）的 Ca、Mg、K、Na、P、Cl、S 称为常量元素，含量较少（低于 0.005%）的称为微量元素。目前已确认14种微量元素是人体生理必需物质，即Fe、I、Cu、Zn、Mn、Co、Mo、Se、Cr、Ni、Si、F、V、Sn等。

随着营养学和生物化学的发展，矿物质元素与人体健康、智力、发育关系的研究和探讨日益被人们所重视。微量元素对人体细胞的代谢、某些酶的合成蛋白质和激素的构成及作用方式起着重要作用，其在人体内的营养价值并不亚于蛋白质、脂肪、淀粉及维生素。表6-6中分别列出了两种常量元素和微量元素的生理功能及日需量和主要来源。

表6-6　两种常量元素和微量元素的生理功能及日需量和主要来源

名称	生理功能	日需要量	主要来源
Ca	构成骨骼的主要成分 成人体内含1200g，集中于骨骼和牙齿，此外对保持肌肉神经的正常活动、传导神经冲动等有重要作用，还参与血凝过程，并对很多酶有激活作用	美国规定：成年人800mg，孕妇、乳母1200mg WHO规定：成年人0.4～0.5g，孕妇、乳母1.0～1.2g 我国规定：成年人600mg，孕妇1.5g乳母2.0g	乳类及乳制品 豆类 各种水果、蔬菜
Fe	维持正常血红蛋白含量，防止胃腺上皮萎缩，保证细胞色素C等	美国规定：成年男子10mg，成年女子18mg(孕期补充铁剂) WHO规定：成人男子5～9mg，女子14～18mg 我国规定：成人男子12mg，女子12mg，孕妇孕期15mg	动物肝脏 蛋黄 豆类 蔬菜 水果

从上表可见矿物质元素对人体正常生理功能和健康的重要性，以前许多国家和地区未重视膳食中的矿物质的含量，曾造成严重的后果，付出了惨重的代价。

食物中无机盐的含量，一般都能满足机体的需要，但是Ca、Fe、Zn相对来说较少，特别是对婴儿、青少年、孕妇和乳母，Ca、Fe、Zn、I的缺少常见，所以，要对食品强化补充。下面就举几种盐的例子介绍。

(1) 钙盐

适用的钙强化剂：氯化钙，$CaCl_2 \cdot 2H_2O$，$CaCO_3$，$CaSO_4 \cdot 2H_2O$，$CaH_2P_2O_7$（焦磷酸二氢钙），$Ca(H_2PO_4)_2 \cdot H_2O$，$CaHPO_4 \cdot H_2O$，$Ca_3(PO_4)_2$，柠檬酸钙$C_{12}H_{10}O_{14}Ca_3 \cdot 4H_2O$，葡萄糖酸钙$(C_6H_{12}O_7)_2Ca \cdot H_2O$，乳酸钙$C_6H_{10}O_6 \cdot Ca \cdot 5H_2O$，泛酸钙$C_{18}H_{32}O_{10}N_2Ca$，甘油磷酸钙$C_3H_5(OH)_2 \cdot O \cdot PO_3Ca$。

强化钙盐应注意以下几点。

无机钙盐不一定溶于水，必须是细颗粒。

注意钙、磷比例，植物酸含量不能过高，过高的植物酸会影响食品中钙的吸收。

最好与维生素并用，促进钙吸收。

① 生石膏（$CaSO_4 \cdot 2H_2O$）

性质：白色结晶性粉末。相对密度2.96，熔点为1450℃，加热至100℃失去部分结晶水成为$CaSO_4 \cdot \frac{1}{2}H_2O$（称为煅石膏）。室温下又重成为$CaSO_4 \cdot 2H_2O$。再加热773K就全部失去结晶水为脱水盐，难溶于水，溶液有涩味，呈中性，微溶于甘油，不溶于醇。

制备：由天然石膏矿除杂质、泥土经煅烧磨粉而得。

$$\underset{\text{生石膏}}{2CaSO_4 \cdot 2H_2O} \xrightarrow{\text{加热到 393K}} \underset{\text{煅石膏}}{2CaSO_4 \cdot \frac{1}{2}H_2O} + 3H_2O$$

有机酸制造时的副产品也可制得。例如：制造草酸时所得到的 CaC_2O_4（草酸钙）用硫酸分解，精制而得。

用途： 钙质强化剂，凝固剂，酵母食料，面团调节剂，螯合剂。例如：凝固剂可用于制豆腐，每升大豆添加 14～20g 于豆乳内，过量会有苦味。酵母食料：按 0.15%添加小麦粉内，作酵母食料、面团调节剂。添加于番茄、土豆罐头用作组织强化剂。酿造用水的硬化剂、酒的风味增强剂。

毒性： 几乎无毒性（两种离子均为机体成分，溶解度又低）。

② 葡萄糖酸钙　葡萄糖酸钙（Calcium Gluconate Hydrate，Glucal），分子式 $C_{12}H_{12}CaO_4 \cdot H_2O$，相对分子质量 448.40，结构式：$[CH_2OH(CHOH)_4COO]_2Ca \cdot H_2O$。

性质： 白色结晶性或颗粒状粉末，无臭，无味，在空气中稳定，溶于水缓慢溶解（1g/30mL 水），热水中 1g/5mL，不溶于乙醇，水溶液 pH 值 6～7。是毒性最低的有机酸生成的盐。10%葡萄糖酸液静脉注射（家兔皮下一周），未见异常。所以此钙食用上可认为是无毒的。

用途： 食品的钙强化剂，加入量为食品的 1%以下，糕点或油炸食品添加时可防止油氧化变质及制品的发色等，因为葡萄糖酸有螯合金属离子作用。作为钙强化剂时吸收率较高。

制备方法： 以淀粉为原料，在催化剂（硫酸）的作用下，淀粉水解得糖化液，用石灰乳中和后，利用黑霉菌产生的氧化酶把葡萄糖氧化成葡萄糖酸，再与碳酸钙作用即得葡萄糖酸钙。主要反应如下。

水解反应：

$$(C_6H_{10}O_5)_n + nH_2O \xrightarrow[H_2SO_4]{\text{水解}} n\begin{matrix} CHO \\ (CHOH)_4 \\ CH_2OH \end{matrix}$$

发酵：

$$\begin{matrix} CHO \\ (CHOH)_4 \\ CH_2OH \end{matrix} \xrightarrow{\text{黑霉菌氧化}} \begin{matrix} CH_2OH \\ (CHOH)_4 \\ COOH \end{matrix}$$

葡萄糖酸

中和及精制：

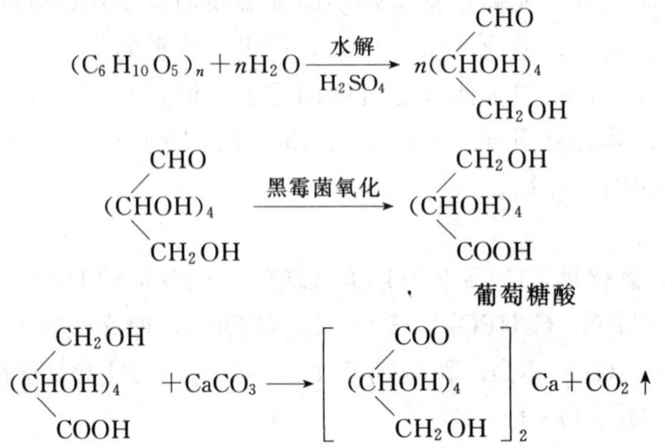

$$\begin{matrix} CH_2OH \\ (CHOH)_4 \\ COOH \end{matrix} + CaCO_3 \longrightarrow \left[\begin{matrix} COO \\ (CHOH)_4 \\ CH_2OH \end{matrix}\right]_2 Ca + CO_2\uparrow$$

工艺流程：

淀粉水→糖化（硫酸）→发酵→中和（石灰乳）→压滤→减压蒸发→结晶→脱色（活性炭）→过滤→结晶→离心→干燥→成品

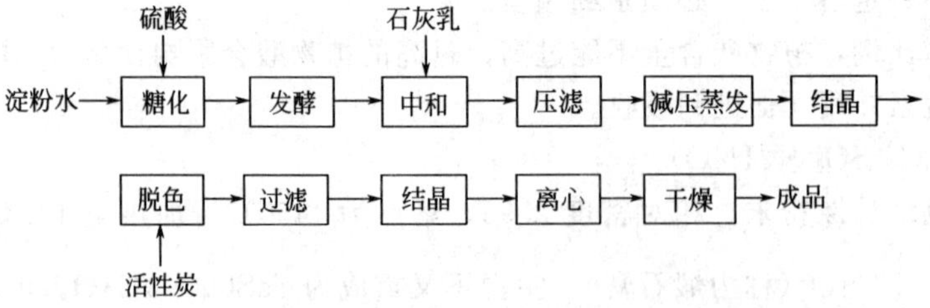

操作条件： 将淀粉及水投入乳化槽中，搅拌均匀后，用泵输入已盛有一定量稀硫酸的糖化罐内。在加热条件下进行糖化反应，达到糖化终点后，加入经过处理的无菌石灰乳，使 pH 值至 5 左右，即可出料，糖化液冷却后送至贮罐保存。

将糖化液及适量的营养成分（营养成分可由磷酸二氢钾、碳酸镁、硫酸铵等组成），加到培养罐中，夹层通蒸汽加热灭菌后降温至 29～31℃，接种黑霉菌菌种，在搅拌下不断通入无菌压缩空气，进行培养。当糖液含量降至2%～3.5%时，即可转入发酵罐。

在发酵罐内加入糖化液及适量的营养成分，再接入上述制得的培养液，在搅拌下不断通入无菌压缩空气，保持温度30℃进行发酵。测定终点，当发酵液中糖含量低于1%时，发酵完毕。

将上述发酵液送至中和罐加热至80℃，以石灰乳（或碳酸钙）中和至中性。经板框过滤器压滤，滤液经高位槽流入减压蒸发器浓缩。浓缩液送入贮料罐。送结晶槽静置结晶，用离心机滤取晶体，晶体加入脱色釜加蒸馏水溶解，用活性炭脱色，过滤。滤出的结晶经干燥后即得葡萄糖酸钙。得到的葡萄糖酸钙进一步脱色重结晶可得到注射用葡萄糖酸钙。

质量标准（食品添加剂级）：

含量（干燥后无水物计）/%	98.0～102.0	砷（As）/(mg/kg)	≤3
干燥失重/%	≤3	重金属（以Pb计）/%	≤0.02
蔗糖和还原糖试验	阴性	铅（Pb）/(mg/kg)	≤10

用途：电解质平衡调节药，用于低血糖、荨麻疹、急性湿疹、皮炎等治疗。在食品添加剂中用作营养增补剂、固化剂、缓冲剂，也可用作食品的钙强化剂。

(2) 铁盐

铁是人体必需的微量元素。若人体缺铁，就会导致缺铁性贫血。缺铁的传统治疗是补充铁剂，但由于铁剂对消化道有一定副作用，有些患者甚至不能忍受，所以现在用铁盐作强化剂。

用作强化剂的铁盐很多，凡是在肠胃道中转化为离子状态的铁都易于吸收，一般Fe^{2+}比Fe^{3+}容易吸收。植物酸盐、磷酸盐能降低铁的吸收，肉类及抗坏血酸能增加铁的吸收。

常用的有：硫酸亚铁$FeSO_4 \cdot xH_2O$，柠檬酸铁$FeC_6H_5O_7 \cdot 2.5H_2O$，磷酸铁$FePO_4 \cdot xH_2O$，乳酸亚铁$FeC_6H_5O_7 \cdot 3H_2O$，葡萄酸亚铁$C_{12}H_{22}FeO_{14} \cdot 2H_2O$。

预防缺铁的一个好办法是在家庭中推广使用铁锅。1985年世界卫生组织曾提倡“使用中国式的铁锅”。

(3) 锌盐强化剂

锌是人体必需的微量元素，人体含锌2～4g，生理功能是细胞生长、增殖必需的，许多金属酶的组成成分或酶的激活剂。特别在儿童生长中起着重要作用。1～10岁儿童每天锌摄入量应是10mg，少于此量就会导致身体矮小。现对儿童头发和血液进行分析，发现身材矮小儿童锌浓度低于人体应含量的最小值。儿童缺锌主要表现生长发育迟缓、厌食、异食、重复感染、发生口腔黏膜溃疡、多汗、味觉减退等。预防缺锌应采用含锌高且易吸收的食品，如海蛎子、海鱼、蛤贝及肉类。食品强化锌，常用硫酸锌（$ZnSO_4 \cdot xH_2O$）、ZnO、葡萄糖酸锌（$C_{12}H_{22}O_{14}Zn$）。

第四节　防　腐　剂

一、概述

防腐剂（Preservatives）是指一类能防止食品由微生物所引起的腐败变质，从而延长其保存期的食品添加剂。不包括防止食品中的脂肪因氧化而导致变质的抗氧化剂。造成食品腐败的原因有很多，包括物理、化学和生物等各方面因素，这些因素通常是同时或连续发生的，由于食品营养丰富，适于微生物增殖，而微生物又到处存在，所以细菌、霉菌和酵母之类微生物的侵袭通常是导致食品腐败的主要原因。防止细菌、霉菌和酵母之类微生物的侵袭通常有物理方法和化学方法，使用防腐剂是一种行之有效、广泛使用的化学方法。

用作食品的防腐剂必须符合食品添加剂的一般要求，还应有显著杀菌、抑菌作用及破坏病原性微生物的作用，因为病原性微生物有时会偶然出现在食品中。但防腐剂不能阻碍或杀死胃肠道酶类，也不应影响有益消化的正常菌群的活动。

食品防腐剂的种类很多，目前全世界使用的食品防腐剂约有 60 多种，美国约有 30 种，日本约有 43 种，我国允许使用的有 28 种，按其组成可分为有机防腐剂、无机防腐剂和生物防腐剂三大类。

有机防腐剂可分为酸性有机防腐剂和酯型有机防腐剂。酸性防腐剂如山梨酸、苯甲酸和丙酸以及它们的盐类。这类防腐剂的特点就是体系酸性越大，其防腐效果越好，它在碱性条件下几乎无效。

酯型防腐剂主要有尼泊金酯、没食子酸酯、单辛酸甘油酯、抗坏血酸棕榈酸酯等。这类防腐剂的特点是在很宽的 pH 值范围内都有效，毒性也比较低。但其溶解性较低，一般情况下不同的酯要复配使用，一方面提高防腐效果，另一方面提高溶解度。为了使用方便，可以将防腐剂先用乙醇溶解，然后加入使用。

无机盐防腐剂主要是亚硫酸盐、焦亚硫酸盐等，由于使用这些盐后残留的二氧化硫能引起过敏反应，现在一般只将它们列入特殊的防腐剂中。

生物防腐剂主要包括乳酸链球菌素、纳他霉素、溶菌酶、抗菌肽类等，这些物质在体内可以分解成营养物质，安全性很高，有很好的发展前景。

化学防腐剂抗微生物的主要作用机理可大致分为具有杀菌作用的杀菌剂和仅具有抑菌作用的抑菌剂。杀菌和抑菌，并无绝对界限，常常不易区分。同一物质，浓度高时可杀菌，而浓度低时只能抑菌；作用时间长可杀菌，作用时间短则只能抑菌。另外，由于各种微生物性质的不同，同一物质对一种微生物具有杀菌作用，而对另一种微生物可能仅有抑菌作用。一般认为，食品防腐剂对微生物的抑制作用是通过影响细胞亚结构而实现的，这些亚结构包括细胞壁、细胞膜、与代谢有关的酶、蛋白质合成系统及遗传物质。由于每个亚机构对菌体而言都是必需的，因此食品防腐剂只要作用于其中一个亚结构就能达到杀菌或抑菌，从而达到防止食品变质的目的。

食品防腐剂的发展方向是天然食品防腐剂。天然食品防腐剂主要指来源于微生物、动物和植物的防腐剂。随着绿色食品的概念越来越被消费者接受，开发天然高效、安全无毒、性能稳定、杀菌抑菌效果显著的天然防腐剂，已受到人们的普遍关注。

二、常用的防腐剂

1. 苯甲酸及其钠盐

苯甲酸（Benzoic Acid）亦称安息香酸，分子式 $C_7H_6O_2$，相对分子质量 122.12，结构式：C_6H_5—COOH 。

性状：苯甲酸为白色有荧光的鳞片状结晶，或单斜棱晶，质轻无味或微有安息香或苯甲醛的气味，在热空气中微挥发，于 100℃左右升华，能与水汽同时挥发，苯甲酸的化学性质稳定，有吸湿性，在常温下难溶于水，0.34g/100mL（25℃）。溶于热水，4.55g/100mL

(90℃)，也溶于乙醇、氯仿、乙醚、丙酮、二硫化碳和挥发性油中，微溶于己烷。苯甲酸的相对密度 1.2659，熔点 122.4℃，沸点 249.2℃。

防腐性能：苯甲酸为一元芳香羧酸，酸性较弱，其 25%饱和水溶液的 pH 值为 2.8，则其杀菌、抑菌效力随介质酸度的增高而增强。在碱性介质中则失去杀菌、抑菌作用，pH 值为 4.5 时对一般菌类的抑制最小浓度约为 0.1%，pH 值为 5 时，即使 5%的溶液，杀菌效果也不可靠，其防腐的最适 pH 值为 2.5～4.0。苯甲酸亲油性大，易透过细胞膜，进入细胞内，干扰微生物细胞膜的通透性，抑制细胞膜对氨基酸的吸收。进入细胞体内的苯甲酸分子，能抑制细胞的呼吸酶系的活性，对乙酰辅酶 A 缩合反应有很强的阻止作用，从而起到食品防腐作用。

苯甲酸在人体内可与人体内的氨基乙酸结合合成马尿酸，在尿中排出，没有蓄积作用。

优点：①成本低，供应充足，毒性较低；②在酸性条件下效果好，并对酵母、霉菌和细菌都有效。

缺点：防腐效果受 pH 值影响大，pH>4 效果明显下降。

苯甲酸钠（ C_6H_5COONa ）的作用和性质与苯甲酸类似，只是易溶于水。

制备：甲苯液相空气催化氧化制得苯甲酸，精制苯甲酸加小苏打中和、脱色、浓缩制苯甲酸钠。甲苯氧化法的反应式如下。

$$2C_6H_5CH_3 + 3O_2 \longrightarrow 2C_6H_5COOH + 2H_2O$$

$$C_6H_5COOH + NaHCO_3 \longrightarrow C_6H_5COONa + CO_2 + H_2O$$

① 甲苯液相空气氧化法　甲苯在钴盐催化下用空气液相氧化成苯甲酸。常用的催化剂通常是乙酸、环烷酸、硬脂酸、苯甲酸的钴盐或锰盐以及溴化物。

甲苯和空气分别从顶部和底部进入带搅拌的液相反应器，在可溶性钴盐和锰盐的催化作用下，165℃，0.2～0.3MPa 时甲苯发生氧化反应，生成苯甲酸和副产物。经减压蒸馏，重结晶，得成品。

② 工艺流程：

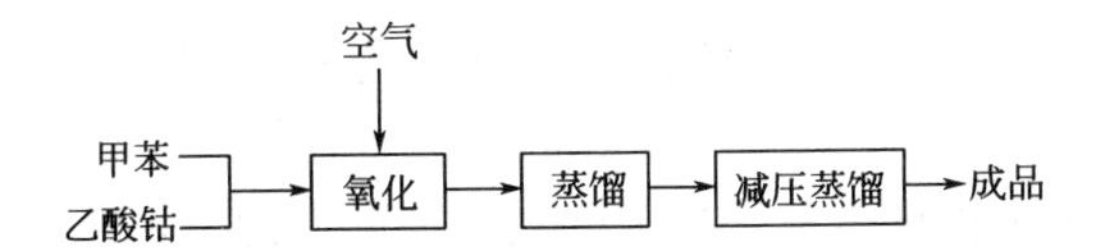

操作条件：将溶有催化剂的甲苯和空气分别连续泵入氧化塔（或釜）中，于 140～165℃和 0.3～0.4MPa 的压力下氧化生成苯甲酸。塔顶尾气经冷凝和活性炭吸附后再减压蒸馏得苯甲酸。回收的甲苯等返回氧化塔，甲苯的单程氧化率控制在 35%以上。

工业上普遍采用高温、加压下连续液相空气氧化法反应生产苯甲酸。连续液相氧化法有完全氧化法和部分氧化法两种。使用的催化剂为钴盐（乙酸、环烷酸或油酸钴），用量为 100～105mg/L，反应温度根据两种方法氧化程度的不同，分别为 200℃和 150～170℃，反应压力为 1～3MPa。原料甲苯与回收甲苯和催化剂由底部进入填料反应塔，空气经净化后由反应塔侧下部进入。甲苯在反应塔中进行反应，当反应液达到连续出料所要求的浓度时，由塔顶进入常压蒸馏塔，低沸物中未反应的甲苯及中间产物（苯甲醇、苯甲醛等）经洗涤塔回收返回反应塔，尾气经活性炭吸附后放空。反应生成物由常压塔釜底进入汽提塔，苯甲酸由塔底出料，再经冷却、结晶等后续工序，制得苯甲酸产品。汽提塔出来的甲苯经油水分离循环，进入氧化反应塔。

苯甲酸经过碱中和、活性炭脱色、吸滤、喷雾、干燥等工序得到苯甲酸钠。详细制备方法及有关内容这里不再介绍。

质量标准 （GB 1909—94）

含量（以干基计）/%	≥99.5	干燥失重/%	≤0.5
熔程/℃	121～123	重金属（以 Pb 计）/%	≤0.001
易氧化物	符合规定	砷（以 As 计）/%	≤0.0002
易碳化物	不溶于 17 号比色液	邻苯二甲酸	通过试验
氯化物（以 Cl^- 计）	≤0.014		

应用 广泛用于食品防腐剂。

按照卫生标准规定，苯甲酸、苯甲酸钠对一些产品的最大用量如表 6-7。

表 6-7 一些产品的最大用量

食品种类	允许最大使用量/(g/kg)	食品种类	允许最大使用量/(g/kg)
酱油、醋、果汁类、果子露、罐头等	1	果子汽水	0.4
葡萄酒、果子酒	0.8	低盐酱菜、面酱菜、蜜饯类、山楂类、果味露	0.5
汽酒、汽水	0.2	浓缩果汁	2

注：毒性的 ADI 为 0～5mg/μg（FAO/WHO 1985，以苯甲酸计）；苯甲酸钠的 LD_{50} 为 2100mg/kg（大白鼠，经口）。

2. 山梨酸及其盐

山梨酸（Sorbic Acid）是一种不饱和脂肪酸，化学名为 2,4-己二烯酸，其结构式

$$H_3C-CH=CH-CH=CH-COOH$$

1859 年山梨酸首次从未成熟的山梨果水解油中分离出来。1945 年出现了第一项将山梨酸在食品上用作抗菌的专利。1954 年开始工业生产用作食品防腐剂。

性质： 山梨酸是无色针状或白色结晶状粉末，稍带刺激性气味，对光、热稳定，但在空气中长期存放易于氧化变色。其水溶液被加热时，易与水蒸气一起挥发。熔点为 133～135℃，沸点 228℃（分解）。难溶于水，饱和水溶液的 pH 值为 3.6。山梨酸与苯甲酸同为酸性防腐剂。防腐作用亦与未解离的分子作用，pH 值越低，未电离的分子越多，防腐效果越好，适宜 pH 值<5.5。对霉菌如气性菌、酵母菌均有抑制作用，但对嫌气性芽孢杆菌、乳酸菌等几乎无效。

作用机理： 山梨酸防腐机理是基于抑制微生物细胞中的酶，主要利用自己的双键与酶的巯基形成共价键，使其失去活力达到破坏酶系、抑制微生物增殖的作用。

应用： 我国食品添加剂使用卫生标准规定，山梨酸及山梨酸钾可用于酱油、醋、果酱类（最大用量 1g/kg）；低盐酱菜、面酱菜、蜜饯类、山楂糕、果味露、罐头（最大 0.5g/kg）；果汁类、果子露、葡萄酒、果酒（最大 0.6g/kg）；汽酒、汽水（最大 0.2g/kg）。

制备： 20 世纪 80 年代以来国内主要采用丁烯醛和乙烯酮为原料，在三氟化硼乙醚配合物存在下，在 0℃反应生成己烯酸内酯，然后再和 H_2SO_4 作用水解成山梨酸，收率 70%。

$$H_3C-CH=CH-\overset{O}{\overset{\|}{C}}H + H_2C=C=O \xrightarrow{0℃} \left[-O-\overset{HC=CHCH_3}{\overset{|}{C}H}-CH_2-\overset{O}{\overset{\|}{C}}-O-\right] \xrightarrow{\text{酸解、碱解}} \underset{\text{山梨酸}}{CH_3-CH=CH-CH=CH-COOH}$$

该法最早由前联邦德国的赫斯特公司开发，并首先实现工业化。美国孟山都公司、日本大赛珞室素合成化学、上野制药公司都采用此法。

关于山梨酸盐，主要是山梨酸钠、钾。山梨酸钠因在空气中不稳定，现几乎不用，日本1971年禁用。

3. 对羟基苯甲酸酯类

对羟基苯甲酸酯类的结构式为：ROOC—⟨苯环⟩—OH，R＝C_2H_5、C_3H_7、C_4H_9。

如：对羟基苯甲酸丙酯（又名尼泊金酯）HO—⟨苯环⟩—$COOCH_2CH_2CH_3$，这一类比苯甲酸及其盐效果好。还有丙酸（$CH_3—CH_2—COOH$）及其盐等。

4. 常用防腐剂的比较

关于常用防腐剂的毒性与使用特点之比较见表6-8。

表 6-8　三种防腐剂的毒性与使用特点

防腐剂	急性毒性 LD_{50}/(mg/kg)	慢性毒性试验(大白鼠)		ADI /(mg/kg 体重)	使用特点
		饲料中无影响添加量/%	MNL /(mg/kg)		
苯甲酸	2700(大白鼠)	1	500	0～5	水溶性差，用乙醇溶解后添加，(钠)盐易溶，有不良味，适用于pH值4～5以下的食品
对羟基苯甲酸丙酯	7700(小白鼠)	2	1000	0～10	水溶性差，用醇溶解后添加，防腐效果稳定，pH4～8使用
山梨酸	10500(大白鼠)	5	2500	0～25	水溶性差，先溶于醇，防腐效果随pH值变化。适用于pH值5～6以下食品，在空气中易被氧化着色

由上表可出以下结论。①安全性：山梨酸类＞对羟基苯甲酸酯＞苯甲酸类。山梨酸的毒性仅是苯甲酸的1/4。②山梨酸使用范围比苯甲酸宽，没有苯甲酸的不良味道。③对羟基苯甲酸酯可在碱性条件下使用，毒性也低。

三、影响防腐剂作用的因素

使用防腐剂的目的在于防止食品腐败变质。为了有效地使用防腐剂，首先应清楚哪种微生物会造成食品变质，然后对症下药，选用适宜的防腐剂。除此之外，还应尽量杜绝影响该防腐剂使用效果的因素，这样才能达到预期保藏的时间和保藏质量。下面就来讨论影响防腐剂的因素。

(1) pH 值的影响

苯甲酸及山梨酸均属于酸性防腐剂，食品的pH值对其防腐剂的作用影响很大。pH值越小，防腐的效果越好。例：苯甲酸对啤酒酵母能起完全抑制作用的最小浓度与pH值对应关系见表6-9。

表 6-9　苯甲酸对啤酒酵母能起完全抑制作用的最小浓度与pH值对应关系

c/%	pH
0.013	3.0
0.05	4.5
0.2	5.5

原因：酸性防腐剂的防腐作用主要是依靠溶液内未电离防腐剂的分子，苯甲酸和山梨酸都属于有机弱酸，在水溶液中存在着下列电离平衡。

$$HA \underset{H^+}{\rightleftharpoons} H^+ + A^-$$

当［H^+］增大，平衡左移。［HA］越大，pH 值越小，防腐效果越好。

当［H^+］减小，pH 值增大，平衡右移，［HA］减小，防腐效果减弱。

防腐机理：①使蛋白质变性；②干扰细胞膜；③干扰遗传机理；④干扰细胞内部酶的活力。

有人认为，酸性防腐剂属于蛋白质变性，防腐剂通过深入微生物细胞使蛋白质变性并抑制酶类活性，显示出防腐作用，HA 较易渗入微生物膜内。

还有人认为，HA 易在微生物表面聚集，包围着细胞膜，阻碍微生物正常物质代谢。

(2) 食品的染菌程度

使用同样防腐剂的情况下，食品染菌多的防腐效果就差，这主要是细菌繁殖过程中，开始生成缓慢，逐渐加快，然后有一段时间稳定在最高生长量上，最后逐渐降低进入死亡衰老阶段。如图 6-1 细菌生长曲线图。

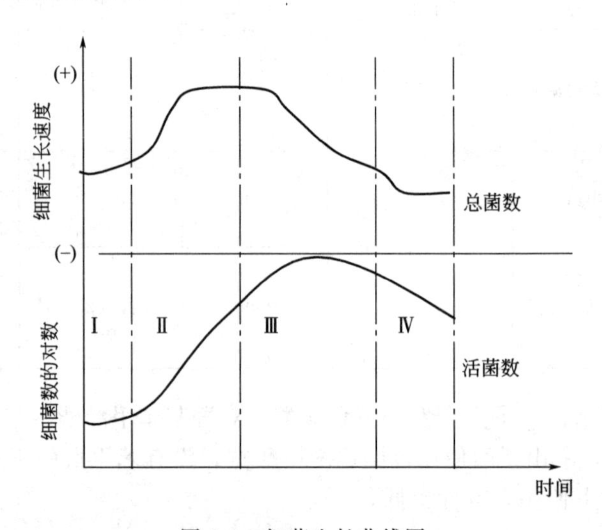

图 6-1　细菌生长曲线图

Ⅰ—滞留适应期 自身机理机能调节 逐步适应新环境 缓慢的诱导期

Ⅱ—对数生长期 增殖非常旺盛，防腐剂受其作用，性质和用量限制只能抑制延长微生物繁殖过程的诱导期

Ⅲ—最高生长期

Ⅳ—衰亡期

所以，假如食品已经严重染菌，防腐剂也无济于事。

(3) 在食品中的分散状况

防腐剂必须均匀地分布在食品中，尤其在大规模生产中更应如此，不能造成一部分太少，达不到防腐效果。另一部分过多又超过防腐剂使用标准。

(4) 加热

加热来防止食品变质是自古以来的方法，在加热杀菌时加入防腐剂，杀菌时间可以缩短。如 56℃要使酵母的营养细胞数减少到十分之一，没加防腐剂需 180min。加入 0.01%对羟基苯甲酸丁酯需加热 48min，所以加热与防腐剂可协同使用。

(5) 多种防腐剂合用

由于每种防腐剂有自己的作用范围，在一些情况下配合使用，比单用效果好，主要是扩大了抑菌范围。例如在饮料中苯甲酸和二氧化碳合用，果汁中苯甲酸与山梨酸合用等。

第五节 抗氧化剂

一、概述

在食品中为了提高食品的稳定性，延长贮存期，往往在食品中添加一些防止食品氧化变质的化学物质，这些物质通常称为抗氧化剂。如生育酚、丁基羟基茴香醚（BHA）等。所以，抗氧化剂（Antioxidants）是延缓和防止食品氧化，提高食品的稳定性和延长贮存期的物质。它能阻止和延缓空气中氧气对食品中油脂和脂溶性成分（如维生素、类胡萝卜素等）的氧化作用，从而提高食品的稳定性和延长食品的保质期。

在食品品质的裂变过程中，氧化是一个很重要的因素，尤其是对油脂产品和含油脂的食物来说更是如此。氧化除了能使食品中的油脂酸败外，还会使食品外观、食品和营养发生各种变化。这些变化几乎都是朝着食品品质劣变的方向发展，如食品产生刺鼻气味、退色、褐变、维生素被破坏等，甚至还会由于氧化而产生有害物质，引起食物中毒。因此，如何防止食品的氧化已经成为现代食品工业的一个重要课题。

实际上，防止食品氧化是一个多方位的工作，但主要还是从食品的加工原料、加工过程和保质等环节上着手，采用严格而有效的措施，如：采用避光、降温、干燥、排气、冷冻、充氮、密封等方法。另外适当使用一些安全性高、抗氧化效果好的抗氧化剂，在保障食品品质方面将起到很重要的作用。

目前，允许使用的抗氧化剂的种类也很多，我国允许使用的有 14 种，美国有 24 种，德国有 12 种，日本有 11 种。对于它们的分类还没有统一的标准，所以分类的依据不同，可有不同的分类方法。

目前国内外使用的食用抗氧化剂分为两大类：供氢性抗氧化剂（丁基羟基茴香醚、二丁基羟基甲苯、没食子酸丁酯、维生素 E 等）和过氧化物中断剂（硫代二丙酸二月桂酯等）两大类。

对于氧化酶的酶促反应所引起的食品的褐变，则通过添加还原性的抗氧化剂（如抗坏血酸及其钠盐、异抗坏血酸及其钠盐、抗坏血酸硬脂酸钠盐以及若干天然物等）来抑制。此类抗氧化剂可以消耗食物系中的氧和抑制酶的活性，达到延长食品保存期的目的。

抗氧化剂依其溶解性大小大致可分为两类。

① 水溶性抗氧化剂，这类抗氧化剂大多用于食品护色，主要有抗坏血酸及其盐类、异抗坏血酸及其盐类、二氧化硫及其盐类等。

② 油溶性抗氧化剂，该类抗氧化剂多用于含油脂食品类，主要有丁基羟基苯甲醚、二丁基羟甲苯、没食子酸丁酯、维生素 E 等。

某些物质，本身没有抗氧化作用，但与抗氧化剂混合使用，却能增强抗氧化剂的效果，这些物质统称为抗氧化剂增效剂。增效剂主要有螯合增效和酸性增效两类，目前广泛使用的增效剂有：柠檬酸、磷酸、酒石酸、苹果酸、抗坏血酸等。这些物质之所以有增强抗氧化剂的效果，是由于增效剂与油脂中存在的金属离子能形成金属盐，使金属不再具有催化功能。有些增效剂可与抗氧化剂作用，而使抗氧化剂获得再生。

食品抗氧化剂的发展趋势是开发和利用天然抗氧化剂，如从茶叶中提取茶多酚，由微生物发酵法得到异抗坏血酸。同时应重视复配型产品的开发，以减少单一抗氧化剂在食品中的含量，同时提高抗氧化效果。

在食品中使用抗氧化剂可抑制或延缓氧化，保护食品质量。酯类发生氧化反应，氧的存在是必要的，但有氧存在，酯的氧化反应并不一定进行，这是因为酯的氧化反应必须有能量的激发才能启动。因此在应用抗氧化剂的同时还必须注意以下几点。

① 尽量减少带入氧化促进剂进入食品，食品应冷藏保存。防止不必要的光照，尤其是紫外线辐射。

② 除掉食品中内源氧化促进剂，避免和减少痕量的金属（Cu、Fe）、植物色素（叶绿素等）或过氧化物，进行食品加工和制作时尽量选用优质原料。

③ 尽可能地除掉氧，在加工与贮藏中减少氧的引入。

④ 避免直接反应产生过氧化物。

二、常用的抗氧化剂

1. 油溶性抗氧化剂

① 丁基对羟基茴香醚（Butylated Hydroyanisole），又称丁基羟基茴香醚，简称BHA。

主要成分：以3-叔丁基-4-羟基茴香醚（3-BHA）为主，与少量2-叔丁基-4-羟基茴香醚（2-BHA）的混合物。分子式 $C_{11}H_{16}O_2$，相对分子质量180.25，结构式为：

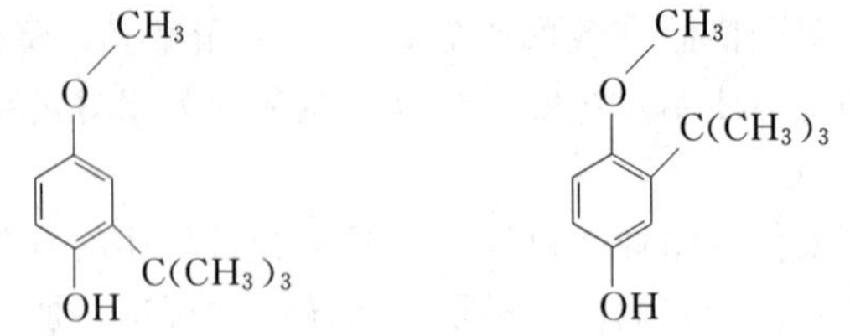

CH_3 O C(CH$_3$)$_3$ OH 3-BHA　　CH_3 O C(CH$_3$)$_3$ OH 2-BHA

性质：无色至浅黄色蜡状固体，略有特殊气味，熔点为48～63℃，沸点264～270℃。

可压缩成几克重的圆柱体，不溶于水，易溶于乙醇（25g/100mL，25℃）、甘油（1g/100mL，25℃）、猪油（50g/100mL，50℃）、玉米油（30g/100mL，25℃）、花生油（40g/100mL，25℃）、棉籽油（42g/10mL，25℃）、丙二醇（50g/100mL，25℃），两者混合使用能提高抗氧化效果。

制法：用对羟基苯甲醚与叔丁醇在80℃时，在磷酸做催化剂条件下反应制得BHA。

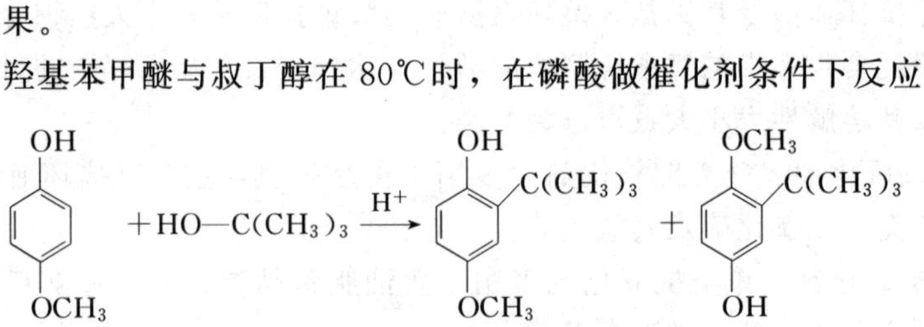

$$\text{OH/OCH}_3\text{-苯} + HO—C(CH_3)_3 \xrightarrow{H^+} \text{OH, C(CH}_3)_3\text{, OCH}_3 + \text{OCH}_3\text{, C(CH}_3)_3\text{, OH}$$

也可由对苯二酚先烃化，再与硫酸二甲酯醚化制得。

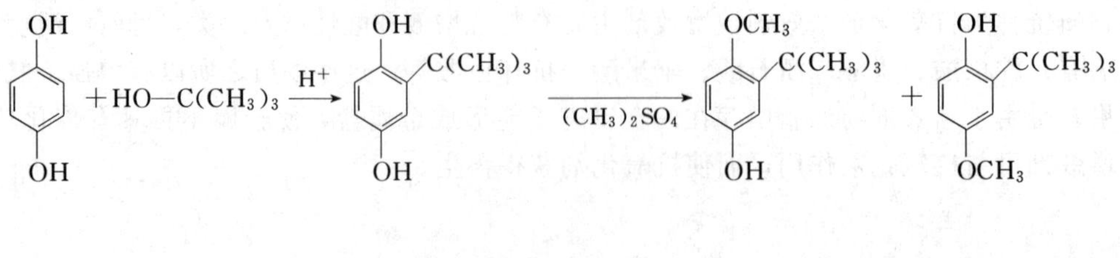

$$\text{OH/OH-苯} + HO—C(CH_3)_3 \xrightarrow{H^+} \text{OH, C(CH}_3)_3\text{, OH} \xrightarrow{(CH_3)_2SO_4} \text{OCH}_3\text{, C(CH}_3)_3\text{, OH} + \text{OH, C(CH}_3)_3\text{, OCH}_3$$

工艺流程：

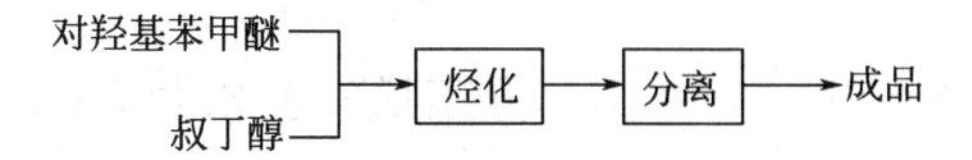

操作条件

醚烃化法：在三口反应瓶中加入 124g 对羟基苯甲醚、85％的磷酸 300mL、1L 环己烷的混合物，在搅拌下被加热到 50℃，然后将 56g 异丁烯或 73g 叔丁烯在 1.5h 内加入，通过中和蒸汽蒸馏回收到烷基化的产物。选择好溶剂可提高一烷基化的收率，减少二烷基化的生成，较好的溶剂是环己烷和正庚烷。通过这种方法得到的是两种异构体的混合物，3-BHA 占 43.7％，2-BHA 占 56.3％。在一个不与水混溶的溶剂中，如正戊烷，用与酚等摩尔质量的氢氧化钠水溶液提取，经蒸发。在不与水混溶的溶剂中主要是 3-BHA。

烃化-甲基化法：将对苯二酚、磷酸和溶剂投入反应器中，然后加入叔丁醇，烃化反应生成叔丁基对苯酚（TBHQ）。然后，在惰性的氮气中将 32g 的 TBHQ 和 1g 锌粉与水混合，将温度提到回流温度，加入 85g 氢氧化钠，在 45min 内将 140g 硫酸二甲酯加入，将反应物回流 18h。冷却后，经蒸发，可得到粗产品 BHA，是黏稠的液体或低熔点的固体。

质量标准

指标名称	GB 1916—86	FAT/WHO，1985
总含量/％	—	≥98.5（其中 3-BHA≥85％）
熔点/℃	48～63	—
灼烧残渣含量/％	≤0.05	≤0.05
砷（以 As 计）含量/％	≤0.0002	≤0.0003
重金属（以 Pb 计）含量/％	≤0.005	≤0.001
苯酚类杂质含量/％	—	≤0.5
硫酸盐（以 SO_4^{2-} 计）含量/％	—	≤0.019
澄清度	—	合格
对羟基茴香醚	—	合格

应用：抗氧化剂。可用于油脂、油炸类食品、干鱼制品、饼干、速煮面、速煮米、干制食品、罐头及腌腊肉制品。最大用量为 0.2g/kg。

毒性：ADI 为 0～0.3（FAO/WHO，1989），LD_{50} 2.2～5g/kg（大鼠，经口）。

② 2,6-二叔丁基对甲酚　2,6-二叔丁基对甲酚（Butylatecl Hydroxy Toluene）又称二丁基羟基甲苯，简称 BHT，分子式 $C_{15}H_{24}O$，相对分子质量 220.36，结构式为：

OH

$(H_3C)_3C$　　$C(CH_3)_3$

CH_3

性能：无色晶体或白色结晶性粉末。熔点 69.5℃，沸点 265℃，相对密度（d_4^{20}）10.84。在许多性质方面与 BHA 相同。然而 BHT 不如 BHA 有效，主要是因为两个叔丁基的存在，比 BHA 的空间位阻更大。BHT 易溶于油脂，不溶于水。它不溶于丙二醇，在油酸单甘酯中的溶解度居中（油酸单甘酯是一般抗氧化剂配方的溶剂）。具有微弱的酚味。它比 BHA 更易挥发，携带进入能力比 BHA 弱。在食品中或包装材料中含有铁离子时，BHT 变成浅黄色。

制备方法：在催化剂存在下，对甲酚与异丁烯发生烃化反应制得。

$$\text{HO-C}_6\text{H}_4\text{-CH}_3 + 2\,(CH_3)_2C{=}CH_2 \xrightarrow{H^+} 2,6\text{-}[(H_3C)_3C]_2\text{-}4\text{-}CH_3\text{-C}_6\text{H}_2\text{OH}$$

工艺流程

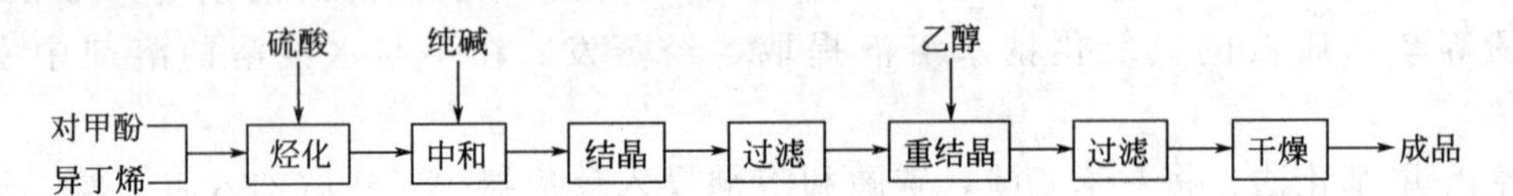

操作条件：在反应锅中，108 份对甲酚和 121 份异丁烯反应，加少量浓硫酸作催化剂，反应温度为 70℃，异丁烯分压约为 0.1MPa，反应进行约为 5h。在 70℃用水洗涤反应混合物除去酸，粗产品用乙醇-水混合物溶剂进行结晶、重结晶，可得到纯 BHT。作为催化剂的硫酸可以用四聚磷酸、甲烷二磺酸或甲烷三磺酸代替，这样可提高产品收率。

质量标准

指标名称	GB 1900—80	FAO/WHO，1986
含量/%	—	≥99
熔点/℃	69.0～70.0	69～72
水分含量/%	≤0.1	—
灼烧残渣含量/%	≤0.01	≤0.005
硫酸盐（以 SO_4^{2-} 计）/%	≤0.002	—
重金属（以 Pb 计）含量/%	≤0.0004	≤0.0003
砷（以 As 计）含量/%	≤0.0001	≤0.0003
游离酚（以对甲酚计）含量/%	<0.02	<0.5
凝固点/℃	—	≥69.2

用途：我国 GB 2760—86 规定，可用于油脂、油炸食品、干鱼制品、饼干、快餐面、罐头、腌腊肉制品。最大用量 0.2g/kg。BHT 在某些食品中使用量（质量分数，%）如表 6-10。

表 6-10　某些食品中使用量

食　品	用　量①	食　品	用　量
0.001～0.01 植物油	0.002～0.02	香精油	0.01～0.1
焙烤食品	0.01～0.04②	口香糖基质	达到 0.1
谷物食品	0.005～0.02		
脱水豆浆	0.001	食品包装材料	0.02～0.1

①通常与 BHA、没食子酸酯、柠檬酸配合使用。②按脂肪的量算。

毒性：ADI 为 0～0.125mg/kg（FAO/WHO 1987），LD_{50}为 2.0g/kg（雄鼠，经口）。

③ 没食子酸丙酯（Propyl Gallate），分子式 $C_{10}H_{12}O_5$，相对分子质量 212.21。其结构式：

HO

HO—⟨苯环⟩—$COOCH_2CH_2CH_3$

HO

性质： 易溶于热水、乙醇、乙醚、丙二醇、甘油、棉籽油、花生油、猪油。

制备： 没食子酸＋丙醇$\xrightarrow[\text{酯化反应}]{H_2SO_4}$产物，经中和后分馏除去溶剂，用乙醇水溶液将残留物重结晶。

毒性： 大白鼠经口，LD_{50}为3.6g/kg。

2. 水溶性抗氧化剂

该类抗氧化剂多用于防止食品氧化变色、变味、变质等方面。常用的有L-抗坏血酸（VC）及L-抗坏血酸钠等。此外，还把柠檬酸亚锡用在罐头镀锡铁皮防腐蚀上。

用途： 啤酒、无醇饮料、果汁等的抗氧化剂。

3. 天然抗氧化剂

食品工业目前常用的抗氧化剂是人工合成的BHA和BHT以及PG，近些年来，国际上对BHA、BHT等化学合成的抗氧化剂的毒性愈来愈担心，开始限用或禁用某些抗氧化剂，在这种形势下，开发新型天然抗氧化剂就成为各国的热门。

天然抗氧化剂普遍取自天然的可以食用的物质中，诸如蔬菜、水果、调味剂、中药材、海草等；农业和食品工业的下脚料；某些微生物发酵产品等。天然抗氧化剂用于油脂的抗氧化以增加其稳定性，也用于食品贮藏和加工。如茶叶甲醇提取物用于油炸土豆片，虾壳提取物用来提高不同种类海底产物颜色的稳定性和控制胡萝卜素因抑制氧化或脂氧化酶活性引起的降解，对饮料和肉等进行护色和保鲜。另外，因氧化与人类的某些退化病，如不同类型的癌、心血管病、神经学方面的病、白内障等密切相关，天然抗氧化剂还被普遍用于药物和化妆品。

研究证明，多数天然抗氧化剂中的有效抗氧化成分是类黄酮类化合物和酚酸类物质，这两类物质广泛存在于植物中，所具有的保健功能经许多科学工作者的研究、证实有清除自由基，预防和防治心脑血管疾病，舒张血管，抗癌，抗病毒，抗菌消炎，抗过敏，产生癌细胞血管阻断素，刺激免疫系统产生抗体抑制磷脂酶A_2、脂肪氧化酶、环加氧酶、黄嘌呤氧化酶等酶的活性。类黄酮类化合物在恶性肿瘤的孕育中，可有效地阻滞血管增生，断绝养料来源，从而延缓和阻止肿瘤变成癌症；绝经后的妇女食用富含类黄酮类化合物的豆制品，其骨密度和骨中的矿物质明显增加，更年期症状也明显减轻；类黄酮还能对抗自由基，清除人体内的活性氧，减少脂质过氧化物的产生和延缓人体组织老化；还具有抗真菌活性、抗溶血活性和抗氧化活性的作用。因此开发各种天然抗氧化剂，并最终取代合成抗氧化剂，以满足我国不同人群需要的不同功能性食品的要求，是一系列具有广泛发展前景和深远意义的工作。

天然抗氧化剂的类型有：酚性物质类（包括黄酮类化合物），主要有橄榄油中分离出的氢基酪醇、松脂醇、乙酰松脂醇；从芝麻中分离出的鞣花酸、木质素或阿拉伯木聚糖与酚性物质的结合产物；从茶叶中获取的儿茶素、咖啡碱；从蔷薇果中获取的羟基肉桂酸儿茶素；从蔬菜中获取的黄酮类化合物槲皮素山茶酚、杨梅素、樨草素、芹菜素等。磷酸酯类，主要有：磷酸酰丝氨酸、溶血磷脂酰胆碱磷脂、酰肌醇（神经）鞘磷酸酯胆碱、磷酸酰乙醇胺、磷脂酸甘油磷脂等，还有不饱和脂肪酸类。其他类，主要有与叶绿素有关的抗氧化物，如脱镁叶绿素a和脱镁叶绿素b，蛋白质肽及氨基酸，维生素E、维生素C、类胡萝卜素、糖与氨基酸褐变产物，某些醌类化合物等。

天然抗氧化物目前用得也比较多。下面举几例简单说明。如芝麻酚、芝麻精是芝麻油中含有的天然抗氧化物。有强氧化作用，一般不分离而直接用于芝麻油作抗氧化剂。米糠素（谷维素）是米糠油中以三萜（烯）为主体的阿魏酸酯的几种混合物，有抗氧化作用，已用于药物。棉花素，存在于草棉的花瓣中，有抗氧化作用。甘草抗氧化剂：主要提取物是甘草甜素和甘草皂苷。木耳多糖对各种活性氧均有抗氧化作用。其他还有银杏叶提取物、芦荟提取物、核桃仁乙醇提取物、茄子提取物、枸杞多糖等，都是天然抗氧化物。

三、抗氧化剂的作用机理

抗氧化剂作用机理很复杂，有多种可能性，一般认为有以下几种机理。

① 借助还原反应，降低食品内部及周围的氧含量。例如抗氧化剂本身是极易被氧化的物质。

② 有些抗氧化剂可以放出氢离子将油脂在自动氧化过程中所产生的过氧化物破坏分解，使其不能形成醛或酮等产物。

③ 抗氧化物与食品产生的过氧物结合，使油脂自动氧化过程中的链反应中断，阻止了氧化反应的进行。

④ 阻止或减弱氧化酶的活性。

第六节 酸 味 剂

一、概述

酸味剂是指赋予食品酸味为主要目的的食品添加剂。酸味剂给味觉以爽快的感觉，具有增进食欲的作用。酸还具有一定的防腐作用，并有助于溶解纤维素、钙、磷等物，可以促进消化吸收。所以受到人们喜爱，并成为广泛应用于食品中的一大类添加剂。

凡是能在溶液中电离出 H^+ 的化合物都具有酸味。又因为 H^+ 浓度常用 pH 值表示，所以酸味的刺激阈值用 pH 值表示，无机酸的酸味阈值在 3.4～3.5，有机酸的酸味阈值在 3.7～4.9 之间。大多数食品的 pH 值在 5～5.6 之间，虽为酸性，但并无酸味的感觉，若 pH 值在 3.0 以下，则酸味感强，难以适口。

酸味剂是一类十分重要的食品添加剂，除直接给人以味感外，它还可以控制食品和加工体系的酸碱性，如在酪、凝胶、果冻、软糖、果酱等食物中，必须控制合适的酸度，才可以获得预期的形状和韧度。降低食物体系的 pH 值，可抑制许多有害微生物的繁殖，有利于食物的保存。酸味剂在食品调香中也得到广泛的应用，它还可以用来修饰和平衡蔗糖及其他甜味剂的甜味。多数酸味剂具有螯合金属离子的作用，这有利于食物的护色和油脂及富脂食品的抗氧化。它还可以增加焙烤食品的柔软度，与碳酸氢钠复配可制成疏松剂，用有机酸及其盐可配成食品酸变缓冲剂，稳定 pH 值。

常用的酸味剂有柠檬酸、乳酸、乙酸、酒石酸、苹果酸、富马酸等。作为酸味剂使用的主要也是有机酸，其中食用最多的是柠檬酸，常用于饮料、果酱糖类、酒类和冰淇淋等食品的制作。但无机磷酸的使用量也有明显的上升趋势。

酸味剂在食品工业中应用极为广泛，发展较快。据报道，近年来世界酸味剂需求量已达59万吨，其中柠檬酸32万吨，磷酸8万吨，乳酸2.8万吨，醋酸2.5万吨，酒石酸2.5万吨，苹果酸2.2万吨，富马酸0.2万吨。可见柠檬酸仍是世界上用量最大的酸味剂。我国目前食品中常用的酸味剂，几乎只有柠檬酸，其他产品还处于开发阶段，产量不大。

柠檬酸是功能最多、用途最广的酸味剂，有较高的溶解度，对金属离子的螯合能力强，在食品中除作酸味剂外，还做防腐剂、抗氧化增效剂、pH值调节剂等。饮料（包括固体饮料）是柠檬酸的主要消费市场，其用量占酸味剂柠檬酸总消耗量的75%～80%。

其他的酸味剂，虽然目前都不如柠檬酸用量大，但都有各自的特点，具有良好的发展前景。如苹果酸的酸味柔和，持久性强，从理论上讲可以大部分取代用于食品及饮料的柠檬酸。富马酸的酸味比柠檬酸强，许多低浓度的富马酸溶液可用来代替柠檬酸。酒石酸风味独特，可用于一些有特殊风味的罐头等。

二、酸味剂的作用原理及使用中应注意的事项

1. 酸味剂的作用原理

酸味是舌黏膜受到氢离子刺激而产生的感觉，所以在溶液中能电离出氢离子的物质都是酸味物质。但是酸味的强弱与尝试酸之间并不是简单的相关关系，各种酸味剂有不同的酸味以及在口腔中引起的酸感与酸根的种类、pH值、可滴定酸度、缓冲溶液以及其他物质特别是糖类的存在有关。在同样的pH值下，有机酸比无机酸的酸感要强。但是酸味感的时间长短并不与pH值成正比，解离速度慢的酸味维持时间长，解离速度快的酸味很快消失。

酸味除与氢离子有关外，也受酸味剂的阴离子影响。有机酸的阴离子容易吸附在舌黏膜上，中和了舌黏膜中的正电荷，使得氢离子更容易与舌味蕾相接触，而无机酸的阴离子易与口腔黏膜蛋白质相结合，对酸味的感觉有钝化作用。故一般地说，在相同的pH值时有机酸的酸味强度大于无机酸。由于不同有机酸的阴离子在舌黏膜上吸附能力的不同，酸味强度也不同，如对醋酸、甲酸、乳酸、草酸来说，在相同的pH值下，其酸味强度为：醋酸＞甲酸＞乳酸＞草酸。

在相同的浓度下，各种酸的酸味强度不同，主要也是因为酸味剂解离的阴离子对味觉产生的影响所致。因此，一种酸的酸味不能完全以相等质量或浓度代替另一种酸的酸味。以同一浓度比较不同酸的酸味强度，其顺序为：盐酸＞硝酸＞硫酸＞甲酸＞乙酸＞柠檬酸＞苹果酸＞乳酸＞丁酸。如果在相同浓度下把柠檬酸的酸味强度定为100，酒石酸的比较强度为120～130，磷酸为200～300，L-抗坏血酸为50，苹果酸为120。

酸味剂的阴离子对酸化剂的风味有影响，这主要是由阴离子上有无羟基、氨基、羧基，它们的数目和所处的位置决定的。如柠檬酸、抗坏血酸和葡萄糖酸等的酸味带爽快感，苹果酸的酸味带涩苦味；乳酸和酒石酸的酸味带涩味；醋酸的酸味带刺激性臭味；谷氨酸的酸味有鲜味等。

2. 使用注意事项

① 酸味剂大都电离出氢离子，它可以影响食品的加工条件，可与纤维素、淀粉等食品原料作用，与其他食品添加剂也相互影响，所以工艺中一定要有加入程序和时间，否则会产生不良后果。

② 当使用固体酸味剂时，要考虑它的吸湿性和溶解性，以便采用适当的包装和配方。

③ 阴离子除影响酸味剂的风味外，还能影响食品风味，如前所述的乳酸、磷酸具有苦

涩味，会使食品风味变劣。而且酸味剂的阴离子常常使食品产生另一种味，这种味称副味，一般有机酸具有爽快的酸味，而无机酸的酸味不适口。

④ 酸味剂有一定的刺激性，它能增强唾液的分泌，增强肠胃的蠕动，促进消化吸收，但过久地刺激会引起消化功能疾病。

三、常用的酸味剂

食品中自有存在的酸主要是柠檬酸、苹果酸等有机酸，目前作为酸味剂使用的主要是有机酸。主要酸味剂列入表 6-11 中。

表 6-11　主要酸味剂的结构及用途

名　称	结 构 式	用　途
醋酸	CH_3COOH	调味
乳酸 $C_3H_6O_3$	$H_3C—CH(OH)CO_2H$ （2-羟基丙酸）	配制果味酒和果味汁
柠檬酸 $C_6H_8O_7 \cdot H_2O$	$HO—C(CH_2COOH)_2(COOH)$	用于粉末和液体饮料、糖果以及酒类调味
苹果酸 $C_4H_6O_5$	$HO—CHCOOH—CH_2COOH$	果酱类饮料、糖果、罐头、果味酒、冰淇淋以及口香糖
酒石酸 $C_4H_6O_6$	$HOOC—CH(OH)—CH(OH)—COOH$	果酱、饮料、罐头、糖类等
磷酸	H_3PO_4	味料、罐头、可乐饮料、可可粉、巧克力等

1. 柠檬酸

柠檬酸（Citrie Acid）又称枸橼酸、2-羟基丙三羧酸（2-Hydroxy-1,2,3-Propane Tri-car-boxylic Acid），分子式 $C_6H_8O_7 \cdot H_2O$，相对分子质量 210.14，结构式：

$$
\begin{array}{c} CH_2COOH \\ | \\ HO—C—COOH \\ | \\ CH_2COOH \end{array}
$$

性能：纯柠檬酸为无色半透明晶体或白色颗粒或白色结晶粉末，无臭，有强烈的令人愉快酸味，稍有一点后涩味。它在温暖空气中渐渐风化，在潮湿空气中微有潮解性。根据结晶条件的不同，它的结晶形态有无水柠檬酸和含结晶水柠檬酸。商品柠檬酸主要是无水柠檬酸和一水柠檬酸。一水柠檬酸主要是由低温（低于 36.6℃）水溶液中结晶析出，经分离干燥后的产品，相对分子质量 210.14，熔点 70～75℃，相对密度 1.542。放置在干燥空气中时，结晶水逸出而风化。缓慢加热时，先在 50～70℃开始失水，70～75℃晶体开始软化，并开始熔化。加热到 130℃完全丧失结晶水，最后在 135～152℃范围内完全熔化。一水柠檬酸急剧加热时，在 100℃熔化，结块变成无水柠檬酸。无水柠檬酸是在高于 36.6℃的水溶液中结晶析出的。相对分子质量 192.12，密度 1.665g/mL。一水柠檬酸转变为无水柠檬酸的临界温度为 36.6℃±0.5℃。

制备方法：由淀粉原料（如白薯、玉米、小麦等）或糖蜜（如甜菜、甘蔗、糖蜜、葡萄糖结晶母液等）经黑曲霉发酵、提取精制而得。

工艺流程

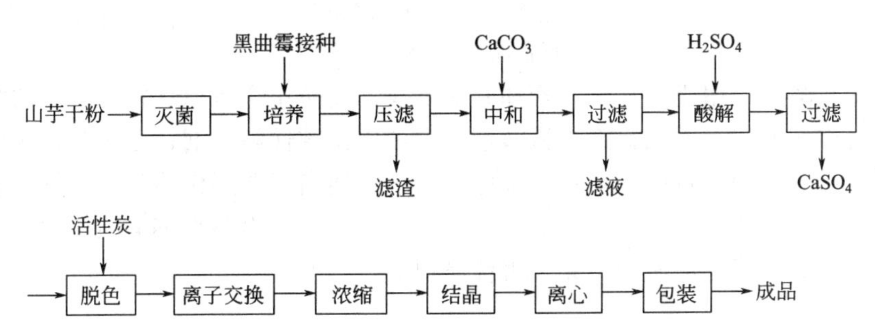

操作条件：采用深层发酵工艺，发酵培养基为12%或16%山芋干粉（白薯干粉），菌种为黑曲霉，发酵温度为 28～33℃，pH=1.5～2.8，发酵周期取决于溶液中糖的浓度，一般为 5～12 天。发酵应通入无菌空气并搅拌，发酵完毕，滤去菌丝体及残存固体渣滓，滤液进入提取工序。

将滤液泵入槽中，通蒸汽升温，开动搅拌。直接加固体 $CaCO_3$ 时先将料温升至 70℃，$CaCO_3$ 逐步添加，注意勿使泡沫溢出，切不可中和过头。万一中和过头，应及时补加料液，以防形成过多胶体不溶物。中和终点用精密 pH 试纸测试，控制在 6.0～6.8。pH 试纸测试合格后，还应滴定残留酸度，蔗糖原料 0.05%～0.01%；白薯干粉原料温度在 85℃左右，搅拌 0.5h，使硫酸钙充分析出，再放料到抽滤桶。在中和柠檬酸钙分离的整个过程中，温度皆不得低于 85℃。这样可以减少柠檬酸损失，使草酸钙、柠檬酸钙的溶解度增大，以便除去。柠檬酸钙盐滤饼的洗涤也要用 95℃的热水，间歇地进行，每洗涤一次后应抽滤干，翻料和消除裂缝后可进行下一次洗涤。

在酸解槽内加入 2 倍钙盐量的稀酸液或水，开动搅拌，小心倒入柠檬酸钙盐，调成浓浆状，同时用蒸汽升温至 40～50℃，以每分钟 1～3L 的速度加入 30%硫酸。当加到预定酸量的 80%～85%时，用 pH 试纸检测，放慢加酸速度。当 pH 值达到 2 时要用双管法检查终点。达到终点后升温至 85℃，搅拌数分钟后进行过滤，除去硫酸钙。

滤液用活性炭脱色，再经过阳离子和阴离子交换树脂以除其他金属离子和杂质，然后送浓缩工序。

柠檬酸溶液浓缩时，开始一般不超过 70℃，当溶液浓缩至 35%以上，酸度增高时，温度不超过 60℃，否则柠檬酸会发生部分分解，溶液中尚有杂质也发生变化，色泽加深、黏度增加，产品质量下降。浓缩工艺有直接浓缩法、两段浓缩法。

直接浓缩是将溶液一次浓缩到所需浓度。在浓缩过程中，料液浓度达到 50%以上时，体系的压力不要超过 14kPa，浓缩后期要频繁测定浓缩后密度，当密度达到 1.37g/mL，及时放料进行结晶。这种直接浓缩法适用于净化后 $CaSO_4$ 含量已符合要求的场合。

两段浓缩法是在第一段浓缩到 30%（含柠檬酸约 45%）时，放入沉降槽中保温 70℃，澄清 1～2h，使所含 $CaSO_4$ 沉降出 95%以上，抽出上清液继续浓缩。沉降槽中的石膏过滤除去，仔细洗下所附着的柠檬酸液，这种淡酸液可用作酸解时的调浆水。

当浓缩浓度约 80%，温度 55℃时已成过饱和状态。这时放料到冷却式结晶器中，开动搅拌器，任其自然冷却，当温度降到40℃以下，开始结晶。

质量标准（GB 1987—80）

项目	指标	项目	指标
外观	无色半透明结晶，或白色颗粒或白色结晶性粉末	烧碱残渣/%	≤0.01
		硫酸盐（SO_4^{2-}）/%	≤0.05
柠檬酸含量（一水物）/%	≥99	重金属（以Pb计）/%	≤0.001
草酸盐	符合规定	砷（As）/%	≤0.0001
钙盐	符合规定	铁（Fe）/%	≤0.001

用途：柠檬酸广泛用于食品、医药和其他行业。食品用作清凉饮料、果糖的酸味剂；医药用作补血剂柠檬酸铁铵或输血剂柠檬酸钠，也可用作碱性解毒剂；建筑工业用作混凝土缓凝剂；印染用作媒染剂；机械工业用作金属清洁剂；油脂工业用作油脂抗氧剂；电镀工业用作无毒电镀；涂料及塑料工业用作制造柠檬酸钡；日化工业代替磷酸酯生产洗涤剂。此外，还用作锅炉洗洁剂、管道清洗剂、无公害洗涤剂等。

2. 乳酸

乳酸（Lactic Acid）又称α-羟基丙酸、2-羟基丙酸、丙醇酸，分子式$C_3H_6O_3$，相对分子质量90.08，结构式为：

$$H_3C—\underset{}{\overset{OH}{\overset{|}{C}}}HCOOH$$

性能：无色或浅黄色黏稠液体。无气味。右旋体或左旋体的熔点都为53℃，外消旋体的熔点为18℃，沸点122℃［(14～15)×133.3Pa］、82～85℃［(0.5～1)×133.3Pa］，相对密度1.2060（25/4℃），折射率1.4392。能与水、醇、甘油混溶，微溶于乙醚，不溶于氯仿和二氧化碳。能随过热水蒸气挥发，常压蒸馏则分解。浓缩至50%时部分转变为乳酸酐。具有强吸湿性。

制备方法

① 发酵法　以粮食为原料，糖化接入乳菌种，在pH=5、温度49℃条件下，发酵3～4天后，经浓缩结晶，用碳酸钙中和，趁热过滤，精制得到乳酸钙，然后用硫酸酸化进行复分解反应，再经过滤除去硫酸钙，减压浓缩，趁热脱色得到产品。

② 丙烯腈法　丙烯腈水合得的乳腈与硫酸反应生成粗乳酸，再与甲醇反应生成乳酸甲酯，经蒸馏得精酯，将精酯加热分解得乳酸。

$$CH_3CH(OH)CN \xrightarrow{H_2SO_4} CH_3CH(OH)COOH$$

$$CH_3CH(OH)COOH \xrightarrow[\text{加热}]{CH_3OH} CH_3CH(OH)COOCH_3$$

$$CH_3CH(OH)COOCH_3 \xrightarrow[H_2O]{\text{加热}} CH_3CH(OH)COOH$$

工艺流程

① 发酵法

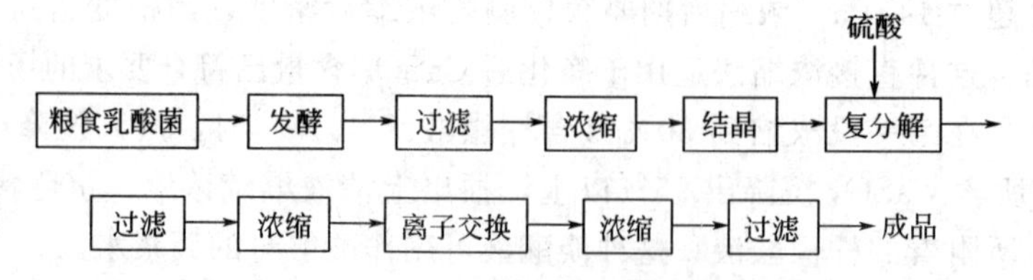

② 丙烯腈法

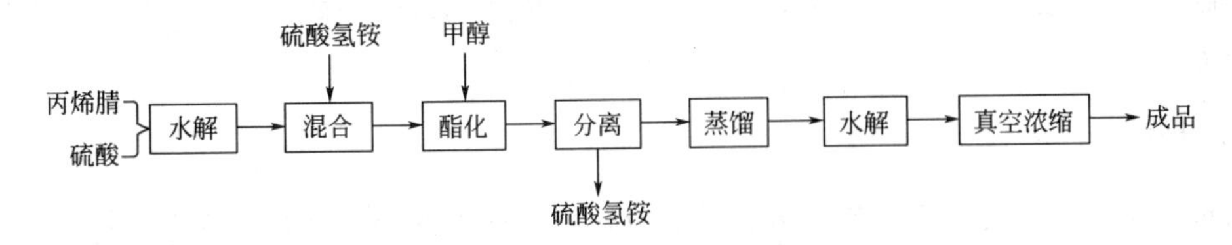

操作条件

① 发酵法　淀粉在糖化罐内用硫酸糖化，糖化后的淀粉送入中和罐，中和加压滤液接入乳酸菌株。pH 值控制在 5～5.5，温度 50℃左右，发酵 3～4 天，用碳酸钙使生成的乳酸转化为乳酸钙。同时防止 pH 值降低影响发酵，趁热过滤分离存在于溶液中的固体 $CaCO_3$ 和 $Ca(OH)_2$ 等，精制得乳酸钙，用硫酸酸化生成乳酸和硫酸钙沉淀，过滤。滤液约含 10% 的粗乳酸，浓缩到 50%。用活性炭除去有机杂质、用亚铁氰化钠除去重金属和浓缩时所凝聚的杂质，再真空浓缩得到产品。

② 丙烯腈法　将丙烯腈和硫酸送入反应器中，生成粗乳酸和硫酸氢铵的混合物。再把混合物送入酯化反应器中与甲醇反应生成乳酸甲酯。把硫酸氢铵分出后，粗酯送蒸馏塔，塔底获精酯，将精酯送入第二精馏塔，加热分解，塔底得到稀乳酸，经真空浓缩得产品。

第七节　其他食品添加剂

我国按食品添加剂的功能分 22 大类。前面介绍了 6 大类，其他的本节也不能一一介绍，只选几种简单概述。

一、乳化剂

食品乳化剂（Emulsifiers）是能改善食品体系中各种构成相之间的表面张力，使之成为均匀的分散体或乳化体，从而改善食品组织结构、口味、外观，提高食品的保存性的一类可食用的食品添加剂。乳化剂分子内通常具有亲水基（羟基）和亲油基（烷基），易在水和油的界面形成吸附层。属表面活性剂。

乳化剂常分为：油包水（W/O），水包油（O/W）两类，以亲水亲油平衡值表示其特性。规定 100%亲油性乳化剂，其 HLB 为 0，100%亲水性的 HLB 为 20，在 0～20 之间分 20 等份，以表示亲水亲油性的强弱情况和不同用途。

例如：HLB 为 8～18 时形成 O/W 型乳化体系，当 HLB 为 3.5～6 时形成 W/O 型乳化体。根据不同的需要去选择适当的乳化剂。可用的乳化剂总数为 65 种，常用的有脂肪酸甘油酯（主要是单甘油酯），脂肪酸蔗糖酯，脂肪酸山梨酸酐酯，脂肪酸丙二醇酯，大豆磷酸酯等。

二、增稠剂

增稠剂是能提高食品黏度或形成凝胶的一类添加剂，它改善了食品的物理性质，增加了食品的黏度给食品以黏滑可口的感觉，又可作为食品乳化辅助稳定剂。它们的组成都属于亲水性高分子化合物，故亦称为增黏剂、胶凝剂等，总数达 40 多种。

食品用增稠剂主要分为天然增稠剂和合成增稠剂。天然增稠剂是指从糖类黏质物的植物、动物和海藻类物制取的。如淀粉类、果胶、琼脂、海藻酸钠（钾）、羧甲基纤维素类、阿拉伯胶、黄原胶。合成增稠剂是利用化学方法合成而制得的。如：聚丙烯酸钠、海藻酸丙二醇酯等。

三、调味剂

调味剂是能赋予食品甜、酸、苦、辣、咸、麻、涩等特殊味感的一类添加剂。其作用主要是改善人们对食品的感觉，使食品更加美味可口，又能促进消化液的分泌和增进食欲。另外有的调味剂具有营养价值，已成为人们日常生活的必需品。

调味剂按产生的味道分为：鲜味剂、酸味剂、甜味剂、辣味剂、咸味剂、苦味剂。

1. 鲜味剂

鲜味剂以谷氨酸钠为主，俗称味精，是世界除食盐以外耗用量最大的调味剂，世界年产量 30 万吨以上。近些年来，核苷酸类调味剂的发展十分引人注目。包括肌苷酸、核糖核苷酸、鸟苷酸、胞苷酸、尿苷酸以及它们的钠、钾、钙等盐类。由于它们具有特别强的增鲜作用，尤其是谷氨酸钠并用时有显著协同增效作用，可增强鲜味 10～20 倍，因此发展迅速。

谷氨酸钠（$C_5H_8NNa \cdot H_2O$）相对分子质量 187.13，结构式：$\underset{\displaystyle NH_2}{HOOC\overset{|}{C}HCH_2CH_2COONa \cdot H_2O}$。

性质：具有强烈的肉类鲜味，是白色或无色的结晶或粉末，易溶于水。在 150℃时失去结晶水，210℃时发生吡咯烷酮化，生成焦谷氨酸，270℃ 左右分解。在酸性条件下加热时发生吡咯烷酮化，生成焦谷氨酸，增鲜效力下降。反应如下：

$$\underset{\text{谷氨酸}}{HOOC\overset{NH_2}{\overset{|}{C}}HCH_2CH_2COOH} \rightleftharpoons \underset{\text{焦谷氨酸}}{HOOCHC\text{—}NH\text{—}C(=O)\text{—}CH_2\text{—}CH_2\text{（五元环）}} + H_2O$$

用途：在食品加工中，一般用量为 0.2～1.5g/kg，可增加食品的鲜味，对香味也有增加作用。

制法：L-谷氨酸存在于植物蛋白中，尤其是麦、谷蛋白中含量最高，因而面筋过去是制谷氨酸的主要原料。目前，常用方法如下。

① 把天然蛋白质水解，制得谷氨酸，中和即得其钠盐。

② 发酵法：此法是工业生产味精的主流。薯类、玉米、木薯淀粉等的淀粉水解糖或糖蜜，借助于微球菌类，以铵盐、尿素等提供氮源，在大型发酵罐中，在通气搅拌下进行发酵 30～40h，保持 30～40℃、pH7～8 发酵完毕。除去细菌，将澄清液进行真空浓缩、结晶，即可得到味精。

$$C_6H_{12}O_6 \xrightarrow[\text{微球菌类}]{\text{空气},NH_3} HOOCCH_2CH_2\overset{NH_2}{\overset{|}{C}}HCOOH \xrightarrow{NaOH} \underset{\text{谷氨酸钠}}{[HOOCCH_2CH_2\overset{NH_2}{\overset{|}{C}}HCOO^-]Na^+}$$

所得结晶谷氨酸含量在 99%。

毒性：一般用量条件下不存在毒性问题。ADI 为 0～120mg/kg。

2. 甜味剂

甜味剂（Sweeteners）是赋予食品以甜味的食品添加剂。甜味是甜味食品的基础味，也对所有食品的风味起协调平衡的作用，在低浓度时对于某些食品有增鲜作用。

甜味是调整、遮蔽异味，增加适口性的重要因素。呈甜味的物质很多，由于组成和结构的不同，产生的甜味感有很大不同，主要表现在甜味强度和甜感特色两个方面。天然糖类一般是碳链越长甜味越弱，单糖、双糖类都有甜味，但乳糖的甜味较弱，多糖大多无味。蔗糖甜味纯且甜味高低适当，产生愉快的甜味。有的天然甜味剂带有酸味、苦味。合成甜味剂的甜味不纯，夹杂有苦味，甜感也不愉快。糖精的甜味浓度约在0.005%以上即显示出苦味和有持续性的后味，浓度愈高苦味愈重。查耳酮类呈甜味的速度慢，但后味持久；甘草的甜味是慢速的、带苦味的强甜味，有不快的后味，葡萄糖是清凉而较弱的甜味，木糖醇与葡萄糖相似。

此外，不同的甜味物质对味觉还有协同增强或相减弱作用。如麦芽粉加入果糖，甜味增强。实验证明，添加少量食盐甜味增加，多加盐甜味降低。50%糖业添加0.05%盐（糖量的0.1%）时最甜。

因此理想的甜味剂应具有很高的安全性、良好的味觉、较高的稳定性、较好的水溶性和较低的价格等特点。

① 甜味剂的分类　目前，世界上使用的甜味剂近20种，有几种不同的分类方法，按来源不同可以分为天然甜味剂和人工合成甜味剂；按化学结构和性质分为糖类甜味剂和非糖类甜味剂；按营养价值分为营养性甜味剂和非营养性甜味剂。

糖类甜味剂包括蔗糖、果糖、淀粉糖、糖醇、寡糖和异麦芽酮糖等。其中糖醇包括山梨糖醇、甘露醇、麦芽糖醇和木糖醇等，淀粉糖包括葡萄糖、麦芽糖、果葡糖浆和淀粉糖浆。

非糖类甜味剂包括甜菊糖、甘草酸二钠、甘草酸三钾钠和竹芋甜味素等，人工合成甜味剂包括糖精、糖精钠、己基氨基磺酸钠、天门冬酰苯丙氨酸甲酯、乙酰磺胺酸钾和三氯蔗糖等。

摄入糖过多造成的危害，已为人们所认识，因为对糖甜味剂的研究一直非常活跃，有些品种，如三氯蔗糖等已在一些国家被批准使用。

② 甜味的化学结构　在人体的各种感觉中，味觉是最普遍最常产生的一种感觉。但对食物甜味剂的化学结构的研究还只是经验性认识，对甜味的分子结构的预见性还很差。一般认为，羟基、氨基酸、酚与多酚等结构与甜味有一定关系。

a. 羟基结构与甜味　一些单糖是碳水化合物，其分子中有羟基结构，但并非所有的糖类都有甜味。有人认为，这些糖具有甜味是因为具有邻二羟基结构，而甜度则与邻二羟基间的氢键有关，氢键结合力越大，甜味越低。因为羟基间的氢键阻碍了邻二羟基和甜味受体的相互作用。

b. 氨基酸结构与甜味　食品中的一些氨基酸和蛋白质也是甜味物质。在L-氨基酸中，L-丙氨酸有较高的甜味，而丝氨酸、苏氨酸有微甜味，其他的L-氨基酸几乎没有甜味。D-6-甲基色胺酸的甜味可达蔗糖的1000倍，这说明氨基酸的甜味及甜度与其构型有关。近年来研制的天门冬酰苯丙氨酸甲酯具有氨基酸的结构，甜度很高，这类物质有多种衍生物，又称为二肽衍生物。

c. 酚、多酚结构与甜味　一些具有酚或多酚结构的物质带有甜味。其中，二氢查尔酮是一类很有应用前景的甜味剂，在其结构中有两个酚基基团。糖醇类甜味剂的甜度与蔗糖差不多，因热值较低，或与葡萄糖代谢过程不同，而有某些特殊用途。非糖类甜味剂甜度很高，用量少，热值低，有些又不参与代谢过程，故常称为非营养性或低热值甜味剂。

四、发色剂和漂白剂

发色基本身无着色作用，但能与食品中的着色剂作用，使发色物质在加工、保存中不致分解、脱色和退色；或使食品中的无色基团发生鲜艳色泽。肉类中色素肌红蛋白（Hb）和血红蛋白与亚硝酸盐生成的亚硝基结合后，能生成鲜红色的亚硝基肌红蛋白和亚硝基血红蛋白，使肉制品保持鲜艳红色。

1. 发色剂

发色剂有数十种，主要有亚硝酸基、硝酸钠、硝酸钾。

助色剂本身无发色作用，但和发色剂配合使用可获得更好的发色效果。助色剂主要有抗坏血酸及其钠盐、异抗坏血酸、烟酰胺等。

2. 漂白剂

漂白剂是使食品中的着色物质分解、转变为无色物质的添加剂，有氧化性和还原性两种。漂白剂有一定毒性，且会破坏维生素，应少用或不用。

氧化性漂白剂主要有：过氧化氢、过硫酸铵、过氧化苯甲酰、二氧化氯等。

还原性漂白剂主要有：亚硫酸钠、亚硫酸氢钠、无水亚硫酸钾、焦亚硫酸钠等。

五、品质改良剂

品质改良剂是一种能通过保水、保温、黏结、填充、增塑、增容和改善流变性能等作用，改进食品外观和触感的一类食品添加剂。常用的保水剂与保湿剂有甘油、山梨糖醇、山梨糖醇糖浆、三乙酸甘油酯等。

最常用的组织改进剂有磷酸氢二钠、焦磷酸盐、三聚磷酸、六偏磷酸盐等。

六、膨松剂

膨松剂是在糕点、饼干等食品生产中使食品具有酥脆、膨松特性的添加剂，通常分为碱性膨松剂、复合膨松剂及酵母。

碱性膨松剂主要是碳酸氢钠、碳酸氢铵。碱性膨松剂可破坏某些维生素，易使成品出现黄斑，还影响食品的风味，所以目前多用复合型膨松剂。

复合膨松剂俗称发酵粉，由碳酸盐、酒石酸等有机酸、酸式磷酸盐、明矾等酸性物质及淀粉混合配制而成。因配比与酸性物质的不同，其膨松方式和气体发生速度有所不同，对食品的风味、色泽及组织状态也产生不同的影响。

酵母菌在繁殖过程中可产生二氧化碳以形成多孔性膨松组织，且能产生有机酸、醇、酮等反应产物，增强食品香味。在酵母加入酵母养料如磷酸盐、酒石酸盐、氯化铵等制成活性干酵母，复水后酵母可很快繁殖。

膨松剂主要用于焙烤食品的生产，它不仅可以提高食品的感官质量，而且也有利于食品的消化吸收，这在今天大力发展方便食品并强调其营养作用时具有一定重要性。

各种添加剂均有其特殊作用，前面所介绍的是食品添加剂的主要种类和品种。还有一些种类因它们的应用范围小、品种少，本章不作叙述。

参考文献

[1] 韩秋燕．“十二五”新领域精细化工展望．化学工业，2010，28（12）：1-8.
[2] 侯振建编著．食品添加剂及其应用技术．北京：化学工业出版社，2004.
[3] 周立国著．食用天然色素及其提取应用．济南：山东科学技术出版社，1993.

[4]　韩长日，宋小平主编．食品添加剂生产与应用技术．北京：中国石化出版社，2006.
[5]　吕心泉，高巍，沈爱光．红曲色素的提取条件探索．食品工业科技，1995 (2)：53.
[6]　王义潮，李多伟，孙诗清，王英娟．从红花中提取红花黄色素最佳工艺条件的研究．中国新医药，2004，3 (2)：27.
[7]　闫鹏飞，郝文辉，高婷编著．精细化学品化学．北京：化学工业出版社，2004.
[8]　易文．制备维生素衍生物的方法．精细与专用化学品，1996 (1).
[9]　李和平，葛红．精细化工工艺学．北京：化学工业出版社，1995.
[10]　宋启煌主编．精细化工工艺学．北京：化学工业出版社，2004.
[11]　唐璎，孟宪刚．新型天然生物功能食品添加剂的研究与发展．食品工业科技，2011 (03).
[12]　杨新全，田红玉，陈兆波等．食品添加剂研究现状及发展趋势．生物技术进展，2011 (5).
[13]　薛祖源．浅议食品添加剂和食品安全问题．上海化工，2012 (2).

第七章　染料化学品

第一节　染料概述

一、染料的概念

着色剂可分为染料和颜料两种。能以分子状态或分散状态使纤维或其他物质获得鲜明和牢固色泽的有色物质称为染料。而颜料是不溶于水的有色物质，经适当处理后能黏附在物体表面而着色。

染料与颜料的主要区别在于：染料可以溶解于水或分散于染色介质（如水）中，并可扩散到纤维的内部，与纤维以某种结合力相结合，作为纺织纤维染色之用；而颜料不溶于水，主要用于制造油墨或涂料等。但是随着科学技术的飞速发展，以是否溶于水来区别染料和颜料，其局限性是显而易见的。

常用的染料是人工合成的，所以称为合成染料或有机染料。

染料有三个方面的应用。染色：染料由外部进入到被染物的内部，而使被染物获得颜色，如各种纤维、织物、皮革等的染色；着色：在物体形成最后固体形态之前，将染料分散于组成物之中，成型后即得有颜色的物体，如塑料、橡胶及合成纤维原浆的着色；涂色：借助于涂料的作用，使染料附着于物体表面，从而使物体表面呈色，如用涂料、印花油漆涂色等。

染料主要应用于各种纤维的染色，同时也广泛应用于塑料、橡胶、油墨、皮革、食品、造纸等方面。

二、染料的分类

染料的分类有两种方法：一种是按照染料的应用性能分类，这种分类法适用于染料应用性能的研究。另一种是按照染料分子的化学结构分类，这种分类法适用于对染料分子结构和染料合成的研究。由于染料的分子结构决定染料的性能，因此两种分类方法不能截然分开。

1. 按染料的应用分类

根据染料的应用特性，可分为以下几类。

① 酸性染料　在染料分子中含有酸性基团，又称阴离子染料，能与蛋白质纤维分子中的氨基以离子键相结合，在酸性、弱酸性或中性条件下适用。主要为偶氮和蒽醌结构，少数是芳甲烷结构。

② 中性染料　为金属配合结构，因其是在近中性的条件下染色，所以叫中性染料，用于丝绸、羊毛等纺织物的染色。

③ 直接染料　染料分子多数为偶氮结构且含有磺酸基、羧酸基等水溶性基团，以范德华力和氢键与纤维素分子相结合，用于纤维素和蛋白纤维的染色。

④ 还原染料　在碱性条件下被还原而使纤维着色，再经氧化，在纤维上恢复成原来不

溶性的染料而染色，用于染纤维素纤维；将不溶性还原染料制成硫酸酯钠盐，可变成可溶性还原染料，主要用于棉布印花。

⑤ 分散染料　分子中不含水溶性基团的非离子型染料，在染色时用分散剂将染料分散成细微的分散状颗粒而对纤维染色，分散染料由此得名。主要用于涤纶、锦纶等合成纤维的憎水性纤维的染色和印花。

⑥ 硫化染料　硫化染料和还原染料相似，在硫化碱液中染色，主要用来染棉纤维。

⑦ 活性染料　又称反应性染料，染料分子中有能与纤维分子中羟基、氨基生成共价键的基团。主要用于印染麻、棉等纤维，还用于蛋白质纤维的染色、印花。

⑧ 冰染染料　又叫不溶性偶氮染料，由重氮组分和偶合组分直接在纤维上反应形成不溶性偶氮染料而染色，多用于棉布织物的染色，染色条件是在0～5℃下冰水浴中进行。

⑨ 阳离子染料　又称碱性染料，在水中呈阳离子状态，可与纤维分子上的羧基成盐，主要用于聚丙烯纤维的染色。

2. 按染料的结构分类

该分类方法是根据染料分子中相似的化学结构、共同的发色团等进行分类。

① 偶氮染料：分子中含有偶氮基（—N═N—）的染料。有单偶氮、双偶氮和多偶氮染料。这是染料中最多的一类。

② 蒽醌染料：分子中含有蒽醌结构的染料。

③ 靛族染料：分子中含有靛蓝或类似结构的染料。包括靛蓝和硫靛结构的染料。

④ 酞菁染料：分子中含有四氮卟吩的结构。这类染料色泽鲜艳，主要有翠蓝和翠绿两个品种。

⑤ 芳甲烷染料：分子中含有二芳甲烷和三芳甲烷结构的染料。

⑥ 硫化染料：用硫或多硫化钠的硫化作用制成的染料。

⑦ 菁系染料：又称多次甲基或杂氮次甲基染料，分子中含有次甲基（—CH═）。

⑧ 杂环染料：分子中含有杂环结构的染料。

此外，还有硝基和亚硝基类染料、稠环酮染料、醌亚胺染料、二苯乙烯染料等不同名称和类型的染料。

由于染料的品种很多，已开发出有价值的就已有近万种。有很多染料很难以它们的应用或化学结构进行分类。实际上，上述两种分类方法经常是结合使用。例如在还原染料中包含靛族染料、蒽醌染料等，同理，偶氮染料中也含有酸性染料、冰染染料等。在科研和生产当中这两种方法相互联系、相互补充，同时尚需不断地完善和发展。

三、染料的命名

染料是分子结构复杂的有机化合物，如果用一般的化学命名方法，无法准确地对其进行描述。所以对染料的命名有一套专门的命名方法。我国对染料的命名采用统一的命名方法，其名称由三部分组成。

① 冠称　冠称表示染料的应用类别和性质，又称属名，我国采用31个冠称。即酸性、弱酸性、酸性络合、中性、酸性媒介、直接、直接耐晒、直接铜盐、直接重氮、阳离子、还原、可溶性还原、分散、硫化、可溶性硫化、氧化、毛皮、油溶、醇溶、食用、活性、混纺、酞菁素、色酚、色基、色盐、快色素、颜料、色淀、耐晒色淀、涂料色浆。

② 色称　色称表示染料的基本颜色，我国采用30个色泽名称。例如金黄、嫩黄、黄、

深黄、大红、红、桃红、玫瑰红、品红、枣红、红紫、紫、翠蓝、蓝、湖蓝、艳蓝、翠绿、绿、艳绿等。颜色的名称前可加形容词：嫩、艳、深三个字。

③ 词尾　词尾也称尾注，补充说明染料的性能或色光和用途，字尾常用字母表示。

a. 色光的表示　B (Blue)—蓝光、G (Gelb)—黄光、R (Red)—红光。

b. 色的品质表示　F (Fine)—亮、D (Dark)—暗、T (Tallish)—深。

c. 性质和用途的表示　C—耐氯或棉用、Conc—浓、Gr—粒状、I—还原染料坚牢度。

d. K—冷染（我国为热染型）、L—耐光牢度或均染性好、Liq—液状、M—双活性基、N—新型或标准、P—适用于印花、Pdr—粉状、Pst—浆状、X—高浓度（我国为冷染）等。

在同一分类中的染料为了进一步加以区分，还需在词尾把表示染料类型的项加在其他字母之前，它们之间用-分开。例如：活性嫩绿 KN-B，它就是采用的三段命名方法，分三个部分，“活性”是第一部分的冠称，表示染料的应用类型；“嫩绿”是第二部分的色称，表示染料的基本颜色为绿；“嫩”是色泽的形容词；“KN-B”是第三部分的词尾，表示染料的性质、用途为新型（或标准）的高温型，“B”表示色光。

由于染料色光表现程度的差异，有时会使用几个字母来表示色光，如：GG（2G）、GGG 等，2G 表示的黄光程度高于 G 但低于 3G。

四、染料索引

《染料索引》(Colour Index，简称为 C. I.）是由英国染色者协会（The Society of Dyers and Coloursts，缩写 SDC）和美国纺织化学家和染色者协会（American Association of Textile Chemists and Colourists，缩写 AATCC）共同编写的一部汇集各种染料、颜料及其中间体的汇编。1971 年出版的第三版中记录的染料品种有七千种之多，经常使用的在两千种左右。由于其具有极高的应用价值，所以《染料索引》及后续版本已被许多国家正式列为国际上通用的染料制造、销售和使用的标准文献。

《染料索引》中主要通过应用类属和化学结构两种分类方法介绍了世界各国各厂商生产的染料和颜料的名称、性质、用途、类属、结构、合成及制造厂商等。

《染料索引》前一部分是以应用类属按染料对吸收光谱波长进行排序，黄、橙、红、紫、蓝、绿、棕、灰、黑。再在同一色称下对各类染料品种进行编号、排序，这称做“染料索引应用类属名称编号”。例如：C.I. 酸性黄 1（C.I. Acid Yellow 1），C.I. 直接红 28（C.I. Direct Red 28）。《染料索引》后一部分在已知染料的化学结构下按化学结构对染料进行编号，这称为“染料索引化学结构编号”，对于染料的化学结构不明或不确定的无结构编号。例如：C.I. 10316 即 C.I. 酸性黄 1 的结构编号，C.I. 22120 即 C.I. 直接红 28 的结构编号。

由于各国厂家对同一结构染料的命名方法不同，致使染料名称非常复杂，所以，现在很多国家都把书刊、资料中的染料用《染料索引》中的染料索引编号来代表，已达到染料在各方面的统一。

五、染料的发展及前景

古代染料取自于动植物。1856 年 Perkin 发明第一个合成染料——马尾紫，使有机化学分出了一门新科学——染料化学。20 世纪 50 年代，Rattee 和 Stephen 发现含二氯均三嗪基团的染料在碱性条件下与纤维上的羟基发生键合，标志着染料使纤维着色从物理过程发展到化学过程，进入到活性染料的合成与应用时期。目前世界染料工业已经历了150年的发展历程，染料的年产量已超过90万吨，其中用于纤维素纤维的染料超过了31万吨，用于合成纤维的染料在29万吨左右。世界染料工业格局在20世纪90年代发生了巨大的变革：染料的生产和供应中心从欧美向亚洲转移。进入21世纪后，我国纺织和印染等行业的发展，快速拉动了国内染料消费的增长。外贸经营权的逐步放开，内销和出口的双重拉动，也刺激了我国染料工业的发展。特别是近10年，民营企业迅速崛起，大大促进了染料生产企业的改革和发展，染料产量以年均7.46%的速度持续增长，出口量以年均6.96%的速度增长。目前，我国的染料产量已跃居世界首位，约占世界染料产量的1/3。已能生产的染料品种超过1200个，其中常年生产的品种约600个。同时，我国染料的质量也有了很大提高，不少产品的质量已经达到或接近国外同类产品水平。

近年来世界上各染料公司非常注重新染料的研究与开发，并集中到有利于环境、安全、健康、高坚牢度、经济性和方便性等方面。有理由相信，适应于新的染（着）色工艺和技术、绿色环保、性能优异的新型染料会不断涌现，人们的生活会更加五彩缤纷。

六、染料的颜色

1. 光和色的关系

可见光能全部透过某物体，则该物体是无色透明的；若全部被反射，则物体是白色的；若全部被吸收，则物体是黑色的；当物体选择吸收可见光中某一波段的光，反射其余各波段的光，则物体呈现反射光的颜色，即吸收光的补色。例如，若某一物体吸收波长为500～550nm的绿色光线，则该物体呈现绿色的补色——紫红色。光谱色与补色之间的关系可用颜色环来描述，如图7-1所示。

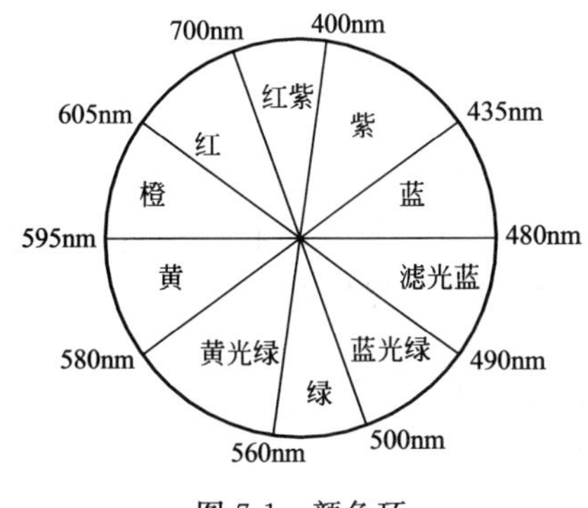

图7-1　颜色环

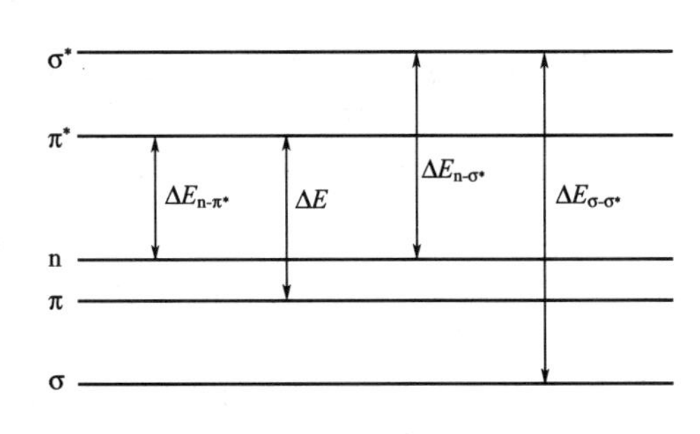

图7-2　电子跃迁能级图

2. 染料的发色理论

光线照射在不同的染料分子上会显出不同的颜色，主要是因为不同的染料有着不同的分子结构。经典的发色理论认为，有机化合物至少要有某些不饱和基团存在才能发色，Witt（1876）提出该学说并把这些基团称为发色团。如乙烯基—CH═CH—，硝基，羧基，偶氮基—N═N—等。增加共轭双键，颜色加深。羧基增加，颜色也加深。随后，Armstrong（1888）提出了有机化合物发色是和分子中醌型结构有关。该理论在解释三芳甲烷类化合物及醌亚胺类染料的发色时取得了成功。但该理论无法合理解释其他类染料的发色原理。上述经典理论对染料化学的发展都曾起过重要的作用。

近代发色理论是建立在量子力学的分子轨道理论基础上的。分子轨道由原子轨道线性组合而成（Huckel 分子轨道理论），根据轨道的对称性，分子轨道可分为 σ 轨道和 π 轨道等。不同分子轨道上的电子具有不同的能量（能级不同）。按照能级的高低（以原子轨道为标准）分子轨道分为成键轨道、非键轨道和反键轨道。较低能量的分子轨道称为成键分子轨道，而具有较高能量的轨道称为反键分子轨道。见图 7-2。

有机染料分子中的价电子有三种类型：σ 电子、π 电子和 n 电子（未成键电子）。这些电子吸收一定能量可跃迁到高能量的轨道上，分子由基态变为激发态。从图 7-2 可知有四种跃迁类型：σ-σ^*、π-π^*、n-σ^*、n-π^*。其中 σ-σ^* 和 n-σ^* 跃迁时需要能量较大，一般在紫外区才有吸收。而 n-π^*（分子中含有未共享孤电子对与 π 键作用）和 π-π^* 跃迁所需能量较小。当共轭链增长到一定程度时，在可见光（400～760nm）范围内吸收，从而物质呈现出吸收光谱色的补色。总之，物质的颜色，主要是由于物质分子中的电子在可见光作用下，发生了 π-π^* 或 n-π^* 跃迁的结果。

第二节　重氮化及偶合反应

偶氮染料是分子中含有偶氮基（—N═N—）发色基团的染料，它是染料中品种最多的一类染料，包括单偶氮、双偶氮和多偶氮。一般酸性、冰染、直接、分散、活性、阳离子等染料的大部分属于偶氮染料。而在偶氮染料的生产中，重氮化和偶合则是两个基本反应。

一、重氮化

由芳香族伯胺和亚硝酸作用生成重氮化合物的反应称为重氮化。由于亚硝酸不稳定，所以用亚硝酸钠与盐酸或硫酸作用，可以避免生成的亚硝酸分解，其与芳伯胺反应的生成物以重氮盐形式存在。重氮化反应的基本方程式为：

$$Ar—NH_2 + NaNO_2 + 2HX \longrightarrow ArN_2^+X^- + NaX + 2H_2O$$

芳香族伯胺称为重氮组分，亚硝酸称为重氮化剂。

1. 重氮化反应机理

重氮化试剂是亚硝酸钠和酸，最常用的酸是盐酸和硫酸，反应是先将胺溶于酸中成盐，然后在低温下滴加亚硝酸钠溶液，亚硝酸钠先与酸反应成亚硝酸，然后再与胺反应，由于亚硝酸是弱酸（$pK_a = 3.23$），在溶液中具有下列平衡：

$$2HONO \rightleftharpoons N_2O_3 + H_2O$$

$$HONO + H^+ \rightleftharpoons H_2O^+NO$$

$$H_2O^+NO \rightleftharpoons NO^+ + H_2O$$

如果所用的酸为盐酸，则：

$$H_2O^+NO + Cl^- \rightleftharpoons ClNO + H_2O$$

在这里 N_2O_3、NO^+、H_2O^+NO、ClNO 均为重氮化试剂，重氮化过程如下：

$$C_6H_5NH_2 \xrightarrow{NO^+} C_6H_5\overset{+}{N}H_2—NO \underset{H^+}{\overset{-H^+}{\rightleftharpoons}} C_6H_5NH—N{=}O \underset{-H^+}{\overset{H^+}{\rightleftharpoons}} C_6H_5N(H)—N{=}\overset{+}{O}H \underset{H^+}{\overset{-H^+}{\rightleftharpoons}}$$

$$C_6H_5\ddot{N}{=}NOH \underset{-H^+}{\overset{H^+}{\rightleftharpoons}} C_6H_5\ddot{N}{=}N—\overset{+}{O}H_2 \underset{+H_2O}{\overset{-H_2O}{\rightleftharpoons}} C_6H_5N{\equiv}\overset{+}{N} + H_2O$$

反应速率 $v=k[ArNH_2][HNO_2]^2$

在硫酸介质中，重氮化反应速率 v 与苯胺浓度和亚硝酸浓度平方成正比，属三级反应；在盐酸介质中，反应速率除了与苯胺、亚硝酸浓度有关外，还与氢离子浓度及氯离子浓度有关。所以，氯离子的加入可以加速重氮化的反应速率：

$$v=k_1[ArNH_2][HNO_2]^2+k_2[ArNH_2][HNO_2][H^+][Cl^-]$$

由上式可知，在盐酸介质中苯胺重氮化也是一个三级反应，由两个平行反应组成。一是亚硝酸与盐酸反应生产的亚硝酸酐与苯胺作用，另一个是亚硝酸与盐酸反应生成的亚硝酰氯（NOCl）再与苯胺作用。由于 NOCl 是比亚硝酸酐还强的亲电试剂，所以可以认为苯胺在盐酸中的整个反应，主要是与 NOCl 的反应。

总结以上规律，可以认为苯胺重氮化的反应机理是：按反应介质性质，芳胺重氮化反应分为两步，第一步是游离的芳伯胺与亚硝酸酐或亚硝酸氯的亚硝酸化试剂作用，生产不稳定的中间体。第二步就是不稳定的中间体在酸性介质中迅速分解、转化而形成重氮盐。在整个反应中，第一步起决定作用，是反应的控制步骤。

2. 重氮化反应的影响因素

重氮化反应的影响因素主要有酸的用量、反应温度、芳胺的碱性等。

① 无机酸　加入无机酸的目的除了生成亚硝酸试剂外，还要使不溶性芳胺溶解。理论上无机酸的用量是 2mol 即可，而实际上却要 3～4mol，目的是使芳胺更易于生成稳定的可溶性重氮盐，并且使反应完毕时的介质维持在 pH 为 3 的强酸性条件下。否则会使生成的重氮盐与未反应的芳胺发生自偶合反应而生成重氮氨基化合物，影响了重氮化反应的进行。

$$ArN_2X+Ar—NH_2 \longrightarrow ArN=N—NHAr+HX$$

② 反应的温度　升高温度会使重氮化反应的速率加快，也会使亚硝酸和生成的重氮化合物的分解速度加快，一般适宜的温度在 0～5℃。对于较稳定的重氮化合物温度可稍高，但基本不超过 30℃。

③ 芳胺的碱性　从重氮化反应机理来看，芳胺的碱性越强，越有利于亚硝基化反应（亲电反应），从而提高重氮化反应速率。但强碱性的胺类易与酸成盐，而且该盐不易再水解成游离胺，降低了游离胺的浓度，因此也抑制了重氮化速度。在实际生产中，酸浓度较大，因此反应速率主要取决于胺盐水解的难易程度，这时碱性较弱的胺，由氨基（$—NH_2$）与 H^+ 的结合较弱，溶液中游离胺浓度较高，重氮化反应速率较快。而当碱性很弱时，*N*-硝化反应难以进行，就不能进行重氮化反应。

④ 亚硝酸钠的用量　在重氮化反应中，亚硝酸钠的用量也是很重要的，应保持过量，使生成的亚硝酸也过量，这样就可避免发生自身偶合作用。但过量的亚硝酸对下一步偶合反应不利，会使偶合组分亚硝化、氧化或产生其他反应。因此在重氮化结束后要加入尿素或氨基磺酸以消除过量的亚硝酸。

3. 重氮化反应的方法

① 直接重氮化法　对于芳环上连有给电子基团的碱性较强的芳胺，在反应时它们会与酸形成稳定的铵盐，影响反应，所以在重氮化时一般先将芳胺溶于适当的稀酸中使之充分溶解，然后加入 30%左右的亚硝酸钠水溶液进行重氮化，并用碘-淀粉试纸检测反应终点。

② 反加法重氮化　对于芳环上连有吸电子基碱性较弱的芳胺，如硝基、磺酸基的芳胺，

在进行重氮化之前，先将芳胺与亚硝酸钠调成糊状，然后加到冷的盐酸溶液中，使反应迅速完成。

二、偶合反应

重氮盐与酚类、芳胺作用生成偶氮化合物的反应叫偶合反应。芳香族重氮化合物称为重氮组分，酚类和芳胺就称为偶合组分。大多数偶合组分为芳环上电子云密度较高的试剂，如：苯酚、萘酚、苯胺、萘胺及它们的衍生物等，偶合能力随着电子云密度的升高而增强。

1. 反应机理

偶合反应是亲电取代反应，重氮盐的正离子进攻偶合组分中电子云密度较高的碳原子而形成中间体，然后再迅速失去氢质子转化为偶合化合物。

$$Ar-\overset{+}{N}\equiv N^{+} + C_6H_5-\ddot{N}H_2 \longrightarrow Ar-N=N-C_6H_5(H)=\overset{+}{N}H_2 \longrightarrow Ar-N=N-C_6H_4-NH_2$$

$$Ar-\overset{+}{N}\equiv N + C_6H_5-\ddot{O}:^{-} \longrightarrow Ar-N=N-C_6H_5(H)=O \longrightarrow Ar-N=N-C_6H_4-OH$$

2. 偶合反应的影响因素

① 重氮与偶合组分的性质　从偶合反应的机理可知偶合反应是亲电取代反应，因此当重氮组分上连有吸电子取代基的时候，有助于加强重氮盐的亲电性，使偶合反应容易进行；若重氮组分上连有供电子取代基时，就会减弱重氮盐的亲电性，使偶合反应不易进行。

偶合组分上连有供电子基时，使芳环上的电子云密度增大，有利于偶合反应的进行；若连有吸电子基时，则偶合不易发生。

② 介质的 pH 值　当偶合组分为芳胺，pH＜5 时，随着介质 pH 值的增加，偶合速度增加；当 pH 增加到 5 时，偶合速率与 pH 关系不大。当 pH＞9 时，反应速率便开始下降了。开始反应速率增大是因为游离芳胺浓度增大之故。

当 pH＞10 时，反应速率明显下降，是因为重氮盐在强碱性溶液中不稳定转变为反式重氮酸盐。

$$Ar-\overset{+}{N}\equiv\ddot{N} \xrightarrow{OH^-} Ar-N=N-OH \xrightarrow{OH^-} \underset{(Ar)}{}N=N-\ddot{O}:^{-} \rightleftharpoons \underset{(Ar)}{}N=N\,\ddot{O}:^{-}$$

当偶合组分为酚时，随着 pH 的增加，偶合速率也增大，当 pH＞9 时，反应速率达到最大值，再增加 pH 反应速率也会降低（转变为反式重氮酸盐）。开始 pH 增加反应速率增大的原因是，pH 增加有利于酚类负离子的生成，增加了反应活性，从而增加了反应速率。

$$Ar'-OH+OH^{-} \rightleftharpoons Ar'-O^{-}+H_2O$$

$$Ar-N_2^{+}+Ar'-O^{-} \longrightarrow Ar-N=N-Ar'-O^{-}$$

③ 其他因素　另外还有一些影响因素，如：反应温度、电解质的浓度等。一般反应温度提高 10℃，反应速率会增加 2～2.4 倍。而重氮盐分解速度增加 3～5 倍。因此较低温度更有利于反应的进行。

第三节　酸性染料

酸性染料是一类在酸性染浴中进行染色的染料，根据分子结构及使用方式的不同又可分为强酸性、弱酸性、酸性媒介、酸性络合染料等。这类染料主要应用于羊毛、蚕丝和锦纶等的染色，也可用于皮革、纸张、墨水等方面。

一、强酸性染料

它是最早发展起来的一种酸性染料。分子结构简单，分子量低，分子含有磺酸基或羧基，要求在强酸性（pH＝2～4）染浴中染色，对羊毛亲和力不大，能匀染，故也称酸性匀染染料。但染色不深、耐湿处理牢度不好，且对羊毛强度有损伤，染后手感差。

按化学结构强酸性染料主要分为偶氮型、蒽醌型染料。其中以偶氮型居多，它们的合成方法不同，但其染色机理基本一致：染料分子与羊毛分子在强酸介质中借盐键结合。

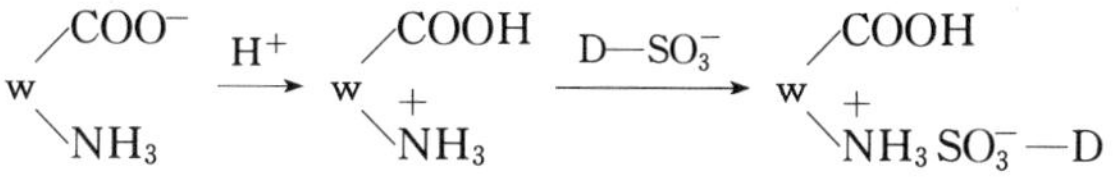

$$\mathrm{W}\langle^{COO^-}_{NH_3} \xrightarrow{H^+} \mathrm{W}\langle^{COOH}_{\overset{+}{N}H_3} \xrightarrow{D-SO_3^-} \mathrm{W}\langle^{COOH}_{\overset{+}{N}H_3\,SO_3^- -D}$$

1. 强酸性偶氮染料的合成

强酸性偶氮染料的合成是以吡唑酮及其衍生物等为偶合组分合成的黄色染料，具有较好的耐光牢度。例如：酸性嫩黄 G 和 C. I. 酸性红（羊毛用）。

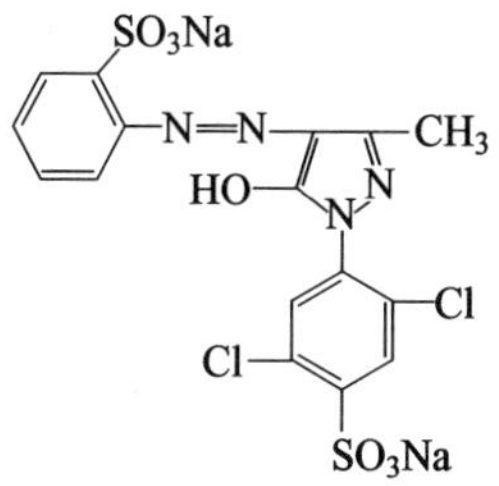

酸性嫩黄 G 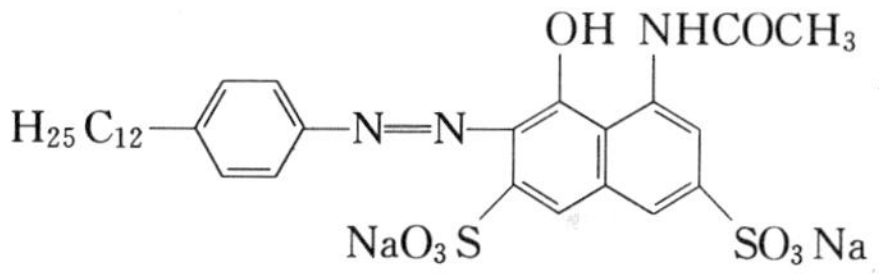　　　　C. I. 酸性红

2. 强酸性蒽醌染料的合成

该类型染料的合成一般是在蒽醌母体上进行的，利用磺化、硝化、还原之类的单元操作来完成，例如酸性蓝 B（C. I. 63010）。

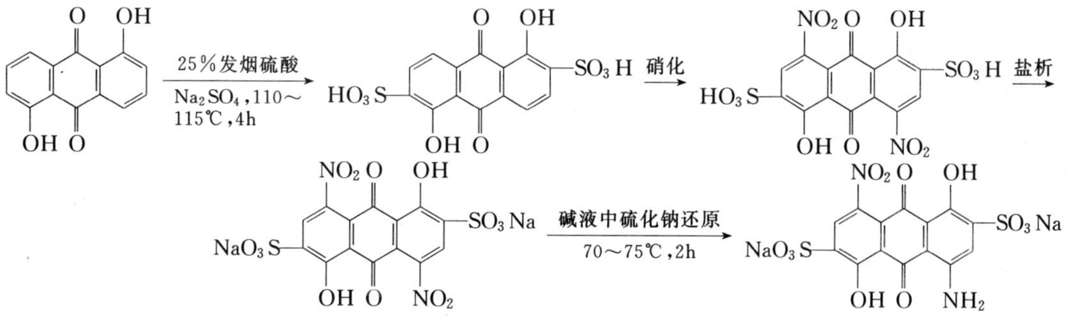

25％发烟硫酸，Na_2SO_4，110～115℃，4h → 硝化 → 盐析 → 碱液中硫化钠还原，70～75℃，2h

二、弱酸性染料

弱酸性染料是针对强酸性染料的缺点，在强酸性染料分子中引入一些基团而增大分子量，引入的基团有芳砜基和长碳链。弱酸性染料在弱酸性介质中对羊毛亲和力较大，不损伤羊毛强度，手感及坚牢度均有所提高。

弱酸性染料对羊毛的染色机理为：染料分子和羊毛间借助盐键和范德华力结合。

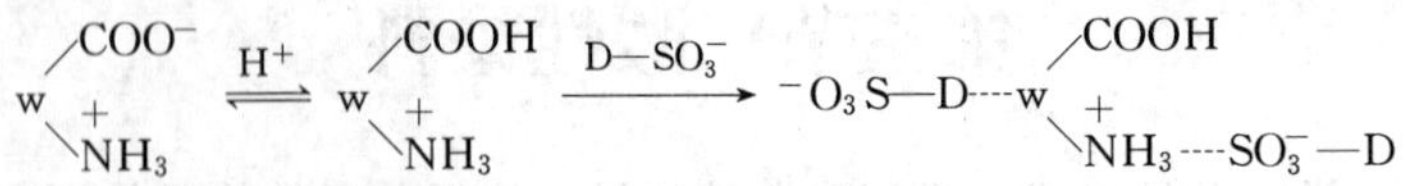

$$\mathrm{w}\begin{matrix}\diagup COO^- \\ \diagdown \overset{+}{N}H_3\end{matrix} \underset{}{\overset{H^+}{\rightleftharpoons}} \mathrm{w}\begin{matrix}\diagup COOH \\ \diagdown \overset{+}{N}H_3\end{matrix} \xrightarrow{D-SO_3^-} {}^-O_3S-D\cdots\mathrm{w}\begin{matrix}\diagup COOH \\ \diagdown \overset{+}{N}H_3\cdots SO_3^- -D\end{matrix}$$

这类染料的结构与强酸性染料相似，主要以偶氮和蒽醌型为主。

1. 弱酸性偶氮染料的合成

该类型染料的合成方法与强酸性染料的合成方法类似，只是在重氮组分或偶合组分中增加一个活性基用于引入增加分子量的基团。

例如弱酸性嫩黄 5G，活性基团为羟基，引入的基团是对甲苯磺酰基。卡普蓝桃红 B，引入的基团为十二烷基。

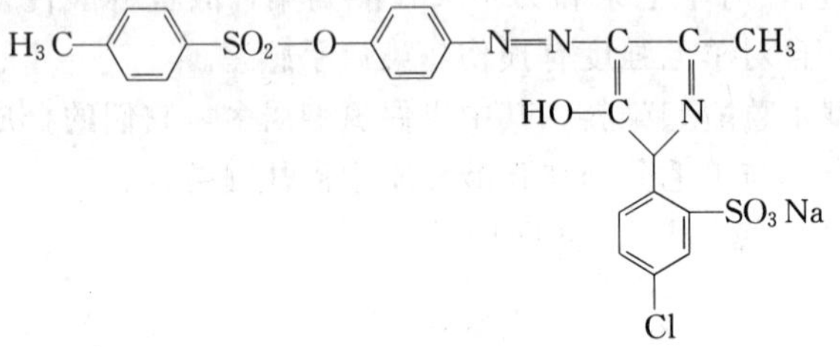

H_3C—⟨苯环⟩—SO_2—O—⟨苯环⟩—N=N—C—C—CH_3；HO—C　N（吡唑环，N上连 2-SO_3Na-4-Cl-苯基）

弱酸性嫩黄 5G

CH_3CONH　OH；萘环—N=N—⟨苯环⟩—$C_{12}H_{25}$；NaO_3S　SO_3Na

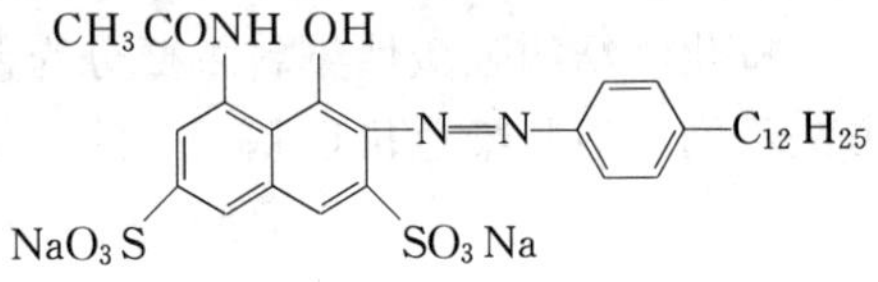

卡普蓝桃红 B

2. 弱酸性蒽醌染料的合成

这类染料以蓝绿色为主。如弱酸性艳蓝 B（C. I. 62075）的合成：

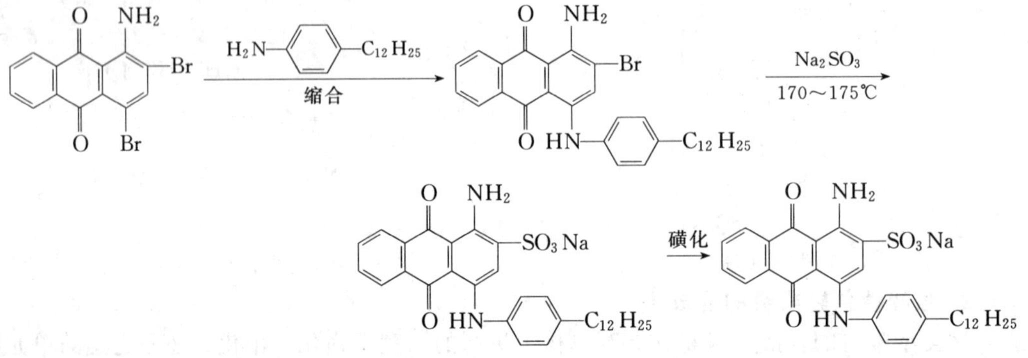

1-氨基-2,4-二溴蒽醌（O, NH_2, Br, O, Br）$\xrightarrow[\text{缩合}]{H_2N-C_6H_4-C_{12}H_{25}}$ 1-氨基-2-溴-4-（对十二烷基苯氨基）蒽醌（O, NH_2, Br, O, HN—⟨苯环⟩—$C_{12}H_{25}$）$\xrightarrow[170\sim175℃]{Na_2SO_3}$

1-氨基-4-（对十二烷基苯氨基）蒽醌-2-磺酸钠（O, NH_2, SO_3Na, O, HN—⟨苯环⟩—$C_{12}H_{25}$）$\xrightarrow{\text{磺化}}$（O, NH_2, SO_3Na, O, HN—⟨苯环⟩—$C_{12}H_{25}$）

三、酸性媒介染料与金属络合染料

1. 酸性媒介染料

酸性染料染色后用金属盐（如铬盐、铜盐等）为媒染剂处理，在织物上形成了络合物，从而提高了耐晒及各项湿处理牢度。但色光较暗，经媒染剂处理后，织物会发生色变，而不易配色。

这类染料按其结构来说主要是偶氮型染料，其他类型不多。最初酸性媒介染料是用水杨酸衍生制成，如酸性媒介深黄 GG：

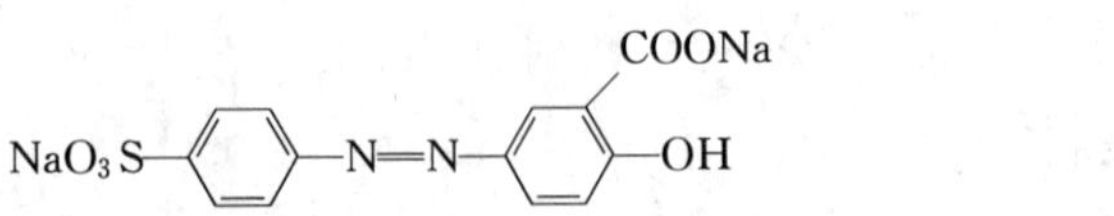

NaO_3S—⟨苯环⟩—N=N—⟨苯环（COONa）⟩—OH

偶氮类酸性染料是指在分子中含有磺酸基或羧基，同时在芳环偶氮基邻位又有羟基的偶氮染料。

酸性媒介染料的合成与其他的酸性染料的合成方法类似，只是重氮组分和偶合组分的取代基不同。常见的偶合组分有：

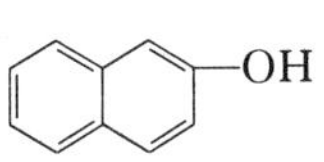

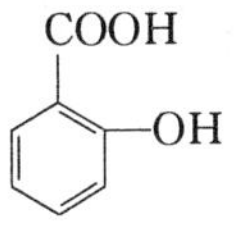

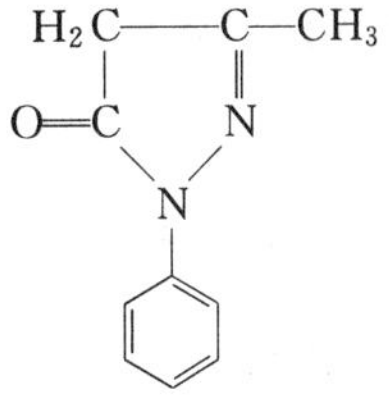

2. **金属络合染料**

该类染料的母体与酸性媒介染料相似，不同的是在制备的过程中已将金属原子引入染料母体形成染料络合物，染料分子中一般含有磺酸基。

金属络合染料的重氮组分主要是各种邻羟基芳胺，如：

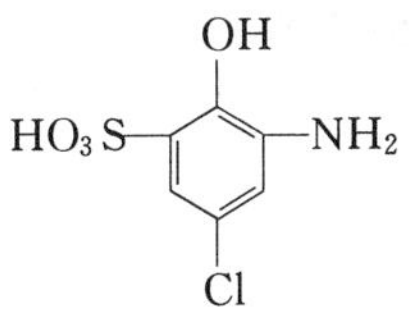

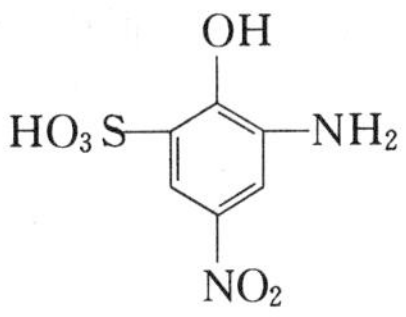

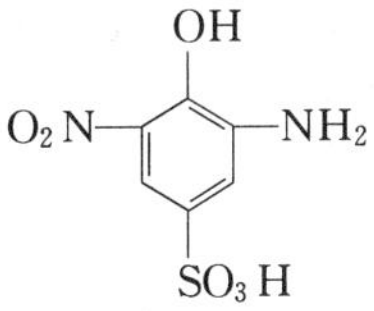

偶合组分主要有：水杨酸、乙酰乙酸乙酯、吡唑啉酮衍生物等。采用的络合剂主要有甲酸铬、硫酸铬等。其中以甲酸铬居多，络合反应可以在常压或加压条件下完成。如酸性络合紫 5RH 的结构如下所示：

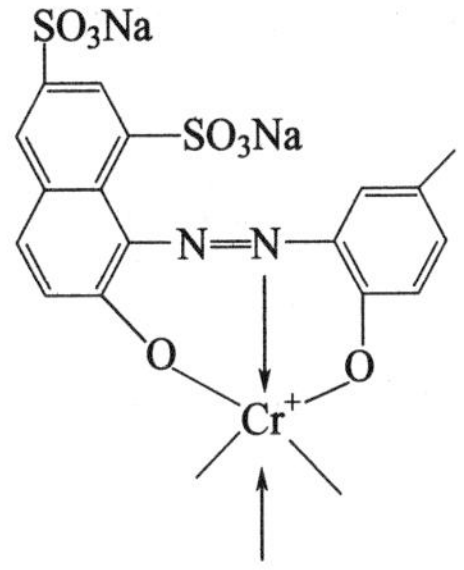

第四节　活性染料

一、活性染料的概念

活性染料又称反应性染料，是 20 世纪 50 年代出现的一类新型水溶性染料，活性染料分子中含有能与纤维素中的羟基和蛋白质纤维中的氨基发生反应的活性基团，染色时与纤维生成共价键，生成“染料-纤维”化合物。

活性染料具有颜色鲜艳，匀染性好，染色方法简便，染色后耐洗牢度高，色谱齐全和成本较低的特点，主要应用于棉、麻、黏胶、丝绸、羊毛等纤维及其混纺织物的染色和印花。

二、活性染料的分类

活性染料分子包括母体及活性基团两个主要部分，活性基团通过某些连接基与染料母体相连，不同的活性基团通过与纤维中的—OH 或—NH_2 进行反应，而染料母体则是染料的发色部分，所以对活性染料可以根据其母体或活性基团进行分类。

按母体染料不同一般可分为偶氮型、蒽醌型、酞菁型等。其中偶氮染料色谱齐全，品种最多。根据活性基团的不同进行分类，可以分为均三嗪型、乙烯砜型、嘧啶型、磷酸型等。目前在生产和应用上仍以均三嗪型和乙烯砜型为主，其中均三嗪型几乎占了活性染料的一半左右。

三、活性染料的染色机理

1. 染色反应机理

如均三嗪型活性染料，其活性基团的母体是对称均三嗪。均三嗪核上由于共轭效应，使氮原子上的电子云密度增大，而碳原子显更多的正电荷，如分子中碳原子上引入吸电子基如氯原子，碳原子正电荷会增加，该类型染料与纤维素发生亲核取代反应而染色。纤维素负离子向染料分子中正电中心原子进攻取代氯原子，从而生成“染料-纤维”化合物。

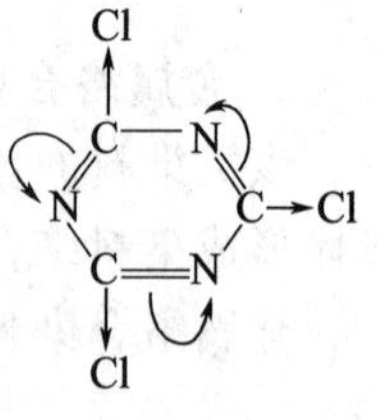

均三嗪

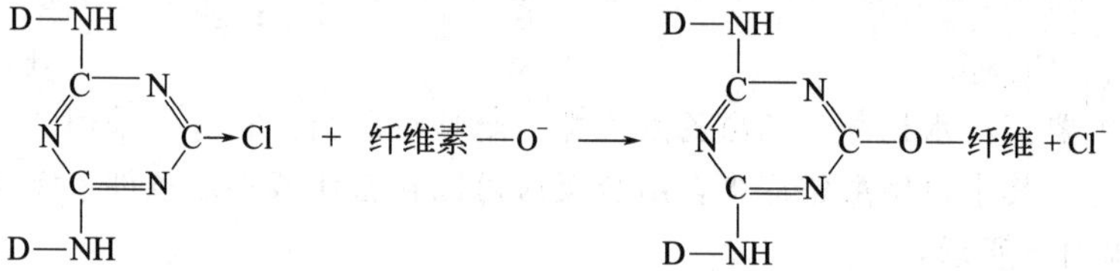

另一类比较重要的活性染料类型是乙烯砜型活性染料，从分子结构式：

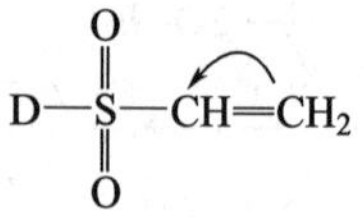

$$D-SO_2-CH=CH_2$$

可知由于共轭效应使分子中 β 碳上正电荷密度增加。同均三嗪型染色机理相似，纤维素负离子与染料分子发生亲核加成反应：

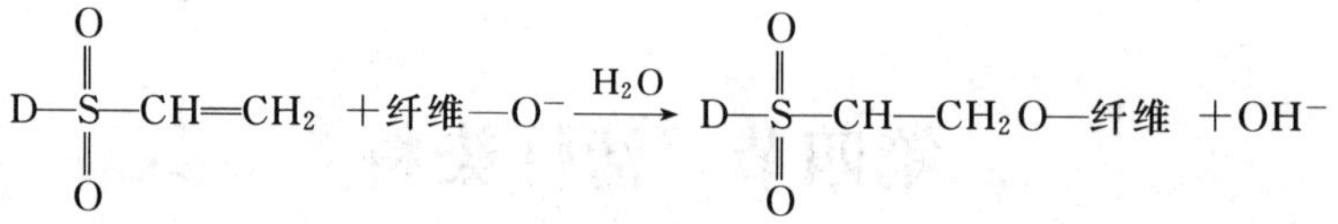

$$D-SO_2-CH=CH_2 + 纤维-O^- \xrightarrow{H_2O} D-SO_2-CH-CH_2O-纤维 + OH^-$$

2. 活性染料的水解

活性染料在染色和印花过程中，碱性水溶液中的氢氧根负离子，同样能与活性基发生亲核取代或亲核加成反应，而使染料发生水解失去活性，不能再与纤维结合。同时活性染料与纤维结合生成的“染料-纤维”化学键也会发生水解，影响湿处理牢度。

水解作用降低了染料在纤维上的固色率，从而降低了活性染料的利用率，同时又增加了印染废水，因此提高活性染料的固色率是印染业中的一个关键问题。

四、几种主要类型的活性染料的合成

1. 三嗪型活性染料的合成

三嗪型活性染料的合成方法有两种：一是先合成出含有氨基的母体染料，然后再与三聚氯氰缩合，将活性基团引入母体染料中；二是先制成带活性基团的中间体，再合成染料。

例如活性艳蓝 X-BR 的合成，是以溴胺酸为原料，与间苯二胺磺酸在氯化亚铜存在下，以碳酸氢钠为缚酸剂进行缩合，得到蓝色酸性染料为母体，再引入三聚氯氰得活性染料。

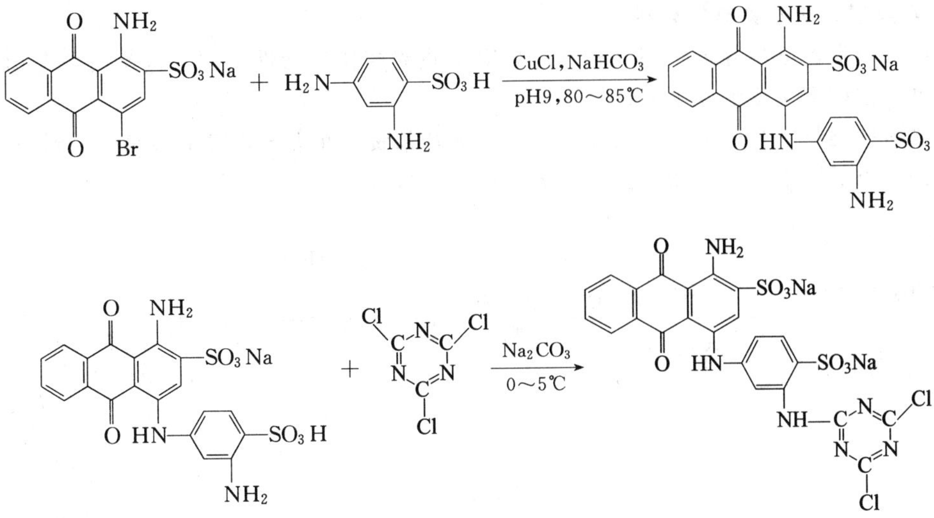

活性艳蓝 X-BR

活性艳蓝 X-BR 经氨水处理，分子中均三嗪活性基的两个活泼氯原子中的一个被氨基取代后即得到活性艳蓝 K-GR。

再如活性嫩黄 K-6G 的合成：

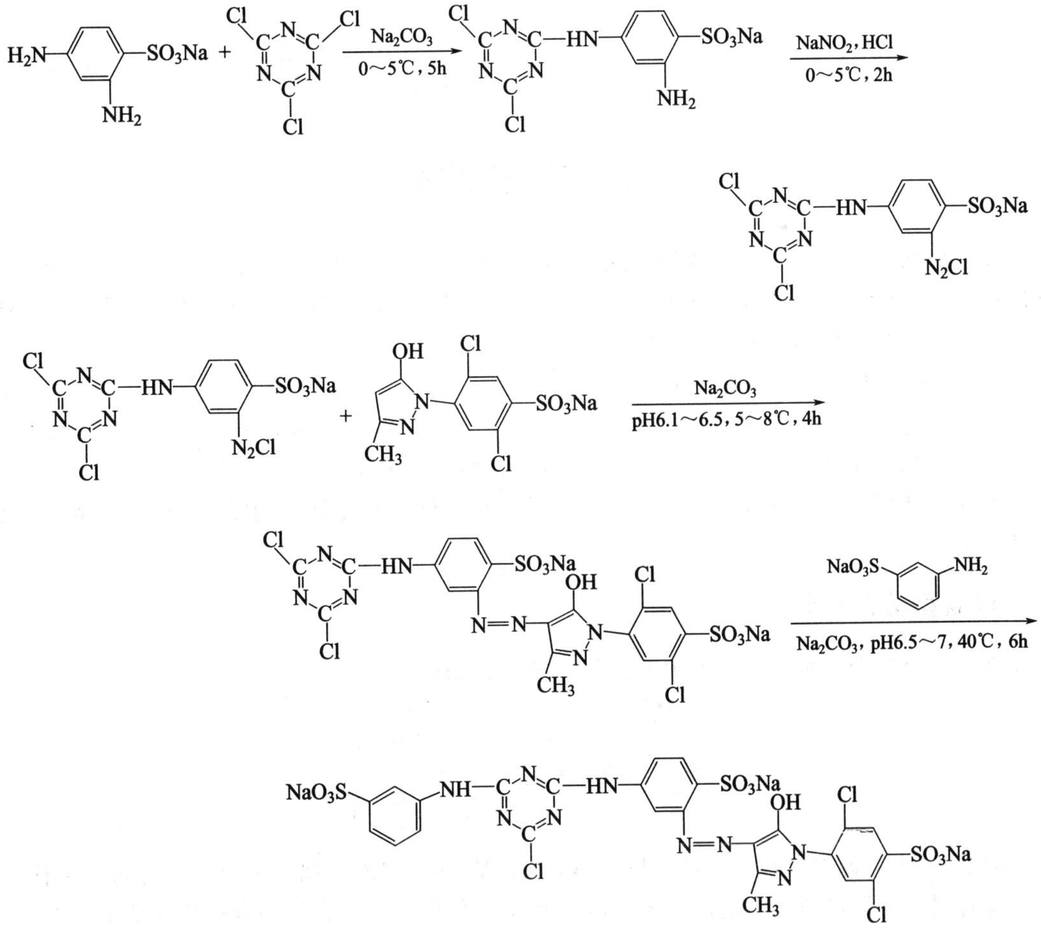

活性嫩黄K-6G

2. 乙烯砜型活性染料的合成

乙烯砜型活性染料分子中都含有β-乙烯砜基硫酸酯作为活性基团。这类染料色谱齐全，合成简单，俗称KN型活性染料。

此类活性染料的合成中间体一般为β-羟乙砜基苯胺，在染料合成中将其引入到染料分子中即得到此类活性染料。例如活性黄金KN-G的合成：

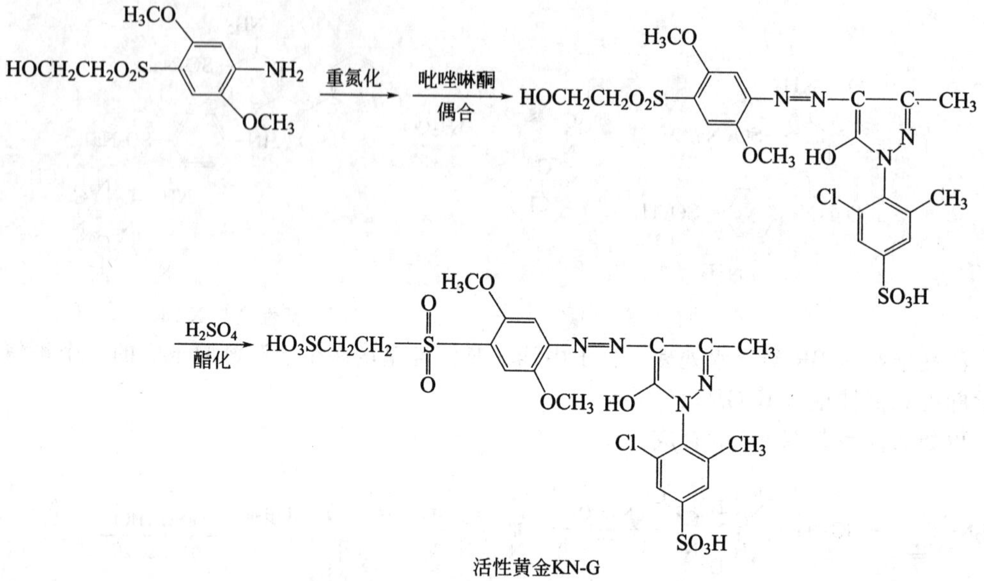

H3CO
HOCH2CH2O2S— —NH2 —重氮化→ —吡唑啉酮/偶合→ HOCH2CH2O2S— —N═N—C—C—CH3
OCH3 　OCH3 HO N N
Cl CH3
SO3H

—H2SO4/酯化→ HO3SCH2CH2—S(O2)— —N═N—C—C—CH3
H3CO OCH3 HO N N
Cl CH3
SO3H

活性黄金KN-G

第五节　分散染料

分散染料是一类分子中不含如磺酸基等水溶性基团的非离子型染料。在染色时需借助于分散剂。在水中呈现高度分散的颗粒。主要应用于涤纶、锦纶等合成纤维的染色，经染色的化纤纺织产品色泽艳丽、耐洗牢度优良。

按化学结构的不同，分散材料主要可分为偶氮型和蒽醌型两种。前者约占60%，后者占40%，从色谱来看单偶氮染料具有黄、红至蓝各种色泽，蒽醌染料具有红、蓝、紫和翠蓝等颜色。此外还有双偶氮型、次甲基型分散染料，但都为数不多。

另外按其应用性能可将分散染料分为三类：高温型（S或H）；中温型（SE或M）和低温型（E）。

一、偶氮型分散染料

偶氮型分散染料是分散染料中主要的一类，它的通式为：

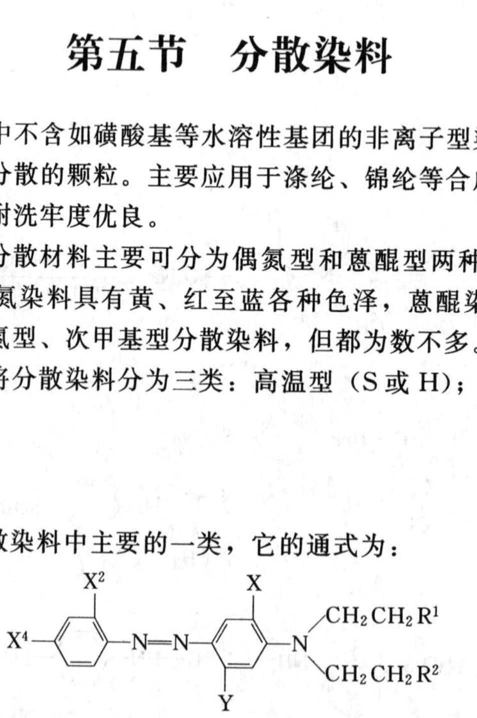

X2　X
X4— —N═N— —N(CH2CH2R1)(CH2CH2R2)
Y

X^2、X^4为重氮组分在2,4位上取代基；X、Y、R^1、R^2是偶合组分对应位置的取代基。

偶氮型分散染料的合成是通过典型的芳胺重氮化反应后再进行偶合反应完成的。

常见的重氮组分有：

$$O_2N-C_6H_2(Cl)_2-NH_2 \qquad O_2N-C_6H_3(Cl)-NH_2 \qquad O_2N-C_6H_3(CN)-NH_2$$

分散红玉 S-2GFL 的合成方法分如下几步。

(1) 重氮组分的合成

$$O_2N-C_6H_4-NH_2 \xrightarrow[\triangle]{HCl} \xrightarrow[\text{加 NaClO}]{\text{冷却至 3℃}} O_2N-C_6H_3(Cl)-NH_2$$

4-硝基-2-氯苯胺

(2) 偶合组分的合成

$$m\text{-}O_2N-C_6H_4-NH_2 \xrightarrow[\text{冷却下通入环氧乙烷}]{\text{压热釜},H_2O,HCl} \xrightarrow{100\sim120℃} m\text{-}O_2N-C_6H_4-N(CH_2CH_2OH)_2 \xrightarrow[H_2,6MPa,44\sim60℃]{\text{Ra-Ni,乙醇}}$$

$$m\text{-}H_2N-C_6H_4-N(CH_2CH_2OH)_2 \xrightarrow{(CH_3CH_2CO)_2O} m\text{-}C_2H_5CONH-C_6H_4-N(CH_2CH_2OH)_2 \xrightarrow[(2)105\sim110℃,2h]{(1)90℃\text{加入}(CH_3CO)_2O}$$

$$m\text{-}C_2H_5CONH-C_6H_4-N(CH_2CH_2OCOCH_3)_2$$

(3) 偶合反应

$$O_2N-C_6H_3(Cl)-NH_2 \xrightarrow[\text{打浆}]{HCl} \xrightarrow{30℃\text{加}NaNO_2} \xrightarrow[\text{平平加},pH4\sim5]{CH_3COONa} \xrightarrow[\text{滴加偶合组分}]{0\sim3℃}$$

$$O_2N-C_6H_3(Cl)-N{=}N-C_6H_3(NHCOC_2H_5)-N(CH_2CH_2OCOCH_3)_2$$

二、蒽醌型分散染料

这类染料分子结构中含有蒽醌结构，结构稳定，日晒牢度好。它的结构通式为：

(蒽醌结构通式：1-位 NHR，2-位 R^1，3-位 R^2，4-位 X，5-位 Z，8-位 Y，9,10-位 O)

其中 X、Y、Z 为—H、—OH、$—NR^1R^2$。

当 Y、Z 为—H，X 为$—NR^1R^2$ 时，称为 1,4-二氨基蒽醌染料，耐光牢度较低，多为紫色。

当 Y、Z 为—H，X 为—OH 时，称为 1-氨基-4-羟基蒽醌型染料，一般在 β 位上还有烷氧基或芳氧基，多数为红到紫色。

当 X、Y 为—OH，Z 为$—NR^1R^2$ 时，称为 1,5-二羟基-4,8-二氨基蒽醌染料，多数为鲜艳的蓝色。

1. 1,4-二氨基蒽醌类分散染料的合成

这类染料通常以溴胺酸或 2,4-二溴-1-氨基蒽醌为中间体，例如：

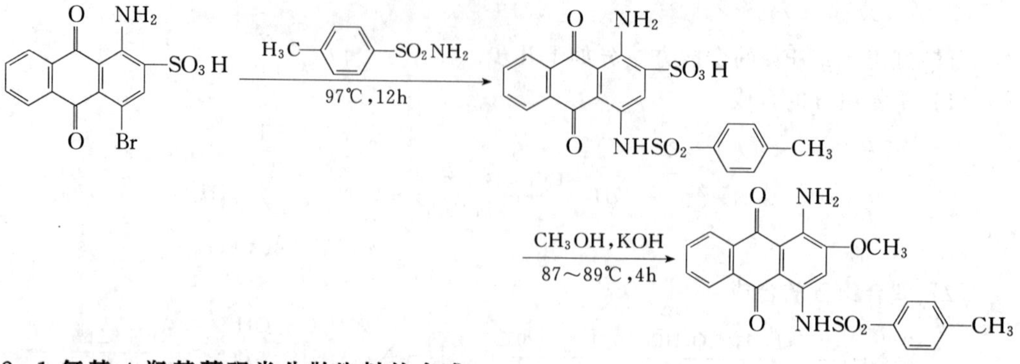

（1-氨基-4-溴蒽醌-2-磺酸）$\xrightarrow[97℃,12h]{H_3C-C_6H_4-SO_2NH_2}$（1-氨基-4-对甲苯磺酰氨基蒽醌-2-磺酸，$NH_2$、$SO_3H$、$NHSO_2-C_6H_4-CH_3$）

$\xrightarrow[87\sim89℃,4h]{CH_3OH,KOH}$（1-氨基-2-甲氧基-4-对甲苯磺酰氨基蒽醌，$NH_2$、$OCH_3$、$NHSO_2-C_6H_4-CH_3$）

2. 1-氨基-4-羟基蒽醌类分散染料的合成

这类染料通常以 1-氨基蒽醌为原料，经溴化和醇或酚缩合而成。

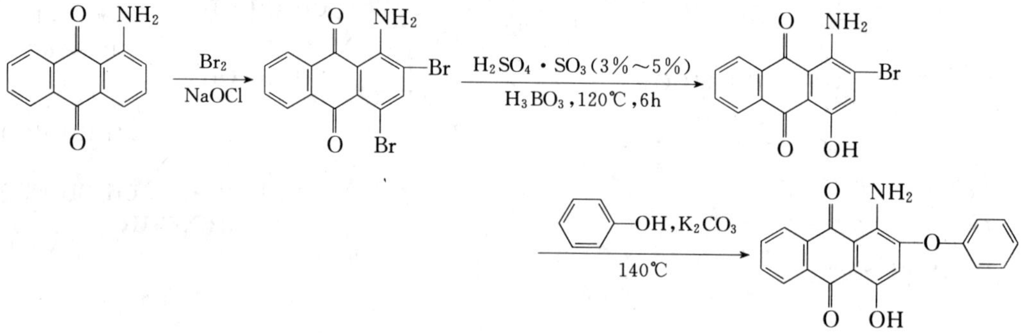

（1-氨基蒽醌）$\xrightarrow[NaOCl]{Br_2}$（1-氨基-2,4-二溴蒽醌）$\xrightarrow[H_3BO_3,120℃,6h]{H_2SO_4 \cdot SO_3(3\%\sim5\%)}$（1-氨基-2-溴-4-羟基蒽醌）

$\xrightarrow[140℃]{C_6H_5-OH,K_2CO_3}$（1-氨基-2-苯氧基-4-羟基蒽醌，$NH_2$、$O-C_6H_5$、$OH$）

3. 1,5-二羟基-4,8-二氨基类蒽醌类分散染料的合成

这类染料一般通过 1,5-二硝基蒽醌经多步反应来完成，也可以对 1,5-二羟基-4,8-二氨基蒽醌进行取代来合成。

第六节 还原染料

还原染料是一类分子中不含有磺酸基、羟基等水溶性基团，染色时在碱性溶液中借助还原剂的作用而使棉纤维染色的染料。此类染料色谱齐全，色泽鲜艳，是棉及混纺织物的主要染色染料，同时在印花方面也有应用。

这类染料分子中都含有两个以上的羰基，在使用时羰基首先被保险粉还原成羟基化合物，称为隐色体。

$$Na_2S_2O_4 + 2H_2O \longrightarrow 2NaHSO_3 + 2[H]$$

$$2\ \rangle C{=}O + 2[H] \longrightarrow 2\ {=}C{-}OH$$

不溶于水的隐色体与碱作用生成可溶性的隐色体钠盐。

$$ {=}C{-}OH + NaOH \longrightarrow {=}C{-}ONa + H_2O$$

该钠盐对棉纤维有较好的亲和力，被吸附后，经空气或其他氧化剂氧化后，又恢复为还

原染料而固着在纤维上，从而达到染色的目的。

还原染料应用方式相同，母体共轭结构不尽相同，所以依据其化学结构不同可分为：靛类染料、蒽醌类染料及其他醌类染料。

一、靛类还原染料

靛类染料最早是由古老的天然植物染料发展起来的。现在应用的靛蓝染料大多是人工合成的，它们具有相同的共轭发色体系。

O　H　C　N　C=C　N　C　H　O

靛蓝

O　R^1—C　X—R^3　C=C　R^2—X　C—R^4　O

发色共轭体

靛蓝染料的合成主要是以苯胺和氯乙酸为原料，二者经缩合生成苯基甘氨酸，再经碱熔环化、氧化等单元操作来完成。例如：靛蓝衍生物中最重要的品种——溴靛蓝的合成。

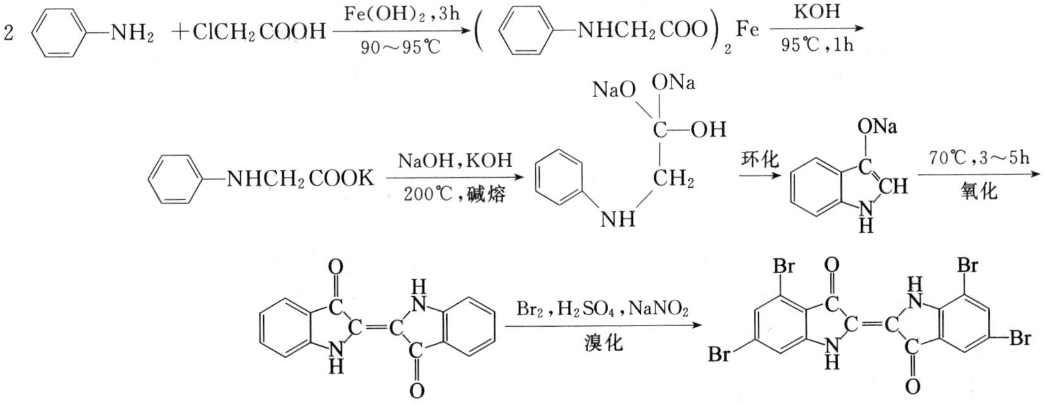

$$2\ C_6H_5-NH_2 + ClCH_2COOH \xrightarrow[90\sim95℃]{Fe(OH)_2,3h} (C_6H_5-NHCH_2COO)_2Fe \xrightarrow[95℃,1h]{KOH}$$

$$C_6H_5-NHCH_2COOK \xrightarrow[200℃,碱熔]{NaOH,KOH} C_6H_5-NH-CH_2-C(ONa)(ONa)-OH \xrightarrow{环化} \text{(ONa, C, CH, N, H)} \xrightarrow[氧化]{70℃,3\sim5h}$$

$$\text{(靛蓝: O, C, N, H, C=C, N, H, C, O)} \xrightarrow[溴化]{Br_2,H_2SO_4,NaNO_2} \text{(Br, O, Br, H, N, C, C=C, N, H, C, O, Br, Br)}$$

二、蒽醌类还原染料

在还原染料中的另一个重要类型是蒽醌及衍生物和具有蒽醌结构的还原染料，这类染料色谱较全、颜色鲜艳、坚牢度好。主要有蓝绿、棕、灰等颜色。

蒽醌类还原染料依据结构不同又可细分为几种类型。较具有实用意义的是酰胺类蒽醌染料。此类染料分子中蒽醌结构的 α 位上连有一个或几个酰氨基，常见的酰氨基为苯甲酰氨基和三聚氰酰氨基，由于酰氨基的位置和数目不同表现出黄、橙、红、紫等色泽。如还原黄GK、还原红5GK：

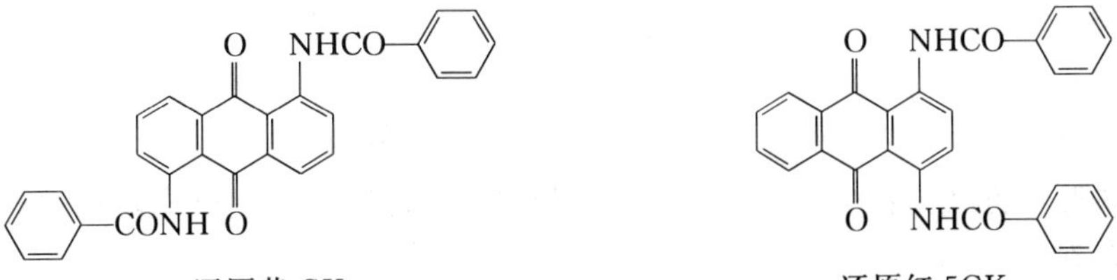

O　NHCO—C_6H_5　C_6H_5—CONH　O

还原黄 GK

O　NHCO—C_6H_5　O　NHCO—C_6H_5

还原红 5GK

另一类蒽醌染料是咔唑类蒽醌还原染料，这类染料的分子结构具有咔唑结构，是由 α,α-二蒽醌亚胺经闭环而得。该类染料是还原染料的重要品种之一，对纤维素纤维具有较高的亲和力，但不适于印花。

还原蓝 RSN 是 1901 年发现的第一个蒽醌还原染料。从它的结构可知其分子中含有两个亚氨基氮原子，是一类具有鲜艳蓝色，各项牢度优越，直到现在仍为主要的还原染料品种。生产上具有很大价值，例如还原蓝 RSN 的合成如下：

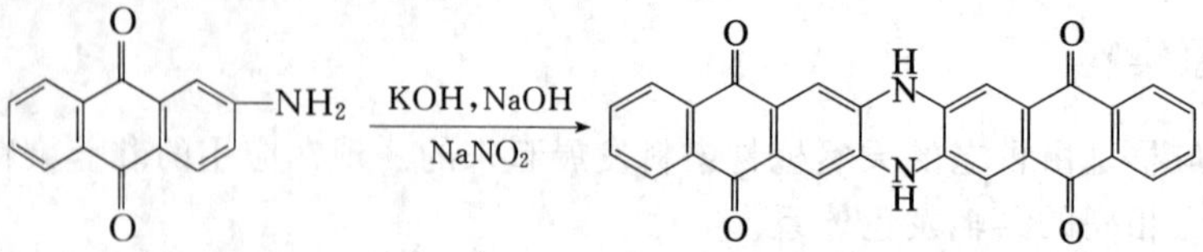

$$\xrightarrow[NaNO_2]{KOH,NaOH}$$

还原蓝 RSN

还原棕 BR 的分子式如下：

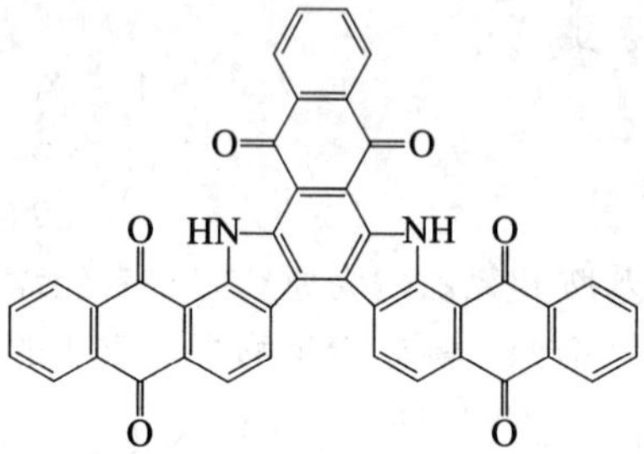

还原棕 BR 是一个各项牢度均很好，具有两个氮核的衍生物，它是我国生产的主要棕色还原染料之一。

第七节　冰染染料

这是一类在冰冷却下，由其重氮盐组分（又称色基）和偶合组分（又称色酚）在棉纤维上发生偶合反应，生成不溶于水的偶氮染料，从而达到染色的目的。在工业生产中一般是先将色酚吸附在纤维上（又称打底），然后通过冰冷却的色基重氮盐在弱酸溶液中进行偶合。

冰染染料分子中不含水溶性基团，能牢固地固着在纤维上。具有优良的耐洗牢度、色谱齐全、颜色鲜艳、应用方便、价格低廉，但摩擦牢度不好，主要应用于棉织物的染色和印花。

冰染染料分子由色基和色酚两部分组成，但由于它们各自独立，且化学结构不同，因此分别进行讨论。

一、色酚

色酚是冰染染料的偶合部分，用来与重氮盐在棉纤维上偶合生成不溶性偶氮染料的酚类，也称打底基。大多为不含磺酸基或羧基等水溶性基团，而是含有羟基的化合物。色酚 AS 是比较常见的品种。

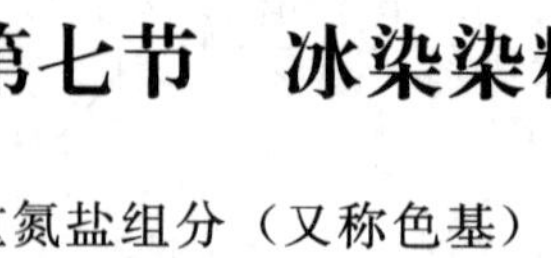

常见的酰胺化方法是把 2,3-酸与芳胺的混合物在氯苯中和三氯化磷加热作用而成，反应中应无水存在。

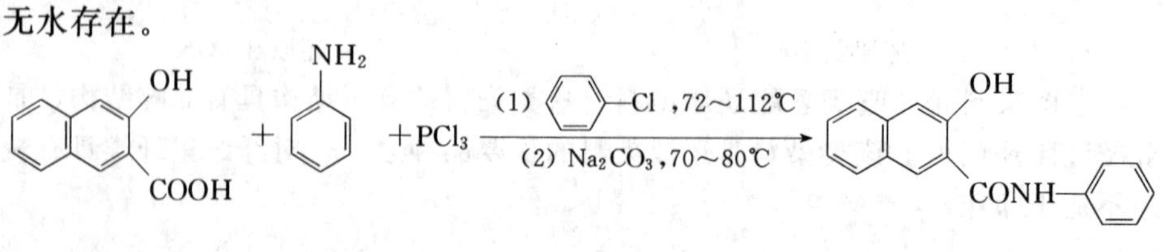

$$+PCl_3 \xrightarrow[(2)\ Na_2CO_3,70\sim80℃]{(1)\ C_6H_5Cl,72\sim112℃}$$

常用的品种有：

色酚 AS-ITR　　色酚 AS-BO　　色酚 AS-BS

色酚 AS-DL　　色酚 AS-E　　色酚 AS-D

以上品种经偶合后所得偶氮染料中没有黄色。另一类 AS-G 色酚与色基作用一般生成黄色染料。如色酚 GR，它与蓝色基 BB 重氮盐偶合可得到带蓝色的绿色染料。

色酚 GR

二、色基

色基是冰染染料的重氮部分，又称显色剂。多数为不含可溶性基团的芳胺化合物或氨基偶氮化合物。根据不同色基与色酚偶合得到不同颜色的染料，可将色基以颜色命名。常见品种有：

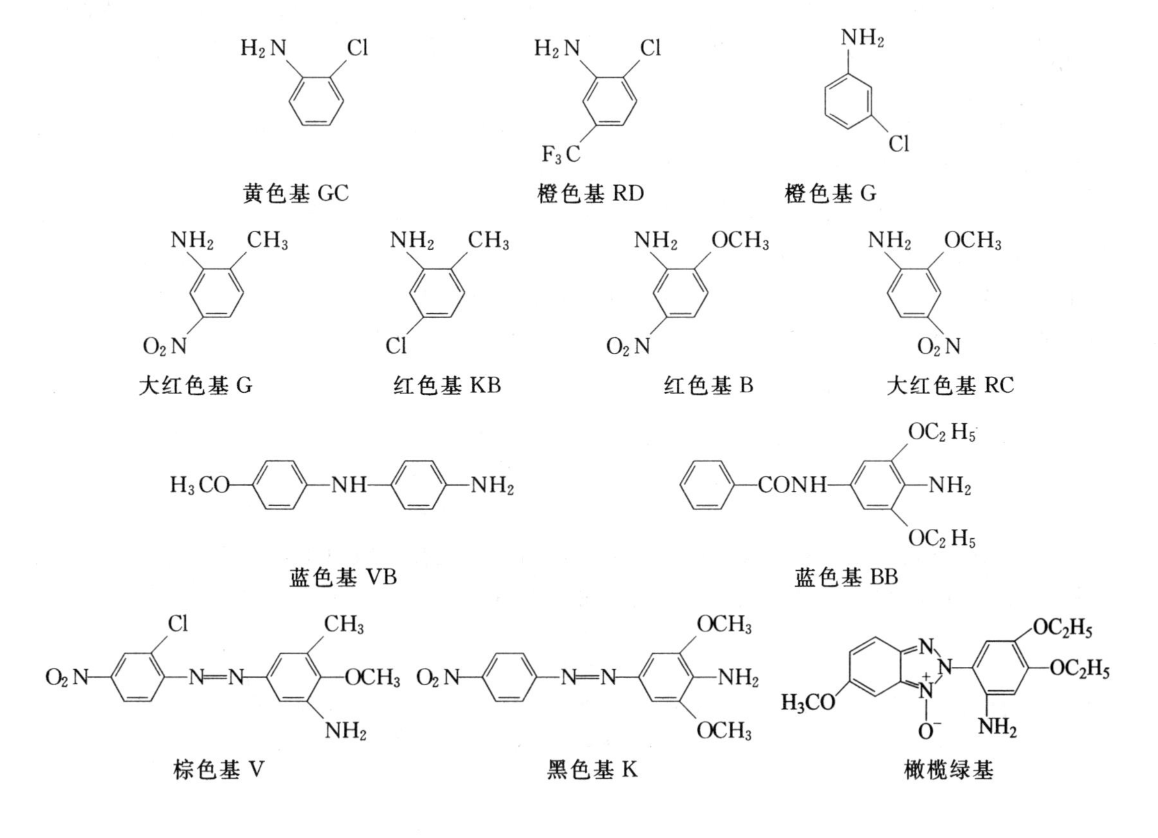

黄色基 GC　　橙色基 RD　　橙色基 G

大红色基 G　　红色基 KB　　红色基 B　　大红色基 RC

蓝色基 VB　　蓝色基 BB

棕色基 V　　黑色基 K　　橄榄绿基

以上色基使用时必须先进行重氮化才能偶合显色，为了省去这部分操作，而将色基在染料厂就制成稳定的重氮盐，使用时只需将其活化就可以参加偶合而显色，这种稳定的重氮盐简称为色盐。

$H_3CO-C_6H_4-NH-C_6H_4-N_2Cl$

蓝色盐 VB

$O_2N-C_6H_3(CH_3)-N_2^+ \cdot BF_4^-$

红色盐 RL

$\left[O_2N-C_6H_4-N{=}N-C_6H_2(OCH_3)_2-\overset{+}{N_2}Cl^-\right] \cdot ZnCl_2$

黑色盐 K

橙色基的合成：

$$\text{Cl-C}_6\text{H}_4\text{-NO}_2 \xrightarrow[\text{还原}]{Fe \cdot H_2O} \text{Cl-C}_6\text{H}_4\text{-NH}_2 \xrightarrow[\text{成盐}]{HCl} \text{Cl-C}_6\text{H}_4\text{-NH}_2 \cdot HCl$$

第八节 其他类型的染料

一、直接染料

直接染料是能在中性和弱碱性介质中加热煮沸，不需媒染剂的染料。直接染料是凭借直接染料与棉纤维之间的氢键和范德华力结合而成，主要应用于纤维、丝绸、棉纺、皮革等行业，同时在造纸、棉布印染行业也有应用。

直接染料按其结构可分：偶氮、二苯乙烯、噻唑等类型。按其应用分类，则主要有普通直接染料、直接耐晒染料、直接铜盐染料和直接偶氮染料。

普通直接染料是指分子中含有磺酸基或羧基等水溶性基团，对纤维具有较大亲和力，在中性介质中可直接染色的染料。这类染料结构以双偶氮及多偶氮染料为主，并以联苯胺及其衍生物占多数。自 20 世纪 70 年代以来，联苯胺已被肯定为致癌物质，不少国家已停止生产或限制使用。选用一些无毒或毒性较小的中间体替代。例如直接黑。

(结构式：$H_2N-C_6H_3(NH_2)-N{=}N-C_6H_4-NHCO-C_6H_4-N{=}N-$[萘环，$NH_2$、$OH$、$NaO_3S$、$SO_3Na$]$-N{=}N-C_6H_5$)

直接耐晒染料较一般直接染料的日晒牢固性高，一般在 5 级以上，主要类型有尿素型、三聚氯氰型、噻唑型、二噁嗪型等。如直接耐晒黑 G。

(结构式：$H_2N-C_6H_3(NH_2)-N{=}N-C_6H_4-N{=}N-$[萘环，$NH_2$、$OH$、$NaO_3S$、$SO_3Na$]$-N{=}N-C_6H_4-N{=}N-C_6H_3(NH_2)-NH_2$)

直接铜盐染料分子中含有铜，是由偶氮型染料经铜盐处理而制得的，染料与铜离子形成稳定络合物，从而提高了耐晒牢度。如直接耐晒红玉 BBL。

H_2O　H_2O
O—Cu—O　O—Cu—O
N=N　N=N
NaO_3S　NaO_3S　NHCONH　SO_3Na　NaO_3S

直接重氮染料是分子中带有能进行重氮化的氨基，染色时可以在棉纤维上进行重氮化、最后再用偶合剂偶合，生成较深的色泽，如直接耐晒黑 GF。

NH_2　OH　NaO_3S　OH　NH_2
H_2N—　—N=N—　—N=N—　—NH—　—N=N—　—N=N—　—NH_2
SO_3Na　NaO_3S

二、阳离子染料

这类染料在水溶液中电离成有色的阳离子，通过离子间盐键使带酸性基的纤维染色。阳离子染料是聚丙烯腈纤维染色所用的专用染料，色泽浓艳，按阳离子染料的化学结构可分为两类。

1. 隔离型阳离子染料

这类染料分子中阳离子基团与染料母体通过隔离基相连接，染料的正电荷定域在染料分子某个原子上，如阳离子海军蓝。它的合成是先将阳离子引入偶氮染料的偶合组分或重氮组分及蒽醌染料的缩合组分，再与染料母体进行重氮化偶合或缩合。

常见的中间体有：

H_3C　$H_2N—C$　$N^{\oplus}$　N—N　H　$\cdot Cl^{\ominus}$

N(C_2H_5)—C_2H_4—$N^{\oplus}(CH_3)_2$—$CH_3\cdot Cl^{\ominus}$

H_2N—　—$\overset{O}{\|}{C}CH_2$—$N^{\oplus}(CH_3)_2$—$CH_3\cdot Cl^{\ominus}$

2. 共轭型阳离子染料

这类染料分子中正电荷离域在整个发色共轭体系中，共轭型是阳离子的主要类型，色泽鲜艳，主要类型有三芳甲烷型和菁型结构的染料。阳离子红 2GL 的合成如下：

S　C—NH_2　N　$\xrightarrow[\text{3～4℃}]{NO\cdot HSO_4}$　S　C—$N_2^+\cdot HSO_4$　N　$\xrightarrow[\text{乳化剂OP，0～5℃}]{}$　S　C—N=N—C　N—CH_3　C　N

（偶合组分：CH_3　N　C　CH）

$\xrightarrow[\text{pH=8～9，25～30℃}]{(CH_3)_2SO_4\cdot MgO}$　S　C—N=N—C　N—CH_3　C　^+N　$CH_3\cdot CH_3SO_4^-$

三、硫化染料

硫化染料是以芳胺或酚类为原料，用硫或硫化钠进行硫化而制成，分子中含有硫键。

在染色时，需要用硫或硫化钠等还原剂将不溶性的硫化染料还原成可溶性的隐色体盐而上染纤维，然后经氧化显色，恢复成不溶性染料而固着在纤维上。主要用于纤维素的染色，并以黑、蓝和草绿色居多。

$$R—S—S—R' \xrightarrow{2[H]} R—SH + R'—SH$$

$$R—SH + R'—SH + 2NaOH \rightleftharpoons R—SNa + R'—SNa$$

$$R—SH + R'—SH \xrightarrow{[O]} R—S—S—R' + H_2O$$

工业上制备硫化染料的方法有两种：一是烘培法，二是煮沸法也称溶剂法。主要的有机制备原料有：芳胺、二元胺、酚及一些硝基化合物。硫和硫化钠的作用是还原剂、脱氧剂和亲核试剂。

烘培法是将原料芳烃的胺类、酚类或硝基物与硫或多硫化钠在高温下烘培，该法主要用于难溶于碱液或多硫化钠热溶液中容易分解的甲苯胺、甲苯二胺及其酰化物的硫化，一般生成噻唑环，呈黄色、黄棕色。如硫化黄棕 5G 的合成。

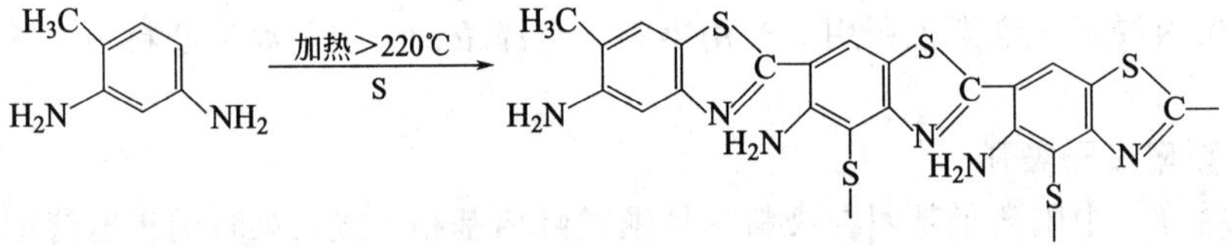

H_3C, H_2N, NH_2 —加热＞220℃, S→ H_3C, H_2N, S, C, N, H_2N, S, N, C, H_2N, S, S, C, N, S

煮沸法是将原料芳烃的胺类、酚类或硝基物与多硫化钠在水中或有机溶剂中加热煮沸，该法适用于硝基酚、蓝苯胺和二氮蒽类等的硫化，一般生成黑蓝、绿色硫化染料，如硫化还原黑 CLN 的合成。

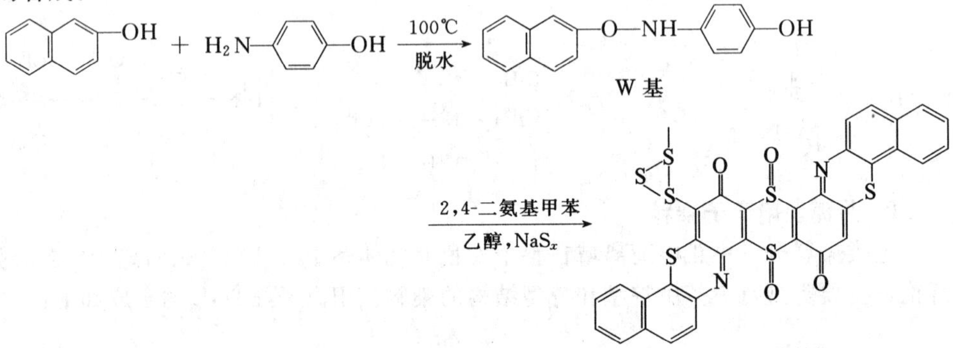

—OH + H_2N—⟨⟩—OH —100℃, 脱水→ —O—NH—⟨⟩—OH

W 基

—2,4-二氨基甲苯, 乙醇, NaS_x→

还原黑 CLN

第九节　功能染料

功能染料是指具有特殊功能性和专用性的染料，又称非纺织用染料或专用染料。近年来，功能染料得到了广泛的发展。该类染料的特殊功能与相关的光、热、电、化学、生物等学科交叉，应用于高技术领域。它的种类繁多，应用广泛，本节仅对几种重要的功能染料作简单介绍。

一、红外吸收染料

由于光数据盘如激光唱片等的迅速发展，对光记录材料的需求越来越大。目前光记录材料虽然仍以无机材料为主，但是由于清晰度、灵敏度等方面的优点，已逐渐向有机染料方面发展。镓-砷半导体激光是光记录材料的光源，它的发射激光波长为 780～830nm，因此必须开发在此吸收区的近红外吸收染料。如以下结构的染料：

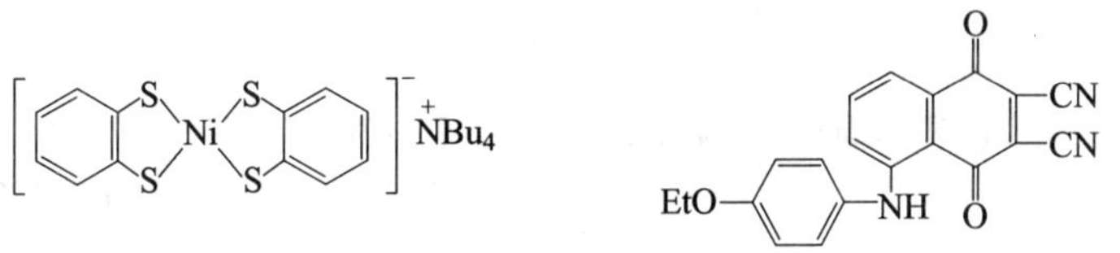

二、激光染料

激光染料是一种高量子产率的荧光染料。激光照射于染料溶液池中使染料分子激发 $S_0 \rightarrow S_1$，激光染料分子发出光子 $S_1 \rightarrow S_0$，此光子在池中往复反射，在极短时间内使其他染料分子激发放射，于是激光由半反射面中射出，光谱符合于染料的荧光光谱。然后用滤光片选择所需的激光波长。下列结构的染料可用作激光染料：

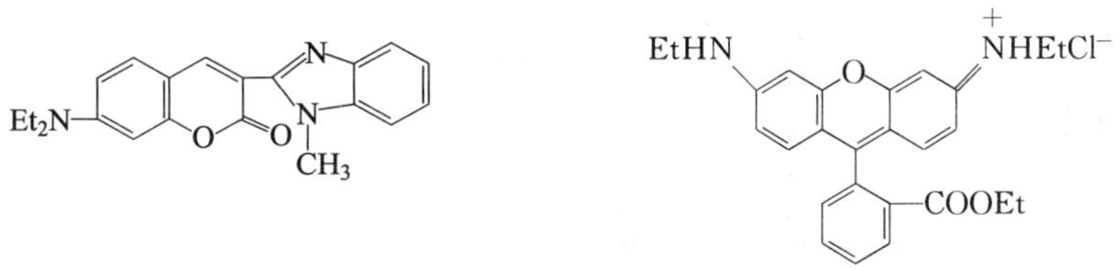

三、压热敏染料

这类染料多为三芳甲烷染料，在碱性或中性条件下为无色，遇酸而呈现颜色，本身对压、热、光并不敏感。将无色的染料用一层敏感材料包覆成微胶囊，涂于复写纸下层，和涂有显色剂（酸性白土、酚类等）的纸接触。书写或打字时微胶囊破裂，染料与酸性物质接触而显色。大量用于计算机、分析仪器、电传等方面用的热敏打印纸上。

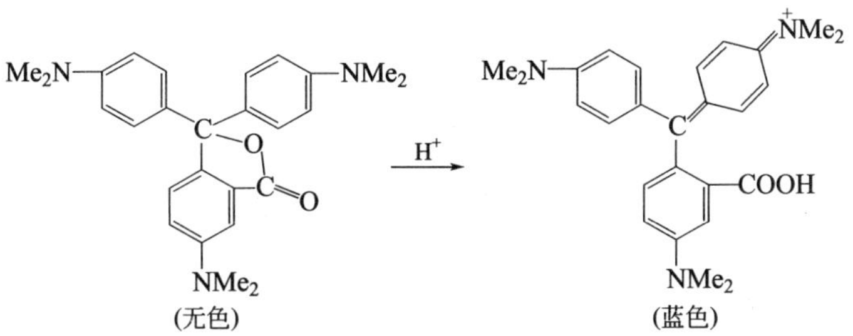

(无色)　$\xrightarrow{H^+}$　(蓝色)

常用的压热敏染料还有：

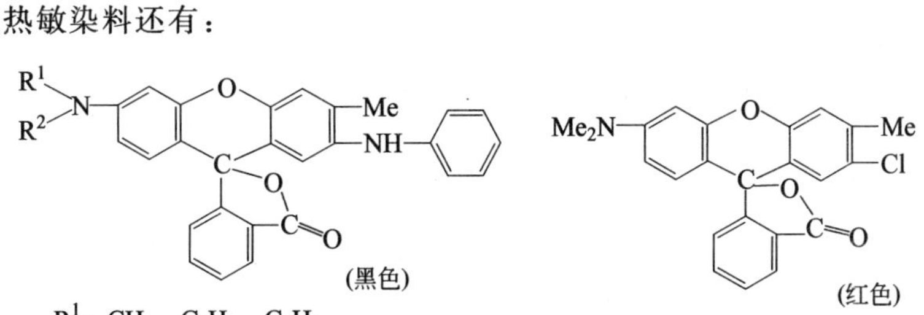

(黑色)

R^1：CH_3，C_2H_5，C_4H_9。

R^2：C_2H_5，C_5H_{11}，C_4H_9。

(红色)

四、液晶显示染料

用于手表、计算器、计算机等方面的液晶显示是从 1970 年开始的。商用的液晶材料有：

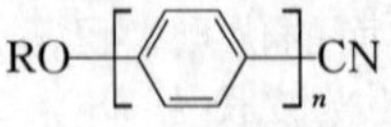

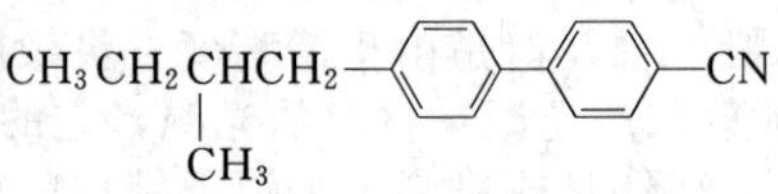

$RO-[C_6H_4]_n-CN$　　$CH_3CH_2CHCH_2-C_6H_4-C_6H_4-CN$（CH 上连 CH_3）

$R=n\text{-}C_4H_9$

$n=2\sim3$

为了得到彩色显示，还必须要有与液晶配合的双向性染料。例如以下结构的染料：

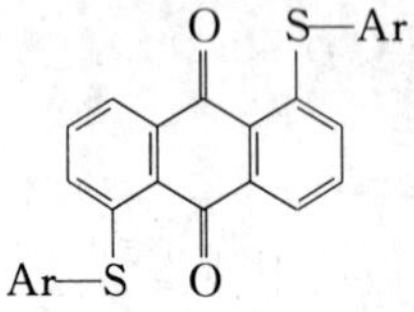

（黄） 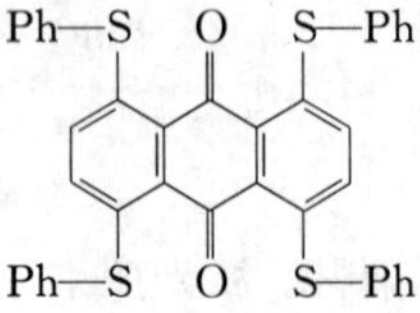　（红） 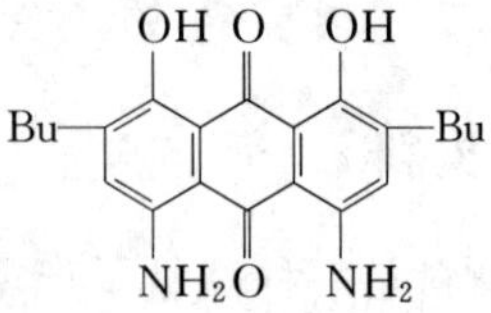　（蓝）

液晶态是各向异性的。液晶随外加电压而转动，作为液晶染料的分子随之而转动，对光的吸收也随之而改变。

参 考 文 献

[1] 侯毓汾，朱振华，王任之编著．染料化学．北京：化学工业出版社，1994.

[2] 何瑾馨主编．染料化学．北京：中国纺织出版社，2009.

[3] 程铸生编著．精细化学品化学．上海：华东理工大学出版社，1996.

[4] 赵雅琴，魏玉娟编著．染料化学基础．北京：中国纺织出版社，2006.

[5] 严鹏飞，郝文辉，高婷编著．精细化学品化学．北京：化学工业出版社，2004.

[6] 张先亮，陈新兰编著．精细化学品化学．武汉：武汉大学出版社，1999.

第八章　香料香精

第一节　概　　述

一、香料香精的基本概念

1. 香料的基本概念及分类

香料（Perfume），又称香原料，是能被嗅觉嗅出气味或味觉品出香味的有机物，是调制香精的原料，可以是单体，也可以是化合物。

香料的分类有多种不同的方法。如有的是根据香气的相似性分类的；有的是根据香料的用途分类的；有的是按照制造香料的原料来源进行分类的；还有的是采用有机化合物分类法进行分类的。其中按照后两种方法分类较为完全。按照来源，香料可以分为天然香料和人造香料两大类。

天然香料包括动物性天然香料和植物性天然香料。动物性天然香料是来源于动物体内的有香物质；植物性天然香料是以植物的花、叶、茎、根或果实等为原料生产出来的多种成分化合物。

人造香料分为单离香料和合成香料。单离香料是指通过物理的或化学的方法从天然香料中分离出来的单体香料化合物。单离香料是单个结构的化合物，可作为调和香料（香精）的重要原料及其他用途，如具有玫瑰香气的香叶醇、香茅醇是通过蒸馏法从香茅油中分离出来的单个结构且利用价值高的化合物。合成香料是指通过化学合成的方法制取的香料化合物。合成这类香料的原料有石油化学制品、煤焦油制品以及天然香料中分离出的单离香料。合成香料的数量最大，目前世界上合成香料已达5000多种，常用的产品有400多种。按照化学结构特征分类，合成香料可以分为烃类香料、醇类香料、酚类和醚类香料、醛类和缩醛类香料、酮类和缩酮类香料、羧酸类香料、酯类和内酯类香料、含氮或硫类香料、杂环类香料等。单离香料和合成香料都属于单体香料。

2. 香精的基本概念及分类

香精（Perfume Compound），是由人工调配出来的或由发酵、酶解、热反应等方法制造的含有多种香成分的混合物，又称调和香料。调配香精的过程又称为调香。香精具有一定的香型，调和比例常用质量分数表示。单体香料和天然香料的香气香味比较单调，除极个别的品种外，一般都不能单独使用，必须将其调配成香精后，才能用于加香产品中。

香精的分类方法也很多，出发点不同可以有不同的分类方法。

(1) 根据香精的用途分类

香精按用途可分为食用香精、日用香精和其他香精。食用香精可分为：食品香精、烟用香精、酒用香精、药用香精、饲料香精等；日用香精可分为化妆品和洗涤用品香精、香皂和洁齿用品香精、熏香和空气清新剂香精等；其他香精包括塑料、橡胶及人造革香精，纸张、油墨及工艺品用香精，涂料、纺织品及引诱剂用香精。

(2) 根据香精的香型进行分类

食用香精按香型分类，一般是与一种食品或天然存在的可食性生物的香型相联系，如水果、牛奶、酒、烟草、蘑菇、肉、玫瑰、洋葱、甘蓝、番茄等香型。有一种食品，就有一种对应的香型。食用香精按香型分类可以细化到每一种食品。

日用香精按香型分类一般分为花香型香精和非花香型香精两类。花香型香精多是模仿天然花香调和而成，一般用于化妆品中。非花香型香精有的是模仿实物调配，有的则根据幻想而调配，这类香精往往有一个美妙抒情的称号，如力士、古龙、微风、素心兰、黑水仙、吉卜赛少女、圣诞节之夜等。幻想型香精多用于香水、化妆品中。

(3) 根据香精的形态分类

香精按形态分类可分为液体香精和固体香精。液体香精可分为水溶性香精、油溶性香精、乳化香精；固体香精可分为担体吸收型粉末香精、粉碎型粉末香精、喷雾干燥型粉末香精、冷冻干燥型粉末香精。水溶性香精广泛用于果汁、汽水、果冻、果子露、冰淇淋、烟草和酒类中，在香水、花露水、化妆水等化妆品中也不可缺少。以植物油为溶剂的油溶性香精多用于食品工业中，而以有机溶剂或香料之间的互溶而配成的油溶性香精，一般用在膏霜、唇膏、发脂、发油等化妆品中。乳化香精主要用于奶糖、巧克力、糕点、冰淇淋、奶制品等食品中。固体香精广泛用于香粉、香袋、固体饮料、奶粉、工艺品、毛纺品中。

二、香料香精的作用及评价

香料香精与人们的生活密切相关，人们每天都在享受着它们带来的愉悦。香料工业是国民经济中不可缺少的配套性行业。香料香精是食品工业、烟酒工业、日用化学品工业、医药卫生工业以及其他工业不可缺少的重要原料。据有关部门统计，近年来，全国食品香料香精产量一直在3万吨左右，销售额约10亿元，其国内相关工业的产值约20000亿人民币。

香精虽然用量很少，一般仅为0.2%～3%，但对加香产品的影响却很大。以1kg香精计，它可供生产食品300kg、汽水1500瓶、香烟15000包、香皂700块、牙膏1700支、冷霜10000盒。随着人们生活水平的提高，香精将起到更大的作用。

各种香料和香精的香气，在强弱程度上差别很大。香气强度不仅与气相中有香物质的蒸气压有关，而且与分子固有的性质，即分子在嗅觉上皮组织的刺激能力相关联。香气的强度可以从定性和定量两个方面进行描述。

1. 香气强度的定性分类

为了便于调香、闻香、评香上的比较，可以把香气的强度分为5个级别。

特强	稀释至万分之一时，能相当嗅辨者
强	稀释至千分之一时，能相当嗅辨者
平	稀释至百分之一时，能相当嗅辨者
弱	稀释至十分之一时，能相当嗅辨者
微	不稀释时，能相当嗅辨者

由于香气是香料成分在物理、化学上的质与量在空间和时间上的表现，所以在某一固定的质与量、某一固定的空间或时间所观察到的香气现象，并不是真正的香气全貌。有些香料在浓缩时香气并不强，但冲淡后香气变强，使人容易低估它们的强度；有些香料在浓缩时香气似乎很强，但冲淡后香气显著变弱，使人容易高估它们的强度。因此在香气强度的定性上，往往要依靠丰富的经验。

2. 香气强度的定量表示

香气强度常用阈值、槛限值或最少可嗅值表示。通过嗅觉能感觉到的有香物质的界限浓度，称为有香物质的嗅阈值。能辨别出香的种类的界限浓度称为阈值。阈值不仅与有香物质的浓度有关，而且与该物质在嗅觉上的刺激能力和嗅觉的灵敏度有关。阈值虽然可以用一个数值表示，但由于嗅辨者的主观因素的影响，也很难达到非常可观的定量表示。对于同一种香料，有时会出现两个或更多个阈值。

阈值的测定，可以用空气稀释法，阈值的单位用空气中含有香物质的浓度（g/m^3 或 mol/m^3）表示。阈值也可以采取水稀释法测定，单位采用 mg/kg、μg/kg 等浓度单位表示。

阈值越小，表示香气越强；阈值越大，表示香气强度越弱。如，3-甲基-2-甲氧基吡嗪在水中的阈值为 3μg/kg，3-甲基-6-甲氧基吡嗪为 15μg/kg，2,3-二甲基吡嗪为 400μg/kg，则它们的香气顺序为：3-甲基-2-甲氧基吡嗪＞3-甲基-6-甲氧基吡嗪＞2,3-二甲基吡嗪。

三、分子结构对香味的影响

分子结构与香味之间的关系，一直是人们所感兴趣的研究课题。但是，由于香料分子结构本身的复杂性和鉴定器官主观性的影响，要在有机化合物分子结构与香味之间确定一种能够肯定地预测某种新化合物香味特征的理论是很困难的。迄今为止，这一重要理论课题研究尚未取得关键性突破。在此只能简单地分析有机化合物分子的结构（如分子骨架、分子中原子个数、不饱和性、官能团、取代基、异构体等因素）对香料化合物香味产生的影响。这些因素对香味的影响虽然尚不能从理论的高度加以解释，但对有香化合物的合成还是有一定的指导作用的。

（1）碳原子个数对香味的影响

香料化合物的相对分子质量一般在 50～300 之间，相当于含有 4～20 个碳原子。在有机化合物中，碳原子个数太少，则沸点太低，挥发过快，不易作香料使用。如果碳原子个数太多，由于蒸气压减小而特别难挥发，香气强度太弱，也不宜作香料使用。

碳原子个数对香气的影响，在醇、醛、酮、酸等化合物中，均有明显的表现。以下几个具有代表性的例子都说明了碳原子个数对香气有明显的影响。

脂肪族醇化合物的气味，随着碳原子个数的增加而变化。C_1～C_3 的低碳醇具有酒香香气；C_6～C_9 的醇，除具有清香、果香外，开始带有油脂气味；当碳原子个数进一步增加时，则出现花香香气；C_{14} 以上的高碳醇，气味几乎消失。

在脂肪族醛类化合物中，低碳醛具有强烈的刺激性气味；C_8～C_{12} 醛，具有花香、果香和油脂气味，常用作香精的头香剂；C_{16} 以上的高碳醛几乎没有气味。

碳原子个数不但影响大环酮香气的强度，而且还可以导致香气性质的改变，如 C_5～C_8 的环酮具有类似薄荷的香气；C_9～C_{12} 的环酮转变为樟脑香气；C_{13} 的环酮具有木香香气；C_{14}～C_{18} 大环酮具有麝香香气。

（2）不饱和性对香味的影响

同样的碳原子个数，而且结构非常类似的有机化合物，双键存在与否，位置处于何处，对化合物的香味均可产生影响，如下列化合物：

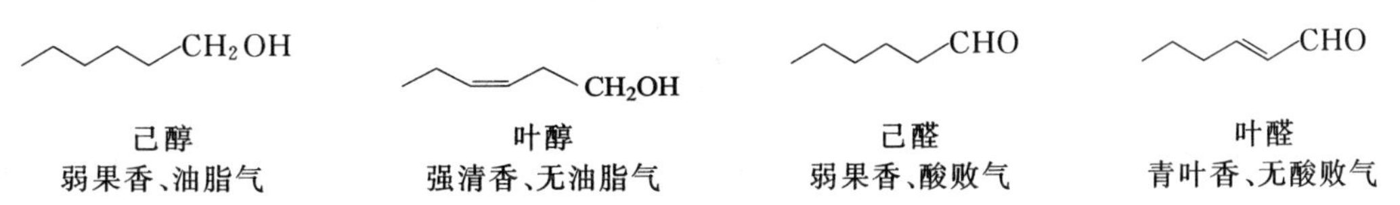

己醇　弱果香、油脂气　　叶醇　强清香、无油脂气　　己醛　弱果香、酸败气　　叶醛　青叶香、无酸败气

（3）官能团对香味的影响

市售香料化合物分子中几乎都具有 1 个官能团，甚至 2 个或 2 个以上官能团。官能团对有机化合物香味的影响是到处可见的，例如，乙醇、乙醛和乙酸，它们的碳原子个数虽然相

同，但官能团不同，香味则有很大差别。再如苯酚、苯甲醛和苯甲酸，它们都具有相同的苯环，但取代官能团不同，它们的香味相差甚远。

(4) 取代基对香味的影响

取代基对香味的影响也是很明显的，取代基的类型、数量及位置，对香味都有影响。

在吡嗪类化合物中，随着取代基的增加，香味的强度和香味特征都有所变化，如下列化合物的结构、气味及香气阈值：

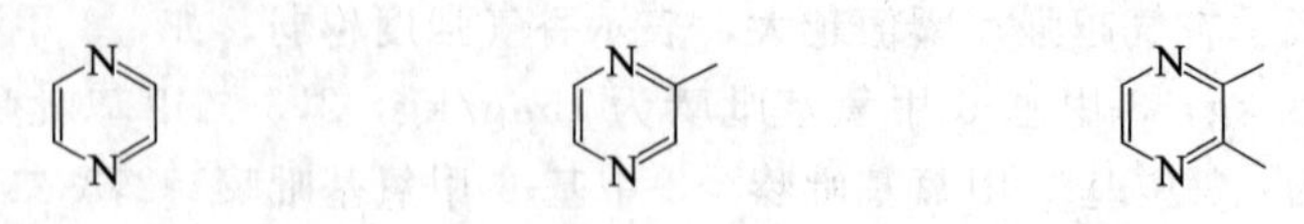

强烈芳香，弱氨气	稀释后巧克力香	巧克力香，刺激性
500000μg/g	100000μg/g	400μg/g

紫罗兰酮和鸢尾酮相比较，基本结构完全相同，只差一个甲基取代基，它们的香味有很大的差别。

α-紫罗兰酮(紫罗兰花香)　　α-鸢尾酮(鸢尾根香)

(5) 异构体对香味的影响

在香料分子中，由于双键的存在而引起的顺式和反式异构或者由于含有不对称碳原子而引起的左旋（L）和右旋（D）光学异构，都对香味产生影响，如紫罗兰酮和茉莉酮，都各有一对异构体，其香味特征各有所不同。

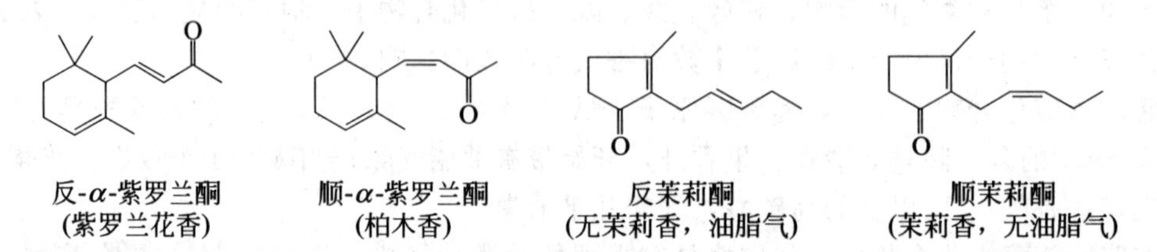

反-α-紫罗兰酮(紫罗兰花香)　　顺-α-紫罗兰酮(柏木香)　　反茉莉酮(无茉莉香，油脂气)　　顺茉莉酮(茉莉香，无油脂气)

在薄荷醇、香芹酮分子中，都含有不对称碳原子，其左旋和右旋体香味有很大差别。

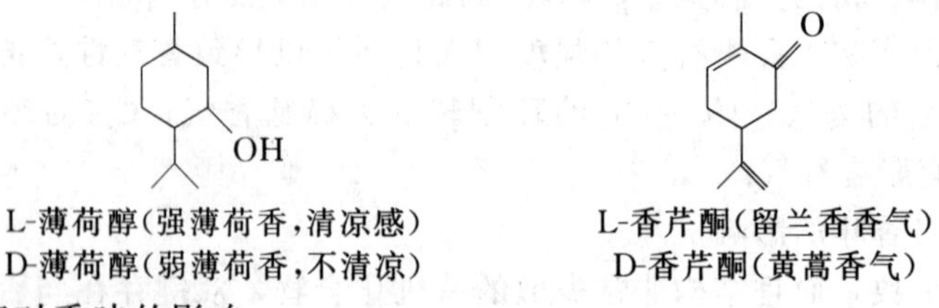

L-薄荷醇(强薄荷香,清凉感)
D-薄荷醇(弱薄荷香,不清凉)

L-香芹酮(留兰香香气)
D-香芹酮(黄蒿香气)

(6) 分子骨架对香味的影响

① 含有如下结构的环酮类化合物都具有焦糖香味。

这类香料中最典型的代表是麦芽酚、乙基麦芽酚、4-羟基-2,5-二甲基-3(2*H*)-呋喃酮、4-羟基-5-甲基-3(2*H*)-呋喃酮、4-羟基-2-乙基-5-甲基-3(2*H*)-呋喃酮和甲基环戊烯酮醇（MCP）等。

② 含有如下结构的化合物都具有烤香香味。

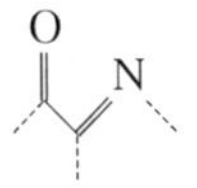

O
N

2-乙酰基吡嗪、2-乙酰基-3,5(6)-二甲基吡嗪、2-乙酰基吡啶、2-乙酰基噻唑是这类香料典型的代表。

③ 分子中含有如下特征分子骨架的含硫化合物都具有基本肉香味。

S X

式中，X为O或S，虚实线表示碳-碳、碳-氧或碳-硫单键或双键。符合上式结构特征的重要的基本肉味香料有2-甲基-3-呋喃硫醇、2,5-二甲基-3-呋喃硫醇、2-甲基-3-甲硫基呋喃、二(2-甲基-3-呋喃基)二硫醚、2-甲基-3-呋喃硫醇乙酸酯、2,3-丁二硫醇、3-巯基-2-丁醇、3-巯基-2-丁酮、2,5-二甲基-2,5-二羟基-1,4-二噻烷、四氢噻吩-3-酮等。

酚类香料大都具有烟熏香味。具有代表性的烟熏香味香料有丁香酚、异丁香酚、香芹酚、对甲酚、愈创木酚、4-乙基愈创木酚、对乙基苯酚、2-异丙基苯酚、4-烯丙基-2,6-二甲氧基苯酚、4-甲基-2,6-二甲氧基苯酚等。

具有丙硫基或烯丙硫基基团的化合物一般具有葱蒜香味，符合这一规律的葱蒜香味香料有烯丙硫醇、烯丙基硫醚、甲基烯丙基硫醚、丙基烯丙基硫醚、烯丙基二硫醚、甲基烯丙基二硫醚、丙基烯丙基二硫醚、烯丙基三硫醚、甲基烯丙基三硫醚、丙基烯丙基三硫醚、二丙基硫醚、甲基丙基硫醚、二丙基二硫醚、甲基丙基二硫醚等。

四、香料香精的发展及前景

香料应用的历史可以追溯到公元前3世纪，在印度河流域早已有薰香的记载。中国、印度、埃及、希腊等文明古国，都是最早应用香料的国家。古人所用的香料，都是从芳香植物中或动物分泌物中提取，大都用于治病、沐浴、供奉祭祀、调味等。由于某些天然香料具有强烈的杀菌力，所以古人也常用香料薰香净身，涂装香料于遗骸以防腐。

我国不但使用香料历史悠久，也是进行香料贸易最早的国家之一。我国古代香料贸易交往，与陆上贸易丝绸之路相对应，构成了泉州海上贸易丝绸之路。樟脑、乳香、麝香等经由日本、埃及输入欧洲。

在8～10世纪人们已经知道用蒸馏法分离香料。在13世纪人们第一次从精油里分离出萜烯类香料化合物。到15世纪，香料的使用成为许多国家统治阶层奢华的象征。随着科学技术的发展，从19世纪开始，新兴的合成香料工业便逐渐发展起来。

我国有着丰富的天然资源。据不完全统计，我国芳香植物有95科、335属、800余种。广东、广西、云南、福建、四川、浙江等南方各省均有天然香料植物园。我国生产的茉莉花浸膏、柠檬油、香叶油、薰衣草油、肉桂油和薄荷脑都是驰名中外的优质产品。素馨、香茅、依兰、白兰、山苍子和留兰香等也享有盛名。

我国是世界上最大的天然香精香料生产国，也是香精香料的消费大国，有得天独厚的天然香料资源，具有原料成本低的优势。在这些条件的影响下，我国的香料香精制造行业近年来一直保持着较快的发展速度。

目前香精香料市场的发展是健康的，而且还在继续扩展。我国食用香精市场潜力巨大，随着食品工业的发展，食用香精的研制、开发、生产和应用在我国得到了长足的发展，并且显示了巨大的发展空间。

第二节 天然香料

一、概述

天然香料包括动物性天然香料和植物性天然香料。动物性天然香料是从动物的生殖腺分泌物中获得的有香物质。这类香料有十几种，但能够形成商品和经常应用的只有麝香、灵猫香、海狸香和龙涎香 4 种。植物性天然香料是以植物的花、叶、茎、根或果实等为原料生产出来的多种成分化合物。天然香料的成分非常复杂，如保加利亚玫瑰油的香成分现在已鉴定出 275 种，其中化学成分含量 1%以上的有：香茅醇 38%、玫瑰蜡 16%、香叶醇 14%、橙花醇 7%、β-苯乙醇 2.8%、丁香酚甲醚 2.4%、芳樟醇 1.4%、丁香酚 1.2%、金合欢醇 1.2%。目前世界上生产的天然香料有 500 多种，属于常用的产品有 200 种左右。

天然香料的制备方法如下。

① 压榨法。柠檬、橙子、柑橘类果皮可经压榨法制取香料，这是制取天然香料最简单的方法，而且这种方法不会使香料变性，一般适用于从含香质较多而且价格较低的原料制取香料。

② 水蒸气蒸馏法。这是提取香料的最重要的方法。所适用的香质原料包括所有的花（不耐热处理的茉莉和晚香玉除外）以及叶子、木材、树皮、树根、苔衣、草类等。肉桂、檀香、樟木、桂枝、薄荷、藿香、丁香、豆蔻等，都能用此法提取香料。由花提取的香料称为花精油，其他的称为香精油。

③ 有机溶剂提取法。利用低沸点的有机溶剂（如酒精、乙醚、氯仿等）能溶解香料的性质，将原料经上述溶剂浸泡后进行萃取，然后蒸去有机溶剂后，再用乙醇混合，过滤除去杂质，最后蒸去乙醇后得到净油，由花制成的称为净花精油，这种方法必须重复混合和蒸馏数次才能得到高质量的产品。

④ 吸收法。若原料中含有香物质很少，且价格较贵时，一般采用这种方法提取香料，如玫瑰、桂花、蔷薇、兰草等植物花瓣中所含的香料，其品质高贵，而含量极微。一般可利用脂肪油吸收花卉中香质。吸收法又分为热脂浸渍法和冷吸法两种，热脂浸渍法是用热纯猪油或牛油吸收花中芳香油，冷却后再用乙醇萃取，除去乙醇后获得浸膏或净香脂。冷吸法是在常温下进行，方法与前者相同，适用于花香受热易损失者如茉莉、晚香玉等。

二、常用的天然香料

1. 动物性香料

动物性香料最常用的有麝香、灵猫香、海狸香和龙涎香 4 种，在香水和高级化妆品中得到广泛应用。

(1) 麝香（Musk）

麝香是雄麝鹿腹部香腺的分泌物，2 岁的雄麝鹿开始分泌麝香，10 岁左右为最佳分泌期，每只麝鹿可分泌麝香 50g 左右。麝香的传统采集方法是杀麝取香，切取香囊经干燥而得。现代的科学方法是活麝取香，我国四川、陕西饲养麝鹿并活麝取香已取得成功，这对保护野生动物资源具有重要意义。

麝香囊经干燥后，割开香囊取出的麝香呈暗褐色粒状物，品质优者有时会析出白色结晶。固态时具有强烈的恶臭，用水或酒精高度稀释后具有独特的动物香气。

麝香粉末大部分由动物树脂及动物性色素所构成，其主要芳香成分是仅占 2%左右的饱和大环酮即麝香酮。从化学成分来看，这些大环化合物主要是3-甲基环十五烷酮、5-环十五烯酮、麝香吡喃、麝香吡啶等。

3-甲基环十五烷酮　　5-环十五烯酮　　麝香吡喃　　麝香吡啶

麝香香气在调香方面有非常重要的用途，是常用的好香料。国际市场上畅销的香水，如珞利亚、如意花、香奈儿、夜巴黎等，都是以麝香香气为基调配以名花而成的。还有许多高档百花型香精也常带麝香香气，它可用于不同香型，如东方香型、重的花香型、醛香型以及玫瑰、紫罗兰、铃兰、紫丁香花等香型均可用，通常是制成酊剂使用。麝香除用于高档香水香精外，还是名贵的中药材。

麝鹿分布于我国西南、西北部高原和北印度、尼泊尔、西伯利亚寒冷地带。在我国，除四川、陕西外，西藏、云南、新疆、青海、甘肃、安徽、东北等地都有分布，而以川、藏地区质量最好。

(2) 灵猫香（Civet）

灵猫主要有大灵猫和小灵猫两种，分布在我国长江中下游、云南、广西和印度、菲律宾、缅甸、马来西亚等地。雌雄灵猫都有香腺分泌物，称为灵猫香膏。传统的采集方法也是杀猫取香，而现代方法是饲养灵猫，采取活猫定期刮香的方法。

新鲜的灵猫香为淡黄色流动性物体，遇阳光久后色泽转为深棕色。浓时具有不愉快的恶臭，稀释后则发出令人愉快的香气。灵猫香中大部分为动物性黏液质、动物性树脂及色素，其主要香成分为仅占3%左右的不饱和大环酮即灵猫酮，其化学结构为9-环十七烯酮。此外，天然灵猫香成分还有二氢灵猫酮、6-环十七烯酮、环十六酮等8种大环酮化合物。

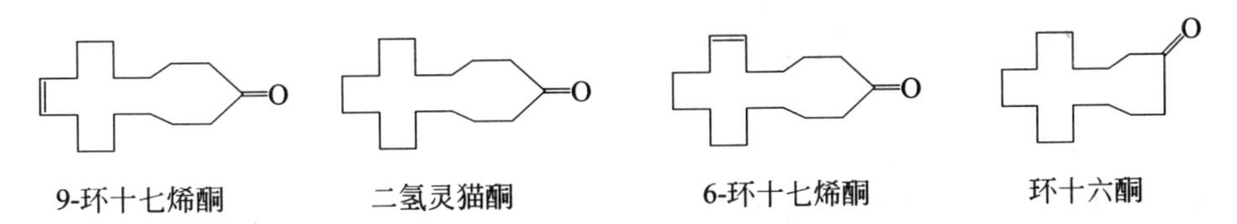

9-环十七烯酮　　二氢灵猫酮　　6-环十七烯酮　　环十六酮

灵猫香气比麝香更为优雅，常作为高级香水香精的定香剂，作为名贵中药材具有清脑的功能。

(3) 海狸香（Castoreum）

海狸栖息于小河岸或湖沼中，主要产地为加拿大、俄罗斯，我国新疆、东北与俄罗斯接壤的地区也有。雌雄海狸的生殖器附近均有2个梨状腺囊，内藏白色乳状黏稠液即海狸香。采集海狸香时，将海狸捕杀，切取香囊，经干燥后取出海狸香封存于瓶内即可。

海狸香的大部分为动物性树脂。主要香成分为结晶性海狸香素，结构尚不明确。此外有苯甲酸、苄醇、苯乙酮、左旋龙脑、对甲氧基苯乙酮、对乙基苯酚及含氮化合物等。

海狸香是四种动物香中最廉价的一种，虽用途没有麝香和灵猫香大，但必要时可用它代替。可用于清鲜类香型，如依兰、茉莉、水仙、檀香及百花型，也可用于东方香型、香薇、素心兰等型。食用方面用于香荚兰豆型香精等。

(4) 龙涎香（Ambergris）

龙涎香来源于抹香鲸的肠内。一般认为是抹香鲸吞食多量海中动物而形成的一种结石，由鲸鱼体内排出，漂浮在海面上或冲上海岸。主要产地为我国南部、印度、南美和非洲等地的热带海岸。

从海洋中得到的龙涎香首先要放置数月，使色泽变浅而香气熟化后即为龙涎香料。

龙涎香料是蜡状固体，能浮于海面，60℃时变软，更高时成液体。色泽不一，有白、银灰、褐色，以白色者最香，其次为银灰，颜色越深香气越差。其相对密度为 0.8～0.9，溶于乙醚或乙醇中。龙涎香的主要成分是龙涎香醇，其分子式为 $C_{30}H_{52}O$，结构式如右所示。

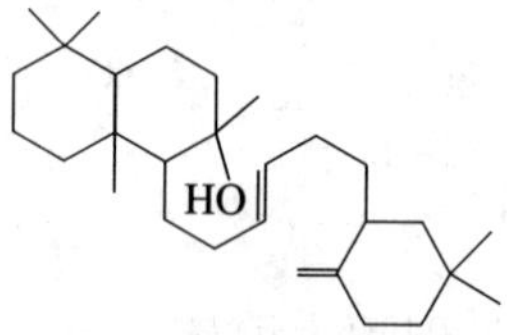

龙涎香醇

龙涎香具有清灵而文雅的动物香，香之品质最为高尚，是配制高级香水香精的佳品，是优良的定香剂。它可调和修饰醛香、花香，在兔耳草花型中可用达 1%，栀子花型中能用到 3%。它能用到更多的优美花香如白玫瑰、甜豆花、铃兰及幻想型香精中，并与麝香、灵猫香同用，有增强香气的力量。

2. 植物性香料

植物性香料是从芳香植物的花、草、叶、枝、干、根、茎、皮、果实或树脂提取出来的有机物的混合物。大多数呈油状或膏状，少数呈树脂或半固态。根据它们的形态和制法通常称为精油、浸膏、净油、香脂和酊剂。

由于植物性天然香料的主要成分都是具有挥发性和芳香气味的油状物，它们是植物芳香精华，因此也把植物性天然香料统称为精油。精油往往以游离态或苷的形式积聚于油胞或细胞组织间隙中。它们的含量不但与物种有关，同时也随着土壤成分、气候条件、生长季节、生长年龄、收割时间、贮运情况等而异，所以芳香植物的选种和培育，对于天然香料生产来说是至关重要的。

由花提取的香料：玫瑰、茉莉、橙花、薰衣草、水仙、黄水仙、合欢、腊菊、刺柏、衣兰等。

由叶子提取的香料：马鞭草、桉叶、香茅、月桂、香叶、橙叶、冬青、广藿香、香紫苏、枫茅、盐蔷薇等。

由木材提取的香料：檀香木、玫瑰木、羊齿木。

由树皮提出的香料：桂皮、肉桂。

由树脂提出的香料：安息香、吐鲁番香脂、秘鲁香脂。

由果皮提出的香料：柠檬、柑橘。

由种子提出的香料：黑香豆、茴香、肉豆蔻、黄葵子、香子兰。

由苔衣提取的香料：橡苔。

由草类提取的香料：薰衣草、薄荷、留兰香、百里香、龙蒿。

植物性天然香料均是由数十种乃至数百种有机化合物的混合物组成，如保加利亚玫瑰油的香成分现在已鉴定出 275 种，其中化学成分含量 1%以上的有：香茅醇 38%、玫瑰蜡 16%、香叶醇 14%、橙花醇 7%、β-苯乙醇 2.8%、丁香酚甲醚 2.4%、芳樟醇 1.4%、丁香酚 1.2%、金合欢醇 1.2%。

迄今为止，从植物性天然香料中分离出来的有机化合物已有 5000 多种，分子结构种类极其复杂，大体上可以分为如下 4 大类：萜类化合物、芳香族化合物、脂肪族化合物和含氮含硫化合物。

(1) 萜类化合物

萜类化合物广泛存在于天然植物中，它们往往构成各种精油的主要香成分，如松节油中的蒎烯（质量分数为 80%左右）、柏木油中的柏木烯（质量分数为 80%左右）、薄荷油中的薄荷醇（质量分数为 80%左右）、山苍子油中柠檬醛（质量分数为 80%左右）、樟脑油中的樟脑（质量分数为 50%左右）、桉叶油中的桉叶油素（质量分数为 70%左右）等均为萜类化合物。根据碳原子骨架中碳的个数来分类，又可分为单萜（C_{10}）、倍半萜（C_{15}）、二萜（C_{20}）、三萜（C_{30}）、四萜（C_{40}）等。从化学结构的角度来分类，可分为开链萜、单环萜、双环萜、三环萜、四环萜。此外还可分为含氧萜和不含氧萜。几类有代表性的萜类化合物结构如下。

① 萜烃

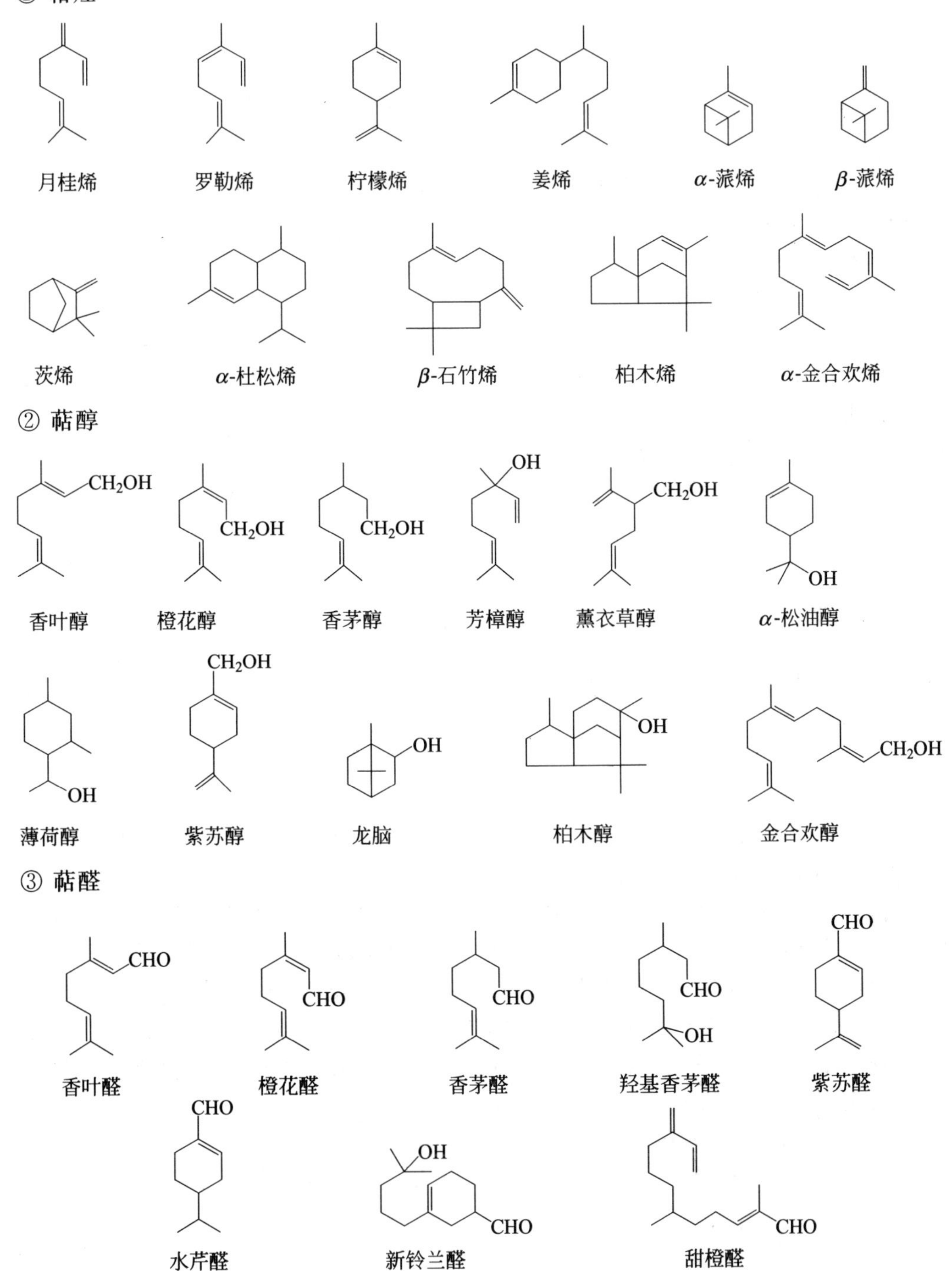

④ 萜酮

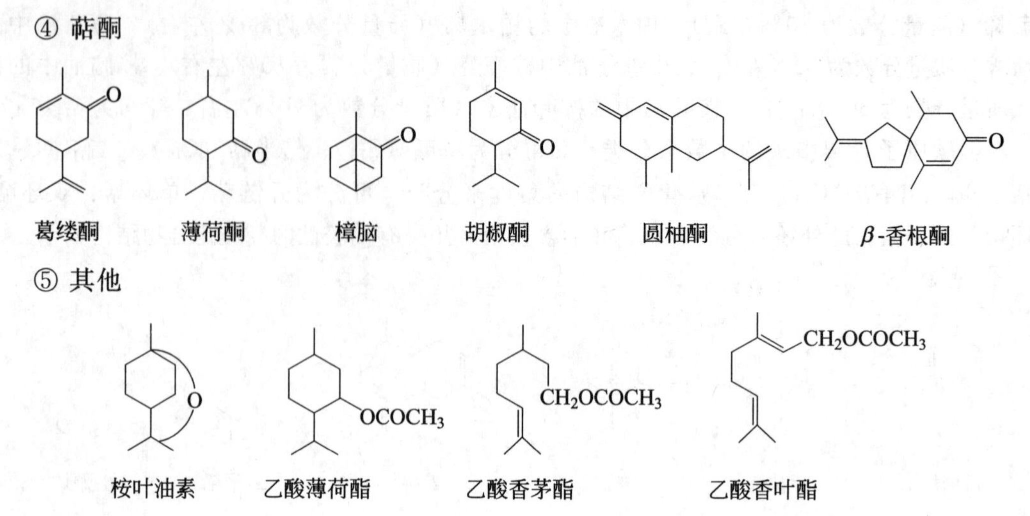

(2) 芳香族化合物

在植物性天然香料中，芳香族化合物仅次于萜类，它们的存在也相当广泛，如玫瑰油中含有苯乙醇（质量分数为2.8%左右）、香荚兰油中含有香兰素（质量分数为2%左右）、苦杏仁油中含苯甲醛（质量分数为80%左右）、肉桂油中含有桂醛（质量分数为80%左右）、茴香油中含茴香脑（质量分数为80%左右）、丁香油中含丁香酚（质量分数为80%左右）、百里香油中含百里香酚（质量分数为50%左右）、黄樟油中含黄樟油素（质量分数为90%左右）、在茉莉油中含有质量分数为65%左右的乙酸苄酯等。

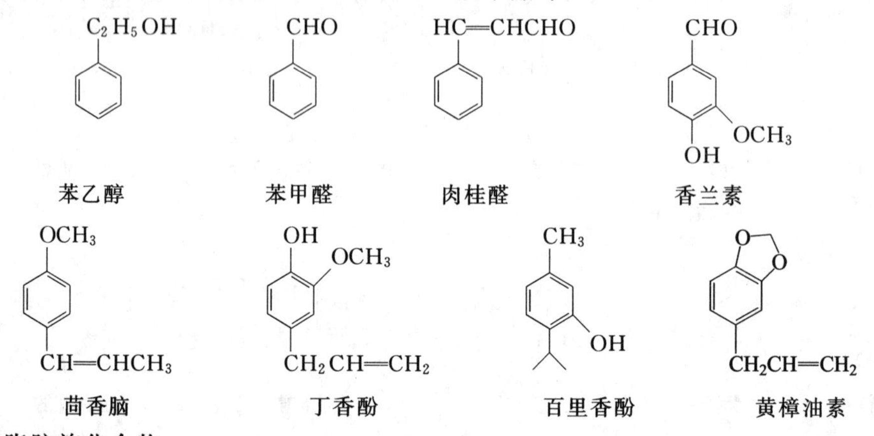

(3) 脂肪族化合物

脂肪族化合物在植物性天然香料中也广泛存在，但其含量和作用一般不如萜类和芳香族化合物。在茶叶及其他绿叶植物中含有少量的顺-3-己烯醇，由于它具有青草的清香，所以也称为叶醇，在香精中起清香香韵变调剂作用。2-己烯醛也称叶醛，是构成黄瓜青香的天然醛类。2,6-壬二烯醛存在于紫罗兰叶中，所以又称为紫罗兰叶醛，在紫罗兰、水仙、玉兰、金合欢香精配方中起重要的作用。在芸香油中含有70%左右的甲基壬基甲酮，因是芸香油中的主要成分而得名芸香酮。

$CH_3CH_2CH{=}CHCH_2CH_2OH$

叶醇

$CH_3CH_2CH{=}CH(CH_2)_2CH{=}CHCHO$

紫罗兰叶醛

$CH_3(CH_2)_2CH{=}CHCHO$

叶醛

$CH_3CO(CH_2)_8CH_3$

芸香酮

$C_6H_5CH_2OCOCH_3$　　　　$CH_3(CH_2)_{12}COOH$

乙酸苄酯　　　　肉豆蔻酸

(4) 含氮含硫化合物

含氮含硫化合物在天然芳香植物中存在，其含量极少，但在肉类、葱蒜、谷物、豆类、花生、咖啡、可可等食品中常有发现。虽然它们属于微量化学成分，但由于气味往往很强，所以不可忽视。模仿天然植物中含氮含硫化合物结构，目前已合成了大量硫醚类、呋喃类、噻唑类、吡咯类、吡嗪类化合物，它们在食品香精中起着重要作用。

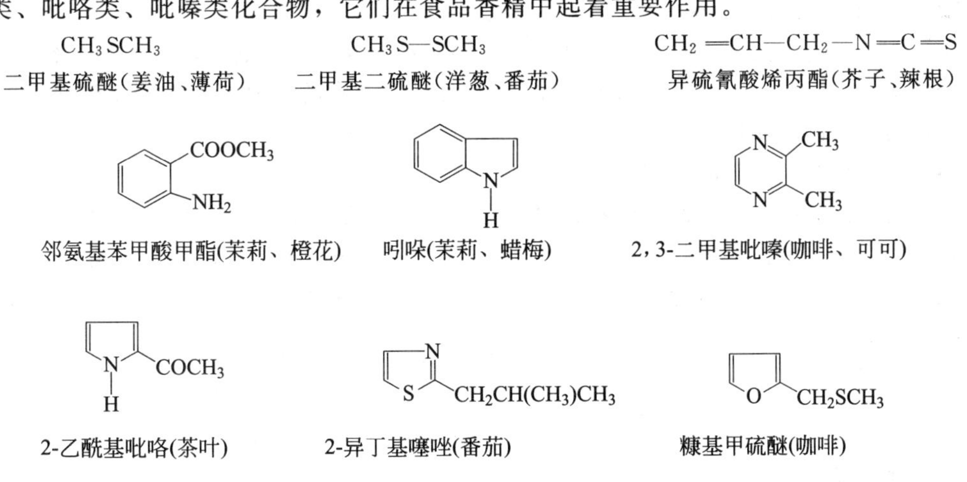

二甲基硫醚(姜油、薄荷)　二甲基二硫醚(洋葱、番茄)　异硫氰酸烯丙酯(芥子、辣根)

邻氨基苯甲酸甲酯(茉莉、橙花)　吲哚(茉莉、蜡梅)　2,3-二甲基吡嗪(咖啡、可可)

2-乙酰基吡咯(茶叶)　2-异丁基噻唑(番茄)　糠基甲硫醚(咖啡)

第三节　合成香料

一、概述

随着人们生活水平的提高，需要提供种类更多、产量和质量更高的香料。而天然香料的生产往往受到自然条件及加工等因素的影响，造成产量不多、质量不稳定。于是人们开始研究用有机合成的方法，采用有机化工的生产手段，生产物美、价廉、产量大的合成香料。随着科技水平的不断提高，可从天然香料中剖析、分离其主要的发香成分，通过化学合成方法进行研制，以解决天然香料的不足，又可降低成本。此外，还可合成出一些具有使用价值的新的发香物质，使香型更丰富，因而合成香料的创制具有极为广阔的前途。

合成香料的分类方法可以按照所采用的原料不同、香型不同等进行分类。但为了掌握其化学性质及合成方法，根据有机化学的分类方法较为适宜。根据化学结构的不同，合成香料可分为烃类香料、醇类香料、酚类和醚类香料、醛类和缩醛类香料、酮类和缩酮类香料、羧酸类香料、酯类和内酯类香料、含氮或硫类香料、杂环类香料等。

二、常用的合成香料

1. 烃类化合物

烃类化合物主要是萜类化合物，用于仿制天然精油及配制香精中，它又是合成含氧萜烯化合物的重要原料，如松节油成分中的 α-蒎烯和 β-蒎烯可合成许多重要的单体香料。

一些重要的烃类合成香料简介如下。

(1) 莰烯

又名樟脑精。该化合物为无色结晶体，气味类似樟脑，天然存在于姜油内，熔点为 51～

52℃，沸点为160℃，能溶于醚和醇。其合成方法是首先由松节油加氯化氢气体反应生成氯氢化松节油精，然后与苯酚钾反应而成。

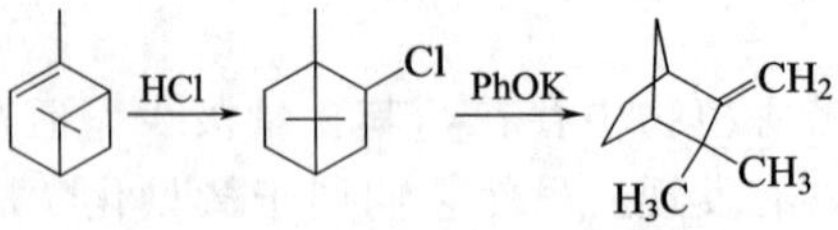

松节油 $\xrightarrow{HCl}$ 氯氢化松节油精 $\xrightarrow{PhOK}$ 莰烯

(2) 柠檬烯（Limonene）

又名苎烯，为无色至淡黄色易流动液体，溶于乙醇等有机溶剂中，实际上不溶于水。具有旋光异构，为右旋体。大量存在于柠檬油、橘子油、葛缕子油中，在橘子油中含量高达90%。具有愉快的柠檬样香气，可用来配制人造柑橘油。

(3) 二苯甲烷（Diphenyl Methane）

为白色针状结晶，具有香叶油和甜橙油香气。溶于乙醇等有机溶剂中，不溶于水。广泛用于调配皂用香精。作为定香剂，应用于蔷薇、玫瑰等香型化妆品香精中。其合成方法为：用氯化苄和苯为原料，在催化剂作用下，于分子间脱去氯化氢分子，生成二苯甲烷，反应式为：

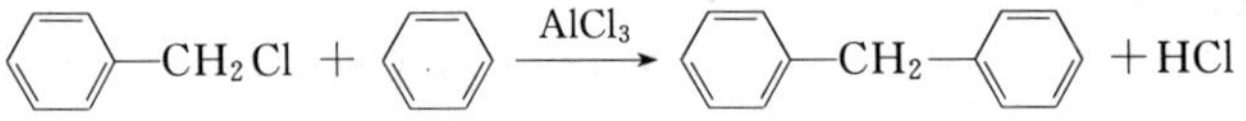

$$C_6H_5-CH_2Cl + C_6H_6 \xrightarrow{AlCl_3} C_6H_5-CH_2-C_6H_5 + HCl$$

氯化苄　　　　二苯甲烷

2. **醇类化合物**

天然芳香成分中大都含有醇类化合物，如玫瑰、蔷薇等花香中均含有多种醇类化合物。目前调香中使用的醇类大部分由化学合成，而且它又可作为合成其他香料单体的中间体。

(1) 香叶醇和橙花醇

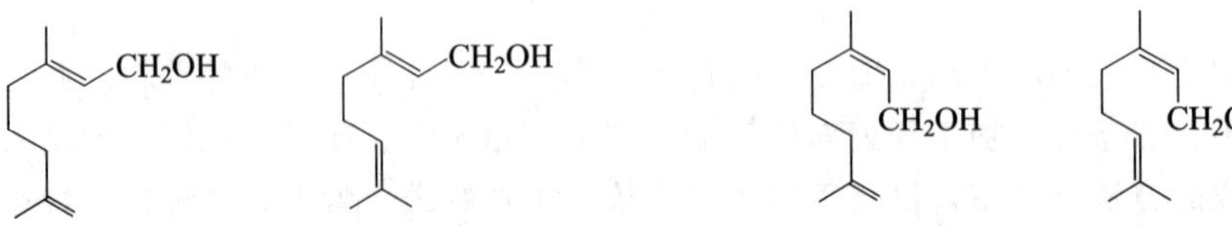

α-位　β-位

香叶醇

α-位　β-位

橙花醇

二者仅是结构上顺式和反式之别（第七个碳原子上），反式为香叶醇，顺式为橙花醇，前者为无色或淡黄色液体，后者为无色液体。香气上二者均为玫瑰香味，但后者更柔和。

自然界中存在于姜草油、柠檬草油及雄刈萱草油内，两者往往同时存在，为玫瑰香精的主要成分。

香叶醇化学合成以β-蒎烯为原料，方法如下：

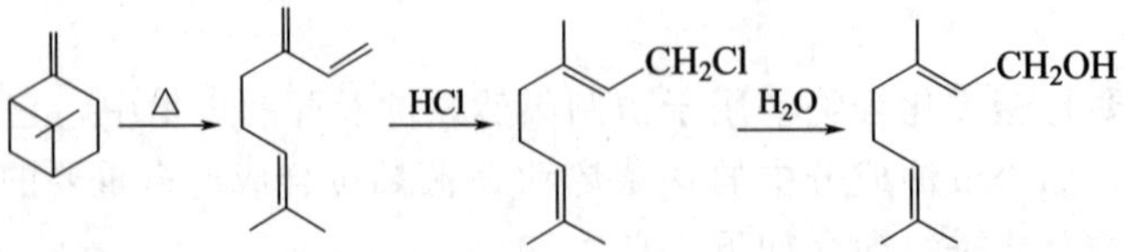

$\xrightarrow{\triangle}$ $\xrightarrow{HCl}$ $-CH_2Cl$ $\xrightarrow{H_2O}$ $-CH_2OH$

橙花醇用甲基庚烯酮为起始原料，与乙炔甲醚加成，生成物经酸化、还原处理，得香叶醇和橙花醇混合物，经分离制得橙花醇。

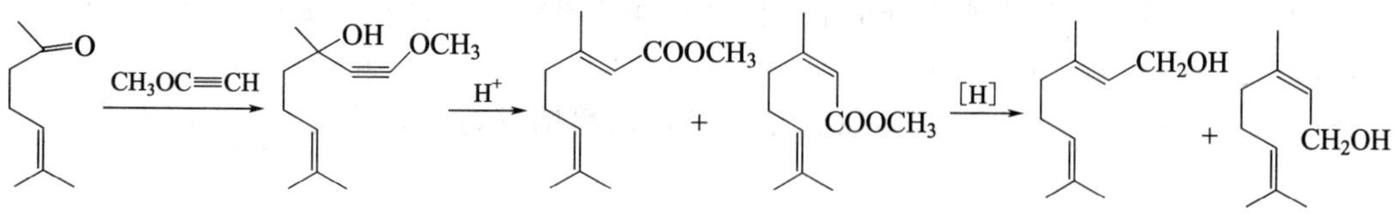

$CH_3OC\equiv CH$；H^+；[H]

(2) 苯甲醇

苯甲醇也称苄醇，存在于天然的苏合香内。它为无色有果子香的液体，沸点 206～207℃，能溶于乙醇及乙醚。具有固定香气的能力，能使其他香料中的香气久久不消失，故常用作香料的溶剂。

它可由氯化苄与碳酸钾共沸而得：

$$2C_6H_5CH_2Cl+H_2O+K_2CO_3 \xrightarrow{\triangle} 2C_6H_5CH_2OH+2KCl+CO_2$$

也可用苯甲醛加苛性钾反应而成：

$$2C_6H_5CHO+KOH \longrightarrow C_6H_5CH_2OH+C_6H_5COOK$$

(3) β-苯乙醇

苯乙醇天然产于玫瑰油及橙花油中，为无色液体，具有柔和的玫瑰似甜香，是配制玫瑰型香精的主要原料，因为它对碱稳定，故被广泛用于皂用香精中。

合成方法为：

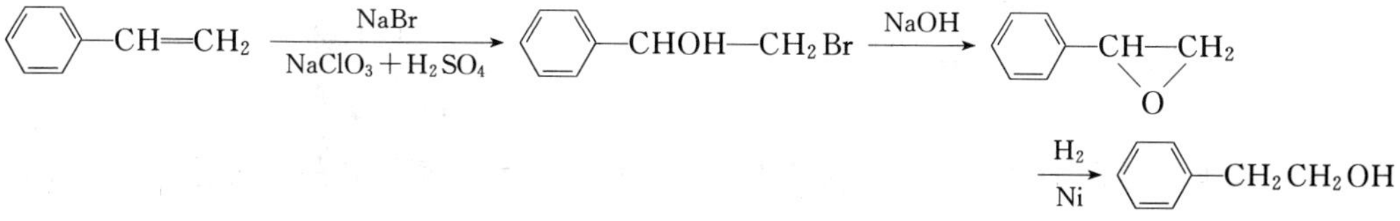

$$C_6H_5-CH=CH_2 \xrightarrow[NaClO_3+H_2SO_4]{NaBr} C_6H_5-CHOH-CH_2Br \xrightarrow{NaOH} C_6H_5-\underset{\diagdown O \diagup}{CH-CH_2} \xrightarrow[Ni]{H_2} C_6H_5-CH_2CH_2OH$$

也可直接用苯为原料：

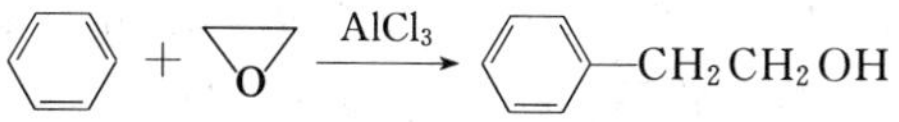

$$C_6H_6 + \overset{\ }{\underset{O}{\triangle}} \xrightarrow{AlCl_3} C_6H_5-CH_2CH_2OH$$

3. **醛类化合物**

(1) 柠檬醛

它天然存在于柠檬油及柠檬草油中，是一种不饱和醛的化合物，典型的萜烯类化合物，它除了有顺反异构体外，还有因双键位置不同而形成的异构体，一般为几种异构体的混合物。一般可由山苍子油减压精馏而得。常用于各类果香香精（如玫瑰、橙花、紫罗兰等香精）中，也可用于调香，还大量作为合成紫罗兰酮的基体，是合成萜类香料的一个重要中间体。根据顺反异构可分为 α-和 β-柠檬醛，α-柠檬醛即香叶醛，β-柠檬醛即橙花醛。

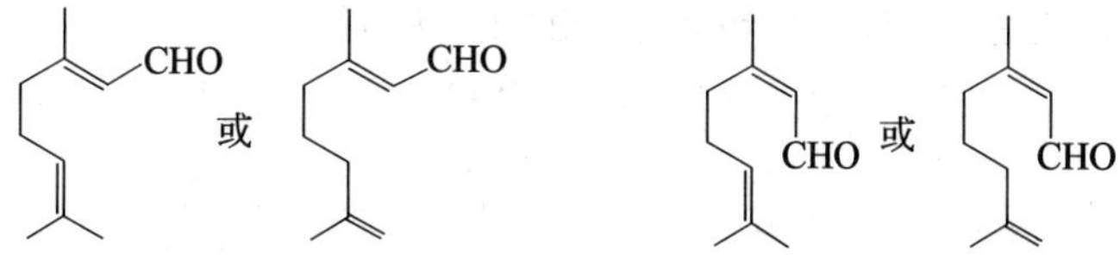

CHO 或 CHO　　　　CHO 或 CHO

α-柠檬醛(香叶醛)　　　　β-柠檬醛(橙花醛)

(2) 甲基壬基乙醛（2-甲基十一醛）

甲基壬基乙醛的化学结构式如下：

$$CH_3(CH_2)_8\underset{}{\overset{CH_3}{\overset{|}{C}}}HCHO$$

它不存在于自然界中，香气似柑橘香并带有龙涎香气息，又似琥珀香。香味温和持久，较其他脂肪醛均佳。多用于香水香精中，但是它香气浓烈，只能用微量于配方中，否则会掩盖其他香气。

合成方法：一般以 2-十一酮与氯乙酸乙酯，在醇钠存在下，通过 Darzens 缩合反应而合成。

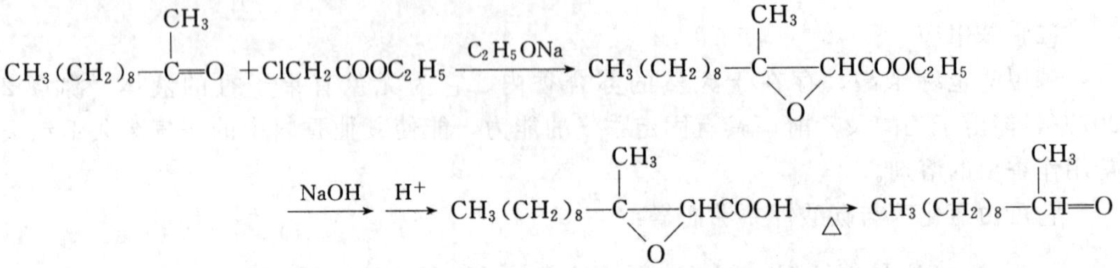

$$CH_3(CH_2)_8-\overset{CH_3}{\overset{|}{C}}=O + ClCH_2COOC_2H_5 \xrightarrow{C_2H_5ONa} CH_3(CH_2)_8-\overset{CH_3}{\overset{|}{C}}\underset{O}{\diagdown\!\diagup}CHCOOC_2H_5$$

$$\xrightarrow{NaOH}\xrightarrow{H^+} CH_3(CH_2)_8-\overset{CH_3}{\overset{|}{C}}\underset{O}{\diagdown\!\diagup}CHCOOH \xrightarrow{\triangle} CH_3(CH_2)_8-\overset{CH_3}{\overset{|}{CH}}=O$$

原料 2-十一酮，大量存在于天然芳香油中，可直接蒸馏分离而得，也可用 Sabatier-Senderens 反应，将癸酸及乙酸蒸气通过加热的锰类催化剂，经气相催化脱羧生成甲基壬基酮。

(3) 香兰素及乙基香兰素

香兰素及乙基香兰素的化学结构式如下：

香兰素（4-羟基-3-甲氧基苯甲醛：苯环上 CHO、OCH_3、OH）　　乙基香兰素（苯环上 CHO、OC_2H_5、OH）

香兰素天然存在于热带兰科植物的香豆中，以香兰素葡萄糖苷的形式存在。可用乙醇由香豆中浸出而得。

香兰素为白色针状结晶，熔点 80～82℃，溶于水、乙醇及醚，具有香兰素芳香味及巧克力的香气。乙基香兰素自然界中并不存在，它的香气与香兰素相似，但更强烈，比香兰素强 3～4 倍。香兰素大量用于香料、调味剂及药物等。由于天然资源的限制，目前大都采用化学合成法。按采用原料不同又有全合成法及半合成法。全合成法因不采用天然原料，故生产不易受影响，它们的合成路线如下。

以邻氨基苯甲醚为原料的全合成法　原料先经重氮化，再水解得到邻甲氧基苯酚。

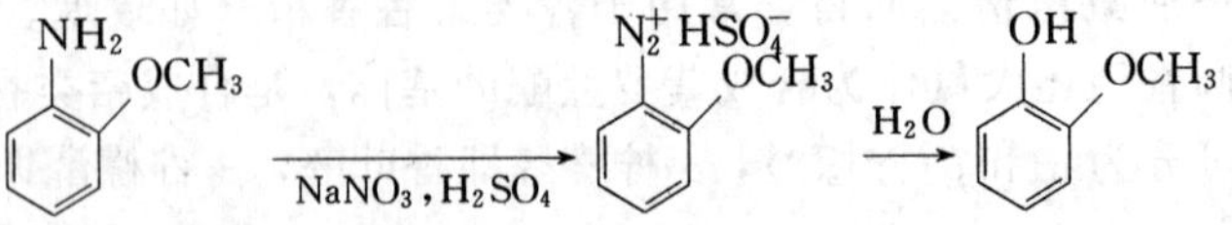

$$\text{(邻氨基苯甲醚: } NH_2, OCH_3) \xrightarrow[NaNO_3,\,H_2SO_4]{} (N_2^+HSO_4^-, OCH_3) \xrightarrow{H_2O} (OH, OCH_3)$$

然后与甲醛及对亚硝基-*N*,*N*-二甲苯胺盐酸盐反应而成。

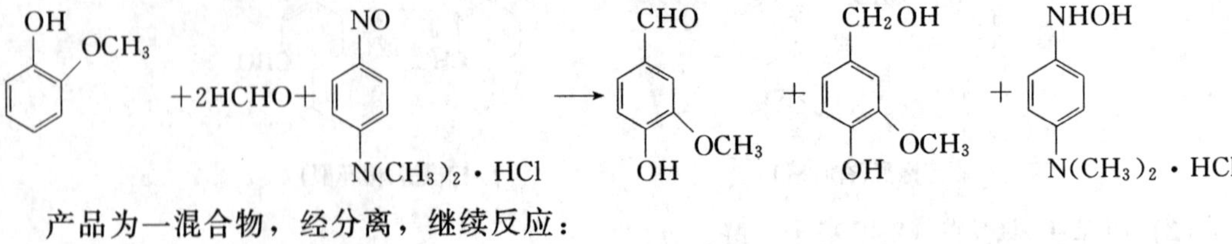

$$(OH, OCH_3) + 2HCHO + (NO, N(CH_3)_2\cdot HCl) \longrightarrow (CHO, OCH_3, OH) + (CH_2OH, OCH_3, OH) + (NHOH, N(CH_3)_2\cdot HCl)$$

产品为一混合物，经分离，继续反应：

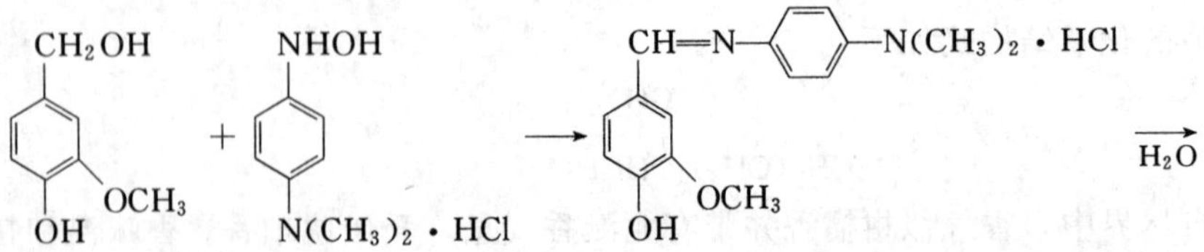

$$(CH_2OH, OCH_3, OH) + (NHOH, N(CH_3)_2\cdot HCl) \longrightarrow (CH{=}N{-}C_6H_4{-}N(CH_3)_2\cdot HCl, OCH_3, OH) \xrightarrow[H_2O]{}$$

CHO　　NH₂ ...

对亚硝基-N,N-二甲基苯胺，可由 N,N-二甲基苯胺亚硝化而成。

此外，香兰素还可以采用以丁香精或黄樟油素为原料的半合成法。

近年来许多国家采用造纸工业亚硫酸纸浆废液中的木质素来生产香兰素，由于原料来源丰富，是很有发展前途的合成方法。反应过程如下：

木质素 $\xrightarrow[H_2O]{NaOH}$ (HO—$CHCH_2CH_2OH$, OCH_3, OH) $\xrightarrow{\triangle}$ ($CH{=}CHCH_2OH$, OCH_3, OH) $\xrightarrow{[O]}$ (CHO, OCH_3, OH)

造纸工业的纸浆废液经发酵提取乙醇后，内含相当数量的木质素，在碱性介质中经水解、氧化等反应后也可生成。此法为木材工业的综合利用开辟了新途径。

乙基香兰素可以以邻乙氧基苯酚、邻氨基苯乙醚、黄樟油素等为起始原料合成。如以邻乙氧基苯酚为原料合成的反应式如下：

(OC_2H_5, OH) + ($N(CH_3)_2$, NO) $\xrightarrow[(CH_2)_6N_4]{HCl}$ (CHO, OC_2H_5, OH)

香兰素和乙基香兰素是贵重香料，主要作为香草香精的主体原料应用于食品工业。在化妆品工业中被用作为增加甜的香气。另外也可作矫臭剂、空气清洁剂，其用量极微。

4. 酮类化合物

酮类化合物中的脂肪酮一般不直接用作香料，低级脂肪酮可作为合成香料的原料，在 $C_7 \sim C_{12}$ 的不对称脂肪酮中，有一些具有强烈令人不愉快的气味，其中只有甲基壬基酮被用作香料。但许多芳香族酮类化合物具有令人喜爱的香气，很多可用作香料，如 $C_{15} \sim C_{18}$ 的巨环酮，它具有麝香香气。

(1) 紫罗兰酮和甲基紫罗兰酮

紫罗兰酮天然存在于堇属紫色的植物中，而甲基紫罗兰酮则全由合成制得。由于紫罗兰鲜花昂贵，人工耗费又大，种植过程中香气很易变型，故目前紫罗兰酮也几乎由合成制取。

紫罗兰酮是重要合成香料之一，有 α、β、γ 三种异构体。

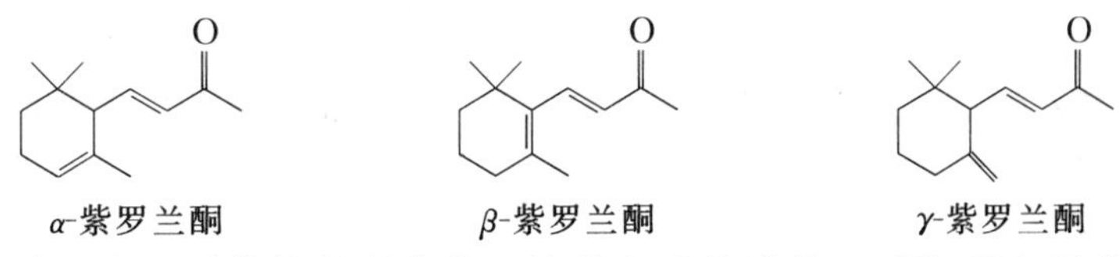

α-紫罗兰酮　　β-紫罗兰酮　　γ-紫罗兰酮

一般市售品为 α 和 β 异构体的混合物，淡黄色油状液体，香气柔和具紫罗兰花的香气，略有鸢尾的香型，是配制紫罗兰、金合欢、桂花、含羞、兰花等型香精不可缺少的原料，因它对碱稳定，因此常用作皂用香精，也可用于食用香精中。

α-紫罗兰具有甜的、紫罗兰、木香、果香等香气。β-紫罗兰酮具有新鲜紫罗兰花的香气且有杨木气息。从香气来说 α-紫罗兰酮比 β-紫罗兰酮更令人喜爱，β-紫罗兰酮也是维生素 A 的原料，故被用于医药工业中。γ-紫罗兰酮具有珍贵的龙涎香香气。

由于α-紫罗兰酮结构中的三个双键只有两个处于共轭位置，而β-紫罗兰酮三个双键均处于共轭位置，故β-紫罗兰酮的最大吸收波长较长，为290.6nm，而α-紫罗兰酮为228nm。

甲基紫罗兰酮也是重要的合成香料之一，它共有六种异构体。

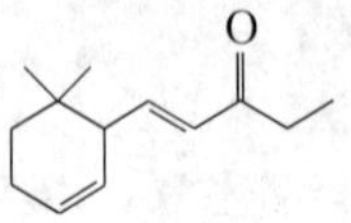

α-甲基紫罗兰酮 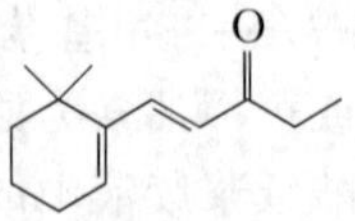　β-甲基紫罗兰酮 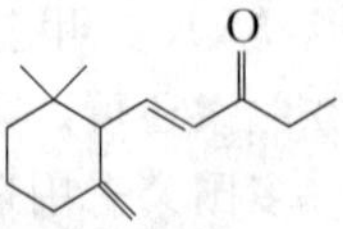　γ-甲基紫罗兰酮

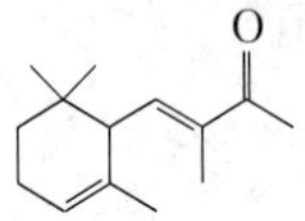

α-异甲基紫罗兰酮 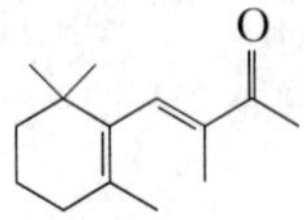　β-异甲基紫罗兰酮 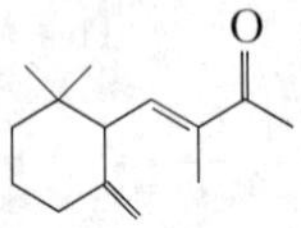　γ-异甲基紫罗兰酮

市售甲基紫罗兰酮一般以α、β的四种异构体的混合物为主，香气甜盛，有似鸢尾酮和金合欢醇的气息，它是桂花、紫罗兰、金合欢香精的主要基香。

合成方法如下。

① 半合成法。以天然精油中柠檬醛为原料的半合成法路线如下：

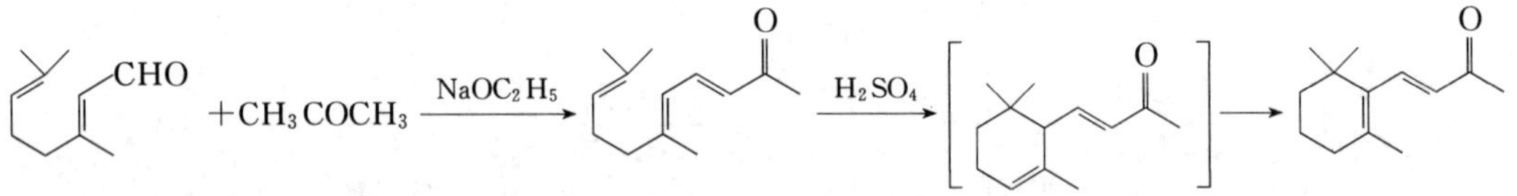

CHO + CH_3COCH_3 $\xrightarrow{NaOC_2H_5}$ $\xrightarrow{H_2SO_4}$ [ ] ⟶

柠檬醛　假紫罗兰酮　α-紫罗兰酮　β-紫罗兰酮

碱催化的醇醛缩合先生成假紫罗兰酮，然后在硫酸或醋酸存在下加三氟化硼，使假紫罗兰酮转化成α-紫罗兰酮，最后在催化剂影响下，其环内的双键转移到共轭的位置，生成共轭的双烯酮——β-紫罗兰酮。

如以丁酮与柠檬醛为原料，按上述方法可得甲基紫罗兰酮。

② 全合成法。如果要得到较纯的紫罗兰酮，往往采用全合成方法，以脱氢芳樟醇为原料与乙酰乙酸乙酯或双乙烯酮反应，脱去二氧化碳，经分子重排而得假紫罗兰酮，然后在酸性条件下环化而成紫罗兰酮。

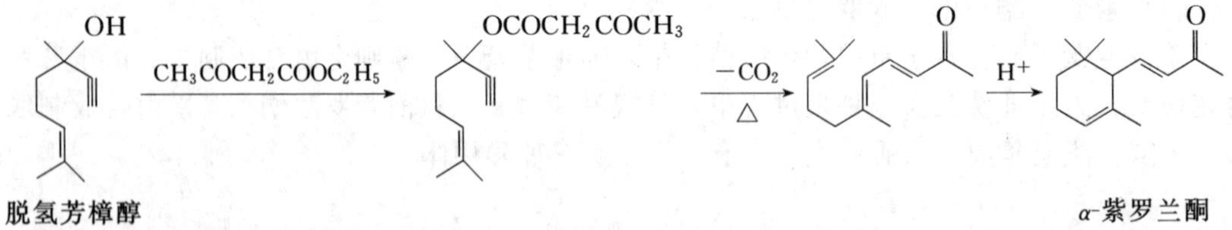

OH $\xrightarrow{CH_3COCH_2COOC_2H_5}$ $OCOCH_2COCH_3$ $\xrightarrow[\triangle]{-CO_2}$ $\xrightarrow{H^+}$

脱氢芳樟醇　α-紫罗兰酮

如果采用甲基乙酰乙酸乙酯与脱氢芳樟醇反应，则生成假异甲基紫罗兰酮，同样在酸性环构下可得异甲基紫罗兰酮。

(2) 香芹酮

香芹酮具有留兰香气息，天然存在于芹菜子油中。其制备方法主要以柠檬烯为原料。

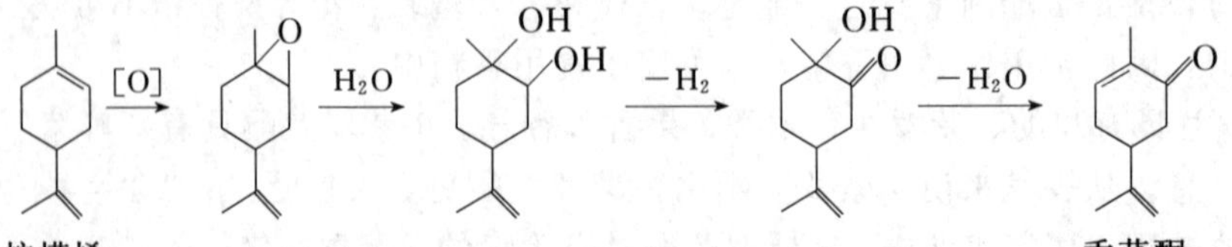

$\xrightarrow{[O]}$ $\xrightarrow{H_2O}$ OH OH $\xrightarrow{-H_2}$ OH O $\xrightarrow{-H_2O}$ O

柠檬烯　香芹酮

5. **羧酸酯类化合物**

羧酸酯类化合物广泛存在于自然界中，而且绝大部分具有令人愉悦的香气，虽然它在调配任何一种香型的香精时不能赋予决定性的香气，但在香精中能加强与润和其香气，而且有些酯类能起到定香剂作用，因此在配制各类香型香精中都含有酯类化合物。

(1) 乙酸芳樟酯

乙酸芳樟酯天然存在于香柠檬、香紫苏、薰衣草及其他植物的精油中，香味近似香柠檬油及薰衣草油。化学合成法可由芳樟醇与乙烯酮反应而得。

$$\text{(OH)} + CH_2=C=O \longrightarrow \text{(}OCOCH_3\text{)}$$

乙酸芳樟酯

也可使用催化剂磷酸与醋酐制成的复合剂，反应可在低温下进行，并减少副反应。

$$3(CH_3CO)_2O + H_3PO_4 \longrightarrow (CH_3CO)_3PO_4 + 3CH_3COOH$$

$$3\ \text{(OH)} + (CH_3CO)_3PO_4 \longrightarrow 3\ \text{(}OCOCH_3\text{)} + H_3PO_4$$

反应生成的磷酸可连续与醋酐作用。

乙酸芳樟酯的香气芬芳而幽雅，常用于配制古龙水、人造香柠檬油和薰衣草油，在中高档香制品及皂用香精中是不可缺少的原料之一。

(2) 苯甲酸酯类

重要的苯甲酸酯类香料有：

C_6H_5—$COOCH_3$　苯甲酸甲酯

C_6H_5—$COOC_2H_5$　苯甲酸乙酯

C_6H_5—$COOCH_2$—C_6H_5　苯甲酸苄酯

苯甲酸甲酯天然存在于依兰油、月下香油、丁香油等，具芬芳香味，系依兰香之必需成分，常用来配制依兰香油。

苯甲酸乙酯天然产于岩兰草油及橙花油等中，它具有果香及甜香，但比苯甲酸甲酯略为淡雅些，也主要用来配制依兰香油和丁香油。

苯甲酸苄酯为秘鲁树脂的主要成分，也存在于依兰香油及月下香油中，其本身香气较微，但由于它沸点高（323～324℃），故可用作定香剂，同时它又是难溶于香精中的一些固体香料的最好溶剂，故常作为合成麝香的溶剂。

它们可按一般方法制备：

$$C_6H_5\text{—}COOH + CH_3OH \xrightarrow{H_2SO_4} C_6H_5\text{—}COOCH_3 + H_2O$$

$$C_6H_5\text{—}COOH + C_2H_5OH \xrightarrow{H_2SO_4} C_6H_5\text{—}COOC_2H_5 + H_2O$$

$$C_6H_5\text{—}COOC_2H_5 + C_6H_5\text{—}CH_2OH \longrightarrow C_6H_5\text{—}COOCH_2\text{—}C_6H_5 + C_2H_5OH$$

(3) 邻氨基苯甲酸甲酯

该化合物在自然界中存在于橙花油、茉莉、甜橙油及其他芳香油中，此外还存在于葡萄汁中，具有橙花油香气，常用来配制人造橙花油。

它可以苯酐为原料来制取：

$$\text{邻苯二甲酸酐} + 2NH_4OH \longrightarrow C_6H_4(COONH_4)(CONH_2) + 2H_2O$$

$$C_6H_4(COONH_4)(CONH_2) + \text{邻苯二甲酸酐} \xrightarrow{NaOH} C_6H_4(COONa)(CONH_2)$$

$$C_6H_4(COONa)(CONH_2) \xrightarrow[CH_3OH]{NaClO} C_6H_4(COOCH_3)(NHCOONa) \xrightarrow{H_2O} C_6H_4(COOCH_3)(NH_2)$$

6. **内酯类**

内酯化合物具有酯类特征，香气上均有特殊的果香。一般酯类香料几乎可在一切类型香精中使用，而内酯类由于受到原料来源及复杂工艺等原因，在应用上受到一定限制。

(1) γ-十一内酯（桃醛）

γ-十一内酯的结构如下：

$$CH_3(CH_2)_6\underset{\text{|\_\_\_\_O\_\_\_\_|}}{CHCH_2CH_2C{=}O}$$

该化合物具有桃香气息，故又名桃醛。主要用于桃香型食用香精中，也用于紫丁香、茉莉型香精的调香中，由于其香气强烈，故用量一般不宜过多。

其化学合成可由 ω-十一烯酸经内酯化而得。而 ω-十一烯酸可由蓖麻油酸甲酯进行热裂，分离除去庚醛十一烯酸甲酯，再经皂化、酸化后可得游离 ω-十一烯酸。合成路线如下：

$$CH_2{=}CH(CH_2)_8COOCH_3 \xrightarrow{NaOH} CH_2{=}CH(CH_2)_8COONa \xrightarrow{H^+} CH_2{=}CH(CH_2)_8COOH \xrightarrow{H_2SO_4}$$

$$CH_3(CH_2)_6CH{=}CHCH_2COOH \xrightarrow{H_2SO_4} CH_3(CH_2)_6\underset{\text{|\_\_\_\_O\_\_\_\_|}}{CHCH_2CH_2C{=}O}$$

(2) 芳香族内酯类

在香料工业上最常见的芳香族内酯类是香豆素。香豆素天然产于香豆及车叶草中，其香气颇似香兰素，具刈草甜香和巧克力气息。目前使用的主要是其合成产品，产量很大。因其价廉，香味芬芳，并能固定其他香气，故常用于新刈草型和馥奇型香精中配制香水。也用作工业香精中的除臭剂，消除家用橡胶塑料品中的不愉快气息。

香豆素可由水杨醛与醋酐通过珀金缩合反应而成：

$$C_6H_4(CHO)(OH) \xrightarrow[CH_3COONa]{(CH_3CO)_2O} \text{香豆素}$$

香豆素

7. **乙缩醛类**

由于一般醛类化合物的化学性质较活泼，在空气和光、热的影响下极易被氧化成酸，在碱性介质中易起醇醛缩合反应。而缩醛类则无此弊病，在碱性介质中稳定而不变色，是它的优点，在香气上缩醛类化合物比醛类化合物和润，没有醛类那样刺鼻的香味。

例如二乙缩柠檬醛，其香味似花信子。其化学合成是由柠檬醛与原甲酸三乙酯在对甲苯磺酸存在下反应而成。

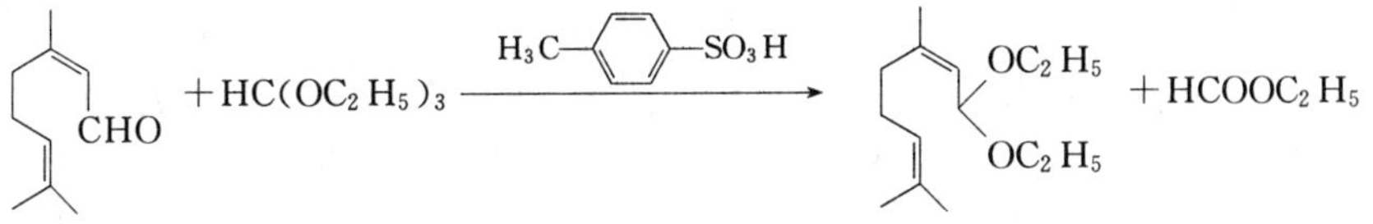

（反应式：柠檬醛 $+HC(OC_2H_5)_3 \xrightarrow{H_3C-C_6H_4-SO_3H}$ 二乙缩柠檬醛 $+HCOOC_2H_5$）

二乙缩柠檬醛

8. 麝香化合物

麝香是一种昂贵的香料，是调配高级香精不可缺少的原料，但由于天然麝香来源稀少，不易获得，近年来均采用合成法以获得具有麝香香气的香料。

具有麝香香气的香料品种较多，有巨环麝香类（包括酮、内酯、双酯、醚内酯）、多环麝香类（包括茚满型、四氢萘型、异香豆素型等）及硝基麝香类。

(1) 硝基麝香

目前被应用于调香上的硝基麝香有以下几种：

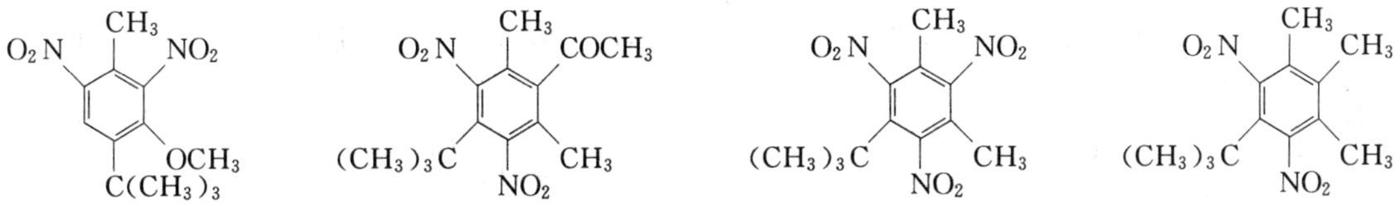

（结构式：葵子麝香、酮麝香、二甲苯麝香、三甲苯麝香）

葵子麝香　　酮麝香　　二甲苯麝香　　三甲苯麝香

以上四个硝基麝香不仅香气可贵，而且它们有定香作用。硝基麝香虽然在香气上不及芳檀、巨环类及万山麝香，并有遇光易变色的缺点，但在合成上却比其他麝香方便，故硝基麝香目前还是许多香精中的必要成分，并常与天然麝香同时使用，其中二甲苯麝香香气品质稍差，一般用于皂用香精，而不用于高档香水香精中。

几种硝基麝香的制法如下。

① 葵子麝香

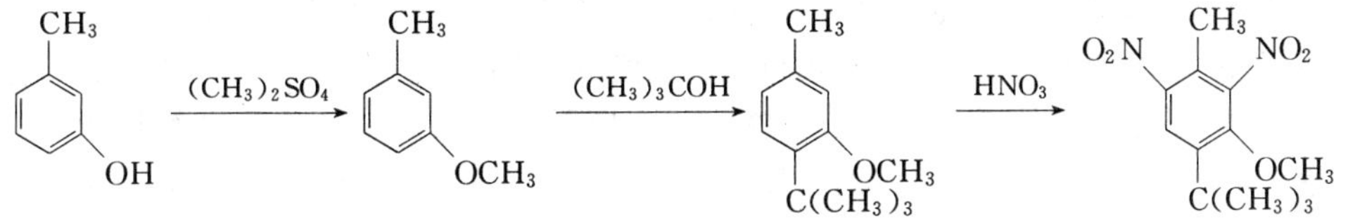

（反应式：间甲酚 $\xrightarrow{(CH_3)_2SO_4}$ 间甲苯甲醚 $\xrightarrow{(CH_3)_3COH}$ 叔丁基间甲苯甲醚 $\xrightarrow{HNO_3}$ 葵子麝香）

② 酮麝香

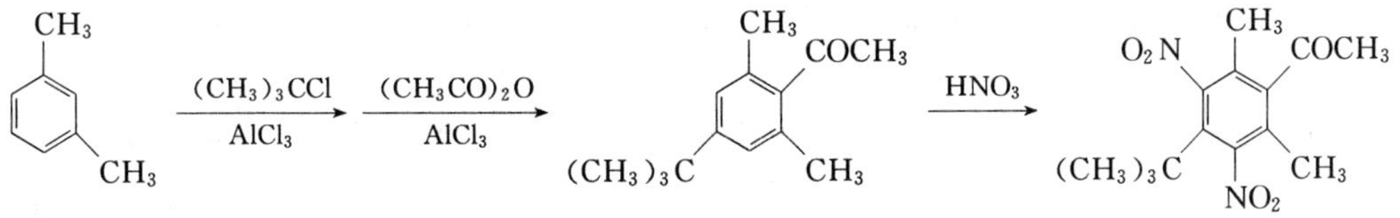

（反应式：间二甲苯 $\xrightarrow[AlCl_3]{(CH_3)_3CCl}\xrightarrow[AlCl_3]{(CH_3CO)_2O}$ 乙酰基叔丁基间二甲苯 $\xrightarrow{HNO_3}$ 酮麝香）

③ 二甲苯麝香

（反应式：间二甲苯 $\xrightarrow[AlCl_3]{(CH_3)_3CCl}\xrightarrow{HNO_3}$ 二甲苯麝香）

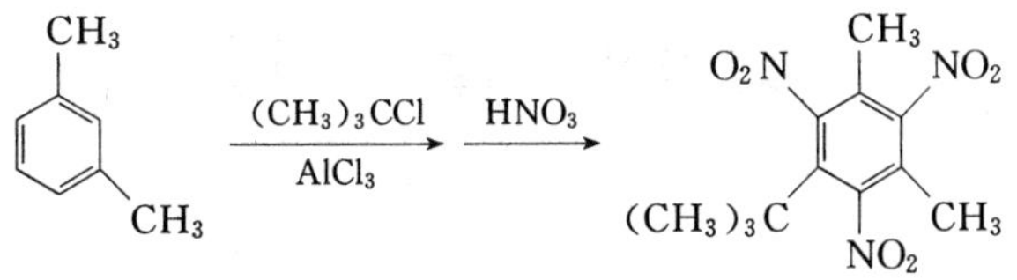

(2) 万山麝香

万山麝香即1,1,4,4-四甲基-6-乙基-7-乙酰基-1,2,3,4-四氢萘，具有天然麝香的优点，又无硝基麝香遇光变色的缺点，但制造较为复杂，成本较高。

其化学合成以丙酮及乙炔为原料，合成反应如下：

$$CH\equiv CH + CH_3COCH_3 \xrightarrow{KOH} \xrightarrow{HCl} (CH_3)_2C(OH)-C\equiv C-C(OH)(CH_3)_2 \xrightarrow[Ni]{H_2} (CH_3)_2C(OH)-CH_2CH_2-C(OH)(CH_3)_2 \xrightarrow{HCl}$$

$$(CH_3)_2CCl-CH_2CH_2-CCl(CH_3)_2 \xrightarrow[FeCl_3]{C_6H_5-C_2H_5} \text{(}C_2H_5\text{取代四甲基四氢萘)} \xrightarrow[AlCl_3]{(CH_3CO)_2O} \text{(}CH_3CO\text{、}C_2H_5\text{取代四甲基四氢萘)}$$

万山麝香

(3) 芬檀麝香

芬檀麝香即6-乙酰基-1,1,2,3,3,5-六甲基茚满。它为茚满衍生物，由于它的香气比硝基麝香优越得多，与万山麝香及十五内酯相仿，其性质对光和碱稳定，并对化妆品加工过程中的氧化、还原、高温都稳定，它的沸点较高，和其他香料调配时能抑制易挥发的香料，又是一种定香剂。一般使用量为5%时即有很高的定香作用。

它的合成方法可以由异丙烯基甲苯和2-甲基丁烯反应生成六甲基茚满，然后乙酰化制取。

$$H_3C-C_6H_4-C(=CH_2)CH_3 + CH_3-C(CH_3)=CHCH_3 \xrightarrow{H_2SO_4} \text{(1,1,2,3,3,5-六甲基茚满)} \xrightarrow[AlCl_3]{CH_3COCl} \text{(6-乙酰基-1,1,2,3,3,5-六甲基茚满)}$$

芬檀麝香

另外，也可以来自松节油的对异丙烯基甲苯为原料，与叔戊醇缩合生成六甲基茚满，然后乙酰化制取。

(4) 巨环麝香——黄蜀葵素（十五内酯）

巨环麝香——黄蜀葵素具有非常珍贵的麝香气息，它们不仅具有细腻的麝香香气，并能使调香的香精具有高雅及润和的香气，另外它又是一个很好的定香剂，能使香精持久地保持芬芳气息。其中植物性麝香——黄蜀葵素（十五内酯）品质很高，香气类似龙涎麝香香型，留香力强，香气柔和，但它在自然界中的白藏根油内含量极微，要提取它是困难的，只能靠化学合成。

工业上它的化学合成多采用壬二酸单乙酯为原料，经 Kulbe 合成法电解得到十六烷二酸二乙酯，然后以 Hunsdiecker 方法去掉一个碳原子，得溴代十五烷酸乙酯，于碱中反应得15-羟基十五烷酸乙酯，然后经聚合、解聚制取。

$$C_2H_5OOC(CH_2)_7COOH \xrightarrow{\text{电解}} C_2H_5OOC(CH_2)_{14}COOC_2H_5 \longrightarrow AgOOC(CH_2)_{14}COOC_2H_5 \xrightarrow{Br_2}$$

$$Br-(CH_2)_{14}COOC_2H_5 \xrightarrow{OH^-} HO-(CH_2)_{14}COOC_2H_5 \xrightarrow{\text{缩聚}} -\overset{O}{\overset{\|}{C}}-\left[O(CH_2)_{14}\overset{O}{\overset{\|}{C}}O\right]- \xrightarrow{\text{解聚}} (CH_2)_{13}-C(=O)-O-CH_2 \text{(环)}$$

黄蜀葵素

第四节　香　　精

一、概述

前面介绍的各种香料，除极个别的品种外，一般均不能单独使用，必须由数种乃至数十种调和起来，才能适合应用上的需要。这种为了应用而调剂的过程称为调香，经过调和的香料称为调和香料或香精。

1. 香精的构成

一种香精，就其各组分的挥发性和保留香气的时间来说，可以分为顶香成分、中香成分和底香成分。顶香成分是挥发度比较高、保留香气时间比较短即定香性较弱的组分；中香成分是挥发度和定香性均为中等的香料成分；底香成分是挥发度低、定香性强的香料成分。

如果按照各组成分在香精中所起的作用，又可分为主香剂、前味剂、辅助剂、定香剂和稀释剂。

(1) 主香剂

主香剂代表香料的香型，即构成香精香气的基本原料。香精中有用一种香料作主香剂的，如调和橙花香精只用一种橙叶油作主剂；也有用数种或数十种香料作主香剂的，如调和玫瑰香精，常用香茅醇、香叶醇、苯乙醇、香叶油等数种香料作主香剂。

在调香过程中，主香剂的选择和决定是至关重要的，既要从调制的香型（如仿花香型、创新香型等）来考虑，又要考虑所加入的各单体、单离香料间的作用。用作主香剂的主要是中香成分和底香成分。

(2) 前味剂

前味剂是最先从调和香料中挥发出来的成分。它的挥发性比主香剂大，其作用是给使用者提供一个良好的第一印象，以便突出主香剂的香型。用作前味剂的都是顶香成分，如果类油、醛类、人造芳香素等。

(3) 辅助剂

香精单靠主香剂和前味剂，往往香气单调、无味，如配以辅助剂，补足主香剂之不足，使其香气变得清新、幽雅，或使其变至适中，使主香剂更能发挥作用。若加入的辅助剂与主香剂是同一香型，称为协调剂，以协助主剂的香型更加明显突出。若加入的辅助剂与主香剂不属同一香型，则称为变调剂，其加入的目的是使香气得到调整而别具风韵。特别是用天然香料为主香剂时，调和后有的伴有不愉快的气味，则加入变调剂更为必要。例如，在以龙涎、麝香、橡苔为主香剂的调和香料中，用玫瑰净油和灵猫净油作变调剂可取得良好效果。作辅助剂的一般为中香成分。

(4) 定香剂

定香剂也称保香剂，是香精中最基本最重要的组成部分，其作用是使香精中各种香料成分的挥发度均匀，并防止香料的快速挥发，保证在应用中香型不变，有一定的持久性。

使用定香剂时，一是要慎重选择类型，二是要用量适当。选择时要考虑在延缓易挥发香料散失的同时，不得改变原定的香型。高沸点的香原料具有强烈的分子间力的作用，若它易溶于混合香料中，则可作定香剂。定香剂本身可以是无臭或近似无臭，或者本身就是一种香料。单独的一种定香剂，往往达不到好的定香效果，因而可以选用几种配合。为了使调和香料达到应有的效果，定香剂的用量不宜过多，也不能过少，过多会影响香精的主香，过少则达不到定香的目的。

定香剂按照用途，可以分为四类。①特种定香剂，这类定香剂难挥发，如酮麝香、葵子麝香、二甲苯麝香等。②假型定香剂，这是一类无臭的结晶性或浓稠性物质，起稳定香的作用，如乙酸三氯甲基苯甲酯、二乙二醇单甲醚等。③真型定香剂，这类物质基本都是高分子结构，具有吸附能力，在香精中起定香作用，如安息香、檀香、广藿香等。④激发剂，这类物质在香精中起一定的激发作用，从而使香气格外浓厚，可作为各种香气的刺激剂或传香剂，如龙涎香、海狸香、麝香等天然动物性香料。定香剂都是一些作底香成分的香料。

(5) 稀释剂

香料的香味很浓厚，如直接嗅闻，则香味过强，会强烈地刺激嗅觉，即使是玫瑰或茉莉这样高价的花精油，也会让人感觉不到芬芳的香味，因此，有必要用稀释剂适当地把香味变淡。此外，结晶性香料和树脂状香料也要用稀释剂来溶解和稀释。理想的稀释剂应完全无臭，易于溶解各种香料，具有较好的稳定性和较高的安全性，且价格低廉。使用最广的稀释剂是乙醇，另外苯甲醇等也可作为稀释剂。近年来，又逐渐发展了以水作为稀释剂，添加适当的乳化剂，可制成各种香制品。

在调香中，上述起不同作用的组分都要有一定的比例。根据各种香精类型和应用情况，其比例有所差别，但一般来说，前味剂为25%左右，辅助剂为20%左右，稀释剂为5%左右，主香剂和定香剂在50%以上。

2. 调香中的常用术语

① 香型（Type）。是用来描述某一种香精或加香制品的整体香气类型或格调的术语，如果香型、玫瑰香型、茉莉香型、木香型、古龙香型、咖啡香型、肉香型等。

② 香韵（Note）。是用来描述某一种香料、香精或加香产品中带有某种香气韵调而不是整体香气的特征。例如烧烤牛肉香精中的洋葱香韵，花香型香精中的青香韵等。香韵的区分是一项比较复杂的工作。

③ 香势（Odor Concentration）。亦称香气强度，是指香气本身的强弱程度，这种强度可以通过香气的阈值来判断，阈值愈小，则香势愈强。

④ 头香（Top Note）。亦称顶香，是指对香精或加香产品嗅辨中，最初片刻时香气的印象，也就是人们首先能嗅感到的香气特征。头香主要是由香气扩散能力较强的香料所产生。在香精中起头香作用的香料称为头香剂。

⑤ 体香（Body Note）。亦称中段香韵，是香精的主体香气。体香是在头香之后立即被嗅感到的香气，而且能在相当长的时间内保持稳定或一致。体香是香精最主要的香气特征。在香精中起体香作用的香料称为主香剂。

⑥ 基香（Basic Note）。亦称尾香或底香，是香精的头香和体香挥发过后，留下的最后香气。这种香气一般是由挥发性较差的香料或定香剂所产生。在香精中起基香作用的香料称为定香剂（Fixer）。

⑦ 调和（Blend）。是指将几种香料混合在一起而发出一种协调一致的香气。调和的目的是使香精的香气变得或者优美，或者清新，或者强烈，或者微弱，使香精的主剂更能发挥作用。在香精中起调和作用的香料称为调和剂或协调剂（Blender）。

⑧ 修饰（Modify）。是指用某种香料的香气去修饰另一种香料的香气，使之在香精中发生特定效果，从而使香气变得别具风格。在香精中起修饰作用的香料称为修饰剂或变调剂（Modifier）。

⑨ 香基（Base）。亦称香精基，是由多种香料调和而成的、具有一定香型的混合物。香基不在加香产品中直接使用，而是作为香精中的一种原料来使用。

3. 香精的香型

香精有许多不同的香型，每种香型又分不同的基香，有淡、浓、辛、烈等区别。常用的香型种类如下。

① 青滋香。具有青滋气息，如紫罗兰叶、橙叶、白兰叶；有些还带凉气，如薄荷、桉叶等。

② 草香型。有青草香的气息，又有青涩之气，如香茅、迷迭香。

③ 木香型。其木质香甜、浓郁，如檀香、柏木香。

④ 蜜甜香。这是香精中的优质者，如紫罗兰、桂花、玫瑰等。

⑤ 脂香型。具有油脂、花脂的气味，有覆盖香气的能力，是调和香料的顶香剂。

⑥ 香膏型。如醇、醛、酯、香膏等。

⑦ 琥珀香。具有木质、龙涎的香气，可作一般调和香料的定香剂。

⑧ 动物香。取自动物体内，如麝香、龙涎香、灵猫香、海狸香。

⑨ 辛香型。具有辛暖气味，多作药用，有祛寒、开胃、消毒、杀菌功效，还可用于调味及洁齿等。

⑩ 豆香型。具有豆香的香味，多用于食品、烟草等，如香兰素、香豆素。

⑪ 果香型。有清甜的鲜果香气，主要用于食品，在化妆品中也起重要作用，如柠檬、杨梅、凤梨、椰子等香味。

⑫ 酒香型。有果子发酵的气息，香气甜蜜且清香透发，如酿酒之香。

⑬ 花香型。模拟天然鲜花的香味，与蜜甜香型有相似之处，其甜味较淡，酷似自然界的各种花香。

二、常用香精

1. 日用香精

(1) 花香型日用香精

花香型日用香精大多是模仿天然花香配制而成。主要有玫瑰、茉莉、铃兰、白兰、紫罗兰、丁香、水仙、橙花、桂花、香石竹、风信子、金合欢、银白金合欢、晚香玉、仙客来、郁金香、香罗兰、依兰依兰、草兰、木兰花、树兰花、栀子花、向日花、刺槐花、蜡梅花、月桂花、金银花、山梅花、山楂花、葵花、桃花、荷花、菊花、椴花、薰衣草、含羞草、三叶草等数十种。它们主要用于化妆品、香水、花露水、空气清新剂、香皂、香波、洗涤剂、清洁剂等日化产品中。

① 白兰（Imidelia）香精　白兰，又名白玉兰，木兰科的常绿乔木，花白色，极芳香，原产于印度尼西亚的爪哇森林中，我国广东、福建有种植，是著名的香料植物，也用于制作花茶中，地位仅次于茉莉。

【白兰香精配方 1】

白兰叶油	10	肉桂醇	5	洋茉莉醛	2
白兰花浸膏	5	α-松油醇	3	酮麝香	3
白兰花净油	2	乳香香树脂	3	昆仑麝香	2
依兰依兰油	5	乙酸苄酯	7	羟基香茅醛	5
橙叶油	4	苯乙醛二甲缩醛	3	丁香酚甲醚	5
芳樟醇	15	铃兰醛	5	α-戊基桂醛	5
苯乙醇	10	甲基紫罗兰酮	3		

【白兰香精配方 2】

白兰叶油	3	苯乙醇	5	乙酸肉桂酯	2
白兰花浸膏	2	香兰素	5	α-戊基桂醛二苯乙缩醛	5
依兰依兰油	2	甲基紫罗兰酮	4	肉桂酸苯乙酯	3
苯乙醛二甲缩醛	15	异丁香酚	1	山萩油	8
苯乙醛（50%）	12	羟基香茅醛	4	β-萘甲醚	1
乙酸苄酯	10	洋茉莉醛	4	茉莉酯	2
肉桂醇	6	香叶醇	3	酮麝香	1

② 丁香（Lilac）香精　丁香花香气鲜幽双韵，是鲜、甜、清混合香气。鲜似茉莉，清似梅花。在调香应用中有紫花和白花两种，紫花鲜幽偏清，白花鲜幽偏浊。

【紫丁香香精配方】

乙酸苄酯	15	茴香醛	3	茴香醇	2
赛茉莉酮	7	柠檬醛	2	二甲基苄基原醇	2
二氢茉莉酮	3	乙酸苯乙酯	4	白兰叶油	8
α-紫罗兰酮	2	苄醇	5	柠檬油	5
甲基紫罗兰酮	2	α-松油醇	5	树兰油	3
苯乙二甲缩醛	4	苯乙醇	4	小茉莉花浸膏	10
戊基桂醛二茴香缩醛	4	肉桂醇	3	苦橙叶油	2
羟基香茅醛	5				

【白丁香香精配方】

乙酸苄酯	15	洋茉莉醛	2	茴香醇	3
赛茉莉酮	8	酮麝香	2	二甲基苄基原醇	2
α-紫罗兰酮	3	柠檬醛	3	大花茉莉浸膏	10
甲基紫罗兰酮	3	α-松油醇	8	白兰叶油	5
戊基桂醛二茴香缩醛	2	苯乙醇	7	柠檬油	5
戊基桂醛曳馥基	2	苄醇	4	树兰花油	3
羟基香茅醛	5	肉桂醇	3	苦橙叶油	2
茴香醛	3				

③ 紫罗兰（Violet）香精　紫罗兰花极香，属幽清香韵，原产欧洲，在亚洲和北美也有野生或栽培，品种很多，用于香料行业的主要有两种，一种是重瓣花，苍蓝色，幽清中甜气较浓；另一种是单瓣花，蓝紫色，幽清中青气较重。紫罗兰叶也可提取香料，香气与紫罗兰浸膏有很大不同，属于非花香清滋香韵。

【重瓣紫罗兰香精配方】

甲基紫罗兰酮	20	羟基香茅醛	2	灵猫香净油	1
α-紫罗兰酮	10	辛炔羧酸甲酯	2	檀香油	1
β-紫罗兰酮	10	香兰素	1	金合欢净油	1
茴香醛	7	小花茉莉香基	15	大花茉莉净油	1
丁香酚	5	依兰依兰油	8	鸢尾油	3
洋茉莉醛	3	香柠檬油	5	香豆素	2
月桂醛（10%）	3				

【单瓣紫罗兰香精配方】

甲基紫罗兰酮	40	异丁香酚苄醚	5	依兰依兰油	6
β-紫罗兰酮	10	庚炔羧酸甲酯	1	金合欢净油	2
洋茉莉醛	6	大花茉莉香基	10	紫罗兰叶净油	1
羟基香茅醛	4	香柠檬油	10	鸢尾油	1
茴香醛	4				

（2）非花香型日用香精

日用香精调香中一般将非花香划分为十二个香韵，即青滋香、草香、木香、蜜甜香、脂蜡香、膏香、琥珀香、动物香、辛香、豆香、果香和酒香。非花香型日用香精中往往由一种或一种以上的非花香香韵和一种或一种以上的花香香韵所组成，只是非花香香韵处于主导地位。

非花香型日用香精可以分为模仿型和创香型两大类。模仿型非花香日用香精是仿照某一种天然香料香气调配而成，例如麝香、龙涎香、檀香、藿香、鸢尾、香叶、薄荷、柠檬等。创香型非花香日用香精是调香师创拟的作品，创拟出的香型既要适应加香产品的特点，又要被消费者喜爱，因此难度更大一些，这类香型包括素心兰型、馥奇型、古龙型、东方型、龙涎-琥珀型、麝香-玫瑰型等。

① 古龙（Cologne）香精　古龙亦称科隆，由法文和德文翻译而来。古龙香精主要用于男用香水中，至今已有几个世纪的历史，是深受人们喜爱的经典香型之一。古龙香型是以果香（柑橘）及鲜韵（橙花）为主，主要突出柑橘类果香，具有新鲜令人愉快的青滋气息。

【古龙香精配方 1】

香柠檬油	33	苦橙叶油	8	迷迭香油	5
柠檬油	18	橙花油	3	香紫苏油	0.5
甜橙油	25	薰衣草油	6	安息香香树脂	1.5

【古龙香精配方 2】

玳玳叶油	25	安息香香树脂	3	香豆素	1
玳玳花油	10	苏合香香树脂	3	薄荷油	1.5
香柠檬油	10	丁香油	2	檀香油	1
甜橙油	8	苯乙醇	5	香紫苏油	1
香叶油	6	酮麝香	3	岩兰草油	1
茉莉浸膏	4	乙酸乙酯	1.5	柠檬油	5
薰衣草油	3	柠檬醛	1	岩蔷薇浸膏	1
百里香油	3	甲基紫罗兰酮	1		

② 麝香（Musk）香精　麝香为鹿科、麝属动物麝鹿成熟雄体香囊中的干燥分泌物，又称寸香、脐香、当门子。麝香作为一种名贵的中药材和高级香料，在我国已经有 2000 多年的历史。麝香的香味浓郁，留香持久，属于柔和的动物香韵，对人的心理和生理系统有极其显著的影响，在香料工业和医药工业中都有十分重要的价值。

麝香的市场价格十分昂贵，国际市场上 1850 年麝香的价格约为黄金的 1/4，而 1950 年麝香的价格已与黄金等同，目前麝香价格为黄金价格的 6～8 倍。由于麝香一直是一种稀缺的资源，供不应求，因此在调香上使用合成麝香和麝香香精是很有必要的。

【麝香香精配方】

麝香 105	15	岩兰草油	5	异丁香酚苄醚	3
十五内酯	15	檀香油	5	肉桂醇	2
酮麝香	10	树兰油	2	洋茉莉醛	1
环十五酮	5	水杨酸苄酯	10	α-紫罗兰酮	1
萨利麝香	3	水杨酸异丁酯	5	甲基紫罗兰酮	1
二甲苯麝香	2	香豆素	5	灵猫香酊（3%）	2
愈创木油	8				

2. 食用香精

食用香精泛指所有直接或间接进入人或动物口中的加香产品中使用的香精，包括食品香精、酒香精、烟草香精、药品香精、口腔卫生用品香精、饲料香精、鱼饵香精、餐具洗涤剂用香精、蔬菜水果洗涤剂用香精等。食用香精的概念更多是从安全角度考虑的，食用香精中所用的香料必须是允许在食品中使用的香料。

食用香精根据用途可分为食品香精、酒香精、烟草香精、药品香精、口腔卫生用品香精、饲料香精、鱼饵香精、餐具洗涤剂用香精、蔬菜水果洗涤剂用香精等；食用香精按香型分为花香型、坚果型、豆香型、奶香型、肉香型、辛香型及其他香型；食用香精按状态分为水溶性液体食用香精、油溶性液体食用香精、乳化食用香精和粉末食用香精。

(1) 食品香精

① 水溶性食品香精　水溶性食品香精最常用的溶剂是蒸馏水和95%食用酒精，溶剂用量一般为90%～95%。

水溶性食品香精大部分为水果香型香精，其主要香原料为酯类香料，同时使用一些其他种类的合成香料和天然香料。在配制水果香型水溶性香精时，橘子、橙子、柚子、柠檬等柑橘类精油往往是不可缺少的，但由于在柑橘精油中含有大量的萜烯类化合物，为了提高它在水中的溶解度，必须进行除萜处理，用除萜处理后的柑橘精油配制的水溶性香精，溶解度较好，外观透明，性质稳定，香气浓厚。去萜不良的香精会出现浑浊现象。

食品用水溶性香精主要用于汽水、果汁、果子露、果冻、冰棒、冰淇淋、酒制品中。用量一般为0.05%～0.15%。

此类香精配方举例如下：

【玫瑰香精配方】

香叶油	1	苯乙酸苯乙酯	0.05	苯乙醛（50%）	0.05
苯乙醇	7	甲基紫罗兰酮（10%）	0.5	丙三醇	15
香茅醇	0.5	杨梅醛（10%）	0.5	酒精（95%）	43
乙酸苯乙酯	0.5	柠檬醛（10%）	0.2	蒸馏水	32
丁香香叶酯	0.1				

【柠檬香精配方】

柠檬醛	0.5	乙酸芳樟酯	0.02	黑香豆酊	0.07
月桂醛	0.01	橘子油（除萜）	5	酒精（95%）	80
乙酸乙酯	1	柠檬油（除萜）	1	蒸馏水	13

【橘子香精配方】

柠檬醛	0.1	广柑油（除萜）	10	酒精（95%）	60
癸醛	0.01	甜橙油	5	蒸馏水	35
黑香豆酊	0.5	丙三醇	5		

② 油溶性食品香精　油溶性食品香精一般是透明的油状液体，其色泽、香气、香味与澄清度均应符合标准，不呈现表面分层或浑浊现象。油溶性食品香精适用于糖果、巧克力、糕点、饼干等食品的加香。在糖果中用量一般为0.05%～0.1%；面包中用量一般为0.01%～0.1%；饼干、糕点中用量一般为0.05%～0.15%。

油溶性食品香精的溶剂有精制茶油、杏仁油、胡桃油、色拉油、甘油和某些二元酸二酯等高沸点稀释剂，其耐热性比水溶性香精高。各种允许食用的天然香料和合成香料都可用于油溶性食品香精中，因而油溶性食品香精的原料比水溶性食品香精的更加广泛。

【油溶性玫瑰香精配方】

香叶油	4.5	柠檬醛	1	苯甲醛	0.1
苯乙醇	10	丁香酚	0.3	乙酸己酯	0.05
香叶醇	6	芳香醇	0.5	辛醛	0.02
乙酸香叶酯	0.5	橙花醇	3	植物油	74.03

【油溶性桂花香精配方】

桂花净油	0.5	橙花醇	0.1	苯乙醇	2.0
β-紫罗兰酮	1.0	壬醛	0.2	植物油	96.0
芳樟醇	0.2				

【油溶性椰子香精配方】

椰子醛	10.0	丁香油	0.3	香兰素	2.0
γ-戊内酯	2.0	苯甲醛	0.5	植物油	85.2

③ 乳化香精　乳化香精属于水包油型乳状液体，即分散相（内相）为油相，连续相（外相）为水。乳化液体是一种热力学不稳定体系。控制分散相粒子的大小，是配制乳化香精的技术关键。

乳化香精的分散相主要由芳香剂、增重剂、抗氧化剂组成。其中，芳香剂也可称为香基，增重剂的作用是为了使油相的相对密度与水相的相对密度接近。乳化香精的连续相主要由乳化剂、增稠剂、防腐剂、pH 值调节剂、调味增香剂、色素和水组成。

食品乳化香精主要应用于柑橘香型汽水、果汁、可乐型饮料、冰淇淋、雪糕等食品中。用量一般为 0.1%～0.2%。乳化香精的贮存期一般为 6～12 个月，存放温度 5～27℃，过冷或过热都会导致乳化香精体系稳定性下降，最终产生油水分离现象。乳化香精中的某些原料易受氧化，开了桶的乳化香精，氧化速度加快，应尽快使用完毕。

【柠檬乳化香精配方】

柠檬香精（芳香剂，油相）	6.5	苯甲酸钠（防腐剂，水相）	1.0
松香酸甘油酯（增重剂，油相）	6.0	柠檬酸（酸度剂，水相）	0.8
BHA（抗氧剂，油相）	0.02	色素（水相）	2.0
乳化胶（乳化剂，水相）	3.50	蒸馏水	80.18

【橘子乳化香精配方】

橘子香精（芳香剂，油相）	6.5	柠檬酸（酸度剂，水相）	适量
松香酸甘油酯（增重剂，油相）	6.0	色素（水相）	适量
变性淀粉（乳化剂，水相）	12.0	蒸馏水	74.0
苯甲酸钠（防腐剂，水相）	1.0		

(2) 烟用香精

香料在香烟制品中主要起两大作用，即矫味和增香，因而所用的香料按作用可分为两类：烟草矫味剂和烟味增强剂。使用烟草矫味剂的主要目的是掩盖、矫正烟气中青、苦、辣、涩等杂味，减少刺激性，使其与烟香协调，改变吸味。使用烟味增强剂的主要目的是增强香味、提高烟劲。这类香料大部分是烟草或烟气中具有烟香气的有效成分。

烟用香精按种类分可分为卷烟用香精、雪茄烟用香精、斗烟香精、嚼烟香精、鼻烟香精等；按照香精的用途可分为加料用香精、加表用香精、滤嘴用香精；按状态分也可分为水溶性香精、油溶性香精、乳化香精和粉末香精。目前，国内使用的烟用香精大部分是水溶性香精。

烟用香精配方举例如下。

【弗吉尼亚烟用香精配方】

香豆素	7.0	丁香油	1.0	香叶油	40.0
甲基紫罗兰酮	6.0	香柠檬油	6.0	小豆蔻油	3.0
异戊酸乙酯	5.0	薰衣草油	10.0	香兰素	3.0
玫瑰油	2.0	甜橙油	10.0	黑香豆树脂	12.5

【雪茄烟用香精配方】

卡藜油	2.0	香荚兰酊（10%）	10.0	白兰地	7.0
肉桂叶油	3.0	玫瑰油	5.0	乙醇	75.0
香豆素	1.5	白檀油	1.0		

【烟草用香精配方】

香豆素	1.5	茴香醛	0.1	乙酸乙酯	0.3
香兰素	0.1	甘油	0.5	苯乙醇	0.4
苯乙酸	0.3	酒精	70.0	香茅醇	0.4
桂醇	0.2	香叶油	0.5	橘子香精	10.0
二十醛	0.2	庚酸乙酯	0.1	蒸馏水	10.6
洋茉莉醛	0.2	丁酸香叶酯	0.1		

(3) 酒用香精

酒用香精一般是以脱臭食用酒精和蒸馏水为溶剂配制而成的水性香精。酒用香精一般包含主香剂、助香剂、定香剂。主香剂的作用主要体现在闻香上。酒用主香剂的特点是：挥发性比较高，香气的停留时间较短，用量不多，但香气特别突出，可分为浓香型主香剂（如乙酸异戊酯、丁酸乙酯、己酸乙酯等）、清香型主香剂（如乙酸乙酯、乳酸乙酯等）、米香型主香剂（如苯乙醇、乳酸乙酯等）、酱香型主香剂（如4-乙基愈创木酚、苯乙醇、香茅醛等）；助香剂的作用是辅助主香剂的不足，使酒香更为纯正、浓郁、清雅、细腻、协调、丰满。在酒用香精中，除主香剂外，其他多数香料起助香剂作用；定香剂的主要作用是使空杯留香持久，回味悠长。如安息香香膏、肉桂油等，均可起到定香剂的作用。

【白兰地酒用香精配方】

乙酸乙酯	4.0	亚硝酸戊酯（5%）	0.6	精馏酒精	70.0
庚酸乙酯	3.2	康酿克油	1.5	水	15.0
亚硝酸乙酯（5%）	0.6	玫瑰水	0.4	其他	4.8

【威士忌酒用香精配方】

乙酸乙酯	2.8	亚硝酸乙酯（5%）	0.5	脱臭酒精	60.0
乙酸戊酯	1.0	亚硝酸戊酯（5%）	1.5	蒸馏水	28.0
庚酸乙酯	0.2	小茴香酊	0.3	其他	5.0
戊醇	0.6	葛缕子油	0.1		

【清香型白酒香精配方】

乙酸乙酯	35.96	异丁醇	1.42	乙醛	1.18
己酸乙酯	0.24	异戊醇	5.90	乙缩醛	5.90
庚酸乙酯	0.35	乙酸	11.20	2,3-丁二酮	0.12
乳酸乙酯	30.65	丙酸	0.12	3-羟基-2-丁酮	1.18
丙醇	1.18	丁酸	0.12	β-苯乙醇	0.24
仲丁醇	0.35	乳酸	3.54	2,3-丁二醇	0.35

三、香精的评价及检验

香料与人们的生活息息相关，香料的质量与人的身体健康关系密切。因此，无论是天然香料、合成香料还是调和香料，都必须进行严格的质量检验。主要包含物理检验和化学分析两方面。

1. 香味和色泽检验

目前，香料香气或香味质量的评定，主要还是靠人的嗅觉或味觉进行。其具体方法如下。

① 香气评定。香料香气的鉴定，主要是采用与同种标准质量香料香气相比较的方法。将等量的待测试样和标准样品，分别放在相同的容器中，用0.5～1cm宽、10～15cm长的辨香纸，分别蘸取待测试样和标准样品1～2cm，用夹子夹在测试架上，然后每隔一定时间，用嗅感进行评比，鉴别其头香、基香、尾香微细变化，对香气质量进行全面评价。

不易直接辨别其香气质量的产品，例如香气特强的液体或固体样品，可先用溶剂稀释至相同浓度，然后蘸在辨香纸上评定。常用的溶剂有水、乙醇、苄醇、苯甲酸苄酯、邻苯二甲酸二乙酯等。

香气评定可以参考GB/T 14454.2进行。

② 香味评定。用做食用的香料，除进行香气质量的评定外，还需要进行香味评定。其方法是用1mL样品的1%的乙醇溶液，加入250mL糖浆，然后进行试味。

③ 色泽检定。色泽是天然香料中的第2个重要外观质量指标。色泽检定的要求是待检试样是否与标准试样相符，是否达到了质量标准。对液体标准试样色泽，除特殊的选用能够代表当前生产水平的产品做标准样外，一般采用无机盐配成标准色样供检验对比，为了求得准确的色泽情况，较先进的方法是用比色仪与标准样品对比。

色泽检定可以参考GB/T 14454.3进行。

2. 物理常数的测定

主要包括相对密度、折射率、旋光角、熔点、凝固点、闪点、沸点、乙醇中溶混度、蒸发后残留物的定量测定等。

① 相对密度。在测定有机化合物或精油的相对密度时，根据ISO国际标准，应在20℃下进行测量，即在20℃时，一定体积试样的质量与20℃时同样体积的蒸馏水的质量之比。其表示符号是d_{20}。根据测定温度不同，通常表示为d_{15}、d_{20}、d_{25}或d_4等。相对密度的测定可以参考GB 11540进行。

② 折射率。折射率也称折射指数，光从一种介质射入另一种介质时，光的方向就会发生改变，这种现象称为光的折射。折射率的大小，除了与分子中原子的种类和数量有关外，还与结构密切相关。在一定波长的光源和一定的温度条件下测得的折射率，对确定的化合物是一个常数。因此，常用测定折射率的方法进行未知物的结构分析。

在测定有机化合物或精油折射率时，入射的单色光波长为(583.3±0.3)nm，相当于钠光谱的D线。折射率的测定可以参考GB/T 14454.4进行。

③ 旋光角。具有不对称碳原子的有机化合物或含有这类化合物的精油，能使偏振光的偏振面发生偏转，偏振面向右旋转的用（+）表示，向左旋转的用（－）表示。

在测定有机化合物或精油的旋光角时，用的是钠光谱的D线，盛装试样的测定管长度为1dm。旋光角的测定可以参考GB/T 14454.5进行。

④ 熔点、凝固点。纯粹的固态物质通常都有固定的熔点。如果有其他物质混入，则对其熔点有显著影响，不但使熔化温度范围增大，而且往往使熔点降低。因此，熔点的测定常常可以用来识别物质和定性地检验物质的纯度。

熔点是指物质的固、液两相在常压达到平衡态时的温度。有机化合物的熔点通常用毛细管法来测定，实际上由此法测定的不是一个温度点，而是熔化温度范围，即试样从开始熔化到完全熔化为液体时的温度范围。

物质从液态转变为固态的过程称为凝固。晶体在凝固过程中放出热量，冷却到一定温度时开始凝固，但温度保持不变，这时的温度就是凝固点。对于精油来讲，因为它是一个混合物，当精油从液态转变为固态时，测定的不是一个非常明显的凝固点温度，而是一个凝固点温度范围。此温度范围在香料中称为冻点，也称为凝固点。

单离及合成香料熔点的测定可以参考 GB/T 14457.3 进行。冻点的测定可以参考 GB/T 14454.7 进行。

⑤ 在乙醇中的溶混度。是指天然香料在乙醇水溶液中的溶混度，有时也称为溶解度。根据国际标准，精油在已知乙醇含量的水溶液中溶混度的定义是：在 20℃时，当 1 体积的某种精油和 V 体积一定浓度的乙醇水溶液的混合液澄清透明，并且再将此浓度的乙醇溶液渐渐加入至乙醇总体积为 20 时仍能保持澄清，则认为此精油能与 V 体积或更多容积的此浓度的乙醇水溶液溶混。

在精油中，如果含氧化合物成分较多而烃类较少，这种精油可溶解在浓度较低的乙醇溶液中；反之，必须用浓度较高的乙醇才能溶解。因此，测定精油在乙醇水溶液中的溶混度，可以判定精油中萜类含氧化合物和萜烃的相对比例，一般来讲，萜类含氧化合物越多，则精油质量越好。

精油在乙醇水溶液中溶混度的评估可以参考 GB/T 14455.3 进行。

⑥ 蒸发后残留物。蒸发残留物就是在 100℃以下不会挥发的精油成分的质量分数，是精油纯度的一个重要标准。精油是复杂的混合物，要准确地测定其不挥发残留物是很困难的，因为油中的蜡类和其他高沸点不挥发成分会使低沸点成分保留在残留物中，使残留物不能顺利达到恒重。所以，必须规定一种操作方法以便于操作。

蒸发后残留物的评估可以参考 GB/T 14454.6 进行。

3. 化学常数的测定

① 酸值（AV）。是指中和 1g 精油中所含的游离酸时所需氢氧化钠的质量（mg）。酸值是精油的主要化学常数之一。一般精油游离酸量很小，但如果加工不当或贮存过久，由于精油成分的分解、水解或氧化，都会使酸值变大。通过酸值的测定，可以辨别精油的质量。酸值的测定原理是用标准的碱滴定液去中和游离的酸。

酸值的测定可以参考 GB/T 14455.5 进行。

② 酯值（EV）。是指中和 1g 精油中酯水解所放出的酸所需的氢氧化钠的量（mg）。精油中的酯类化合物，往往是精油中的主要成分，酯值是表示含酯量的一种方法，所以它是精油质量检验中的主要化学常数之一。其测定原理是在规定的条件下，用过量的标准氢氧化钾乙醇溶液水解精油中的酯类，然后用标准盐酸溶液滴定过量的碱。

精油酯值的测定可以参考 GB/T 14455.6 进行。

③ 醇含量。在天然香料中往往含有多种醇类，醇含量是决定天然香料质量的主要指标之一。醇含量的测定，常规方法为乙酰法，即对精油试样先用乙酸酐或乙酰氯进行乙酰化，然后测定乙酰化后的精油试样中的酯含量，再从精油试样乙酰化前和乙酰化后的酯值变化计算醇含量。

精油醇含量的测定可以参考 GB/T 14455.7 和 GB/T 14455.8 进行。

④ 醛量和酮量的测定。醛或酮类化合物往往是天然香料的主要芳香成分，因此，醛量和酮量是天然香料的重要指标之一。它们的含量可以用羰值表示。常用的测定羰值的方法有很多，其中盐酸羟胺法和亚硫酸氢钠法比较方便易行。

用盐酸羟胺法测定羰值是指 1g 精油与盐酸羟胺的肟化反应中，需要中和释放出的盐酸所用氢氧化钾的量（mg）。

$$\begin{array}{l}R \\ \quad \diagdown \\ \quad\ C{=}O \\ \quad \diagup \\ R'\end{array} + NH_2OH \cdot HCl \longrightarrow \begin{array}{l}R \\ \quad \diagdown \\ \quad\ C{=}N{-}OH \\ \quad \diagup \\ R'\end{array} + HCl + H_2O$$

用亚硫酸氢钠法测定羰值的原理为：精油中的醛或酮与亚硫酸氢钠发生加成反应生成磺酸盐，此磺酸盐溶于水而不溶于油相，而精油中其他部分成为油相而分出。

$$\begin{array}{l}R \\ \quad \diagdown \\ \quad\ C{=}O \\ \quad \diagup \\ R'\end{array} + NaHSO_3 \longrightarrow R'{-}\overset{\displaystyle R}{\underset{\displaystyle OSO_2Na}{\overset{|}{\underset{|}{C}}}}{-}OH$$

亚硫酸氢钠法对于测定桂油中的桂醛、杏仁油中的苯甲醛、柠檬桉油中的香茅醛、柠檬草油中的柠檬醛特别适用，但对测定香芹酮、薄荷酮、樟脑不适用。

⑤ 酚量。酚类与强碱作用生成可溶于水的酚盐，这是测定精油中酚含量方法的基础。由于酚的钾盐比钠盐更易溶解，在应用时使用氢氧化钾效果更好。

精油中酚含量的测定可以参考 GB/T 14454.11 进行。

参 考 文 献

[1] 孙宝国，何坚. 香料化学与工艺学. 第2版. 北京：化学工业出版社，2004.

[2] 孙宝国，何坚. 香精概论. 第2版. 北京：化学工业出版社，2006.

[3] 唐松云. 香料生产技术与应用. 广州：广东科技出版社，2000.

[4] 程铸生. 精细化学品化学. 第2版. 上海：华东理工大学出版社，2002.

[5] 何坚，季儒英. 香料概论. 北京：中国石化出版社出版，1993.

第九章 胶 黏 剂

第一节 概 述

人们使用胶黏剂有着悠久的历史。早在2000多年的秦朝人们就以糯米浆与石灰制成的灰浆用作长城基石的胶黏剂。古埃及人从金合欢树中提取阿拉伯胶，从鸟蛋、动物骨骼中提取骨胶，从松树中收集松脂制成胶黏剂，还用白土与骨胶混合，再加上颜料，用于棺木的密封及涂饰。

早期的胶黏剂以天然物为主，且大多数是水溶性的。但是20世纪以来，由于现代化工业的发展，天然胶黏剂无论在产量还是在品种上都不能满足需要，因而促使合成胶黏剂的不断发展。

最早使用的合成胶黏剂是酚醛树脂。1909年美国科学家Bakeland经过大量的研究，使酚醛树脂实现了工业化，起始主要用于胶合板的制造。高分子材料的出现和发展为胶黏剂的应用提供了丰富的原料，如脲醛树脂、丁腈橡胶、聚氨酯、环氧树脂、聚醋酸乙烯酯、丙烯酸树脂等高分子材料，为适应各个时期的需要，应运而生，并且反过来又促进了胶黏剂的发展。

一、胶黏剂的定义和分类

胶黏剂是指在一定条件下，通过黏合作用将被粘物结合在一起的物质。胶黏剂发展到今天，品种和产量都非常多，国外有2000多个牌号，国内也有2500个以上牌号。

20世纪初，由于各类合成树脂和合成橡胶的研制成功，特别是一些具有代表性的聚合物如酚醛树脂、脲醛树脂、不饱和树脂、环氧树脂、氯丁橡胶等的投产和商品化，促使了近代胶黏剂和胶黏技术的迅速发展。20世纪80年代以来，胶黏剂与胶接技术进展显著，新的性能优异的胶黏剂不断出现，且由于独特的胶黏技术，使其具有非凡的多功能，能够实现多重目的。因此，得到了更为广泛的应用。胶黏剂的分类方法很多，尚不统一，常用的有以下几种。

① 按化学成分分类　这是一种比较科学的分类方法，它将胶黏剂分为有机胶黏剂和无机胶黏剂。有机胶黏剂又分为合成胶黏剂和天然胶黏剂。合成胶黏剂有树脂型、橡胶型、复合型等；天然胶黏剂有动物、植物、矿物、天然橡胶等。无机胶黏剂按化学组分有磷酸盐、硅酸盐、硫酸盐、硼酸盐等多种。

② 按形态分类　可分为液体胶黏剂和固体胶黏剂。有溶液型、乳液型、糊状、胶膜、胶带、粉末、胶粒、胶棒等。

③ 按用途分类　可分为结构胶黏剂、非结构胶黏剂和特种胶黏剂（如耐高温、超低温、导电、导热、导磁、密封、水中胶黏等）三大类。

④ 按应用方法分类　有室温固化型、热固性、热熔性、压敏型、再湿型等胶接剂。

为适应工农业生产和社会生活对胶接技术的需要，各国在开发胶黏剂品种方面都花了很大的工夫，发展迅速，出现了一些快固化、单组分、高强度、耐高温、无溶剂、低黏度、不污染、省能源、多功用等各具特点的胶黏剂。在合成胶黏剂方面，利用分子设计开发高性能胶黏剂；采用接枝、共聚、掺混、互穿网络聚合物等技术改善胶黏剂的性能。对于胶黏机理的研究有了新的进展；施胶设备和工具也有了新的发展。如胶黏与机械相结合的连接方式、胶黏与电刷镀等技术结合，形成了新的复合修复技术等。

二、胶黏剂的黏结机理

胶黏剂和物体接触，首先润湿表面，然后通过一定的方式连接两个物体并使之具有一定机械强度的过程，称为胶接。这个过程可以用不同的方式来实现。有物理的方式，如溶剂挥发后高分子的凝聚和结晶等；也有化学的方式，如利用加聚、缩聚、开环聚合等化学反应，以及络合物或氢键的形成等。无论是哪种方式，都必须经过一个便于浸润的液态或类液态向高分子固态转变的过程，并且都是以发挥高分子的黏附和力学性能为基础的。

人们对黏结进行了大量的研究，提出了很多黏结理论，其中主要有以下 5 种。

(1) 机械理论

机械理论认为，胶黏剂必须渗入被粘物表面的空隙内，并排除其界面上吸附的空气，才能产生粘接作用。在粘接如泡沫塑料的多孔被粘物时，机械嵌定是重要因素。胶黏剂粘接经表面打磨的致密材料效果要比表面光滑的致密材料好，这是因为：①机械镶嵌；②形成清洁表面；③生成反应性表面；④表面积增加。由于打磨确使表面变得比较粗糙，可以认为表面层物理和化学性质发生了改变，从而提高了粘接强度。

(2) 吸附理论

吸附理论认为，粘接是由两材料间分子接触和界面力产生所引起的。粘接力的主要来源是分子间作用力，包括氢键力和范德华力。胶黏剂与被粘物连续接触的过程叫润湿，要使胶黏剂润湿固体表面，胶黏剂的表面张力应小于固体的临界表面张力，胶黏剂浸入固体表面的凹陷与空隙就形成良好润湿。如果胶黏剂在表面的凹处被架空，便减少了胶黏剂与被粘物的实际接触面积，从而降低了接头的粘接强度。

许多合成胶黏剂都容易润湿金属被粘物，而多数固体被粘物的表面张力都小于胶黏剂的表面张力。实际上获得良好润湿的条件是胶黏剂比被粘物的表面张力低，这就是环氧树脂胶黏剂对金属粘接极好的原因，而对于未经处理的聚合物，如聚乙烯、聚丙烯和氟塑料很难粘接。

通过润湿使胶黏剂与被粘物紧密接触，主要是靠分子间作用力产生永久的粘接。在黏附力和内聚力中所包含的化学键有四种类型：①离子键；②共价键；③金属键；④范德华力。

(3) 扩散理论

扩散理论认为，粘接是通过胶黏剂与被粘物界面上分子扩散产生的。当胶黏剂和被粘物都是具有能够运动的长链大分子聚合物时，扩散理论基本是适用的。热塑性塑料的溶剂粘接和热焊接可以认为是分子扩散的结果。扩散理论主要用来解释聚合物之间的粘接，无法解释聚合物与金属粘接的过程。

(4) 静电理论

静电理论又称为双电层，由于在胶黏剂与被粘物界面上形成双电层而产生了静电引力，即相互分离的阻力。当胶黏剂从被粘物上剥离时有明显的电荷存在，则是对该理论有力的证实。但静电理论无法解释性能相同或相近的聚合物之间的粘接。

(5) 弱边界层理论

弱边界层理论认为，当粘接破坏被认为是界面破坏时，实际上往往是内聚破坏或弱边界层破坏。弱边界层来自胶黏剂、被粘物、环境或三者之间的任意组合。如果杂质集中在粘接界面附近，并与被粘物结合不牢，在胶黏剂和被粘物内部都可出现弱边界层。当发生破坏时，尽管多数发生在胶黏剂和被粘物界面，但实际上是弱边界层的破坏。

聚乙烯与金属氧化物的粘接便是弱边界层效应的实例，聚乙烯含有强度低的含氧杂质或低分子物，使其界面存在弱边界层所承受的破坏应力很少。如果采用表面处理方法除去低分子物或含氧杂质，则粘接强度获得很大的提高，事实也已证明，界面上确存在弱边界层，致使粘接强度降低。

三、胶黏剂的发展及前景

合成胶黏剂具有应用范围广、使用简便、经济效益高等许多特点。随着经济的发展与科技的进步，合成胶黏剂正在越来越多地代替机械联结，其应用已扩展到木材、加工、建筑、汽车、轻工、服装、包装、印刷装订、电子、通信、航天航空、机械制造、日常生活等领域。现已成为一个极具有发展前景的精细化工行业。

合成胶黏剂的发展趋势表现为四大特点：一是环保节能型产品加快发展；二是高性能高品质胶黏剂有较大发展，特别是用于机械、电子、汽车、建筑、医疗卫生和航天航空领域的胶黏剂将发展更快，部分特种胶黏剂产量将以高于20%的速度增长；三是胶黏剂生产向规模化、集约化的优势企业集中，产品质量和档次将会有较大提高，部分生产规模大、技术水平高、创新能力强的企业将会有更大发展，进一步做大做强，而一些生产规模小、技术落后的企业将会加快被淘汰；四是外资企业继续发展，企业数量增加、生产规模扩大、资金投入加大、高新技术产品明显增加。为实现我国合成胶黏剂行业“十二五”发展目标，首先要坚持科学发展观，走新型工业化的道路，把胶黏剂行业建成低投入、高产出、低能耗、能循环的可持续发展的、环保型、健康型的精细化工产业。重点发展环保型、节能型胶黏剂，大力研究开发和发展高技术含量、高附加值、高性能的胶黏剂新产品。

重点发展的品种主要包括以下几种。

首先是水性产品：一是水性聚氨酯胶黏剂，由于聚氨酯胶黏剂具有良好的粘接性能，广泛用于制鞋、建筑、汽车、食品包装等行业，水性聚氨酯胶黏剂和无溶剂型聚氨酯胶黏剂是环保节能型产品；二是水性氯丁橡胶型胶黏胶，在建筑、家具、制鞋行业得到应用；三是VAE乳液，是水性胶黏剂中非常优良的胶种之一。

其次是高性能产品，主要指高性能高品质压敏胶及制品。高性能高品质压敏胶及制品主要有以下品种：一是超强粘接强度的丙烯酸类压敏胶（PSA）及胶带，要求180°剥离强度≥12N/cm；二是耐热性好（耐热温度≥150℃）或电性能级别达H级以上的电力电气、保温防护丙烯酸类压敏胶及胶带；三是耐高温性好、耐湿性强（温度≥65℃，湿度90%以上，时间≥7天）的丙烯酸类压敏胶及标签；四是有机硅压敏胶及胶带；五是再黏性好的球形悬浮式丙烯酸类压敏胶，用于记事贴等；五是透气性好、耐水洗、低致敏和黏性适中的丙烯酸类压敏胶及制品。

再次是树脂原料。一是EVA树脂，热熔胶是一种环保型胶黏剂；二是SIS树脂，SIS树脂是生产热熔压敏胶和其他胶黏剂的重要原料。

第二节 环氧树脂胶黏剂

一、环氧树脂概述

环氧树脂是指分子结构中含有两个或两个以上环氧基的高分子化合物。它能与胺、咪唑、酸酐、酚醛树脂等类固化剂进行配合使用，得到的制品具有优良的力学性能、绝缘性能、耐腐蚀性能、粘接性能和低收缩性能。由于它的制品综合性能优于其他树脂，所以其应用领域极其广泛，如可用其制备涂料、浇注料、塑封料、层压料、粘接剂等。在化工、机电、交通运输、国防建设各个国民经济部门中应用极广，作用很大，成为不可缺少的重要化工材料。

环氧树脂自 1947 年美国实现工业化生产以来，至今已有 60 多年的历史。我国从 1958 年开始生产环氧树脂。改革开放以来，国外先进技术和设备的引进促使环氧树脂的生产及应用迅猛发展，我国环氧树脂产量增大、品种增多、质量提高、成本下降，提高了产品在市场中的竞争能力。

材料工业的发展，促进了相关行业的发展。特别是近年来高科技工业的发展，对材料提出了更高的要求，如近代输出变电压的高压化、机电产品在严酷环境中运行、电子产品的高可靠性要求、超导发电和核能发电的安全要求、电子元器件的高集成高密度化等，对环氧树脂的质量，特别是纯度提出了更高的要求，这又促使环氧树脂需要不断地改善和提高。

二、环氧树脂的合成与改性

环氧树脂的品种很多，其中以双酚 A 型环氧树脂的产量最大，用途最广，称为通用型环氧树脂。

1. 双酚A 环氧树脂的合成原理

双酚 A 环氧树脂的合成反应式如下：

$$HO-C_6H_4-C(CH_3)_2-C_6H_4-OH+(n+2)\,H_2C\overset{O}{\diagdown\!\diagup}CH-CH_2Cl\;+NaOH\longrightarrow$$

$$H_2C\overset{O}{\diagdown\!\diagup}CH-CH_2O\left(C_6H_4-C(CH_3)_2-C_6H_4-O-CH_2-\underset{OH}{CH}-CH_2-O\right)_n C_6H_4-C(CH_3)_2-C_6H_4-O-CH_2-HC\overset{O}{\diagdown\!\diagup}CH_2$$

式中，n 一般在 0～12 之间，相对分子质量相当于 340～3800。$n=0$ 时为淡黄色黏稠的液体；$n\geqslant 2$ 时为固体。n 的大小取决于原料配比以及反应条件。其原料配方见表 9-1。

表 9-1　双酚 A 环氧树脂原料配方

原　料	质量份	摩尔比	原　料	质量份	摩尔比
双酚 A	100	1	氢氧化钠(2)	30	0.775
环氧氯丙烷	93～94	2.75	苯		适量
氢氧化钠(1)	35	1.435			

2. 双酚A 环氧树脂的合成工艺流程

① 将双酚 A 投入溶解釜中，加入环氧氯丙烷，搅拌，升温至 70℃，使其溶解。

② 将溶解后的物料送入反应釜，搅拌，并滴加碱液，控温在 50～55℃，维持反应 4h。前阶段反应结束后，减压（真空度>79.993kPa）回收过量的环氧氯丙烷。环氧氯丙烷经冷却器冷凝下来循环使用。

③ 加苯溶解，升温到 70℃，控温 68～73℃，用 1h 滴加完第二次碱液，维持反应 3h（68～73℃），冷却静置，将上层树脂苯溶液送入回流脱水釜进行回流脱水，下层盐脚可再加苯液萃取一次，然后放掉。

④ 在回流脱水釜中回流脱水至蒸出的苯清晰无水珠为止，然后冷却，静置，经过滤器至贮槽，沉降后抽入脱苯釜脱苯。

⑤ 先常压脱苯至液温达 110℃以上，再减压脱苯，至液温达 140～143℃无液馏出时，放料，即得成品。

3. 环氧树脂的改性

环氧树脂的性能虽然非常优良，但是仍然存在如脆性较大等缺点，因此须进行改性。改性剂本身应有极好的韧性，并能与环氧树脂或固化剂起化学反应。固化后这些改性剂成为胶黏剂网状结构中的一部分，能均匀地承受外界的负荷，从而提高整个胶层的剪切强度、弯曲强度和玻璃强度。常见的改性环氧树脂主要有丁腈改性型、酚醛改性型和尼龙改性型等。

(1) 丁腈橡胶改性环氧树脂

① 固体丁腈橡胶增韧环氧树脂　需先将丁腈橡胶混炼压成胶片，然后溶解于溶剂（醋酸乙酯）成为一定含量（20%左右）的溶液，再与环氧树脂和固化剂混合配方成胶液或制成胶膜。也可不用溶剂直接与固体环氧树脂压成胶膜。这种环氧-丁腈胶黏剂耐温 100℃左右，如果用酚醛环氧树脂或氨基多官能团环氧树脂，使用温度则达 150～180℃。由于使用溶剂需加温加压固化，所以比较麻烦。

② 液体端羟基丁腈橡胶增韧改性环氧树脂　以液体端羟基丁腈橡胶改性环氧树脂，通常先与环氧树脂进行预反应，即以三苯基膦为催化剂，在 100～150℃下反应 1～2h，形成两端有双酚 A 环氧树脂链节单元的嵌段或共聚物，再与固化剂配合制成胶黏剂。

(2) 尼龙改性环氧树脂

用于改性环氧树脂的尼龙有共聚尼龙、醇溶尼龙和尼龙-6，工艺方法可以是溶液共混或粉末掺混，共聚尼龙是尼龙的二元或多元低熔点（160℃左右）的共聚物，广泛应用的是三元共聚尼龙。一般用量为 20%～50%，先将其溶解于甲醇和苯的混合溶剂中，再与环氧树脂和固化剂等混配。尼龙与环氧基的反应需在 170℃反应 2h 才能完成。

三、环氧树脂胶黏剂的组成与固化

1. 环氧类胶黏剂配方组成

环氧类胶黏剂主要由环氧树脂和固化剂两大部分组成。为改善某些性能，满足不同用途，还加入增韧剂、稀释剂、填料、促进剂、偶联剂等辅助材料。

(1) 环氧树脂

环氧树脂是一个分子中含有两个以上环氧基团的高分子化合物的总称。不能单独使用，只有和固化剂混合后才能固化交联成热固性树脂，起到粘接作用。环氧树脂的种类很多，可根据需要选用，几种黏度不同的树脂混合使用可获得综合性能较好的胶液。

(2) 固化剂

环氧树脂只有加入固化剂固化交联之后才能表现出它的优异性能，因此固化剂是构成环氧树脂胶黏剂不可缺少的重要组分。固化剂种类也很多，有胺类（如乙二胺、三亚乙基四胺、低分子聚酰胺）及改性胺类（如 593 固化剂等）固化剂、酸酐类（如 70 酸酐等）固化剂、聚硫醇固化剂、聚合物型固化剂、潜伏型固化剂等。若按固化温度可分为室温固化剂、中温固化剂和高温固化剂。选择不同的固化剂，可以配成性能各异的环氧树脂胶黏剂。

固化剂的种类及添加量对固化物性能影响很大。理论上只添加化学当量的固化剂反应为最佳值，实验也证实最佳添加量与化学当量相近。多胺、酸酐结构明确，按当量计算能简单地求取固化剂的最佳添加量。但固化剂结构和组成不明确时，就不能计算。此外，像叔胺那样的已知结构的催化剂，也不能用计算方法求取最佳添加量。这类固化剂及催化剂的添加量须依所固化树脂的特性来决定。环氧当量用下式表示：

$$环氧当量\ (g/mol)=\frac{平均分子量}{1mol\ 分子中环氧基的数目}$$

因此，双酚 A 型环氧树脂两段各有一个环氧基，则其当量应该是相对分子质量的 1/2。实验求取环氧当量有多种方法，但由于实际市售的环氧树脂，厂家已表明环氧当量，故没有实验测定环氧当量的必要。

伯胺、仲胺按下式计算添加量：

固化剂添加量（100 份环氧）＝胺当量/环氧当量×100

胺当量＝胺的相对分子质量/活泼氢数

(3) 促进剂

为了加速环氧树脂的固化反应、降低固化温度、缩短固化时间、提高固化程度，可加入促进剂。常用的促进剂有 DMP-30、苯酚、脂肪胺、2-乙基-4-甲基咪唑等，各种促进剂都有一定的使用范围，应加以选择使用。

(4) 稀释剂

稀释剂可降级胶黏剂的黏度，改善工艺性能，增加其对被粘物的浸润性，从而提高粘接强度，还可加大填料，延长胶黏剂的适用期等。稀释剂分活性和非活性两大类。非活性稀释剂有丙酮、甲苯、乙酸乙酯等溶剂，它们不参与固化反应，在胶黏剂固化过程中部分逸出，部分残留在胶层中，严重影响胶黏剂的性能，一般很少采用。活性稀释剂一般是含有一个或两个环氧基的低分子化合物，它们参与固化反应，用量一般不超过环氧树脂的 20%，用量过大会影响胶黏剂的性能。常用的有环氧丙烷丁基醚、环氧丙烷苯基醚、二缩水甘油醚等。

(5) 增韧剂和增塑剂

为了改善环氧树脂胶黏剂的脆性，提高剥离强度，常加入增韧剂。但增韧剂的加入也会降低胶层的耐热性和耐介质性。

增韧剂也分活性和非活性两大类。非活性增韧剂也称为增塑剂，它们不参与固化反应，只是以游离状态存在于固化的胶层中，并有从胶层中迁移出来的倾向，一般用量为环氧树脂的 10%～20%，用量太大会严重降低胶层的各种性能。常用的有邻苯二甲酸二辛酯（DOP）、对苯二甲酸二辛酯（DOTP）、亚磷酸三苯酯等。

活性增韧剂参与固化反应，增韧效果比较显著，用量也可大些。常用的有聚硫橡胶、液体丁腈橡胶、液体端羧基丁腈橡胶、聚氨酯及低分子量聚酰胺等。

(6) 填料

填料不仅可以降低成本，还可以改善胶黏剂的许多性能，如降低热膨胀系数和固化收缩率，提高粘接强度、耐热性和耐磨性等，同时还可增加胶液的黏度及改善触变性等。常用填料的种类、用量及作用见表 9-2。

表 9-2　常用填料的种类、用量及作用

种　类	用量/%	作　用
石英粉、刚玉粉	40～100	提高硬度，降低收缩率和热膨胀系数
各种金属粉	20～50	提高导热性、导电性和可加工性
二硫化铝、石墨	30～80	提高耐磨性及润滑性
石棉粉、玻璃纤维	20～50	提高冲击强度和耐热性
碳酸钙、水泥、陶土、滑石粉等	25～100	降低成本，降低固化收缩率
白炭黑、改性白土	<10	提高触变性，改善胶液流淌性

另外，为提高粘接强度，可加入偶联剂，如 KH-550、KH-560 等；为提高胶黏剂的耐

老化性，可加入稳定剂；若欲使胶层具有不燃性，可加入阻燃剂，如三氧化二锑等；为适应装饰的要求，使胶层呈现出各种不同的颜色，可加入着色剂或着色填料。

2. 固化机理

(1) 胺类固化剂的作用机理

多元胺是一类使用最为广泛的固化剂，品种也非常多。以多元伯胺为例，其与环氧基的基本反应如下。

首先是反应性高的伯氨基与环氧基反应生成仲胺并产生一个羟基：

$$R^1-NH_2+H_2\underset{\diagdown O \diagup}{C-CH}-CH_2-O-R^2 \longrightarrow R^1-NH-CH_2-\underset{OH}{\underset{|}{CH}}-CH_2-O-R^2$$

生成的仲胺同另外的环氧基反应生成叔胺并产生另一个羟基：

$$R^1-NH-CH_2-\underset{OH}{\underset{|}{CH}}-CH_2-O-R^2+H_2\underset{\diagdown O \diagup}{C-CH}-CH_2-O-R^2 \longrightarrow R^1N\begin{matrix}\diagup CH_2-\underset{OH}{\underset{|}{CH}}-CH_2-O-R^2\\ \diagdown CH_2-\underset{OH}{\underset{|}{CH}}-CH_2-O-R^2\end{matrix}$$

生成的羟基可以与环氧基反应参与交联结构的形成：

$$R^1-NH-CH_2-\underset{OH}{\underset{|}{CH}}-CH_2-O-R^2+H_2\underset{\diagdown O \diagup}{C-CH}-CH_2-O-R^2 \longrightarrow$$

$$R^1-NH-CH_2-\underset{\underset{H_2C-\underset{OH}{\underset{|}{CH}}-CH_2-O-R^2}{\underset{|}{O}}}{\underset{|}{CH}}-CH_2-O-R^2$$

(2) 多元羧酸及其酸酐

酸酐作为固化剂使用量大，仅次于多元胺。但是多元羧酸因反应速率慢，很少单独作为固化剂使用。酸酐与环氧基的反应如下。

首先酸酐同体系中的微量水或羟基，或者环氧树脂中带有的羟基起反应，形成单酯或羧基。

$$C_6H_4(CO)_2O+R^1-OH\longrightarrow C_6H_4(CO-O-R^1)(COOH)$$

环氧基同羧基反应以酯键加成，又生成羟基。

$$H_2\underset{\diagdown O \diagup}{C-CH}-CH_2-O-R^2+C_6H_4(CO-O-R^1)(COOH)\longrightarrow C_6H_4(CO-O-R^1)(CO-O-CH_2-\underset{OH}{\underset{|}{CH}}-CH_2-O-R^2)$$

环氧基受酸催化剂的作用与生成的羟基反应，以醚键加成。

$$H_2\underset{\diagdown O \diagup}{C-CH}-CH_2-O-R^2+R^1-OH\longrightarrow R^1-O-CH_2-\underset{OH}{\underset{|}{CH}}-CH_2-O-R^2$$

羟基除与环氧基反应外，还与被开环的羧酸起反应，形成酯键。初期固化反应速率在很大程度上取决于环氧树脂带有的羟基浓度。羟基浓度高的固态树脂反应速率快，羟基浓度低的液态树脂，若没有促进剂存在，则得不到实用价值的固化反应速率。一般用叔胺作为促进剂，在叔胺作用下，酸酐生成羧基阴离子，羧基阴离子对环氧基进行亲核加成，然后加成物的阴离子再加成到酸酐上，生成羧基阴离子。由此按阴离子机理交替反应而逐步固化。因此，在催化剂存在下，固化结构的键合方式全部按酯键结合。

（3）多元醇固化剂

多元醇作为固化剂很有特色，单独使用时活性差，室温下反应非常慢，但在适当的促进剂（如 DMP-30）存在下形成硫离子，固化反应速率数倍于多元胺系，可以在0℃以下固化。固化温度降低，这一特色越是发挥得明显。

四、环氧树脂胶黏剂的品种与应用

目前使用的环氧胶黏剂品种比较多，有结构胶，也有非结构胶；有单组分，也有双组分；有室温固化，也有需要加温固化的；按用途又可分为结构粘接用胶、填补胶、导电胶、点焊胶、耐高温胶以及水下固化胶等。

（1）通用环氧树脂胶黏剂

通用环氧树脂胶是指可在常温下固化，使用方便，对多种金属、非金属材料具有良好粘接性的胶种（这种胶经加热后性能更好）。固化的胶层有一定的耐温、耐水、耐化学品性，主要用于承受力不大的零部件，用于一般设备零件的装配及修理。

（2）室温固化环氧树脂胶黏剂

室温固化环氧胶黏剂是指在室温（15～40℃）下不加热就能固化的环氧胶黏剂，它具有很大的优越性。因为在许多场合下不希望或不允许甚至不可能加热固化，例如，在航空、机械及电子工业中某些大型或精细部件的粘接，飞机破损的快速修补，土木建筑、桥梁、水坝的修补加固和补强，农机修配，文物的修复和保护，潮湿表面和水中的粘接等，所以这种胶黏剂发展很快，用量很大，成为环氧胶黏剂的一个重要品种。

室温固化环氧胶黏剂的种类主要有通用型室温固化剂、室温快速固化环氧胶、潮湿面和水下固化环氧胶等。室温快速固化环氧胶黏剂可以在几个小时、甚至在几十分钟内固化，适用于快速定位、装配、灌封、快速修补和应急粘接等场合，因此，要求环氧树脂和固化剂具有很高的活性。

（3）耐高温环氧胶黏剂

随着科学技术的发展，航空航天、电子等现代高新科技领域对胶黏剂的耐热性提出了更高的要求。例如，要求用耐高温120℃以上的胶黏剂来粘接高马赫数超音速飞机的结构件；大型发电机组、核电站的一些重要部位要求使用耐温180～200℃的绝缘胶黏剂；车辆离合器摩擦片、制动带的粘接需要能在250～350℃工作的结构胶黏剂。现代工业对耐高温胶的需求正在不断增长，而耐高温环氧胶黏剂是耐高温胶黏剂中的一个重要品种。

与其他耐高温胶黏剂相比较，耐高温环氧胶黏剂的特点是粘接强度高，综合性能好，使用工艺简单。突出的优点是固化过程中挥发物少，仅0.5%～1.5%；收缩率少，一般在0.05%～0.1%；可在－60～232℃下长期工作；最高使用温度可达260～316℃。

耐高温环氧胶黏剂一般由耐高温环氧树脂、耐高温固化剂、增韧剂、填料和抗热氧剂等组成。耐高温环氧树脂主要有双酚S型环氧树脂、酚醛树脂、缩水甘油型多官能团环氧树脂、脂环族环氧树脂等。耐高温固化剂主要有芳香胺、芳环或脂环酸酐、酚醛树脂、有机硅树脂、双氰胺等。常用的增韧剂有端羟基丁腈橡胶、聚酚氧树脂、聚砜树脂、聚芳砜、聚醚酮、聚醚醚酮等。

（4）环氧树脂结构胶黏剂

在构件的连接上，粘接比传统的铆接、螺纹连接、焊接具有更大的优越性。结构胶黏剂是指粘接受力结构件的一类胶黏剂，环氧结构胶黏剂则是其中一个十分重要的品种。

环氧结构胶黏剂的特点是强度和韧性大，综合性能好，粘接的安全可靠性高。配方设计灵活，可选择性大，能适用各种使用要求，使用工艺简便。

环氧结构胶黏剂在航空和宇航工业中大量用于制造蜂窝夹层结构、全粘接钣金结构、复合金属结构（如钢-铝、铝-镁、钢-青铜等）和金属-聚合物复合材料的复合结构。用做机翼蒙皮、机身壁板、人造卫星结构、火箭发动机壳体等。在造船工业中用于螺旋桨与艉轴的粘接、曲轴的粘接。在机械制造工业中用于重型机床丝杆的套镶粘接，其精度和强度均大于整体丝杆。近年来环氧结构胶黏剂在土木建筑中的应用也得到快速发展，广泛用于房屋、桥梁、隧道、大坝等的加固、锚固、灌注粘接、修补等方面。

环氧结构胶黏剂均为环氧增韧体系，为聚合物复合型结构胶黏剂。常用的增韧剂有低聚物和高聚物两类。增韧环氧数值的低聚物主要是液体聚硫橡胶、液体丁腈橡胶、低分子聚酰胺、异氰酸酯预聚体等。其特点是本身柔性好，大多含有能与环氧树脂反应的低分子聚合物，固化后成为环氧固化物的柔性链段，主要用来配制室温或中温固化，具有中等强度和韧性，耐热性不很高的无溶剂环氧结构胶黏剂。环氧树脂增韧用的高聚物主要是相对分子质量高的橡胶和热塑性树脂，尤其是耐热性高的热塑性树脂，如丁腈橡胶、尼龙、聚砜、聚醚酮、聚醚醚酮等，它们的特点是本身的韧性大、强度高，有的耐热性很高，与环氧树脂有一定的相容性，固化过程中能产生相分离，在固化物中形成海岛结构或互穿网络结构，从而使固化物具有高强度和高韧性，主要用来配制中温或高温固化的，具有高强度、高韧性和较高耐热性的环氧结构胶黏剂，用于主受力结构件的粘接，如金属蜂窝结构和钣金结构的粘接，飞机、火箭、船舶、车辆、重型机械等的受力结构件的粘接。

第三节　聚氨酯胶黏剂

一、聚氨酯胶黏剂概述

聚氨酯（PU）胶黏剂是指在分子结构中含有氨基甲酸酯基（—NHCOO—）和（或）异氰酸酯基（—NCO）类的胶黏剂。由于结构中含有极性基团—NCO，提高了对各种材料的粘接性；并具有很高的反应性，能常温固化。胶膜坚韧，耐冲击、挠曲性好，剥离强度高。有良好的耐超低温性、耐油和耐磨性，绝缘性好，对氧和臭氧有一定的稳定性，特别是耐辐射性好，但耐热性较差。它与含有活泼氢的材料，如泡沫塑料、木材、皮革、织物、纸张、陶瓷等多孔材料和金属、玻璃、橡胶、塑料等表面光洁的材料都有着优良的化学粘接力。

聚氨酯于1940年首先由德国法本公司（Bayer公司的前身）发明，Bayer的Polystal系列双组分聚氨酯胶黏剂曾是当时最好的胶黏剂。虽然发展历史不长，但由于其出色的性能、发展迅速，应用广泛。

聚氨酯胶黏剂的类型、品种较多，其分类也有诸多方法，一般可按反应组成、溶剂形态（溶剂、水性、固态）、包装（单组分、双组分）以及用途、特性等方法分类。通常是按照反应组成与用途、特性进行分类。

1. 按反应组成分类

(1) 多异氰酸酯胶黏剂

多异氰酸酯胶黏剂是由多异氰酸酯单体或其低分子衍生物组成的胶黏剂，它是聚氨酯胶黏剂中的早期产品。

常用的多异氰酸酯胶黏剂有三苯基甲烷三异氰酸酯、多苯基多异氰酸酯、二苯基甲烷二异氰酸酯等。因这些多异氰酸酯的毒性较大，柔韧性又差，现较少以单体形式单独使用。一般将它们混入橡胶类胶黏剂，或混入聚乙烯醇溶液制成乙烯类聚氨酯胶黏剂使用，亦可用作聚氨酯胶黏剂的交联剂。

(2) 含异氰酸酯基的聚氨酯胶黏剂

含异氰酸酯基的聚氨酯胶黏剂主要组成是含异氰酸酯（—NCO）的氨酯预聚物，它是多异氰酸酯和多羟基化合物（聚酯或聚醚）的反应生成物。该预聚物有高的极性和活泼性，能与含有活泼氢的化合物反应，对多种材料具有极高的黏附性能。预聚物在胺类固化剂如MOCA（3,3′-二氯-4,4′-二氨基二苯基甲烷）存在下，既能固化成黏合强度高的粘接层，也能与多元醇并用。此类胶黏剂属双组分胶黏剂，亦可通过空气中的潮气固化，称为湿固化型胶黏剂，属单组分胶黏剂。该类胶黏剂是聚氨酯中最重要的一部分，有单组分、双组分、溶剂型、无溶剂型和低溶剂型等不同类型。

(3) 含羟基聚氨酯胶黏剂

含羟基聚氨酯胶黏剂系由二异氰酸酯与二官能度的聚酯或聚醚反应生成，其结构是含羟基的线型氨酯聚合物，称为异氰酸酯改性聚合物，也可称为热塑性聚合物。该类胶黏剂既可作热塑性树脂胶黏剂使用，亦可通过分子两端羟基的化学反应作热塑性树脂胶黏剂使用。前者的胶层柔软，易弯曲和耐冲击，一般均有很好的初期黏附力；但黏合强度较低，耐热性较差，耐溶剂性亦欠佳，在常温下往往有蠕变倾向。后者改善了上述缺点，但柔软性和耐冲击性受到一定影响。该胶属双组分胶黏剂，使用前在现场按比例配制。两者都适宜溶剂型涂敷使用。

(4) 聚氨酯树脂胶黏剂

聚氨酯树脂胶黏剂是由多异氰酸酯与多羟基化合物充分反应，制成溶液、乳液、薄膜、亚敏胶以及粉末等不同品种胶黏剂，过量的异氰酸酯与多羟基化合物反应生成的预聚体，其端基的异氰酸酯基被含单官能的活性氢原子化合物（如苯酚）封闭，制成的这种封闭型聚氨酯胶黏剂也属此类胶黏剂。

2. 按用途与特性分类

聚氨酯胶黏剂按用途与特性分类有：通用型胶黏剂、食品包装用胶黏剂、鞋用胶黏剂、纸塑复合用胶黏剂、建筑用胶黏剂、结构用胶黏剂、超低温胶黏剂、发泡型胶黏剂、厌氧型胶黏剂、导电性胶黏剂、热熔型胶黏剂、亚敏型胶黏剂、封闭型胶黏剂、水性胶黏剂以及密封胶黏剂等。

二、聚氨酯的合成与改性

1. 聚氨酯的合成

聚氨酯是由多异氰酸酯与多羟基化合物反应而成的。由于异氰酸酯的化学特性，它不但能和多羟基化合物反应生成氨基甲酸酯，而且还可以和其他具有“活性氢”的化合物反应生成各种相应的化学链节，从而改变聚氨酯的连接结构和性能。人们不断以这种方法来作为聚氨酯的改性手段，有目的地引入各种链节和基团，来改变高聚物的性能。基于此，我们先了解一下异氰酸酯的化学特性，以便作为制备过程的工艺控制和改性手段，来获得所需的理想胶黏剂。

(1) 异氰酸酯的化学特性

异氰酸酯是一类反应活性极高的化合物，它能与很多物质发生反应。下面仅就与合成胶黏剂聚氨酯有关的反应进行介绍。

① 异氰酸酯与醇类的反应　这类反应是聚氨酯合成中最常见的反应，也是聚氨酯胶黏剂制备和固化过程最基本的反应，示意性反应式如下：

$$\mathrm{R{-}NCO + R'{-}OH \longrightarrow RNHCOOR'}$$

异氰酸酯与醇类（含伯羟基或仲羟基）的反应产物为氨基甲酸酯，多元醇与多异氰酸酯生成聚氨酯基甲酸酯（简称聚氨酯、PU）。

② 异氰酸酯与水的反应　异氰酸酯与水反应首先生成不稳定的氨基甲酸，然后由氨基甲酸分解成二氧化碳及胺。若异氰酸酯过量，所生成的胺会与异氰酸酯继续反应生成脲。具体反应如下：

$$\mathrm{R{-}NCO + H_2O \xrightarrow{慢} R{-}NHCOOH \xrightarrow{快} R{-}NH_2 + CO_2}$$

$$\mathrm{R{-}NH_2 + R'{-}NCO \xrightarrow{快} R{-}NHCONH{-}R'}$$

由于 $\mathrm{R{-}NH_2}$ 与 $\mathrm{R'{-}NCO}$ 的反应比与水反应快，故上述反应可写成：

$$\mathrm{2R{-}NCO + H_2O \longrightarrow \underset{取代脲}{RNHCONHR} + CO_2}$$

此反应是聚氨酯预聚体湿固化胶黏剂的基础。

③ 异氰酸酯与氨基的反应

$$\mathrm{R{-}NCO + \underset{伯胺}{R'NH_2} \longrightarrow \underset{取代脲}{R{-}NH{-}\overset{\overset{\displaystyle O}{\|}}{C}{-}NHR'}}$$

在聚氨酯胶黏剂制备中，因伯胺活性太大，一般应在室温反应，常用的是活性较为缓和的芳香族二胺如 MOCA 等。

$$\mathrm{R{-}NCO + R'R''NH \longrightarrow R{-}NH{-}\overset{\overset{\displaystyle O}{\|}}{C}{-}NR'R''}$$

④ 异氰酸酯与脲的反应

$$\mathrm{R{-}NCO + R'{-}NH{-}\overset{\overset{\displaystyle O}{\|}}{C}{-}NH{-}R'' \longrightarrow \underset{缩二脲}{R{-}NH{-}\overset{\overset{\displaystyle O}{\|}}{C}{-}\underset{\underset{\displaystyle R'}{|}}{N}{-}\overset{\overset{\displaystyle O}{\|}}{C}{-}NH{-}R''}}$$

⑤ 异氰酸酯与氨基甲酸酯的反应

$$\mathrm{R{-}NCO + \underset{胺或氨基甲酸酯}{R'{-}NH{-}\overset{\overset{\displaystyle O}{\|}}{C}{-}R''} \longrightarrow R{-}NH{-}\overset{\overset{\displaystyle O}{\|}}{C}{-}NH{-}\overset{\overset{\displaystyle O}{\|}}{C}{-}R''}$$

④、⑤两个反应为体系中过量的或尚未参加扩链反应的异氰酸酯与生成的氨基甲酸酯或脲在较高温度（100℃以上）进行的反应，可产生支化和交联，可用于进一步促进固化，提高胶黏接头的黏接强度。

⑥ 异氰酸酯与酚的反应

$$\mathrm{R{-}NCO + ArOH \longrightarrow RNHCOOAr}$$

⑦ 异氰酸酯与酰胺的反应

$$R—NCO+R'CONH_2 \longrightarrow RNHCONHCOR'$$

⑥、⑦这两个反应也不常见，它们的反应速率很慢，一般需在一定温度下才能缓慢反应，可用于封闭型异氰酸酯胶黏剂。它们是可逆反应，在催化剂存在且在较高温度下可解离。类似的化合物除酚、己内酰胺外，还有酮肟、丙二酸二甲酯等。

⑧ 异氰酸酯与羧基的反应

$$R—NCO+R''—COOH \longrightarrow R—NH—COOCOR' \longrightarrow R—NH—CO—R'+CO_2\uparrow$$

⑨ 异氰酸酯的二聚反应

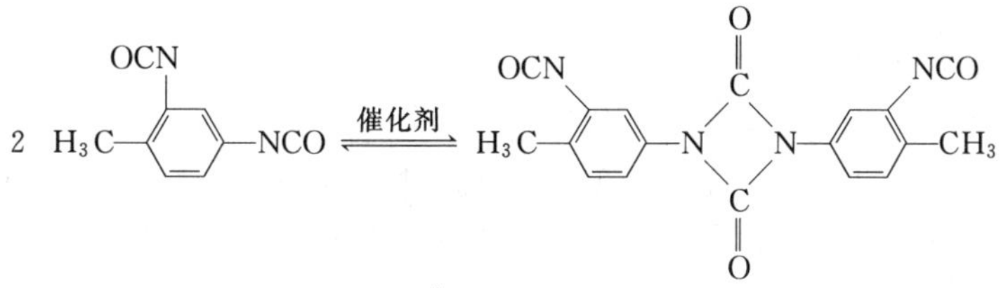

OCN
2 H_3C—⟨苯环⟩—NCO ⇌(催化剂) OCN, H_3C—⟨苯环⟩—N⟨C(=O), C(=O)⟩N—⟨苯环⟩—CH_3, NCO

MDI 和 TDI 在常温下如果没有催化剂存在，很难生成二聚体，可用三烷基膦和叔胺（吡啶）催化二聚反应。二聚体在高温下可解聚。

⑩ 异氰酸酯的三聚反应　异氰酸酯在醋酸钙、醋酸钾、甲酸钠、三乙胺、碳酸钠及某些金属化合物的催化下，发生环化反应，生成稳定的三聚体——异氰脲酸酯。

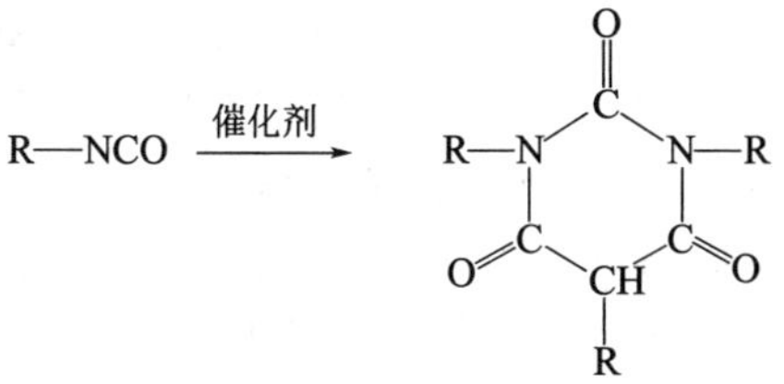

R—NCO →(催化剂) 环状三聚体：R—N、N—R、C=O、C=O、C=O、CH、R

三聚体很稳定。利用这一性能可提高聚氨酯胶黏剂的耐热性和耐化学介质性。

(2) 聚氨酯的合成

聚氨酯树脂是由多异氰酸酯与多元羟基化合物反应而成的。配制胶黏剂往往需要加入某些催化剂和溶剂。如果原料是二异氰酸酯和二元羟基化合物反应，在不同摩尔比下可得到不同端基、不同长短的分子链，如：

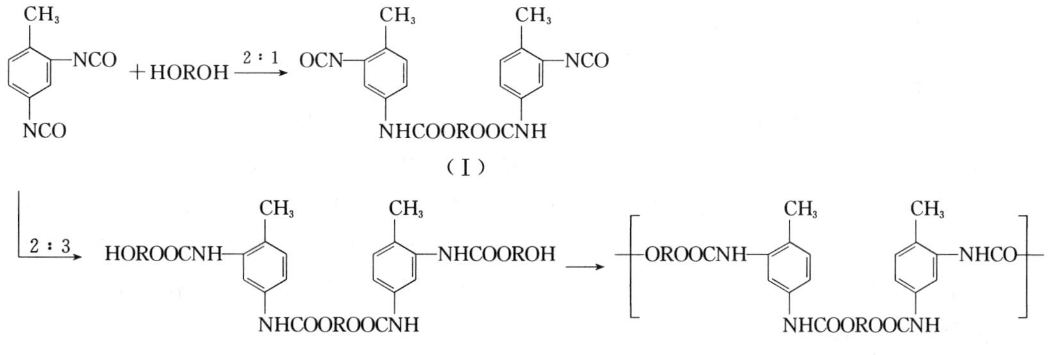

CH_3—⟨苯环⟩(—NCO)(NCO) + HOROH →(2∶1) OCN—⟨苯环(CH_3)⟩—NHCOOROOCNH—⟨苯环(CH_3)⟩—NCO

（Ⅰ）

→(2∶3) HOROOCNH—⟨苯环(CH_3)⟩—NHCOOROOCNH—⟨苯环(CH_3)⟩—NHCOOROH → [—OROOCNH—⟨苯环(CH_3)⟩—NHCOOROOCNH—⟨苯环(CH_3)⟩—NHCO—]

（Ⅱ）　（Ⅲ）

产物（Ⅰ）或分子量更大一些的产物，一般称为预聚体，它可以和产物（Ⅱ）或其他多羟基化合物进一步反应生成高分子的聚氨酯树脂，而产物（Ⅲ）则本身就是聚氨酯树脂。若含羟基或异氰酸酯基组分的官能团数是 3 或 3 以上，则生成具有支链或交链的聚氨酯树脂，如：

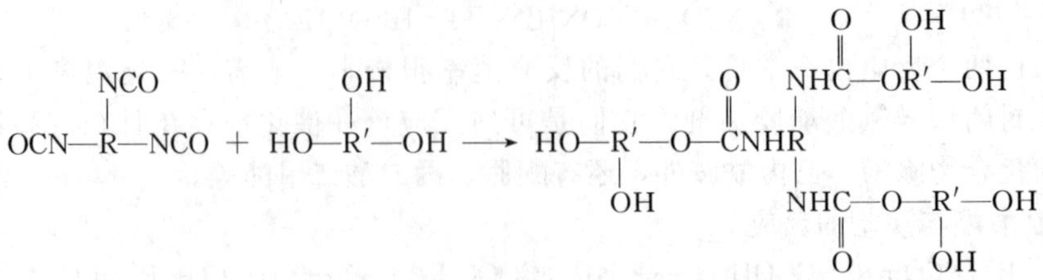

$$\mathrm{OCN{-}R(NCO){-}NCO + HO{-}R'(OH){-}OH \longrightarrow HO{-}R'(OH){-}O{-}\overset{O}{\overset{\|}{C}}NHR[NH\overset{O}{\overset{\|}{C}}{-}OR'(OH){-}OH][NH\overset{O}{\overset{\|}{C}}{-}O{-}R'(OH){-}OH]}$$

以上反应一般在120～140℃下迅速进行，而在室温或低温下则往往需要加入某些催化剂加速反应。

2. 聚氨酯胶黏剂的改性

(1) 丙烯酸单体接枝改性聚氨酯胶黏剂

用聚氨酯胶料生产的胶黏剂普遍存在着初粘强度不高、抗扩张性能差、耐热性欠佳、固化速度慢、对非线型材料粘接强度不高等问题，虽能满足一般制鞋工艺的要求，但对一些特殊的鞋材和新的制鞋工艺不能适应。

采用聚氨酯胶黏剂与丙烯酸酯单体进行接枝共聚对聚氨酯胶黏剂改性的新工艺，可制得初粘强度高、拉伸性能好、适应性强的新产品。经实际应用验证，效果良好。其工艺特点是采用先进的接枝改性技术，所得产品初黏力高，抗张性能好，适应性强；生产过程中不产生废水、废渣，废气排放复合环保要求。

(2) 4-(4′-羟基苯基)-2,3-二氮杂萘-1-酮（DHPZ）改性聚氨酯高温胶黏剂

聚氨酯胶黏剂的耐热性能不如环氧树脂胶黏剂等结构胶黏剂，不能长期用于高温环境。聚合物单体4-(4′-羟基苯基)-2,3-二氮杂萘-1-酮（DHPZ）具有双酚A相似的双官能团结构，但是其二氮杂萘酮的扭曲、非共平面结构赋予了所合成的聚合物具有良好的耐高温性能。DHPZ结构式如右所示。

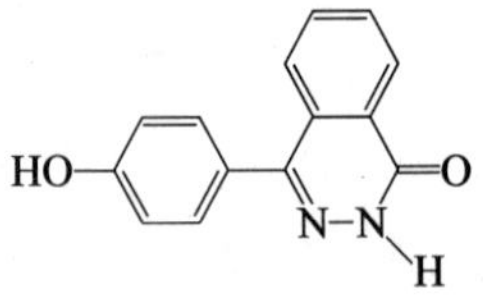

HO— N—N H O

将单体DHPZ作为合成聚氨酯的化合物之一引入聚氨酯体系，合成了新型双组分胶黏剂。由于体系中引入了芳杂环，提高了新型聚氨酯胶黏剂的耐高温性能。常温剪切强度不低于20MPa，而且具有较强的耐酸、耐水解性能。其玻璃化转变温度 T_g 可达170～200℃，在氮气氛围中10%热失重温度为300℃，250℃无失重。它可以在一些特殊场合（高温条件）下使用。

三、聚氨酯胶黏剂的组成与固化

1. 聚氨酯胶黏剂的组成

聚氨酯胶黏剂所用原料主要包括异氰酸酯、多元醇、催化剂和溶剂等。

① 异氰酸酯　异氰酸酯是聚氨酯的主要原料之一，包括脂肪族异氰酸酯与芳香族异氰酸酯。常用的主要有甲苯二异氰酸酯（TDI）、二苯基甲烷-4,4′-二异氰酸酯（MDI）、多亚甲基多苯基异氰酸酯（PAPI）、1,6-己二异氰酸酯（HDI）、异佛尔酮二异氰酸酯（IPDI）、苯二亚甲基二异氰酸酯（XDI）和萘-1,5-二异氰酸酯（NDI）等。它们主要作黏料使用，可直接作为胶黏剂，也可加入其他组分使用。

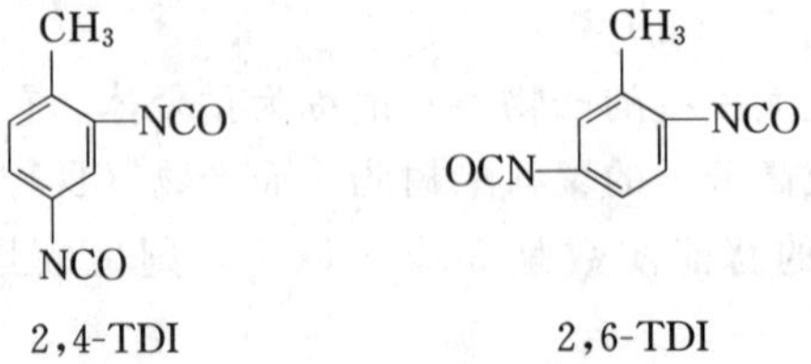

CH_3 —NCO NCO　　CH_3 —NCO OCN—

2,4-TDI　　2,6-TDI

② 多元醇　含羟基的组分与异氰酸酯反应可生成聚氨酯。常用的聚酯树脂（如 307 聚酯、309 聚酯、311 聚酯等）和聚醚树脂（如 N-204 聚醚、N-210 聚醚、N-215 聚醚、N-235 聚醚等）。

③ 填料　添加合适填料主要是为了降低成本和改进物理性能。加入填料能起补强作用，提高胶黏剂的力学性能，降低收缩应力和热应力，增强对热破坏的稳定性，降低热膨胀系数，另外还可改进胶黏剂的黏度。

有的填料，如氧化锌、槽法炭黑等还能与异氰酸酯反应，选用时应注意。一般聚氨酯胶黏剂使用的填料有滑石粉、陶土、重晶石粉、云母粉、碳酸钙、氧化钙、石棉粉、硅藻土、二氧化钛、铝粉、铁粉、铁黑、铁黄、三氧化二铬、刚玉粉和金刚粉等。添加前的填料需经过脱水处理，或用偶联剂进行处理，以避免消耗掉部分异氰酸酯。需注意生成二氧化碳会导致胶黏剂出现发泡现象，影响聚氨酯胶黏剂的物性。

④ 催化剂　为了控制聚氨酯胶黏剂的反应速率，或使反应沿预期的方向进行，在制备预聚体胶黏剂或在胶黏剂固化时都可加入各种催化剂。

聚氨酯胶黏剂和密封常用的催化剂有，有机锡类催化剂（如二月桂酸二丁基锡、辛酸亚锡等）、叔胺类催化剂（如三亚乙基二胺、三乙醇胺等）。有机锡类催化剂催化 NCO/OH 反应比催化 NCO/H_2O 反应要强，在聚氨酯胶黏剂制备时大多采用此类催化剂。叔胺类催化剂主要催化异氰酸酯和水的反应。

⑤ 脱水剂　主要是除去预聚物中微量水分，常用的脱水剂有单官能团异氰酸酯、氧化钙、硫酸铝等。

⑥ 偶联剂　为了改善聚氨酯胶黏剂对基材的粘接性，提高粘接强度和耐湿热性，可在胶液中或底涂胶中加入 0.5%～2%的有机硅或钛酸酯类偶联剂。常用的偶联剂有：γ-氨丙基三甲氧基硅烷、*N*-苯基-γ-氨丙基三甲氧基硅烷、γ-脲基丙基三甲氧基硅烷等。

⑦ 溶剂　为了调整聚氨酯胶黏剂的黏度，便于工艺操作，在聚氨酯胶黏剂的制备过程或配制使用时，经常要采用溶剂。聚氨酯胶黏剂溶剂的选择除了考虑溶解能力、挥发速度等外，还应考虑溶剂的含水量及保证溶剂不与—NCO 基团反应，否则胶黏剂在贮存时会产生凝胶。一般纯度在 99.5%以上的乙酸乙酯、乙酸丁酯、环己酮、氯苯、二氯己烷等可以单独或混合作为聚氨酯胶黏剂的溶剂。另外，溶剂的极性也必须考虑。在异氰酸酯与羟基反应时，极性大的溶剂使反应变慢。

⑧ 稳定剂　聚氨酯胶黏剂也存在热氧化、光老化以及水解，针对此问题须添加抗氧剂、光稳定剂、水解稳定剂等予以改进。

2. 固化机理

不管是多异氰酸酯胶黏剂、双组分聚氨酯胶黏剂还是单组分聚氨酯胶黏剂，其固化过程都是异氰酸酯与多元醇或其他含有活泼氢物质反应而变成大分子过程：

$$n\mathrm{OCNRNCO} + n\mathrm{HOR'OH} \longrightarrow \left[\!\!-\overset{\displaystyle \mathrm{O}}{\overset{\|}{\mathrm{C}}}\mathrm{NHRNH}\overset{\displaystyle \mathrm{O}}{\overset{\|}{\mathrm{C}}}\mathrm{OR'O}-\!\!\right]_n$$

① 多异氰酸酯胶黏剂　该类胶黏剂主要是吸潮固化。

$$\mathrm{RNCO} + \mathrm{H_2O} \longrightarrow [\mathrm{RNHCOOH}] \longrightarrow \mathrm{RNH_2} + \mathrm{CO_2} \xrightarrow{+\mathrm{RNCO}} \mathrm{RNH}\overset{\displaystyle \mathrm{O}}{\overset{\|}{\mathrm{C}}}\mathrm{—NHR}$$

② 预聚体异氰酸酯胶黏剂　预聚体类胶黏剂分单组分和双组分两类。单组分型系由异氰酸酯和两端含羟基的聚酯或聚醚反应，得到端—NCO 基的弹性胶黏剂，再加入适量的催化剂、填料制得单组分室温硫化聚氨酯密封胶，固化机理同多异氰酸酯胶黏剂，遇到空气中的潮气产生固化。

双组分胶黏剂由含—NCO基的预聚体和聚酯（或聚醚）树脂组成。固化主要是—NCO与—OH或—NH_2在催化剂作用下发生固化。其反应式如下：

$$OCN—R—NCO + HO—R'—OH \longrightarrow \left[\overset{O}{\overset{\|}{C}}—\overset{H}{\overset{|}{N}}—R—\overset{H}{\overset{|}{N}}—\overset{O}{\overset{\|}{C}}—O—R'O \right]_n$$

a. 过量时生成端基为—NCO的预聚体

$$OCN—R—HN\overset{O}{\overset{\|}{C}}O—R'—HN\overset{O}{\overset{\|}{C}}O—R—NCO$$

b. 过量时生成端基为—OH的预聚体

$$OCN—R—HN\overset{O}{\overset{\|}{C}}O—R—HN\overset{O}{\overset{\|}{C}}O—R'—OH$$

—OH组分为软链段，主要由聚醚、聚酯、交联剂（如MOCA)、催化剂（如辛醇亚锡、醋酸苯汞等）组成。

两组分的固化反应与上面的机理相同，主要是—NCO基与—OH基在催化剂作用下发生反应固化，形成良好的粘接接头。

四、聚氨酯胶黏剂的品种与应用

1. 聚氨酯热熔胶

聚氨酯热熔胶是以热塑性聚氨酯为黏料制成的一种热熔胶。这种聚氨酯弹性体通常是由端羟基聚酯或聚醚、低相对分子质量的二元醇、二异氰酸酯三组分聚合成的具有软性链段和硬性链段的嵌段聚合物。因此，聚氨酯热熔胶比聚酯、聚烯烃热熔胶强度好，可不加其他添加剂，应用范围广，可用于金属、玻璃、塑料、木材和织物等材料的粘接。如由己烷-1,6-二异氰酸酯、特定的乙二醇混合物和聚酯合成的聚氨酯热熔胶可用于织物片材的黏合，这种黏合的织物具有很好的耐水洗和干洗性能，而且很柔软，手感很好。此外，由预聚体和聚酯也可以合成热塑性聚氨酯。

2. 水性聚氨酯胶黏剂

水性聚氨酯的制备方法可归纳为以下4种：预聚体混合法、外乳化法、丙酮法和熔融分散法。在这4种方法中，预聚体混合法是目前工业化生产胶黏剂比较成熟的方法。通常所使用的原料是脂肪族的二异氰酸酯，如IPDI、$H_{12}MDI$等。因为，这些多异氰酸酯活性较低，比较适宜用预聚体混合法，且产品粘接性能好、耐光、不变黄。

可以通过改性来提高水性聚氨酯胶黏剂的性能。改性的方法有共混改性和化学改性两种。将水性PU和其他乳液共混，使两者在性能上取长补短，可以达到改性的目的。最常见的是将PU水乳液和丙烯酸类乳液共混。这被称为第三代PU水乳液，即PUA乳液，具有较好的耐酸、耐湿性和较强的内层胶接强度，可用作汽车底涂、压敏胶的补衬等。化学改性是在PU水乳液中加入其他可聚合单体（主要是丙烯酸酯类单体）进行乳液聚合，或者以丙烯酸酯类单体作为合成聚氨酯的溶剂，待分散后再作为反应单体进行聚合。

3. 单组分聚氨酯胶黏剂

单组分聚氨酯胶黏剂的工艺特点是以单组分（单包装）形式提供产品，使用前无须计量、混合，可在现场直接施工应用，工艺简单，操作性能良好。虽然通用的单组分室温湿固化PU胶黏剂固化速度慢，只适用于那些粘接后允许有一定存放期的被粘构件，不能在要求快速定位的生产流水线上应用。但是一些对—NCO基进行封闭的单组分热固化性聚氨酯胶黏剂可借助对封闭剂类型的选择和固化温度的控制使其适用于生产流水线上。同时也可使用经紫外线或射线照射后快速固化的单组分聚氨酯胶黏剂。

4. 双组分聚氨酯胶黏剂

双组分聚氨酯胶黏剂是聚氨酯胶黏剂中最重要的一类。通常是由甲、乙两个组分分开包装，使用前按比例配制而成。双组分聚氨酯胶黏剂有室温固化型、热固化型、结构胶型、非结构型、耐热性和耐低温型等。双组分聚氨酯胶黏剂具有性能可调节、黏合强度大、应用范围广等特点，广泛用于食品包装、制鞋、纸塑复合和土木建筑等，分为溶剂型和无溶剂型两种。

第四节 丙烯酸酯胶黏剂

一、丙烯酸酯概述

丙烯酸酯树脂是指分子末端具有丙烯酸酯（或甲基丙烯酸酯）基团的预聚体，或由丙烯酸酯组成的均聚物或共聚物。丙烯酸酯胶黏剂是以各种类型的丙烯酸酯为基料，经化学反应制得的胶黏剂。该胶黏剂由于含有活性很强的丙烯基和酯基，因此能粘接各种材料，如金属、非金属，以及人体组织。其特点是单组分，使用方便，可室温固化，固化速度快，胶层强度高，有的还具有耐热性。并且由于丙烯酸酯聚合物是饱和化合物，所以对热、光化学、氧化分解具有良好的耐受性，即稳定性好。另外，因具有与其他许多乙烯基单体容易共聚的特性，所以可以改善聚合物的物性，并且丙烯酸酯可由乳液、溶液、悬浮聚合法进行均聚及共聚。因此，它增长迅速，应用越来越广泛。适用于粘接多种材料，是一种比较理想的胶黏剂。

丙烯酸酯胶黏剂出现于 20 世纪 50 年代，由于固化速度慢而发展不快。20 世纪 70 年代中期，开发出新型改性丙烯酸酯结构胶黏剂，又称第二代丙烯酸酯（SGA）。该胶操作方便，具有高反应性，固化速度快，可油面粘接，耐冲击，抗剥离，粘接综合性能优良，被粘接材料广泛，如金属、非金属（一般指硬材料），可自粘与互粘，从此获得了较大的发展。聚丙烯酸酯乳液胶黏剂是 20 世纪 80 年代以来我国发展最快的一种聚合物乳液胶黏剂。

二、丙烯酸酯胶黏剂的组成与固化

丙烯酸酯胶黏剂种类较多，其组成对于不同的应用来说也不同。丙烯酸酯系聚合物乳液可直接用作胶黏剂，而氰基丙烯酸酯胶黏剂、反应性丙烯酸酯胶黏剂的组成较为复杂，但一般都包括单体、稳定剂、引发剂和促进剂等。

1. α-氰基丙烯酸酯胶黏剂的组成及固化

(1) 配方组成

① α-氰基丙烯酸酯单体其结构式为 CH_2 ═CCN—COOR，其中 R 代表某一烷基，如甲基、乙基、丙基、丁基、异丁基、戊基、庚基、正辛基等。在工业上大多采用粘接强度较高的甲酯及乙酯（代号 502）。在医疗方面粘接伤口代替缝合，一般为高碳链烷基酯单体。

② 增稠剂　因为单体的黏度很低，使用时易流到不应粘接的部位，而且不适用于多孔材料及间隙较大的填性胶接，因此必须加以增稠。常用的增稠剂有聚甲基丙烯酸甲酯、聚丙烯酸酯、聚氰基丙烯酸酯、纤维素衍生物等。

③ 增塑剂　为改善胶黏剂固化后胶层的脆性，往往加入邻苯二甲酸二丁酯、邻苯二甲酸二辛酯（DOP）、对苯二甲酸二辛酯（DOTP）等增塑剂，以提高胶层的抗冲击强度。

④ 稳定剂　由于单体较易发生聚合，因此，必须加入一定量的二氧化硫及对苯二酚稳

定剂，以阻止发生阴离子聚合作用及自由基聚合作用。

(2) α-氰基丙烯酸酯的固化

由于氰基丙烯酸酯分子中有两个强烈的吸电子基团—CN（氰基）和—COOR（酯基）连接在同一个 α 碳原子上，它们一方面降低了 β-碳原子的电子云密度，致使 β 位易于受到亲核攻击；另一方面 β 位上无取代基团阻碍，对亲核试剂很敏感，因此，很容易在水或弱碱物质催化下迅速发生阴离子聚合。同时，氰基丙烯酸酯也可进行自由基聚合。氰基丙烯酸酯的固化可以认为是氰基丙烯酸酯的本体聚合过程，经历链引发、链增长、链转移、链终止等阶段。

① 链引发和链增长　当单体分子的 β-碳原子受到亲核试剂攻击时，就产生稳定的负碳离子，例如氢氧阴离子和胺便是很好的亲核试剂，可引发氰基丙烯酸酯单体：

$$HO^- + H_2C{=}\overset{CN}{\overset{|}{C}}{-}COOR \longrightarrow HO{-}CH_2{-}\underset{COOR}{\underset{|}{\overset{CN}{\overset{|}{C^{\ominus}}}}}$$

$$R_3\ddot{N} + H_2C{=}\overset{CN}{\overset{|}{C}}{-}COOR \longrightarrow R_3N^+{-}CH_2{-}\underset{COOR}{\underset{|}{\overset{CN}{\overset{|}{C^{\ominus}}}}}$$

引发之后形成的阴离子攻击另一个单体分子生成二聚体，进一步与更多的单体反应，发生链增长反应，生成高分子聚合物：

$$B{-}CH_2{-}\underset{COOR}{\underset{|}{\overset{CN}{\overset{|}{C^{\ominus}}}}} + H_2C{=}\underset{COOR}{\underset{|}{\overset{CH_3}{\overset{|}{C}}}} \longrightarrow B{-}CH_2{-}\underset{COOR}{\underset{|}{\overset{CN}{\overset{|}{C}}}}{-}CH_2{-}\underset{COOR}{\underset{|}{\overset{CN}{\overset{|}{C^{\ominus}}}}} \longrightarrow$$

$$B{-}CH_2{-}\underset{COOR}{\underset{|}{\overset{CN}{\overset{|}{C}}}}{-}\left[CH_2{-}\underset{COOR}{\underset{|}{\overset{CN}{\overset{|}{C}}}}\right]_n{-}H_2C{-}\underset{COOR}{\underset{|}{\overset{CN}{\overset{|}{C^{\ominus}}}}}$$

② 链转移和链终止　增长中的阴碳离子不与单体反应而和其他物质（链转移剂）反应，产生一个惰性的高分子和一个新的阴离子链，如果后者有能力进一步引发聚合，则就发生了链转移。

活性增长链在聚合过程中若遇到单体之外的其他物质，如水、醇、酸等，能使阴离子质子化，则很快阻止聚合反应进行，引起链终止。

$$B{-}CH_2{-}\underset{COOR}{\underset{|}{\overset{CN}{\overset{|}{C}}}}{-}\left[CH_2{-}\underset{COOR}{\underset{|}{\overset{CN}{\overset{|}{C}}}}\right]_n{-}H_2C{-}\underset{COOR}{\underset{|}{\overset{CN}{\overset{|}{C^{\ominus}}}}} + H^+ \longrightarrow B{-}\underset{COOR}{\underset{|}{\overset{CN}{\overset{|}{C}}}}{-}\left[CH_2{-}\underset{COOR}{\underset{|}{\overset{CN}{\overset{|}{C}}}}\right]_n{-}CH_2{-}\underset{COOR}{\underset{|}{\overset{CN}{\overset{|}{CH}}}}$$

实际上所有的材料表面都吸附有湿气，氰基丙烯酸酯胶黏剂与吸附着的水分子接触，使碳阴离子快速产生，迅速聚合。水分子中的氢氧基能快速而有效地引发聚合反应，几乎是瞬时完成固化。

2. 厌氧胶的组成与固化

(1) 配方组成

厌氧胶是单包装胶黏剂，通常由丙烯酸单体、引发剂、促进剂、助促进剂、稳定剂、阻聚剂等组分混合而成，还可根据需要添加其他助剂，如表面活性剂、填料、染料、颜料、增稠剂、增塑剂、触变剂和紫外线吸收剂等。

① 单体　丙烯酸酯单体是厌氧胶的主要成分，约占其总配比的 90%以上，该类单体包

括丙烯酸、甲基丙烯酸的双酯或某些特殊的丙烯酸酯（如甲基丙烯酸羟丙酯）等。

② 引发剂　厌氧胶在隔绝空气后靠引发剂产生自由基，引发单体聚合。如果不用引发剂，大多数厌氧胶是不能产生粘接强度的，因此引发剂是厌氧胶的重要成分。常用的引发剂主要有有机氧化物、过氧化氢、过氧化酮和过羧酸等。

③ 促进剂和助促进剂　促进剂是在引发剂引发聚合时加速固化，而在贮存期间不起反应的物质，如含氮、硫和过渡金属的化合物。如二甲基苯胺、二甲基对甲苯胺、三乙胺、辛胺等。

助促进剂一般是亚胺和羧酸类，如邻苯磺酰亚胺、糖精、邻苯二酰亚胺、三苯基膦、抗坏血酸、甲基丙烯酸等，应用最多的是糖精，其次是抗坏血酸，其用量一般为0.01%～5%。

④ 稳定剂　厌氧胶使用的稳定剂是一类既能延长胶的贮存期，又不使胶的各项性能变坏的化合物。稳定剂经常有两类，一类为阻聚剂，另一类反应机理尚不清楚，但稳定效果显著。

阻聚剂是一类能与自由基结合而使自由基失去活性的化合物，如酚类、多元醇、醌类、胺类和铜盐等。另一类稳定剂是一些芳环的叔胺盐、卤代脂肪单羧酸、硝基化合物和金属螯合剂等，亦可将后两者合并使用。稳定剂能使厌氧胶长期稳定贮存，又不影响胶使用时的快速固化，解决好这对矛盾是配制此类胶的关键。

⑤ 其他配合剂　此类胶还常用到下列物质。

a. 增塑剂　其作用是增加胶的塑性，常用的有邻苯二甲酸二辛酯和癸二酸二辛酯。

b. 触变剂　避免胶在垂直面上发生流淌而加入的物质，如气相二氧化硅。

c. 增稠剂　增加胶的初黏力，常用的有 PVAc、聚乙烯醇缩丁醛和聚乙二醇等。

d. 染料、颜料 便于识别牌号而加入的物质。

e. 填料　降低成本、减少收缩率。

(2) 胶的固化

厌氧胶中的引发剂、促进剂和助促进剂形成氧化-还原体系引发单体聚合，使厌氧胶即便在室温下也能快速固化。目前，关于厌氧胶的固化机理并不十分清楚，不同引发体系的作用机理差别也较大，不论如何，都是自由基聚合反应。

厌氧胶常用的引发剂为低活性的过氧化物。引发剂在低温下可缓慢均裂产生自由基，自由基可引发单体发生聚合。

$$C_6H_5-\overset{CH_3}{\underset{CH_3}{\overset{|}{\underset{|}{C}}}}O^{\cdot} + H_2C{=}\underset{CH_3}{\underset{|}{C}}-\overset{O}{\overset{\|}{C}}-O-R-O-\overset{O}{\overset{\|}{C}}-\underset{CH_3}{\underset{|}{C}}{=}CH_2 \longrightarrow$$

（用 M 表示）

$$C_6H_5-\overset{CH_3}{\underset{CH_3}{\overset{|}{\underset{|}{C}}}}O-CH_2-\underset{CH_3}{\underset{|}{CH}}-\overset{O}{\overset{\|}{C}}-O-R-O-\overset{O}{\overset{\|}{C}}-\underset{CH_3}{\underset{|}{CH}}-CH_2-O\overset{CH_3}{\underset{CH_3}{\overset{|}{\underset{|}{C}}}}-C_6H_5$$

（用 M 表示）

单体自由基与单体的其他分子依次快速聚合，生成“相对分子质量”从小到大的链自由基，使链自由基不断增长，随即自由基聚合反应终止，厌氧胶的固化反应亦大体完成。

厌氧胶是一个不断吸氧的体系，这与氧气存在下单体的自动氧化有很大关系。空气中的氧能通过胶液的渗透而进入胶液中，并能在单体自由基聚合过程中与单体自由基有选择地反应形成不活泼的过氧单体自由基，使单体自由基的链增长反应终止。氧的阻聚机理如下：

$$O_2 \longrightarrow \cdot O—O\cdot$$

$$M'\cdot + \cdot O—O\cdot \longrightarrow M'—O—O\cdot$$

$$M'—O—O\cdot + M'\cdot \longrightarrow M'OOM'$$

3. 反应性丙烯酸酯胶黏剂的组成与固化

(1) 第二代丙烯酸酯胶黏剂

① 组成　甲基丙烯酸甲酯、甲基丙烯酸、增韧橡胶（氯磺化聚乙烯、丁腈橡胶、氯丁橡胶等)、引发剂、促进剂、稳定剂等。

② 固化机理　为自由基聚合反应。A 组分含有甲基丙烯酸酯和过氧化物及阻聚剂使胶液保持稳定，B 组分含有甲基丙烯酸酯和促进剂；当两组分混合后，过氧化物与促进剂反应产生自由基；自由基打开甲基丙烯酸酯的不饱和双键，引发聚合物链的形成；通过聚合物链的不断增长，最终形成网状结构的胶层。

(2) 紫外线光固化胶（UV 胶）

① 组成　紫外线固化胶黏剂的固化属于光引发的固化体系。有光引发剂（如苯偶姻及其衍生物、芳香重氮盐等)、助剂（如增塑剂、触变剂、填充剂、防静电剂、阻燃剂、偶联剂等，为了获得特殊性能)、光聚合性单体（如 TPGDA、HDDA 等，为了改进基本性能)、光交联性聚合物（如环氧丙烯酸酯、聚氨酯丙烯酸酯等，为了获得基本性能)。

② 固化机理　在紫外线照射下，光引发剂分解产生自由基，引发聚合反应。单体与光引发剂共存时不发生反应，使 UV 胶保持稳定；当胶液受到紫外线照射时，光引发剂形成自由基；自由基打开甲基丙烯酸酯双酯的双键，引发聚合物链的形成；通过聚合物链的不断增长，最终形成网状立体结构的胶层。

4. 丙烯酸酯压敏胶黏剂的组成与固化

所谓压敏胶，就是不需要添加固化剂或溶剂，也不需要加热，只需稍微施加一点接触压力，就能够将基材粘接起来的胶黏剂。

丙烯酸酯压敏胶黏剂主要由丙烯酸酯和极性丙烯酸系单体组成。丙烯酸酯可以为丙烯酸烷酯，极性丙烯酸系单体可以为丙烯酰胺、丙烯腈、衣康酸等中的一种或几种混合物。

表 9-3 所示为目前广泛使用的双向拉伸聚丙烯（BOPP）压敏胶带所用水乳性丙烯酸压敏胶的原料配比。

表 9-3　双向拉伸聚丙烯（BOPP）压敏胶带配方组成

组　分	质量份	组　分	质量份
丙烯酸丁酯(BA)	50～80	乳化剂 B(阴离子型)	0.1～1.0
丙烯酸-2-乙基己酯(2-EHA)	10～30	过硫酸铵	0.1～0.8
甲基丙烯酸甲酯(MMA)	5～20	碳酸氢钠	0～1
丙烯酸(AA)	1～4	十二烷基硫醇	0～0.2
丙烯酸-β-羟丙酯(HPA)	0.5～5	氨水	适量
乳化剂 A(非离子型)	1～5	蒸馏水	80

三、丙烯酸酯胶黏剂的品种与应用

1. 第二代丙烯酸酯胶黏剂

第二代丙烯酸酯胶黏剂是目前反应性胶黏剂中应用最为广泛的一种。第二代丙烯酸酯胶黏剂除了不能粘接铜、铬、锌、赛璐珞、聚乙烯、聚丙烯、聚四氟乙烯等材料外，其他的金属和非金属材料均能进行自粘或互粘。广泛应用于应急修补、装配定位、堵漏等场合。

2. 氰基丙烯酸酯胶黏剂

α-氰基丙烯酸酯胶黏剂（502 胶）的独特性能，使其能够粘接很多材料，如金属、橡胶、塑料和玻璃等同类材料或异类材料的粘接，但不包括未经处理的聚四氟乙烯、聚乙烯、聚丙烯和增韧性氯乙烯等塑料的粘接。也不能用于多孔材料，如木材、纸张、织物等的粘接。由于具有室温快速固化的特性，对于组装及精密小部件的粘接最为方便，在工业生产和日常生活中几乎无处不用 502 胶。

氰基丙烯酸酯胶黏剂对不同的被粘物及其组合的固化速度和粘接强度不尽相同，具体见表 9-4。

表 9-4 502 胶对各种材料粘接的固化速度和粘接强度

被粘物	固化速度	粘接强度	被粘物	固化速度	粘接强度
玻璃	快	强高	金属-橡胶	快	高
玻璃-橡胶	快	强高	钢-氯丁橡胶	快	高
玻璃-钢	中等	强高	橡胶	快	高
玻璃-软木	快	高	橡胶-硬纸板	快	高
玻璃-毡料	快	高	尼龙	快	中等
玻璃-丁酸纤维素	中等	中等	聚酯	快	中等
铝	缓和	中等	醋酸纤维素	中等	高
钢	中等	高	丁酸纤维素	中等	高
金属-软木	快	高	聚乙烯	中等	中等
金属-毡料	快	高	木材	慢	高
金属-皮革	中等	高	陶瓷	快	高

3. 厌氧胶黏剂

厌氧胶用途广泛，可用于密封、粘接、紧固、防松等场合。如管道螺纹、法兰面、机械设备箱体与盖的密封，螺栓的紧固防松，轴承与轴套、齿轮与轴、键与键槽等装配时的固定，铸件或焊件的砂眼和气孔的渗入填塞，以及粘接活性金属，如铜、铁、钢、铝等材料。

4. 压敏胶黏剂

压敏胶黏剂大多是制成各种胶黏带、胶膜等压敏胶黏制品出售并得到应用的。压敏胶黏制品具有粘接、捆扎、装饰、增强、固定、保护、绝缘和识别等八大使用功能。在包装、印刷、建筑装潢、制造业、家电业、医疗卫生等方面得到越来越广泛的应用。

乳液型压敏胶带大量用做表面保护，如汽车、飞机、机械零件、电器、木制品、塑料及塑料成型品等都需要。丙烯酸酯压敏胶带、双面胶带、保护胶带等不仅在产量上，而且在粘接和涂布性能上都有较大提高，一些特种胶带仍需进口，如高强度双面胶带、耐高温美纹纸胶带、阻燃胶带、魔术胶带和防晒膜及标志胶带等。

第五节 醋酸乙烯酯胶黏剂

聚醋酸乙烯及其共聚物胶黏剂是热塑性高分子胶黏剂中产量最大的品种。聚醋酸乙烯的溶解参数为 9.5，玻璃化温度约 30℃，能对广泛范围的胶接件进行粘接，使用方便，价格便宜，广泛用于纸张、木材、纤维、陶瓷、塑料薄膜和混凝土等的粘接。

聚醋酸乙烯乳液胶黏剂是一种乳白色的、无毒、不燃烧、无腐蚀性的胶黏剂，俗称白胶。其优点是初期胶接强度高，可以不加固化剂不必加热就能固化，使用简便，又不会污染周围环境。缺点是耐水、耐热、耐蠕变性能较差。

为克服上述缺点，广泛采用与脲醛树脂或三聚氰胺甲醛树脂混合使用的方法，通常先使醋酸乙烯单体与其他单体如马来酸、丙烯酸等不饱和酸及酯、酰胺共聚，或加入酚醛树脂之后，使用时再加入固化剂。

聚醋酸乙烯乳液胶黏剂主要用于细木工板的胶拼、单板补洞以及纸质装饰板与木材的粘接。

一、聚醋酸乙烯酯的合成

1. 主要原料及其对PVAc乳液的影响

(1) 单体

单体为醋酸乙烯，也称醋酸乙烯酯（VAc），结构式为 $CH_3COOCH{=}CH_2$。

乳液聚合属于自由基型加聚反应，对单体的纯度要求很高，单体在贮存时，常加入阻聚剂以防止自聚，聚合前应除去阻聚剂，或采取在聚合时适量地多加一些引发剂的方法以去除阻聚剂。一般控制以下质量指标：外观为无色透明液体；沸点为 72～73℃；含醛（以乙醛计）<0.02%；含酸（以乙酸计）<0.01%；活化度（10mL 单体加过氧苯甲酰 20mL 在 70℃ 时测定）<30min。

醛类是醋酸乙烯单体中的主要杂质，在醋酸乙烯单体中有明显的阻聚作用，聚合物的分子量不易长大，使聚合反应复杂化。在本体聚合和悬浮聚合时常用乙醛来调节聚合物分子量的大小，所以一定要严格控制。

酸对乳液聚合也有影响，活化实际上是醛、酸和其他杂质在单体中的综合影响，表现为聚合诱导期的长短。杂质少，诱导期短，活化时间也短。活化太差的单体在乳液聚合反应进行时会出现聚合反应进行缓慢，回流一直很大，使连续加入单体有困难。加单体太慢或中途停止加单体则反应放热少而回流带出的热量多，反应温度就会下降，反应难以控制，无法平稳进行。

(2) 乳化剂

乳化剂在乳液聚合过程中能降低单体和水的表面张力，并增加单体在水中的溶解度，形成胶束和乳化大单体液滴。乳化剂的选择对乳液的稳定性和质量有很大的影响，乳化剂的用量多少也对乳液的稳定性有影响，乳化剂的用量太少，乳液的稳定性差，而用量太大，耐水性则差。

聚乙烯醇是聚醋酸乙烯乳液聚合中最常用的乳化剂，它还能起保护胶体增稠剂的作用，所以其用量不仅是从乳化的角度也从增稠的角度，即对乳液的黏度要求来考虑，一般用量为单体的 5%左右。乳化剂除聚乙烯醇外也可用其他非离子型或阴离子型的表面活性剂，常用的还有 OP/TX-10、丁二酸乙基己酯酸钠（渗透剂 T）等。

用两种乳化剂混合使用所形成的混合胶束，乳化效果和稳定性比单独用一种的要好，所以在乳液制备中较多地使用两种或一种非离子和一种阴离子型的乳化剂混合使用，较普遍的是用聚乙烯醇和乳化剂 OP 一起使用，这样乳化情况比单独使用聚乙烯醇更好，操作也更容易，乳液的稳定性也较好。

(3) 引发剂

反应一般多采用过硫酸钾、过硫酸铵作引发剂。一般情况下过硫酸钾的用量为单体量的 0.2%。实际上在反应中只加入 2/3，其余 1/3 是为了减少乳液中的游离单体在反应最后阶段加入的。引发剂的用量也因投料量多少而不同，一般反应设备越大投料量越大，引发剂的用量就相应减少些。而每次在反应时间中补加的部分也需视反应情况而稍有不同。

用过硫酸盐为引发剂时，乳液的 pH 加以控制，因为在反应中加入过硫酸盐会使反应液的酸性不断增加，而 pH 值太低（如<2 时），则反应速度进行很慢，有时会破坏了乳液聚合反应的正常进行。如果用的聚乙烯醇是碱醇解的产品，水溶液呈弱碱性，则在反应前可不调整 pH 值，而在反应结束后加入部分碳酸氢钠中和至 pH 为 4～6。

(4) 其他助剂

① 增塑剂　如邻苯二甲酸二丁酯（DBP）、邻苯二甲酸二辛酯（DOP）、对苯二甲酸二辛酯（DOTP）。

② 防腐剂　亚硝酸钠、苯甲酸钠。

③ 消泡剂　辛醇。

④ 分散剂　甲醇。

⑤ 防冻剂　乙二醇。

(5) 水

水是分散介质，醋酸乙烯单体或聚醋酸乙烯酯树脂的颗粒是分散在水中的，这样使反应热易于分散，放热反应较易控制，有助于制得均匀的高分子产物。一般采用去离子水（DIW），因为水中含有金属离子，对聚合反应有阻聚作用，如用自来水作原料需加入螯合剂 EDTA。

2. 醋酸乙烯酯的合成工艺

(1) 合成原理

聚醋酸乙烯酯的合成主要通过溶液聚合和乳液聚合进行，合成原理如下：

$$n\ \underset{\displaystyle\ \ \ \ \ \ \ \ \ \ \ \ \ \ \ OCOCH_3}{CH_2{=}\overset{}{CH}} \xrightarrow{\text{引发剂}} -\!\!\left(CH_2-\underset{\displaystyle OCOCH_3}{CH}\right)\!\!-_n$$

(2) 合成工艺

待醋酸乙烯精制符合要求后，经乳液聚合，即得聚醋酸乙烯乳液。典型的生产工艺流程如下。

将聚乙烯醇 25kg 加热至 80℃，搅拌溶解 4h，过滤后投入聚合釜中，加入乳化剂 OP-10 的量为 5kg，搅拌溶解均匀，加入醋酸乙烯单体 69kg、引发剂过硫酸钾 0.36kg，升温到 60～65℃后停止加热，待温度自升至 80～83℃回流减少时，连续加入醋酸乙烯单体 391kg，其加入速度为每小时加总量的 10%，控制 8h 左右加完，控制反应温度在 78～82℃。同时每小时加入总量 4%～5%的过硫酸钾。单体加完后，加入余下的过硫酸钾，温度因放热自升至 90～95℃，保温 30min，然后冷至 50℃以下，加入 10%碳酸氢钠水溶液 15kg、增塑剂邻苯二甲酸二丁酯 50kg，然后搅拌 1h，即得聚醋酸乙烯乳液。

(3) 反应条件对反应的影响

① 反应温度　反应温度为 75～85℃。反应温度影响聚合反应速率和乳液平均相对分子质量。提高反应温度，自由基产生速度加快，单体活性增加，链增长速率常数增大，因而聚合反应速率升高。由于反应温度升高，引发剂分解速率常数变大，当引发剂浓度一定时，自由基生成速率大，致使在乳胶粒中链终止速率增大，乳液平均相对分子质量降低。

反应温度提高还会使乳胶粒数目增大，平均直径减小；反应温度升高，使乳胶粒之间发生撞合，聚结速率增大，乳胶粒表面上的水化层变薄，都会导致乳液稳定性下降。如果反应温度等于或高于乳化剂的浊点时，乳化剂就失去了稳定作用，从而引起破乳。

② 反应时间　反应时间为 8～9h。反应时间也是影响聚醋酸乙烯乳液质量的重要因素。反应时间主要反映在醋酸乙烯滴加时间的长短，醋酸乙烯滴加时间越长，乳液胶粒越小，粒径越均匀，乳液黏度越大，稳定性越好，胶膜透明性好，耐水性提高。

③ 加料方式　即使同一个乳液聚合配方，因操作方法不同，得到的乳液在粒度分布、相对分子质量大小等方面都会有差异。加料方式有如下 3 种。

a. 一次加料法　将所有组分同时加入反应器内进行聚合。由于烯类单体在聚合时，其热效应较大，而乳液聚合反应速度又较快，因此对于工业规模的装置来说，这种加料方法给温度控制带来了较大的困难，所以只有在水油比较大的情况下，才采用这种方法。有时为了控制热量放出的速度以维持一定的聚合温度，而将引发剂分批加入。一次加料法在实际生产中采用得较少。

b. 单体滴加法　即把单体缓慢而连续地加到乳化剂的水溶液当中，常常同时滴加引发剂的水溶液，并以滴加的速度来控制聚合反应的温度。由于该法操作方便，聚合反应容易控制，因而得到广泛的采用。

c. 乳化液滴加法　即物料预先混合配成乳状液，然后逐渐滴加到反应系统中以进行聚合。聚合温度比较容易控制，但该法需要预乳化，而一般在乳液聚合配方条件下，其单体的乳状液稳定性不佳，容易分层。因此必须配置预乳化设备，这样就增加了设备投资和动力消耗，故较少采用。

二、聚醋酸乙烯酯胶黏剂的组成与应用

1. 聚醋酸乙烯酯乳液胶黏剂

聚醋酸乙烯酯（PVAc）乳液是最重要的乳液胶黏剂之一。早期使用的多为聚醋酸乙烯酯的均聚乳液，一般利用水解度为 80%左右的聚乙烯醇为保护胶体，以过氧化物为引发剂，乳液固含量为 50%左右，乳胶粒直径一般为 0.5～2μm，黏度为 3～20Pa · s，具有价格低、生产方便、粘接强度高、无毒等特点，广泛用于木材加工、织物粘接、家具组装、包装材料、建筑装潢等诸多领域中材料的粘接，为胶黏剂工业中的一个大宗产品。

单一的聚醋酸乙烯酯乳液的耐水性、成膜的抗蠕变性、耐湿性和耐寒性等都较差，可以通过改性来克服这些缺点。醋酸乙烯酯（VAc）单体能够同另一种或多种单体，如丙烯酸酯、甲基丙烯酸酯、具有羧基或多官能团的单体进行二元或多元共聚。目前，国内外研究较多的是乙烯-醋酸乙烯酯共聚乳液（EVA），是在 PVAc 乳液的基础上经改性制得的，具有较低的成膜温度、力学性能好、贮存性能稳定等特点；另外，EVA 胶膜具有较好的耐水、耐酸碱性能，对氧、臭氧、紫外线也都很稳定。EVA 胶黏剂可用于包装箱黏合、PVC 薄膜与木材粘接、组合嵌板（组合嵌板是将聚苯乙烯发泡体或 PU 发泡体粘接到混凝土板、木板、石棉板上作为绝热或隔声材料而用于制造壁板或天花板），还可以用作压敏胶黏剂。EVA 乳液与丙烯酸乳液有极好的相容性，当混合使用时能改进对聚烯烃基材的粘接性，适宜制造压敏胶黏剂。EVA 乳液也广泛用作热封用胶黏剂，通过蒸发水分形成薄膜而提高粘接强度，因此，易于粘接多孔材料；而当粘接无孔材料时，水分蒸发后需要进行热密封；当与各种塑料薄膜进行层合时，一般使用干层压法，所用配方取决于热封温度。

近年研究表明，制备核-壳聚合物乳液可以有效地改进聚合物乳液的性能。可在保持乳液基本性能的前提下，使乳液成为以无机物为核、聚丙烯酸乙烯酯为壳的复合粒子，从而制备无机物-有机物的核-壳结构的聚醋酸乙烯酯复合乳液，突破了乳液粒子单纯由醋酸乙烯酯组成的局限。这样制得的无机物-聚醋酸乙烯酯复合乳液的压剪强度、耐水性和存放稳定性均优于通用 PVAc 乳液。

2. 聚乙烯-醋酸乙烯酯（EVA）热熔胶

乙酯热熔胶是以 EVA 为基料的一类热熔胶，具有黏附力强，胶层韧性、耐候性好，易

与各种配合剂混合，价格低廉等特点，发展很快，使用面广。EVA树脂中常选用醋酸乙烯酯含量为20%～35%的EVA作热熔胶，醋酸乙烯酯含量高，树脂的黏附力、韧性、透气性、耐候性都高，而软化点、硬度、耐药品性均低。

这类热熔胶黏剂的用途很广泛，可用于书本装订、木器加工、胶合板生产、包装、制灌、制鞋、自动化操作、纸制品的加工、建筑工业、电器部件、车辆部件等。根据胶黏剂所要求的黏合性能，如熔体黏度、热稳定性、弯曲性能、耐热性、耐寒性、可拉丝性和黏滞性等，可选择不同的配方，制成具有不同特性的胶黏剂。

虽然EVA胶黏剂的应用非常广泛，但它软化点、硬度、耐药品性低的缺点限制了其应用，所以应对其进行改性以提高性能。改性的方法有：用氯化聚乙烯、不饱和羧酸和有机过氧化物与乙烯-醋酸乙烯酯共聚物制成胶黏剂，这种胶黏剂可以黏合各种金属，如铝、铁、铜、铅、铬、锌、锡、镍和贵重的金属及其合金（例如，黄铜、青铜、不锈钢和银焊料等）。利用含端异氰酸根的聚氨酯预聚物与EVA配合也可制得高强度的反应性热熔胶黏剂，这种胶黏剂可以涂布在各种不同的基材上，包括热固性或热塑性树脂、薄膜、纤维材料、成型的工件、金属、纸材、石棉和石板等。甚至用一般胶黏剂都难以黏合的聚烯烃，如聚乙烯和聚丙烯材料，采用该种胶黏剂黏合，也能获得很强的黏合强度。采用聚酯与EVA配合的方法也可以得到改性的热熔胶胶黏剂，聚酯在胶黏剂中的作用是降低成本、减小熔体黏度、提高黏合强度并改善胶黏剂的热稳定性。另外，利用EVA与聚酰胺型共聚的胶黏剂也可用于黏合金属、陶瓷、皮革、纸张、木材、塑料和其他材料。

第六节 氯丁橡胶系列胶黏剂

一、氯丁橡胶概述

氯丁橡胶由氯代丁二烯经自由基聚合而成。在其聚合物分子链中，1,4-反式结构占80%以上，结构比较规整，分子链上又有极性较大的氯原子存在，故结晶性高，在－35～＋32℃之间放置皆能结晶（以0℃为最快）。这些特性使氯丁橡胶在室温下即使不硫化也具有较高的内聚强度和较好的黏附性能，非常适宜作胶黏剂用。

一些作胶黏剂用的氯丁橡胶的主要品种有AC、AD、HC、CG和AF型。作为胶黏剂主要是溶剂型和胶乳型两大类。应用上又可分为室温硫化和加热硫化两类。

氯丁橡胶胶黏剂的优点如下。

① 大部分氯丁橡胶属于室温固化接触型。表面涂胶后，经过适当晾置，然后合拢，便能瞬时结晶，故具有很大的初黏力。

② 粘接强度高，强度形成的速度快。

③ 对多种材料都有较好的粘接性，故氯丁橡胶胶黏剂有“万能胶”、“百搭胶”之称。

④ 耐久性好，有优良的防燃性、耐光性、抗臭氧性和耐大气老化性。

⑤ 胶层柔韧，弹性好，耐冲击振动。

⑥ 耐介质性好，有较好的耐油、耐水、耐碱、耐酸和溶剂性能。

⑦ 可以配成单组分，使用方便，价格低廉。

氯丁橡胶胶黏剂的缺点如下。

① 耐热性、耐寒性差。

② 溶液型氯丁橡胶胶黏剂稍有毒性。

③ 贮存稳定性较差，容易分层、凝胶和沉淀。

目前氯丁橡胶已广泛地应用于制鞋、汽车制造、飞机制造、建筑、造船、电子及轻工等工业部门。

二、氯丁橡胶的合成与固化

1. 合成原理

一般采用乳液聚合的方法来合成氯丁橡胶，其合成原理如下：

$$n\,H_2C{=}\underset{}{\overset{Cl}{\overset{|}{C}}}{-}CH{=}CH_2 \longrightarrow {+}CH_2{-}\overset{Cl}{\overset{|}{C}}{=}CH{-}CH_2{+}_n$$

通常可加入一些树脂，如烷基酚醛或萜烯酚醛树脂、松香改性酚醛树脂、古马隆树脂等或以甲基丙烯酸酯类单体接枝方法来增加胶黏剂的粘接性能，提高胶的耐热性。

2. 氯丁橡胶胶黏剂的组成

① 基料　氯丁橡胶胶黏剂的基料是氯丁橡胶。氯丁橡胶可分为硫黄调节通用型（即 G 型）、非硫黄调节通用型（即 W 型）以及粘接专用型三大类，各类氯丁橡胶的性能有很大差别，必须根据应用的要求正确选用。

② 硫化剂　氯丁橡胶与天然橡胶一样可以加入硫化体系进行硫化，使其链状结构形成网状或体状结构，强度得到加强。氯丁橡胶最常用的硫化体系是氧化镁和氧化锌。用量以 100 质量份计，用氧化锌 5 份和氧化镁 4 份。一般说来，这种硫化体系在 140℃高温下硫化，但实际上室温固化的氯丁橡胶胶黏剂也常加入氧化锌、氧化镁硫化体系。轻度煅烧氧化镁的加入，能有效地吸收放出的微量氯化氢，并能在胶片混炼时防止胶片烧焦。

③ 防老剂　防老剂可以防止氯丁橡胶老化或胶液老化，常采用的有防老剂 D（*N*-苯基-*β*-萘胺）、防老剂 A（*N*-苯基-*α*-萘胺），用量一般为 2%；也可以用污染性小的苯酚类防老剂，如防老剂 SP（苯乙烯化苯酚）、防老剂 BHT（2,6-二叔丁基对甲酚）等。选择防老剂时，除要考虑其与氯丁橡胶的相容性好，延缓老化效果好外，还要考虑不影响加工性能、无毒等因素。

④ 促进剂　为促使室温硫化加快，一般添加促进剂 NA-22、促进剂 C（二苯基硫脲）、氧化铝。其中以促进剂 C 的效果最好，能使溶液稳定性良好。但使用时常采取双组分形式，将该两组分使用前先混合。

⑤ 填料　具有补强和调节黏度作用，并可降低成本。常采用碳酸钙、陶土、炭黑等。

⑥ 交联剂　常采用异氰酸酯，国内一般采用列克纳（20%三苯基甲烷三异氰酸酯的二氯甲烷溶液），可以提高耐热性，提高与金属的结合，形成牢固的化学键。其缺点是易和水反应，使胶液成凝胶。

⑦ 增黏剂　常用的有烷基酚醛和萜烯酚醛树脂等，对提高坚硬非孔性物质，如金属、玻璃、聚氯乙烯及树脂等的粘接强度十分有效，故粘接这些物质时必须加入增黏剂。

⑧ 溶剂　氯丁橡胶易溶于甲苯、氯烃和丁酮等溶剂中，但不溶于脂肪烃、乙醇和丙酮。在醋酸乙酯等某些酯类溶剂中溶解度较小，采用混合溶剂可提高溶解度。用于通用型氯丁橡胶胶黏剂的配制，可用醋酸乙酯和汽油以（8∶2）～(4∶6）的配比作溶剂；对专用型氯丁胶黏剂可采用以甲苯∶汽油∶醋酸乙酯 3.0∶4.5∶2.5 的配比作溶剂。对结晶型氯丁橡胶以甲苯作溶剂是最理想的。一般溶剂用量以配成固含量 20%～30%为宜。

3. 氯丁胶黏剂的配制

凡溶于水的材料可直接加入胶乳中，但所用配合剂几乎全部不溶于水，无法直接混入胶乳中，为此常把各种配合材料预先制备成分散液、乳化液、浆状液或溶液，然后再分散在胶乳中。

① 原料的准备　粉末状配合材料，如金属氧化物、填料、防老剂、促进剂须预先球磨，制成分散液加入。其他如陶土、碳酸钙等可先配成泥浆，用水玻璃调 pH 值至 10 左右，再与胶乳混合。水不溶性树脂，通常首先将树脂溶于溶剂中，之后或将溶液直接加入胶乳中乳化，或依靠适当的表面活性剂制成乳化液后加入胶乳。当固体树脂与液体树脂一起时，将固体树脂分散在液体树脂内，使之溶解，再制成乳化液配入胶乳，能制成黏着性、稳定性良好的胶黏剂。

② 胶乳 pH 值的调节　配制氯丁胶黏剂时，必须首先检查胶乳的 pH 值，因胶乳贮存时有氯化氢产生，所以 pH 值不断下降，影响胶乳粒子的保护层，降低了胶乳的稳定性。

为使胶乳胶黏剂具有最佳的加工及使用稳定性，制备时以能够保持胶乳的 pH 值为 10.5～11 为宜。偏低，应补加 3%～5%的氢氧化钠水溶液来调节；过高，可用弱酸或 15%～20%氨基乙醇水溶液来调节。

③ 胶黏剂配制　氯丁胶乳及各种配合材料经上述处理后，即可配制胶黏剂。考虑到氯丁胶乳的总固含量低、黏度小，为在配制过程中各种配合材料能处于稳定状态，应首先加入稳定剂、湿润剂。增加胶乳黏度的配合剂应放在后面加入。一般可按下列顺序添加：氯丁胶乳（pH＝10.5～11）；稳定剂和湿润剂；氧化锌、防老剂、着色剂；填充剂；增黏剂及软化剂；硫化促进剂；消泡剂、增稠剂。各种配合剂随加随搅拌，最后达到搅拌均匀为止。

4. 氯丁橡胶胶黏剂的固化

对于氯丁橡胶胶黏剂来说，不同的体系其固化机理不同。由于氯丁橡胶分子具有较强的极性，结构比较规整，常温下结晶能力强，分子内聚力大，因此，溶液型氯丁橡胶胶黏剂的固化过程就是溶剂挥发的过程。对于加入氧化镁、氧化锌的体系，在硫化过程中，氧化物与氯丁橡胶分子发生了反应，形成醚键而交联：

```
             Cl                                        —H2C—C—CH2—C=CH—CH2—
             |                                              ‖       |
 —H2C—C—CH2—C=CH—CH2—                                      CH      Cl
             |       |                                      |
             CH      Cl                                     CH2
             ‖                                              |
             CH2                                            O
                                  +ZnO ——→                  |               +ZnCl2
          H2C                                               CH2
             ‖                                              |
             CH                                             CH
             |                                              ‖
 —H2C—C—CH2—C=CH—CH2—                                  —H2C—C—CH2—C=CH—CH2—
      |       |                                                     |
      Cl      Cl                                                    Cl
```

三、氯丁橡胶胶黏剂的品种与应用

目前，国内使用的氯丁橡胶胶黏剂品种较多。按分散介质分类主要有，以有机溶剂作稀释剂的溶剂型氯丁橡胶胶黏剂，一般称为氯丁胶黏剂，以及以水乳型和水溶性的氯丁橡胶胶黏剂。按化学结构分，有普通型氯丁橡胶胶黏剂和接枝氯丁胶黏剂。

普通型氯丁橡胶胶黏剂是指以氯丁橡胶为主体材料，加氧化镁稳定剂、氧化锌交联剂及防老剂（常用防老剂 J），通过炼制或直接溶解于甲苯等有机溶剂中制成的胶液。普通改性型氯丁橡胶胶黏剂一般是为降低普通型氯丁胶黏剂的成本而加入补强性填充剂作填料的黏合剂，或者是为改进其性能而常用天然或合成树脂调节胶黏剂的黏合保持时间，促进固化作用，增加胶黏剂的粘接性能，提高胶的耐热性。如使用烷基酚醛或萜烯酚醛树脂、松香改性酚醛树脂、古马隆树脂等，一般加入量为氯丁橡胶量的10%～50%。

氯丁接枝胶黏剂是以甲基丙烯酸酯单体与氯丁二烯聚合物进行接枝反应而制得的氯丁橡胶胶黏剂，可以提高氯丁橡胶胶黏剂的初粘接强度。

为解决溶剂型氯丁橡胶胶黏剂的毒性问题，国内外已着手研制水乳型和水溶性氯丁橡胶胶黏剂，即水作分散基或水作“溶剂”的水基型氯丁橡胶胶黏剂。

氯丁橡胶胶黏剂对大多数材料都有良好的粘接性能，具有广泛的适用性，被誉为非结构型的万能胶，表9-5列出了氯丁橡胶胶黏剂在几种材料上的粘接性能。

表9-5　氯丁橡胶胶黏剂的粘接性能

项　目	粘接性能				
粘接基材	帆布	铝	装饰板	复合鞋底	不锈钢
剥离强度/(MPa/cm)	0.70	0.54	0.68	0.71	0.50

氯丁胶乳胶黏剂主要适用于制鞋业，特别是制备皮鞋前帮胶，可黏合鞋底、鞋尖、帆布和其他纤维。用于胶鞋边条粘接及掋边，工艺性能可完全满足要求，搬、翘时无脱胶之虑。使用氯丁胶乳胶黏剂时，由于固体含量高（50%左右），涂上很薄一层即可。建筑业可用于聚氯乙烯地板与水泥板、木板与装饰板或天花板、墙壁与护墙板的粘接。在其他工业制品上的应用也很广泛，如胶合板-胶合板黏合通常使用溶液型氯丁胶黏剂，但采用氯丁胶乳胶黏剂，成本明显下降，而且不会降低质量。作地毯背衬胶黏剂具有粘接牢固、耐燃、耐候的特点；也可用于铝箔和聚氯乙烯薄膜的黏合及聚酯等合成纤维和橡胶的粘接。

第七节　其他类型胶黏剂

一、酚醛树脂胶黏剂

在合成胶黏剂领域中，酚醛树脂胶黏剂是大吨位品种之一，其中以未改性的酚醛树脂为主，它主要应用于胶合板制造业，粘合砂轮片，制造磨光用的砂纸、砂布、石棉刹车带和翻砂铸造用的砂型等。未改性的酚醛树脂胶黏剂应用历史悠久是由于其原料来源广泛，成本低廉，生产工艺比较简单，因此酚醛树脂胶黏剂目前仍占有重要位置。

酚醛树脂是由酚类（如苯酚、甲酚、二甲酚、叔丁酚、间苯二酚等）与醛类（如甲醛、糠醛等）为原料经过缩聚反应而制得的，通常用于配制胶黏剂的酚醛树脂是苯酚与甲醛缩聚反应而得的低分子量可溶树脂。

酚醛树脂胶黏剂的优点如下。

① 极性大，粘接力强。

② 有较好的耐热性。

③ 耐老化性好，包括高温老化和自然老化。

④ 能耐水、耐油、耐化学介质和耐霉菌。

⑤ 容易改性，也能对其他胶黏剂进行改性。

⑥ 制造容易，价格便宜。

⑦ 电绝缘性能优良。

⑧ 抗蠕变，尺寸稳定性好。

酚醛树脂胶黏剂的缺点如下。

① 脆性大，剥落强度低。

② 需高温、高压固化。

③ 固化时气味较大。

酚醛树脂胶黏剂主要用于粘接木制品、竹制品、纸张和制造胶合板。

1. 酚醛树脂的合成与改性

酚与醛之间的反应是比较复杂的。以苯酚和甲醛的反应为例。苯酚分子中酚羟基的一个对位和两个邻位都能与甲醛反应，生成各种羟甲基酚的异构体：

$$C_6H_5OH + HCHO \longrightarrow p\text{-}HOC_6H_4CH_2OH + o\text{-}HOC_6H_4CH_2OH$$

$$o\text{-}HOC_6H_4CH_2OH + C_6H_5OH \longrightarrow HOC_6H_4{-}CH_2{-}C_6H_4OH + H_2O$$

此外，羟甲基还可以和甲醛继续反应而生成二羟甲基酚及三羟甲基酚：

$$o\text{-}HOC_6H_4CH_2OH + HCHO \longrightarrow HOC_6H_3(CH_2OH)_2 \xrightarrow{HCHO} HOC_6H_2(CH_2OH)_3$$

酚醛树脂存在性脆等缺点，因此可以用丁腈橡胶和缩醛等进行改性。

酚醛树脂胶黏剂一般由树脂、固化剂和填料等组成。酚醛树脂可以采用可溶性酚醛和改性酚醛等。固化剂采用胺类，如六亚甲基四胺或酸类催化剂，如对甲苯磺酸。

2. 酚醛树脂胶黏剂的品种与应用

① 钡酚醛树脂　将其溶入少量丙酮或乙醇，再加入适量石油磺酸即可用作胶黏剂，用于粘接木材等。

② 可溶性酚醛树脂　水溶性的酚醛树脂最大的用途是制造耐水胶合板、刨花木渣板及纤维板。也可混合粉状氧化铝，制成砂布及砂纸。在铸造上还可用作型砂型胶黏剂。

③ 酚醛-缩醛胶黏剂　主要成分为酚醛树脂、缩醛树脂以及适宜溶剂，有时也加入一些防老剂、偶联剂及触变剂等。酚醛-缩醛胶中的酚醛树脂是作固化剂用的，在两者量相等时，具有良好的均衡性质，既有较好的耐高温强度，又有较好的低温抗冲击强度和剥离强度。酚醛-缩醛胶综合了两者的优点，具有优良的抗冲击强度及耐高温老化性能，耐油、耐芳烃、耐盐雾及耐候性亦好。

④ 酚醛-丁腈树脂胶黏剂　将酚醛树脂用丁腈橡胶改性，可以制得兼具两者优点的胶黏剂。此类胶柔性好，耐温等级高，粘接强度大，耐气候、耐水、耐盐雾以及耐汽油、乙醇和乙酸乙酯等化学介质。可用于航空作业的结构用胶，用于蜂窝结构的粘接，也可以用于汽车、摩托车刹车片摩擦材料的粘接，汽车离合器衬片的粘接，印刷线路板中铜箔与层压板的粘接。

⑤ 酚醛-环氧胶黏剂　由热固性酚醛树脂、双酚 A 型环氧树脂及其固化剂和促进剂、稳定剂、填料等组成。酚醛-环氧胶主要用于航天工业。

⑥ 酚醛-氯丁胶黏剂　主要组分为酚醛树脂（常用对叔丁酚-甲醛树脂）与氯丁混炼胶。它的初黏力较高，成膜性好，且胶膜较柔韧，大多数可在室温或稍高的条件下固化。对许多材料，如木材、橡胶、金属、玻璃、塑料、纤维织物等有粘接力，在工业上是一种很重要的

非结构胶。既可用溶胶配成胶液使用，亦常配制成薄膜使用。

二、氨基树脂胶黏剂

氨基树脂是含有氨基基团（—NH_2）的化合物与醛类化合物缩聚反应的产物。常用的氨基化合物是尿素和三聚氰胺，醛类化合物主要是甲醛。尿素与甲醛生成脲醛树脂，三聚氰胺与甲醛生成三聚氰胺甲醛树脂，这些氨基树脂虽然已生产多年，但现在仍是最大产量胶黏剂品种。

1. 脲醛树脂胶黏剂

(1) 脲醛树脂胶黏剂的组成

脲醛树脂在使用前需加入一定量的其他辅助性物质进行调制，以改变其物理化学性能，提高粘接质量，常加的物质有以下几种。

① 固化剂　加入固化剂可使胶液具有特定的固化温度，常用固化剂有有机酸（草酸、苯磺酸等）和无机强酸的铵盐（磷酸铵、氯化铵等）等酸性物质，它们催化线型初期树脂分子间缩合生成体型的末期树脂以达到粘接的目的。

② 其他添加剂　常用的有填充剂、发泡剂、防臭剂、防老剂、耐水剂、增黏剂、消泡剂等。

(2) 脲醛树脂胶黏剂的品种与应用

脲醛树脂胶黏剂具有无色、耐光性好等优点，广泛用于木材加工，如生产胶合板、木工板等。目前，低甲醛含量的脲醛树脂胶黏剂应用越来越广。

2. 三聚氰胺树脂胶黏剂

三聚氰胺树脂胶黏剂由三聚氰胺树脂和各种助剂组成。其固化通过加热来实现。三聚氰胺树脂由三聚氰胺和甲醛缩合而成，过程与脲醛树脂制备相近。三聚氰胺树脂胶黏剂的特点是化学活性高，热稳定性好，耐沸水、耐化学品和电绝缘性好，主要用于装饰板等的制造。

三、有机硅胶黏剂

有机硅胶黏剂可以分为以硅树脂为基料的胶黏剂和以硅橡胶为基料的胶黏剂。有机硅胶黏剂具有独特的耐热和耐低温性，良好的电性能及耐候性、化学稳定性、疏水防潮性、耐氧化性、透气性和弹性等性质，在很宽的温度范围内电性能变化极小，节电损耗低。而且可根据产品不同场合的使用要求，设计制造不同分子结构的有机硅材料。

1. 有机硅树脂的合成与改性

有机硅树脂是以硅-氧-硅为主链，硅原子上连接有机基团的交联型半无机高聚物，由多官能团的有机硅烷经水解缩聚而得：

$$(CH_3)_2SiCl_2 + H_2O \longrightarrow (CH_3)_2Si(OH)Cl + HCl$$

$$2(CH_3)_2Si(OH)Cl + HCl \longrightarrow Cl-\underset{CH_3}{\overset{CH_3}{\underset{|}{\overset{|}{Si}}}}-O-\underset{CH_3}{\overset{CH_3}{\underset{|}{\overset{|}{Si}}}}-Cl + H_2O$$

$$Cl-\underset{CH_3}{\overset{CH_3}{\underset{|}{\overset{|}{Si}}}}-O-\underset{CH_3}{\overset{CH_3}{\underset{|}{\overset{|}{Si}}}}-Cl + H_2O \longrightarrow Cl-\underset{CH_3}{\overset{CH_3}{\underset{|}{\overset{|}{Si}}}}-O-\underset{CH_3}{\overset{CH_3}{\underset{|}{\overset{|}{Si}}}}-OH + HCl$$

$$Cl-\underset{CH_3}{\overset{CH_3}{Si}}-O-\underset{CH_3}{\overset{H_3C}{Si}}-OH + Cl-\underset{CH_3}{\overset{CH_3}{Si}}-Cl + H_2O \longrightarrow HO\left(-\underset{CH_3}{\overset{CH_3}{Si}}-O-\right)_nH$$

事实上，反应一般是用不同官能度的多种单体同时缩聚而得。其中 R/Si（R 为取代基数目、Si 为硅原子数目）决定产物的结构与相对分子质量。当单体混合物的 R/Si＝2 时，产物为硅橡胶；当 R/Si＜2 时，产物为硅树脂；当 R/Si＞2 时，为低相对分子质量的硅油。

纯有机硅树脂机械强度低，因此一般可以用环氧、酚醛和聚酯来进行改性。

2. 有机硅胶黏剂的组成

不同的有机硅胶黏剂组成有所区别，硅树脂胶黏剂的组成较为简单，一般包括硅树脂、无机填料和溶剂。硅橡胶胶黏剂组成比较复杂，主要有以下几种。

① 硅橡胶　它是胶黏剂的主要部分，对于单组分和双组分体系来说有所不同。一般有甲基硅橡胶和甲基乙烯基硅橡胶。

② 交联剂　交联剂是使线型聚合物变为三维体型结构的物质。对于单组分体系来说主要有羧酸型、醇型和胺型等。而双组分体系主要有原硅酸乙酯等。

③ 催化剂　最常用的是金属有机酸盐，如二丁基锡、辛酸锡等。

④ 填料和其他添加剂　为了提高机械强度、耐热性和黏附性，一般会加入二氧化硅等填料和硼酸等增黏剂。

3. 有机硅胶黏剂的品种和应用

有机硅胶黏剂中，硅树脂胶黏剂主要用于铁、铝等的连接，这类胶黏剂中环氧、酚醛、聚酯改性的品种应用较多。重要的有机硅胶黏剂是室温固化硅橡胶（RTV）和低温固化硅橡胶（LTV）两类。它们的用途大致如下。

① 粘接：元器件的粘接固定以及密封。

② 涂覆：防湿、防尘、防臭氧及紫外线。

③ 灌封：防湿、防尘、防电晕、电弧放电，减震、缓冲。

作为 RTV 硅橡胶原料的聚二甲基硅氧烷是无味、无臭、高透明度的黏稠液体。硅橡胶电绝缘性优良，在宽的温度范围和周波范围内性能变化小，然而若用导电性粒子作填料，制备的有机硅导电胶体积电阻率可达 $10^{-2}\Omega\cdot cm$ 导电等级。

有机硅胶黏剂还可用于芯片焊接。这类有机硅胶黏剂，有通用型、导电型、散热型等产品。可直接涂布在引线框架上，通过加热便能在短时间内固化为橡胶状，从而把半导体芯片粘接、固定起来。

随着电子元体极其的轻薄短小化，半导体由热环境向高温方面变化，半导体元件要求高可靠性、高散热性，有机硅胶黏剂的应用越来越广。

参 考 文 献

[1] 黄应昌，吕正芸编．弹性密封胶与胶黏剂．北京：化学工业出版社，2003.
[2] 邝生鲁编．化学工程师技术全书．北京：化学工业出版社，2002.
[3] 翟海潮编．工程胶黏剂．北京：化学工业出版社，2005.
[4] 张玉龙，王化银编．胶黏剂改性技术．北京：机械工业出版社，2006.
[5] 曹惟诚，龚云表．胶接技术手册．上海：上海科技出版社，1988.
[6] 李绍雄，刘益军．聚氨酯胶黏剂．北京：化学工业出版社，1998.
[7] 陆企亭编．快固型胶黏剂．北京：科学出版社，1994.
[8] 化工生产流程图解．北京：化学工业出版社，1984.
[9] 王大全．精细化工生产流程图解．北京：化学工业出版社，1999

[10] 王慎敏，王虹，秦梅等．胶黏剂合成、配方设计与配方实例．北京：化学工业出版社，2003.
[11] [日] 大森英三．丙烯酸酯及其聚合物．朱传棨译．北京：化学工业出版社，1985.
[12] 张跃军，王新龙编．胶黏剂新产品与新技术．南京：江苏科学技术出版社，2003.
[13] 《胶黏剂技术标准与规范》编写组．胶黏剂技术标准与规范．北京：化学工业出版社，2004.
[14] 黄世强，彭慧，孙争光编．胶黏剂及其工程应用．北京：机械工业出版社，2006.
[15] 程曾越．通用树脂实用技术手册．北京：中国石化出版社，1999.
[16] 阎学政，贺桂洁．聚氨酯胶黏剂的性能特点与应用及其发展．化学与粘接，1996，3：31-34.
[17] 杨明平，彭荣华，李国斌，邹晓勇．环氧树脂结构胶黏剂的制备．中国胶黏剂，2002，3：40-43.

第十章　涂　　料

第一节　概　　述

涂料是一种用途广泛的化工材料，在材料科学中，涂料占据着重要地位。在人类改造自然的工程中，许多巨大钢铁结构，若没有涂料保护，就不能耐久而锈蚀倒塌。大量的涂料在建筑、船舶、车辆、桥梁、机械、电器、军械、食品罐头、文教玩具、容器贮槽等各方面都发挥着保护和装饰作用。涂料除上述的保护和装饰作用外，许多涂料还有特定的功能，可满足特殊要求。如，涂料在标志方面起标志作用，可起防湿热、防盐雾、防霉菌、防辐射作用，还可起示温、伪装、太阳能接收等作用。显而易见，涂料在人类日常生活和建设中具有不可缺少的重要的作用。

一、涂料的分类和命名

涂料旧称油漆，随着科学的进展，各种有机合成树脂原料广泛地被利用，使油漆产品的面貌发生了根本变化，因此沿用油漆一词就不够恰当，准确的名称应为“有机涂料”，简称涂料。它是一种有机高分子胶体混合物的溶液或粉末，涂布在物体表面上，能形成一层附着坚牢的涂层。随着国民经济的发展，涂料品种不断增加，数目已有数千个品种，因此正确的命名和分类十分重要。

1. 涂料分类

涂料品种繁多，有不同的分类方法。若按成膜物质和颜料的分散状态分类，有溶剂型涂料、无溶剂型涂料、分散悬浮型涂料、水乳胶型涂料和粉末涂料等。若按是否含有颜料分类，把含有颜料的有色不透明或半透明的涂料称为色漆；把不含有颜料的涂料称之为清漆。

根据成膜干燥方式分类，有挥发干燥型涂料和固化干燥型涂料两大类。后者又可细分为烘烤型涂料、气干型涂料、催化固化型涂料、多组分分装型涂料和辐射固化涂料等。

根据涂装体系的顺序分类，直接涂覆于底材上的涂料称为底漆，主要起防腐蚀作用；最外层涂料称为面漆，主要起装饰作用；介于底漆与面漆之间的中间过渡层称为中间涂料。

我国国家标准规定，涂料分类按成膜物质的类别分。若成膜物质为混合树脂，则按在漆膜中起主要作用的一种树脂为基础来分。成膜物质分为18大类，其中第18类为涂料用辅助材料（参见表10-1和表10-2）。

2. 涂料的命名

为了简化起见，在涂料命名时，除了粉末涂料外仍采用“漆”一词，对具体涂料品种也称为某某漆，而在统称时用“涂料”而不用“漆”。涂料命名原则规定如下：

全名＝颜料或颜色名称＋成膜物质名称＋基本名称

例：红色＋醇酸树脂＋磁漆＝红醇酸磁漆。

对于某些有专业用途及特性的产品，必要时在成膜物质后面加以阐明。例：醇酸导电滋漆，白硝基外用磁漆。

表 10-1 涂料的类别与代号

序号	代号	涂料类别	主要成膜物质
1	Y	油性树脂漆类	天然动植物油、清油、合成油
2	T	天然树脂漆类	松香及其衍生物、虫胶、乳酪素、动物胶、大漆及其衍生物
3	F	酚醛树脂漆类	改性酚醛树脂、纯酚醛树脂、二甲苯树脂
4	L	沥青漆类	天然沥青、石油沥青、煤焦沥青、硬脂酸沥青
5	C	醇酸树脂漆类	甘油醇酸树脂、季戊四醇醇酸树脂、其他改性醇酸树脂
6	A	氨基树脂漆类	脲醛树脂、三聚氰胺甲醛树脂
7	Q	硝基纤维素漆类	硝基纤维素、改性硝基纤维素
8	M	纤维素漆类	乙基纤维、苄基纤维、羟甲基纤维、醋酸纤维、醋酸丁酸纤维、其他纤维素酯及醚类
9	G	过氯乙烯树脂漆类	过氯乙烯树脂、改性过氯乙烯树脂
10	X	乙烯基树脂漆类	氯乙烯共聚树脂、聚醋酸乙烯及其共聚物、聚乙烯醇缩醛树脂、聚二乙烯乙炔树脂、含氟树脂
11	B	丙烯酸树脂漆类	丙烯酸酯树脂、丙烯酸共聚物及其改性树脂
12	Z	聚酯树脂漆类	饱和聚酯树脂、不饱和聚酯树脂
13	H	环氧树脂漆类	环氧树脂、改性环氧树脂
14	S	聚氨酯漆类	聚氨基甲酸酯
15	W	元素有机聚合物漆类	有机硅、有机钛、有机铝等元素有机聚合物
16	J	橡胶漆类	天然橡胶及其衍生物、合成橡胶及其衍生物
17	E	其他	未包括在以上所列的其他成膜物质，如无机高分子材料、聚酰亚胺树脂等
18		辅助材料	稀释剂、防潮剂、催干剂、固化剂

表 10-2 辅助材料分类

序 号	代 号	名　称	序 号	代 号	名 称
1	X	稀 释 剂	4	T	脱 漆 剂
2	F	防 潮 剂	5	H	固 化 剂
3	G	催 干 剂			

涂料的编号原则如下。

涂料：型号分三个部分。第一部分是成膜物质，用汉语拼音字母表示；第二部分是基本名称，用两位数字表示；第三部分是序号，以表示同类品种间的组成、配比或用途的不同，这样组成的一个型号就只表示一个涂料品种，而不会重复。

例：

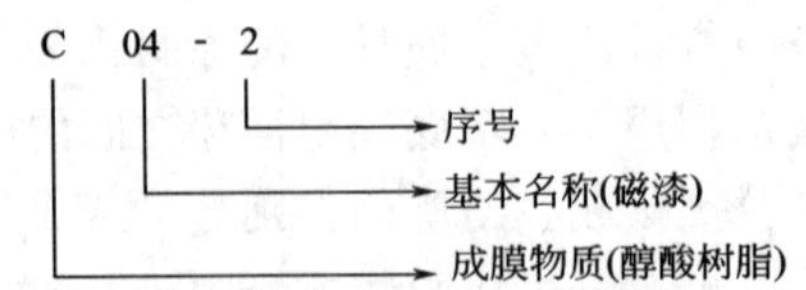

辅助材料：型号分为两部分。第一部分是辅助材料的成分；第二部分是序号。

例：

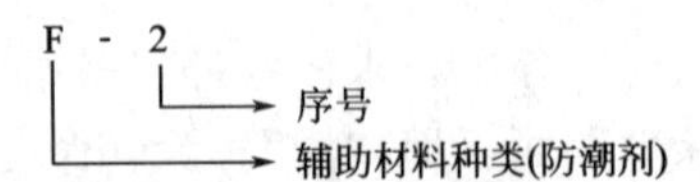

基本名称编号原则：采用 00～99 两位数字来表示。00～13 代表基础品种；14～19 代表美术漆；20～29 代表轻工用漆；30～39 代表绝缘漆；40～49 代表船舶漆；50～59 代表防腐蚀漆等。见表 10-3。

统一命名举例见表 10-4。

表 10-3 基本名称编号

代号	代表名称	代号	代表名称	代号	代表名称
00	清油			55	耐水漆
01	清漆	30	(浸渍)绝缘漆		
02	厚漆	31	(覆盖)绝缘漆	60	防火漆
03	调和漆	32	绝缘(磁、烘)漆	61	耐热漆
04	磁漆	33	黏合绝缘漆	62	变色漆
05	粉末涂料	34	漆包线漆	63	涂布漆
06	底漆	35	硅钢片漆	64	可剥漆
07	腻子	36	电容器漆		
08	水溶液,乳胶漆	37	电阻漆、电位漆	66	感光涂料
09	大漆	38	半导体漆	67	隔热涂料
11	电泳漆				
12	乳胶漆	40	防污漆、防蛆漆	80	地板漆
13	其他水溶性漆	41	水线漆	81	渔网漆
14	透明漆	42	甲板漆、甲板防滑漆	82	锅炉漆
15	斑纹漆	43	船壳漆	83	烟囱漆
16	锤纹漆	44	船底漆	84	黑板漆
17	皱纹漆			85	调色漆
18	裂纹漆	50	耐酸漆	86	标志漆、路线漆
19	晶纹漆	51	耐碱漆		
20	铅笔漆	52	防腐漆	98	胶液
22	木器漆	53	防锈漆	99	其他
23	罐头漆	54	耐油漆		

表 10-4 涂料统一命名示例

型号	名称	主要成膜物质	曾用名
A01-18	铝粉氨基烘干磁漆(分装)	氨基及醇酸树脂	铝色氨基烘漆
C04-2	红醇酸磁漆	醇酸树脂	红醇酸磁漆
Z30-12	聚酯醇酸烘干绝缘漆	聚酯树脂	F 级浸渍绝缘漆
X-1	硝基漆稀释剂		甲级香蕉水
G-4	钴锰催干剂		燥液
F-1	硝基漆防潮剂		防白剂

二、涂料的生产

1. 涂料的组成

涂料一般由不挥发分和挥发分(稀释剂)两部分组成,它在物件表面上涂布后,其挥发分逐渐挥发逸去,留下不挥发分而干结成膜,所以不挥发分的成膜物质叫做涂料的固体分或固体含量。成膜物质又可分为主要、次要和辅助成膜物质三种。涂料的各个部分又由很多原材料所组成,详见表 10-5。

表 10-5 涂料的组成

组成		原料
主要成膜物质	油料	动物油:鲨鱼肝油、带鱼油、牛油等;植物油:桐油、豆油、蓖麻油等
	树脂	天然树脂:虫胶、松香、天然树脂等;合成树脂:酚醛、醇酸、氨基、丙烯酸、环氧、聚氨酯、有机硅等
次要成膜物质	颜料	无机颜料:钛白、氧化锌、铬黄、铁蓝、铬绿、氧化铁红、炭黑等 有机颜料:甲苯胺红、酞菁蓝、耐晒黄等 防锈颜料:红丹、锌铬黄、偏硼酸钡等
	体质颜料	滑石粉、碳酸钙、硫酸钡等
辅助成膜物质	助剂	增塑剂、固化剂、稳定剂、防霉剂、防污剂、乳化剂、润湿剂、防结皮剂、引发剂等
挥发物质	稀释剂	石油溶剂(如 200 号油漆溶剂油)、苯、甲苯、二甲苯、氯苯、松节油、环戊二烯、醋酸丁酯、醋酸乙酯、丙酮、环己酮、丁醇、乙醇等

涂料的组成中没有颜料和体质颜料的透明体称为清漆，加有颜料和体质颜料的不透明体称为色漆（磁漆、调和漆、底漆），加有大量体质颜料的稠厚浆状体称为腻子。

涂料的组成中没有挥发性稀释剂的则称为无溶剂漆，而又呈粉末状的则叫做粉末涂料。以一般有机溶剂作稀释剂的叫做溶剂型漆，以水作稀释剂的则称为水性漆。

2. 涂料的生产

涂料生产中除选用合乎规格的原材料及中间产品外，其配方的设计、工艺流程和设备的选定，以及操作熟练程度都对涂料的质量起很重要的作用。

个别的天然树脂漆（如虫胶漆）的生产过程，仅是漆片的溶解过程。大部分合成树脂漆的生产过程中既有化学的聚合或缩合反应，又有物理的混合和分散等过程。

现以醇酸磁漆为例，说明涂料生产的主要过程。首先是制备醇酸树脂，然后与颜料碾磨，再加入各种助剂，经过调和、配色、过滤和包装等工序制成涂料。详见流程示意图10-1。

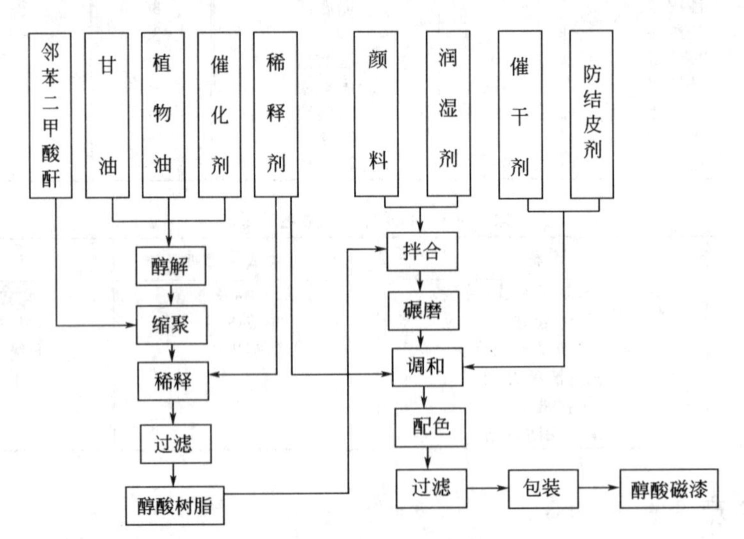

图 10-1　醇酸磁漆的生产流程示意图

在醇酸磁漆的生产过程中要进行原材料（如邻苯二甲酸酐、甘油等）纯度指标的测定和控制。对中间产物，如对醇解物进行醇容忍度的测定以保证有最高的单甘油酯的含量，对缩聚终点酸价及黏度的控制，为保证磁漆的细度需要控制醇酸树脂和碾磨工序色浆的细度。最后对成品还要进行许多技术指标的检验，如涂料的外观、细度、颜色、光泽等装饰性能；涂料的涂刷性、遮盖力、使用量、干燥性和打磨性等施工性能，漆膜的附着力、硬度、柔韧性、冲击强度、耐磨性等物理力学性能；此外，还有涂层的防腐蚀、耐热、耐温变、电气绝缘、三防（湿热、盐雾、霉菌）、天然曝晒与人工老化等性能的测定。

三、涂料的发展趋势

当今的涂料产品广泛以石油工业、炼焦工业、有机合成化学工业等部门的产品为原料，品种越来越多，应用范围也不断扩大，涂料工业成为化学工业中一个重要的独立生产工业部门。我国目前涂料产量约为 1000 万吨以上，其中工业涂料占 60%，近年内需求量以 10.4% 的平均速度增长。

20 世纪 90 年代初，世界发达国家进行了“绿色革命”，对涂料工业是个挑战，促进了涂料工业的发展向“绿色”涂料方向大步迈进。

1. 水性涂料的发展

随着人们环保意识的提高，水性涂料的优越性越来越突出，近十年来，水性涂料在一般工业涂料领域的应用日益扩大，已经替代了不少惯用的溶剂型涂料。随着各国对挥发性有机物及有毒物质的限制越来越严格，以及树脂和配方的优化及适用助剂的开发，预计水性涂料在用于金属防锈涂料、装饰性涂料、建筑涂料等方面替代溶剂型涂料将取得突破性进展。乳胶涂料在水性涂料中占绝对优势。如美国的乳胶涂料占建筑涂料的 90%。乳胶涂料的研究成果约占全部涂料研究成果的 20%。

2. 粉末涂料的发展

在涂料工业中，粉末涂料属于发展最快的一类。由于世界上出现了严重的大气污染，环保法规对污染控制日益严格，要求开发无公害、省资源的涂料品种。粉末涂料不含溶剂，不污染大气且不易引起火灾，可 100%地转化成膜，具有保护和装饰综合性能，因其具有独有的经济效益和社会效益而获得飞速发展。

粉末涂料的主要品种有环氧树脂、聚酯、丙烯酸和聚氨酯粉末涂料。近年来，芳香族聚氨酯和脂肪族聚氨酯粉末以其优异的性能令人注目。

3. 高固体分涂料的发展

在环境保护措施日益强化的情况下，高固体分涂料有了迅速发展。其中以氨基、丙烯酸和氨基-丙烯酸涂料的应用较为普遍。近年来，美国 Mobay 公司开发了一种新型汽车涂料流水线用面漆。这种固体分高、单组分聚氨酯改性聚合物体系，可用于刚性和柔性底材上，并且有优异的耐酸性、硬度以及颜料的捏合性。采用脂肪族多异氰酸酯如 Dsemodur N 和聚己内酯，可制成固体分高达 100%的聚氨酯涂料。该涂料各项性能均佳，施工方法普通。用 Dsemodur N 和各种羟基丙烯酸树脂配制的双组分热固性聚氨酯涂料，其固体含量可达 70%以上，且黏度低，便于施工，室温或低温可固化，是一种非常理想的装饰性高固体分聚氨酯涂料。

4. 光固化涂料的进展

光固化涂料也是一种不用溶剂、很节省能源的涂料，主要用于木器和家具等。在欧洲和发达国家的木器和家具用漆的品种中，光固化涂料市场潜力大，很受广大企业青睐，主要是木器家具流水作业的需要，美国现约有 700 多条大型光固化涂装线，德国、日本等大约有 40%的高级家具采用光固化涂料。最近又开发出聚氨酯丙烯酸光固化涂料，它是将有丙烯酸酯端基的聚氨酯低聚物溶于活性稀释剂（光聚合性丙烯酸单体）中而制成的。它既保持了丙烯酸树脂光固化涂料的特性，也具有特别好的柔性、附着力、耐化学腐蚀性和耐磨性。主要用于木器家具、塑料等的涂装。

5. 其他有关方面的发展趋势

为了适应涂料产品性能提高和品种增加的需要，也要不断提高所需颜料的性能。主要将更广泛地利用有机颜料，如偶氮系、酞菁系和具有优良耐晒、耐溶剂性能的蒽醌系颜料。在涂料中扩大使用辅助材料，对涂料的发展也越来越显得重要，如紫外线吸收剂应用于涂料中，能提高耐光性；抗氧化剂能提高耐老化性能；随着水性涂料的发展，湿润剂的品种将不断扩大；在利用紫外线干燥的涂料中，需要利用光固化剂。这些辅助材料在今后将被更广泛地利用。

计算机的应用，促进涂料工业的发展，有效地加快了涂料配方改进、大工业生产、生产设施的设计最佳化，且能迅速解决涂料的研究、生产、应用和销售等方面所出现的技术和管理问题。随着涂料需求量和产品品种的增加，涂料生产工艺也需不断改进。改进的总趋势是进一步简化工艺过程，提高生产率，实现连续化、自动化生产。今后射流技术、可控硅技术、纳米技术等将在涂料工业中广泛应用，从而使生产的自动化程度达到新的水平。

第二节　油性漆类

油性漆是以具有干燥能力的油脂制造的涂料的总称。油性漆价格低廉，使用方便，漆膜耐候性好，对底基渗透力强，是人们使用较早、应用范围较广泛的涂料品种之一。

油性漆主要包括清油、油性厚漆、油性调和漆等。也有人把油性漆类，统称为油性涂料。

油性涂料的主要优点是：①涂刷性能好，漆膜柔韧，耐候性优良，它对钢材和木材表面均有良好的润湿性能；②生产简单，通常是把干性油加进助剂熬制而成；③施工方便，油性涂料适合于各类施工方法，对施工方法无特殊要求。所以广泛用于建筑、维修及其他要求不高的涂装工程。

油性涂料的主要缺点是：干燥缓慢，不适应流水作业，漆膜不能打磨抛光，水膨胀性大。其光泽、硬度、耐碱性均不及树脂漆类。

一、油脂的化学组成和分类

1. 油脂的化学组成

植物油主要成分为甘油三脂肪酸酯（简称甘油三酸酯），分子式可简单表示为：

$$\begin{array}{l} H_2C\text{—}OOCR \\ \ \ |\\ HC\text{—}OOCR \\ \ \ |\\ H_2C\text{—}OOCR \end{array}$$

式中的脂肪酸基，是体现油类性质的主要部分。除了甘油三酸酯之外，植物油中还含有些非脂肪组分，如磷脂、固醇、色素等。这类物质一般对制漆不利，故统称为油中的杂质。

(1) 脂肪酸

脂肪酸是一系列同系物的总称。可以分为饱和的和不饱和的两类，碳与碳之间如全以单键连接，即为饱和酸；如果其中有一对以上的碳原子为双键结合，即称为烯酸或不饱和酸。

例如硬脂酸，是一种典型的饱和脂肪酸，分子式：$CH_3(CH_2)_{16}COOH$。油酸是一种常用的不饱和脂肪酸，分子式：$CH_3(CH_2)_7CH{=}CH(CH_2)_7COOH$。

油酸在第 9 和第 10 两个碳原子之间为双键，这两个碳原子就不能互相转动。因此它们可能具有两种不同的构型：

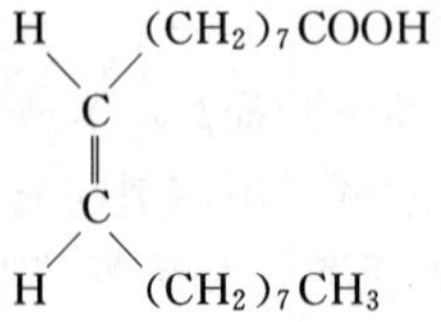

$$\begin{array}{ccc} H & & (CH_2)_7COOH \\ & C & \\ & \| & \\ & C & \\ H & & (CH_2)_7CH_3 \end{array} \qquad \begin{array}{ccc} H & & (CH_2)_7COOH \\ & C & \\ & \| & \\ & C & \\ CH_3(CH_2)_7 & & H \end{array}$$

顺式油酸 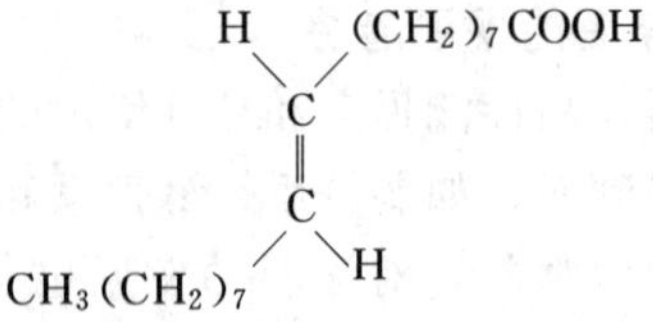　　　　反式油酸

植物油中含有的均为顺式油酸，也称 α-油酸。在一定的条件下，它可以异构化为反式油酸，即 β-油酸，凡是具有双键的脂肪酸，都有这种顺反构型，而且双键数目越多，可能存在的顺反构型也越多。

(2) 甘油三酸酯

植物油的主要成分为甘油三酸酯，其分子构型并不排列在同一个平面上。而是以甘油基为中心，脂肪酸基向三个不同的轴向伸展出去的线状体，所以在它们聚合之后，就会形成立体的网状结构。自然界的甘油三酸酯不是由单一种脂肪酸所构成的简单酯，而是不同的脂肪酸形成的混合酸酯：

$$\begin{array}{l} \qquad\quad H_2C-COOR^1 \\ \qquad\qquad\ | \\ R^2OOC-CH \\ \qquad\qquad\ | \\ \qquad\quad H_2C-COOR^3 \end{array}$$

R^1、R^2、R^3 代表三种不同的脂肪酸的烃基部分，由于油中含有多种脂肪酸，它们可能具有许多种不同的异构体。根据计算，一种含有 5 种脂肪酸的植物油，可以存在 75 种不同构成的甘油三酸酯。而如果有 10 种脂肪酸同时存在的话，就可能有 550 种不同的甘油三酸酯类型，这种混合甘油酯的存在，比之单一存在的甘油三酸酯制得的涂料会有更好的性能。因此在实际生产中往往采用多种植物油混合制漆，使之互相取长补短，达到所需的性能。

2. 油脂的分类

涂料工业应用的油类，分为干性油、半干性油和不干性油三类，鉴别的依据是测定它们的碘值。油的这一干性差异，决定于所含不饱和酸的双键数目及其位置等因素。甘油三酸酯的平均双键数，6 个以上为干性油，4～6 个为半干性油，4 个以下为不干性油。

(1) 干性油

这类油具有较好的干燥性能，干后的涂膜不软化，漆膜实际很少被溶剂所溶解，它们的碘值一般在 $140gI_2/100g$ 以上。

① 桐油　桐油是我国特产，由桐树的果实压榨而得，不能食用。在油类中干燥性最快。所得皮膜坚硬，抗水、耐碱性能优良，是制造油基树脂漆的重要油类品种。但单独使用桐油或用量较多时，往往会使漆膜起皱失光，早期氧化，失去韧性。为了克服这些缺点，经常与其他干性油共同炼制各种涂料。

桐油的主要组成为桐油酸，即共轭的十八碳三烯酸。从理论上讲，它的几何异构体有八种，目前发现了六种。在天然桐油中，只含 α-桐油酸，在日光、碘、硫、硒等的催化下，α-桐油酸可转化为 β-桐油酸。β-桐油酸不存在于天然植物油中。

α-桐油酸：十八碳三烯（9 顺、11 反、13 反）酸，熔点：48℃。

β-桐油酸：十八碳三烯（9 反、11 反、13 反）酸，熔点：71℃。

② 梓油　俗称青油，产于中国和日本，我国内部地区为最多，乌柏树的籽果中可分别榨得梓油和柏油。乌柏籽的外皮有一层白色蜡状物，叫做柏白，由此榨得有称为柏油，碘值仅 $20\sim30gI_2/100g$，不能用于制漆，由梓籽榨得的油是棕红色的液体，称为梓油。

③ 亚麻油　亚麻油的主要成分为亚麻酸和亚油酸，即非共轭的十八碳三烯酸和二烯酸。在氧化聚合时一般都是通过由非共轭向共轭体系转化的过程。因此干燥较桐油慢，但没有桐油起皱的弊病。

亚麻油是典型的干性油，碘值一般在 $175g\ I_2/100g$ 以上，有时可高达 $190\sim200g\ I_2/100g$，是涂料用油的主要品种之一。使用前须经精制处理，因其含磷脂等杂质较多，在用于制造油基树脂漆时，一般均需经聚合后与桐油并用，否则容易产生漆膜干燥不爽、干后发黏等缺点。亚麻油较桐油柔韧性好，缺点是易变黄，不易制造白漆。

(2) 半干性油

干燥速度较干性油慢，此类油的碘值在 $100\sim140g\ I_2/100g$ 范围内。特点是变黄性小，适宜于制造白色或浅色漆，常用于制造同氨基树脂并用的短油度酸酸树脂。

豆油与葵花油是两种常用的半干性油，使用性能差不多，豆油的干性略逊于葵花油，且含有大量的磷脂类（1%～3%）杂质，因此使用前需精制处理。

另一种常使用的油是棉籽油，碘值略高于 100g I_2/100g，干性不如上述两种，且因含有棉酚，造成颜色过深，并有抗干性。

(3) 不干性油

碘值在 100g I_2/100g 以下，平均双键数在 4 个以下。在空气中，不能自行干燥成膜，一般用于制造合成树脂及增塑剂。如蓖麻油、椰子油、米糠油等。

① 蓖麻油　由蓖麻籽榨得。主要成分为蓖麻醇酸，含有羟基产生氢键缔合，因此油的黏度较大，能溶于乙醇，是区别于其他油脂的主要性状。在酸性催化剂存在下，将脱去一分子水而成为具有共轭或非共轭二烯的不饱和酸，成为一种性能较好的干性油。

② 椰子油　这种油的组分 90%为饱和酸，其中又以低碳酸为主，因此皂化值高，在低温下呈固体，颜色较浅淡，用于制造不干性醇酸树脂，所得漆膜保色性好，硬度大，但稍脆。

半干性油如豆油、向日葵油、棉籽油等，由于漆膜不易泛黄，故多用于制造浅色漆。至于不干性油，因不能自行干燥，而广泛用于制造不干性醇酸树脂的增塑剂以及配制氨基醇酸烘漆。

另外，油脂不仅用于制造油性漆，还用于酚醛、沥青、醇酸、环氧、聚酯等树脂的改性或拼用。

二、油性漆的分类

油性漆的品种较多，现扼要叙述如下。

1. 清油

也称熟油或鱼油。是精制干性油经过氧化聚合或高温热聚合后加入催干剂制成的。可单独涂于木材或金属表面作防水防潮涂层。其优点是施工方便，价廉，气味小，贮存期长，具有一定的防护性能。缺点是干燥慢、漆膜软，只能用于一般要求不高的涂层。

2. 调和漆

油性漆的另一大类是油性调和漆。按照所用漆料组成又可分为油性调和漆和磁性调和漆两类。施工方便，干后漆膜附着力好，质量较厚漆好一些。但漆膜仍较软，由于体质颜料较多，耐候性较差，只供作质量要求不高的涂层。适用于一般的室内外钢铁、木材、砖石等建筑涂料之用。

概括说来，油性漆的主要优点是施工方便，涂刷性、渗透性好，价格低廉，有一定的装饰保护作用。其缺点是漆膜干燥缓慢，漆膜软，不耐打磨及抛光，耐候性、耐水性、耐化学性差。在这些方面若与其他合成树脂漆相比就更显出其不足。因此，只能作一些质量要求不高的涂覆之用，远远不能满足日益发展的工业之需。生产油性漆需要用大量的植物油，其中如亚麻仁油、豆油均为食用油脂。发展合成树脂漆以取代油性漆则是节约油脂的根本途径。

第三节　醇酸树脂漆

醇酸树脂漆是以醇酸树脂为主要成膜物质的一类涂料，由于它具有很多优异的性能，所以可根据不同要求，制成多种多样的产品。而且它与各种树脂的混溶性好，因此也可与其他树脂混合使用以提高和改进各种涂层的物理和化学性能。所以醇酸树脂漆在涂料工业中是很重要的一类品种，并得到了广泛的应用。

一、醇酸树脂的原料

醇酸树脂是由多元醇、多元酸和其他单元酸通过酯化作用缩聚制得的，也称为聚酯树脂。

制造醇酸树脂的基本原料有以下几种。

① 多元醇　最常用的是甘油、季戊四醇，其次有三羟甲基丙烷、山梨醇、木糖醇等。

② 多元酸　最常用的是邻苯二甲酸酐，其次有间苯二甲酸、对苯二甲酸、顺丁烯二酸酐、偏苯三甲酸酐、六氯苯二甲酸酐和癸二酸等。

③ 单元酸　为了改善多元醇与多元酸缩聚所得醇酸树脂的不溶不熔性，通常在反应物中引进单元酸组分，如植物油脂肪酸、合成脂肪酸、松香酸等，以便使醇酸树脂能作为涂料应用。

常用的单元酸有：以油的形式存在如桐油、亚麻仁油、梓油、脱水蓖麻油等干性油，豆油等半干性油，椰子油、蓖麻油等不干性油。以酸的形式使用，由以上油类水解所得的各种混合脂肪酸以及饱和合成脂肪酸、十一烯酸（歧酸）、苯甲酸及其衍生物（如对叔丁基苯甲酸）、乳酸等。

二、醇酸树脂的分类

1. 按油品种分

根据所用油（或脂肪酸）的品种不同，醇酸树脂有干性与不干性之分。

① 干性醇酸树脂　它是用不饱和脂肪酸或碘值为 $125\sim135gI_2/100g$ 或更高的干性油、半干性油为主改性制得的，能溶于脂肪烃、萜烯烃（松节油）或芳香烃溶剂中。所用油脂种类不同，性能有所差异。豆油、葵花子油改性醇酸树脂制成的漆膜不易泛黄，色浅，多作白色及浅色漆用。亚麻仁油、桐油改性醇酸树脂的漆膜耐水性较好，但颜色深。而单用桐油改性的醇酸树脂形成的漆膜有易起皱的缺点，因此常与其他油脂混用。这类树脂制成的涂料，能在室温下通过空气氧化结膜干燥。脱水蓖麻油改性醇酸树脂制备的漆膜耐水性、耐候性等都较好，颜色也浅，特别是烘烤和曝晒不变色，常与氨基树脂拼用制烘漆。

② 不干性醇酸树脂　如果用饱和脂肪酸或碘值低于 $125\sim135gI_2/100g$ 的不干性油为主来改性的醇酸树脂，它本身不能在室温下固化成膜，需要与其他树脂经过加热发生交联反应，才能固结成膜。椰子油及蓖麻油改性醇酸树脂就是这一类的代表。椰子油改性醇酸树脂色极浅，烘烤也不泛黄，常与氨基树脂拼用，制成白色烘漆，供医疗器械、冰箱等涂覆。蓖麻油改性醇酸树脂，由于不溶于 200 号油漆溶剂油中，在多数脂肪烃溶剂中，溶解性也很差，一般不能与干性油、长油度醇酸树脂拼用。但它能与含游离羟基的树脂拼用，所以常作挥发性漆（如硝基漆）的增韧剂使用。干后，漆膜不会被一般溶剂咬起。蓖麻油改性醇酸树脂也可与异氰酸酯配制聚氨酯漆。

2. 按油含量分

根据醇酸树脂中油脂（或脂肪酸）含量多少的不同或不干性，醇酸树脂又有长、中、短油度之分。

长油度：含油量在 60％以上；

中油度：含油量在 50％～60％之间；

短油度：含油量在 50％以下。

增加油度能使漆膜的柔韧性变好。长油度与中油度醇酸树脂均能溶于脂肪烃、芳香烃和松节油。短油度醇酸黏度比中、长油度醇酸大，且需要较强的溶剂（如二甲苯）。长、中油度醇酸树脂的干燥，主要靠含油量，因此需要催干剂。短油度很少用于气干漆中，多靠溶剂挥发，与其他树脂烘烤交联干燥，常用于烘漆中。另外长、中油度醇酸树脂的耐候性，一般要比短油度好些。

① 长油度醇酸树脂　典型的品种是65%油度的干性油季戊四醇醇酸树脂制成的磁漆。其特点是耐候性优良，宜用于作户外建筑物、大型钢铁结构的面漆。由于长油度醇酸树脂与其他成膜物质的混溶性较差，因此不能用来制备复合成膜物质为基础的涂料。

② 中油度醇酸树脂　由中油度干性油改性醇酸树脂制成的漆，干燥速度较快，保光耐候性较好，使用极为广泛，50%油度的亚麻仁油、梓油以及豆油改性醇酸树脂漆都属此类。

③ 短油度醇酸树脂　这类漆的品种很少。由于短油度醇酸树脂与其他树脂的混溶性最好，所以主要是与其他树脂拼用，如与氨基树脂拼用制备烘漆、锤纹漆，与过氯乙烯树脂拼用，增加附着力。蓖麻油醇酸树脂在硝基漆中作增韧剂使用。

④ 无油醇酸树脂　无油醇酸树脂是指不用脂肪酸制造的醇酸树脂，采用长链的己二酸增加烃基成分，提高树脂的弹性；用三羟甲基丙烷作为多元醇，引进一个烃基支链；用对叔丁基苯甲酸为一元酸来调整官能度，同时还带有一个四个碳的支链，近来又发展采用新戊二醇代替一部分三羟甲基丙烷。它含有两个甲基，可以增加部分烃基，少用或不用一元酸。

无油醇酸树脂与氨基树脂合用制造烘漆，漆膜光亮，保光、保色性好，能耐高温烘烤（如200℃）。它的硬度比一般短油醇酸氨基烘漆高一半，还可保持相当的柔韧性，附着力也好。

无油醇酸烘干磁漆用于轿车、漆包线以及高级工业品等方面，也可以与硝基漆合用，制造高光泽、附着力好、外观漂亮的硝基滋漆。

三、醇酸树脂的配方设计

醇酸树脂是十八类涂料中品种最多的一个类别。它们的配方变化多种多样，影响因素也特别多。故此处依据传统配方设计及几个实际配方，以供参考。

以色漆为例：色漆主要是由漆基（基料）和颜料、溶剂所组成。漆基是漆料中的不挥发部分，它能形成涂膜，并能黏结颜料。溶剂是一种在通常干燥条件下可挥发的，并能完全溶解漆基的单一或混合的液体。必要时还用一些添加剂亦称助剂。色漆的组成按成膜过程中的作用来划分，可分为挥发分和不挥发分两大部分。

表10-6清漆和表10-7白漆在140℃、1h或120℃、2h烘干，摆杆硬度0.5以上，漆膜的各项性能特别是泛黄性、耐潮、保光、保色等性能比一般的醇酸氨基要好得多。

表10-6　银色醇酸磁漆参考配方

原　　料	质量分数/%
中油度脱水蓖麻油醇酸树脂(50%)	62
环烷酸钴	0.7
环烷酸锰(2%)	1.3
二甲苯	6
松节油	10
浮型铝粉浆(65%)	20(分装)
合计	100

表10-7　无油醇酸氨基烘漆配方

原料	质量分数/%
钛白	25
无油醇酸树脂(50%)	52
低醚化度三聚氰胺树脂(60%)	18.8
硅油溶液(5%)	0.2
二丙酮醇	2.5
溶剂	1.5

四、醇酸树脂漆的品种

醇酸树脂的品种很多，根据使用情况不同，归纳如下。

1. 外用醇酸树脂漆

典型的外用醇酸树脂漆是桥梁面漆。它是用长油度干性醇酸树脂制成的，属于自干型涂料。其涂膜的最大特点是耐候性优越。与同类油性漆比较，它的耐候性能高出一倍以上，涂膜硬度不高，但柔韧性优良，耐损伤性较好。缺点为涂膜光泽不强，装饰性并不是很好，一些船用醇酸树脂漆（如船壳漆）和钢结构用醇酸树脂漆（如无线电发射塔用漆）也属于这个类型。

2. 通用醇酸树脂漆

典型品种是市售醇酸磁漆和醇酸清漆。它们是用中油度干性醇酸树脂制成的，属于自干和低温烘干两用涂料。其涂膜的最大特点是综合性能较好。它们既具有较好的户外耐久性，又具有较高的硬度，较强的光泽而涂膜柔韧性也保持良好水平，并有较好的装饰性。适用于不能进行烘干作业的大型机床、农业和工程机械、大型车辆等机械产品的涂装。也适用于建筑门窗用漆，室内木结构（如楼梯扶手、窗台、壁板等）用漆。

3. 各种底漆和防锈漆

醇酸树脂的特点之一是对铁、一些有色金属和木材等表面有良好的附着力。因此，它们被广泛应用于各种底漆的制备。多数醇酸底漆是用中、短油度的干性醇酸树脂制成的。各种醇酸面漆要求与醇酸底漆或防锈漆配套使用。其他类型面漆，特别是一些作为面漆性能优良，但对底材的附着力不好，而与醇酸底漆涂膜却又有较好附着力的面漆品种也要求与醇酸底漆配套使用。

醇酸底漆有自然干燥和烘干等不同类型。底漆又有铝、镁合金用等不同区分。防锈漆又因防锈颜料品种的不同，而有不同型号。

4. 快干醇酸树脂漆

醇酸树脂的自然干燥性能比油性漆已经显著改善，但对那些施工环境狭窄、工件不能适应烘干工艺的情况来说，仍嫌干燥过慢。以苯乙烯改性的醇酸树脂可弥补这种不足，满足快干需要。因此它们适用于流水线生产的机械产品的涂装。

5. 醇酸树脂绝缘漆

醇酸树脂被广泛用于绝缘漆的制备。与一般油基绝缘漆比较，在耐油、抗弯曲、附着、耐热性能方面有显著改善，被认为是 E、B 级绝缘漆。尤其是以间苯二甲酸制成的醇酸树脂为基础的醇酸绝缘漆，耐热较好，属于 F 级绝缘漆。

醇酸树脂漆的耐水性和耐化学性差些，因此可用酚醛树脂，特别是纯酚醛树脂进行改性，使这些缺陷得到一定程度的改性，因此，醇酸酚醛也是醇酸绝缘漆常用的品种。有机硅含量约 30%的有机硅改性醇酸树脂耐热性良好，可供 F 级绕组浸渍使用。

6. 水溶性醇酸树脂漆

参考第九节水性漆中有关部分。

第四节　氨基树脂漆

一、氨基树脂漆的主要原料

1. 氨基树脂

生产氨基树脂的原料主要有三聚氰胺、尿素、甲醛等。

① 三聚氰胺甲醛树脂　在酸或碱存在下，由三聚氰胺与甲醛缩合而成。为了改变其亲水性、降低树脂的极性，使它能溶于烃类溶剂中，并能与其他树脂有良好的混溶性，故在缩合物中引入丁基或其他烷基。所生成的烷基化树脂，较容易溶于二甲苯、丁醇溶剂中，并能与适量的醇酸树脂、环氧树脂、甲基丙烯酸树脂、硝化棉、蓖麻油、五氯联苯等混溶。目前普遍采用丁醇进行醚化改性，醚化速度是伯醇快于仲醇，仲醇快于叔醇。

② 脲醛树脂　由尿素与甲醛缩合而成，以丁醇进行醚化。一般用1mol尿素与1.5～2.5mol甲醛及过量的丁醇，所得树脂颜色浅，透明如水白色浆状物。再与醇酸树脂拼用，制得烘漆，最高烘干温度为105℃左右，若加入酸作催化剂，则可常温固化。

③ 聚酰亚胺树脂　以均苯四甲酸酐与二氨基二苯醚缩聚制得，以二甲基乙酰胺为溶剂。

④ 苯代三聚氰胺甲醛树脂　苯代三聚氰胺与甲醛缩合，以丁醇进行醚化，制得的树脂能与沥青树脂和丙烯酸树脂以一定的比例混溶。

2. 醇酸树脂

作为涂料来说，单纯的氨基树脂经加热固化后的漆膜过分地硬而脆，且附着力差，故不能单独制漆，一般都是与其他成膜物质配合使用，最常用的是醇酸树脂。如短油度蓖麻油及椰子油改性的醇酸树脂，中油度蓖麻油及脱水蓖麻油醇酸树脂，有时也用长油度脱水蓖麻油醇酸树脂。但所使用的醇酸树脂的酸价不宜过高，因氨基树脂漆在贮存过程中变稠或成胶，宜采用酸价在10mgKOH/g以下。

在氨基漆中氨基树脂改善了醇酸树脂的硬度、光泽、烘干速度、漆膜外观以及耐碱、耐水、耐油、耐磨性能。醇酸树脂则改善了氨基树脂的脆性、附着力，因此所获得的漆膜兼有这两种树脂原有特性，相互弥补各自的不足之处。

二、氨基树脂漆的分类

1. 氨基醇酸树脂

由于氨基树脂与醇酸树脂的用量比例不同，制得的氨基醇酸树脂漆的性能也有差异。目前，氨基醇酸树脂漆大致分为三类。

高氨基：醇酸树脂∶氨基树脂＝(1～2.5)∶1；

中氨基：醇酸树脂∶氨基树脂＝(2.5～5)∶1；

低氨基：醇酸树脂∶氨基树脂＝(5～9)∶1。

氨基的含量愈高，生成漆膜在光泽、硬度、耐水、耐油、绝缘性能愈好，但是成本增高，且漆膜的脆性增大，附着力变差，因此都与不干性油醇酸树脂混合使用，只在罩光漆和特种漆中应用。低氨基品种，都用干性油醇酸树脂与氨基树脂配合使用，虽然性能较差，但在某些要求不高的场合，也用得较好。一般以中氨基含量的漆用得较多。

目前在氨基漆中用得较多的是短油度（含油量45%以下）及中油度（含油量50%～55%）醇酸树脂。长油度醇酸树脂与氨基树脂混溶性差，故用得很少。短油度醇酸树脂，由于它有足够的羟基，与氨基树脂合用，能制成漆膜性能较好的烘漆。另外其中还含有少量邻苯二甲酸酐，亦有助于氨基漆的加速固化。

2. 其他氨基树脂

(1) 合成脂肪酸氨基树脂

这种树脂漆是采用石蜡氧化制得的多种羟基酸，中低碳（C_5～C_9）以及中碳（C_{10}～C_{18}）部分，低碳与中碳按密度比2∶1调配，它们是不干性脂肪酸，氨基树脂的用量要多些，因为它们不含不饱和双键，碳链较短，所以高温烘烤变色较轻，漆膜硬度和光泽稍高，耐候性好。原料来自石油工业，故不受植物油资源限制。

(2) 快干氨基树脂

为了缩短氨基树脂漆的烘烤时间，人们长时期以来进行一系列的试验，采用在醇酸树脂中引入部分苯甲酸改性来加速干燥，提高漆膜硬度。如在脱水蓖麻油醇酸树脂（37%油度）用苯甲酸改性后，制得的氨基树脂漆，在不增加氨基树脂用量的条件下，能缩短烘烤温度及时间至 120℃，1h。漆膜摆杆硬度可达 0.5 以上。

如果进一步缩短蓖麻油醇酸树脂的油度，用三羟甲基丙烷代替甘油，加入苯甲酸改性，适当提高氨基树脂的用量，干燥时间可缩减至 130℃，20～30min，漆膜的耐水、保光和保色性也可进一步提高。

快干氨基树脂漆，由于醇酸树脂油度短，干燥快，要求用高沸点的煤焦油溶剂，以改进漆的流平性。若用二甲苯，则漆的流平性差，采用二丙酮醇代替丁醇则效果更好。

(3) 无油氨基树脂

它是由多元醇（如甘油、季戊四醇、三羟甲基丙烷）和多元酸（如苯二甲酸酐、己二酸等）缩合成的一种聚酯树脂，加入一定比例的单元酸（如十一烯酸、合成脂肪酸、苯甲酸等）可改善溶解性和与三聚氰胺树脂的混溶性，它也是一种不用脂肪酸制造的醇酸树脂。

无油氨基树脂漆的光泽、保光和保色性好，能耐高温烘烤（200℃），漆膜硬度比一般短油度氨基树脂漆高，弹性、附着力好。用于轿车、机械部件、漆包线以及工业品表面涂装。

三、氨基树脂漆的性能与应用

氨基树脂漆的特点如下：

① 清漆的颜色浅，不易泛黄；

② 漆膜外观丰满、色彩鲜艳；

③ 漆膜坚韧，附着力好，机械强度高；

④ 漆膜耐候性、抗粉化、抗龟裂性比醇酸树脂漆稍好，干后不回黏；

⑤ 具有一定的耐水、耐油、耐磨性能；

⑥ 具有良好的电气绝缘性能；

⑦ 可采用静电喷涂，提高生产效率，降低涂料的耗用量，有利于连续化的操作。

(1) 三聚氰胺甲醛树脂漆

固化速度较快，烘烤时，漆膜起皱倾向小；高温烘烤后，保光保色性好，光泽高，硬度较高；耐水、耐碱性较好；在漆中含量较低时，也具有较好的固化性能；室外耐久性好，具有一定的抗粉化、抗龟裂性。

(2) 脲醛树脂漆

用酸作催干剂，能常温干燥；价格较低；附着力、柔韧性好；耐水、耐酸碱、耐电弧、耐溶剂性比三聚氰胺树脂差；以同样的固含量制得的漆黏度比三聚氰胺制得的漆高；与环氧树脂的混溶性较差；可溶入 200 号油漆溶剂油中。

正因为氨基漆具有良好性能，因此它被广泛用于各种具有烘烤条件的金属制品上，已成为装饰性用漆不可缺少的品种，如交通工具、仪器仪表、医疗器械、冰箱、自行车、缝纫机、暖水瓶、罐头容器、玩具、五金零件、文教用品等轻工产品以及电机电器设备等方面的涂装，凡是体积不大，而且大量生产的金属制品皆可采用。

只要在配方中变更氨基树脂和醇酸树脂的种类及用量，就可得到不同特性的漆膜，以提供给不同要求的各方面应用。例如电冰箱用漆，它要求漆膜白度高，保色性好，良好的耐肥皂水性、耐油和耐磨性，可采用椰子油改性醇酸树脂和氨基含量较高的白氨基烘漆。又十一烯酸改性醇酸树脂与氨基树脂并用制成的漆，耐光性、耐水性、不易泛黄性均十分好，是制白色漆和罩光漆较理想的材料。三羟甲基丙烷代替甘油制得的醇酸树脂和氨基树脂拼用制得的漆，保光、保色及耐候性都有很大提高，适用于轿车及要求较高的物件上等。

第五节　环氧树脂漆

一、环氧树脂漆的性能与用途

由于环氧树脂漆具有很多独特的性能，被广泛地应用于国防工业和民用工业上，因此发展很快，品种越来越多，产量也越来越大。但在实际生产中，并不是全部用纯环氧树脂。因为环氧树脂还存在一些不足的地方，例如抗粉化能力（耐候性）较差，耐酸性不大满意等。为了更好地利用环氧树脂性能，降低成本，提高某种性能，需加入其他树脂进行交联或改性，以满足使用要求。

大多数环氧树脂是由环氧氯丙烷和二酚基丙烷，在碱作用下缩聚而成的高分子聚合物。根据配比和操作条件的不同，可制得分子量大小不同的环氧树脂。其平均分子量一般在300～7600之间。环氧树脂有呈坚硬的固体树脂，亦有流动的胶黏体。

环氧树脂漆突出的性能是附着力强，特别是对金属表面的附着力更强，耐化学腐蚀性好。这是由于环氧树脂的结构中含有脂肪族羟基、醚键及极为活泼的环氧基的缘故。羟基和醚键的极性使得环氧树脂分子和相邻表面之间产生引力，而且环氧基能与含活泼氢的金属表面起反应生成化学键，因而附着力特别强。当环氧树脂中加入固化剂以后，变成热固性漆膜，得到不溶不熔的产物。其中苯环上的羟基形成醚键，尚含有属脂肪族的羟基。由于含有苯环与醚键，因而耐化学及溶剂性好，所含有脂肪族羟基与碱不起作用，故耐碱性好。环氧树脂的这个特点比酚醛树脂、聚酯树脂好，酚醛树脂中含有的羟基是在苯环上的，它在氢氧化钠的作用下，羟基上的氧会被钠取代生成可溶性产物；聚酯树脂则含有酯键，在碱的作用下被水解生成醇和酸性盐，因此对碱不稳定。此外，环氧树脂还具有较好的稳定性和电绝缘性。

环氧树脂有一个较为突出的矛盾，即用它制成的底漆，虽然与底材的附着力好，但和其他类型面漆的附着力却不太好。如它和氨基烘漆的附着力，没有醇酸底漆与氨基烘漆之间的附着力好，特别是它和醇酸磁漆、硝基磁漆、过氯乙烯磁漆等面漆的附着力就更差了。为了在某种程度上改善这一缺点，往往还得要增加一道中间层来补救，这不但增加了施工工艺和时间，同时还在某种程度上降低了机械性和其他性能。近年来采用“湿碰湿”的工艺，得到了部分解决。由于它户外耐候性差，漆膜抗粉化性不好，流平性较差，不宜作室外和高级装饰用漆。环氧树脂漆固化后，涂层坚硬，用它制成的底漆及腻子，则不易打磨。

目前，环氧树脂漆是一种良好的防腐蚀涂料，广泛用于化学工业、造船工业或其他工业部门，供机械设备、容器和管道等涂装，环氧树脂漆的应用范围见表10-8。

表 10-8 环氧树脂漆的应用范围

类 别	应 用 范 围
工厂建筑物涂料	如化工厂、炼油厂、煤气厂、钢铁厂、酿造厂等钢铁结构建筑物的保护
包装容器涂料	如软管、罐头内壁用涂料，静电槽、螺丝帽和帽的涂饰
家用器具涂料	如洗衣机、冰箱、电烘箱、电风扇、家具等打底和涂饰
交通车辆涂料	飞机、自行车、农机，特别是使用丙烯酸树脂涂料时，需要环氧底漆配套
船舶涂料	船壳、水舱、甲板、船舱内壁。环氧沥青漆，可用于海洋建筑结构的防腐蚀
电工绝缘漆	各种电工器材底材的浸渍、绝缘、覆盖等保护
防腐涂料	贮槽、反应器外壁、油水槽内壁、石油化工的机械设备、地下设施防护

二、环氧树脂漆的分类

环氧树脂漆可分为：未酯化环氧树脂漆、酯化环氧树脂漆、环氧线型涂料、环氧粉末涂料等。

1. 未酯化的环氧树脂漆

不经过酯化的环氧树脂漆种类很多，有的完全不含溶剂，有的含有溶剂，有的是用胺类作固化剂，有的是以其他树脂作固化剂（与其他树脂缩合改性，如酚醛树脂、氨基树脂等），液态环氧树脂及固体环氧树脂都可以用。如果用胺类作固化剂，可选用平均分子量为 1000 左右的环氧树脂；相对分子质量为 3000～4000 的环氧树脂，一般用酚醛树脂交联固化；低分子量的环氧树脂可以单独使用或与高分子量的环氧树脂配合使用。但由于低分子量环氧树脂的环氧值较高，活性较大，所以固化较快。同时分子链短，脆性较大。特别是相对分子质量小于 400 的液体环氧树脂，活性很大，固化太快，一般不常用，只在特种涂料中或作稳定剂使用。根据它们成膜时干燥形式的不同，又分成常温干燥和加温烘烤两个类型。

(1) 以胺类为固化剂

胺固化的涂料用途较广。常用的固化剂是脂肪族的伯胺如乙二胺、己二胺、二亚乙基三胺、二乙氨基丙胺等。用这类固化剂制成的漆膜，能常温干燥，也能加温干燥。采用烘干，可以缩短施工时间。使用期（有效的施工时间）的长短，与环氧树脂和固化剂的种类（胺值大小）有密切关系。除此以外，还与溶剂种类、用量、温度以及是否加入颜料、体质颜料等有关，当上述条件不变，溶剂用量增加，使用期则相应延长，加入颜料、体质颜料后也能延长使用期。一般使用期是 2～8h，气温低，时间还可延长一些。待漆膜充分固化后，性能才能全面发挥出来，才好使用。这个时间为 7～10 天。

胺的用量与树脂且按当量比 1∶1 为合适，溶剂量最多可加到树脂重量的一半（甲苯∶乙醇＝1∶1)，有延长使用期的效果。

胺固化环氧树脂漆是双组分，分罐包装，组分一为环氧树脂及其他颜料、体质颜料、溶剂等。组分二为胺类的乙醇溶液。使用时两组分按比例准确称量混合，然后搅拌均匀，静置存放 30min 到 2h 使反应进行后熟化，加入适当稀释剂调整黏度便可使用。配合后马上使用容易使涂膜发生白雾，这是由于活性胺与空气中水分接触的结果。

胺固化环氧树脂漆在施工时，如发现涂膜有橘皮、麻点及针孔等弊端，可在涂料中加入少量的甲基硅油、聚乙烯醇缩丁醛溶液或氨基树脂液等改善。同时在施工时应注意施工黏度及喷涂时气压的大小，以便得到均匀的漆膜，如刷涂施工，它不像醇酸磁漆那样易于涂刷，由于漆膜本身的流平性不太好，故只能用刷子在短距离内涂刷找平。

(2) 以聚酰胺为固化剂

如 650#、651#、300#、200#、203# 等聚酰胺。它的用量可根据涂层的性能（要求），选择不同比例，与环氧树脂的配比范围在30%～100%（质量分数）。聚酰胺作固化剂比一般有机胺固化的环氧树脂的使用期长，漆膜黏合力高，柔韧性好，因此显著地增加了耐冲、抗弯强度，可涂刷在纸张上。但另一方面，它的耐化学药品腐蚀性能却有所下降，比用脂肪族胺为固化剂的耐化学腐蚀性能要低得多。一般能常温干燥，也可烘烤干燥。

聚酰胺与多元胺固化不同之点有：

① 变稠和凝胶的速度比胺固化要慢数倍，故便于使用；

② 聚酰胺树脂不刺激皮肤，因此毒性比胺固化剂小；

③ 聚酰胺与环氧树脂的配比，不像胺固化剂严格，一般按重量比计算即可以。

环氧聚酰胺涂料有较好的附着力，适于制造底漆，同时它的保光性要比胺固化环氧好，有良好的耐水，可以用于水下施工涂料。

环氧聚酰胺涂料可用于海面油井设备的涂饰，能耐海水的冲击腐蚀。涂料中加入氧化亚铜或氯化三丁基锡等防污剂，可防止海生物的生长和提高防霉性能。

(3) 以有机酸为固化剂

如苯磺酸、间二苯磺酸等酸，用量仅为树脂重量的1%，固化时间只有4～5min。用对苯磺酸为固化剂时，可选用醋酸乙酯为溶剂，其量约为酸用量的9倍，它能使使用期稍有延长。

(4) 以聚硫橡胶为固化剂

它和聚酰胺一样，也是耐冲、抗弯强度比较好。聚硫橡胶的用量为环氧树脂重量的一半，以一定量苯三酚作催化剂时，韧性很好，这时可使用甲乙酮为溶剂。

目前广泛采用的固化剂是己二胺、乙二胺的酒精溶液及己二胺环氧树脂加成物。此外还有酸酐类固化剂，如邻苯二甲酸酐、顺丁烯二酸酐、均苯四甲酸酐等。

(5) 以其他树脂为固化剂

固化环氧树脂不是采用胺类而是用加入带有活性基团的其他树脂与环氧树脂在高温下交联成膜，其品种较多。

① 环氧酚醛型　所用的酚醛树脂除了丁醇醚化的酚醛树脂外，还可用苯基、苯酚甲醛树脂、丁氧基化二酚基丙烷酚醛树脂。酚醛树脂的加入不但对环氧树脂起固化作用，同时还弥补了环氧树脂耐酸的不足，是耐化学腐蚀最好的品种之一，除了用于化工机械设备、管道内外壁防腐外，还可作罐头食品内壁涂料，亦可用于电气绝缘方面，但不宜作浅色漆。

② 环氧酚醛氨基型　它和上面性能差不多。氨基树脂的加入，改进漆膜外观和流平性。烘干温度为290～205℃，30min。可用于防腐设备及仪器、仪表表面的防腐。

③ 环氧酚醛氨基醇酸型　由于醇酸树脂的加入提高了漆膜的柔韧性和抗粉化性，但防腐蚀性能有所降低；氨基树脂加入量为环氧树脂和氨基树脂的30%，可以提高光泽，改善漆膜流平性。用量适当，漆膜能经一定冲压和耐一定的化学腐蚀。但氨基树脂太多，漆膜脆性大，它的最高用量只能为漆中树脂总量的20%～30%，同时防腐性能也不及用酚醛树脂的好。

④ 环氧聚酯酚醛型　此种漆适于作绝缘用漆，三防性能好。聚酯的加入，使漆膜的柔韧性好，没有醇酸树脂易生霉的缺点，但防腐性能降低。

⑤ 环氧有机硅酚醛型　它能满足某种苛刻的要求，如既要求防腐性能好，还要能耐高温。有机硅树脂（或单体）的加入，显著地提高了耐热温度。

⑥ 环氧氨基型　防腐性能和环氧酚醛近似或稍差一点，但它颜色浅，可制成白漆，有不易泛黄之优点，耐候性及漆膜表面状况都有所改善。另外在此基础上加入醇酸树脂，柔韧

性比环氧氨基型要好，防腐性能虽有所降低，但它广泛用作有一定防腐要求的装饰漆，也可作为普通装饰用漆。

⑦ 环氧聚氨酯型　这种漆兼有环氧树脂及聚氨酯耐化学腐蚀的性能而没有（或降低了）聚氨酯漆施工时怕水、怕酸、怕碱及怕盐等杂质的弊病，是一种很好的耐水、耐溶剂及化学腐蚀的涂料。

以上各类涂料所采用的环氧树脂均系高分子量的，其平均分子量在1500以上。它们的共同特点是漆膜都需经高温烘烤而交联成网状的体型结构，结构紧密，因此耐化学腐蚀性好，热稳定性高，只是因为树脂的种类和用量的多少不同，性能有所差异。但高温烘烤，限制了它们的使用范围。

适用于未酯化的环氧树脂的溶剂很多，脂肪族溶剂，如酮、酯、醚（胺固化环氧涂料最好少用或不用酯）；芳香族溶剂，如苯、甲苯、二甲苯；醇类溶剂，如丁醇、异丙醇等。最适宜的溶剂是低沸点、溶解力强的酮类，如丙酮或甲乙酮。

2. 酯化的环氧树脂漆

环氧树脂一般酯化的程度为环氧树脂可酯化基团的30%～90%，酯化时环氧树脂可当作多元醇来看，一个环氧分子相当两个羟基，可与两个分子单元酸（一个羧基）反应生成酯和水。

酯化常用的酸有：不饱和酸，如桐油酸、亚油酸、脱水蓖麻油酸、豆油酸等；饱和酸，如蓖麻油酸等；酸酐，如顺丁烯二酸酐等。

按照酯化时所用油酸的多少不同，分为极短油的、短油的、中油的及长油的。

环氧树脂：油酸＝2：1（或近似1），为极短油环氧酯（即30%～40%油度）；

环氧树脂：油酸＝1.5：1（或近似1），为短油环氧酯（即40%油度）；

环氧树脂：油酸＝1：1（或近似1），为中油环氧酯（即50%油度）；

环氧树脂：油酸＝1：(1.5～1.5以上)，为长油环氧酯（即60%油度）。

一般采用高分子量的环氧树脂进行酯化，其平均分子量多在1500左右。也有采用中等分子量（平均分子量为900～1000）601# 环氧树脂，酯化后多用于制水溶性电泳漆。

分子量大的环氧树脂，酯化产物的黏度也较大。酯化时是将环氧树脂与不饱和酸（或饱和酸）混合在一起，加热到200～300℃回流，通入CO_2，酯化完毕加入溶剂、催干剂等配成所需要的涂料。

酯化后涂料的性质，取决于酸的种类、配比、酯化周期、酯化方法及环氧树脂分子量大小等。酯化的环氧树脂涂料和醇酸树脂涂料一样，附着力、强韧性好，但由于酯键的存在，耐碱性差，漆膜的耐腐蚀性能也比不酯化的漆膜差。然而它的成本低，强溶剂消耗少（一般二甲苯：丁醇＝7：3即可），抗粉化性能也有较大的改善，所以在环氧树脂漆中用量仍是最大的一类。

常温固化环氧酯涂料，其组成中一般要加入催干剂，才能使之常温下干燥，其固化过程与油改性醇酸树脂相类似。常温干燥的涂料可用于保护受工业大气侵蚀、海水和海洋雾气侵蚀的钢铁表面作底漆或磁漆涂层，亦可用于铝镁合金及轻金属表面作底漆。

环氧酯除大量生产底漆外，还有环氧酯腻子，如H07-4环氧腻子（烘干型）、H07-5环氧腻子（自干型），已部分代替C07-5灰醇酸腻子使用。环氧酯腻子的特点比醇酸腻子坚硬，但不易打磨，耐久性很好，已大量使用于机械工业部门。

3. 线型环氧树脂漆

它也是属于热塑性的环氧树脂，分子量很高，成膜时既不用固化剂，也不需烘烤干燥，溶剂蒸发即能成膜。漆膜外观平整光滑，柔韧性好，能耐一定高温，也有一定的耐腐蚀性能，但耐候性尚需进一步改进。

线型环氧涂料的附着力比一般环氧更强些，能和聚氨酯、酚醛等拼用制成热固性涂料，从而提高耐溶剂性和耐高温性，但耐水性和耐盐水性差，不宜用于室外。线型环氧涂料对颜料湿润性不及一般环氧，因而制成的涂膜光泽不好，可加入少量有机硅树脂改进。由于使用高沸点溶剂（如环己酮等），溶剂挥发较低，干燥时间比一般挥发性漆的干燥时间要长些。线型环氧磁漆及底漆可用于航空及化工设备作保护涂层。

4. 环氧粉末涂料

这是最近发展起来的粉末涂料之一，其涂装工艺称为粉末涂装，还可以和静电喷涂结合起来。将环氧树脂、固化剂和颜料磨成粉末，即成环氧粉末涂料，它的外观如电木粉一样。施工时采用沸腾床或静电吸附的办法，将粉末吸附在已经预热的工件上，取出工件高温烘烤，使涂料层交联固化，不用溶剂，也不用水，并能涂很厚的漆膜，附着力好，保护作用及机械强度都很高。已在电机、缝纫机头上应用。

第六节　聚氨酯漆

聚氨酯漆是聚氨基甲酸酯漆的简称。它是以多异氰酸酯和多羟基化合物反应而制得的含有氨基甲酸酯的高分子化合物。以聚氨酯为基础的涂料具有优良的耐摩擦性、柔韧性和硬度；优良的抗化学药品性与耐溶剂性，且能常温和低温（0℃）固化。聚氨酯涂料是突出的耐久性与优良的综合性能和低温固化特性结合很好的一类涂料，并且可与聚酯、聚醚、环氧、醇酸、聚丙烯酸酯、醋酸丁酸纤维素、氯乙烯与醋酸乙烯共聚树脂、沥青、干性油等配合，制成可以满足不同使用要求的许多涂料品种。聚氨酯涂料在国外已选定为军事和工业航空器的OEM涂料，以及船舰、汽车、机车牵引的油罐车的维修涂料。聚氨酯涂料在防腐领域中也占有重要位置。

近年来，由于环保法规日益严格，降低VOC的压力日益加大，聚氨酯涂料的发展也受到很大影响。保持聚氨酯优良的综合性能和符合环保规定的VOC量，是聚氨酯涂料品种的发展方向。

一、聚氨酯漆的主要原料

1. 异氰酸酯

聚氨酯漆的基本原料是异氰酸酯，它是一种反应活泼性很大的化合物，含有一个或多个异氰酸根，它能与含有活泼氢原子的化合物进行反应。利用这种性能可制成多种形式的聚氨酯漆。制备聚氨酯漆所用的异氰酸酯是二或多异氰酸酯，常用的有两类。

① 芳香族多异氰酸酯　如TDI、MDI、PAPI等。

② 脂肪族多异氰酸酯　如六亚甲基二异氰酸酯（HDI）、二聚酸二异氰酸酯（DDI）、环己烷二异氰酸酯等。

异氰酸酯单体（特别是芳香族的甲苯二异氰酸酯）有一定毒性，对人体有刺激。为了减少毒性和扩大异氰酸酯的适用性，通常是将异氰酸酯与多元醇或植物油反应生成异氰酸酯加成物或预聚物，而不是直接用异氰酸酯单体来制备聚氨酯漆。将其制成含有游离异氰酸基的衍生物，作为聚氨酯涂料的一个组分，使甲苯二异氰酸酯中的异氰酸根部分地与羟基进行反应，留下的部分在使用时再和带有羟基的物质（如聚酯）反应。如常用的甲苯二异氰酸酯加成物系由甲苯二异氰酸酯与三羟甲基丙烷反应得到的。

甲苯二异氰酸酯的异氰酸根在苯环上的位置不同，反应速度亦不一样。2,4-甲苯二异氰酸酯（对位）在常温下的反应速度比2,6-甲苯二异氰酸酯（邻位）快8倍；当温度上升时邻位反应速度增快；到100℃左右时，邻位和对位反应速度接近。涂料工业根据这个特点，选用纯对位体或对位邻位混合体都可以，只是反应时间长短不一，一般按对位体/邻位体=65/35及80/20两种比例混合使用。

也可以将异氰酸酯与蓖麻油（或蓖麻油双酯）反应得到预聚物。利用蓖麻油分子结构第12个碳原子上含有的羟基与过量的TDI反应，这样反应生成的预聚物上还有部分游离的异氰酸基，它可与其他组分（如含有羟基的化合物）反应而制成涂料。也可以用预聚物加入催化剂，成为催化固化的涂料。

预聚物的工艺流程简要表示如下：

蓖麻油＋二甲苯→(280℃，脱水）无水蓖麻油液＋TDI→蓖麻油预聚物

为了提高预聚物的耐化学性能，可利用蓖麻油与不同的多元醇进行醇解，在分子结构中羟基含量将相对增加，从而增加分子结构中的交联密度。蓖麻油与多元醇可按不同比例配合制成各种蓖麻油多羟基酯，如以甘油为例可生成单甘油酯与双甘油酯。再将单甘油酯或双甘油酯与TDI反应则制成蓖麻油单酯或双酯预聚物。

蓖麻油双酯预聚物工艺流程简要如下。

蓖麻油＋甘油＋环烷酸钙→双酯＋二甲苯→双酯二甲苯液

还有是将多异氰酸酯进行自聚或共聚，得到的聚合物也作为一类加成物，如甲苯二异氰酸酯自聚。

上述这些加成物或预聚物由于同样含有极为活泼的异氰酸基（—NCO)，它也能够与所有含活性氢原子的化合物（如胺、水、酸、酚等）具有很强的反应能力，从而可发生各种化学反应。

2. 多羟基化合物

它是衍生各种聚氨酯的基本物质。常用的多羟基化合物有聚酯（如己二酸-缩乙二醇-三羟甲基丙烷聚酯；己二酸-苯酐-甘油-丙二醇聚酯；癸二酸-缩乙二醇-甘油-己二酸-苯甲酸酐聚酯等），聚醚（如甘油-环氧基氯丙烷聚醚；三羟甲基丙烷-环氧丙烷聚醚等)、蓖麻油等。

二、聚氨酯漆的分类、性能与用途

聚氨酯漆是根据成膜物质聚氨酯的化学组成及固化机理不同，大致可分为五种。在生产上有单包装和多包装两种。

1. 聚氨酯改性油涂料（单包装）

它是以甲苯二异氰酸酯代替邻苯二甲酸酐或间苯二甲酸与干性油的单甘油酯及双甘油酯反应制成的。主链中含有氨基甲酸酯基，但不含游离的—NCO基，它的干燥机理和醇酸树脂相同，是通过双键氧化进行的，故贮存稳定性好，而且制造色漆也容易。与醇酸树脂比较，其主要特点是干燥快，并由于有酰氨基存在而增加了耐磨、耐碱及耐油等性能。适用于室内木材、水泥表面涂覆，及维修和防腐蚀涂料。但流平性差，易于变黄，色漆易粉化。

2. 湿固化型聚氨酯涂料（单包装）

它是用多异氰酸酯与羟基化合物如多羟聚酯或聚醚、蓖麻油等制成含有活性—NCO基的涂料，由活性—NCO基与空气中的水分作用形成脲键而固化成膜。

该漆的最大特点是可以在空气中湿度较大的环境下施工固化，因此而称之为湿固化，为

优良的自干性涂料。漆膜坚硬强韧、致密、耐化学腐蚀并具有良好的抗污染性及耐特种润滑油等，可用于原子反应堆临界区域的地面、墙壁及机器设备作核辐射保护涂层等。它可以制成清漆及色漆。

3. 封闭型聚氨酯涂料（单包装）

单包装的封闭型聚氨酯涂料，是将二异氰酸酯或其加成物上的游离—NCO基团，用某种活性氢原子化合物如苯酚等，暂时封闭起来，然后与带有羟基的聚酯或聚醚等配合，这两组分混合后，在室温下不起反应，因此包装于同一容器内。在使用时将漆膜烘烤到150℃时，苯酚随可逆反应而挥发，释放出游离—NCO基与聚酯的—OH基反应，构成聚氨酯的高分子漆膜。这种涂料必须烘烤才能使用。

该漆由于—NCO基被封闭，免除了异氰酸酯的毒性，同时贮存稳定性不受潮气的影响，能用普通制漆工艺制造色漆，由于高温烘烤成膜，漆膜具有良好的物理力学性能及电绝缘性能，主要用途是涂覆漆包线，可得到高度耐磨、耐水、耐溶剂，并有良好电性能的漆膜。其缺点是施工必须经过高温烘烤，在使用方面有局限性。

4. 羟基固化型聚氨酯涂料（多包装）

这类聚氨酯涂料，一般为双组分，一个组分是带有羟基（—OH）的聚酯等，另一组分为带有异氰酸酯基（—NCO）的加成物，使用时将两组分按一定比例混合，由于—NCO与—OH基的反应，漆膜固化。

这类涂料有清漆、瓷漆、底漆等，是聚氨酯涂料中品种最多的一类。羟基固化聚氨酯涂料的性能随所用加成物和羟基化合物的类型、组成及异氰酸酯基与羟基的比例不同而变化，其中以多羟基化合物的影响较大。如采用低羟基高分子量的线型聚酯制成的漆膜，柔韧性好，耐化学性差。采用交联度高、大分子量的多羟基化合物可以制得力学性能高、防腐蚀性能好的涂料。但交联度过大，会使漆膜变硬，柔韧性降低。因此，这类涂料品种日益增多，用途越来越广。

根据所用多羟基化合物品种的不同可归纳为以下几种类型。

① 聚酯型　用由多元酸与多元醇缩聚而得到聚酯树脂，作为聚氨酯涂料中含羟基的组分。变化多元酸和多元醇的品种和比例（一般醇应超量）可得到交联度不同的聚酯树脂。

② 聚醚型　用环氧丙烷与多元醇缩聚得到聚醚树脂，作为聚氨酯涂料中含羟基的组分。和聚酯树脂一样，醚化程度不同的聚醚树脂，使涂料得到不同性能。

③ 蓖麻油及其衍生物　包括蓖麻油、蓖麻油双酯、蓖麻油醇酸树脂等。

④ 环氧树脂。

其中聚酯型是最通用的品种，涂层干性较聚醚型的快，漆膜耐水、耐碱性好。用蓖麻油醇酸树脂的漆膜抗化学腐蚀性好。

羟基固化聚氨酯涂料可按需要制成从柔软到坚硬的光亮漆膜，具有优良的耐磨、耐溶剂、耐水、耐化学腐蚀性，适用于金属、水泥、木材以及橡胶、皮革等材料的涂饰，应用范围很广。

5. 催化固化型聚氨酯涂料（多包装）

这类聚氨酯涂料一般为双包装，一组分为多异氰酸酯与蓖麻油或蓖麻油双酯的预聚物，含有游离—NCO；另一组分为催化剂，常用的有二甲基乙醇胺、二月桂酸二丁基锡、环烷酸钴等。这种涂料使用时将两组分混合，它的漆膜固化原理和湿固型聚氨酯涂料相似，在催化剂作用下，预聚物的游离—NCO与空气中水分反应而固化成膜。由于加入催化剂，所以比湿固化型干燥快，且施工时不必考虑湿度大小，因此比湿固化型涂料使用方便。这一类涂料具有很好的附着力、耐磨性、耐水性和光泽等。一般用于木材、混凝土表面，如用作木制地板漆等。品种以清漆为主，色漆制作较困难。

除此以外，聚氨酯还可制成无溶剂涂料和弹性涂料。无溶剂涂料可涂一层较厚的漆膜，没有溶剂挥发，因此减低了施工时由于溶剂挥发带来的毒性，也相应地降低了成本，提高了漆膜的性能。弹性聚氨酯涂料的玻璃化温度低，常温处于高弹态，在较小的外力作用下即可发生很大的形变，伸长率可达300%～600%。当外力除去之后，又能够恢复到原来的形状。

目前，各种低污染涂料得到快速发展，聚氨酯涂料在此方面也开发出许多环保型涂料，比较有代表性的有以下几种。

(1) 高固体分聚氨酯涂料

聚氨酯丙烯酸或聚氨酯聚酯的高固体分涂料的固体分一般在55%～70%。在给定的羟基含量下，作为主剂的丙烯酸和聚酯低聚物的最低相对分子质量分别为3000和1000（计量值），否则，涂膜硬度、抗溶剂性、颜料湿润和絮凝稳定性等都受损害。要提高聚氨酯涂料固体分，不能单靠降低主剂树脂的分子量，还要采取其他的方法，如采用高反应性的多异氰酸酯固化剂、添加反应性稀释剂等。

① 采用高反应性的多异氰酸酯固化剂　由于作主剂的丙烯酸或聚酯分子量降低，需要黏度低、交联活性高的聚氨酯固化剂，推荐使用近年来开发出的多异氰酸酯多聚体，有TDI的三聚体、HDI的缩二脲与三聚体、IPDI三聚体，分子中官能度都在3以上，分子量比预聚物小，黏度低，交联活性高。实验发现，HDI三聚体涂料的耐候保光性、硬度、热稳定性、使用期明显优于缩二脲的涂料。和HDI缩二脲相比，HDI三聚体更适用于高固体分涂料。

HDI三聚体虽然不形成氢键，但也是低聚物的混合体，从三聚体直到9个以上的HDI多聚体，其分子量分布取决于制备过程中所用单体总量的转化率的高低，HDI转化率越高，三聚体含量降低，而含五聚体以上的多聚体就增多，黏度、分子量都增加。其原因是分子量分布宽，造成黏度增加。HDI三聚体和丙烯酸或聚酯低聚物配合，可获得60%以上固体分。

② 采用反应性稀释剂　采用反应性稀释剂提高固体分是熟知的办法，溶剂型聚氨酯涂料的理想反应性稀释剂应具有以下特性：低特性黏度；良好的溶解能力和溶剂化能力；合适的使用期和固化特性；良好的涂膜性能和耐候性。

试验证实，几种化合物可供选择和作聚氨酯高固体分稀释剂：低分子量二元醇或多元醇、受阻胺、醛亚胺、酮亚胺、噁唑烷等。如用二环噁唑烷取代20%丙烯酸多元醇，体系黏度降低50%以上，在色浆中，可使体系黏度降至13000mPa·s以下。

高固体分涂料的应用十分广泛，可用作汽车涂料、家电涂料、金属表面等的防腐蚀涂装，甚至在航空、航天、海洋事业，高固体分涂料都得到了很好的应用。

(2) 聚氨酯粉末涂料

聚氨酯粉末涂料，尤其是脂肪族聚氨酯粉末涂料的户外曝晒性和物理力学性能均可与聚酯/TGIC粉末涂料相媲美，而其装饰性能却明显优于聚酯/TGIC粉末涂料。至于芳香族聚氨酯粉末涂料，其物理力学性能和成本与环氧/聚酯（E/P）粉末涂料相当，而耐户外曝晒性却优于后者。聚氨酯粉末涂料的主要缺点是烘烤时引起封闭剂的解离，从烘炉中排出含有封闭剂的白烟，而且当涂膜厚度较厚时容易产生气泡。

聚氨酯粉末涂料系用封闭异氰酸酯固化含羟基聚酯配制而成，开发该类产品的关键在于封闭异氰酸酯的开发。聚氨酯粉末涂料所用封闭异氰酸酯固化剂必须满足易于粉碎、封闭剂要无毒、解离封闭剂的温度适当等条件要求。

异氰酸酯一般采用脂肪族异氰酸酯，其有很好的耐候性。可作为封闭剂的原料主要有己内酰胺、酚类、酮类、酯类和咪唑等。用于产品的封闭剂主要是己内酰胺，其次是苯酚、丙二酸二烷基酯。

目前应用较多的是异佛尔酮的多元醇预聚物用ε-己内酰胺封闭的固化剂，用它制得的涂膜耐热性与耐候性均较理想。

聚氨酯粉末涂料的耐候性、外观、物理力学性能和抗腐蚀性能等均良好，所以它特别适合用于户外场合使用的工件涂装。由于聚氨酯粉末涂料易于薄涂层化，所以也适用于家电产品的涂装。此外聚氨酯粉末涂料还适用于金属预涂材料的涂装。PCM 钢板预涂装法同以后涂装制造成品的方法相比生产效率显著提高，成本也明显降低，是一种很有前途的新型加工工艺。

第七节　丙烯酸漆

一、丙烯酸漆的性能与用途

丙烯酸漆一般是应用甲基丙烯酸酯与丙烯酸酯的共聚物制成的涂料。为了改进共聚树脂的性能和降低成本，在配方的组成上，除了采用甲基丙烯酸酯、丙烯酸酯外，往往还采用一定比例的其他不饱和的烯烃单体与之共聚，例如丙烯腈、（甲基）丙烯酰胺、（甲基）丙烯酸、醋酸乙烯、苯乙烯等。

由于制造树脂时选用单体的不同，丙烯酸漆可以分为热塑性和热固性两大类。

热塑性丙烯酸树脂是一种线型结构的高分子，在它的分子结构上不含活性官能团，在加热的情况下，不会自己或与其他外加的树脂交联成体型结构。相对分子质量一般常在75000～120000之间，这样的分子量可保证涂料具有合适的施工黏度。热塑性丙烯酸酯漆，为了满足各种用途所需要的性能特点，必须通过树脂配方中单体的比例调整，或采用与其他树脂拼用的方法。

热固性丙烯酸树脂带有活性官能团，与热塑性的相比，其主要特点是在加热情况下，会自己或与其他外加树脂进行交联反应，形成巨大的网状结构，不熔不溶，并提高其他方面的物理性能及防腐性、耐化学性。

丙烯酸树脂漆的特点如下。

① 保色、保光性能优良　树脂水白，透明性好，在大气中及紫外线照射下不易发生退色及变色，因此其颜色及光泽可以长期保持稳定。最适宜做浅色漆。

② 耐候性优良 户外耐久性远好于硝基、醇酸等类产品。

③ 与适当的底漆配套时，附着力良好。

④ 耐化学性及耐水性良好　一般耐酸、碱、醇和油脂等性能良好。

⑤ 突出的三防（湿热、盐雾、霉菌）性能　丙烯酸漆的防霉性试验经过四星期的考验，一般可达到0～1级的水平。

⑥ 可制成中性涂料　所以可调入铜粉、铝粉，使涂层具有似金银一样光辉夺目的色泽，且不会变暗，涂料长期贮存也不会变质。

还可以改变配方及工艺来控制漆膜的硬度、柔韧性、冲击强度、抗水及抗油等性能。

由此可知丙烯酸漆是一种优良的装饰性涂料，适用范围广泛。航空、车辆、机器、仪表以及轻工产品，如：电冰箱、医疗器械、电风扇、自行车、木器、罐头内外壁用等保护性涂装等部位均可应用。丙烯酸树脂还可以用来制造无毒、安全的水性乳胶漆及水溶性漆，这是涂料工业的发展方向。此外，也可以用作某些其他树脂的改性剂，以提高它们的保色、保光性能，丙烯酸改性醇酸树脂就是一例。

二、热塑性丙烯酸漆

选择不同的反应条件，可以得到不同分子量大小的热塑性丙烯酸树脂。一般来说，分子量较大的树脂在物理力学性能及耐化学性能方面均较低分子量的树脂为好。但是在某些涂料产品上也存在一定程度的矛盾。但是有些树脂当在漆中含量达 10%以上时，喷漆时就会产生严重的“拔丝”现象，以致无法施工。同时，由于溶液黏度高，所以一些要求高丰满度、高光泽的产品就不能达到要求，而迫使人们生产较低分子量的树脂来适应要求。为此，一般漆用丙烯酸树脂的分子量是不能太高的。

为使涂料具有较全面的物理化学性能，通常使用两种以上单体共聚。由甲基丙烯酸甲酯、丙烯酸乙酯或甲基丙烯酸丁酯所得的共聚物，具有很好的硬度、优良的色泽和保色性，很高的耐化学腐蚀性和户外耐久性。增加共聚物中乙酯基或丁酯基单体的量，可获得所要的柔韧性。加入少量的丙烯酸或甲基丙烯酸，可改善漆膜的附着力以及与其他树脂的混溶性，含有少量的丙烯腈可提高树脂的耐溶剂性及耐油性等。

热塑性丙烯酸树脂通常可用于制作清漆、磁漆、底漆，现分别介绍如下。

1. 清漆

在航空工业中使用丙烯酸清漆要求具有非常高的耐光性和耐候性，而涂装皮革制品时则需要有优良的柔韧性，为此根据不同的用途，需要选择不同性能的丙烯酸树脂。除了丙烯酸树脂作主要成膜物质外，还可加入适量的其他树脂及助剂。例如加入少量硝化棉可改进漆膜耐油性和硬度。加入少量三聚氰胺甲醛树脂可改进漆膜耐热、耐油性，硬度及附着力。加入增塑剂可提高漆膜的柔韧性及附着力等。但是过多地加入这些物质就要影响到丙烯酸漆的色泽、保光、保色等性能，所以要通过实验来找出最理想的配比。

丙烯酸清漆一般以酯、酮、苯类为溶剂，极个别品种可溶于醇类溶剂中。

热塑性丙烯酸树脂制成的丙烯酸清漆具有以下特点。

① 干燥快，常温下，1h 即可实干。

② 漆膜为无色透明，户外耐光、耐候性比一般季戊四醇醇酸清漆要好。

③ 由于树脂的分子结构中没有羟基和易分解的醇酯基键，所以耐水性良好。

④ 由于热塑性丙烯酸清漆漆膜与纤维素酯、过氯乙烯树脂漆漆膜有良好的黏附力，常被用来做过氯乙烯漆与硝基漆之间的中间涂层，解决过氯乙烯漆与硝基漆黏附不牢的矛盾。

⑤ 由于热塑性丙烯酸清漆漆膜有较大的蒸气渗透性，因此耐腐蚀性能低的金属、制件的应用受到限制。它广泛用于保护铝和铝合金的表面。

⑥ 由于漆膜是热塑性的，故限制了漆膜的耐热性（受热易发黏）和耐溶剂性。

⑦ 由于树脂分子量较高，故不易制成高固体分的涂料。

2. 底漆

丙烯酸底漆主要用作不能进行高温干燥的各种金属设备或部件，具有常温干燥快、附着力好的优点，特别适于各种挥发性漆（硝基、过氯乙烯、丙烯酸等）配套做底漆。例如 B06-2 锶黄丙烯酸底漆在漆膜硬度、耐水性等方面比一般醛酸底漆要好。涂有丙烯酸底漆的金属板，于相对湿度为 96%～98%和 30℃下长时间放置，漆膜没有大的变化，说明其耐湿热性良好，而其他一些底漆在此条件下出现许多小泡，甚至部分漆膜破坏。丙烯酸底漆对金属底材（特别对轻金属）的附着力也相当好，尤其浸水后仍能保持良好的附着力，这是它突出的优点。

丙烯酸底漆一般是常温干燥，但若经 100～120℃烘干后，其性能可进一步提高，这主要是促使底漆中所用三聚氰胺甲醛树脂与丙烯酸树脂分子之间进一步发生交联反应的缘故。

热塑性丙烯酸漆在工业中得到广泛的应用。在建筑方面，无论是外墙、铝质框架以及大桥栏杆、电视塔架等工程设施长期曝晒在日光下，施工后无法烘烤，热塑性丙烯酸漆的使用是它们的首选。同样，各种车辆的翻新修补、塑料制品以及木材制品的装饰，热塑性丙烯酸漆是其理想的涂料。

三、热固性丙烯酸漆

各种热固性丙烯酸树脂的制备方法类同于热塑性丙烯酸树脂，其不同在于热固性丙烯酸树脂分子的侧链上带有活性官能团。共聚合反应制造树脂时采用不同的活性官能单体，这样树脂侧链上具有多种不同交联体系的官能团。热固性丙烯酸树脂可分为以下两类。

①“自反应”型热固性丙烯酸树脂　这类树脂需在一定温度下加热（有时需加入少量催化剂），使侧链活性官能团之间发生交联反应，形成网状结构。

②“潜反应”型热固性丙烯酸树脂　这类树脂自身活性官能团之间不会发生反应，但可以与添加进的交联剂发生反应，由交联剂搭桥进行交联从而形成网状的聚合物。交联剂可以在制漆时加入，也可以在施工应用前加入（双组分包装）。改变交联剂可以得到各种性能改进的涂料，所以应用的比较多。

下面为各种交联反应的反应式。

(1) 羟基与烷氧基氨基树脂反应

$$2H_2C-CH-\overset{\overset{\displaystyle O}{\|}}{C}-O-CH_2-CH_2OH+\underset{\text{(三嗪环，两个 }C\text{ 上分别连 }ROCH_2-NH\text{ 和 }NH-CH_2OR\text{)}}{ROCH_2-NH-C_3N_3<-NH-CH_2OR}\xrightarrow{\triangle}$$

$$H_2C-CH-\underset{\underset{\displaystyle O}{\|}}{C}-O-CH_2-CH_2-O-CH_2-NH-C_3N_3<-NH-CH_2-O-CH_2-CH_2-O-\underset{\underset{\displaystyle O}{\|}}{C}-CH-CH_2$$

这类反应，固化所需烘烤温度较低，在 120～130℃经 40～60min 或在 140℃左右经20～30min 即可很好地固化，如在共聚物分子中引入羧基或加酸性催化剂则可交联得更好或缩短烘烤时间。

(2) 羟基与异氰酸酯加成反应

$$2H_2C-CH-\overset{\overset{\displaystyle O}{\|}}{C}-O-CH_2-CH_2OH+O=C=N-R-N=C=O\longrightarrow$$

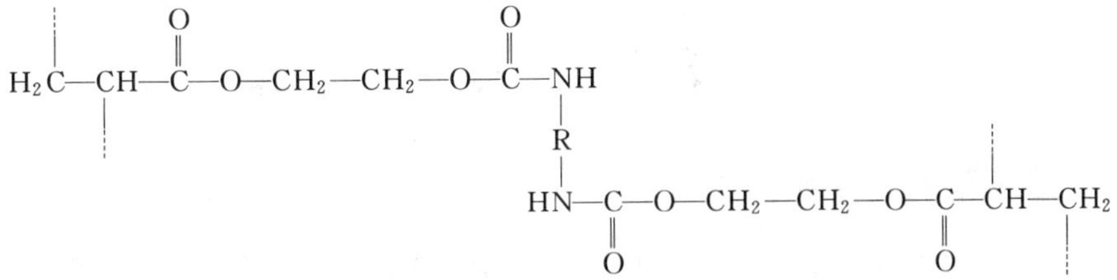

$$\begin{array}{l} H_2C{-}CH{-}\overset{O}{\overset{\|}{C}}{-}O{-}CH_2{-}CH_2{-}O{-}\overset{O}{\overset{\|}{C}}{-}NH \\ \qquad\qquad\qquad\qquad\qquad\qquad\qquad\quad | \\ \qquad\qquad\qquad\qquad\qquad\qquad\qquad\quad R \\ \qquad\qquad\qquad\qquad\qquad\qquad\qquad\quad | \\ \qquad\qquad\qquad\qquad\qquad\qquad\quad HN{-}\underset{O}{\underset{\|}{C}}{-}O{-}CH_2{-}CH_2{-}O{-}\underset{O}{\underset{\|}{C}}{-}CH{-}CH_2 \end{array}$$

这类反应的特点是可在常温下交联固化，固化后的漆膜具有优异的丰满度、光泽、耐磨、耐划伤、耐水、耐溶剂及耐化学品腐蚀性。

(3) 羧基与环氧树脂的反应

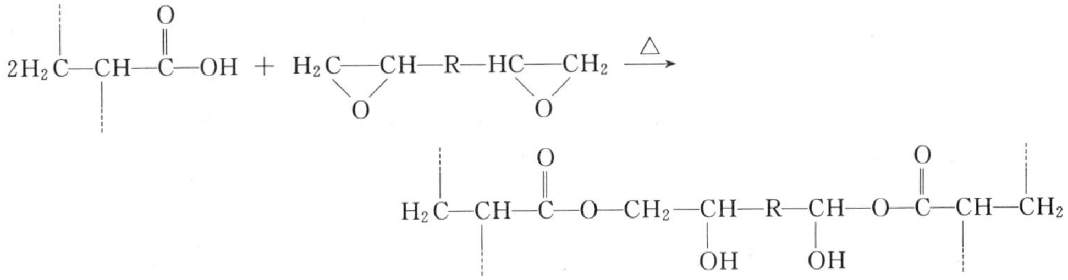

$$2H_2C{-}CH{-}\overset{O}{\overset{\|}{C}}{-}OH + H_2\overset{O}{C{-}CH}{-}R{-}\overset{O}{HC{-}CH_2} \xrightarrow{\triangle}$$

$$H_2C{-}CH{-}\overset{O}{\overset{\|}{C}}{-}O{-}CH_2{-}\underset{OH}{\underset{|}{CH}}{-}R{-}\underset{OH}{\underset{|}{CH}}{-}O{-}\overset{O}{\overset{\|}{C}}{-}CH{-}CH_2$$

这类树脂交联固化后光泽及硬度等方面性能均较好，但其户外耐久性、保光保色性不及前两种，较少用作户外涂料。

(4) *N*-羟甲基或烷甲氧基加热自交联或与氨基树脂、或与环氧树脂反应

这类树脂制造时常用（甲基）丙烯酰胺羟甲基丁醚为活性单体参加共聚合，或用（甲基）丙烯酰胺参加共聚合，先使聚合物侧链带有酰胺基团，此酰胺基团在聚合反应同时与甲醛缩合成羟甲基并同时与丁醇进行醚化生成丁氧基，反应式如下：

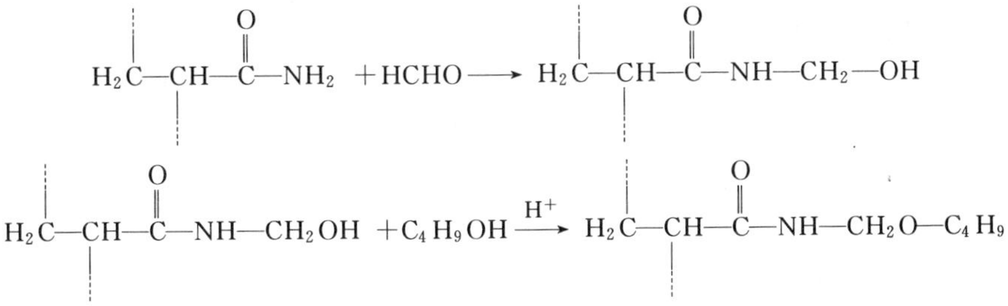

$$H_2C{-}CH{-}\overset{O}{\overset{\|}{C}}{-}NH_2 + HCHO \longrightarrow H_2C{-}CH{-}\overset{O}{\overset{\|}{C}}{-}NH{-}CH_2{-}OH$$

$$H_2C{-}CH{-}\overset{O}{\overset{\|}{C}}{-}NH{-}CH_2OH + C_4H_9OH \xrightarrow{H^+} H_2C{-}CH{-}\overset{O}{\overset{\|}{C}}{-}NH{-}CH_2O{-}C_4H_9$$

醚化反应须在酸性条件下进行，酸的存在也有利于树脂的固化，所以在共聚树脂中常加入（甲基）丙烯酸一起共聚。

共聚树脂的通式为：

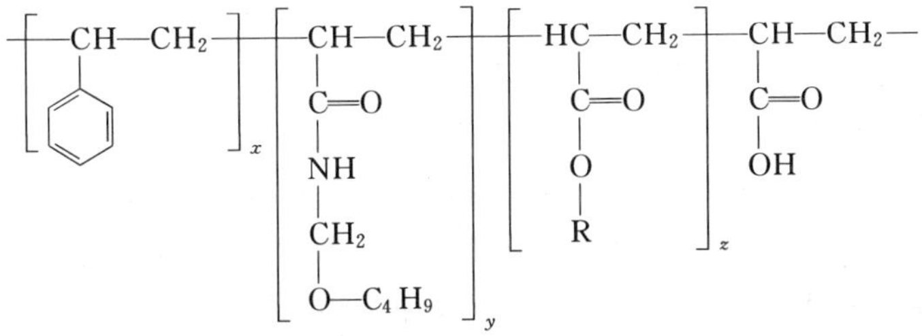

$$-\!\left[CH(C_6H_5){-}CH_2\right]_x\!-\!\left[CH(C{=}O{-}NH{-}CH_2{-}O{-}C_4H_9){-}CH_2\right]_y\!-\!\left[HC(C{=}O{-}O{-}R){-}CH_2\right]_z\!-\!CH(C{=}O{-}OH){-}CH_2-$$

这类树脂在制漆时可以单独使用，加热自行交联；也可以和氨基树脂或环氧树脂交联反应。这类树脂有良好的附着力、黏度、硬度、柔韧性，高温烘烤不变色，不泛黄，在家用电器及轻工产品上应用效果较好，但由于要求 170℃以上的烘烤温度，应用面尚受限制。

第八节　聚　酯　漆

一、聚酯树脂的组成和种类

聚酯漆是以聚酯树脂为基础的涂料。聚酯树脂是由多元酸与多元醇缩聚而成。选用不同的多元酸、多元醇和其他改性剂能生成不同类型的聚酯树脂。

(1) 不饱和聚酯树脂

采用饱和的二元醇与不饱和的二元酸反应而得到线型聚酯，由于其分子结构含有碳碳双键，也即有不饱和的碳原子，所以称它为不饱和聚酯树脂。常用的饱和二元醇有丙二醇，其次为乙二醇、二乙二醇、1,3-丁二醇等。常用的不饱和二元酸是顺丁烯二酸酐、顺或反丁烯二酸。此外还加有部分饱和的二元酸（如苯二甲酸等）参加反应来改进树脂的性能。例如，用己二酸可以增进韧性，用苯二甲酸酐可以增进树脂在芳族单体中的溶解性。

应当指出，苯二酸用量多，则漆膜硬度差，制得的漆黏度高。反之，顺式丁烯二酸酐用量多，漆膜的硬度高，漆的黏度低。

作为供交联线型不饱和聚酯所用的单体有苯乙烯、乙烯基甲苯、醋酸乙烯等，其中用苯乙烯交联制得的漆质量较好。但所用的苯乙烯不能含微量的自聚物。因为自聚物的存在会影响不饱和聚酯树脂贮存的稳定性，而聚苯乙烯不能与固化的聚酯树脂混溶，使漆膜成云雾状至乳白色。

(2) 饱和聚酯树脂

饱和聚酯树脂是由饱和的二元酸（如己二酸、癸二酸）和饱和的二元醇（如乙二醇）反应制成的线型聚合物。它的柔韧性很好，可以作纤维素及乙烯等类漆的增塑剂，而不单独用来制漆，所以也称为聚酯增塑剂。这种高分子的增塑剂由于不易挥发，所以比一般常用的苯二甲酸二丁酯等增塑剂增塑的效果更持久。

(3) 油改性聚酯树脂

实际上就是醇酸树脂，用二元酸（如苯二甲酸酐）、多元醇（如甘油、季戊四醇）以及改性用的油或脂肪酸反应制成。由于它的品种多，已组成一个独立的系统。

(4) 对苯二甲酸聚酯树脂

对苯二甲酸聚酯树脂主要是由对苯二甲酸与乙二醇反应制成。叫做“涤纶”的合成纤维就由这类聚酯抽丝而成，也可以制成有很大强度、韧性和耐绝缘性的塑料薄膜。在涂料工业中主要用它作浸渍绝缘漆和漆包线漆。

(5) 多羟基聚酯树脂

多羟基聚酯树脂是由多元酸（如苯二甲酸酐、己三酸等）与多元醇（如三羟甲基丙烷、甘油等）制成的含有多羟基的聚酯树脂。它可以与异氰酸发生交联反应，所以主要用作双组分聚氨酯漆及聚氨酯泡沫塑料的配套树脂，而不单独用来制漆。

二、聚酯漆的品种和应用

(1) 不饱和聚酯漆

不饱和聚酯树脂在空气中进行加热处理时，树脂上的碳碳双键可以打开而自聚，但是这样得到的漆膜性能是不好的。实际上均采用另一种不饱和单体（如苯乙烯）与它发生交联，而形成性能良好、不溶不熔的漆膜。苯乙烯单体可以溶解不饱和聚酯树脂降低其黏度，所以也称为活性稀释剂。

不饱和聚酯树脂在涂料工业中，是不可忽视的一类，用它制成的不饱和聚酯漆有如下的优点。

① 无溶剂，这就免除了因溶剂而引起的毒害，并且一次涂刷就可得到较厚的漆膜。

② 既可热固化也可常温固化。

③ 色泽良好，漆膜硬度高，耐磨、保光、保色性良好。

④ 具有一定的耐热性、耐寒性和耐温变性。

⑤ 漆膜有一定的耐弱酸、弱碱、溶剂等性能。

因此，可以制造用于木器、金属、砖石、水泥电气绝缘的涂料。

一般不饱和聚酯漆是由不饱和聚酯树脂的苯乙烯溶液，有机过氧化物如过氧化环己酮等引发剂（也称交联催化剂），环烷酸钴等促进剂，石蜡的苯乙烯溶液等四组分分装组成。使用时按一定比例混合。过氧化物的作用是促使不饱和聚酯树脂与苯乙烯发生交联固化，过氧化物在高温下发生分解反应，所生成的自由基使漆膜固化。环烷酸钴等促进剂的加入，可以与过氧化物进行氧化还原反应，使过氧化物在常温下就可放出自由基。这样就可使漆在室温下干燥。当然也可以加热烘干，固化更快。蜡液用于室温干燥的不饱和聚酯漆中，它可在涂刷后悬浮在漆膜表面，以隔绝空气中氧对漆膜的阻聚作用，避免了漆膜表面发黏不干的弊病。这种漆膜是无光的，必须把蜡层打磨除去，经抛光后才能得到光亮的漆膜。也可不加蜡液，而用玻璃或聚酯薄膜等覆盖物来防止氧的阻聚作用，这样不经打磨抛光即具镜面般的光泽，但是给施工带来了麻烦。

采用烯丙基缩水甘油醚代替部分乙二醇可制得无蜡的不饱和聚酯漆，漆膜仅须稍经或不用打磨即有明亮的光泽。

不饱和聚酯漆的缺点是漆膜对金属的附着力较差，漆膜较脆，虽然不饱和聚酯树脂的苯乙烯溶液中已加入了对苯二酚等阻聚剂，但是漆的贮存稳定性还是不够好。因此应用受到一定的限制，使用最多的是清漆，如木器漆和绝缘漆。

不饱和聚酯也可制成色漆。一般采用低黏度的树脂或增塑剂来分散颜料，颜料的选用要注意不能用对过氧化物敏感而退色的颜料，此外能强烈吸收阻聚剂的颜料如炭黑等也不能采用，因为它会造成漆的贮存稳定性很差。氧化锌也不能用，因为它极易与聚酯树脂中的游离羟基反应。

用不饱和聚酯树脂配制的聚酯腻子，由于无溶剂挥发，并且是催化固化的。所以腻子一次性可以涂刮较厚，不会产生“糖心”和不干，由于收缩性小，干后无塌渗的弊病，所以可在机械、电机工业中作填坑腻子。不饱和聚酯漆施工时，要注意按规定的比例混合各组分，否则会影响漆膜的性能。过氧化物引发剂不能直接与环烷酸钴液等促进剂相混合，一定要分别在不饱和聚酯树脂中调匀后再进行混合以免引起爆炸事故。混合好的涂料必须在规定的时间内用完，以免胶化浪费。所以一般的刷涂、喷涂或浸涂施工时，只能随配随用。

(2) 对苯二甲酸聚酯漆

对苯二甲酸二甲酯与乙二醇、甘油等进行酯交换，并缩聚而成的树脂，以苯、酮类稀释剂稀释制成对苯二甲酸聚酯漆。它的防潮与耐绝缘性良好，所以适宜作湿热带的电机用浸渍绝缘漆和漆包线漆。

第九节　水　性　漆

凡是以水为主要溶剂或分散介质，使油脂或树脂等成膜物质溶解或均匀分散在水中的漆均属水性漆。水性漆不同于一般溶剂型漆，它是以水作为主要挥发分的，可分为水分散性漆及水溶性漆两种。

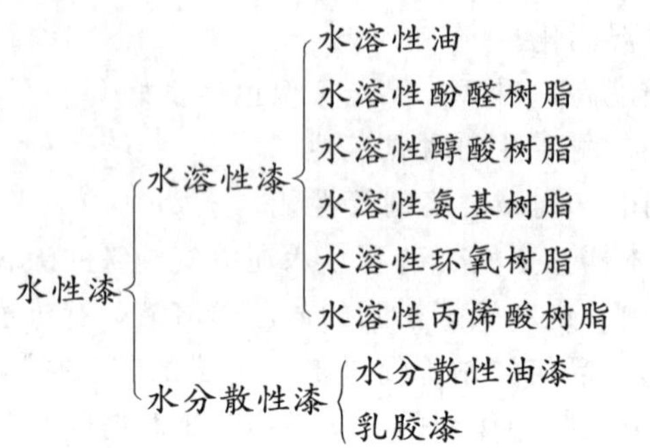

一、水溶性漆

所谓的水溶性漆是油漆本身能溶于水，而成膜后又能抗水。水溶性漆中所用的树脂有的溶于水，是由于树脂聚合物的分子链上含有一定量的强亲水性基团，例如含有羧基（ $-\overset{\overset{\displaystyle O}{\|}}{C}-OH$ ），羟基（$-OH$），氨基（$-NH_2$），醚基（$-O-$），酰氨基（ $-\overset{\overset{\displaystyle O}{\|}}{C}-NH_2$ ）等，这些极性基团与水混合时多数只能形成乳浊液，它们的羧酸盐则可部分溶解于水中，因而水溶性树脂，绝大多数以中和成盐的形式获得水溶性。

水溶性漆一般由水溶性树脂、水与各种助剂等构成，色漆品种还包括着色颜料与体质颜料。当在成膜聚合物中引进亲水的或水可增溶的基团便可获得水溶性树脂。故可制得多种水溶性树脂，如水溶性酚醛树脂、醇酸树脂、氨基树脂与丙烯酸树脂等。目前水溶性漆主要用于金属表面，如电泳漆、水溶性烘漆与水溶性自干漆等。

这种油漆的配制方法与其他的油漆不同，它是先做成能溶于水的“油漆”，然后将它施工成膜后，再采取其他方法，使漆膜具有抗水性，以提供保护作用。

当前用以制造水溶性油漆的油和树脂主要有以下几种类型。

(1) 水溶性丙烯酸树脂

用较多数量的丙烯酸或甲基丙烯酸与丙烯酸酯、苯乙烯等进行乳液共聚，在共聚终了时进行盐析，破坏乳液，将树脂盐析出来的固体树脂逐渐溶解，成为溶液状的水溶性丙烯酸树脂。

(2) 水溶性油

以甘油（例如亚麻仁油）与一定量的顺丁烯二酸酐进行双键加成反应，得到含有羧基的改性油，以氨水中和就成水溶性油。

(3) 水溶性醇酸树脂

通常溶剂型醇酸树脂不溶于水，如果在其制备过程中使反应中止，树脂中就有许多未酯化的游离羧基，同样用氨水中和就得到了水溶性醇酸树脂。如果将树脂原料中的苯二甲酸酐部分或全部地用偏苯三甲酸酐代替，所得水溶性醇酸树脂的性能更佳。

普通油漆所用的醇酸树脂，酸值越低越好。而对于水溶性漆用树脂，就要求酸值较高，以使与氨或胺类作用，制成具有能溶于水的树脂。

(4) 水溶性酚醛树脂

通常都是用松香改性酚醛树脂、丁醇醚化酚醛树脂或纯酚醛树脂与干性油熬炼，再加入顺丁烯二酸酐改性，以氨水中和就成水溶性酚醛树脂。由于加入了酚醛树脂，故性能比水溶性油有所提高。

(5) 水溶性环氧酯

通常溶剂型环氧酯是用干性油酸（如亚麻仁油酸）与环氧树脂进行酯化反应制成的。水溶性环氧酯则必须把亲水官能团合成到环氧树脂上去。一种方法是把用干性油酸酯化完全的环氧酯与顺丁烯二酸酐进行双键加成反应，用氨水中和得到水溶性环氧酯。另一种方法是使低当量的干性油酸与环氧树脂进行不完全酯化反应，再加入苯二甲酸酐与不完全环氧酯上未反应的环氧基在低温下进行半酯化开环反应，再用氨水中和树脂上由苯酐引入的羧基，就制成短油度环氧酯的水溶性树脂，它的耐化学性能很好。

(6) 水溶性氨基树脂

三聚氰胺在碱催化下与甲醛反应生成六羟甲基三聚氰胺甲醛树脂，然后在酸催化下用甲醇进行醚化，再用氢氧化钠中和，过滤除盐等就可得到六甲氧甲基三聚氰胺甲醛树脂，有水溶性。这种水溶性氨基树脂主要用来作水溶性醇酸树脂的交联剂和水溶性氨基醇酸烘漆，在150℃烘烤干燥，若加入磷酸二氢丁酯或对氨基苯磺酸，可使交联温度降至120℃。

由于它们经过以上的各种处理才能完成，因此大多数的水溶性漆是烘干性的，它们只适用于工业用途。它们漆膜的光泽还不好，还不能满足面漆光泽与装饰的要求，所以目前多用为底漆。

水溶性漆施工后，其漆膜的性能基本与同类溶剂型漆性能相同。其优点首先是以水为溶剂，可大量节约有机溶剂，可避免苯类中毒，减少对环境的污染，施工安全，在工业生产中以电泳方式施工，可自动化、连续化生产，工效高，涂层不流挂，厚度薄而均匀，附着力极其牢固。缺点是，对如纸、木材及不耐水的制品涂漆受到限制，极需增加涂膜烘烤设备，常温干燥时间长，贮存性较差，冬季温度低时，施工困难大等。

二、水分散性漆

液体的干性油或固体的树脂通过乳化作用分散在水中形成分散体，前者称为乳液，后者称为乳胶（或悬浮体）。以这两种分散体为主体制成的漆叫水分散性漆。

1. 水分散性油漆

它通常是以亚麻仁油制得，过程如下：

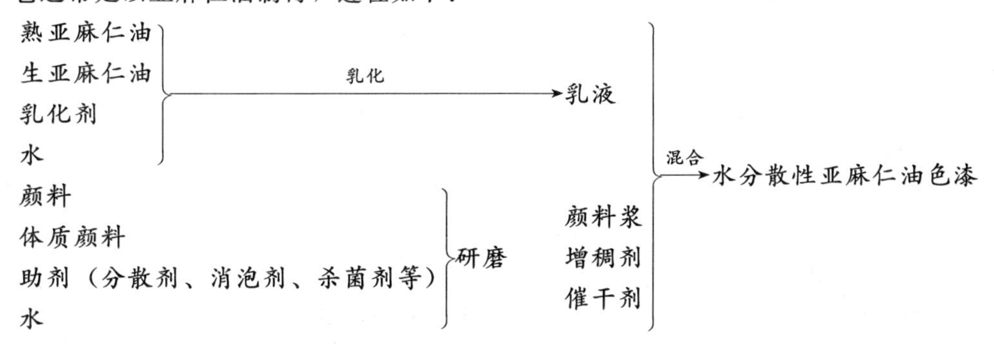

这种漆的性能与一般清油制得的油性调和漆相仿，主要用于房屋建筑。

2. 乳胶漆

乳胶漆则是以乳液（乳胶）为主要成膜物质。乳液是在乳化剂和引发剂存在下，由不饱和单体聚合所成的聚合物粒子分散于水中而形成的一种胶体。所以乳胶漆和水溶性漆虽都以水作稀释剂，但它们还是有一定的区别。

乳胶漆由不饱和单体聚合所成的聚合物粒子分散于水中而形成的。溶解和分散是它和水溶性漆的明显区别，而且乳胶漆的无光和有光是根据乳液粒子大小决定的，乳液粒子直径在0.5～3μm之间制成的漆膜是无光或半光乳胶漆；若乳胶粒子直径在0.2μm左右，制成的乳胶漆则是有光的。

乳胶漆主要用于涂刷墙体的内壁和外墙，干燥快，一般2h左右就能完全干燥。缺点是冬天温度低于5℃时就不宜施工，因容易冻结。

(1) 乳胶漆的特点

采用乳胶制成的涂料称为乳胶漆，它具有以下特点。

① 用水为稀释剂，安全无毒，不污染环境，在通风条件差的房间施工，也不会给工人带来危害，无火灾危险。

② 固体分散较高时，漆的浓度较低，故一次涂刷就可有较好的漆膜。

③ 干燥快，25℃时，30min内表面即可干燥，120min可完全干燥。

④ 透气性好，用于刷涂建筑物，物面不用全干就可施工，漆膜内外温差大，涂膜不易起泡。

⑤ 施工方便，辊涂、喷涂、刷涂均可，施工用具，只要用水一冲即可。

⑥ 耐水、耐磨性良好，表面可用皂液洗擦清洗。

⑦ 耐碱性好。涂于呈碱性的新抹灰的墙和天棚及混凝土墙面，不返黏，不易变色。

⑧ 保光保色性好。漆膜坚硬，表面平整，观感舒适。

⑨ 使用后墙面不易吸附灰尘。

(2) 乳胶漆的制备

乳胶漆的制备包括乳胶制备和乳胶漆的制备两个工序。

① 乳胶制备　乳胶制备使用的原料较多，技术较复杂。以制备聚醋酸乙烯乳胶为例。所用原料除醋酸乙烯外，还要加入一种保护胶体，用量以能保证乳液的安全性为准。稍多即能降低聚合物颗粒的大小，一般用的保护胶体有聚乙烯醇、纤维素等。后者制成的乳胶耐水性好。

在进行乳液聚合时，须加入一部分引发剂。这些引发剂具有水溶性，通常使用的为过硫酸铵、过硫酸钾、过氧化氢等。引发剂用量直接影响聚合物的分子量和黏度。引发剂量增多，分子量降低，黏度减小。

为使聚醋酸乙烯免于分解，反应是在酸碱度保持在4～6之间进行的。这就要加入酸碱度调节剂，通常用碳酸氢钠。

聚醋酸乙烯制成漆后，它的漆膜过脆。在乳胶中还须加入苯二甲酸二丁酯等增塑剂，以提高漆膜的弹性。

在聚合过程中，还须加入多种辅助剂，以保证生产顺利进行。例如，消泡剂，控制分子量的阻聚剂，阴离子乳化剂，防冻剂，pH调节剂等。

制得的乳胶是乳白色液体，其中约含50%的固体聚醋酸乙烯树脂。在乳胶中，树脂以微米以下的粒度分散于水中。这种乳胶可直接用于乳胶漆制备。

② 颜料浆　它是由颜料、体质颜料和各种助剂组成，通过球磨机碾磨而成的水分散体。

颜料及体质颜料，需采用不被乳胶漆的碱性所破坏，并且易分散使乳胶漆系统保持稳定的颜料。多数乳胶漆以白色颜料为基础，经常用的是金红石型二氧化钛，它有优良的遮盖力和耐候性。锌钡白价廉，它易被水润湿和分散，但户外耐久性和遮盖力低，常与二氧化钛合用以降低成本。体质颜料，如瓷土、云母粉、滑石粉和硫酸钡等。体质颜料可降低漆的成本，也能提高漆的耐水、耐磨等性能，但使漆的光泽和遮盖力降低。碳酸钙对醋酸乙烯乳胶漆有造成贮存中产生气体的危险，这是它和聚醋酸乙烯或未反应的单体可能水解产生醋酸所致，故不宜采用。

③ 其他助剂　另外，为获得或改善其他性能，还须加入分散剂、增稠剂、防腐剂、防霉剂、防锈剂、防冻剂等。

④ 水　水是乳胶漆的分散介质，在乳胶、颜料浆的制备时，以及最后组合制漆稀释和施工调整黏度时，都要加入，虽然不像制造乳液那样的严格，然而至少应该没有多价离子；清洗用水在回用前也应作处理，如过滤和杀菌等，因为硬水中含有较多的钙镁离子，会影响乳胶系统的稳定性。

最近 30 多年来，随着化工行业的迅猛发展，乳胶漆也在快速发展，现在乳胶漆的品种主要包括丁苯乳胶漆、醋酸乙烯乳胶漆、丙烯酸乳胶漆等。

第十节　涂料的性能测试及施工

一、涂料的主要质量指标及性能检测

1. 涂料产品

(1) 稳定性

① 结皮　醇酸、酚醛、氯化橡胶、天然油脂涂料经常会在涂料最上层有一层结皮，这是由于醇酸等类型涂料氧化固化形成的。观察结皮的程度，如有结皮，则沿容器内壁分离除去。结皮层已无法使用，下层涂料可继续使用，使用时搅拌均匀。除去结皮的涂料要尽快用完，否则放置一段，又会有结皮产生，甚至报废。

② 胶凝　色漆和清漆出现胶凝现象，可搅拌或加溶剂搅拌，用时过滤。若不能分散成正常状态，则涂料报废。

③ 分层、沉淀　涂料经长期存放，可能会出现分层现象，溶剂和树脂浮于上层，颜料沉淀在下层，检查时可用一木棒型物，插向涂料桶，若可插至底，说明沉淀是松散的，可混匀再使用。采用搅拌器使涂料样品充分混匀，混匀时的技巧是先倒出部分上层溶剂，搅拌下层颜填料和树脂液，待初步分散均匀后，再把倒出的溶剂倒回，继续搅拌均匀，有时过滤。若无法插到桶底，用刮铲从容器底部铲起沉淀，研碎后，再把流动介质倒回原先桶中，充分混合。如按此法操作，仍无法混合，仍有干结沉淀，涂料只能报废。

(2) 细度

细度是检查色漆中颜料颗粒大小或分散均匀程度的标准，以微米（μm）表示之。测定方法：GB 1724—79 涂料细度测定法。

细度不合格的产品，多数是颜料研磨不细或外界（如包装物料、生产环境）杂质混入及颜料反粗（颜料粒子重新凝聚的一种现象）所引起的。

(3) 固体分

固体分是涂料中除去溶剂（或水）之外的不挥发物（包括树脂、颜料、增塑剂等）占涂料重量的百分比。用以控制清漆和高装饰性磁漆中固体分和挥发分的比例是否合适。一般固体分低，涂膜薄，光泽差，保护性欠佳，施工时易流挂。通常油基清漆的固体分应在45%～50%。固体分与黏度互相制约，通过这两项指标，可将漆料、颜料和溶剂（或水）的用量控制在适当的比例范围内，以保证涂料既便于施工，又有较厚的涂膜。

测定方法见 GB 1725—79 涂料固体含量测定方法。

2. 涂膜性能

(1) 涂膜外观

按规定指标测定涂膜外观，要求表面平滑、光亮；无皱纹、针孔、刷痕、麻点、发白、发污等弊病。涂膜外观的检查，对美术漆更为重要。影响涂膜外观的因素很多，包括涂料质量和施工各个方面，应视具体情况具体分析。

涂膜的外观包括色漆涂膜的颜色是否符合标准，用它与规定的标准色（样）板作对比，无明显差别者为合格。有时库存色漆的颜色标准不同大多是没有搅拌均匀（尤其是复色漆如草绿、棕色等），或者是在贮存期内颜料与漆料发生化学变化所致。

测定方法见 GB 1729—79 涂膜颜色外观测定法。

(2) 光泽

光泽是指漆膜表面对光的反射程度，检验时以标准板光泽作为 100%，被测定的漆膜与标准板比较，用百分数表示。

涂料品种除半光、无光之外，都要求光泽越高越好，特别是某些装饰性涂料，涂膜的光泽是最重要的质量指标。但墙壁、黑板漆则要半光或无光（亦称平光）。

影响涂膜光泽的因素很多，通过这个项目的检查，可以了解涂料产品所用树脂、颜填料以及和树脂的比例等是否适当。

涂料的光泽视品种不同，分为三挡。有光漆的光泽一般在 70%以上，磁漆多属此类。半光漆的光泽为 20%～40%，室内乳胶漆多属此类。无光漆的光泽不应高于 10%，一般底漆即属此类。

测定方法见 GB 1743—79 涂膜光泽测定法。

(3) 涂膜厚度

它将影响涂膜和各项性能，尤其是涂膜和物理力学性能受厚度的影响最明显，因此测定涂膜性能时都必须在规定的厚度范围内进行检测，可见厚度是一个必测项目。

测定涂膜厚度的方法很多，玻璃板上的厚度可用千分卡测定，钢板上的厚度可用非磁性测厚仪测定。干膜往往是由湿膜厚度决定的，因此近年常进行湿膜厚度的测定，用以控制干膜厚度，测定湿膜厚度的常用方法有湿膜轮规法和湿膜厚梳规法。干膜厚度测定方法见 GB 1746—79 涂膜厚度测定法。

(4) 硬度

涂膜的硬度是指涂膜干燥后具有的坚实性，用以判断它受外来摩擦和碰撞等的损害程度。测定涂膜硬度的方法很多，一般用摆杆硬度计测定，先测出标准玻璃板的硬度，然后测出涂漆玻璃样板的硬度，两者的比值即为涂膜的硬度。常以数字表示之，如果漆膜的硬度相当玻璃硬度值的一半，则其摆杆硬度就是 0.5，这时涂膜已相当坚硬。常用涂料的摆杆硬度在 0.5 以下。

通过漆膜硬度的检查，可以发现漆料的硬树脂用量是否适当。漆膜的硬度和柔韧性相互制约，硬树脂多，漆膜坚硬，但不耐弯曲；反之软树脂或油脂多了，就耐弯曲而不坚硬。要使涂膜既坚硬又柔韧，硬树脂和软树脂（或油脂）的比例必须恰当。

测定涂膜硬度的标准方法有 GB 1730—79 涂膜硬度测定和 GB 3183—82 涂膜硬度测定法。

(5) 附着力

涂膜附着力是指它和被涂物表面牢固结合的能力。附着力不好的产品，容易和物面剥离而失去其防护和装饰效果。所以，附着力是涂膜性能检查中最重要的指标之一。通过这个项目的检查，可以判断涂料配方是否合适。

附着力的测定方法有划圈法、划格法和扭力法等，以划圈法最常使用，它分为 7 级，1 级圈纹最密，如果圈纹的每个部位涂膜完好，则附着力最佳，定为 1 级。反之，7 级圈纹最稀，不能通过这个等级的，附着力就太差而无使用价值了。通常比较好的底漆附着力并没有达 1 级，面漆的附着力是 2 级左右。

测定方法见 GB 1720—79 涂膜附着力测定法。

3. 涂料的施工性能指标

(1) 黏度

涂料的黏度又叫涂料的稠度，是指流体本身存在黏着力而产生流体内部阻碍其相对流动的一种特性。这项指标主要控制涂料的稠度，合乎使用要求，其直接影响施工性能、漆膜的流平性、流挂性。通过测定黏度，可以观察涂料贮存一段时间后的聚合度，按照不同施工要求，用适合的稀释剂调整黏度，以达到刷涂、有气、无气喷涂所需的不同黏度指标。

国家标准 GB/T 1723—93 规定了 3 种测定黏度方法，包括涂-1、涂-4 黏度杯及落球黏度计测定涂料黏度的方法，其中最常用的测定方法是涂-4 黏度杯测定法。此种方法简便易行，即以 100mL 的漆液，在规定温度下，从直径为 4mm 的孔径中流出，记录时间，以 s 表示，此为测定漆样的黏度。

(2) 干燥时间

涂料施工以后，从流体层到全部形成固体涂膜这段时间，称为干燥时间，以小时或分钟表示。一般分为表干时间和实干时间。通过这个项目的检查，可以看出油基性涂料所用油脂的质量和催干剂的比例是否合适，挥发性漆中的溶剂品种和质量是否符合要求，双组分漆的配比是否适当。

涂料类型不同，干燥成膜的机理各异，通常分为溶剂挥发成膜、氧化聚合成膜、烘烤聚合成膜、固化剂固化成膜四种类型，因此干燥时间也相差很大。靠溶剂挥发成膜的涂料如硝基、过氯乙烯漆等，一般表干 10～30min，实际干燥时间 1～2h。靠氧化聚合干燥成膜的涂料如油脂漆、天然树脂漆、酚醛和醇酸树脂漆等，一般表干 4～10h，实干 12～24h。靠烘烤聚合成膜的涂料如氨基烘漆、沥青烘漆、有机硅烘漆等，在常温下是不会交联成膜的，一般需在 100～150℃烘 1～2h 才能干燥成膜。靠催干固化成膜的涂料如可常温干燥，亦可低温烘干，视固化剂的种类和用量不同，其干燥时间各异，一般在 4～24h。

测定方法见 GB 1728—79 涂膜、腻子干燥时间测定法。

(3) 遮盖力

用涂料涂刷物体表面，能遮盖物面原来底色的最小用量，称为遮盖力。以每平方米用漆量的质量（g）表示（g/m^2）。

不同类型和不同颜色的涂料，遮盖力各不相同，一般说来高档品种比低档品种遮盖力好，深色的品种比浅色的品种遮盖力好。

测定方法见 GB/T 1726—79。

二、涂料的施工方法

涂料是重要的化工产品之一，因此，选择一种合适的涂料是非常必要的。所以，不只要注重涂料的性能，还需要考虑施工的质量，这样才能达到事半功倍的效果。

(1) 涂料的选择

涂料的种类和品种繁多，性能与用途各有不同。使用者首先要掌握各种涂料的型号、组成、性能和用途，这样才有选用涂料的基础。如果涂料选择不当或施工工艺不合理，往往就达不到所期望的效果，造成经济损失和时间的延误，因此在选择涂料品种时必须注意考虑如使用的范围和环境条件，诸如耐候性能、耐磨性能、耐冲击性能、光泽等。在使用材质上的选择性也非常重要，例如金属、木器、水泥、橡胶、纤维、皮革等。如何使涂料在配套性上达到非常好的效果也是至关重要的，例如面漆与底漆，底漆与腻子，腻子与面漆，面漆与罩光漆的附着力。

(2) 施工应注意的问题

① 材质的表面处理　涂料与物件的附着力取决于表面处理，表面处理包括金属的脱脂、去锈、化学磷化处理等步骤。例如，新钢铁器材特别要注意把氧化皮（蓝皮）清除干净，铝及铝合金最好经阳极氧化处理。木材则需要事先干燥，用漂白剂、封闭剂进行处理。塑料用溶剂洗去脱模剂并进行粗糙处理。

② 涂料的干燥　涂料干燥要得当，符合要求，涂层要均匀而致密。如果涂料干燥不当，常会给涂层带来很多的缺陷，例如起皱、发黏、麻点、针孔、失光、泛白等弊病。

③ 遵守质量标准和工艺流程　在涂料工程中一定要严格遵守相关质量标准，才能保证质量，还要严格遵守工艺流程标准，以免由于疏忽造成返工浪费。

(3) 施工的具体手段

由于涂料性能不一，所适用的涂装方式也不相同，所以要根据涂料能适应的涂装方式、使用单位设备条件、技术要求、涂料品种、环境条件等具体情况来定。

目前涂装方法主要有刷涂、揩涂、浸涂、流涂、捋涂、辊涂、空气喷涂、高压无空气喷涂、静电喷涂、粉末流化床涂装、电泳、自泳。

目前涂装方式总的方向是用机械化、自动化的操作来逐步代替手工操作，特别是涂料工业正朝着高分子合成材料方向发展，涂料的涂装方式及设备也必须向节约涂料，提高其利用率，提高劳动生产率，改善劳动保护，消除使用人员的职业病的方向努力革新。

参 考 文 献

[1] 陈士杰．涂料工艺：第一分册．北京：化学工业出版社，1999.
[2] 虞兆年．涂料工艺：第二分册．北京：化学工业出版社，2002.
[3] 王树强．涂料工艺：第三分册．北京：化学工业出版社，1996.
[4] 居滋善．涂料工艺：第四分册．北京：化学工业出版社，1996.
[5] 姜英涛．涂料工艺：第五分册．北京：化学工业出版社，1992.
[6] 马庆林．涂料工艺：第六分册．北京：化学工业出版社，1996.
[7] 刘国杰．现代涂料工艺新技术．北京：中国轻工业出版社，2000.
[8] 洪啸吟，冯汉保．涂料化学．北京：科学出版社，2004.
[9] 张学敏，郑化，魏铭．涂料与涂装技术．北京：化学工业出版社，2006.
[10] 王世泰，王淑仁．现代涂料及应用．济南：山东大学出版社，1988.
[11] 刘世民．涂料实用技术：第一分册．北京：化学工业出版社，1983.
[12] 叶扬祥．涂料技术应用手册．北京：机械工业出版社，1998.
[13] 杨春晖等．涂料配方设计与制备工艺．北京：化学工业出版社，2003.

第十一章 信息化学品

第一节 概 述

当今人类已进入信息时代，与日俱增的信息量对信息存储方式和材料的要求越来越高。在需要大容量、长寿命的信息存储方式开拓的同时，也需要信息存储手段的多样性和易操作性。随着现代科学技术的迅速发展，信息记录的方式发生了根本性的变化，电子化、数字化以及传统和新兴记录技术的并存发展，一种新兴化学品随之产生，并且所覆盖的范围十分广泛。这种化学品就是信息化学品，它是为信息产业配套的专用化学品，包括感光材料、照相化学品、磁性记录材料、计算机用化工材料、光盘用化工材料、印刷专用化工材料、有机电致发光材料、液晶显示材料、复印机专用化工材料等。本章将重点介绍感光材料、照相化学品以及磁性记录材料三种信息化学品材料。

一、信息化学品及其分类

1. 感光材料

感光材料是指在可见光或其他射线的照射下，材料吸收了光能，在其内部引发出化学或物理变化，这些变化有的立即可见，有的需经一定的加工处理（化学加工或物理加工）才能得到固定影像的材料。感光材料已经在科学技术、文化教育、国防等领域得到广泛的应用。它不仅使用在照相、电影和电视方面，在信息的储存和输送、文件复制和不可见光记录上都得到了应用，比如书籍、报纸和纺织品的生产都离不开它们，而电子工业更是建立在用感光方法制作印刷集成电路的基础上的。近年来，随着感光材料技术的发展，这种应用越来越广泛。

随着现代影像技术的发展，影像的摄录、存储和显示等不只局限在光化学成像，因此感光材料从广义上讲，应该包括一切对辐射能量敏感，可以将辐射强度和色彩分布，即光学影像记录下来，经过适当加工后用各种手段显示出来的材料。

2. 照相化学品

摄影术在19世纪初发现以来，卤化银感光材料工艺技术的每一次突破都与照相化学品有关。照相化学品在提高卤化银感光材料的信息容量和信息传递减少失真方面都起到了重要作用。照相化学品大致可以分两大类。第一类用于卤化银感光材料本身，第二类用于卤化银感光材料的冲洗加工。用于卤化银感光材料本身的照相化学品又分为乳剂、成色剂和功能成色剂，增感染料和各种助剂。用于乳剂的化学品以无机化合物为主，用于制备各种不同颗粒类型和不同感光性能的卤化银乳剂，其他几种化学品以有机化合物为主，亦称照相有机物。其中成色剂的作用是再现彩色影像；功能性成色剂和助剂的作用是改善彩色影像失真、影像的颗粒性和清晰度，提高模量传递函数；增感染料的作用是扩大乳剂的感色范围和提高乳剂的感光度；冲洗加工用化学品主要用于配制各种套药，如显影液、漂白定影液、稳定液等。

3. 磁记录材料

磁记录材料是磁记录技术所用的磁性材料，包括磁记录介质材料和磁记录头材料（简称磁头材料)。在磁记录(称为写入)过程中，首先将声音、图像、数字等信息转变为电信号，再通过记录磁头转变为磁信号，磁记录介质便将磁信号保存(记录)在磁记录介质材料中。在需要取出记录在磁记录介质材料中的信息时，只要经过同磁记录(写入)过程相反的过程(称为读出过程)，即将磁记录介质材料中的磁信号通过读出磁头，将磁信号转变为电信号，再将电信号转变为声音(类似电话)、图像(类似电视)或数字(类似计算机)等。磁记录技术的应用十分广泛。对任何现象，只要选择适当的传感器，就能把它转变成一定形式的电信号，记录在某种形式的磁记录介质上。具有几百奥斯特矫顽力的磁粉或磁性薄膜很容易将记录了信息的磁化图形保存数百年。当需要的时候，可通过简单地写入新信息覆盖旧信息的方法来改变磁化图形，记录的过程只是自旋电子方向的改变，因而这个过程可以无限逆转，而且无需更多的处理，信息就可立即读出来。磁记录技术已成为一种主要的信息存储手段。

目前使用的磁记录介质有磁带、磁盘(软、硬)、磁卡、磁鼓。从结构上分析，可将其分为磁粉涂布型介质和连续薄膜型介质。

(1) 磁粉涂布型介质

磁粉作为简单易得的磁性材料，较早得到应用和发展。目前，比较常见的磁粉包括：γ-Fe_2O_3 磁粉、含钴氧化铁磁粉、二氧化铬磁粉、金属磁粉等。

① γ-Fe_2O_3 磁粉　γ-Fe_2O_3 磁粉具有良好的记录表面，在音频、射频、数字记录以及仪器记录中都能得到理想的效果，而且价格便宜，性能稳定，是目前使用最多的磁粉，约占磁粉总量的 80%。在录音磁带、计算机磁带、软磁盘和硬磁盘的制备方面占重要地位。

γ-Fe_2O_3 磁粉通常为针状颗粒，长度为 0.1～0.9μm，长度与直径比为 3∶1 至 10∶1，具有明显的形状，各向异性。

② 含钴氧化铁磁粉　铁氧化物粒子所能达到的最高矫顽力约为 450Oe (1Oe＝79.5775A/m，下同)，然而磁记录的波长越来越短，因而需要粒子具有更高的矫顽力以抗退磁，这单靠提高粒子的针形度是不容易达到的。从 20 世纪 70 年代开始，人们发展了包钴磁粉，该磁粉既可保持氧化铁的基本优点(如稳定的化学性质和适中的价格)，又可明显地提高矫顽力(从 400Oe 提高到 1000Oe 以上)，因此它是目前录像磁带中采用的主要磁粉。

③ 二氧化铬磁粉　氧化铁虽然具有很多优点，但是其矫顽力低，通常为 250～400Oe，严重限制了记录密度的提高，20 世纪 60 年代中期由美国杜邦公司开发的二氧化铬磁粉，首先满足了对高矫顽力的要求。二氧化铬颗粒极其完整，具有良好的分散性，颗粒形貌比较整齐，这些特性有利于磁粉在磁层中的填充和取向。

④ 金属磁粉　金属磁粉的特点是具有较高的磁化强度和较高的矫顽力，这两个参数对磁记录具有十分重要的意义，磁化强度高就可以在较薄的磁层内得到较高的信噪比；矫顽力高能使记录介质承受较大的退磁作用，这是实现高密度记录的必要条件，因为记录密度高，记录波长短，退磁作用就强，因而要求记录介质必须有较高的矫顽力来承受较强的退磁作用。

金属磁粉的缺点也是显而易见的，一是其颗粒尺寸要比氧化物小一个数量级，所以化学稳定性差，容易自燃，难以保存。因此要使这种材料真正用作记录表面，必须对金属离子表面进行钝化处理。二是金属磁粉的颗粒愈细，在黏结剂中愈不易得到充分的分散，磁浆中的磁性颗粒就会分布不匀，甚至还会结块形成闭合磁路，降低排磁效率和磁带的灵敏度，导致金属磁粉特性的损失。上述缺点直到 20 世纪 70 年代才得到克服，80 年代美国 IBM 公司才将金属磁粉涂布型介质商品化。

(2) 连续薄膜型磁记录介质

随着时代的信息化，磁记录向高密度、大容量、微型化方向发展，促使磁记录介质由非连续颗粒状的磁记录介质向连续薄膜型磁记录介质过渡。由磁粉制成的磁带或磁盘等非连续型介质，必须与相当数量的非磁性的胶黏剂、助剂构成磁浆，然后再涂布在带基或盘基上。磁粉在磁浆中占70%～80%或30%～40% 的体积分数，也就是磁性颗粒被非磁性材料所稀释，从而限制了记录密度，降低了灵敏度等。而连续型磁性薄膜不使用胶黏剂等非磁性材料，将氧化物或金属、合金磁性材料直接镀涂在基片上，构成磁带、磁盘或磁鼓，从而明显地增加磁性材料的体积分数，有利于记录密度与灵敏度的提高。如果将氧化物中的氧也除去，就生成金属薄膜，它的饱和磁化强度比氧化物高出一倍以上。这对有效地减小磁层厚度（磁膜的厚度可减薄到涂布带的 1/15)，进一步提高记录密度和灵敏度是十分有益的。

尽管金属磁性薄膜具有高饱和磁化强度和高矫顽力的优点；但同时有化学稳定性差、易氧化与腐蚀等缺点，膜面容易被擦伤与破坏，制造大面积均匀薄膜在技术上也存在一定的困难以及价格较贵等问题至今尚未得到彻底的解决。

磁性薄膜按材料分类可分为氧化物和金属薄膜两大类，氧化物薄膜分为纵向记录（如 γ-Fe_2O_3)、垂直记录（如 $BaFe_{12}O_{19}$)。金属合金薄膜可分为纵向记录（Co-P，Co-Ni-P，Fe等)、垂直记录（如 Co-Cr，Re-Tm 等)。

目前的磁记录头材料主要有：①铁氧体磁头材料，如锰-锌-铁氧体［(Mn，Zn)Fe_2O_4］系统等；②高硬度磁性金属磁头材料，如铁-镍-铌（Fe-Ni-Nb）系磁性合金等；③非晶磁头材料，如铁-镍-硼（Fe-Ni-B）系非晶合金等。

二、信息化学品的作用原理

1. 感光材料

照相过程是由曝光、显影和定影等步骤组成的。要得到照相影像，首先需要一个成像装置，如照相机，然后是感光现象导致成像。这时候所产生的影像是微弱的，需要使用物理或化学的方法进行放大（显影)，使得影像能够被看得到，这种过程可以是由于化学反应而变色，也可由于光学性质的变化和物理的或机械的性质变化。最后一步影像的形成也可以用化学的、电子的或其他的方法来完成，见表 11-1。

表 11-1 形成影像的步骤

感光现象	放大的性质(显影)	成像现象	定影
光解 分解 氧化 还原 光合成 光致变色 光聚合 光吸收 光吸附 光电介质效应 光电磁等	化学的 热的 静电的 电子的 电磁的	因化学反应而变色 氧化 还原 分解 合成 光学性质的变化 吸收 反射 散射等 物理性质的变化	化学的 热 电子的 电磁的

根据获得影像所使用的材料和方法，感光成像体系可分为五大类：照相、光化学、光热印、光电印、电视。以上每一类中都有商业应用，而且应用的数目还在快速增长。下面主要介绍银盐感光材料所归属的照相成像体系的原理。

以卤化银为基础的感光材料，是将卤化银的微晶体分散到以明胶为代表的保护胶体中而得到的分散体，这种分散体叫做照相乳剂。制备照相乳剂的基本过程是在保护胶体存在下获得卤化银沉淀：

$$AgNO_3+KX \longrightarrow AgX+KNO_3$$

除了氟化银以外，其余的卤化银都仅仅极微溶于水。在保护胶体溶液中沉淀所生成的卤化银晶体，就是银盐感光材料的光敏物质。

那么卤化银晶体为什么可以作为感光材料使用呢？实际上，卤化银微晶体存在着诸多的结晶缺陷（结晶的不完整现象），如位错、空位等物理缺陷以及由 Ag_2S、Ag、Au 等杂质形成的化学掺杂。这些缺陷形成了卤化银晶种的薄弱环节，这些薄弱环节往往成为感光的活性点，即感光中心。

① 潜影的生成　光是有一定能量的光电子的射线流，当拥有感光中心的卤化银晶体被光线照射时，感光中心可以捕获光电子，并使其与银离子反应而获得银原子。于是在感光中心就会产生银原子的积累。当积累的银原子达到 4 个或以上时，就形成了稳定的潜在影像，即潜影。这种影像虽然还不可见，但它是通过显影获得可见影像的基础，所以又称为显影中心。

② 显影　银盐感光材料可以采用化学显影和物理显影两种方法。目前广泛使用的是化学方法，即利用乳剂中的银离子来使影像放大的方法。

显影的实质是已感光的银离子在显影中心的催化下，被显影剂还原成银原子，从而增大潜影体积的过程。由于这种放大可以达到 10^9 倍以上，显影后影像就由几个银原子变成为由显影银粒组成的可见影像。感光程度不同，被还原出的银颗粒的数量和大小就不同，从而形成深浅不同的可见影像。由于显影中心的催化作用一般不会超越其所在的晶体颗粒，而未感光的卤化银颗粒上没有显影中心，所以显影剂一般有很好的选择性。

③ 定影　显影之后，在乳剂中还存在着大量没有感光的卤化银颗粒，后者必须除去，才能够获得稳定的影像。这一过程称为定影。

定影液的主要成分是 $Na_2S_2O_3$，它能够和 Ag^+ 发生以下反应：

$$Ag^+ + S_2O_3^{2-} \longrightarrow [AgS_2O_3]^- \text{(被吸附,不溶解)}$$

$$[AgS_2O_3]^- + S_2O_3^{2-} \longrightarrow [Ag(S_2O_3)_2]^{3-} \text{(溶解)}$$

从而使得银离子溶到水中。通常定影液中还含有缓冲剂（以保持 pH 值在 4～6 之间），以及硫酸铝钾等坚膜剂（以提高乳剂层的物理保护性能）。经过定影液处理的感光材料再经过充分的水洗和干燥过程，就可以自由地使用和保存了。

实际上，整个感光乳剂中使用的银绝大部分被溶解到了定影废液中，尤其是彩色胶卷，废液中的含银量更大，如果将定影废液直接排放，不仅会严重地污染环境，而且也是对银的极大浪费，从其中回收银还很有经济价值。

2. 磁记录材料

利用磁场可以使之磁化的所有材料统称为磁性材料。根据其保持磁化强度的能力——矫顽力的强弱，磁性材料可粗略分为软磁和硬（永）磁两大类。目前用于信息记录的磁性材料主要是各种磁粉。

电子的自旋和轨道运动是原子磁性的两个根源。原子的磁矩是原子内所有电子磁矩的总和。当一种物质在一个微小的区域内，各原子磁矩的方向紊乱时，则总的净磁矩仍为零，就是顺磁性。如图 11-1。若相邻的原子或离子磁矩形成有序的同向排列，就会使金属显示出自发磁化，并出现铁磁性。若形成导向排列，则会使总的磁性显示为零，即反铁磁性。但若异向排列的原子磁矩的大小不同，净磁矩虽减小，但并不为零，则为亚铁磁性。

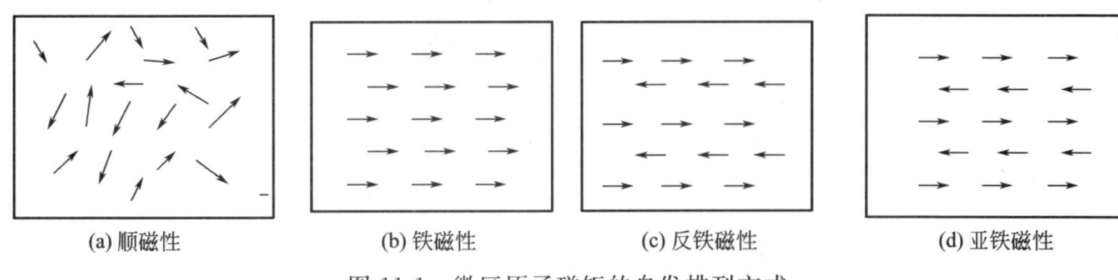

图 11-1　微区原子磁矩的自发排列方式

磁性材料在外磁场中呈现强磁性，所产生的强的附加磁场，其方向与外磁场方向相同。实际上，磁化强度（磁感）B 与外加磁场 H 的关系很复杂，至今未能用公式来表达，只能用磁化曲线来进行描述。现以铁为例来说明其磁化过程，见图 11-2。

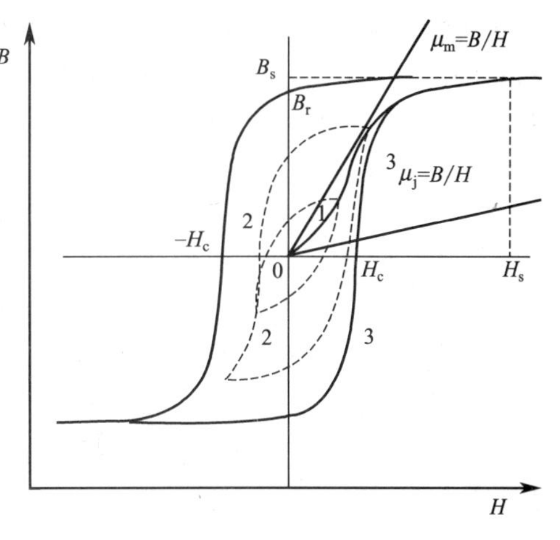

图 11-2　磁滞回线

将一块未磁化过的铁（先经过加热处理）放到从零慢慢增大的磁场 H 中，就能观察到磁感 B 随曲线 1 变化，这条曲线称为起始磁化曲线。B 从零点出发，较陡地增长，直至达到饱和值 B_s。即使外磁场 H 大于 H_s，B 实际上也不再增长。若把磁场减小时，B 的下降将不沿初始磁化曲线 1，而是沿另一曲线 2。在外磁场 $H=0$ 时，磁化强度 B 却不回到零，这种 B 随 H 变化的滞后现象称为磁滞。外磁场 $H=0$ 时，磁感 B 的数值称为剩余磁化强度，简称剩磁 B_r。为使磁感完全退尽，需要施与原磁化方向相反的磁场，对应于 $B=0$ 的反向磁场 $-H_c$ 称为矫顽力，也就是使磁化强度降低到零的反向磁场。人们常根据矫顽力 H_c 的大小来区分软磁或硬磁材料。一般矫顽力高于 100A/cm 的材料被视为永磁体。

磁场向负方向进一步增大，材料沿相反方向磁化到饱和，到达 $-B_s$。此时，重新改变磁化线圈中的电流方向，使 H 沿正方向逐渐增大，经过零值以后，继续增加磁场的振幅，磁化强度就从 $-B_s$ 经过 H_c（$B=0$）到达 $+B_s$（曲线 3），形成一闭合曲线，称为磁滞回线。一般而言，它是原点对称的闭合曲线，表现了外磁场变化时，磁感 B 的相应变化轨迹。它的形状及面积，对磁性材料的工程应用十分重要。当外加场强 $|H|<|H_s|$ 时，会形成如图 11-2 中虚线的形式，称为小回线。

作为磁记录介质材料，要考虑下列四个参数，第一是饱和磁化强度 B_s，愈大愈好；第二是剩磁强度，愈大愈好；第三是矫顽力，要有适当的值，如果 H_c 太小，就不可能可靠地保持信息；如果 H_c 太大，就不容易记录信息。典型的矫顽力为 40kA/m；第四是磁滞回线的矩形度 H_s/B_s，矩形度愈好，保持信息的能力就愈强，尤其是采用数字记录等饱和磁记录方式，要求磁记录介质有良好的矩形度。

磁记录是以磁记录介质受到外磁场磁化，去掉外磁场后，仍能长期保存其剩余磁化状态的基本性质为基础的。磁记录的物理过程是：首先把需要记录的各种信息，例如声音信号、光信号或其他任何可转换的信号，变换为电信号；然后，使用电磁转换原理，将随时间变化的电讯号，通过记录磁头缝隙处的磁场，转化为记录介质中的剩余磁化强度的空间分布，从而完成录或写的过程。反之，记录介质通过重放磁头的缝隙时，剩磁空间分布引起磁头磁芯内的磁通量随时间变化，转化为电信号，完成放或读过程。

通常的磁记录系统主要由记录磁头、重放磁头、消磁磁头、记录及重放电路、磁记录介质（如磁带）及其驱动机构组成。磁记录介质中的磁性记录材料主要包括非连续磁粉和连续磁性薄膜两种形式。

三、信息化学品的发展及前景

自古以来，信息存储材料和存储技术的发展，都成为社会发展的重要因素。如纸张的发明、印刷的发明等。从 19 世纪开始的光、电、磁记录方法和材料的研究，更直接成为 21 世纪人类飞速发展的重要前提。现在，无论是日常生活、工业生产还是科学研究领域，信息存储材料的应用已经无孔不入。与以纸张为材料的印刷方法来比，使用各种感光材料、磁记录材料、光记录材料的光、电、磁信息记录方法，无论从速度、质量、价格还是可保存性、可利用性、可再开发性上，都有明显的优势。

随着人们对信息的数量和使用方便性的要求的不断提高，信息存储材料的存储能力也不断提高。目前已经广为使用的信息记录材料包括：以各类胶片为代表的感光材料，以磁带、磁盘为代表的磁记录材料，以光盘为代表的光记录材料等，并且仍在不断发展，甚至出现了纳米级的“海量”存储材料。

1. 银盐感光技术的发展

自 2005 年以来，数码影像技术和产品继续飞速发展，数字影像已经渗透到工业、军事、医疗、印刷、商业广告、摄影艺术、大众消费等各个领域。数字影像技术和产品已经成为影像器材市场的主流。随着数字影像技术、产品和市场的发展，照相感光材料的分类和品种已经发生了很大变化。照相感光材料不仅包括传统银盐照相材料，而且包括数码影像感光材料。纵观照相感光材料工业的现状，我们不难发现以下三大新特点。①传统银盐照相产品的需求快速萎缩，特别是照相胶卷、传统照相机和传统扩印机的市场需求每况愈下，已进入迟暮之年。胶卷市场的萎缩造成传统照相产品的成本上升，国际影像巨头纷纷转型数码影像材料的生产。②数字成像技术的快速发展使影像输入和输出的方式越来越多，影像材料行业的总体规模继续扩大。许多数字影像技术正在取代传统照相技术，影像材料行业的应用领域不断翻新和扩展。③某些数码影像技术和传统摄影技术逐渐结合起来，发展成为各种影像冲印解决方案。照片拍摄、处理和冲印或打印的方式越来越多。各种传统和数码照相感光材料的市场需求量有降有升。

银盐感光材料的干式加工，一直是照相加工行业可望不可即的，但进入 21 世纪已有两家公司发布了干式加工技术。ASF 公司在 2000 年美国 PMA 展览会上演示了数字式胶片加工 DFP 技术。DFP 加工是将一卷未加工的 35mm 或 APS 胶卷送入 DFP 加工系统，在系统内的“影像捕获引擎”装置中，胶片被涂上一层专用的无毒的胶片显影剂，这种显影剂不会产生任何副产品。然后由 DFP 对产生的影像进行数字化，即进行高速、高分辨率的多次单色扫描，扫描的影像分辨率为 600 万像素，再经影像处理软件将扫描的影像颜色组合，加工结束后，得到一张光盘，而不是通常的底片。扫描时胶片受到破坏，但胶片上的银仍可用通常方法回收。

现代数字公司于 2000 年 9 月发布了 P-扫描干胶片技术，不用液体加工，将胶片放入自动照相机器中，在胶片上放入一种特殊粘贴物，再进行扫描来制作影像数字拷贝。无论是

DFP 技术还是 P-扫描技术，都采用了与传统胶片不同的冲洗加工方式，而用数字式扫描技术，是利用数字方式来实现传统胶片干加工的最佳尝试，一旦进入市场，实现胶片的干式加工，必定会对传统胶片加工方式产生重要影响。

2. 非银盐感光材料的应用与发展

近二三十年来，随着近代科学、国防尖端技术的迅速发展，信息时代以及全球环境保护的要求给非银盐感光材料以及感光性高分子的发展带来了机遇和巨大的推动力，使得该领域的研究、开发和应用出现了日新月异的大好发展势头，它的应用非常广泛，已经渗透到国民经济各领域。非银盐感光材料其具体应用表现在两大方面：成像体系和非成像体系。成像体系非银盐感光材料的应用涉及：①印刷版材料，包括阳图 PS 版、阴图 PS 版、液态感光树脂版、固体感光树脂版、柔性树脂版、丝印感光胶、激光直接制版版材；②光致抗蚀剂，包括干膜光致抗蚀剂、湿膜光致抗蚀剂、电沉积光致抗蚀剂等，光致抗蚀剂广泛应用于超大规模集成电路、印制电路板、光盘母盘、模压全息母版彩色显像管等微米及亚微米微细加工材料的制作；③激光全息材料；④光致变色材料；⑤立体光造型；⑥重氮感光材料；⑦非银盐明室印刷胶片；⑧复印机光导鼓等。

非成像体系非银盐感光材料的应用更加广泛和普及，主要应用如下几方面。①光固化涂料：包括木材用光固化涂料，如底漆、面漆、色漆。塑料用光固化涂料，如汽车部件、器械、光盘、装饰板、信用卡、金属化涂层等。金属用光固化涂料，如钢材防锈、彩涂钢板、印铁制罐、易拉罐等。纸张用光固化涂料，如装饰纸、标签、卡片、书面表面上光、金属化涂层等。电子工业上光固化涂料，印刷线路板保护涂料，光盘保护涂料，光纤涂料，电子元器件封装等。②光固化油墨：包括光固化胶印油墨、光固化柔印油墨、光固化丝印油墨等。印刷线路板上专用油墨，包括光固化抗蚀油墨、光固化阻焊油墨、光固化堵漏油墨、光固化标记油墨、光固化导电油墨等。③光敏黏合剂，应用于层压材料、复合材料、航空玻璃、压敏胶以及光学材料、汽车部件等的黏结。④医疗材料，如光固化补牙材料、光固化牙膜、光敏脱色、光固化隐形等。

3. 微胶囊成像材料的发展

微胶囊技术指将固体颗粒、液体微滴或气体作为囊芯，在其外部形成一层连续而极薄的囊壁的过程。微胶囊的芯材种类有固体、液体或气体，或者这些材料的混合物；壁材有天然高分子、半合成高分子和合成高分子材料。微胶囊成像材料利用微胶囊化技术把一种显色组分（如染料前体）封装于微胶囊内部，在显色之前染料前体与另一种显色组分（如显色剂）被微胶囊的壁材隔离，2 种组分不会反应成像。需要显色时，在压力、热量等作用下微胶囊壁材性质发生变化，显色剂渗透穿过壁材进入微胶囊内，与染料前体反应实现成像。已发展的微胶囊成像材料可以分为压敏成像材料、热敏成像材料。此外，还有一种利用微胶囊成像的材料——电子纸。

4. 磁材料的进展

磁记录材料是当今信息社会必不可少的信息记录和传输材料，具有性能可靠、使用方便、成本低廉、易于保存和重复使用等优点。广泛应用于电影、电视广播、文化教育、科学研究、计算技术、金融管理、工农业生产、空间技术和办公室自动化等视听、文书档案、数据存取和自动化控制等领域，同时也渗透到了亿万家庭。

在当今电子化的信息存储领域中，磁存储仍与光存储、半导体存储并列为三大存储系统。尤其是进入 20 世纪 90 年代以来，电子信息技术向数字化、集成化、网络化和智能化方向发展，磁记录技术和介质正借助许多重大科技成就继续前进，不断取得新进展，在高密度、高性能、大容量、小型化、数字化方面获得重大进步。目前已经形成了纵向磁记录技术和垂直磁记录技术，模拟录音录像与数字录音录像技术，固定磁头记录和旋转磁头记录，磁记录和磁光记录并存的局面。磁记录材料和技术总的发展趋势是：由微米向纳米，由氧化物向金属发展；由涂布型向薄膜型发展；由单涂层向多涂层、薄涂层发展；由磁带介质向盘介质发展；由模拟记录向数字化记录发展；由纵向记录向垂直记录发展；由磁记录向磁光记录发展。发展目标始终是高密度化、高性能化、大容量化和微小型化。

5. 光存储技术的应用与发展

光盘存储技术是21世纪70年代在激光技术的基础上发展起来的一种新型信息记录技术。激光信息记录的主要特点是采用非接触式记录方式，存储密度高，容量大，近几年随着其性能的不断提高和性能价格比的提高，已在消费电子领域和计算机中获得广泛应用，占据了相当大的市场份额。

在未来相当长时间内，在信息存储领域中，既有磁记录技术与光存储技术各自独立发展的空间，同时还有各种存储技术及产品交叉发展和应用的可能，从而不断提高存储密度和容量，不断提高数据传输速率，不断提高信息资料存储的安全可靠性，不断提高存储资料的传递及交换的便捷性，从而满足不同领域的应用。例如固态存储将成为最主要的便携、移动存储设备，微型存储磁盘存储发挥其容量大、可擦写的优点，用于计算机外设光盘存储长期保存，特别是一次写入型以及只读光盘将广泛用于信息传播及长期保存。

第二节 感光材料

一、感光材料的性质和结构

1. 感光材料的性能

感光材料的性能是由生产原料、配方和工艺等因素所决定的。一般是通过测定其感光特性曲线的方法来获得。特性曲线是显影后银的密度 D 和曝光量 H 之间的关系曲线（如图11-3所示）。从中可以计算和了解、评价感光材料的性能指标。

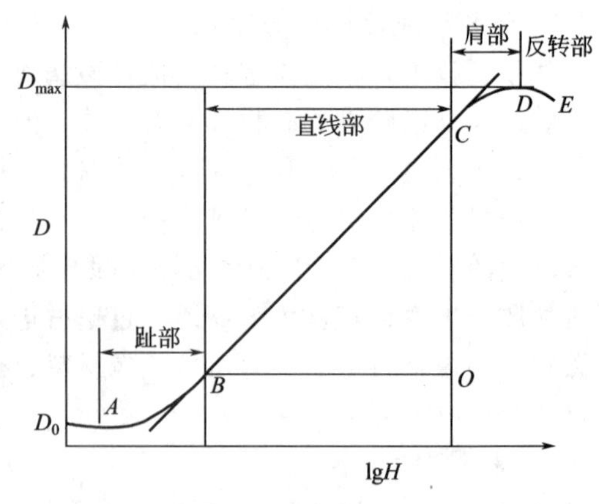

图 11-3 感光特性曲线

(1) 灰雾密度 D_0 和最大密度（D_{max}）

灰雾密度表示感光材料未经曝光而在冲洗加工后产生的密度，用 D_0 来表示，也是感光材料的最小密度，即特性曲线 A 点对应的密度值。这是因为各种感光材料在制造、贮运、使用与加工过程中受各种因素的影响，使乳剂的未曝光部分经冲洗加工后往往有极少量的金属银还原出来，形成一定量的密度。对任何品种的感光材料，尤其是正性材料其灰雾密度应越低越好。每种感光材料的 D_0 超过一定值时，会干扰影像的正确还原，这种材料就不能用了，因此在制造和加工时，应严格控制这项指标。

最大密度是指感光材料随曝光量增大至一定程度后，再增大曝光量其密度也不再增加。此时的密度即特性曲线中 D 点，用 D_{max} 来表示。D_{max} 对黑白电影正片、声带片、字幕片等很重要，因 D_{max} 不够这些片种是不能使用的。

（2）反差与反差系数 γ

反差是指被摄体画面中的明亮部分和阴暗部分的差别程度，也称对比度。被摄体画面影像明暗对比大，则此影像反差大，反之则反差小。感光材料能否把被摄体的反差准确反映出来，反差也是感光材料的重要技术指标之一。实际上被摄体的反差与感光材料上影像的反差不尽相同，因为感光材料影像的反差随感光材料制造和显影加工条件而变化。

影像反差：　$\Delta D = D_{max} - D_{min}$

景物反差：　$\Delta \lg B = \lg B_{max} - \lg B_{min}$

式中　B——景物的亮度，cd/m^2。

由于景物的亮度决定了曝光量，影像反差与景物反差的关系可用影像反差与曝光量差来表示，所以定义反差系数 γ 为：

$$\gamma = \frac{\text{直线部分某两点密度差}}{\text{相应两点曝光量的对数表}}$$

感光材料的反差系数 γ 对影像的反差有决定性的作用，$\gamma<1$，影像反差小于景物，有模糊感；$\gamma>1$，影像反差大于景物，黑白分明，缺乏层次感；$\gamma=1$，影像与景物反差相同，影像逼真，再现性好。但是影响反差的因素还有显影条件。

（3）宽容度 L

宽容度是指感光材料把被摄景物的亮度范围按比例地正确记录下来的曝光量的范围。实际上，感光材料的宽容度等于特性曲线直线部分（终点和试点）曝光量之差。
即：

$$L = \lg H_c - \lg H_B$$

因此，γ 值越小，D_{max} 越大，L 越大。普通摄胶片的宽容度在 1.8～2.1 之间。

（4）感光度 S

感光度是指感光材料对光敏感的程度，通俗地说就是感光速度。在实际摄影中是一个很重要的指标，知道了它，就可以正确地使用照相机的快门和光圈。

感光度是以感光材料在曝光、显影加工后，达到一定的基准密度所需要的曝光量来表示的：

$$S = \frac{K}{H_p}$$

式中　S——感光度，$lx^{-1} \cdot s^{-1}$；

K——常数；

H_p——在一定显影条件下，达到一定基准密度所需要的曝光量，$lx \cdot s$。

因此，达到基准密度所需曝光量越小，胶片的感光度越高。

目前，感光度的计算由于世界各国选择的基本密度和常数不同，形成了不同的标准，如美国的 ASA，德国的 DIN，我图的 GB 和国际标准化组织的 ISO 等。表 11-2 为几种感光度对照表。

表 11-2　几种感光度对照表

GB	50/18°	100/21°	200/24°	400/27°	800/30°	1600/33°
ISO	50/18°	100/21°	200/24°	400/27°	800/30°	1600/33°
DIN	18°	21°	24°	27°	30°	33°
ASA	50°	100°	200°	400°	800°	1600°

（5）感色性

感色性是指感光材料对不同颜色光波的感受程度。

纯卤化银只对可见光中的蓝紫光敏感，即感受390～500nm光谱范围的光线，而对更长波长的绿、红光不敏感。后来人们发现，在乳剂中添加增感染料，可提高乳剂层的感色范围，不同结构的增感染料可分别使乳剂中卤化银感绿色、红光甚至延伸至人眼不可见的红外线区。为了区别这些不同感色性的感光材料，通常把未加增感染料只感蓝光的胶片称为盲色片，加绿增感染料后能感蓝、紫、绿光的胶片称分色片或正色片，加感绿、感红增感染料后对红、绿、蓝都感光的胶片称全色片，加感红外增感染料后感红外区胶片称红外片。

(6) 解像力和清晰度

这是评价感光材料对影像细部的表达能力的指标。

解像力也称为分辨率。通常是以每毫米宽的乳剂层能够清晰地记录的平行线的最大条数来表示。不同的感光材料有不同的解像力，如黑白电影正片为80～100线/mm，快速卤化银底片为65线/mm，光致变色体系能达到1000线/mm。

清晰度是一个主观概念，评价的是影像细部边缘的清晰程度。

很明显，解像力和清晰度越高，影像的质量越好。尤其是对于缩微技术、全息摄影、大规模集成电路制造等领域中的应用来说，更为重要。

(7) 保存性

保存性是指感光材料的各项照相性能在一定保存时间内的稳定程度。在保存时间内感光材料的照相性能基本保持不变，其保存性好；若照相性能发生变化，通常表现为感光度下降，灰雾上升，则保存性差。

为了提高感光材料的保存性，除了生产厂在制造时采用加入稳定剂使产品性能稳定，另外产品保存条件也是一个重要因素。一般高温、高湿易使感光材料性能变劣，故感光材料最好在温度20℃、相对湿度60%左右保存，对高感光度胶片，彩色、红外胶片等品种应在5～10℃下保存。

2. 感光材料的结构

银盐感光材料的种类不同，其结构也有所差异，但是，它们的基本结构是相似的。下面首先分析普通黑白胶片的结构。

(1) 基本结构

黑白胶片的结构比较简单。如图11-4所示，它主要是由三大部分组成的，分别是乳剂层、支持体和辅助层。

(2) 乳剂层

银盐感光材料的主体是乳剂层，它是由卤化银、照相明胶和多种微量添加剂组成的高分子薄膜，一般为单层，厚5～25μm。

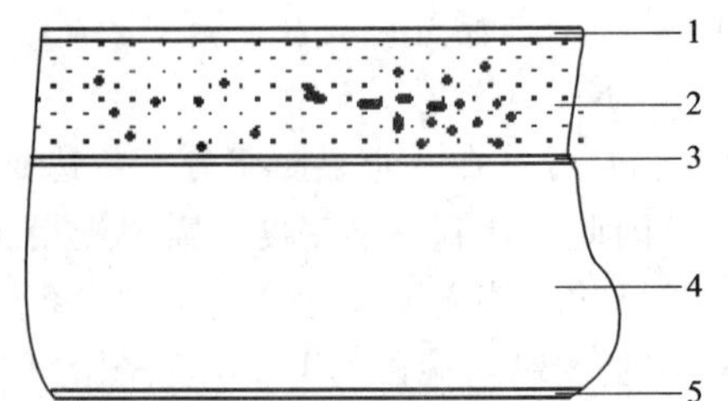

图11-4　黑白胶片的基本结构示意图
1—保护层；2—乳剂层；3—底层；4—支持体；5—防光晕层

① 卤化银　卤化银是感光物质，可以是纯溴化银或氯化银，但通常由这两种卤化银的混合物或由溴化银与碘化银的混合物组成，以极微细的颗粒（微晶体）的形式均匀分布在明胶中。乳剂的照相特性就决定于卤化银的成分、结构以及晶体的形式。

卤化银由硝酸银和卤化物（如NaCl、KBr、KI等）反应而成。卤化银乳剂的照相性能，特别是感光度受卤化盐种类影响很大。不同种类的感光材料，往往要按需要选用不同的卤化银晶体，并常选用混合卤化物生产混合卤化银晶体，如氯溴化银（AgCl/Br）等。各种常用卤化银的感光度顺序为：

$$AgI < AgCl < AgCl/Br < AgBr < AgBr/I$$

理想的溴化银和氯化银晶体的构型与氯化钠相同，都是立方晶系。但实际上，由于生产条件不同，会产生形状的变化和结构的缺陷。如溴化银晶体从溴化物溶液中析出时主要是立方体和八面体，而从氨溶液中析出时，可获得立方体、八面体和十四面体。在现代乳剂生产时，产品已经从简单晶形向复合晶形发展，采用诸如 T 颗粒结晶、核壳结晶、外延结晶等形式来获得最佳的效果。

② 照相明胶　在照相乳剂中，明胶具有多种功能。它的主要任务是作为分散的卤化银晶体的载体，防止它们的沉积。它又是一种防止卤化银自发还原的保护胶体。事实上，明胶还会对卤化银起化学作用，并使得乳剂保持一定的稠度和稳定性。

③ 添加剂　在乳剂中，为了改善照相性能、提高物理强度，常加入增感剂、稳定剂、坚膜剂、增塑剂、杀菌剂等。

a. 增感剂　用于扩大乳剂的感光范围，提高感光速度。

b. 稳定剂　防止乳剂在生产和贮存之间发生感光度降低、灰雾增加和反差下降等现象。

c. 坚膜剂　保证胶膜坚硬而经受得住冲洗过程的正常处理。

d. 增塑剂　有些乳剂如电影胶片乳剂需要添加增塑剂以适应生产和贮存过程中对柔软度的要求。

e. 杀菌剂　在各阶段对明胶水溶液都需要添加杀菌剂以防变质。

(3) 支持体

支持体起着支持乳剂层和其他辅助层的作用。根据性能和使用目的不同有片基、玻璃板基和纸基三种。

(4) 辅助层

在乳剂层和支持体上，为改善性能，还要涂布一些辅助层。

① 保护层　涂布在乳剂层上面的保护乳剂，防止产生擦伤和灰雾的一层透明韧性物质层。

② 底层　照相乳剂是亲水的，很难良好地与疏水的片基胶黏在一起，因此需要在支持体上涂布一层黏合剂。

③ 防光晕层　当感光材料曝光时，会有一部分光线穿过乳剂层后，透过片基并被其背面反射回乳剂层再次感光，从而使影像发虚。这种现象称为光晕现象。

为消除光晕现象，可以在片基背面涂上防光晕层，以吸收透射光线。同时，还可以在其中添加抗静电剂，防止静电火花使乳剂感光。

需要指出的是，感光材料的实际结构是非常复杂精细的，尤其是彩色胶片。一般有 10 个以上的涂层，而总厚度不足 12μm，具有超过 100 种的高纯度的有机功能化合物，其具体情况见后续章节。

二、感光材料的种类

通常感光材料包括银盐感光材料和非银盐感光材料两大体系。银盐感光材料中的光敏物质是卤化银。它具有以下特性：宽范围的光谱感光性（从 X 射线到红外线），可以有选择地对特定的光谱部分感光因而可复制彩色，极大的感光度和高度的解像力，影像耐久不变，以及银可以回收与重复使用等。据研究表明，银盐容许的感光度极限大约在 60DIN，目前产品化的已达 36DIN（3200ASA）以上。

通常银盐感光材料可以按以下方法分类。

① 按最终获得影像的色彩分为：a. 黑白感光材料；b. 彩色感光材料。

② 按最终获得影像的性质分为：a. 负性材料；b. 正性材料；c. 一次成像材料。

非银盐感光材料是20世纪50年代以来得到高速发展的一类材料。它是以非卤化银和具有感光特性的化合物作为感光物质的感光材料。确切地说：是借助某些敏感材料，在受到光、电、热、磁等直接作用下，引起体系内某些物理和化学的变化，从而形成图像。非银盐感光材料具有高解像力（甚至可得到无颗粒性影像）、制造和使用工艺简单等优点。由于其感光度比较低，大大限制了使用范围，但因发明了一系列新的强光源，使得这种情况得到了很大改善。目前比较成熟的非银盐感光材料主要有：重氮成像、电子成像、自由基成像、热敏成像、光致变色成像以及感光树脂成像。它们在全息照相、大屏幕显示、半导体工艺、原子能技术、医疗卫生等领域得到了实际应用，并部分取代了银盐感光材料。

非银盐感光材料具有以下独特的优点：①响应速度快，能实时记录和显示；②材料的分辨率高；③有些材料能多次重复使用；④不用贵重金属；⑤免除了暗室显影定影操作；⑥加工过程简便快速，成本低廉。在应用方面，与银盐感光材料相比，非银盐感光材料在感光材料中所占的比例越来越大。

综上所述，银盐感光材料性能优良、技术比较成熟，非银盐感光材料种类繁多、特点鲜明。它们各有短长，不会出现谁取代谁的结果，只能是相辅相成，共同发展。

三、常用的感光材料

1. 银盐感光材料及其生产工艺

银盐感光材料作为传统的信息记录材料，已经有160多年的历史，随着科学技术的进步，感光科学和感光材料工业有了飞速的发展，感光科学已经成为跨行业多学科的交叉的独立学科，银盐感光材料工业也形成了一个新型的高技术的独立产业，在国民经济中占有重要的地位。常用的银盐感光材料主要包括：①民用照相用感光材料；②电影用感光材料；③射线用感光材料，包括医用射线胶片、工业射线胶片；④印刷用感光材料；⑤遥感用感光材料等。

银盐感光材料的生产，首先要获得支持体和照相乳剂，然后将乳剂涂布在支持体上，并使其干燥、整理后，分切包装为成品。生产中，精度要求高，综合性强，工艺复杂，除支持体生产以外的部分几乎都要在暗室中进行。由于银盐感光材料产品质量和水平受到机械、化工、冶金、电子等工业水平的限制和影响，目前世界上能够进行商业化生产的国家和公司屈指可数。

(1) 支持体的生产

在感光材料中，乳剂层和辅助层涂布在支持体上，支持体不仅决定了感光材料的力学性能和使用方式，还对照相性能也有影响。不同类型的感光材料对支持体的机械强度、厚度、透明度、色泽、耐光性、尺寸稳定性、导电性、化学稳定性、显影加工适应性等均有一定的要求。

目前，感光材料支持体主要有片基、纸基和玻璃板基，前两种用途较广泛。

① 片基　现代感光材料使用的片基主要有三醋酸纤维素（CTA）片基和聚酯（PET）片基。生产PET片基，首先是将PET颗粒制成厚片，然后经双向拉伸成型。而生产前者，则麻烦一些。CTA是由棉花或纸浆与醋酐反应所得的酯化产物。

$$[C_6H_2O_2(OH)_3]_n+3n(CH_3CO)_2O\xrightarrow{H_2SO_4}[C_2H_7O_2(OCOCH_3)_3]_n+3nCH_3COOH$$

实际制备时，将棉花或纸浆加到溶剂醋酸中。然后向反应所得的黏稠浆液中加水，使CTA乙酰基部分水解，并调节酯化度（葡萄糖基中的乙酰基数）为2.5～2.8。这样的CTA

才能满足制造片基的要求。最后将反应液注入水中，CTA 沉淀、精制、干燥制成三醋酸纤维片（CTA 片）备用。

制造片基时，将 CTA 片和增塑剂（磷酸三苯酯）加入以二氯乙烷为主与少量甲醇和正丁酯组成的溶剂中，制成高黏度的棉胶，过滤、除泡，送至流延机成型。

干燥后的片基还需涂布必要的辅助层以备使用。在片基准备涂布乳剂的正面需涂布用 CTA 溶剂、明胶或亲水性聚合物制成的底层液；在片基的背面，需涂布由防光晕剂、防静电剂、防粘剂、滑润剂等组成的防光晕层液。需说明由于感光材料种类不同，防光晕剂也可以加在底层或在支持体生产过程中加入。在现代感光材料的生产中，辅助层可随乳剂层同时一次涂布完成。

② 纸基　纸基是相纸的支持体。人们很早就开始使用纸基，纸基也经历了从普通纸到钡纸，再到目前已经大为发展的涂塑纸等几个阶段。涂塑纸的结构是在原纸的正面（涂乳剂一面），先复合上一层由低密度聚乙烯、二氧化钛、稳定剂、抗氧化剂、着色颜料、润滑剂等组成的白树脂层，然后再在上面涂布胶质底层（或直接进行电晕处理）。原纸背面复合高密度聚乙烯层，使正反两面应力平衡，以防止卷曲。

从 20 世纪 80 年代以来，涂塑纸的生产逐步演变为商标印刷、反面复合、正面复合、两面辊式涂布、无接触气垫干燥五道工序串联一次完成的工艺流程。

(2) 感光材料的涂布与干燥

支持体和乳剂的制备仅仅是感光材料生产的最初步骤，只有将乳剂均匀涂布在支持体上，经干燥和整理加工后才能成为可以实际使用的感光材料。

① 乳剂在涂布前的处理　在化学增感结束后的乳剂，并不能直接用于涂布生产，一方面是要进行光谱增感等处理，另一方面，是要在乳剂中添加一系列的添加剂。

具体工艺是，将化学成熟后冷冻保存的乳剂加热熔化后，根据品种和涂布的要求，补加适量水调节黏度，然后按以下顺序添加各种添加剂：稳定剂→超增感剂→防氧化剂→光谱增感剂→成色剂（彩色片）→表面活性剂→坚膜剂→防腐剂→消泡剂等。添加结束后，过滤、静置消泡，检测合格后即可进行涂布。

② 涂布　涂布是在暗室中将照相乳剂和辅助层胶体溶液非常均匀地涂布在连续运动着的支持体上的过程。由于涂层很薄，一般只有几个微米，甚至需要涂布多层，而且要与干燥、收片工序一起完成，整个流程可长达数千米，因此需要很高的技术和精良的设备。

涂布机是整个感光材料生产过程中最关键的设备之一，它有很多种形式。

目前多使用挤压式涂布机，它有很多具体形式，如挤出式、坡流式、落帘式等。这类涂布机可以达到较高的车速（100m/min 以上）、较薄的涂层，而且可以同时涂布 3 层以上。

③ 干燥　乳剂的干燥是要求非常高的一段工序。为了防止涂层厚度的变化，一般采用的是平铺的方式。先降温至 0～7℃冷凝，然后采用分段的热风干燥的方法。在干燥过程中，需要控制干燥风的温度、风速，以保证所得产品的强度、含水量和外观符合要求。整个干燥过程和涂布以及后续的卷片工序一样都必须处于干净的暗室中。

④ 整理加工　经涂布干燥后的胶片每轴长达 300～600m，宽为 1.14m，必须经过再加工才能成为商品。如民用胶卷，就必须经裁切、打孔、检验、包装等加工过程。

2. 银盐彩色感光材料

虽然人们生活的世界绚丽多彩、五彩缤纷，但使用黑白感光材料记录下来，再呈现在人们面前的却是只表达了轮廓和明暗层次的黑白影像。自 19 世纪以来，人们一直致力于获得彩色影像的研究，直到 20 世纪 30 年代，才实现了彩色片的实用化。

(1) 色彩的产生

物体的颜色，是由于它对可见光不同的反射（不透明）或透射（透明）的结果。我们知道，虽然自然界的色彩非常丰富，但是，几乎所有可见的彩色都是由三原色混合而成。在可见光谱中，红、绿、蓝三种成分大约各占 1/3，它们可以组合成其他颜色，而自己却不能再分解，所以称为三原色。

① 色光的加色法　将三原色按不同的比例混合，获得其他各种颜色的方法称为加色法。加色法成色的基本规律如下。

当三原色光等量混合时，可得白光；

红＋绿＋蓝＝白

两种原色光混合时，分别得到：

红＋绿＝黄

绿＋蓝＝青

红＋蓝＝品红

如果各原色光不按等量相混合，就可以得到任意颜色的混合色光。

② 色光的减色法　减色法就是设法从白光中吸收掉（如使用滤色光）某种颜色的光，从而得到另一种颜色的方法。在这里，所吸收的色光和得到的色光成互补关系。

所谓互补色，指的是两种能互相混合而成为白色的颜色。如：蓝-黄、绿-品红、红-青等。

与加色法不同，减色法不是采用将色光混合的方法来显示色彩，而是通过将反射或透射的白光中的颜色去除的方法来显示其补色的方法来显示颜色。如要获得黄色，只要使用蓝色滤色片滤去蓝光即可。当使用不同的滤色片时，就可以获得各种颜色。

③ 彩色感光方法 实际上，彩色复制的过程分两步进行。第一步是把天然物的三原色进行分解，用滤色片和（或）感光材料对其进行选择性感光。第二步是颜色的合成，采用加色法或减色法再现物体的颜色。

由于加色法应用上的困难，彩色照相中多数采用减色法成像，就是在白色相纸或透明片基上形成透明且重叠在一起的黄、品红、青三个乳剂层，滤过不同的色光，呈现彩色影像。

(2) 彩色片的结构

彩色感光材料的种类和形式很多，目前应用最广泛的是多层彩色胶片，是将不同的乳剂层涂布于片基而成。其基本结构如图 11-5 所示。

彩色胶片与黑白胶片的差别主要在于彩卷的乳剂层由多层组成。最上面一层是感受蓝光的，它经显影加工后形成黄色影像。第三层感受绿光，生成品红影像。第四层感受红光，生成青色影像。由于第三四层乳剂中的卤化银也会对蓝光感光，所以在感蓝层下有一个黄滤色层以避免蓝光通过。

(3) 彩色胶片的成像原理

一般彩色胶片采用的是彩色负片-正片体系，使用时先形成与真实物体成补色关系的负片（底片），然后再生成与负片互补、与真实色彩相同的正片（照片）。

彩色负片与黑白片的成像过程基本相同，如图 11-6 所示，主要包括曝光、彩色显影、漂白和定影。

曝光时，景物的颜色被分解后分别记录在三个感光层中，形成潜影。

感蓝层——黄色影像
黄滤色层
感绿层——品红色影像
感红层——青色影像
片　基

图 11-5　多层彩色胶片结构示意图

蓝	青	绿	黄	红	品	白	黑	被摄景物颜色	
↓	↓	↓	↓	↓	↓	↓	↓	曝光	
⊙	⊙	△	△	△	⊙	⊙	△	感蓝层	
△	⊙	⊙	⊙	△	△	⊙	△	感绿层	曝光后
△	△	△	⊙	⊙	⊙	⊙	△	感红层	
▲黄	▲黄	△	△	△	▲黄	▲黄	△	黄色染料影像加银影像	
△	▲品	▲品	▲品	△	△	▲品	△	品红染料影像加银影像	显影后
△	△	△	▲青	▲青	▲青	▲青	△	青色染料影像加银影像	
△黄	△黄	△	△	△	△黄	△黄	△	黄色染料影像	
△	△品	△品	△品	△	△	△品	△	品红染料影像	漂白后
△	△	△	△青	△青	△青	△青	△	青色染料影像	
黄	黄				黄	黄		黄色染料影像	
	品	品	品			品		品红染料影像	定影后
			青	青	青	青		青色染料影像	
黄	红	品	蓝	青	绿	黑	白	底片上的彩色负像	

图 11-6 多层彩色负片成像过程示意图

△ 银离子状态；⊙ 银感光核；▲ 还原的银原子

黄	红	品	蓝	青	绿	黑	白	底片上的彩色负像	
↓	↓	↓	↓	↓	↓	↓	↓		
△	△	⊙	⊙	⊙	△	△	⊙	感蓝层	
⊙	△	△	△	⊙	⊙	△	⊙	感绿层	曝光后
⊙	⊙	⊙	△	△	△	△	⊙	感红层	
△	△	▲黄	▲黄	▲黄	△	△	▲黄	黄色染料影像加银影像	
▲品	△	△	△	▲品	▲品	△	▲品	品红染料影像加银影像	显影后
▲青	▲青	▲青	△	△	△	△	▲青	青色染料影像加银影像	
△	△	△黄	△黄	△黄	△	△	△黄	黄色染料影像	
△品	△	△	△	△品	△品	△	△品	品红染料影像	漂白后
△青	△青	△青	△	△	△	△	△青	青色染料影像	
		黄	黄	黄			黄	黄色染料影像	
品				品	品		品	品红染料影像	漂白后
青	青	青					青	青色染料影像	
蓝	青	绿	黄	红	品	白	黑	底片上的彩色负像	

图 11-7 多层彩色正片成像过程示意图

△ 银离子状态；⊙ 银感光核；▲ 还原的银原子

显影时，已感光的卤化银被还原为银原子，而显影剂被氧化。被氧化了的显影剂与乳剂中添加的成色染料发生反应，形成彩色影像（补色）。

由于银原子产生的影像对于彩色影像的获得没有用处，所以需要漂白去除。此时，将胶片上的所有银原子再氧化为银离子，但仍保留在胶片上。

最终的定影阶段，将胶片上的所有银离子全部溶解。此时，在胶片上就会留下三个透明、重叠的密度不同的黄、品（品红）、青单色，显示出完整的彩色补色影像。

彩色正片的成像过程与负片相同，如图 11-7 所示。

3. 非银盐感光材料

非银盐感光材料是使用卤化银以外的无机或有机光敏物质所制成的各种感光材料。20 世纪 50 年代后发展成为一个新体系。可借助光、电、热、压、磁等因素对敏感层的作用，使得体系内产生某种物理或化学变化而形成图像。非银感光材料的品种繁多，可按不同的方法进行分类。按照感光层的化学体系，可分为无机体系（如光敏玻璃、重铬酸明胶等）、有机体系（如重氮感光材料）和高分子体系（如感光树脂）；按照成像过程的特征，则可分为光化学成像、光物理成像、热敏成像和压敏成像等。按感光原理主要有以下各种。

① 光致变色材料　采用螺吡喃、俘精酐或其他光致变色物质制成的感光材料。在一定波长的光线照射下，会引起该种化合物结构上的变异，从而造成颜色的变化；当受到另一波长的光或热的作用时，它又可恢复到原来结构的颜色。光致变色过程包括光照、激活反应、发色和消色等阶段。

光致变色材料可加入到硬化硅胶薄片中或玻璃片中，成为变色镜片，也可制成滤色镜。由于光致变色材料分辨率高，理论上达 10^6 线/mm，且可做到多次重复使用，故在缩微成像中有重要的用途。光致变色材料也可用做全息记录材料和计算机的短期存储元件或显示材料。

② 自由基感光材料　以四溴化碳和三芳基甲烷染料作为光敏物质制成的感光材料。在光或电离辐射作用下，光敏物质光解产生自由基，经一系列自由基链反应，生成染料或破坏染料，从而形成染料图像。近年来又发展了由聚乙烯咔唑、四溴化碳和染料隐色体组成的变色材料。这些材料具有高分辨率，且灵敏度较高，在复制、印刷、幻灯、缩微等方面得到应用。

③ 酸敏变色记录材料　由含卤共聚物（如偏二氯乙烯-丙烯酸甲酯）和酸敏指示剂所组成。酸敏变色记录材料在受到紫外线、电子束或高能粒子等作用时，含卤共聚物会受激释放出氯化氢，使酸敏指示剂改变颜色，从而形成图像。采用不同的指示剂，可获得不同的颜色，以得到多色图像。这种记录材料可以实时记录和显示，且灵敏度和分辨率高，可以作为大屏幕实时显示光阀介质，用于某些加速器和准分子激光器中，粒子束的空间分布轨迹实时记录和显示，还可用于钴 60γ 射线和紫外线辐照灭菌的剂量监测和控制。

非银盐感光材料是成像体系中一个重要的、具有强大生命力的分支。目前应用较广、较为成熟的非银盐感光材料体系有重氮体系、光聚合体系、电子照相体系、光致变色体系、热敏成像体系等。

(1) 重氮体系

重氮成像体系是最古老的非银感光材料之一，至今仍广为应用，在整个非银感光材料中占有重要的地位。重氮感光材料种类很多，用于照相的主要有重氮盐成像材料和微泡成像材料两种。

① 重氮盐成像材料　重氮感光材料的成像原理是利用重氮化合物对光的不稳定性和具有与酚类化合物在碱性介质中发生偶合而生成稳定的染料影像的性质。用于重氮感光材料中的重氮盐通常是对苯二胺的二元或一元取代物。它们在光的照射下，生成染料影像的反应为：

$$R_2N-C_6H_4-N{=}NCl \xrightarrow{h\nu} R_2N-C_6H_4-Cl + N_2\uparrow$$

未见光分解的重氮盐即发生偶合反应：

$$R_2N-C_6H_4-N{=}NCl + C_{10}H_7OH \xrightarrow{碱} R_2N-C_6H_4-N{=}N-C_{10}H_6OH + HCl$$

重氮盐　　偶合剂　　青色染料

重氮材料的光敏性质主要决定于所使用的重氮盐的光化学性质。适用的化合物必须符合以下条件：a. 生成的偶氮染料见光不退色，耐酸；b. 须有足够的不溶性，水洗不扩散；c. 偶合速度适中；d. 偶合剂必须无色。常用的重氮化合物和偶合剂分别见表 11-3、表 11-4。

表 11-3　常用的重氮化合物

重氮化合物	材料类型		备　注
	单组分	双组分	
4-重氮-*N*,*N*-二甲基苯胺	—	+	
4-重氮-*N*,*N*-二乙基苯胺	—	+	
4-重氮-*N*,*N*-二丁基苯胺	—	+	
4-重氮-*N*-乙基-*N*-*β*-羟基乙苯胺	—	+	
4-重氮-*N*-乙基-*N*-苯甲基苯胺	+	—	高密度,能吸收紫外线
4-重氮-2-氯代-*N*,*N*-二乙基苯胺	+	—	用于胶片涂布
4-重氮-2-甲基-*N*-甲基苯胺	—	+	
4-重氮二苯胺	+	+	蓝黑和紫色
4-重氮-*N*-吗啉	—	+	
4-重氮二乙氧基-*N*-苯基吗啉	—	+	高速度,高密度,有虚描线
4-重氮-2,5-二正丁氧基-*β*-苯基吗啉	+	—	高感光性和活性
4-重氮-2,5-二乙氧基-*N*-乙基苯甲酰苯胺	+	—	感光性良好
4-重氮-2,5-二乙氧基-*N*-苯甲基苯胺	+	—	高偶合活动性,深蓝黑色
4-重氮-2,5-二乙氧基-*N*-苯基苯乙酰基苯胺	+	—	酸-中性显影,黑色线条
4-重氮-2,5-二乙氧基苯基对甲苯基硫化物	+	—	偶合速度高,酸-中性显影
4-重氮-2,5-二乙氧基二苯基硫化物	+	—	显影得黑线,也有红线
2-重氮-1-萘酚-5-碘酸	—	—	亲油,用于平版印刷

重氮盐感光材料在涂层中主要包括两个组分，即光敏重氮化合物和成像偶合剂。此两组分可以在一个感光涂层中，称为双组分材料，也可单独将重氮光敏剂存在于涂层中，称为单组分材料。双组分材料的优点是可以用氨或加热方法直接进行干法显影，但制造时应防止过早发生偶合反应，要在涂层中加入适量的酸性物质。对单组分材料，不存在胶片不稳定的问题，但要采用湿法或半湿法显影加工，偶合剂包含在碱性操作液中。

表 11-4 常用偶合剂

苯的羟基和多羟基化合物	颜色	萘的羟基和多羟基化合物	颜色
间羟基苯脲	红棕	2,3-二羟基萘-6-磺酸	黄
N-乙酰基间氨基酚	棕	2-羟基萘-6-磺酸	红
间苯二酚	棕	2,7-二羟基萘-3,6-二磺酸	红蓝
均苯三酚	棕紫	带活性亚甲基的化合物	
间二苯酚单甲醚	黄棕	*N*-乙醚乙酰苯甲胺	橙褐
β-间二羟苯甲酸的乙醇胺	红棕	*N*,*N*-二乙酰次乙基乙烯二酸胺	棕到红棕
间位与邻位羟基乙氧基酚	褐	杂环化合物	
1,3,5-三羟基苯二水合物	深黑	1-苯基-3-甲基-5-吡唑酮	红

无论用哪种方法，对于胶片均需防止氧化作用。这种氧化作用会导致背景的泛色和染料影像的衰退。预防的方法是在感光层中添加抗氧剂，硫脲就是最常用的一种。

重氮涂布液组成示例：

水	100mL	氧化锌	5.0g
柠檬酸	3.0g	硫脲	3.0g
重氮化合物	1.0～5.0g	甘油	5.0mL
偶合剂	3.0～6.0g	表面活性剂	适量

双组分重氮感光材料的显影通常是让曝光后的材料受氨气的作用而完成，方法简单、操作方便，但稍会影响操作人员的健康。

加热显影的方法似乎更有前途。它是依靠在涂层中预先加入无机铵盐或有机胺类，这些物质在加热时释放出氨气，进到显影的目的。尿素最好，热分解温度仅 133℃，且分解产物呈中性。100mL 感光液中加入 6～7g 即可。

对于单组分材料，则应使用半湿法显影。其显影液的典型配方（pH＝9.0～9.5）：

水	100mL	硫脲	1.0g
硼砂	7.0g	间苯二酚	0.5g
碳酸钾	0.5g		

半湿法显影加工的优点是避免使用氨气，同时单组分材料具有较长的贮藏期限。

② 微泡成像材料　微泡材料的感光层是均匀分布着重氮光敏剂的热塑性乳剂涂层，曝光时，重氮盐分解成微小的气泡，经热显影后使小气泡在涂层中膨胀形成直径 0.5～2.0μm 微泡，依靠这些微泡对光的散射成像。

由于微泡材料的图像取决于入射光的反射和折射，可以随观察情况的不同把它看作阳图或阴图。根据对应原稿光亮处是否拥有微泡，微泡胶片仍有负像与正像之分。

③ 重氮平版印刷材料　平版印刷是印刷技术之一，指在印刷板上图文和空白部分处于同一平面上，利用水-油相拒的原理，使图文部分具有亲油疏水性，而使空白部分具有亲水疏油性，把油墨附着在亲油部分，即可进行印刷。在平版印刷中最先进的是胶印技术，把图文部分先转印到橡皮滚筒上，然后再转印到纸上。

重氮平版印刷材料是以重氮盐作光敏剂，结合聚合物或单体，经过简单的显影过程，使影像部分具有亲油性。

目前发展较快的是将感光液预先涂布在处理过的铝板上，其感光层是由重氮光敏剂和酚醛树脂所组成，常称 PS 版。重氮光敏剂常用醌重氮化合物，如 2-叠氮基-5-磺酸萘醌。

(2) 光聚合体系

一些聚合物单体或线型高分子在光线的作用下，使单体聚合而成大分子或生成网状结构的高分子物质，这一过程称为光敏聚合过程。通常称这种高分子材料为感光树脂。感光树脂的感光和非感光部分对溶剂溶解度存在着显著的区别，它能作为一种成像材料在印刷制版和各种表面精细加工方面获得广泛应用。目前，它主要应用于各种照相制版材料、光敏油墨、微电子工业的光刻胶和感光贴膜等领域。

① 光交联感光树脂　常用的光交联树脂由明胶类的水溶液高聚物和重铬酸盐所组成，称为重铬酸胶。在光的照射下，高分子链发生交联，形成网状结构。其典型配方如下。

a. 重铬酸盐明胶感光液配方

重铬酸铵	2g	蛋白液	4mL
明胶	20g	水	100mL

b. 重铬酸盐聚乙烯醇感光液配方

重铬酸钠	0.63g	磺酸钠	少量
聚乙烯醇	6.25g	水	100mL

② 光聚合感光树脂　丙烯酸和丙烯酰胺单体在紫外线的作用下，引入适当的引发剂，就可以发生自由基聚合而形成高分子聚合物。按照这一原理，就可以生产出光聚合感光树脂。目前主要用于印刷板、抗蚀剂和感光黏合剂。

③ 光分解感光树脂　在重氮感光材料中，以 2-叠氮基-5-磺酸萘醌与酚醛树脂相结合组成 PS 版的光敏材料，属于光分解型感光树脂。它们受光作用发生分解，其曝光部分对溶剂的溶解度显著改变，从而可以通过使用溶剂处理的方法，产生阴图或阳图浮雕像，得到影像。

(3) 静电复印材料

随着电子照相体系的发展，静电复印材料也越来越重要，它已经完全占领了文件复印领域。

静电复印，就是使用材料的光电导性，将光的影像转变成为静电的影像。明确地说，就是先使光电导绝缘层均匀充电，然后再用成像的曝光使之选择性放电，形成影像，再经转印、定影，即可在纸上获得稳定的影像。

目前使用较广的静电复印感光体是硒，将其涂覆在金属圆筒上，俗称硒鼓，但也有使用有机感光材料制造的有机鼓。曝光前，使用电极丝电晕处理硒鼓，使之表面充满正电荷。曝光时，硒鼓受到反射自被复印文件的光线的照射，见光部分（原稿空白部分）失去电荷，其他部分保留电荷，形成静电潜影。显影时，带相反电荷的色粉（墨粉）被硒鼓上的潜影吸附，形成可见影像。随之，在纸张背面使用较强的电场，将带电的色粉转印到纸张上，再经加热辊的加热与碾压，使色粉中可熔物质熔融粘固在复印纸上，最终得到稳定的复印件。

第三节　照相用化学品

一、乳剂用化学品

感光材料的基本成分是照相乳剂，它决定了感光材料的照相性能。因此，照相乳剂的制备在感光材料生产中具有十分重要的地位。照相乳剂实质上是卤化银微晶高度分散在明胶水溶液中的悬浮液。照相乳剂涂布在支持体上，经冷凝、干燥就得到感光材料。

照相乳剂的种类很多，按制备方法可分为：中性法乳剂，氨法乳剂和半氨法乳剂，从乳剂中所含卤化银组分来分有：卤化银乳剂，溴化银乳剂，碘化银乳剂，碘溴化银乳剂等；根据用途可分为：负性乳剂，正性乳剂，X 射线片乳剂，核子乳剂，超微粒乳剂，印相纸乳剂，放大纸乳剂等；按照相性能又可分为：盲色乳剂，正色乳剂，全色乳剂和低感光度乳剂，高感光度乳剂等。照相乳剂的种类虽多，但基本成分大体相同，仅在制备条件和添加的补加剂上有所区别。

制备照相乳剂一般工艺流程为：配液-乳化-物理成熟（第一成熟）-冷凝、水洗（脱盐）-化学成熟（第二成熟）-光谱增感。

1. 配液

制造照相乳剂的主要原料是硝酸银、碱金属卤化物和照相明胶。因此配液主要是配制硝酸银溶液和碱金属卤化物的明胶溶液。

(1) 硝酸银（$AgNO_3$）

硝酸银为明亮的白色菱形片状结晶，相对分子质量 170，熔点 209.7℃，高温下部分分解为亚硝酸银，＞300℃时，分解成金属银。易受光线、有机物或杂质的影响而分解出金属银，因此要避光密闭保存，称量时所用器皿的材质和清洁度也应注意。硝酸银极易溶于水，常温下 1L 水可溶解 500g 硝酸银。但当水中含有糖、明胶等有机物或 Fe^{2+}、Zn^{2+}、Cu^{2+} 等金属离子时，会使溶液慢慢变黑，产生黑色金属银微粒；若水质不纯，含氯离子时，就会生成乳白色 AgCl 沉淀，因此配制硝酸银溶液时，一定要用纯度高的蒸馏水或离子交换树脂水。

硝酸银的纯度对乳剂的照相性能有很大的影响，照相级硝酸银规定含量不少于 99.8%。

在制备氨法乳剂时，在硝酸银溶解后，搅拌下徐徐加入氨水，溶液内产生褐色的氧化银沉淀：

$$2AgNO_3 + 2NH_4OH \longrightarrow Ag_2O\downarrow + 2NH_4NO_3 + H_2O$$

再连续加入氨水，褐色氧化银沉淀又复溶在过量氨水中，溶液变为透明，最终生成可溶性的银氨配离子：

$$Ag_2O + 4NH_4OH \longrightarrow 2[Ag(NH_3)_2]^+ + 2OH^- + 3H_2O$$

(2) 碱金属卤化物

照相乳剂制造中应用的碱金属卤化物指溴化钾和碘化钾、氯化钠。

① 溴化钾（KBr）　白色或无色立方形结晶或白色颗粒状粉末，极易溶于水。要求含量不低于 99.0%。

② 氯化钠（NaCl）　即食盐。但制备乳剂用的氯化钠是专门提纯处理的，为白色颗粒状粉末，含量不低于 99.5%。

③ 碘化钾（KI）　白色结晶，易溶于水，可溶于乙醇、丙醇，在湿空气中微有潮解性。长期暴露在空气中会析出碘而微带黄色。要求含量不低于 99.0%。

2. 乳化

将硝酸银溶液和碱金属卤化物明胶溶液反应生成卤化银明胶乳状液的过程称为乳化。

乳化的化学反应为：

$$AgNO_3 + KBr \longrightarrow AgBr\downarrow + KNO_3$$

多数照相乳剂配方中还要加入少量碘化钾，与硝酸钾发生如下反应：

$$AgNO_3 + KI \longrightarrow AgI\downarrow + KNO_3$$

氯化银乳剂是用氯化钠与硝酸银发生反应：

$$AgNO_3 + NaCl \longrightarrow AgCl \downarrow + NaNO_3$$

氨法乳剂的乳化反应为：

$$2[Ag(NH_3)_2]OH + 2NH_4NO_3 + 2KBr + 4H_2O \longrightarrow 2AgBr \downarrow + 2KNO_3 + 6NH_4OH$$

溴化银、碘化银和氯化银都是难溶于水的银盐，由于各种卤化银的溶解度不同，因此乳化时溶解度最小的碘化银最先沉淀，其次溴化银，最后氯化银。

乳化方法上由于溶液加入顺序、时间和方式的不同分为顺式乳化与逆式乳化、一次乳化与多次乳化、单注法与双注法。将硝酸银溶液注入卤化物明胶溶液中称为顺式乳化法；而将卤化物明胶溶液加入硝酸银溶液中叫做逆式乳化法。顺式乳化时，卤化银微晶产生过程一直保持在过量碱金属卤化物的情况下进行，易于产生较大颗粒；逆式乳化是在过量银离子条件下形成卤化银晶体，此法适合制备高反差乳剂。乳化时将一种溶液一次加入到另一溶液中，叫一次乳化法，而将一种溶液分成几份，分批加入到另一溶液中为多次乳化法。一次乳化时，乳化速度快，卤化银颗粒小，颗粒成长均匀；反之分批加入，乳化速度慢，颗粒成长不均匀，分布较宽。乳化时单一种溶液倒入另一种溶液中，叫单注法；而在保持恒定过量的卤离子条件下，将硝酸银和卤化物溶液同时加入到明胶溶液中，为双注法。双注法比单注法产生的卤化银颗粒更均匀。乳化温度直接影响卤化银颗粒的增长速度，温度越高，颗粒增长越快。一般中性法乳剂乳化温度在60～70℃，而氨法乳剂乳化温度在40～50℃，这是因为氨化为卤化银的溶剂，无须用提高温度来促使颗粒增长。

乳化过程中，卤化银颗粒的大小和分布情况对感光材料的照相性能起着极重要的作用。一般说来，卤化银颗粒越大，感光度越高，颗粒越小，感光度越低。卤化银颗粒大小越均匀，分布越窄，反差越高；颗粒大小分布越宽，反差越低。

乳化后，由于生成的卤化银是对光敏感的物质，因此在感光材料生产过程中，从乳化开始以后所有操作都在暗室避光条件下进行。

3. 物理成熟

在乳化之后，还需要将乳剂在一定的温度下静置或搅拌一段时间，使卤化银继续长大成具有一定形状、大小及分布的颗粒。在这一阶段主要发生的是物理变化，所以称为物理成熟。此时，有两种过程在颗粒体积增长方面起作用。

① 奥斯瓦乐德（Ostwald）成熟　较小的晶体由于溶解度略高而溶解，同时较大的晶体则增大体积。

② 聚结　两个或更多的晶体集结成块组成较大的颗粒。

这些成熟过程在乳化阶段就已经开始，而在物理成熟过程中，使得卤化银的平均粒度变大、分散度变小、颗粒分布变宽，随之感光度上升、解像力降低、反差系数变小，甚至灰雾增加。

4. 水洗脱盐

乳化和物理成熟后，乳剂中还含有大量的溴离子，它能抑制后面化学成熟过程中感光度的提高，并且物理成熟仍将继续进行。在氨法乳剂中有大量剩余的氨，会使乳剂在化学成熟时灰雾急剧上升。同时乳化的副产物硝酸盐残留在乳剂中，使乳剂层在干燥后有白色结晶析出，且易吸水受潮，这些盐类必须除去。因此，在物理成熟至化学成熟有一个过渡阶段，其任务就是除盐。

除盐方式有两种：水洗法和沉降法。

① 水洗法　将乳化和物理成熟制得的乳剂冷冻凝固，切成条状用5～8℃水间歇式或连

续式换水方法进行水洗，用测定导电度的方法了解乳剂脱盐程度，达到导电度规定的值后停止水洗。水洗法需将乳剂冷冻，再用大量低温水进行水洗，要有庞大的冷冻设备，能耗大，而且耗水量大、周期长、效率低，目前已被沉降法所代替。

② 沉降法　又叫絮凝法，是利用高分子在不同的 pH 下本身亲水和憎水功能的变化，或者利用明胶大分子具有两性的特点，使高分子的亲水基团与明胶的亲水基团彼此结合，两者的亲水性都减小，疏水性增大，从而使照相乳剂絮凝沉析，盐类杂质则残留水相，达到分离除盐的目的。

沉降法水洗过程为将乳化和物理成熟制得的乳剂冷却至 35℃左右，用醋酸调 pH 至 4.5 以下，加入沉降剂溶液，搅拌，乳剂絮凝沉下，倾去上层清液，重复水洗至所要求的导电度，加碳酸钠溶液调至 pH 6.5～6.9 复溶。采用沉降法水洗除盐，操作简便，节水、节能又节省时间，同时可以制备低胶银化的浓缩乳剂，满足挤压涂布需要。

5. 化学成熟

经上述处理后的乳剂，卤化银颗粒已经定形，体系也变得纯净，但乳剂还未得到最终的照相性能。这时，应向乳剂中添加化学增感剂，使得乳剂颗粒表面发生化学反应，从而提高乳剂的感光性能，这一过程就是化学成熟，又称后成熟。与物理成熟相比，这一阶段卤化银颗粒的大小几乎不变。

① 硫增感　硫代硫酸盐或硫羰酸盐等可作为硫增感剂，加入乳剂后，然后发生下列反应：

$$Ag^{+} + [Ag(S_2O_3)_2]^{3-} + OH^{-} \longrightarrow Ag_2S + HSO_4^{-}$$

生成硫化银感光核。

② 还原增感　通过加入某些还原剂也能像硫增感一样增加感光速度。主要的还原增感剂有亚硫酸盐、氯化亚锡、肼等。它们能在晶体表面产生 Ag 感光核；所以也称盐增感：

$$SO_3^{2-} + 2Ag^{+} + H_2O \longrightarrow 2Ag + SO_4^{2-} + 2H^{+}$$

③ 贵金属增感　金、铂、钯、铱等金属的盐均可用作增感剂，但用得最多、效果最好的是金盐增感剂。虽然金盐增感的机理非常复杂，但一般认为它是经过反应生成了金感光核，其反应机理的一种解释如下：

$$AuCl_3 + 4NH_4SCN \longrightarrow NH_4[Au(SCN)_4] + 3NH_4Cl$$

$$NH_4[Au(SCN)_4] \longrightarrow NH_4Au(SCN)_2 + (SCN^{-})_2$$

$$3Au(SCN)_2 \longrightarrow 2Au + [Au(SCN)_4]^{-} + 2SCN^{-}$$

上述三种增感方法是相关的，如金增感和硫增感混用能获得更好的效果。在进行化学增感时，乳剂的感光速度在不断增加，但其灰雾度也同时提高。因此必须在适当的时候停止，以免灰雾度过高。

6. 光谱增感

如果没有 1873 年伏革尔（Vogel）发现光谱增感，现代照相是不可能实现的。因为只有使用了合适的增感染料，才能使有颜色的物体在黑白感光材料上表现出准确的色调，也使彩色照相成为可能。

卤化银本身是“色盲”的。它们对光的敏感性，只局限于光谱的短波部分，具体来说，就是蓝、紫和紫外部分。在卤化银中必须加入这样一种染料，它可以赋予乳剂对染料所吸收的光谱部分以感光性。增感染料不仅能扩大乳剂的感色范围，也能提高乳剂总的感光度，这种增感方法通常被称作光谱增感，以区别于前面所述的化学增感。目前应用最广的是菁染料。

菁染料的典型结构如下所示：

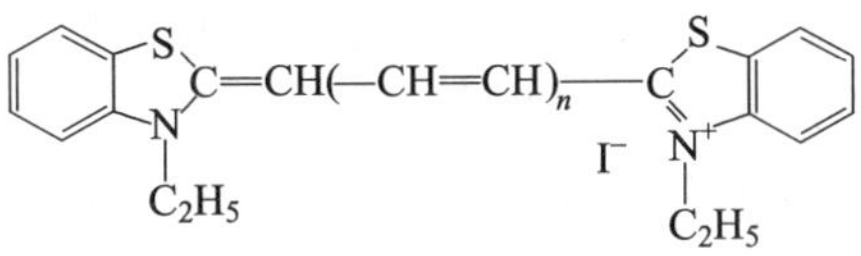

菁染料一般使用含有活性甲基的杂环季铵盐，例如，2-甲基-3-乙基苯并噻唑碘盐（Ⅰ）与具有一个负原子或基团的直接连接到杂环核的 α-或 γ-碳原子上的杂环季铵盐［如 2-乙硫基-3-乙基苯并噻唑碘盐（Ⅱ）］，在有机溶剂及碱性物质（如吡啶）存在下相互作用得到。

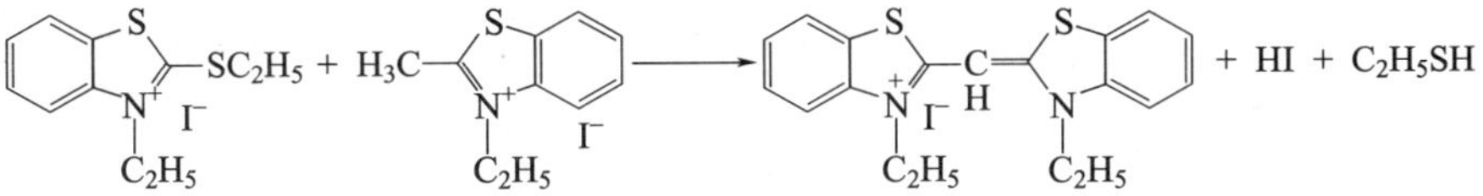

增感染料的使用应非常准确，每种光谱剂对不同乳剂各有一个合适用量，加得少，不能获得适当的增感效果，而加得多，则会降低乳剂本身的感光度。因此，一方面增感染料的用量需要充分的实验；另一方面，使用时往往配成 1/1000 或更稀的溶液加入。

二、成色剂

成色剂是制造彩色胶片的重要原料，它是一种用来产生颜色的化学药品。成色剂本身不是染料，而是染料中间体，它加入乳剂中后，能在感光材料的显影过程中与彩色显影剂的氧化物发生化学反应，互相偶合而生成特定颜色的染料。染料与金属银在显影时同时生成，分散在卤化银颗粒周围的明胶中形成染料影像。

多层彩色胶片是由感蓝、感绿、感红三种不同乳剂层所组成。每个乳剂层中除卤化银和明胶外，主要还有各不同层的增感染料和能生成各该感色层补色的成色剂。感蓝层中有感蓝染料（或不加增感染料）和黄成色剂；感绿层中有感绿染料和品红成色剂；感红中有感红染料和青成色剂。这样才能分层感色，分层成色，叠加成彩色影像。

三、冲洗加工化学品

感光材料经拍摄曝光后，产生了看不见的潜影，只有经过冲洗加工后才能获得能永久保存的可见的影像。感光材料的冲洗加工由于使用感光材料不同，有黑白感光材料冲洗加工和彩色感光材料冲洗加工，还有黑白、彩色反转材料冲洗加工；由于方法不同，有手工加工和机器加工；由于加工条件不同，有常温加工、高温加工；由于加工方式不同，有常规负-正加工、银漂法加工和扩散转移加工等。此外还有加厚、减薄、调色等特殊加工。

感光材料在曝光后产生了肉眼无法看到的潜影，只有经过显影加工后才能获得可见的影像。

(1) 显影

显影的过程，就是将曝光了的卤化银还原为金属银的过程，所以，显影过程实质上是一个氧化-还原过程。显影的第二个作用是放大，也就是在感光核的基础上还原整个晶体，使得潜影扩大为可见的影像。

一般显影液含有四种主要成分：显影剂、保护剂、促进剂及抑制剂。

① 显影剂　这是显影液的主要成分，它是一种还原剂。常用的显影剂有米吐尔（对甲氨基苯酚硫酸盐）、菲尼酮（1-苯基-3-吡唑烷酮）、对苯二酚等。在一般显影液中常用两种显影剂，以获得更快的速度和更好的质量。

② 保护剂　用于保护显影剂不会被空气氧化。通常使用的是亚硫酸钠。

③ 促进剂　一般将显影液配成弱碱性，所加入的碱性物质就是促进剂，可以提高显影

剂的性能。每一种显影剂的效能在不同的 pH 值下都有所不同，因此选择合适的促进剂和用量，可以有效地控制显影时间、改变影像质量。

④ 抑制剂　又称为防灰雾剂。常用的是溴化钾。它可以防止未感光的部分产生灰雾，还能调节照片的反差等。

典型显影液的组成见表 11-5 所示：

表 11-5　显影液的组成

药品	配方/(g/L)			药品	配方/(g/L)		
	D-76(负片)	D-96(负片)	D-163(相纸)		D-76(负片)	D-96(负片)	D-163(相纸)
米吐尔	2	1.5	2.2	硼酸	2	4.5	—
无水亚硫酸钠	100	75	75	溴化钾	—	0.4	2.8
对苯二酚	5	1.5	17	无水碳酸钠	—	—	65

(2) 定影

底片和照片等在显影后还须经过漂洗停显、定影坚膜（同时进行）、水洗和干燥等过程才能得到稳定的影像。

所谓定影，就是从感光材料的乳剂层中去除未曝光的卤化银的过程。一般使用硫代硫酸钠或硫代硫酸铵作为定影剂。

定影时，乳剂中的银离子与溶液中的硫代硫酸根生成稳定的配离子，这种配离子的电离常数极小，从而可以使卤化银不断地溶解。使用硫代硫酸钠定影溴化银乳剂的原理如以下方程式所示：

$$AgBr + Na_2S_2O_3 \longrightarrow Na[AgS_2O_3] + NaBr$$

$$Na[AgS_2O_3] + Na_2S_2O_3 \longrightarrow Na_3[Ag(S_2O_3)_2]$$

在定影液中，除定影剂外，还包括坚膜剂（常用明矾、铬矾、甲醛等）、弱酸（醋酸等）、缓冲剂（硼酸等）、保护剂（亚硫酸盐）等。表 11-6 列出了定影液的参考配方。

表 11-6　定影液的参考配方　　单位：g/L

成分	酸性定影液	酸性坚膜定影液	快速定影液	成分	酸性定影液	酸性坚膜定影液	快速定影液
硫代硫酸钠	240	240	360	(28%)醋酸/mL	47	47	47
氯化铵	—	—	50	硼酸(晶体)	—	7.5	7.5
无水亚硫酸钠	15	15	15	钾矾	—	15	15

(3) 水洗

在胶片和相纸的加工过程中，要进行多次的水洗操作，它们的目的都是去除滞留在乳剂层内外的无用或有害物质。其中定影后的水洗操作质量对产品质量的影响最大。

定影结束后，乳剂层内外均残留有硫代硫酸盐，如果不除去它们，会产生硫化银而严重影响照相质量，所以水洗必须充分。

第四节　磁记录材料

一、概述

磁性记录材料按形状可分为磁带、磁盘、磁鼓、磁卡等多种；按功能可分为录音用、录像用、数据存储用等；按制造过程可分为涂布型和镀膜型。一般将磁带、磁盘、磁鼓、磁卡等统称为磁性记录介质。对记录介质进行信息存取时，需要通过磁头。磁头就是专门接发磁信号的转换器。它与媒体相接触，并以一定的速度差向同一方向转动，结果就将经过调制而得到的磁信号转移到媒体上存储起来，或是将媒体放出的磁信号接收下来，经过调制而使原来输入的信息再现。所以对磁性记录材料来说，不仅要具有良好的磁学性能，而且还要具有良好的物理力学性能，例如表面光洁、强韧、耐磨等。磁性记录材料一般是以磁性材料作为表层，以塑料或金属作为基材，由二者复合而成。复合的方法有涂布法和镀膜法两种。

制造工艺：①将磁浆（主要成分是磁粉、黏合剂、各种添加剂和有机溶剂等）均匀涂布在聚酯或金属支持体上，制成涂布型不连续材料，又称涂布型薄膜材料。这是一类产量最大、用途最广、技术最成熟的磁记录材料，如录音磁带、录像磁带等。②将磁性材料用真空镀膜技术直接蒸镀在支持体上制成的薄膜连续材料，又称连续薄膜材料。

记录形式：①纵向磁记录材料，记录在磁层表面上的信号磁化方向与记录材料运动方向一致，如录音磁带等。②横向磁记录材料，记录在磁层表面上的信号磁化方向与记录材料运动方向垂直或接近于垂直，如录像磁带等。③垂直磁记录材料，记录在磁层表面上的信号磁化方向与记录材料表面垂直，如磁光盘等。

主要性能：首先是物理力学性能，主要指磁记录材料的外形、几何尺寸、机械强度。其次是磁性能，主要有：①剩余磁感应强度 B_r，指材料达到饱和磁化，然后取消磁化场强所残留的磁感应强度，简称剩磁。B_r 高，材料的灵敏度高，输出信号大。②矫顽力 H_c，指消除材料剩磁所需要的磁场强度，H_c 越高，越有利于高频记录，以消磁不困难为限。③矩形比，指最大剩余磁感应强度 B_{rm} 与饱和磁感应强度 B_m 的比值，即 B_{rm}/B_m，它表明材料的矩形性。比值大，可望获得宽频响的记录。再次是电性能，其指标依据应用场合而异。声频记录的电性能指标有最佳偏磁、灵敏度、频响、失真率、信噪比、最大输出电平、复印效应、消磁程度等。

发展趋势：磁记录材料发展到现在，记录波长从最初的 1000μm 缩短到 1μm 以下，H_c 从 10^2Oe 提高到 10^3Oe 以上，使用最广泛的材料有氧化物磁粉（主要有 γ-Fe_2O_3、CrO_2 和包钴磁粉）和合金磁粉。

近 20 年来，主要从以下三个途径提高材料性能以满足高密度记录要求：①寻求提高磁各向异性，如采用超微粒、高轴比的针状磁粉，CrO_2 和包钴磁粉以及 $H_c>1000$Oe 的合金磁粉等新材料。②减薄磁层和改进涂布技术，提高 H_c，实现高密度记录。常采用除去氧和省去黏合剂两种办法。前者是以金属粉取代氧化物，后者是做成薄膜。合金薄膜是这两种方法并用的结果。③从记录原理和记录模式上作根本的改进。目前，通用的纵向记录当密度增高时，所产生的退磁场能使信号减小，并产生垂直分量，通过提高 H_c 和减薄磁层的方法虽可克服这一缺点，但有一定的限度。因此出现了垂直记录材料，它所产生的退磁场，随着密度的增加反而趋向于零。并且垂直记录不需很高的 H_c 和很薄的材料。有效地克服了纵向记录在高密度记录时的致命弱点。垂直记录要求材料具有垂直磁层表面的单轴各向异性，垂直磁记录及新型的垂直磁记录材料在今后的高密度记录中将有广阔的发展前景。

二、常用的几种磁记录材料

1. 常用磁粉生产工艺

磁粉作为简单易得的磁性材料，较早得到应用和发展。目前，比较常见的磁粉包括：γ-Fe_2O_3 磁粉、含钴氧化铁磁粉、二氧化铬磁粉、金属磁粉等。

(1) γ-Fe_2O_3 磁粉的制备

针状 γ-Fe_2O_3 磁粉的制备可以分为下列四个过程。

① 水性氧化铁（α-铁黄）的制备 以前，α-铁黄的制法以 Penniman-Zoph-Camera 法（酸法）为主。它是将亚铁盐溶液如硫酸亚铁加入盛水的搅拌罐里，再加入过量的碱性溶液（NaOH、NH_4OH、Na_2CO_3、K_2CO_3 等）连续搅拌，使新的表面不断地暴露于空气中，使 FeOOH 的胶状晶种沉淀出来。然后将上述晶种置于含有铁的硫酸亚铁溶液之中，在搅拌罐中加热到 60～80℃，通入空气，边搅拌，边氧化，使新生成的 α-FeOOH 在原有的晶核上生长，形成亮黄色的针状晶粒。生长过程中生成的硫酸与铁反应生成更多的硫酸亚铁，以补充溶液中不断消耗的硫酸亚铁（如图 11-8 所示）。化学反应式为：

$$4FeSO_4 + 8NaOH + O_2 = 4\alpha\text{-}FeOOH + 4Na_2SO_4 + 2H_2O$$

$$4FeSO_4 + O_2 + 6H_2O = 4\alpha\text{-}FeOOH + 4H_2SO_4$$

$$H_2SO_4 + Fe = FeSO_4 + H_2$$

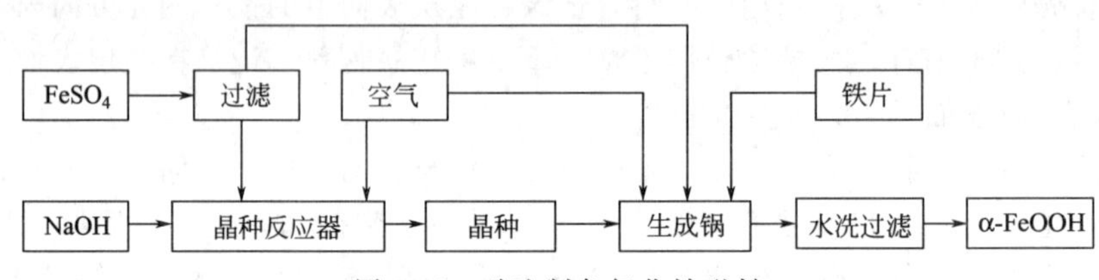

图 11-8　酸法制备氧化铁磁粉

这种方法工艺简单、成本低、反应条件容易控制，但所得铁黄粒子不均匀、枝叉多，因此目前多采用滴加法或碱法制备。

滴加法是在铁黄晶核生成期间滴加碱溶液以中和反应中产生的硫酸，控制反应体系的 pH 值，或同时滴加碱和硫酸亚铁溶液，使晶核生长到所需要的尺寸。碱法是在氮气保护下，将硫酸亚铁同碱溶液混合使反应体系的 pH 值大于 13，再通入空气并搅拌，使氧化生成 α-铁黄。其生产工艺流程图见图 11-9 所示。

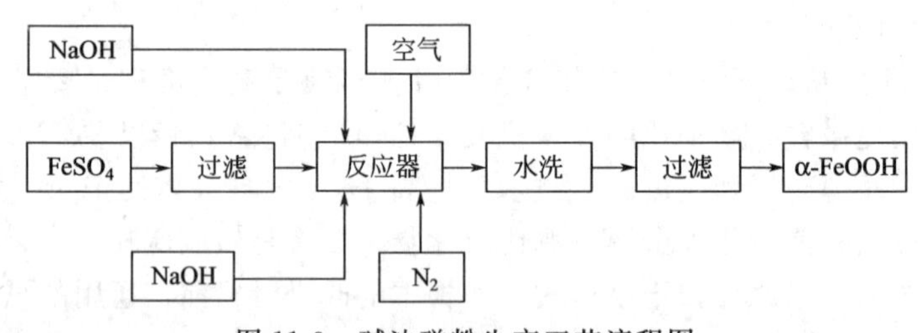

图 11-9　碱法磁粉生产工艺流程图

② 脱水　将铁黄在 200～400℃下焙烧，可以使铁黄脱水成为 α-Fe_2O_3，而颗粒仍保持形状不变。

$$2\alpha\text{-}FeOOH = \alpha\text{-}Fe_2O_3 + H_2O$$

③ 还原　在 350～480℃下继续焙烧，将使 α-Fe_2O_3 还原为磁铁体 Fe_3O_4。

$$3\alpha\text{-}Fe_2O_3 + H_2 = 2Fe_3O_4 + H_2O$$

④ 氧化　氧化过程是放热反应，氧化温度高，氧化速率就高，热量不易排除，这会使局部反应温度升高，以致有可能使生成的 γ-Fe_2O_3 转变为非磁性的 α-Fe_2O_3；但若氧化温度太低，则反应时间会延长。因此必须严格控制氧化温度，一般控制在 200～300℃。

$$4Fe_3O_4 + O_2 = 6\gamma\text{-}Fe_2O_3$$

成品磁粉的性质很大程度上取决于晶种制备和晶体生长这两个最初步骤所确定的粒子几

何尺寸，因而若要制备出性能优异的磁粉（矫顽力高，粒度均匀，分散性好）通常是对这两个步骤加以改善，改善的方法是在生成过程中掺入某些离子，如 Ni、Cr、Zn、P、Si 等，它们可以细化晶粒，改善晶形，提高晶轴比。

另外，制备的第三步和第四步均在高温下进行，因为温度高，粒子容易烧结，同时大量水蒸气的迅速蒸发也易造成粒子的孔洞结构，而孔洞的存在会使粒子中的磁化强度分布偏离单畴状态，使矫顽力降低。解决的方法是进行化学包覆。包覆的化学药品可以是无机的（如硅酸钠、硫酸锶等），也可以是有机的（如硅油、硅烷、磷酸酯活性剂、硬脂酸钠、聚乙烯醇等）。

(2) 钴-氧化铁磁粉的制备

包钴磁粉的制备方法主要有溶液法和气相法两种，其中以溶液法为主。

溶液沉淀法是将 γ-Fe_2O_3 磁粉与水混合，经高速分散，悬浮于硫酸钴溶液中，然后加入碱溶液，生成氢氧化物沉淀并包附在颗粒表面，将溶液加热至 90～100℃，恒温一定时间，使生成物吸附或外延于磁粉表面。

气相法是采用有机金属钴热分解和升华的方法，在磁粉表面进行蒸气镀钴，控制升华率就能控制表层钴的含量，最后进行控制氧化，使热分解产生的金属钴氧化为 $Co(OH)_2$。

(3) 二氧化铬磁粉

二氧化铬的常用制法是将三氧化铬和适量的水置于铂制成的容器内，加热至 400～525℃，加压 50～300MPa，经 5～10min 即完成反应，生成针状黑色二氧化铬。

在 CrO_2 的合成过程中，添加少量添加物，可起到降低合成的温度与压力，使颗粒细微化和针形化，改变磁粉的磁性与其他物理性能的作用。

(4) 金属磁粉

常用的金属磁粉有铁粉、铁钴合金粉、铁镍合金粉。它们的磁特性与成分和颗粒尺寸有关。制备金属磁粉的主要方法有：①用氢气还原氧化物、氢氧化物、草酸盐等；②用硼氢化物或次磷酸盐在水溶液中还原金属盐；③真空沉积或溅射；④分解有机金属化合物；⑤电解沉积。

其中，前三种方法较为常用，下面分别介绍其典型的工艺。

① 用氢气还原　氢气还原过程的关键是找到尽可能低的还原温度，以便只产生还原而不发生烧结。上面提到的针状 γ-Fe_2O_3 粒子可用作起始材料，通过在氢气流中加热还原制得金属磁粉。

② 在溶液中还原　直接在水溶液中还原铁磁性金属盐所用的还原剂是硼氢化物（如硼氢化钠、硼氢化钾），还原一般在磁场下进行。起始材料可以是金属硫酸盐或氯化物。可制得铁、铁-钴及铁-镍金属磁粉。硼氢化物还原金属盐是一种有效的方法，但成本昂贵。

③ 真空沉积　采用上述化学方法制备金属粉末，不仅要消耗大量化工原料，而且很容易将杂质引入磁粉中，从而影响磁性能。如果改用真空沉积工艺制备金属磁粉，则具有工艺简单、效率高的特性。其工艺过程是将块状金属置于真空容器中加热至蒸发温度，使其成为蒸气，控制沉积速度就可得颗粒尺寸符合要求的磁粉。但设备要求高。

2. 磁性薄膜的制备

磁性薄膜按材料可分为氧化物与金属薄膜两大类。制备方法大致有真空蒸镀、溅射、气相外延、液相外延、电镀和化学沉积等。后两种方法多用于制备厚膜，前四种方法则用于制备薄膜。

(1) 真空蒸镀法

该法多用于制备金属、合金及其氧化物薄膜。此法是把被沉积的原材料，在高真空下进行蒸发气化，然后以很高的动能直接飞向基片，并沉积在上面。

(2) 溅射成膜

对于高熔点、低蒸气压材料，很难使用上述的真空沉积方法制作薄膜。在这样的情况下，最好采用溅射方法，溅射方法是利用高能粒子（通常是电场加速的正离子）冲击溅射材料表面，表面的原子或分子得到入射离子传递的能量以后逸出表面向真空空间飞溅。飞溅的原子或分子遇到基片后在基片上成膜。溅射成膜技术由于必须使用高压和惰性气体，因而设备复杂。此外溅射原子是由表及里地被溅的，所以成膜速度慢。

(3) 电镀

电镀金属膜是人们十分熟悉的制膜工艺。早期用于磁鼓膜的制备，目前也用于制造磁带和磁盘。其原理是在溶液中金属离子在阴极被还原。如果两种金属的沉积电位相同，可以同时电镀两种金属离子，如铁、钴、镍生成二元或三元合金薄膜，电化学沉积磁层具有速度快、成本低、易于控制成分及磁性能的优点。但薄膜的均匀性较难控制，且成膜较厚。

(4) 化学沉积

该法是在基片上利用化学反应形成磁性膜的方法。在反应过程中还原剂将溶液中的金属离子还原成金属原子，使其沉积在基体上，因而无须电源，这是与电镀法的区别所在。化学沉积的基体可以采用金属材料或塑料、玻璃等绝缘材料。

化学沉积法制备磁记录薄膜的过程是：首先制作衬底层，以保证基体拥有一个平整的表面。如在铝合金或塑料基体表面先用化学沉积法制备一层非磁性材料底层，接着在底层上面用化学沉积法制备磁性层，最后在磁性表面生成一层保护薄膜，以防止磁性层氧化。

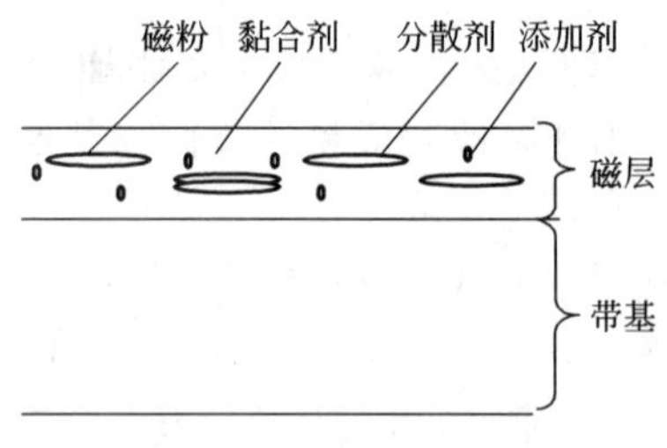

图 11-10　磁带结构示意

3. **磁带与磁盘生产工艺**

(1) 磁带

1898 年丹麦人 V. Poulson 发明最早的磁性录音机，所用的磁记录介质是不锈钢金属丝。后来发展到在塑料基体上涂布磁粉而成为颗粒涂布型录音磁带，这类磁带在目前仍得到广泛应用。

① 磁带的结构　其示意如图 11-10 所示。

磁层由磁粉、胶黏剂、润滑剂、炭黑和其他添加剂等组成，一般为单层。

带基是磁层的支持体，应用最多的是聚酯（聚对苯二甲酸乙二醇酯）薄膜。它几乎具有各项理想的特性：具有高的软化点；拉伸强度大，不易扯断；具有高的耐冲击强度，能充分吸收冲击能量；具有高的耐磨性；具有良好的平面性，不易带电；耐热性好；厚度均匀性好；不容易吸附其他物质（包括尘埃）。实际使用磁带已经不再是单一的聚酯薄膜，而是复合膜，以获得更理想的性能。

② 磁带的生产过程　磁带的生产过程包括磁浆制备、涂布、排磁、干燥、压光处理、分切和包装工序。其流程见图 11-11。

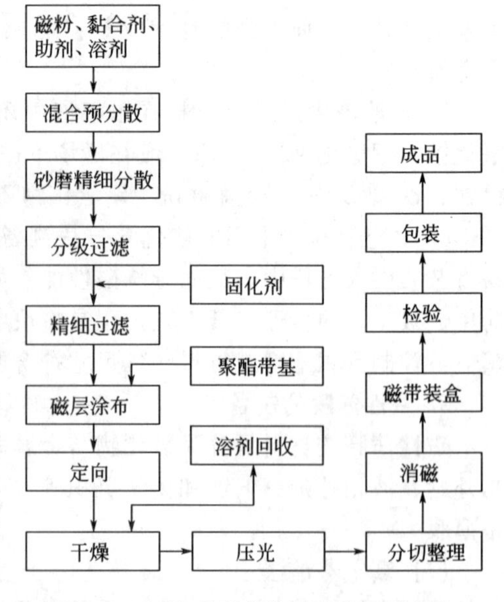

图 11-11　涂布型磁带制造流程示意图

a. 磁层配方　磁带涂层的原料，通常称为磁浆，由磁粉、高分子黏合剂、分散剂、抗磨剂、润滑剂、防静电剂以及溶剂等材料组成。其配比（质量分数）见表 11-7。

表 11-7　磁层配方

材料	质量分数/%	材料	质量分数/%
磁粉	55～85	分散剂	4～2
黏合剂	25～15	其他	16～2

此外，还应加入相当于物料量 1～3 倍的溶剂。

磁层配方的最基本参数是磁粉对黏合剂的质量比，以 P/B 表示。录音带的 P/B 比为 4.0～5.0，录像带为 3.5～4.0，数字记录介质、计算机磁带和软磁盘为 2.5～3.5。

b. 磁浆制备　按配方将磁粉、黏合剂、润滑剂、抗磨剂、溶剂和其他助剂混合成浆状物，混合过程中的关键是要确保磁粉能均匀分散在黏合剂中。分散过程通常是借助于高效砂磨机完成的。然后用微米级多级过滤器去除凝集粒子和其他杂质，将浆状物用溶剂调节黏度，达到规定的磁浆黏度。

c. 涂布　将精制的磁浆按所需厚度均匀地涂敷在带基上，要求表面十分光滑、无凸起、无气泡、无针孔及划伤等任何缺陷。涂布通常用反转辊涂布机或凹板涂布机进行，也有用挤压涂布机进行涂布的。涂布宽度在 330～1200mm 之间，涂布速度为 30～300m/min。

d. 干燥　干燥一般采用热风，也有采用红外线照射的方法。比较好的方法是采用悬浮风干燥。使用热风将磁带吹得悬浮起来，可以大大减小磁层和磁带背面的损伤，尤其是对双面磁记录介质而言，其优点就更加明显。

e. 后续处理　现代磁带都要求光洁的表面，因此还需要进行压光。然后按照需要分切成不同的规格而后进行包装。

(2) 磁盘

具有磁表面的圆盘形磁记录媒体叫做磁盘。磁盘与其驱动器配套以水平方向旋转，磁头沿磁盘径向运动而使所记录的信息以同心圆形式的磁迹保存下来。目前磁盘广泛应用于电子计算机、科学仪器、自动控制、电子游戏机等，作为记录和存储各种信息的主要载体。

磁盘包括硬磁盘、软磁盘两大类。

① 硬磁盘　硬磁盘是以质地坚硬、表面光滑的铝镁合金为支持体——盘基，敷以磁性材料而成。目前应用最广泛的是在微型计算机上使用的 130mm 和 90mm 的温切斯特型硬磁盘，简称温盘。其盘片或盘组是固定的，不能随意更换或单独取下。

制造硬磁盘由盘基加工、磁层成型和加工装配三个主要部分组成。

a. 盘基加工　盘基是制造硬磁盘的基础，硬磁盘的质量在很大程度上取决于盘基的质量。因此，对盘基的材质和性能有严格的要求，盘基要有良好的机械强度、各向同性和稳定的热膨胀系数。材料组织结构要致密均匀，纯度要高，无孔隙，表面平整度要达到 0.25μm/25mm，粗糙度为 0.02μm，对偏摆量和同心度也有很高的要求，密度不能过大，否则将会增加盘片质量和加大运动惯量，导致主轴电机负荷加大。

盘基的加工包括熔解铸造、锯断、热处理、后压延和钝化处理等过程。在熔解阶段，主要是除杂质和气泡，浇铸成毛坯后切成板材并对其表面进行车削加工，而后在 400℃高温下进行长时间均匀热处理，以释放固有的应力，维持和提高盘基机械尺寸的稳定性。再经热压延和冷压延，制成板厚公差小、平整度高的盘基板材。经切割、退火，制成盘基。盘基表面要达到 12.7nm 以上的粗糙度。如果达不到这个要求，还要进行抛光后再清洗。最后采用阳极氧化或浓硝酸加热浸渍的方法，使盘基表面形成一个很薄的氧化铝层，以提高磁层与盘基结合的牢度。

b. 磁层制作　硬磁盘的磁层可用涂布、溅射和镀膜三种方法制作。

(a) 涂布法　涂布法是将均匀分散的磁浆，通过甩涂、滚压、刮涂或喷涂等方法涂敷到盘基上后，经定向、干燥、固化和研磨抛光而制作成磁层的。一般采用水平甩涂（也称旋转涂磁）法，先将盘基水平地固定在旋转轴上，再把磁浆加到盘基的内圆周，让盘基以 200～500r/min 的速度旋转，继而迅速提高到 1500～3000r/min。由于离心力的作用，磁浆沿径向方向迅速而均匀地甩向盘基表面。最后以中等速度旋转，使磁层定向和干燥。

另一种垂直甩涂法也称垂直旋转离心涂敷法，是将盘基装于与转动轴相垂直的位置上，盘基的两个面都裸露在外面，磁浆同时加入两个盘面的内圆上，高速旋转，一次可制成双面磁层的硬磁盘。它不仅消除了水平甩涂法的“滑漂”现象，而且磁层厚度易于控制。硬磁盘的磁浆使用的是热固性黏合剂体系，因此磁层的交联固化和研磨抛光，也是其加工的重要工序。其目的是为了增加磁层的内聚强度和盘基与磁层间的粘牢度，提高磁层的表面粗糙度，降低头-盘间的摩擦系数，减少磨损，延长使用寿命。研磨抛光后的磁层要适应磁头浮动高度$<0.5\mu m$的要求。最后是涂润滑层，常用的润滑剂是氟碳化合物，采用旋转涂布法或浸渍法，形成 $0.1\mu m$ 的润滑层。

(b) 溅射法　溅射法是用来制作连续薄膜硬磁盘磁记录层的一种主要方法。溅射法是以要溅射的金属为阴极（靶源），放电的阳离子受负电位的加速向阴极运动轰击靶源，使靶源释放的原子被溅射到铝合金盘基上，形成一层很薄的薄膜磁层。溅射法分为直接氧化法和间接氧化法，由于直接氧化法稳定性较差，故常用间接氧化法。

(c) 镀膜法　连续薄膜硬磁盘也可以采用镀膜的方法形成连续薄膜磁记录面。镀膜法包括化学镀、电镀和真空镀膜三种方法。化学镀的方法也称非电解镀法，实质上是化学沉积法。金属离子沉积需要的势能由镀液中的还原剂供给，新沉积的金属起催化作用，使沉积持续进行，直到最后完成。电镀法是将强磁性的金属离子（如 Co^{2+}、Ni^{2+} 和 Fe^{2+}）在外加电势作用下，从溶液中还原并沉积到导电阴极（盘基）上，即通过电解而形成磁性介质层的方法。真空镀膜法又称真空蒸发法或沉积法，是在高真空条件下，对盘基和被蒸发物进行加热使之蒸发沉积到盘基上而制成相应成分的薄膜介质。

c. 盘片组装　单片磁盘特性检验合格后，进行组装。为了提高存储容量，一般很少使用单片而是将数片组装在一起装配成磁盘组的形式。一般是 1～4 片组装在一起，称为硬磁盘盒或盒式硬磁盘，其中只有少数盘片是可换的。也有 6 片以上组装在一起的，称为磁盘组，常用的有 6 片、11 片和 12 片可换式磁盘组，其中以 12 片组为最多，存储容量最大，装配也较复杂。整个装配是在专门的夹具上和洁净的环境中完成的。装配程序是：先把定位环、保护盘片、磁盘、垫片、螺栓等各个部件放好，用由六根螺栓固定的夹环将其构成一个整体，要保证磁盘、衬垫、夹环、心轴同步机构和空气过滤器等的定位精度不超过 $1\mu m$。组装完的盘组要进行高度公差、轴向偏转、垂直度等机械特性的检查并最后进行动态平衡、静态平衡试验及电磁性能、记录性能的检验，全部合格后才能视为成品。

② 软磁盘　软磁盘是 20 世纪 70 年代初由美国 IBM 公司开发的一种磁性数据存储介质。它结构简单、体积小、价格便宜、可靠性高、存储容量大、能随机存取、存取速度快、可反复使用。它作为终端设备和微型计算机存储系统的记录介质，广泛应用于中、小型和微型计算机，可编程序计数器、数据通信终端、自动控制和测试系统、科学仪器及电子游戏等。

软磁盘是以聚酯薄膜为盘基，两面涂有磁性材料的圆盘状磁记录介质，磁性圆盘（盘片）封装在保护罩即封罩内，封罩是由聚氯乙烯（PVC）半硬片与无纺布复合而成，它对磁盘起防尘、防划伤等保护作用。

根据软磁盘介质层的成分及其加工方式，和硬磁盘一样，软磁盘分成涂布型颗粒介质软磁盘和连续型薄膜介质软磁盘两大类。目前主要使用的是前者。下面简单介绍一下它的生产过程。

a. 盘片制造　盘片制造有的采用单片式的方法，有的是采用先制成宽片，再分切、成型和加工的方法。涂布型软磁盘单片成型是采用甩涂工艺，这是软磁盘早期制造所采用的工艺。因为是单片间歇操作，生产效率低、污染大，且质量不易保证。所以很快被平涂法所取代。平涂工艺软磁盘宽片需要进行两面涂布和两面压光处理。

连续薄膜型软磁盘制造时，除了盘基使用聚酯薄膜外，其他材料和工艺均与连续薄膜硬磁盘大致相同。主要采用溅射法、电镀法、化学沉积法和真空蒸发法等工艺制成的金属或合金薄膜介质；或是采用真空沉积铁膜，同时或随后进行氧化；铁化合物的化学沉积，然后氧化；氧化物的化学蒸气沉积以及活性溅射等工艺制成的氧化物薄膜介质。在冲成单片的聚酯盘片上进行成膜是目前的主要制备方法。

b. 封罩制造　软磁盘封罩是用来封装盘片的方形保护套，内衬柔软而具有清洁作用和一定导电性能的衬里。当软盘片在其内部接触旋转时，可保护盘片防止意外的摩擦、碰撞、折叠等伤害。标准型和小型软磁盘用的封罩是用聚氯乙烯半硬片和无纺布加工制成，是具有一定挺度的软封罩。微型软磁盘用的是一种硬封罩，是用 ABS 树脂等熔融注塑成型制造的。微型软磁盘用的硬封罩的制造，大体过程是先将 ABS 树脂等熔融，分别注射成上、下两个半壳，然后在壳内复合上无纺布衬里，再装上金属盖板、防写块、弹簧等零部件，最后用超声波焊接机将两个半壳焊在一起。

参 考 文 献

[1] 禹茂章译校．精细化学品辞典．北京：化学工业出版社，1989：86-113.
[2] 郝有为，罗河烈．磁记录材料．北京：电子工业出版社，1992：106-242.
[3] 张桂云．精细石油化工，1994（4）：51-53.
[4] 朱欲生，孙维平．信息记录材料，2005（1）：55-61.
[5] 古石．记录媒体材料．2008（4）：48-51，55.
[6] 魏杰，李刚强，王潇等．信息记录材料，2008（2）：31-36.
[7] 孙酣经．化工新材料．北京：化学工业出版社，2004：142-167.
[8] 杨玉琴．信息记录材料，2004（3）：333-338.
[9] 朱裕生，孙维平．信息记录材料，2005（1）：57-63.
[10] 刘德峥．精细化工生产工艺学．北京：化学工业出版社，2000：252-273.
[11] 金养智，魏杰，刁振刚等．信息记录材料．北京：化学工业出版社，2001：102-115.

第十二章　石油用化学品

第一节　概　　述

一、石油用化学品及其分类

石油是重要的化石能源，2011 年我国石油剩余可采贮量为 32.4 亿吨，年产量 2.04 亿吨，在一次能源消费构成中占 23%；全世界石油剩余可采贮量为 1750 亿吨，年产量是 35.6 亿吨，在一次能源消费构成中占 37%。由石油加工得到的燃料油对能源工业的发展有举足轻重的作用，此外，石油还是重要的化工原料，是乙烯、丙烯、乙炔、苯等化工原料的主要来源。

石油用化学品是在石油及其制品的生产中用于提高采油率、改进生产工艺、改善燃料油和润滑油的质量等的化学添加剂。石油用化学品一般可按用途分为油田化学品和石油加工助剂两大类。油田化学品是指用于油田勘探、采集、钻井和集输等过程中所使用的化学品；石油加工助剂是指在石油加工过程和石油产品中加入的起物理作用或化学作用的少量物质，又称为石油添加剂。

油田化学品的品种繁多，用量大，主要包括通用无机化学品（如各种酸、碱和无机盐等）、天然产品（如淀粉等）、矿物类产品和精细化学品几大类。根据我国石油行业使用的油田化学品类型代号标准，油田化学品可按功能分为钻浆添加剂、强化采油添加剂、原油处理添加剂、水处理剂、通用化学品等。油田化学品现已有 70 多个类别，3000 多个品种。

石油加工助剂包括炼油助剂、燃料油添加剂、润滑油添加剂、润滑脂添加剂和特殊油脂添加剂等。燃料油添加剂可分为两类，一类为保护性添加剂，主要解决燃料贮运过程中出现的各类问题的添加剂；另一类为使用性添加剂，主要解决燃料油燃烧或使用过程中出现的各种问题的添加剂，包括各种改善燃烧性能或改善燃烧生成物特性的添加剂。这些助剂在改善产品分布、提高产品质量、延长装置开工周期、降低生产成本、减少维修费用和保护生产环境等方面，起着重要的作用。

石油用化学品的种类可归纳如图 12-1。本章仅就主要原油开采及处理添加剂、燃料油添加剂、润滑油添加剂这三类石油用化学品进行介绍。

二、石油用化学品的发展及前景

近年来，对石油用化学品在使用性能、环境保护和节能降耗等方面不断提出新要求，如在环境保护方面，美国环保局制定了毒性和废液处理条例，取缔一些常用有毒添加剂，从而对添加剂的配方设计产生了影响，新型石油用化学品不断出现，新型石油用化学品使用效果好、所需添加量少、

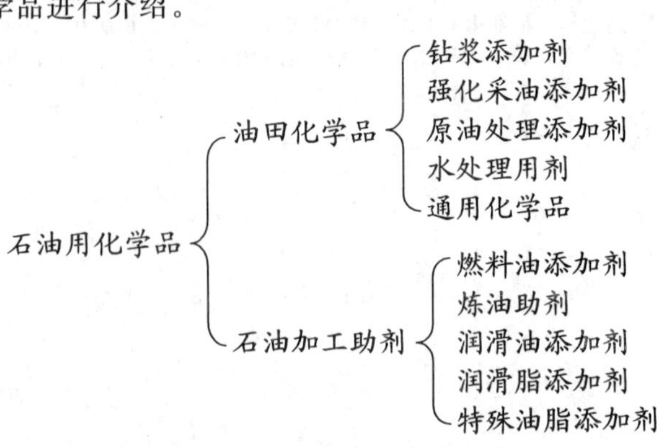

图 12-1　石油用化学品的种类

功能增多、环境友好、质量稳定、生产成本低。

1. 油田化学品

随着汽车工业的迅猛发展，石油供不应求，原油价格飙升，廉价石油时代的结束，极大地刺激了原油的措施性开采，使原本发展缓慢的油田化学品市场出现了转机，全球油田化学品市场需求正在强劲增长。用于油气钻井、完井、油井刺激以及油气处理的化学品需求非常强劲，并将持续增长，一些领域在未来10年的需求增速更是将接近或达到两位数。2013年前全球油田化学品需求以年均4.4%的速度增长，2013年全球市场规模达107亿美元，2015年将达到近190亿美元。油田化学品需求的增长动力主要来自于油井刺激和提高石油采收率，这两大领域对化学品的需求分别将以年均10.7%和7.4%的速度快速增长；油田生产、水泥灌浆和油井完井化学品需求将以较为缓和的速度增长。

钻浆添加剂的发展方向主要是为加强环境可接受、生物毒性低和保护贮层的添加剂的研制，采用天然材料的分子修饰、深度改性，加强木质素、褐煤、栲胶、纤维素、淀粉类材料的应用；为满足深井钻探高温、高压等苛刻条件的需要，研究抗温达240℃以上的泥浆添加剂，如N,N'-亚甲基双丙烯酰胺（DMAM）等单体的共聚物及磺化酚醛树脂的改性；针对高含硫地区的情况，研制防硫化氢的添加剂；环保型的可降解添加剂；高效低毒的无荧光润滑剂、起泡剂和消泡剂等专用的表面活性剂；适于油浆的价格较低的乳化剂和润湿剂；高效的消泡剂；有利于减少泥浆析水的合成聚合物降滤失剂；超高密度泥浆的分散剂和润滑剂。

强化采油添加剂的发展方向主要是在提高化学驱效果、降低成本、提高适应性等方面进行研究，开发抗温抗盐聚合物和活性剂、黏度稳定剂，复合驱、泡沫驱、微生物驱、超声波、微波等新技术及其驱油剂的研究与应用。比如：深度开发原料价廉、易得、低残渣的天然植物胶或改性天然植物胶（田菁胶、香豆胶）纤维素类和淀粉类压裂、酸化用的稠化剂；耐温抗盐的合成聚合物胶凝剂或稠化剂的表面活性剂单体和两亲单体，如2-丙烯酰氨基十二烷基磺酸（$AMC_{12}S$）等；复合缓蚀剂、增效缓蚀剂，关键是提高缓蚀剂的有效期和缓蚀效果，并降低生产成本；适于泡沫压裂液的高效表面活性剂，要求起泡性强，泡沫稳定性好，以及适用于油乳酸体系的抗温乳化剂，保证体系高温下稳定，以及特殊油气层、难动用贮量（薄层、复杂小断块、低渗高压层、裂缝性油藏、超深层等）的综合开发与治理技术及其化学剂开发等。

原油处理添加剂的发展方向是：研究开发长距离输油管道防蜡剂、防腐剂、稠油降黏剂；适于高含水期原油的反向破乳剂（水包油型原油乳状液破乳剂）；适于不同类型稠油的高效降凝、减阻和降黏剂；多种表面活性剂复配的安全、高效，水基清蜡剂以及通过扩链剂提高传统破乳剂的相对分子质量，进一步提高破乳效果，实现高效、用量小、一剂多功能化。

水处理剂主要是发展阳离子聚合物、两性离子聚合物、两亲离子聚合物、AMPS聚合物絮凝剂，钻井废泥浆的固化剂、絮凝剂、COD去除剂、脱色剂，酸化和压裂废液的破胶剂、絮凝剂、聚沉剂、COD去除剂等。

目前，我国在油田化学品研究开发方面存在的主要问题是：具有特殊性能的原创产品少；生产规模小；没有形成研究开发和应用的良性循环，许多产品局限在低水平重复研究上；技术标准不统一，多数产品都是企业自己制定标准，无法较好地体现产品的先进性。

2. 石油助剂

燃料油添加剂的品种已较齐全，性能也达到了较高的水平，但新品种的研究开发工作仍十分活跃，特别是在一些技术水平较高的公司，如美国的埃克森公司、雪弗龙公司、留勃里佐尔、杜邦公司、我国的兰州炼油厂等。目前，燃料油添加剂的发展方向是：机理研究与产品开发相互促进；添加剂的组成结构由简单到复杂，由高分子化合物到高分子聚合物；由单一组分转向二元或二元以上的多元组分，利用各组分间的协同作用，进行复合技术的开发与应用；要求性能高、无副作用、原料易得、合成工艺技术含量高，大幅度提高效益。

在添加剂用量方面，一般是通过提高添加剂的性能，以减少添加剂的用量，但有些情况下需增加添加剂的用量，如从车用润滑油添加剂发展趋势来看，添加剂的加入量将增大，甚至超过10%，才能延长换油期，满足车用润滑油向更低黏度、更苛刻挥发性、更好燃料经济性方向发展的要求。

第二节　原油开采及处理添加剂

钻浆添加剂、强化采油添加剂、原油处理添加剂是三种主要的原油开采及处理添加剂，下面对其作用、化学组成、结构、性质、制备方法等加以阐述。

一、钻浆添加剂

石油开采的第一步就是钻井，在钻井过程中，需要钻浆。所谓钻浆是指油气钻井过程中以其多种功能满足钻井工作需要的各种循环流体的总称，又称钻井液。钻浆的作用是：净化井眼；将钻屑带出地面；冷却和润滑钻头；钻浆中的黏土颗粒附着在井壁上形成薄而韧的泥饼而稳定井壁；防止井喷、漏、塌、卡等。钻井时，钻浆经高压泵驱动，通过钻杆、钻头、返水孔、井壁与钻杆的环形空间，返回地面，经过净化后再继续循环使用。在一次循环中，它完成携带钻屑、润滑钻头、平衡地层压力和保护井壁等多项任务。钻浆占油田化学品的1/2。优化钻浆的性能可提高钻井效率和防止事故发生。

钻浆有两大类，一种是泥浆，载体主要是水；另一种则是油浆，载体主要是柴油或原油。目前，90%的钻浆是泥浆。但随着3000m以上深井、海洋钻井以及寒带地区钻井数目的不断增加，油浆的比例逐步上升，预计今后油浆会达到30%。泥浆和油浆在使用过程中均需加入大量的化学品，以控制它们的各项性能，其要求随石油矿区的岩层结构、环境以及钻探条件而不同。钻浆添加剂的类别和处理剂见表12-1。

表12-1　钻浆添加剂类别和处理剂

序号	类别	处　理　剂
1	煤碱剂	腐殖酸钠、铬腐殖酸
2	消泡剂	聚醚类、硬脂酸类、有机硅类
3	降滤失剂	羧甲基纤维素、聚丙烯酸盐、腐殖酸、改性淀粉
4	降黏剂	单宁、栲胶、木质素磺酸盐、聚合物、有机硅
5	土粉	膨润土、钙膨润土、钠膨润土、有机膨润土
6	加重剂	重晶石、钛钡铁矿、赤铁矿、石灰石、氯化钠、氯化钾、溴化钙、溴化锌
7	增黏剂	羧甲基纤维素、香叶粉、田菁粉、瓜尔胶
8	页岩抑制剂	磷酸钾、硅酸钾、磺化沥青、腐殖酸钾、硝基磺化腐殖酸钾、聚丙烯酸钙、聚丙烯酸钾
9	润滑剂	热聚油、磺化植物油、乳化渣油、极压润滑剂RH3、CT3-6
10	堵漏剂	果壳(棉籽壳、花生壳等)、锯木屑、麦秆、改性纤维素、丙烯腈、丙烯酰胺共聚物、速凝水泥
11	絮凝剂	聚丙烯酰胺、阳离子聚丙烯酰胺
12	解卡剂	磺化酚醛树脂、无荧光润滑剂、表面活性剂和聚合物
13	起泡剂	烷基磺酸钠、烷基苯磺酸钠、脂肪醇醚硫酸钠
14	乳化剂	OP系列、斯本80、平平加、环烷酸、环烷基苯磺酸三乙醇胺
15	缓蚀剂	咪唑啉类、碱式碳酸锌(除硫剂)、亚硫酸钠(除氧剂)
16	杀菌剂	甲醛、多聚甲醛
17	pH值控制剂	氢氧化钠、氢氧化钾、碳酸钠、石灰
18	除钙剂	碳酸钠、碳酸钾、碳酸氢钠
19	温度稳定剂	重铬酸钾、重铬酸钠

1. **煤碱剂**

煤碱剂是由褐煤粉（含有20%～80%腐殖酸）加适量烧碱和水配制而成的，其主要成分是腐殖酸钠。现场常用的配方（质量比）：褐煤∶烧碱∶水＝15∶(1～3)∶(50～200)。腐殖酸不是单一的化合物，而是由分子大小不同、组成不一的羟基芳香羧酸族化合物组成的混合物，它含有多种官能团，主要有羧基、酚羟基和醌基，还有醇羟基、羟基醌、烯醇基、磺酸基和氨基等。

将褐煤与重铬酸钾混合，按腐殖酸∶重铬酸钾＝(3∶1)～(4∶1)，加热至80℃左右生成铬腐殖酸，铬腐殖酸在水中有较大的溶解度，以此配制的铬腐殖酸活性剂泥浆曾用于6250m的高温深井作业，具有很高的热稳定性、井壁稳定性和较好的防塌效果。

2. **消泡剂**

消泡剂主要用于消除钻井液中的泡沫，以保证液柱具有一定的压力，防止井喷和井塌事故。我国常用的消泡剂有聚醚类（如甘油聚醚、丙二醇聚醚、丙三醇聚氧丙烯聚乙烯醚）、硬脂酸类（如硬脂酸、硬脂酸铝、硬脂酸铅）、有机硅基类（如消泡剂 DSMA-6、QDA8211）、醇类（如消泡剂7501、杂醇）等。国外除采用上述种类外，还有磷酸酯及其盐类和长链羟基化合物。甘油聚醚的化学名称为聚氧丙基甘油醚，分子式为 $C_3H_5O_3\text{-}(C_9H_{18})_nH_3$，用甘油与环氧丙烷聚合生成：

$$\begin{array}{l} CH_2OH \\ | \\ CHOH \\ | \\ CH_2OH \end{array} + n\,CH_2\!-\!\underset{\diagdown O \diagup}{}\!CH-CH_3 \xrightarrow{KOH} \begin{array}{l} CH_2-O\!\left(CH_2-\underset{}{\overset{CH_3}{\overset{|}{C}H}}-O\right)_{n_1}\!H \\ | \\ CH-O\!\left(CH_2-\overset{CH_3}{\overset{|}{C}H}-O\right)_{n_2}\!H \\ | \\ CH_2-O\!\left(CH_2-\underset{CH_3}{\underset{|}{C}H}-O\right)_{n_3}\!H \end{array}$$

$$(n_1+n_2+n_3)>45$$

3. **降滤失剂**

降滤失剂又称滤失控制剂、降失水剂。钻井液进入地层后，随着泥浆水分渗入地层，会引起泥页岩水化膨胀，严重时导致井壁不稳定和井下复杂情况，钻遇到产层会造成油气层损害，泥浆中的颗粒就附着在井壁上形成泥饼。形成的泥饼要薄、致密、韧性好和低渗透性，这样才能经受住泥浆液流的冲刷，降低钻井液的滤失量。泥浆失水量越大，形成的泥饼越厚，性能也越差，因此，在泥浆中添加一些降滤失剂（降失水剂）可减少泥浆进入地层的失水量，有利于形成致密的、渗透性小的泥饼。

降滤失剂的分子都是含有多个官能团的大分子或高分子。它在泥浆中电离成长链的多价负离子，能吸附在黏土颗粒表面上形成吸附水化膜，同时提高黏土颗粒的电动电位，增大黏土颗粒聚结的机械阻力，微细黏土颗粒还能与长链的大分子部分黏结，避免黏土颗粒的直接接触，这样就大大提高了黏土颗粒聚结稳定性，致使泥浆中细小黏土颗粒的含量增多，有利于形成致密的泥饼，特别是高黏度和高弹性的吸附水化膜带来的堵孔作用，使泥饼更加致密，从而使泥浆的失水量降低。按化学结构可将降滤失剂分为羧甲基纤维素钠盐、淀粉、腐殖酸、聚丙烯酸盐及树脂等五类，品种达50余种。

(1) 羧甲基纤维素钠盐

羧甲基纤维素（CMC）采用价廉易得的玉米淀粉作原料，进行改性，可制得羧甲基淀粉钠（CMS-Na）降滤失剂：

主反应　$R_{36}OH+ClCH_2-COOH \xrightarrow{NaOH} R_{36}OCH_2COONa+NaCl+H_2O$

副反应　$ClCH_2COOH + 2NaOH \longrightarrow HOCH_2COONa + NaCl + H_2O$

CMC-Na 的降滤失机理为 CMC 在钻井液中电离为长链多价阴离子，其分子链上的醚氧基、羟基位吸附基可以通过黏土颗粒表面的氧形成氢键或配位吸附在黏土颗粒表面短键边缘的 Al^{3+} 上，而分子链上的羧钠基为水化基团，多个羧钠基通过水化使黏土颗粒表面水化层增厚，黏土颗粒表面 ζ 电位绝对值增加，负电量增加，阻止黏土颗粒因撞击形成大颗粒，且多个黏土颗粒同时吸附在一条 CMC 分子链上，形成混合网状结构，形成致密的滤饼。

近年来，针对 CMC 的主要研究方向为提高抗高温、抗盐能力方面的性能。

(2) 淀粉类

淀粉类与纤维素类的降滤失剂结构相似。淀粉主要从谷物和玉米中分离出来，是最早使用的钻井液降滤失剂。由于淀粉为碳水化合物，易发酵，对温度的耐受力较差，所以在使用时需加入防腐剂，深井和超深井不能使用，但是可用在矿化度高的情况，比如在饱和盐水钻井液中经常使用。为提高淀粉降滤失性能常通过酯化、醚化、羧甲基化以及交联反应得到一系列改性产品。

改性淀粉降滤失效果好，作用速度快，成本低廉。适用于盐水钻井液中，尤其在饱和盐水钻井液中效果最好。

(3) 腐殖酸类

腐殖酸主要来源于褐煤，其基本组成元素为 C、H、O、N 和少量 S、P，相对分子质量在几百到几十万之间，主要的官能团为羧基、酚羟基、醇羟基、醌基、甲氧基和羰基等。由于其中有较多可与黏土颗粒吸附的基团，所以腐殖酸钠具有良好的降滤失作用，还有降黏的作用。

常用的腐殖酸类降滤失剂为煤碱剂。

(4) 丙烯酸聚合物类

丙烯酸类聚合物是低固相聚合物钻井液的主要处理剂之一，制备的原料主要有丙烯腈、丙烯酰胺、丙烯酸和丙烯磺酸等，根据引入的基团、分子量、水解度以及生成盐不同，可以合成一系列处理剂，下面介绍几种产品。

① AM-SAS 共聚物　AM-SAS 共聚物是以丙烯酰胺（AM）和烯丙基磺酸钠（SAS）为共聚单体、过硫酸钾（KPS）为引发剂制得的，属阳离子型高分子共聚物，链中的—SO_3Na有益于提高泥浆的降失水性能。将一定摩尔比的 AM、SAS 单体溶于定量的水中，在搅拌和 (60±1)℃下，添加 KPS，反应之后，冷却、沉淀分离、洗涤、减压干燥至恒重，粉碎后即得白色粉末状的 AM-SAS 共聚物降滤失剂。

② 乙酸乙烯酯-丙烯腈共聚物　将乙酸乙烯酯 21 份、丙烯腈 4 份、十二烷基硫酸钠 1～1.2 份、水 80 份，在反应容器中加热搅拌，至 50℃时加入 0.3～0.5 份过硫酸铵引发剂，控制温度在 66～68℃，反应 107min 后，将上述共聚物乳液用适量水稀释，在加热下缓慢加入 NaOH，使物料由红色变为黄色，反应继续进行 8h，最后用盐酸中和至 pH 值为 7.5，再用乙醇沉析，经分离、洗涤、真空干燥得乙酸乙烯酯-丙烯腈共聚物成品。该产物具有耐高温、抗钙和抗盐析等优良性能。

③ 降滤失剂 JST501　降滤失剂 JST501 具有较强的抗温、抗盐析、抗钙、抗镁能力，还兼有降黏、防塌作用，是一种多功能产品。JST501 是以丙烯酰胺（AM）、丙烯磺酸钠（AS-Na）、丙烯酸钾（AA-K）、丙烯酸钙（AA-Ca）为单体，在一定条件下共聚制得的产物。

(5) 树脂类

主要以酚醛树脂为主体，经磺化或引入其他基团制得。下面介绍一种国内常用的树脂类降滤失剂、SPNH 是一种磺化褐煤树脂，是一种复合型药剂。其主要成分是磺化腐殖酸铬盐（SMC）、磺化酚醛树脂（SMP）、水解聚丙烯酰胺（NPAN）等，按一定比例配制而成含有羟基、羰基、亚甲基、磺酸基、羧基和氰基等多种官能团的共聚物，有较好的降滤失效果，抗温、抗盐、抗钙性能优良，同时具有一定的降黏作用。

4. 降黏剂

钻井液降黏剂主要用来降低钻井液的黏度，控制钻井液的流动性。通常在钻井液的使用过程中，由于高温、泥浆中黏土颗粒用量大、盐侵或钙侵等原因，使钻井过程中黏土颗粒形成网状结构而使黏度增大，故需添加一些高分子处理剂作为降黏剂。降黏剂分子中带多官能团的长链分子，通过配位键吸附于黏土颗粒断键边缘的端面上，改变黏土颗粒的表面性质和吸附水化膜的厚度，使泥浆黏度达到工艺要求。

（1）单宁

单宁又称鞣质，广泛存在于植物的根、茎、皮、叶或果实中，是多元酚的衍生物，为无定形粉末，具有吸湿性。不同来源和不同提取条件所得到的单宁，其化学结构虽然不同，但都是没食子酸的衍生物，含有可水解鞣质和缩合鞣质两类物质。五倍子单宁在国际上又称为中国鞣质，分子式为 $C_{76}H_{52}O_{16}$，单宁酸在水溶液中可以发生水解反应，生成双没食子酸（又称双五倍子酸）和葡萄糖，进一步水解，可以生成五倍子酸。

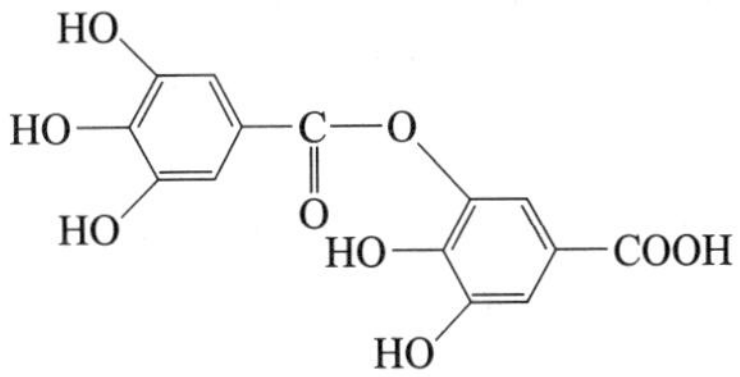

双没食子酸

单宁溶于水，呈弱酸性。用作泥浆处理剂时，一般配成碱液，其中包括单宁酸水解的酸性产物的钠盐，统称为单宁酸钠（NaT），其水溶性增大。一般认为其降黏机理为，单宁酸钠苯环上相邻的双酚羟基可以配位吸附在黏土颗粒断键边缘的 Al^{3+} 处，剩余的—ONa 和—COONa均为水化基团，给黏土颗粒带较多负电荷和水化层，使黏土颗粒端面处于双电层斥力和水化层中，从而拆散和削弱黏土颗粒间的网状结构。单宁酸钠的抗盐析能力较差，钻井液遇到大量盐浸时，会发生盐析或生成沉淀，单宁的降黏性会显著降低，同时，单宁又因为含有酯键，在 NaOH 溶液中易水解，水解产物虽然也有降黏作用，但由于分子量降低，致使效果也降低。

（2）栲胶

栲胶是由落叶松树皮、橡椀、红柳皮等富含单宁的植物原料经水浸提和浓缩等步骤加工制得的，世界上含单宁较多、可用于生产栲胶的植物有 600 多种。栲胶通常为棕黄色至棕褐色、粉状或块状，含单宁 48%～70%，溶于水，呈弱酸性，能产生盐。配成栲胶碱液起降黏作用的成分是单宁酸钠，但栲胶中含糖类较多，温度高时易发酵，使钻井液性能变坏，一般仅用于浅井和中深井。

（3）磺甲基单宁铬

为提高单宁酸钠的效果，用单宁酸与甲醛和亚硫酸氢钠在碱性条件下（pH＝9～10）进行磺甲基化反应制得的磺甲基单宁，降黏性能有所提高，并有一定的抗污染能力，但抗盐析性能较差。将磺甲基单宁进一步用 $Na_2Cr_2O_7$ 进行氧化和螯合，所得到的磺甲基单宁铬，处理效果较好，热稳定性高，在 180～200℃的高温下能有效地控制淡水泥浆的黏度，能用于高温深井，但是抗盐性较差，当含盐量超过 1%时，就会对效果产生明显影响。

（4）木质素磺酸盐

木质素存在于各种木材中，不溶于水，不能直接用于钻井液。木材制浆造纸时，亚硫酸盐法处理木材后的废液，经过滤、浓缩、改性、干燥等得到木质素磺酸盐，属阴离子表面活性剂，有良好的水溶性、化学稳定性、螯合性、分散力、黏结性，经改性可作为钻井液降黏剂。

(5) 铁铬木质素磺酸盐

铁铬木质素磺酸盐（FCLS）是由木质素磺酸钙（亚硫酸制浆废液的主要成分）与重铬酸钾和硫酸亚铁在一定条件下反应制得的，外观为棕褐色粉末，易溶于水，水溶液呈弱酸性。一般认为是一种带有螯环结构的内络合物，具有较高的稳定性，中心离子不易电离出环，所以不易以单离子参与黏土颗粒表面的离子交换。它是一种抗盐、抗钙和抗温能力强的降黏剂，能用于淡水、海水、饱和盐以及钙处理等多种泥浆，并可以抗150℃以上的高温。

铁铬盐的降黏机理包括两方面，一是在黏土颗粒的断键边缘形成吸附水化层，减弱或拆散空间网架结构，二是铁铬盐分子在泥页岩上吸附，抑制其水化分散。

但是，FCLS含铬3.0%～3.8%，对环境有污染。近年来研制成功木质素与丙烯酸接枝产品以及木质素磺酸铁锰盐、木质素磺酸钛铁盐等对环境污染程度低的多种无铬降黏剂，但抗热、抗钙性能及降黏效果仍不如木质素磺酸铁铬盐。

(6) 合成聚合物降黏剂

用于钻井液降黏剂的合成聚合物有两类，一类是以磺化苯乙烯为主的共聚物，如磺化苯乙烯与马来酸酐、衣康酸的共聚物；另一类是乙烯基或烯丙基单体的均聚或共聚物。这类单体有丙烯酰胺、丙烯酸、乙烯磺酸、磺化苯乙烯、甲基丙烯酸、2-丙烯酰胺-2-甲基丙烷磺酸、乙烯基乙酰胺、对烯丙基氧苯磺酸钠等。此种降黏剂具有较好的抗温、抗盐和钙能力，可以与其他类型的处理剂相互兼容，配合使用。

(7) 有机硅类降黏剂

20世纪80年代中期开始采用有机硅作为钻井液降黏剂。该类处理剂的泥浆黏土容量很高，高温下性能稳定。近年来研究性能较好的有Gx、HJN301以及有机硅与腐殖酸钾接枝产品。

二、强化采油添加剂

强化采油添加剂是在石油开采过程中进行压裂、酸化、堵水、防砂、清防蜡等作业时所采用的化学品。采用强化采油添加剂可以去除黏土颗粒、沉积物对地层的堵塞，达到扩大原油渗透率的目的，也可改变原油的物性如黏度、凝固点等，使油气稳产、增产。强化采油添加剂可分为酸化用添加剂、压裂用添加剂、提高采收率用添加剂三类。

1. 酸化用添加剂

酸化是油井激产重要措施之一，挤入油层的酸液通过对岩层的化学溶蚀作用，可扩大油流孔道和提高岩层渗透率。酸液还可溶解井壁附近的堵塞物如泥浆、泥饼等，有助于提高油井的生产能力。在酸化作业过程中，为满足工艺要求，提高酸化效果所用的化学添加剂有：缓蚀剂、助排剂、乳化剂、防乳化剂、起泡剂、降滤失剂、铁稳定剂、缓速剂、暂堵剂、稠化剂、防淤渣剂等。油田酸化时常用的酸：盐酸（6%～37% HCl）、氢氟酸（3%～15% HF）、土酸（3%～12% HF）、甲酸（10%～11% HCOOH）、乙酸（19%～23% CH_3COOH）、氨基磺酸（NH_2SO_3H）等。此外还有添加各种助剂配成的缓速酸、稠化酸、乳化酸、微乳酸、泡沫酸、潜在酸等。

(1) 乳化酸

乳化酸一般以油为连续外相、酸为分散相所组成的油包酸型体系。其特点是黏度较高，滤失少。当乳化酸进入地层时，被油膜包围的酸液不会与岩石立即接触，因此，乳化酸可增大酸的有效作用距离；另外，由于液膜的存在，使得酸在注入过程中基本上不与金属设备和井下管柱直接接触，很好地解决了缓蚀问题。其缺点是摩阻较大，从而排量受到限制；高温下不易保持稳定，故井温超过 80℃时不宜采用乳化酸处理地层。

乳化酸的配方为（质量份）：原油 2、柴油 2、土酸（盐酸与氢氟酸的混合物）6、乳化剂适量。按配方将各组分混合，充分搅拌成乳化液即为成品。乳化剂用量视具体情况而定，即将油/酸混合液完全乳化，静置不分层为限。

(2) 胶凝酸

胶凝酸又称稠化酸，能改善酸化液的降滤失性和泵送时的摩擦阻力，能提高残酸黏度从而改善对固体残渣的悬浮与携带性能。胶凝酸的配方如下：醋酸 50%、PAM1.5%、$Na_2Cr_2O_7 \cdot 2H_2O$ 125mg/kg、硫代乙酰胺 1500mg/kg 等。将聚丙烯酰胺（PAM）按配方给定的比例溶于水中高速搅拌后静置 5 天，加入 $Na_2Cr_2O_7$ 和硫代乙酰胺，再加入冰醋酸，将混合物均匀混合搅拌，即得成品。

(3) 铁螯合剂

油井酸化作业时，由于酸液对井下管道及金属设备的腐蚀及地层中含铁矿物的溶解而形成 Fe^{2+} 和 Fe^{3+}。随着残酸液的排出，地层液 pH 值升高会形成氢氧化铁沉淀，造成地层渗流孔隙的阻塞，形成沥青质淤垢，降低产油率或注水量。防止这种危害的有效方法是向酸化液中加入适量的铁离子螯合剂。可以作为油井酸化用的铁螯合剂为柠檬酸、醋酸、EDTA、氮基三醋酸酯等有机物或聚合物。

多烯基胺亚甲基膦酸盐聚合物络合剂为一种性能优良的铁稳定剂，配方为（质量比）：A 混合物（四亚乙基五胺∶氯甲代氧丙环∶水＝57∶28∶57）56、亚磷酸 49、盐酸（37%）67、甲醛（37%）61、水 49 等。

(4) 酸化缓蚀剂

随着钻井深度增加，井深超过四五千米后，井底温度高达 180℃以上，此时在浓酸酸化作业中必须加入有效的缓蚀剂以避免高温下浓酸对油井设备的腐蚀。常用的酸化缓蚀剂一般为有机缓蚀剂，它是由电负性较大的 O、N、S 和 P 等原子为中心的极性基和 C、H 原子组成的非极性基（如烷基 R—）所构成，这些缓蚀剂通过物理吸附或化学吸附形成吸附膜对金属起到保护作用。其典型产品如 IMC-炔氧甲基胺类缓蚀剂。其合成原理如下：

$$RNH_2 + 2HCHO + 2R'OH \longrightarrow RN(CH_2OR')_2 + C_6H_5CH_2X \longrightarrow [RN(CH_2OR')_2(CH_2C_6H_5)]^+ Cl^-$$

R—烷基芳基；R′—烷基部分

在一定时间内，将有机胺滴加到加有醛、炔醇及溶剂的混合液中，搅拌、加热到回流温度，分离出反应生成的水（一直到出水量达到理论量为止），在惰性气体保护下，减压蒸馏，得到炔氧甲基胺。将炔氧甲基胺与卤代烷反应，在溶剂存在下，加热回流，然后在惰性气体保护下，减压蒸馏。季铵盐收率为 80%左右。合成产物的结构如下：

$$RN(CH_2OCH_2C{\equiv}CH)_2$$

二炔氧甲基胺

$$[RN(CH_2OCH_2C{\equiv}CH)_2(CH_2C_6H_5)]^+ Cl^-$$

二炔氧甲基胺季铵盐

在 90～120℃、15%HCl 中，炔氧甲基胺及其季铵盐对钢铁都有较好的缓蚀作用，而且，碳原子数为 $C_6 \sim C_{10}$ 的烷基胺炔氧甲基胺及其季铵盐的缓蚀性能最好。

2. 压裂用添加剂

压裂就是用压力将地层压开，形成裂缝，并用支撑剂将其支撑起来，以减少液体流动阻力的增产方法。对开采层段进行压裂改造是国内外油田普遍采用的增产措施之一。压裂液主要有三种类型，即水基、油基和醇基压裂液。其中最常用的水基压裂液包括稠化水压裂液、水冻胶压裂液、水包油压裂液、泡沫以及各种酸基压裂液。常见的稠化水压裂液有：聚氧乙烯、聚乙烯醇、聚乙酸乙烯酯等水溶性合成聚合物；甲基纤维素、羟甲基纤维素等天然聚合物及其衍生物等。在配制压裂液时，常加入各种化学品，这些化学品称压裂用添加剂，包括破胶剂、缓蚀剂、助排剂、交联剂、黏土稳定剂、减阻剂、防乳化剂、起泡剂、降滤失剂、pH 值控制剂、暂堵剂、增黏剂、杀菌剂、支撑剂等 14 类。

3. 提高采收率用添加剂

提高采收率用添加剂包括提高水驱采收率用化学剂和强化采油添加剂。提高水驱采收率用化学剂是在使用水做驱替液驱替原油时添加，主要包括：聚合物驱油剂和深部液流改向用剂。强化采油添加剂主要为了提高原油采收率，其主要作用为改变油层中油、水、气、蜡晶、岩石和沥青等的相形态及它们之间界面性质的问题。其主要包括化学驱用剂、混相驱油剂、热采油剂和微生物及其他助剂。根据化合物种类可以分为表面活性剂、聚合物和碱等。

(1) 提高水驱采收率用化学剂

① 聚合物驱油剂　聚合物驱油是以聚合物水溶液作为驱替液的采油技术，主要作用为提高水相黏度，降低水相在孔隙中的相对渗透率，降低水油流度比，减少驱替中指进的发生。常见的种类有合成聚合物以及生化聚合物。下面举例介绍。

a. 部分水解聚丙烯酰胺（HPAM）　结构式为：

$$\left(\underset{}{CH_2}-\underset{\displaystyle CONH_2}{\underset{|}{CH}}\right)_m\left(CH_2-\underset{\displaystyle COOM}{\underset{|}{CH}}\right)_n$$

部分水解聚丙烯酰胺（HPAM）的合成由丙烯酰胺通过自由基聚合、水解制得。丙烯酰胺自由基聚合可以采用溶液聚合、反相乳液或微乳液聚合、悬浮聚合以及本体聚合等方法得到不同剂型的产品。HPAM 热稳定性较好；剪切稳定性较差；化学稳定性较差；生物稳定性较好。

b. 生化聚合物　现有工业化生产的生化聚合物是黄原胶（XC）。结构式：

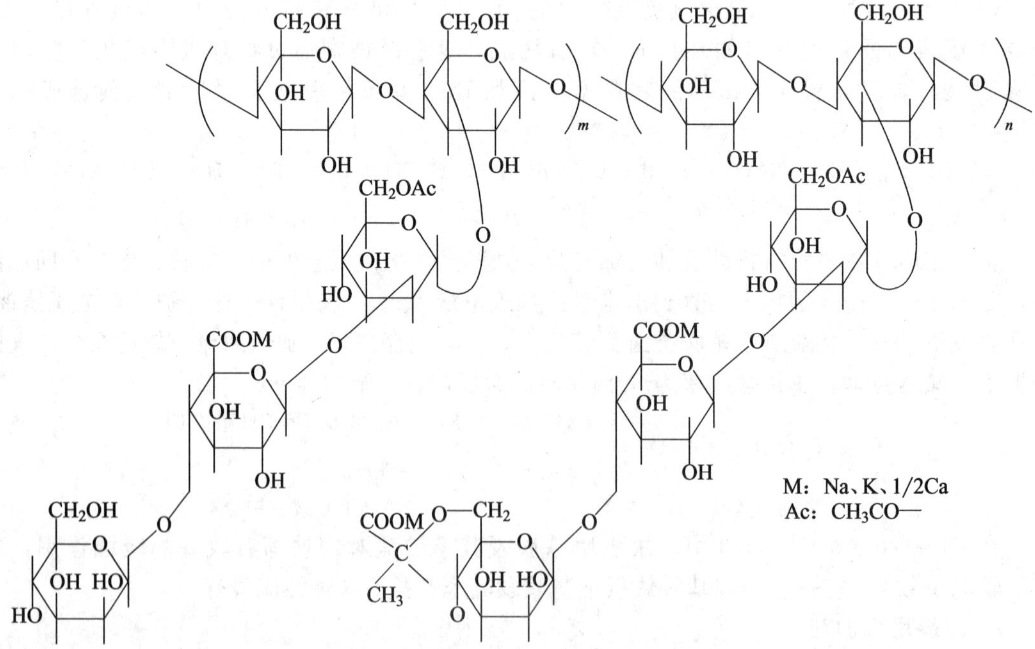

M：Na、K、1/2Ca
Ac：CH_3CO—

黄原胶是一种假黄单胞菌属发酵产生的单胞多糖，是一种溶于水的无毒生物聚合物。与 HPAM 相比，其增黏性、抗盐性能较好，溶液黏度随温度的变化小，但是热稳定性差，生物稳定性差（需加醛类杀菌剂），剪切稳定性好（支链）。XC的生产过程中发酵时间长，发酵液浓度低，产品化成本高，故国内常用的还是HPAM。

c. 天然聚合物　田菁胶（又称瓜尔胶）是从田菁种子胚芽提炼出的豆胶。

田菁胶驱油剂成本低，但是溶解速率小且容易生物降解，故出现田菁胶改性产品。

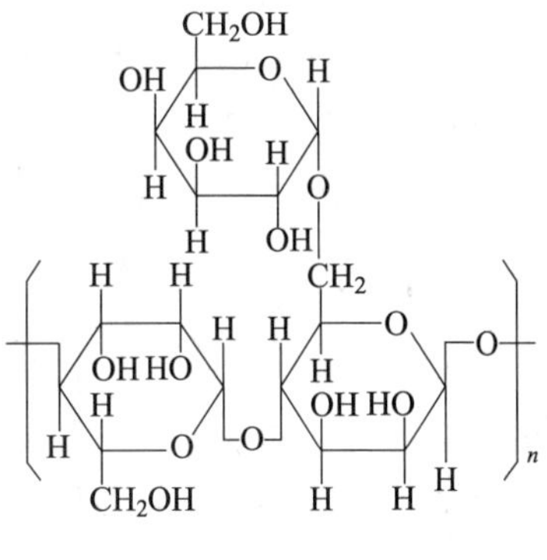

田菁胶

② 深部液流改向用剂　油层为非均质的，水驱时驱替水易沿着高渗透的孔道前进，高渗透孔道中的原油被驱出，后续的驱替水更易沿水通道推进，使大部分渗透率相对较小的孔隙中原油不能被驱出。为提高驱替液的波及效率，必须要使用深部液流改向技术。深部液流改向技术主要原理是将一定浓度的聚合物溶液与交联剂溶液混合，可以形成一定强度的冻胶，封堵高渗透率的地层。常用的交联剂种类有：螯合型交联剂和共价键型交联剂。螯合型交联剂常见的主要是采用Cr(Ⅱ)、Al(Ⅲ)、Ti(Ⅵ)、Zr(Ⅳ)等金属与适当的螯合剂形成的水溶性金属螯合物；共价键型交联剂为能与HPAM等聚合物中官能团发生反应形成新的共价键的有机化合物，常见的为：低分子醛（甲醛、乙二醛），低聚酚醛树脂，酚-胺树脂等。

(2) 强化采油添加剂

① 化学驱油剂　化学驱油的主要原理为采用化学品降低原油/水界面和水/岩石界面张力，从而降低原油在岩石表面的黏附力，有利于原油从岩石上剥离。降低原油/水界面张力，可以大幅降低毛细管阻力，有利于原油从较小的岩石孔隙中被驱出。常用的化学驱油剂为：石油磺酸盐、合成磺酸盐、石油羧酸盐、碱等。

a. 石油磺酸盐　石油磺酸盐是一种重要的磺酸盐型表面活性剂，主要由SO_3磺化芳烃含量较高的石油或石油馏分，再由碱中和制得。因为原料组成不同，故石油磺酸盐分子结构复杂。大致架构如下：

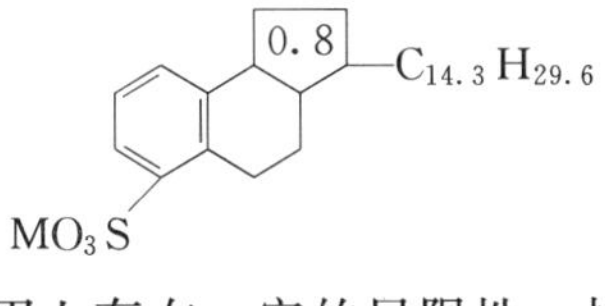

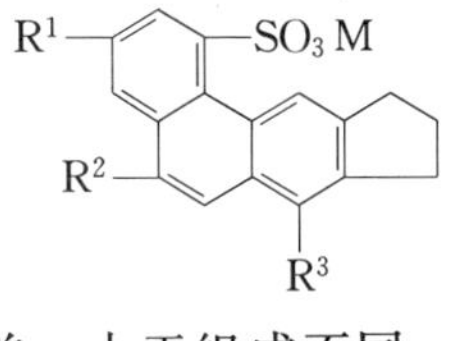

石油磺酸盐使用上存在一定的局限性：抗盐能力差；由于组成不同，不同当量组分在岩石上的吸附能力差异大，导致用量不能统一；抗温性能差；与聚丙烯酰胺等配伍差；由于组成不同，故分相流动现象明显，表面活性剂损失大。

b. 合成磺酸盐　合成磺酸盐主要包括：烷基磺酸盐、烷基芳基磺酸盐、α-烯烃磺酸盐和氧乙烯基磺酸盐等。α-烯烃磺酸盐（AOS）具有良好的耐盐、耐高价金属离子性能。AOS是以C_{14}～C_{18}的重α-烯烃为原料，通过SO_3磺化、中和及磺内酯水解制得，包含烯烃磺酸盐、羟基磺酸盐以及多磺酸盐。具有较强的耐盐性，增溶效果好，但低温易形成液晶。

c. 石油羧酸盐　石油羧酸盐是由原油适当馏分（C_{22}～C_{24}）的烷烃为原料，采用催化氧化法生产，是一种具有石蜡基烷烃的亲油基和羧基的亲水基的阴离子表面活性剂。该产品成本低，耐盐范围宽，抗盐和抗钙、镁离子能力强，与重烷苯型磺酸盐复配效果较好。

d. 碱　碱作为化学驱油剂的主要作用为可以与石油中的某些组分发生化学反应，产生表面活性剂，可以代替部分外加的驱油用表面活性剂。常用的碱有氢氧化钠、碳酸钠、原硅酸钠、硅酸钠、碳酸氢钠、氨等。

② 热力采油用化学剂　稠油开采的困难在于流动性差，主要指在油层中不易流入生产井，以及在生产井底不易流至地面。为改善流动性，采用向油层中注入水蒸气，以加热原油和地面。为了提高驱油波及率和驱替率，主要技术是注入高温泡沫或调剖剂完成。因为与高温蒸汽一起或前后注入起泡剂溶液形成稳定的泡沫，故起泡剂应耐 250℃以上、高达 350℃的高温而不分解。常见的高温调剖剂为：烷基苯磺酸盐、α-烯烃磺酸盐、石油磺酸盐、聚氧乙烯烷基醇醚烷基磺酸盐以及某些含氟的表面活性剂。

三、原油处理用添加剂

在原油收集、处理、输送过程中为保证原油质量，保证生产过程安全可靠和降低能耗所用的化学品称作原油处理用添加剂，主要有缓蚀剂、破乳剂、减阻剂、乳化剂、流动性改进剂、天然气净化剂、水合物抑制剂、海面浮油清净剂、防蜡剂、清蜡剂、管道清洗剂、降凝剂、降黏剂、抑泡剂、黏土稳定剂等 15 类。

1. 破乳剂

原油中通常含有沥青质，特别是高黏原油中含有很多的沥青。沥青相对分子质量大，而且分子中含有较多的羧基、羟基、巯基等活性基团，很容易和水形成稳定的乳化液。因此，原油采出后必须通过加入破乳剂及其他物理方法将采出液中的油和水分开。

原油破乳剂主要根据原油的乳化液状态为水少油多的 W/O 型还是水多油少的 O/W 型乳化液进行选择。还是主要分为应用于 W/O 型乳化液的醇类聚醚破乳剂、多亚乙基多胺嵌段聚醚破乳剂、酚醛树脂系列破乳剂、含硅破乳剂等；应用于 O/W 型原油的阴离子、阳离子、非离子和两性表面活性剂以及聚合物 5 大类，其中常用的为非离子型表面活性剂。下面举例进行介绍。

① 聚环氧乙烷环氧丙烷醚　聚环氧乙烷环氧丙烷醚是由环氧乙烷、环氧丙烷及高碳醇在碱性条件下共聚而成。反应式如下：

$$\mathrm{ROH} + m(\underset{\diagdown\,\mathrm{O}\,\diagup}{\mathrm{CH_3{-}CH{-}CH_2}}) \xrightarrow{\mathrm{KOH}} \mathrm{RO{-}(C_3H_6O)_mH}$$

$$\mathrm{RO{-}(C_3H_6O)_mH} + n(\underset{\diagdown\,\mathrm{O}\,\diagup}{\mathrm{H_2C{-}CH_2}}) \xrightarrow{\mathrm{KOH}} \mathrm{RO(C_3H_6O)_m\cdot(C_2H_4O)_nH}$$

$$\mathrm{RO{-}(C_3H_6O)_m\cdot(C_2H_4O)_nH} + p(\underset{\diagdown\,\mathrm{O}\,\diagup}{\mathrm{CH_3{-}HC{-}CH_2}}) \xrightarrow{\mathrm{KOH}} \mathrm{RO(C_3H_6O)_m\cdot(C_2H_4O)_n\cdot(C_3H_6O)_pH}$$

② RI-01 原油破乳剂　RI-01 原油破乳剂由 70％的 TA-1031 和 30％的 PR-7525 两种破乳剂复配而成。与单一破乳剂相比，脱水率大大提高，可达到油净水清的效果。此外，对于难破乳的沥青质原油乳液和高黏稠原油乳液，采用复配破乳剂效果更为显著。PR-7525 破乳剂是以 2402 树脂（对叔丁基苯酚甲醛树脂）、环氧丙烷或环氧乙烷为原料聚合而成。反应式如下：

$$\mathrm{HOCH_2}\left[\begin{array}{c}\mathrm{OH}\\ \text{(苯环)}{-}\mathrm{CH_2OCH_2}\\ \mathrm{C(CH_3)_3}\end{array}\right]_n\begin{array}{c}\mathrm{OH}\\ \text{(苯环)}{-}\mathrm{CH_2OH}\\ \mathrm{C(CH_3)_3}\end{array}\xrightarrow[\mathrm{KOH}]{\text{PO或EO}}\mathrm{MOCH_2}\left[\begin{array}{c}\mathrm{OH}\\ \text{(苯环)}{-}\mathrm{CH_2OCH_2}\\ \mathrm{C(CH_3)_3}\end{array}\right]_n\begin{array}{c}\mathrm{OM}\\ \text{(苯环)}{-}\mathrm{CH_2OCH_3}\\ \mathrm{C(CH_3)_3}\end{array}$$

（2402 树脂）

式中，M 表示 $[PO]_x[EO]_yH$ 或 $[PO]_x[EO]_y[PO]_zH$（x、y、z 为聚合度）；PO 表示环氧丙烷；EO 表示环氧乙烷。

2. 防蜡剂

石蜡是 C_{18}～C_{60} 的碳氢化合物。在地下油层条件下，蜡是溶解在原油中的，当原油从井底上升到井口以及在集输过程中，由于压力、温度降低，就会出现结蜡。能清除蜡沉积的化学剂称为清蜡剂。防蜡剂是能抑制原油中蜡晶析出、长大、聚集或在固体表面沉积的化学剂。

防蜡剂主要分稠杂环芳烃及其衍生物（萘、菲、蒽、苊、芘、苯并芘等）、高分子油溶性物质和表面活性剂型等三大类。

稠杂环芳烃及其衍生物（萘、菲、蒽、苊、芘、苯并芘等）可以参与蜡晶的形成，使蜡晶形状不规则，不易长大。

表面活性剂型防蜡剂有油溶性表面活性剂（如石油磺酸盐、胺型表面活性剂）和水溶性表面活性剂（季铵盐型、平平加型、OP 型、吐温型、聚醚型等）。

油溶性表面活性剂是通过改变蜡晶表面性质，使蜡不易进一步沉积。而水溶性表面活性剂吸附在蜡表面，使蜡表面或管壁表面形成一层水膜，防止蜡在其上沉积。如 SAE 表面活性剂是一种含硅的表面活性剂，由聚醚与聚甲基烷氧基硅氧烷进行部分脱醇的缩合反应，得到的聚氧化烯烃-聚硅氧烷嵌段共聚物，其分子结构为：

$$R-O\left[\begin{matrix}CH_3\\|\\Si\\|\\CH_3\end{matrix}-O\right]_{n_1}\left[\begin{matrix}CH_3\\|\\Si\\|\\CH_3\end{matrix}-O\right]_{n_2}R'$$

3. 清蜡剂

能清除蜡沉积物的化学品称清蜡剂，主要分油基清蜡剂和水基清蜡剂。

油基清蜡剂是溶解石蜡能力较强的化学溶剂。国内外常采用的有 CS_2、CCl_4、苯、甲苯、二甲苯、混合芳烃、轻质石油如汽油、煤油等。早期的清蜡剂一般都是两种或多种溶剂的混合物，只含有机溶剂，而不含其他物质，这些物质称为溶剂型清蜡剂。在此基础上，又发展了含有机溶剂和表面活性剂的复配型清蜡剂，如配方：苯甲醚 25％（质量分数）、OP-7 或 OP-10 0.1％～1.0％、烷基芳烃混合物 49％～49.9％。

水基清蜡剂是以表面活性剂为主要成分，以水为载体，其中溶有互溶剂（如醇、醇醚，用以增加油和水的相互溶解）或碱性物质（氢氧化钠、磷酸钠、六偏磷酸钠等）。这种类型的清蜡剂既有清蜡作用，又有防蜡作用。例如，将含丁基酚聚氧乙醚 25％、二乙二醇丁醚 25％、甲醇 25％的水溶液 15L 用 193L 水稀释后配成的水基清蜡剂，可使采油量大大增加。加有水溶性表面活性剂、互溶剂或碱性物。这类清蜡剂既有清蜡作用，又有防蜡作用，但清蜡温度较高，一般为 70～80℃。

表面活性剂与碱配制的清蜡剂：

$R-O-[CH_2CH_2O]_n-H$　10％　　$Na_2O\cdot mSiO_2$　2％　　H_2O　88％

表面活性剂、互溶剂与碱配制的清蜡剂（用碱将水溶液调至碱性）：

$$R-N\begin{cases}(CH_2CH_2O)_{n_1}-H\\(CH_2CH_2O)_{n_2}-H\end{cases}$$ 15％～65％

$R-C_6H_4-O-[CH_2CH_2O]_n-H$　15％～50％

$R-O-[CH_2CH_2O]_n-SO_2M$　15％～50％

$C_4H_9-O-CH_2CH_2OH$　5％～30％

以油基清蜡剂和水基清蜡剂结合而成的水包油型清蜡乳状液，不仅减少了溶剂的挥发，而且当与原油混合时，可分离成油基和水基清蜡剂，分别发挥各自的作用，产生良好的清蜡和防蜡效果，因此，这类产品大有发展前途。在实际应用中，可将防蜡、降凝、降黏和清蜡的药剂复合使用，发挥药剂的协同作用，从而给石油开采带来更好的效益。

4. 降凝剂

降低原油凝固点的化学处理剂叫原油降凝剂。原油降凝剂的作用在于影响蜡晶的网状目构造的发育过程，从而使油品的凝固点（倾点）降低。

降凝剂可以归纳为两大类，一类是缩合物型，典型产品有氯化石蜡与萘或酚的缩合物，如帕拉弗洛（Paraflow）和山驼普尔（Santopow）；另一类是不饱和单体的均聚物或共聚物，典型产品有乙烯-醋酸乙烯酯共聚物（EVA）、聚甲基丙烯酸高碳醇酯、乙烯-马来酸酐酯（或富马酸酯）、聚丙烯酸高碳醇酯等。近年来逐渐瞩目于降凝剂的复配使用以及各种三元共聚物的开发。

5. 有机黏土稳定剂

产油地层里都含有黏土矿物，在酸化、压裂和注水作业时，这些黏土颗粒与外来引入水接触，就会发生膨胀、剥落和运移，使地层受到伤害，直接影响采油量和注水量。受损害的地层要恢复是十分困难的，因此，要投入化学剂预先稳定黏土。由于黏土颗粒表面带负电荷，因此，阳离子表面活性剂或聚合物都能吸附在黏土表面中和其电荷，改变黏土表面状态，减少水分子的渗入，达到稳定黏土的作用。

常用的阳离子表面活性剂有：

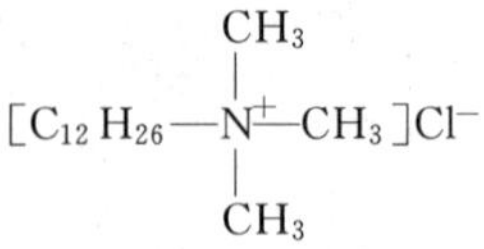

$$[C_{12}H_{26}-\overset{+}{N}(CH_3)_2-CH_3]Cl^-$$

季铵盐型

$$[C_{12}H_{26}-{}^{+}NC_5H_5]Cl^-$$

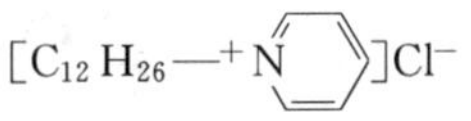

吡啶盐

$$(C_{12}H_{26}\overset{+}{N}H_3)CH_3COO^-$$

胺盐型

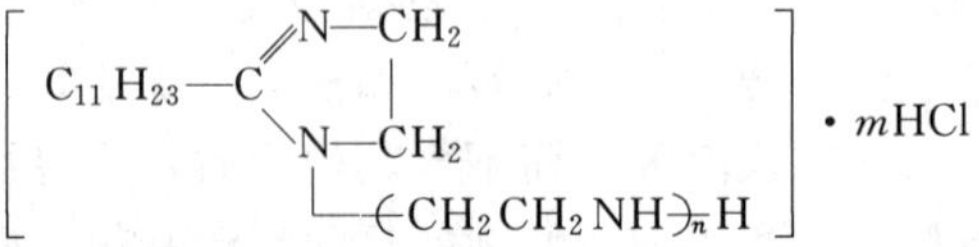

$$\left[C_{11}H_{23}-C\begin{matrix}\text{=N}-CH_2\\ |\\ -N-CH_2\end{matrix}\quad -\!(CH_2CH_2NH)_n\!-H\right]\cdot mHCl$$

咪唑啉型

第三节 燃料油添加剂

燃料油包括汽油、柴油、煤油、轻油和重油等，它们是动力的主要能源。现代技术的发展要求不断提高发动机燃料的质量。除了在石油炼制过程中不断改进工艺及产品结构，提高其内在质量外，应用添加剂是改进燃料油质量的另一个重要途径。由于燃料油种类各异，相应使用的添加剂多属于各类燃料油的专用添加剂。燃料油通用保护性添加剂有抗氧化剂、金属钝化剂、抗腐蚀剂或防锈剂、抗乳化剂等。汽油专用添加剂有抗震剂、抗表面引燃剂、汽化器清净剂、防冰剂等。喷气燃料油专用添加剂有抗静电剂、抗菌剂、抗冰剂、抗烧蚀剂等。柴油专用添加剂有分散剂、低温流动改进剂、十六烷值改进剂、消烟剂等。

一、抗震剂

汽油发动机燃烧室内，在点火火花塞的火焰到达之前，往往会发生未燃烧的燃料与空气的混合气体自燃的所谓爆震现象，因此需加入抗震剂（又称抗爆剂）来抑制这种现象的发生，同时提高汽油的辛烷值与热效率。抗爆剂的作用原理就是能与有机物分解过程中生成的、易产生爆震的过氧化氢、甲醛以及 OH、OH_2 和 H、O 等活性物质反应，改变反应的路径，延长反应的诱导期，使抗爆剂或抗爆组分起着反催化剂的作用，即抑制反应的自动加速，即把燃料燃烧的速度限定在正常的燃烧范围内，在燃烧室内火焰前锋到达之前，抑制烃类燃料的自燃，从而延长未燃混合气自燃的诱导期，从而达到抑制爆震的目的。四甲基铅和四乙基铅曾被用作抗震剂，但随着无铅汽油的推广，目前主要使用叔丁醇（TBA）、甲基叔丁基醚（MTBE）、甲基叔戊基醚（TAME）等醇类和醚类抗震剂以及酯类和胺类抗震剂，其结构式如下。

$$CH_3-\underset{CH_3}{\overset{CH_3}{\overset{|}{\underset{|}{C}}}}-OH \qquad CH_3-\underset{CH_3}{\overset{CH_3}{\overset{|}{\underset{|}{C}}}}-O-CH_3 \qquad CH_3CH_2-\underset{CH_3}{\overset{CH_3}{\overset{|}{\underset{|}{C}}}}-OCH_3$$

叔丁醇(TBA)　　甲基叔丁基醚(MTBE)　　甲基叔戊基醚(TAME)

MTBE 性能优良，从原料上看，它可利用石油化工中 C_4 馏分采用大孔强酸性阳离子交换树脂为催化剂来合成：

$$CH_2{=\!=}C(CH_3)_2 + CH_3OH \xrightarrow{\text{催化剂}} (CH_3)_3COCH_3$$

然而，由于 MTBE 极易穿过土壤进入地下水饮用系统，对生态环境会造成一定程度的危害。

碳酸二甲酯（DMC）是新型的比较理想的汽油增氧剂，含氧量 53%，其毒性很低，1992 年欧洲把其列为无毒化学品。目前对 DMC 研究多是处于实验阶段。加入 DMC 会使汽油的辛烷值增加，雷德蒸气压下降，汽油品质得到改善，但燃烧热值有所降低，冰点及氧含量升高，对汽油的饱和蒸气压、水溶性基本没有影响。总体说来，在 MTBE 备受争议的情况下，DMC 似乎更能满足 RFG 汽油质量指标的要求，随着合成 DMC 技术的发展，其生产成本逐渐减低，因此，DMC 很有可能成为未来的汽油添加剂而得到应用。现在国际上对抗爆剂的研究继续朝有机无灰类的方向进行探索，其中包括苯胺类、酯类等油溶性有机抗爆剂，如一甲基苯胺（MMA）和醋酸异丁酯等。

柴油发动机的抗震性能与汽油发动机类似，以十六烷值表示。即以正十六烷的十六烷值为 100，α-甲基萘的十六烷值为零，来标定柴油的十六烷值。改进十六烷值用的抗震剂主要为硝基酯类、二硝基化合物和过氧化物。以硝酸烷基酯应用最为广泛，如硝酸异丙酯、硝酸戊酯、硝酸丁酯和硝酸异辛酯等。正常添加量为 1.5%（体积分数），十六烷值可提高12～20。

二、清净分散剂

清净分散剂是具有某种结构的高效表面活性物质，其极性基团对已经形成的积炭、沉积物有很强的吸附能力，可使积炭、沉积物逐渐疏松并成为小颗粒被洗涤下来，对发动机各部位和油路起到清净作用。同时，由于双电子层作用，清净分散剂又可以阻止小颗粒进一步聚集形成大颗粒，沉积在金属表面上，起到保洁作用。另外，清净分散剂还可以改善油品的雾化状态，使油品燃烧更加完全，起到节能和环保的作用。

清净分散剂在发动机油品中对发动机起着清净和分散的作用，从它的作用过程上分析主要有以下四个方面的作用。

① 中和作用　清净分散剂由于是一种碱性物质，所以对因燃料燃烧产生的酸性物质有很好的中和作用，从而防止酸性物质沉积和腐蚀。

② 洗涤作用　通常清净分散剂在油中以胶束溶解状态和单分子溶解状态存在。聚合物

在油中时，聚合物本身具有像胶束一样将极性基团环抱在里面的结构。由于清净分散剂的胶束状的特殊结构，则对积炭和胶质有很强的吸附能力，使漆膜和积炭容易被洗涤下来。

③ 分散作用　它主要有两个方面。a. 清净分散剂分子吸附在积炭或烟灰颗粒的表面形成双电层，防止颗粒聚集而产生沉积。b. 清净分散剂分子吸附在积炭或烟灰的表面后由于其分子结构中长烷基链的屏蔽作用，而阻止颗粒聚集。

④ 增溶作用　清净分散剂与非油溶性的胶质形成载荷胶团，从而使胶质中的黏性基团失去反应活性，进而抑制漆膜、积炭和油泥的形成。即清净分散剂分子由于有长卷曲链结构，将胶质包围在胶团内，从而防止漆膜、积炭和油泥的形成。

清净分散剂的主要类型包括有灰型清净分散剂和无灰型清净分散剂。有灰型清净分散剂主要是磺酸、羧酸、磷酸、酚和水杨酸等的钙盐、镁盐以及钡盐。这类添加剂的清净性能比较好，同时也具有一定的高温分散性能。

无灰型清净分散剂按其化学结构可分为低聚物胺类和小分子胺类。小分子胺类是应用最早的清净分散剂，主要包括双丁二酰亚胺、单丁二酰亚胺以及 *N*-苯硬脂酰胺等。低聚物胺类包括聚醚胺类、烷基胺化物类以及 Mannich 反应产物。烷基胺化物类是研究比较成熟的胺类清净剂之一。这类清净剂中最常用的是聚异丁烯琥珀酰亚胺类。合成大致过程如下所示。

$$\left[CH_2-C(CH_3)_2\right]_m + \begin{matrix} CH-C(=O) \\ \| \qquad\quad O \\ CH-C(=O) \end{matrix} \xrightarrow{\triangle} \left[CH_2-C(CH_3)_2\right]_m-\begin{matrix} CH-C(=O) \\ | \qquad\quad O \\ CH_2-C(=O) \end{matrix}$$

$$2\left[CH_2-C(CH_3)\right]_m\left[CH-CH\right]_n(\text{C(=O)-O-C(=O)}) + nH_2N(CH_2CH_2NH)_3CH_2CH_2NH_2 \longrightarrow$$

$$\left[CH_2-C(CH_3)_2\right]_m\left[\begin{matrix} CH-C(=O) \\ | \qquad\quad \\ CH_2-C(=O) \end{matrix}\right]N(CH_2CH_2NH)_3CH_2CH_2N\left[\begin{matrix} C(=O)-CH \\ \qquad\quad | \\ C(=O)-CH_2 \end{matrix}\right]_n\left[CH_2-C(CH_3)_2\right]_m + 2nH_2O$$

各类型的无灰型清净分散剂都具有一定程度的清净性能，尤其在尾气排放和消除炭烟方面，金属类清净剂表现得更为出色。

三、抗氧和防锈剂

燃料油在贮存及使用中通常要与金属接触。由于空气和水的存在，它会对钢材发生锈蚀。燃烧后产生的氧化物又为腐蚀创造了条件。在许多情况下，氧化会引起燃料油黏度增高，并使其组分发生变化。在燃料油中加入抗氧剂可提高它们在贮存及使用时的稳定性，在含铅汽油中还能防止四乙基铅分解后形成沉淀的积聚。

抗氧剂可分为阻碍酚和苯二胺两大类。阻碍酚类是塑料中应用十分广泛的抗氧剂，在燃料油中用得最多的是 2,4-二甲基-6 叔丁基苯酚和 2,6-二叔丁基-4-甲基苯酚。目前工业化生产 2,6-二叔丁基-4-甲基苯酚的方法有对甲酚与异丁烯烷化法等，合成反应如下：

$$CH_3-C_6H_4-OH + H_2C=C(CH_3)-CH_2 \xrightarrow[70℃]{H_2SO_4\ (97\%)} CH_3-C_6H_3(OH)-C(CH_3)_3$$

$$CH_3-C_6H_3(OH)-C(CH_3)_3 + H_3C-C(CH_3)=CH_2 \xrightarrow[70℃]{H_2SO_4\ (97\%)} CH_3-C_6H_2(OH)[C(CH_3)_3]_2$$

苯二胺类抗氧剂中，主要品种有 N,N'-二异丙基对苯二胺（Ⅰ）和 N,N'-仲丁基对苯二胺（Ⅱ）：

$$(CH_3)_2CHNH-C_6H_4-NHCH(CH_3)_2$$

（Ⅰ）

$$(H_5C_2)(H_3C)CHNH-C_6H_4-NHCH(C_2H_5)(CH_3)$$

（Ⅱ）

较新的一类防锈剂同时具有清洗作用，主要为两种组分，一种是烷基酚聚氧乙烯醚非离子表面活性剂，另一种则是咪唑啉胺：

$$H_{19}C_9-C_6H_4-(OCH_2CH_2)_n-OH$$

壬基酚聚乙烯醚

$$H_2C-N=C(C_{17}H_{35})-N(CH_2CH_2NH_2)-CH_2\ (\text{环})$$

咪唑啉胺

这类添加剂对与空气、水和汽油接触的金属表面，有良好的抗蚀能力，同时，由于混合物内含有表面活性剂，因而有一定的清洗作用，可使发动机的维护工作易于进行。

四、抗冰剂

汽车发动机在潮湿寒冷气候下容易失控，其原因在于燃料管线和汽化器内汽油带入的少量水分容易结冰，这样会造成不易点火启动；高空飞行的飞机接触的空气常低于零度，燃料油也会出现结冰现象。解决这一问题较有效的方法是在燃料油中加入抗冰剂。

抗冰剂可分为两类，一类是醇类（如甲醇、乙醇、异丙醇等），由于醇类具有水溶性，可与水以任何比例混合，加入后可降低冰点，使水不能结冰。除醇类外，也常用一些多元醇（如乙二醇），以及它们的醚（如乙二醇醚、二乙二醇醚等）。另一类为表面活性剂型，它们的疏水基团会聚集在金属的表面使之能阻止水分在金属表面结冰，属于这一类的有磷酸胺、脂肪胺、脂肪酰胺和烷基琥珀酸亚胺等。

五、金属钝化剂

为了提高汽油和航空燃料的稳定性，在添加抗氧剂的同时，常常还要使用金属钝化剂。金属钝化剂是通过与燃料油中的金属离子反应生成螯合物，使金属离子不再具有氧化促进作用，常用的金属钝化剂为 N,N'-二亚水杨基-1,2-丙二胺。它由 1,2-丙二胺与水杨醛缩合而得，反应式如下：

$$CH_2(NH_2)-CH(NH_2)-CH_3 + 2\ C_6H_4(OH)CHO \xrightarrow[\text{水稀释剂}]{55℃} C_6H_4(OH)-CH=N-CH(CH_3)-CH_2-N=CH-C_6H_4(OH) + 2H_2O$$

第四节　润滑油添加剂

润滑油是用作降低摩擦力的材料，它必须满足三个基本要求：润滑作用；化学稳定性，即不降解、不氧化、不在使用过程中形成油泥；黏度以及其他在使用过程中必须达到的一些性能。因此，润滑油要用添加一些辅助化学品来提高和改进它的使用性能，这些用于改进润滑油性能的化学品称为润滑油添加剂。

我国按添加剂主要改善的性能将它们分为增黏剂、清净分散剂、抗氧剂、缓蚀剂、载荷添加剂（抗磨剂）、降凝剂、抗泡剂等七类。

一、增黏剂

不少润滑油，例如，长期运行的汽车发动机油或液压油，黏度指数要求高于原润滑油的黏度指数，这时就必须加入增黏剂，即黏度指数改进剂。它们是油溶性高分子共聚物，在单体上含有 C_{12}～C_{18}的酯基以提供油溶性，例如：

$$\underset{\text{甲基丙烯酸月桂酯}}{CH_2{=}\underset{\substack{|\\CH_3}}{C}{-}COOC_{12}H_{25}} + \underset{\text{异丁烯}}{CH_2{=}\overset{\substack{CH_3\\|}}{\underset{\substack{|\\CH_3}}{C}}} \longrightarrow \underset{\text{共聚物}}{\left[CH_2{-}\overset{\substack{COOC_{12}H_{25}\\|}}{\underset{\substack{|\\CH_3}}{C}}{-}CH_2{-}\overset{\substack{CH_3\\|}}{\underset{\substack{|\\CH_3}}{C}}\right]_n}$$

聚甲基丙烯酸酯和聚异丁烯等高分子化合物也可作为黏度指数改进剂。高分子化合物在高温下能使润滑油的黏度增高的原理为：在低温下高聚物的分子卷曲起来，绝大多数都属于胶体微粒，这样对黏度几乎没有影响；但在加热后，由于高分子化合物溶解度增加分子就伸展开来，这种伸长的链可以互相纠缠而变厚增黏。用这种方法甚至可使黏度指数增加到 180。

乙烯-丙烯共聚物是一类良好的增黏剂，由乙烯和丙烯，采用钡系催化剂，在 10～50℃溶液中聚合，一般用氧气调节分子量，也可用三氯醋酸乙酯（ETCA）调节分子量。一般乙烯：丙烯的摩尔比为（1～1.2）：1，聚合物结晶度低于 15%。聚合反应式为：

$$nCH_2{=}CH_2 + mCH_2{=}\overset{\substack{CH_3\\|}}{CH} \xrightarrow[H_2\text{ 或 ETCA}]{\text{齐格勒-纳塔}} {+}CH_2{-}CH_2{+}_n{+}CH_2{-}\overset{\substack{CH_3\\|}}{CH}{+}_m$$

作为黏度指数改进剂的高分子化合物对黏度的影响是相对分子质量的一种函数，在有油溶性的条件下，相对分子质量越高，则黏度改进作用就越大。甲基丙烯酸酯单体中的长碳链烷基提供了这种油溶性。此外，烷基还可使高分子保持呈卷曲状态所必需的无定形特征。但相对分子质量过高会使它在发动机狭窄的机械间隙中，由于机械剪切力的作用，使高分子链发生断裂，从而降低了效能。因此，必须通过选择找到对剪切力的阻力和增加黏度的程度两者间的最佳点，一般相对分子质量在 5000～20000 间的高分子化合物是最有效的。

二、清净分散剂

在润滑油添加剂中，清净分散剂是主要的添加剂。发动机用的润滑油，很容易被各种杂质所沾污。水、部分燃烧的油，以及炭化物质会通过活塞环进入曲轴箱中，作为抗震剂的四乙基铅和二溴乙烷的复合物，燃烧后能生成铅化合物和酸性化合物。燃料油中的硫燃烧后生成硫酸。润滑油本身在发动机的高温下也会产生沉积。如果不使用清净分散剂，生成的稠厚乳化体或油泥就会沉积下来，在发动机冷却后黏着在表面或油过滤器中，它们也会进一步反应生成漆状的硬黏结物。清净剂在润滑油中的主要作用是中和酸，并利用羧甲基纤维素在洗衣机中防止污垢微粒再沉积在织物上相似的原理来增溶和分散油泥，避免漆状沉积。

由于润滑油清净分散剂结构和组成较为复杂，只能从基本化学组成及结构来对其进行表征。清净剂中含有双性化合物，即既有亲油的非极性基团，也有亲水的极性基团。各种碱性组分和有机官能团存在于其极性基团中。如果是高碱度清净剂，则还应包含另外一些如碳酸盐和氢氧化物等的碱性化合物。

润滑油清净分散剂其化学组成可表示如下：

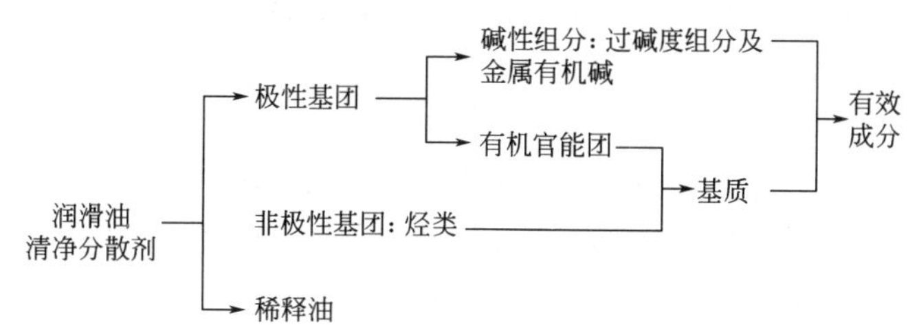

润滑油中常见的清净分散剂有脂肪酸的碱土金属盐；油溶性的烷基苯磺酸钡、钙和镁盐；烷基酚的钡、钙盐等。这些碱金属盐都有一定的碱性，即在合成这些皂类时所使用的碱性化合物，如 NaOH 的量高于中和酸所需的量，含在皂类内过量的碱可以中和由燃烧产生的酸性物质。而燃料油燃烧过程中产生的氧化物也会吸附在有机金属分子的活性点上并使之保存在溶液中。

有机金属皂在用量很高时可使漆状生成物分散得很好，但成本高是它的一大缺点。若用量很高时就不能抑制油水、煤烟以及部分燃烧的燃料混合而成的油泥。

另一些改进的清净分散剂，具有高表面活性，它们可抑制灰分的产生，也叫作无灰分散剂。属于这类的有聚丁烯二酸酰亚胺的衍生物，可由四氢苯酐转化成具有丁二酸结构的聚合物，再与过量的多亚乙基多胺，如二亚乙基三胺，反应生成酰亚胺，反应式如下：

$CH_2{=}CH{-}CH{=}CH_2$（1,3-丁二烯） + 顺丁烯二酸酐 $\longrightarrow$ 四氢邻苯二甲酸酐 $\xrightarrow{\text{聚合}}$ 聚合物$[\ ]_n$

$\xrightarrow[\text{二亚乙基三胺}]{nH_2N{-}C_2H_4{-}NH{-}C_2H_4{-}NH_2}$ 酰亚胺聚合物$[\ ]_n$（N 上连接 $C_2H_4{-}NH_2{-}C_2H_4{-}NH_2$）

也可用甲基丙烯酸高碳脂肪醇酯，例如，甲基丙烯酸月桂醇酯与 *N*-乙烯基-2-吡咯酮共聚。这种多官能团的共聚物能在低温下使油泥分散。而同时它又有黏度指数改进剂和倾点抑制剂的作用。反应式如下：

$$CH_2{=}C(CH_3){-}COOC_{12}H_{25} + \underset{\text{(N-CH=CH}_2\text{)}}{H_2C{-}CH_2{-}H_2C{-}C{=}O} \longrightarrow \left[CH_2{-}\underset{CH_3}{\overset{COOC_{12}H_{25}}{C}}{-}CH_2{-}\underset{N(C_4H_6O)}{CH} \right]_n$$

甲基丙烯酸月桂醇酯　　*N*-乙烯基-2-吡咯酮

润滑油清净分散剂最新进展主要表现在如下几方面：

① 对水杨酸盐进行硫化，生成新型硫化水杨酸盐以改进性能；

② 研制更高碱度的新型酚盐、磺酸盐和水杨酸盐，整体提高清净剂的综合性能；

③ 注重混合型清净剂的研发及使用，并改善其相容性。

三、抗氧剂

润滑油在使用过程中受空气中氧、燃料燃烧产生的副产物（含硫化合物、含氮化合物等）、高温以及发动机零件金属等的催化作用，会发生一系列的氧化、聚合、分解等化学变化，形成焦炭、胶质、沥青质及其他物质，导致产生一系列后果，如发动机轴承腐蚀、活塞粘环、生成漆膜和油泥、油黏度增加以及热效率下降等，从而严重影响发动机的正常工作。因此为了改善润滑油的氧化安定性，就必然要求添加合适的抗氧剂。目前，全世界抗氧剂产量仅次于清净分散剂和黏度指数改进剂而居第三位，并且依然保持着强劲的增长势头。

常用的抗氧剂类型有酚型抗氧剂、胺型抗氧剂、杂环及含硫杂环型抗氧剂等。随着社会的进步和时代的发展，对润滑油质量的要求越来越高，对润滑油添加剂的要求也越来越高，复合抗氧剂、高温抗氧剂、低灰分甚至无灰抗氧剂将成为研究的重点。

二烷基二硫化磷酸锌盐（ZDPP）是一种典型的抗氧剂，它既是链中断剂又是缓蚀剂和抗磨损剂。ZDPP 在热分散过程中产生偏磷酸盐的无机络合物，在金属表面形成保护膜，既消除了金属的催化氧化作用，又防止了金属的表面腐蚀和磨损。其合成反应分为硫磷化和锌化两步：

$$P_4S_{10} + 8ROH \longrightarrow 4(RO)_2PSSH + 2H_2S$$

$$2(RO)_2PSSH + ZnO \longrightarrow Zn[(RO)_2PSS]_2 + H_2O$$

四、缓蚀剂及防锈剂

在润滑油所使用的系统中会产生各种各样的腐蚀，因此须采用缓蚀剂。它们多数能中和酸性物质或在金属表面上生成强黏着性的分子膜，这样对腐蚀剂侵蚀就能产生抵抗力。缓蚀剂分为无机和有机两类。通常它们是极性化合物或具有极性基团的化合物，与工作表面有很强的附着力，能很快地被金属表面吸附形成保护膜，保护金属表面不与腐蚀介质接触，从而产生缓蚀作用。

无机缓蚀剂除包括亚硝酸钠、磷酸盐、硅酸盐外，还有硼酸、硼酸盐、铝酸盐、钨酸盐等常被人们采用。由于这些化合物都是强电解质，对乳化液有破坏作用，故在复配时添加量受到限制。当使用不当时，会影响润滑油的稳定性，从而造成很大的浪费。

有机缓蚀剂的种类很多，二硫代磷酸酯的锌盐可用作抗蚀剂。此外，还有二硫代氨基甲酸酯锌盐和硫代油，后者来自鲸，由于保护鲸法律的规定大多停止使用。

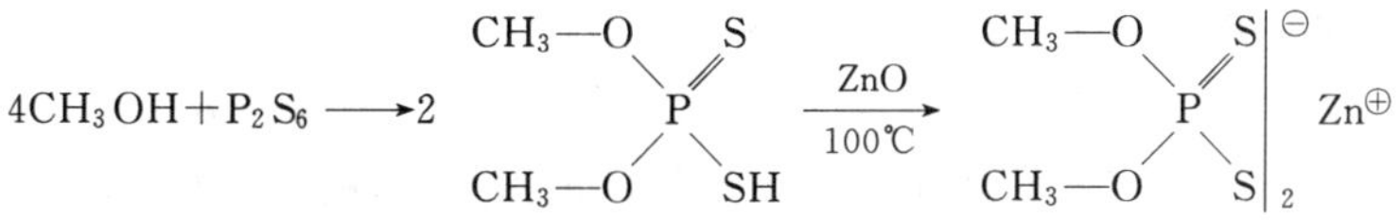

$$4CH_3OH + P_2S_6 \longrightarrow 2\ (CH_3O)_2P(=S)SH \xrightarrow[100℃]{ZnO} [(CH_3O)_2P(=S)S]^{\ominus}_2 Zn^{\oplus}$$

硫代磷酸二甲酯　　二硫代磷酸酯锌盐

还有有机金属配合物有机缓蚀剂，其结构为

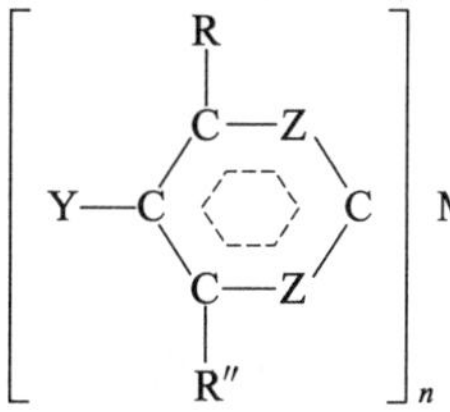

$$\left[\begin{matrix} & R & \\ & | & \\ & C-Z & \\ Y-C & \bigcirc & C \\ & C-Z & \\ & | & \\ & R'' & \end{matrix} \right]_n M$$

丁二酰亚胺类缓蚀剂是由烷基取代的丁二酸酐或丁二酸加入润滑油中，能产生很好的清净分散和极压作用。丁二酸酐或丁二酸与有机胺作用生成的丁二酰化合物作用，生成相应的二硫代磷酸酯盐。二硫代磷酸酯盐具有很好的缓蚀作用。将二硫代磷酸酯盐加到润滑油中，二硫代磷酸酯盐能有效地抑制铜片的腐蚀。二硫代磷酸锌与有机羧酸多价金属的盐复合作用，能提高润滑油的抗氧化性能。

另外，还有磺酸盐，主要包括磺酸钡、磺酸锌、磺酸钙和磺酸钠等；芳香族羧酸盐，像二异丙基水杨酸锌、水杨酸钙；三氮唑类是苯并三唑和甲基苯并三唑。

在油循环系统中湿气会被冷凝，水分会导致金属生锈，这就需要加入防锈剂。但对这类添加剂的选择却很复杂，因为要求是既不能溶于水，又不能形成乳化液。典型的防锈剂是脂肪胺磷酸盐和磺酸的金属盐，例如，烷基苯磺酸钙。此外，发动机的曲轴、液压阀门升降件、拉杆等部件会被柴油发动机中含硫量高的燃料燃烧时生成的酸所腐蚀。碱性烷基苯磺酸和烷基酚的镁、钙盐在作为清净分散剂的同时也有缓蚀作用，但有时也须增补中性烷基苯磺酸钙以及烯基丁二酸盐。后者是采用双烯加成反应来合成：

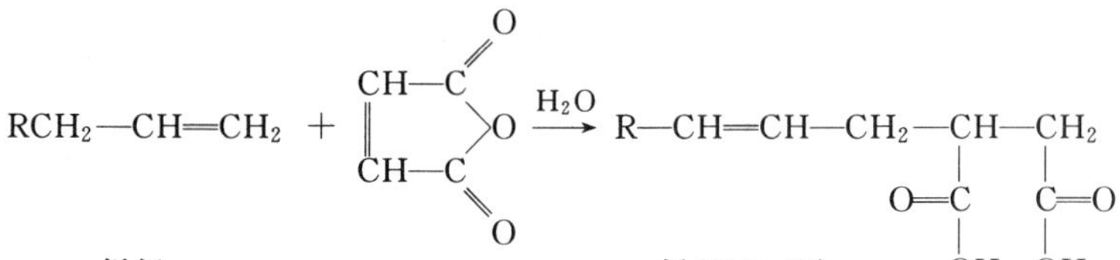

$$RCH_2-CH=CH_2 + \begin{matrix} CH-C(=O) \\ \| \quad\quad \rangle O \\ CH-C(=O) \end{matrix} \xrightarrow{H_2O} R-CH=CH-CH_2-\underset{\underset{OH}{|}}{\underset{O=C}{|}}{CH}-\underset{\underset{OH}{|}}{\underset{C=O}{|}}{CH_2}$$

烯烃　　烯基丁二酸

$R=C_9 \sim C_{15}$（正烷基）

五、抗磨剂

在负荷和速度均处于极限状态时，会出现石油润滑油不能有效地对金属-金属接触面进行润滑的一些问题，因此常采用专用润滑油添加剂来进行改性。

摩擦力降低剂为一类有机极性化合物，可起降低摩擦力作用，例如脂肪酸、油脂、脂肪酸酯。由于极性端基被吸附在金属表面上，脂肪端基溶于油中，就会在金属表面形成一种吸附分子层。即使在短时间内由压力过高引起润滑油被挤出时脂肪酸基仍可保持两个金属表面不致接触。

抗磨剂的作用在于可在金属表面间的接触点生成合金，这种合金在运动中使表面上的“凸点”平滑。平滑的结果会引起负荷分布面扩大，随之压力降低，润滑油就可保持在接触面间。常用于发动机润滑油中的二硫化磷酸锌盐就具有这种作用，在工业润滑油配方中也用到磷酸三甲苯酚酯以及其他的磷酸酯或亚磷酸酯。

在高压条件下金属表面上的“凸点”由于发热厉害可能引起轻微的熔接而产生极高的剪切力，断下的金属碎片就会划伤金属表面。特压添加剂在接触点的高温下会与金属表面反应形成薄膜，其剪切力要比金属本身产生的剪切力小得多。二硫代磷酸锌盐、磷酸三甲苯酚酯以及硫氯化牛油都有这种作用。后者采用生产硫氯化油类似的方法由氯化硫与牛油反应而成。这些添加剂可以单独使用，也可以复配使用。另外，抗磨剂还包括磷系、氯系抗磨剂等。

六、消泡剂

润滑油在实际使用过程中，由于受震荡、搅拌等作用，使空气混入润滑油中，以致形成气泡，使润滑油性能变差，产生如下危害：润滑油散热性变差；加剧润滑油氧化变质；润滑油性能降低，气泡使活塞推动时产生抖动，使机件得不到正常的润滑而发生磨损甚至烧结；影响动力的传递；使油的体积增大或产生假面；缩短换油周期；会使设备发生气蚀。

润滑油起泡的原因有，油品黏度过大或过小，抗泡性能不合格，润滑油混入杂质，灌装时混入空气，系统漏入空气等。

有机硅（如二甲基硅油）具有消泡或抑泡的能力，是由于它具有很低的表面张力，干扰气液界的表面张力，在泡外皮引起一个薄弱点，从而引起破泡，产生消泡效果。有机硅消泡剂的优点是：难溶于润滑油，处于分散状态，有利于吸附在气泡膜上破泡；有与矿物油类似的烷基，能挤进泡膜，削弱分子引力；表面张力低，渗透好，吸附在泡膜表面时使局部表面张力降低，因泡膜表面张力不均匀而破泡。

目前国外已大量使用非硅型消泡剂，如美国的 LZ889、英国 PC1244 等均属于非硅型消泡添加剂。我国也开始使用“上 902”非硅型消泡剂，它的主要成分是丙烯酸异辛酯、丙烯酸乙酯、乙烯基正丁醚及 200 号溶剂汽油。它的添加量为基础油的 0.05%，调配温度为 90℃，与基础油和添加剂配伍性良好，对酸值较高的主轴油和液压油也适用，可在 200℃以上长期使用，具有对各种调和技术不敏感、在酸性介质中高效、长期贮存消泡性能不下降的优点。

七、合成润滑油

高科技的发展对润滑油的要求更苛刻，机械设备的体积缩小、负荷增加、精密度提高、使用寿命延长，要求润滑油用量少，且能耐高温、低温、重负荷、寿命长。例如高级轿车用的 5W/50 SJ 汽油机油，只有全合成油才能达到指标要求。合成润滑油可利用动植物油及其他化工原料制备，扩大了原料来源，而且合成润滑油用量少、蒸发量小、补加量少、寿命长，可节约能源。再者，现在对环境保护的要求更高、更全面，矿物油不能生物降解，而酯类合成油、低分子的聚 α-烯烃油及聚乙二醇都有很好的生物降解性，可以满足环保的要求。

合成润滑油可在极其寒冷的极地气候下或在 170℃的高温下操作。170℃的高温至少要比石油润滑油的操作温度高 50℃。它们也用于喷气发动机上，在这种使用条件下，发动机的温度很高，而周围的环境温度却很低。在航空工业中，低磨损及短停车时间带来的效益会特别显著。

合成润滑油包括：聚乙二醇、磷酸酯、聚醚、二元醇或多元醇酯、烷基苯、聚 α-烯烃、聚丁烯、多苯和有机硅等。合成润滑油可分为两大类，一类是含有约三个重复单元的加氢α-烯烃低聚物；另一类是酯类，是二元酸的一元醇双酯，或多元醇的单元酸酯。二元酸酯有乙二酸和壬二酸的十三醇酯，这种十三醇酯也可用作增塑剂。多元醇酯主要有季戊四醇酯、双季戊四醇酯以及三羟甲基丙烷酯。它们都用 $C_6 \sim C_{10}$ 的直链脂肪酸进行酯化，最常用的是壬酸，作为喷气发动机的润滑油。

α-烯烃可从石蜡裂解获得，或乙烯用齐格勒催化剂进行低聚而成。尽管 $C_6 \sim C_{10}$ 馏分也能使用，但合成润滑油最适合的α-烯烃的长度是 C_{10}。

己二酸由苯制得，而壬二酸则由油酸臭氧化而制得。在某些特殊用途方面，二聚酸也可取代前两种酸。十三醇则是由丙烯的四聚体进行羰基合成而得。而与多元醇反应的癸酸则由椰子油制取脂肪酸时分馏得到，但由于来源少，因此不能保证癸酸的供应量。壬酸的供应量也不够，因为它是油酸臭氧化的联产品。

下面是三种合成润滑油的合成路线：

① $3CH_3(CH_2)_7CH{=}CH_2 \longrightarrow CH_3(CH_2)_7CH_2CH_2{-}CH[{-}CH{=}CH(CH_2)_7CH_3][{-}(CH_2)_8CH_3] \xrightarrow{H_2}$

1-癸烯三聚体（双键的位置是可变的）

$CH_3(CH_2)_7CH_2CH_2{-}CH[{-}CH_2CH_2(CH_2)_7CH_3][{-}(CH_2)_8CH_3]$

加氢 1-癸烯三聚体

② $HOOC{-}(CH_2)_4{-}COOH + 2C_{12}H_{25}CH_2OH \longrightarrow$

己二酸　　十三醇

$C_{12}H_{25}{-}CH_2{-}O{-}C(=O){-}(CH_2)_4{-}C(=O){-}O{-}CH_2C_{12}H_{25} + 2H_2O$

己二酸双十三醇酯

③ $C_2H_5{-}C(CH_2OH)_3 + CH_3{-}(CH_2)_x{-}COOH \longrightarrow C_2H_5{-}C[CH_2{-}O{-}C(=O){-}(CH_2)_x{-}CH_3]_3$

三羟甲基丙烷　　脂肪酸（$x=3 \sim 8$）　　三羟甲基丙烷三脂肪酸酯（$x=3 \sim 8$）

改进这些中碳脂肪酸合成的方法主要有两种，一种是把烷烃进行氧化，但副反应过多是这种方法的主要缺点；另一种可得到纯产品的路线则是羰基合成法。总之，含中等碳原子数（$C_6 \sim C_{10}$）脂肪酸的来源是决定合成润滑油成本的关键因素。

参考文献

[1]　王中华．油田化学品应用现状及开发方向．精细与专用化学品，2006，14（24）：1.
[2]　李雪峰．以木质素为原料合成油田化学品的研究进展．油田化学，2006，23（2）：180.
[3]　蔡锐彬，张洪娟，高志文．汽油添加剂含量对其节油和排气净化效果的影响．润滑与密封，2006（11）：81.
[4]　戴振生，余倩，余林等．柴油添加剂的国内外发展．广州化工，2006，34（6）：6.
[5]　赵德丰．精细化学品合成化学与应用．北京：化学工业出版社，2001.

[6] 陈长明．精细化学品配方工艺及原理分析．北京：北京工业大学出版社，2002.
[7] 郑晓宇，吴肇亮．油田化学品．北京：化学工业出版社，2001.
[8] 李波，宋淑群，汪志国．碳酸二甲酯发展现状及前景．精细石油化工进展，2011，12 (6)：38-41.
[9] 张群正，李长春，张宇等．腐殖酸类降滤失剂的研究进展．西安石油大学学报：自然科学版，2010，25 (4)：72-78.
[10] 路继臣．滩海石油工程技术．北京：石油工业出版社，2006.
[11] 丁保东，张贵才，葛际江等．普通稠油化学驱的研究进展．西安石油大学学报：自然科学版，2011，26 (3)：52-59.
[12] 李锦超，郑玉飞，葛际江等．热/化学驱提高稠油采收率研究现状及进展．精细石油化工进展，2011，12 (12)：22-25.
[13] 邓世松．二甲基硅油在改善电泵润滑油抗泡沫性中的应用．湖南电力，2006，26 (3)：16.

第十三章　农药化学品

第一节　概　　述

一、农药化学品的定义及分类

1. 农药化学品的定义

农药化学品是用于防治农林作物的病、虫、鼠害、草害，以及调节农林作物生长发育的化工产品的总称。主要是指用来防治危害农作物的病菌、害虫和杂草的药剂，它是农用化学品中非常重要的一类精细化工产品。随着人类对于粮食需求的不断增加，全世界对农药的需求仍在不断增长。目前，在世界各国注册使用的农药品种高达几千种。我国是一个人口众多的农业大国，农药化学品在农业飞速发展中起到了非常重要的作用。可以说没有农药和化肥这些农用化学品，我国只能养活不到现有人口的一半。

2. 农药化学品的分类

农药的分类方式很多，主要分类方法有：按防治对象分类、按成分和来源分类、按作用方式及毒理机制分类和按化学结构分类。其中，以按防治对象分类最为常用。

① 依据防治对象分类　依据防治对象可分为杀虫剂、杀螨剂、昆虫生长调节剂（包括昆虫激素、昆虫引诱剂、不育剂、粘捕剂等)、杀菌剂（包括保护性杀菌剂、内吸治疗剂)、杀线虫剂、除草剂、杀软体动物剂、杀鼠剂、植物生长调节剂等。

② 依据作用方式分类　在杀虫剂和杀螨剂中，依据作用方式可分为胃毒剂、触杀剂、熏蒸剂、驱避剂、诱致剂、拒食剂、不育剂、粘捕剂等；胃毒剂被昆虫摄食带药作物之后，通过消化器官将药剂吸收而显示毒杀作用。触杀剂接触到虫体，通过昆虫体表侵入体内而发生毒效。熏蒸剂以气体状态分散于空气中，通过昆虫的呼吸道侵入虫体使其致死。内吸剂被植物的根、茎、叶或种子吸收或被体内传导分布于各部位，当昆虫吸食这种植物的汁液时，将药剂吸入虫体使其中毒死亡。引诱剂能使昆虫诱集于一处，以便捕杀或用杀虫剂毒杀。驱避剂将昆虫驱避开来，使作物或被保护对象免受其害。拒食剂使昆虫受药剂作用后拒绝摄食，饥饿而死。不育剂使昆虫在药剂作用下失去生育能力，降低虫口密度。昆虫生长调节剂阻碍昆虫正常变态。在杀菌剂中又分为保护剂、铲除剂、治疗剂、防腐剂等；保护剂可保护植物免受病菌危害；治疗剂施药后对植物体内的病菌产生毒性抑制或消灭病菌而起治疗作用。在除草剂中有选择性除草剂和灭生性除草剂。选择性除草剂对不同植物具有选择性，如敌稗可杀除稗草但不伤水稻。灭生性除草剂对植物缺乏选择性或选择性小，不论作物或杂草均能杀灭，如草甘膦、除草醚等。

③ 依据化学结构分类　依据化学结构可分有机农药和无机农药。有机农药是现代农药的主体，可分为：有机氯、有机磷、氨基甲酸酯、拟除虫菊酯、酰脲类、有机氟、有机硅、羧酸类、腈类、酚类、酰胺类、杂环类、季铵盐类。

④ 依据原料来源及主要成分分类　依据原料来源及主要成分可分为有机农药、无机农药、植物型农药、微生物农药。无机农药是以矿物原料或无机化合物加工而成的农药，如硫

黄、石硫合剂、磷化锌、硫酸铜等；这类农药原料易得、工艺简单，但应用范围有限、药效不高。有机农药主要由有机中间体与某些化合物来合成；这类农药品种多、产量大、药效高、药害小、应用范围广，本章以有机农药为主进行介绍。植物型农药是以天然植物为原料制成的，其有效成分为天然有机化合物，如烟碱、鱼藤酮、茼蒿素、苦参碱等。微生物农药主要是利用微生物及其代谢产物制造的，如杀螟杆菌、赤霉素、棉铃虫核多角体病毒等。

⑤ 依据加工剂型分类　依据加工剂型可分为粉剂、可湿性粉剂、可溶性粉剂、乳剂、乳油、浓乳剂、乳膏、糊剂、胶体剂、熏烟剂、熏蒸剂、烟雾剂、油剂、颗粒剂、微粒剂等。工厂里生产出来的未经加工的农药称之为原药，一般有原粉和原油两类。将原药与多种辅料经加工，使之具有一定组分和规格的加工形态，称之为剂型。一种剂型可制成多种不同含量、不同用途的产品，称之为制剂。

根据害虫或病害的种类及农药本身物理性质的不同，可采用不同的用法。如制成粉末撒布；制成水溶液、悬浮液、乳浊液喷射；制成蒸气或气体熏蒸等。目前，农药常规的施用方法有喷粉法、喷雾法、毒饵法、种子处理法、土壤处理法、熏蒸法、熏烟法、烟雾法、施粒法、飞机施药法等。

二、农药的毒性与药效

1. 农药毒性

农药对人畜的毒性可以分为急性毒性和慢性毒性。急性毒性是一次服用或接触大量药剂而表现出的毒性，以致死中量（LD_{50}）或致死中浓度（LC_{50}）表示。有的农药急性毒性不高，但在人畜体内有慢性累积性毒性或致畸、致癌、致突变等。

致死中量（LD_{50}）是指杀死供试昆虫种群一半个体所需的剂量，单位为 μg（药量）/头（昆虫）或 μg（药量）/g（昆虫）。致死中浓度（LC_{50}）是指杀死供试昆虫种群一半个体所需的浓度，单位为 μg（有效成分质量）/mL（药液容积）。

2. 农药残留问题

农药残留指使用农药后残留于生物体、农副产品和环境中的微量农药及其有毒的代谢物的总量。农药残毒即农药的残留毒性，指食物或环境中残留农药对人类的危害，尤其是慢性毒性引起的毒害。作物和食品中残留农药主要来自三个方面：农药对农作物的直接污染、对污染环境中农药的吸收、生物富集及食物链。

国家明令禁止使用的农药有：六六六，滴滴涕，毒杀芬，二溴氯丙烷，杀虫脒，二溴乙烷，除草醚，艾氏剂，狄氏剂，汞制剂，砷、铅类，敌枯双，氯乙酸胺，甘氟，毒鼠强，氟乙酸钠，毒鼠硅。

三、农药化学品的发展及前景

自 1942 年第一种有机农药 2,4-D 问世，到 1974 年滴滴涕取代剧毒的砷化物，这是有机合成农药实际应用的时期。所以，农药以 20 世纪 40 年代为分界线，之前为天然和无机农药时代，之后为有机合成农药时代。我国的农药是 1950 年后发展起来的，改革开放 30 多年来，特别是 20 世纪 90 年代以后，国家和企业加大了对农药工业的投入，使我国农药工业有了较大的发展。目前，全国有农药生产企业 2600 多家，其中原药企业 500 余家，制剂企业 2100 多家。农药产量增长迅速，除满足国内农业生产需求外，还保持了强劲的出口增长势头。我国每年使用化学农药约 26 万吨，防治面积 58 亿亩次，挽回粮食损失 5800 万吨，棉花 150 万吨，油料 230 万吨，蔬菜 5000 万吨，水果 690 万吨。2012 年我国杀虫剂原药生产的前三省市是江苏省、湖南省和湖北省。2013 年 1～8 月全国化学农药原药产量达 212.4 万吨，同比增长 1.56%。

目前，全世界工业规模生产的农药品种计有 420 余种（杀虫剂、杀螨剂 160 多种，除草剂 160 多种，杀菌剂约 50 种，植物生长调节剂、驱避剂等约 40 种）。品种不断更新、价格较高但每公顷用量低的药剂不断出现，是当代农药工业的特征。

理想的农药应能有效地防治病虫草害，而不伤害益虫和作物，对人、畜、禽低毒，其残效期应足以防治病虫草害，但在作物、土壤和环境中能较快地降解，对鱼、蜜蜂及其他非靶标虫物无害。科学家提出农药的发展方向应该是“高效、低毒、安全”。世界农药的发展目标也是：高效、安全、经济、环境友好。农药发展已向高技术化、高智能化、高效率化方向发展，目前较大突破的研发方向如下。

① 含氟农药，氟取代 H 或 Cl，效果好，环境影响小。

② 立体化学广泛应用，向手性化和光活性化方向发展。避免产生无效、有害的异构体。

③ 生物农药异军突起，生物农药费用（研发和登记）低廉，高效低毒。

④ 基因工程后来居上，将杀虫抗菌的生物农药基因嵌入作物种子中及培育出有农药作用的转基因作物。其特点是高产、高抗虫菌草性、环境污染小。

⑤ 高通量筛选系统的应用，过去以酶作为体外实验微量化筛选对象，现在可用整体虫、菌、草进行微型化活体试验，每天可筛选 500～1000 个新化合物，大大提高了筛选效率。

⑥ 混合制剂异常活跃，合理科学制成混合制剂后，可以增效、扩大除治谱、降低药剂的毒性、延缓耐药性、节省劳力、降低成本等。

⑦ 组合化学推波助澜，利用组合化学进行大批生产和筛选化合物，简化开发活性化合物的过程。

第二节 杀 虫 剂

一、概述

杀虫剂是用来杀死和防治各种害虫的药剂，有的还可兼有杀螨作用，如敌敌畏、乐果、甲胺磷、杀虫脒、杀灭菊酯等农药。它们主要通过胃毒、触杀、熏蒸和内吸四种方式起到杀死害虫作用。我国的杀虫剂占农药市场的 50%左右，主要杀虫剂品种有有机磷、氨基甲酸酯、拟除虫菊酯、杂环化合物等。产量万吨级的有敌百虫、敌敌畏、乐果、甲胺磷等。

人类使用杀虫剂的历史非常悠久。公元前 1000 年古希腊人 Homer 提到用硫黄杀虫，公元前 100 年，罗马人就用藜芦来控制田鼠和害虫。1690 年烟草提取物作为杀虫剂使用；1858 年除虫菊在美国用来防治害虫。1900 年巴黎绿（一种不纯的亚砷酸铜）成为第一个立法的杀虫剂。直到 20 世纪 30 年代，杀虫剂都是无机化合物和植物性产品，作用单一、用量大、杀虫活性低。20 世纪 30 年代后期至第二次世界大战末期，DDT 诞生于瑞士，有机磷杀虫剂在德国开发，人类进入了有机杀虫剂时代。20 世纪 70 年代后，一系列高效、光稳定的拟除虫菊酯类杀虫剂投入使用，将有机杀虫剂推向“超高效杀虫剂时代”。同时人们也对杀虫剂的残留及副作用有了更多的认识，研究和开发环境友好农药的呼声也越来越高。

二、有机氯类杀虫剂

1. 概述

这类杀虫剂主要是以苯或环戊二烯为原料合成的系列多氯化合物或多氯代烃。从 20

世纪 40 年代开始很长一段时间内，这类杀虫剂曾大量、广泛地被应用于作物保护和灭除害虫。

氯代烃杀虫剂价廉、持效久，但许多品种的残留污染严重和有慢性毒性。有机氯杀虫剂都很难降解。20 世纪 70 年代开始各国陆续禁止这些品种的生产和使用。残留污染小、现仍在使用的氯代烃类杀虫剂已为数不多，如硫丹、毒杀芬（毒杀芬是非常复杂的混合物，由 177 种以上的 C_{10}多氯衍生物组成）等。有机氯杀虫剂属于神经毒剂，主要作用于中枢神经系统，导致中毒昆虫神经系统不正常地兴奋、痉挛、麻痹而死亡。

2. 有机氯类杀虫剂的类别与性质

① 以苯为原料的有机氯类杀虫剂　其代表品种为 DDT 和六六六，结构如下。六六六理论上有九个立体异构体，但只有丙体才有杀虫药效，丙体含量在 99%以上的杀虫剂被称为林丹（Lindane)。这两个品种合成简便，且使用范围很广，但由于化学性质稳定、脂溶性强、易被动植物等有机体吸收、不易分解、环境残留时间长、可通过环境积累等缺点，给人类造成危害，现已经停用。

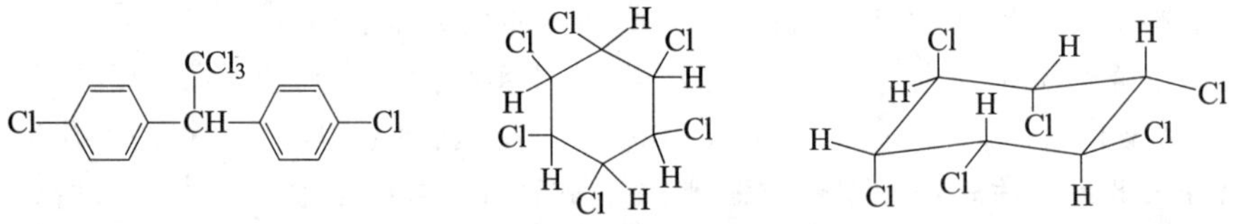

DDT　　六六六　　丙体六六六

② 不以苯为原料的有机氯类杀虫剂　其代表品种为毒杀芬、狄氏剂、艾氏剂、灭蚁蚁、硫丹。这些杀虫剂同样具有化学性质稳定、脂溶性强、易被动植物等有机体吸收，不易分解，环境残留时间长的特点。现在使用的主要品种有硫丹和甲氧氯。

甲氧氯（Methoxychlor）是双晶形的化合物，存在着两种不同的晶形，熔点分别为 78℃和 92～94℃。它比 DDT 毒性低，无致癌性，不在动物体内积累，用于防治水果、蔬菜、作物、花卉害虫，家畜体外寄生虫，粮食及室内害虫等，对蝇类有更大的毒性。甲氧氯是用水合三氯乙醛与苯甲醚在浓硫酸作催化剂的情况下进行芳香族亲电取代反应制得的。

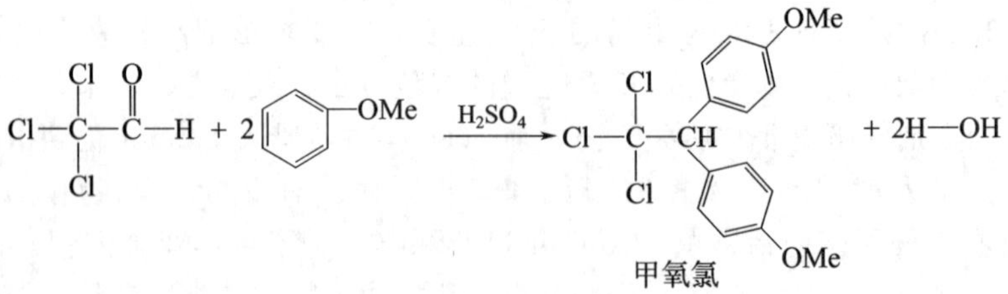

$$CCl_3-CHO + 2\,C_6H_5OMe \xrightarrow{H_2SO_4} CCl_3-CH(C_6H_4OMe)_2 + 2H-OH$$

甲氧氯

三、有机磷类杀虫剂

1. 概述

20 世纪 40 年代，滴滴涕等有机杀虫剂在防治水稻螟虫等农业害虫方面起着很重要的作用，但滴滴涕对蚜虫和螨类防效很差，反而把这些害虫的天敌杀死，造成更严重的虫害。

1944 年，E605 的有机磷化合物被合成，后来成为母体结构。当时磷酸酯类杀虫剂被认为是最高效的新农药，对蚜虫和螨类（如棉蚜虫、红蜘蛛等）的防效也很好，很快成为一大类广泛使用的杀虫剂。磷酸酯类杀虫剂的优点为：①药效高；②品种多；③防治对象多，应用范围广；④作用方式多；⑤残毒少，药害轻；⑥在环境中降解快，残毒低。其缺点是对温血动物的毒性高，不少品种的急性毒性仍然很高。

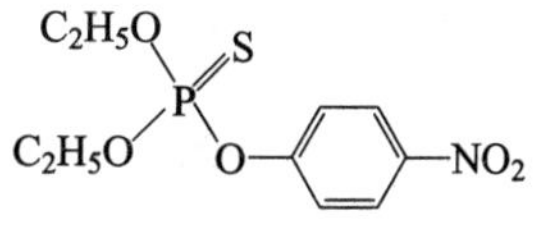

$$(C_2H_5O)_2P(=S)O-C_6H_4-NO_2$$

E605

磷酸酯类杀虫剂由于都含有可以水解的 C—O—P 键，因此稳定性差，特别是在碱性中更不稳定，所以不宜与碱性药剂混用。磷酸酯类杀虫剂除个别品种外，在水中的溶解度都很小，可溶于有机溶剂及油脂中，因而增加其与昆虫体内脂肪组织的亲和力，助长了杀虫力。有机磷化合物因广谱、高效、使用方便、易降解等特点，成为杀虫剂的主要品种，在杀菌剂、除草剂、植物生长调节剂等领域也有很大市场。但长期使用，会产生耐药性，生产和使用不安全、毒性和残留量高，许多品种已被限用和淘汰。

2. 有机磷类杀虫剂的种类

有机磷类杀虫剂主要包括：磷酸酯类、硫代磷酸酯类、二硫代磷酸酯类、焦磷酸酯类、膦酸酯、磷酰胺类。结构式如下。

① 磷酸酯类

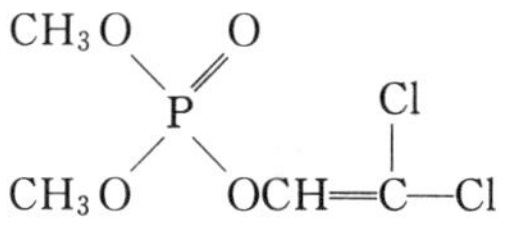

$$(CH_3O)_2P(=O)OCH=CCl_2 \qquad (CH_3O)_2P(=O)CH(OH)CCl_3$$

敌敌畏 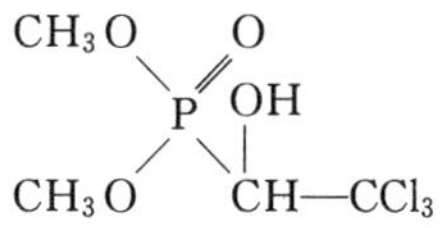　　敌百虫

② 硫代磷酸酯类

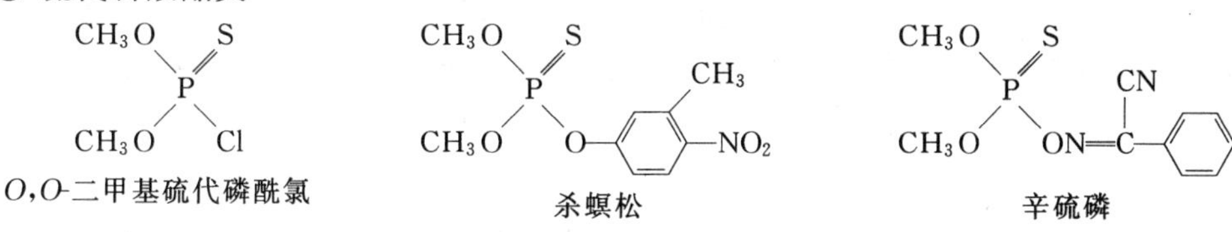

O,*O*-二甲基硫代磷酰氯　　杀螟松　　辛硫磷

③ 二硫代磷酸酯类

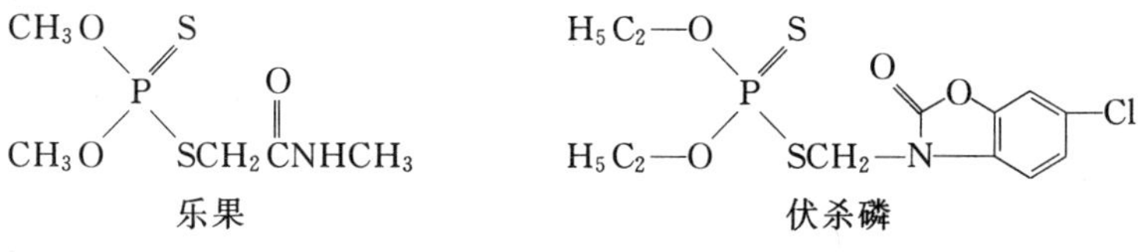

乐果　　伏杀磷

④ 氨基磷酸酯类

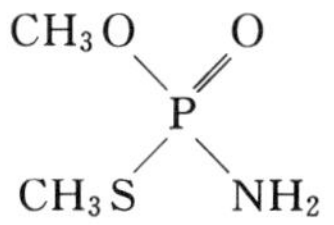

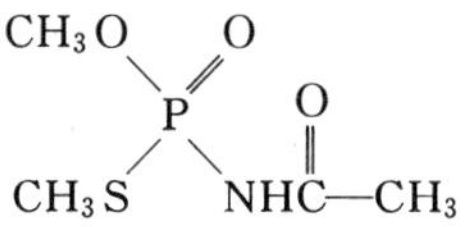

$$(CH_3O)(CH_3S)P(=O)NH_2 \qquad (CH_3O)(CH_3S)P(=O)NHC(=O)CH_3$$

3. 常见的几种有机磷类杀虫剂

① 久效磷（Monocrotophos）　久效磷属于磷酸酯类，化学名 *O*,*O*-二甲基-*O*-[1-甲基-2-(甲基氨基甲酰)]乙烯基磷酸酯，用于防治螨类刺吸口器害虫、食叶甲虫、棉铃虫和其他鳞翅目幼虫。合成路线如下：

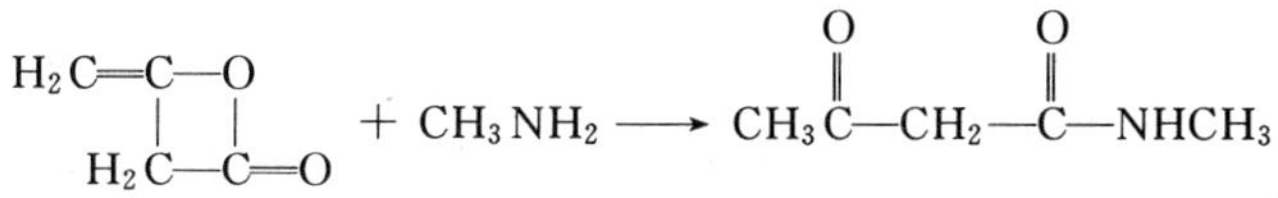

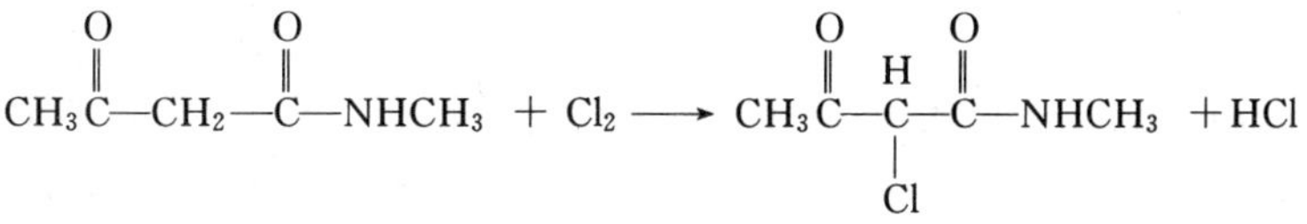

$$\underset{\text{双乙烯酮}}{H_2C=C-O-C(=O)-CH_2}\ (\text{环}) + CH_3NH_2 \longrightarrow CH_3C(=O)-CH_2-C(=O)-NHCH_3$$

$$CH_3C(=O)-CH_2-C(=O)-NHCH_3 + Cl_2 \longrightarrow CH_3C(=O)-CHCl-C(=O)-NHCH_3 + HCl$$

$$CH_3\overset{O}{\overset{\|}{C}}-\underset{Cl}{\overset{H}{C}}-\overset{O}{\overset{\|}{C}}-NHCH_3 + (CH_3O)_3P \longrightarrow (H_3CO)_2\overset{O}{\overset{\|}{P}}-O-\underset{CH_3}{C}=CH\overset{O}{\overset{\|}{C}}NHCH_3 + CH_3Cl$$

双乙烯酮、甲胺 ⟶ 加成（水）⟶ 氯化（氯气）⟶ 萃取 ⟶ 重排（亚磷酸三甲酯）⟶ 脱溶 ⟶ 原药

② 杀虫畏（Tetrachlorvinphos）　杀虫畏（杀虫威、甲基杀螟威），化学名 *Z*-2-氯-1-(2,4,5-三氯苯基)乙烯基二甲基磷酸酯，用于防治鳞翅目（蛾和蝶）、双翅目（实蝇）、及鞘翅目（跳虱）害虫，对温血动物毒性低。合成路线如下：

$$CH_3COCl + \text{1,4-二氯苯} \xrightarrow{AlCl_3} \text{2,5-二氯苯乙酮} + Cl_2 \longrightarrow \text{2,4,5-三氯苯基-}COCH_3 + (CH_3O)_3P \longrightarrow (CH_3O)_2\overset{O}{\overset{\|}{P}}O-C(=CHCl)-\text{2,4,5-三氯苯基}$$

三氯乙烯 ⟶ 氯气（氧气）⟶ 蒸馏 ⟶ 酰化（无水三氯化铝、1,2,3- 三氯苯）⟶ 缩合重排（亚磷酸三甲酯）⟶ 过滤 ⟶ 成品

③ 倍硫磷（Fenthion）　倍硫磷（百治屠、番硫磷）具有胃毒和触杀作用，广谱长效、速效，用于防治大豆、棉花果树、蔬菜和水稻害虫，也可防治蚁、蝇、臭虫、虱子等。合成路线如下：

$$Na_2S_2 + (CH_3)_2SO_4 \longrightarrow CH_3SSCH_3 + Na_2SO_4$$

$$CH_3SSCH_3 + HO-\text{(3-甲基苯基)} \longrightarrow HO-\text{(3-甲基-4-}SCH_3\text{苯基)} + CH_3SH$$

$$HO-\text{(3-甲基-4-}SCH_3\text{苯基)} + (H_3CO)_2\overset{S}{\overset{\|}{P}}-Cl \longrightarrow (H_3CO)_2\overset{S}{\overset{\|}{P}}-O-\text{(3-甲基-4-}SCH_3\text{苯基)}$$

④ 马拉硫磷（Malathion）　马拉硫磷［马拉松、防虫松、*S*-1,2-二(乙氧羰基)乙基-*O*,*O*-二甲基二硫代磷酸酯］是第一个被开发出来的具有高选择性的有机磷杀虫剂品种，属于二硫代磷酸酯类。马拉硫磷是一种安全、广谱的杀虫剂，适用于防治蔬菜及果树上的刺吸口器和咀嚼口器害虫，也用于防治蚊蝇。合成路线如下：

$$\text{(马来酸酐)} + 2C_2H_5OH \xrightarrow{H_2SO_4} \begin{matrix} CHCOOC_2H_5 \\ \| \\ CHCOOC_2H_5 \end{matrix}$$

$$\begin{matrix} CHCOOC_2H_5 \\ \| \\ CHCOOC_2H_5 \end{matrix} + (CH_3O)_2\overset{S}{\overset{\|}{P}}SH \longrightarrow (CH_3O)_2\overset{S}{\overset{\|}{P}}S-\underset{CH_2COOC_2H_5}{CH}COOC_2H_5$$

⑤ 稻丰散（Phenthoate）　稻丰散（爱乐散、益尔散），化学名 *S*-α-乙氧基羰基苄基-*O*,*O*-二甲基二硫代磷酸酯，1961 年由意大利蒙特卡梯昆公司开发。稻丰散中毒、低残留、广

谱杀虫，用于防治鳞翅目、叶蝉科、蚜虫和软甲虫类的危害，可用于替代甲胺磷等农药，是“十五”期间国家鼓励发展的品种。合成路线如下：

$$C_6H_5CH_2CN \xrightarrow{KMnO_4} C_6H_5CH_2COOH \xrightarrow{Cl_2} C_6H_5CHClCOOH \xrightarrow{CH_3CH_2OH}$$

$$C_6H_5CHClCOOC_2H_5 \xrightarrow[(H_3CO)_2P(S)SNa]{KI} (H_3CO)_2P(S)\text{—S—}CH(C_6H_5)COOC_2H_5$$

四、氨基甲酸酯类杀虫剂

1. 概述

由产自西非的毒扁豆碱提取的毒性成分是一种氨基甲酸酯，称为毒扁豆碱。1930 年英格哈特发现毒扁豆碱及其类似物具有抑制胆碱酯酶的作用。从 20 世纪 50 年代后期开始，人们陆续效仿研发了一系列具有 *N*-甲基的氨基甲酸酯类杀虫剂。

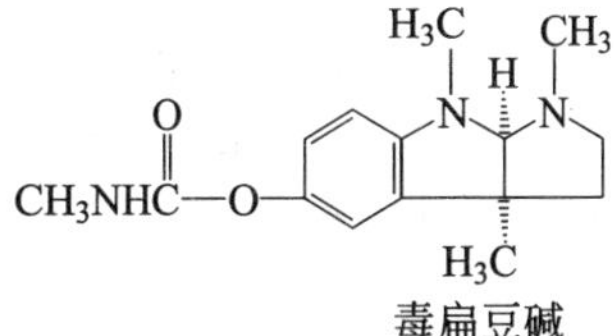

毒扁豆碱

① 选择性强　这类杀虫剂对咀嚼式害虫，例如棉红铃虫等具有特效。

② 杀虫谱广　如甲萘威和克百威均能防治上百种害虫，速来威、灭多威和丁硫克百威等还有一定的内吸性，且不伤害天敌。

③ 具有增效剂作用，可提高药效　氯化胡椒丁醚使甲萘威对家蝇的毒力可提高 15 倍。最近国外发现增效剂 UC-76220，能使甲萘威对灰翅夜蛾类的药效提高 27 倍。

④ 对人畜和鱼类低毒　氨基甲酸酯类杀虫剂的母体化合物毒性较高，它们在温血动物与昆虫体内的代谢途径不同，在前者体内易水解，在后者仍保持母体化合物的毒性。

⑤ 化合物结构简单，易于合成，一种中间体或一套设备能生产多种产品。如甲基异氰酸酯可至少作为 30 种氨基甲酯类农药的中间体。生产设备亦具有通用性。

⑥ 新的品种不断上市，应用范围不断拓宽，已发现具有卓著除草和杀菌活性的化合物。还出现了具有非杀灭性的昆虫激素型氨基甲酸酯类结构（如双氧威）。

2. 氨基甲酸酯类杀虫剂的结构与分类

根据化学结构，氨基甲酸酯类杀虫剂可分为：*N*-甲基氨基甲酸芳基酯、*N*-甲基氨基甲酸肟酯、*N*-酰基-*N*-甲基氨基甲酸酯、*N*,*N*-二甲基氨基甲酸酯等。

① 氨基甲酸芳酯杀虫剂

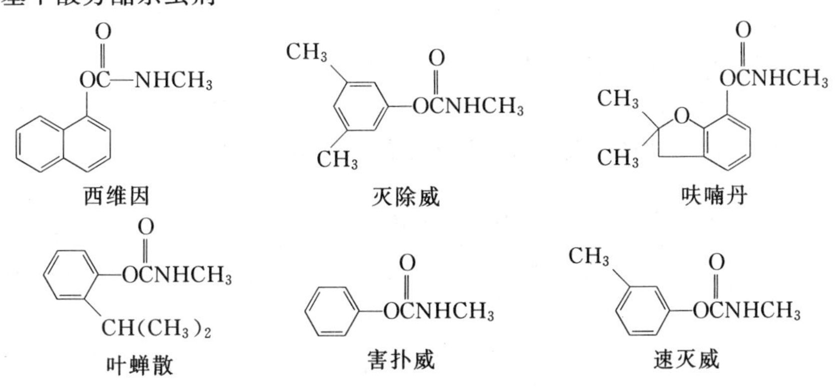

西维因　灭除威　呋喃丹

叶蝉散　害扑威　速灭威

② 氨基甲酸肟酯杀虫剂

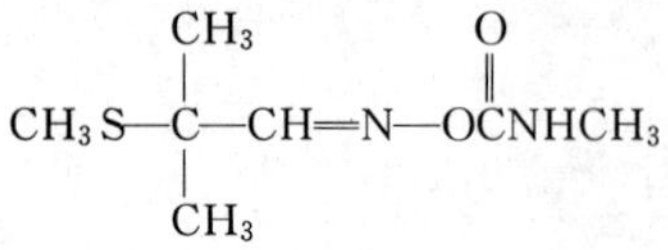

$$CH_3S-\overset{CH_3}{\underset{CH_3}{C}}-CH=N-O\overset{O}{C}NHCH_3$$

涕灭威

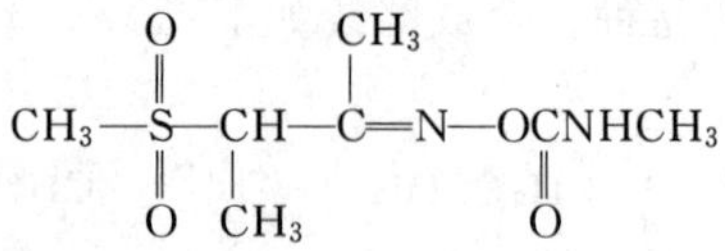

$$CH_3-\overset{O}{\underset{O}{S}}-\underset{CH_3}{CH}-\overset{CH_3}{C}=N-O\underset{O}{C}NHCH_3$$

砜杀威

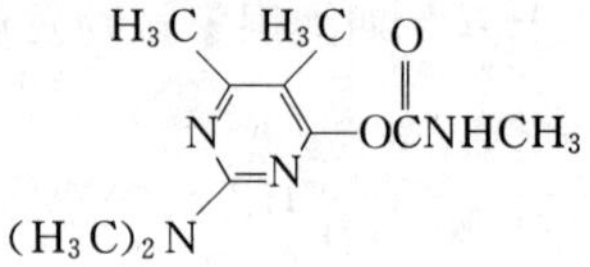

抗蚜威（2-二甲氨基-5,6-二甲基嘧啶-4-基 N-甲基氨基甲酸酯：H_3C、H_3C、$(H_3C)_2N$、$-O\overset{O}{C}NHCH_3$）

③ 氨基甲酸杂环酯类杀虫剂，以抗蚜威为代表。

3. 常用的几种氨基甲酸酯杀虫剂

① 西维因（CBL） 西维因（甲萘威、胺甲萘）是第一个使用的氨基甲酸酯品种，西维因是光谱触杀虫剂，兼有胃毒作用，有轻微的内吸作用，残效较长。通常用来防治棉铃虫、红铃虫、金刚钻、蚜虫、稻飞虱和叶蝉等害虫。与马拉硫磷、乐果、敌敌威等混用有明显增效作用。

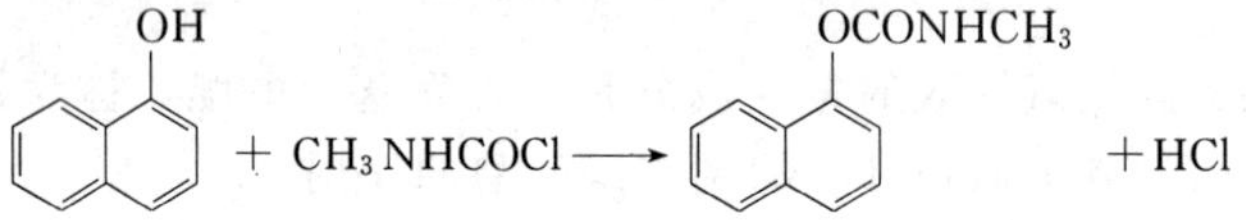

$$\text{1-萘酚(OH)} + CH_3NHCOCl \longrightarrow \text{1-萘基-}OCONHCH_3 + HCl$$

② 速灭威（MTMC） 速灭威（间甲苯基-甲基氨基甲酸酯），1970 年由日本农药公司开发。速灭威具有触杀、熏蒸及一定内吸作用。其击倒率强，持效期短（3～4 天），主要用于防治水稻叶蝉、飞虱，在低温时也有效，效果快于甲萘威、马拉硫磷。合成方法为：

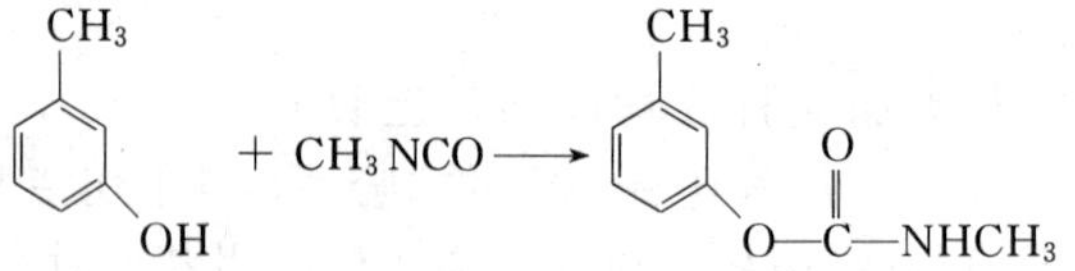

$$\text{间甲酚}(CH_3, OH) + CH_3NCO \longrightarrow \text{间甲苯基}-O-\overset{O}{C}-NHCH_3$$

③ 灭多威（Methomyl） 灭多威（乙肟威、灭多虫）是一种内吸广谱杀虫剂，并具有触杀的胃毒作用，用于防治棉铃虫、谷实夜蛾、玉米螟、苹果蛾、苜蓿象虫等害虫。其合成路线为：

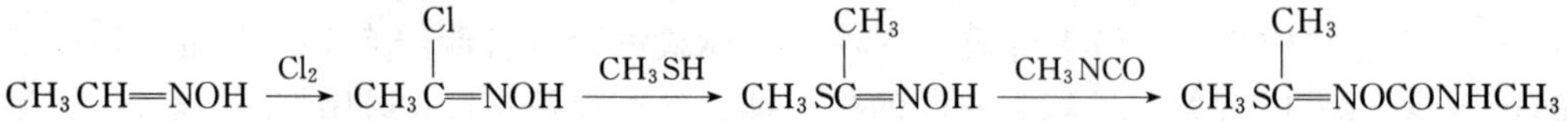

$$CH_3CH=NOH \xrightarrow{Cl_2} CH_3\overset{Cl}{C}=NOH \xrightarrow{CH_3SH} CH_3S\overset{CH_3}{C}=NOH \xrightarrow{CH_3NCO} CH_3S\overset{CH_3}{C}=NOCONHCH_3$$

五、除虫菊酯类杀虫剂

1. 概述

14 世纪开始，人类发现天然除虫菊有杀虫作用，1908 年开始研究其化学结构，1949 年合成了丙烯菊酯，开创了合成拟除虫菊酯的历史，并作为后继开发的先导化合物进行修饰和衍生。除虫菊酯类杀虫剂具有高效、广谱、低毒和能生物降解等特点，已商业化近 50 个品种，占全世界杀虫剂销售额的 20%。

2. 除虫菊酯杀虫剂的结构与分类

1924 年，瑞士化学家 Stanudinger 和 Ruzicka 首次报道了除虫菊酯Ⅰ和Ⅱ的结构，后经多人修正，直到 1947 年才最终确定天然除虫菊酯的结构主要有：

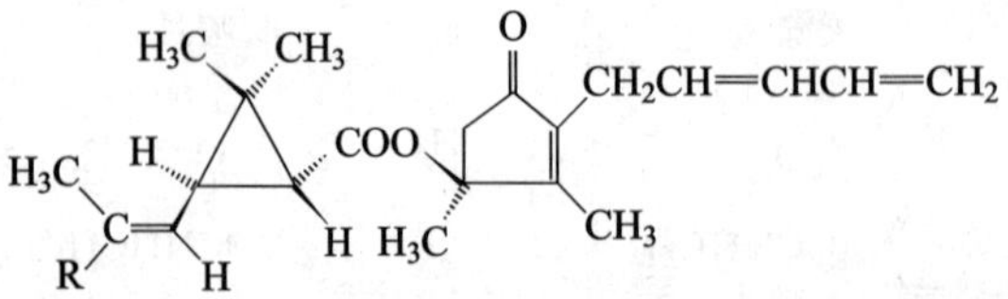

（结构式：H_3C、CH_3、H、H_3C、R、H、COO、O、$CH_2CH=CHCH=CH_2$、H、H_3C、CH_3）

除虫菊酯Ⅰ：$R=CH_3$；

除虫菊酯Ⅱ：$R=COOCH_3$

除虫菊酯类杀虫剂的作用方式是抑制昆虫神经的传导，首先引起运动神经麻痹，使之击倒，最后死亡。但在浓度较低时，被击倒的昆虫过一段时间又能恢复活力。拟除虫菊酯类杀虫剂的药效，一般比前面所述的普通杀虫剂高一个数量级。拟除虫菊酯对人畜的毒性一般很低，由于施药量小，故对人畜基本无害。它较易降解，没有残留的问题，对环境污染很轻。但是，在这类杀虫剂中，多数品种只有触杀作用而无内吸作用，余毒较高，特效期过短，价格也较高。近年新开发的品种逐渐克服老品种存在的问题，有较强的杀虫功效，有的余毒很低，有的有较强的熏蒸作用，耐光氧化的品种也越来越多。

拟除虫菊酯

根据化学结构的不同，拟除虫菊酯类杀虫剂分为以下几种。

① 菊酸酯类拟除虫菊酯　除虫菊酯Ⅰ水解所得羧酸，即 2,2-二甲基-3-(2-甲基-1-丙烯基)环丙烷甲酸，称为菊酸。由菊酸与各种醇制得的拟除虫菊酯，在空气中受光的作用分解很快，因此一般用作家居、畜舍、仓贮等除虫用。

② 含卤素基团的环丙烷羧酸酯类　这类拟除虫菊酯的耐光性较好，主要用于防治农作物害虫。如：

氯菊酯　　氯氰菊酯

③ 非经典结构的拟除虫菊酯　以上所述的拟除虫菊酯属于烯基环丙烷羧酸的衍生物，结构上和天然除虫菊酯较类似。人们在研究上述品种的工作基础上，进一步改变结构，合成各种结构上与上述品种差异较大的新产品，同样具有优良的杀虫功效和低毒的性质，这些产品也称为拟除虫菊酯，如：

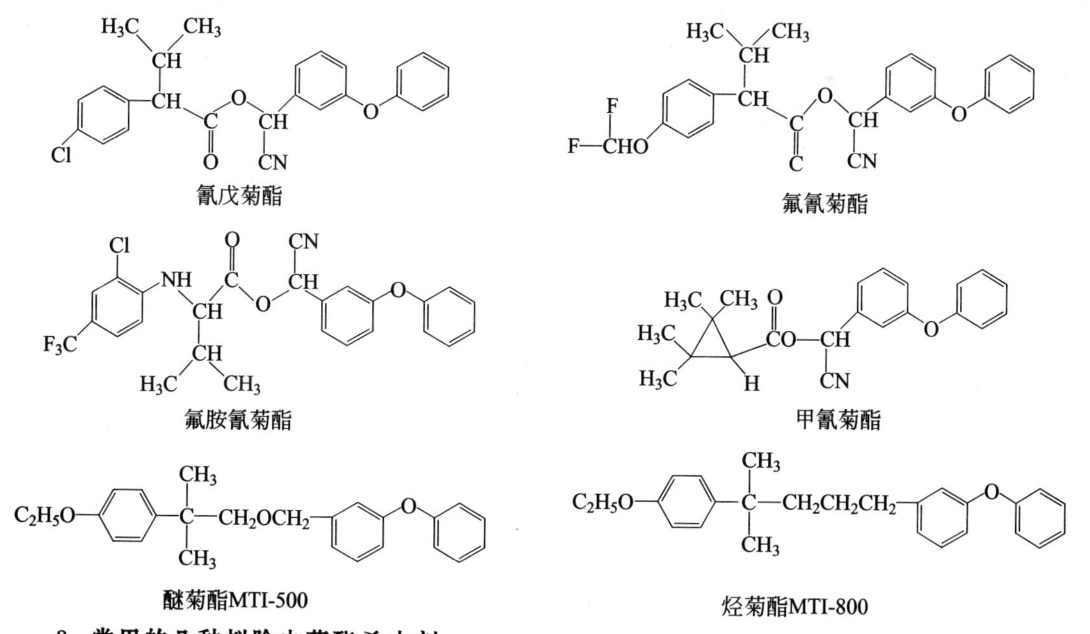

氰戊菊酯　　氟氰菊酯

氟胺氰菊酯　　甲氰菊酯

醚菊酯MTI-500　　烃菊酯MTI-800

3. 常用的几种拟除虫菊酯杀虫剂

① 第一菊酸系列（环丙烷羧酸类）　主要有丙烯菊酯、丙炔菊酯、胺菊酯、苄呋菊酯、苯醚菊酯、苯醚氰菊酯、烯炔菊酯和甲氰菊酯等。甲氰菊酯（灭扫利）化学名 α-氰基-3-苯氧基苄基-2,2,3,3-四甲基环丙烷羧酸酯，对害虫和害螨具有很强的触杀、驱避和胃毒作用，即使在低温下也有较好的效果。对鳞翅类害虫高效，对同翅目、半翅目、双翅目、鞘翅目等

多种害虫有效，杀虫谱甚广。合成路线如下：

$$\text{2,2,3,3-四甲基环丙烷} + \text{3-苯氧基苯甲醛(CHO)} \xrightarrow[\text{催化剂}]{NaCN} \text{2,2,3,3-四甲基环丙烷-COOCH(CN)-C}_6H_4\text{-O-C}_6H_5$$

② 第二菊酸系列（卤代环丙烷羧酸类） 第二菊酸系列是最重要的一类拟除虫菊酯杀虫剂，主要品种有溴氰菊酯、氯氰菊酯、杀灭菊酯等。溴氰菊酯（Deltamethrin）又名凯素灵、凯安保、敌杀死，化学名 *S*-α-氰基-3-苯氧基苄基-(1*R*,3*R*)-3-(2,2-二溴乙烯基)-2,2-二甲基环丙烯酸酯，1975 年由法国罗素-优克福公司开发生产，是一种超高效杀虫剂，击倒速度快，药效强（氯氰菊酯 10 倍，传统杀虫剂 25～30 倍），用于防治农田害虫、卫士害虫和贮粮害虫。具体反应路线如下：

$$\text{(内酯半缩醛, }(S),(R)\text{)} \rightleftharpoons OHC\text{-}(S)\text{-环丙烷-}(R)\text{-}CO_2H \xrightarrow[\text{Wittig反应}]{Br_2C{=}PPh_3} Br_2C{=}CH\text{-}(R)\text{-环丙烷(2,2-二甲基)-}(R)\text{-}CO_2H$$

$$Br_2C{=}CH\text{-环丙烷(2,2-二甲基)-}CO_2H + HOCH(CN)\text{-C}_6H_4\text{-O-C}_6H_5 \longrightarrow Br_2C{=}CH\text{-环丙烷(2,2-二甲基)-COOCH(CN)-C}_6H_4\text{-O-C}_6H_5$$

③ 非环丙烷羧酸系列 第一个非环丙烷羧酸系列的拟除虫菊酯杀虫剂品种是氰戊菊酯，由于其结构比较简单，合成相对容易，已成为我国目前产量最大的拟除虫菊酯产品。氰戊菊酯（Fenvalerate）又名速灭杀丁、敌虫菊酯、杀虫菊酯、中西杀虫菊酯、速灭菊酯、杀灭菊酯、戊酸氰菊酯、异戊氰菊酯，用作卫生杀虫剂和杀白蚁。化学名（*R*,*S*）-α-氰基-3-苯氧基苄基-(*R*,*S*)-2-(4-氯苯基)-3-甲基丁酸酯。合成路线如下：

$$Cl\text{-C}_6H_4\text{-CH(CH(CH}_3)_2)\text{COONa} + Br\text{-CH(CN)-C}_6H_4\text{-O-C}_6H_5 \xrightarrow{DMF} Cl\text{-C}_6H_4\text{-CH(CH(CH}_3)_2)\text{COO-CH(CN)-C}_6H_4\text{-O-C}_6H_5$$

生产工艺为：

对氯苄氰、苯磺酸异丙酯（或溴代异丙烷）→烷基化（NaOH）→水解（稀硫酸）→氯化（五氯化磷（或亚硫酰氯））→缩合→速灭杀丁

六、其他类杀虫剂

1. 沙蚕毒素类杀虫剂

此类化合物为沙蚕毒素的仿生合成品种，其化学结构都含有双硫键。沙蚕毒素是存在于沙蚕体内的一种有毒物质，1964 年发现其对水稻螟虫具有独特的毒杀作用，其后合成了第一个沙蚕毒素类杀虫剂——杀螟丹。目前，沙蚕毒素类杀虫剂仅有杀螟丹、杀虫环、杀虫磺、杀虫双、杀虫单、杀虫钉和多噻烷 7 个品种，此类杀虫剂具有广谱的杀虫活性，对叶螨也具有良好的效果，多用于防治水稻螟虫。沙蚕毒素类杀虫剂属于中低毒品种，于 20 世纪

60 年代后在农业害虫防治中发挥着重要作用。

$$(H_3C)_2N—CH(CH_2SCONH_2)_2$$

杀螟丹(Cartap)

$$(H_3C)_2N—CH(CH_2SSO_3Na)_2$$

杀虫双(Bisultap)

$$(H_3C)_2N—CH\!<\!\begin{matrix}H_2C—S\\H_2C—S\end{matrix}\!>\!S \cdot \begin{matrix}COOH\\|\\COOH\end{matrix}$$

杀虫环(Thiocyclam-Hydrogenoxal)

$$(CH_3)_2N—CH(CH_2—S—SO_2—C_6H_5)_2$$

杀虫蟥(Bensultap)

杀虫双的化学名 2,2-二甲氨基-1,3-双硫代磺酸钠基丙烷。其合成方法为：

$$CH_2{=}CHCH_2Cl + (CH_3)_2NH \xrightarrow{OH^-} (CH_3)_2NCH_2—CH{=}CH_2$$

$$(CH_3)_2NCH_2—CH{=}CH_2 + Cl_2 \xrightarrow{HCl} (CH_3)_2NCH_2—\underset{Cl}{\overset{H}{C}}—\underset{Cl}{CH_2}$$

$$(CH_3)_2NCH_2—\underset{Cl}{\overset{H}{C}}—\underset{Cl}{CH_2} + Na_2S_2O_3 \xrightarrow[(2)HCl]{(1)OH^-} \begin{matrix}CH_3 & CH_2SSO_3Na\\ | & |\\ N— & —CH\\ | & |\\ CH_3 & CH_2SSO_3H\end{matrix}$$

生产工艺如下：

3-氯丙烯、二甲胺 → 烃化（氢氧化钠）→ 分离 → 氯化（氯气）→ 中和（氢氧化钠）→ 磺化（硫代硫酸钠）→ 真空脱水 → 过滤（→ 渣）→ 成品

2. 甲脒类杀虫剂

甲脒类杀虫剂商业化品种主要有杀虫脒和双甲脒。由于杀虫脒的慢性毒性对哺乳动物具有致癌作用，已被禁止使用，目前仍在广泛使用的是双甲脒。双甲脒具有虫螨兼治作用，主要用来防治植食性叶螨。

$$(H_3C)_2N—\underset{H}{C}{=}N—C_6H_3(CH_3)—Cl \cdot HCl$$

杀虫脒

$$H_3C—C_6H_3(CH_3)—N{=}CH\overset{CH_3}{N}CH{=}N—C_6H_3(CH_3)—CH_3$$

双甲脒

3. 新烟碱类杀虫剂

新烟碱类杀虫剂是一类作用于烟碱型乙酰胆碱受体的化合物，其代表品种有吡虫啉(Imidacloprid，咪蚜胺)、啶虫脒（Acetamiprid，莫比朗、吡虫清)、噻虫嗪（Thiamethoxam，阿克泰)、噻虫啉等。这类杀虫剂具有内吸和触杀作用，为中等毒性品种，主要用于防治刺吸式口器害虫如蚜虫、飞虱、粉虱和叶蝉等。

吡虫啉(Imidacloprid)　噻虫啉(Thiacloprid)　噻虫嗪(Thiamethoxam)　啶虫脒(Acetamiprid)

4. **吡咯、吡唑、吡啶类杀虫剂**

吡咯类杀虫剂为昆虫体内线粒体氧化磷酸化的解偶联剂，药剂通过对此氧化磷酸化过程的阻断作用，使 ADP 无法转化为 ATP。1987 年美国氰胺公司首次发现了二嗯吡咯霉素的杀虫活性，吡咯类杀虫剂的主要代表品种虫螨腈，为低毒品种，作用方式为胃毒和触杀，可作为广谱性杀虫、杀螨剂使用。

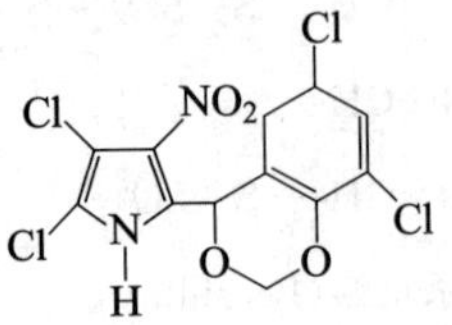

二嗯吡咯霉素（Dioxapyrrolomycin）

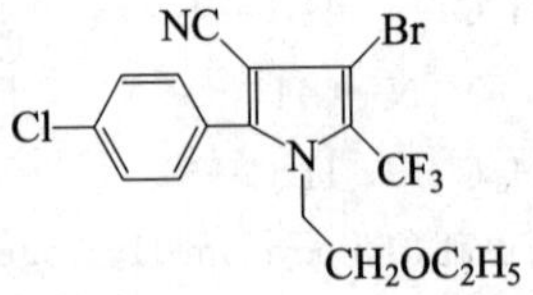

虫螨腈（Ohlorfenapyr）

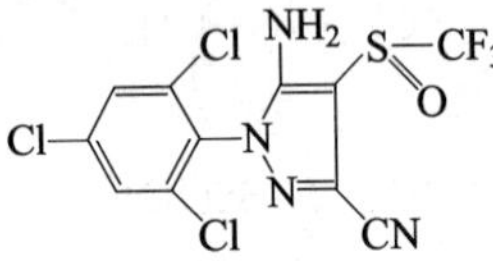

氟虫腈（Hpronil）

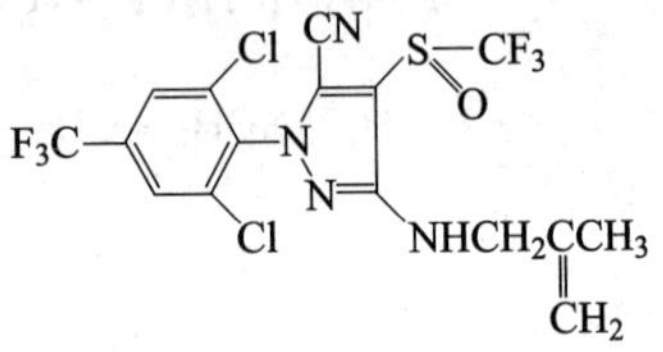

丁烯氟虫腈（Butane-Fipronil）

吡唑类杀虫剂的代表品种为氟虫腈（Fipronil，芮劲特）和丁烯氟虫腈。作用方式为触杀、胃毒和内吸，对多种害虫具有优异的防治效果。氟虫腈通过 γ-氨基丁酸调节的氯通道干扰氯离子的通路，并在足够剂量下引起个体死亡。这种独特的作用机制，使得其与其他类杀虫剂间不存在交互耐药性，具有长效性、高活性及环境友好性，并具有促进植物生长功能。

吡啶类杀虫剂的代表品种是吡蚜酮（Pymetrozine，吡嗪酮），对为害多种作物（如蔬菜、花卉、棉花、啤酒花等）的刺吸式口器害虫具有优异的防治效果，对高等动物低毒，对鸟类、鱼及其他非靶标生物安全，在昆虫间具有高度的选择性。

5. **苯甲酰苯脲类杀虫剂和嗪类杀虫剂**

这两类杀虫剂都属于几丁质合成抑制剂，属于昆虫生长调节剂，杀虫活性高，对哺乳动物毒性低、对天敌动物影响小，对环境无污染，我国称其为“灭幼脲类杀虫剂”，这些品种对昆虫的作用方式为触杀和胃毒，对鳞翅目、鞘翅目、双翅目多种害虫有效。苯甲酰苯脲类化合物一般由脲桥相连的两个苯环组成，苯环取代基通常为卤素、甲基、甲氧基、三氟甲基、五氟乙氧基等，代表品种有除虫脲、氟啶脲、氟铃脲、氟虫脲等。嗪类杀虫剂包括噻二嗪类杀虫剂和三嗪胺类杀虫剂，噻二嗪类杀虫剂的代表品种是噻嗪酮，三嗪胺类杀虫剂的代表品种为灭蝇胺。

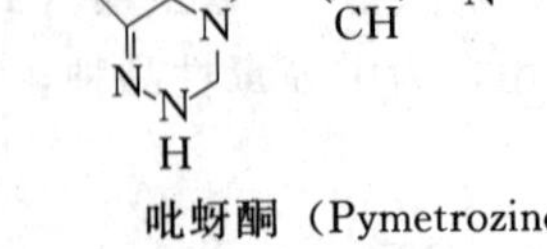

吡蚜酮（Pymetrozine）

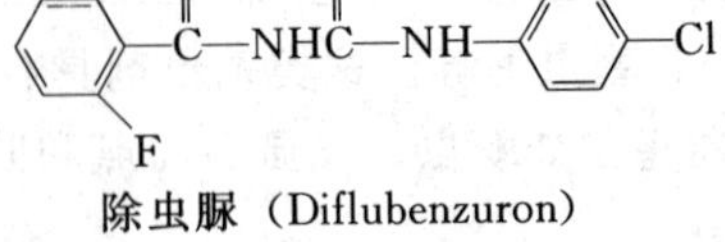

除虫脲（Diflubenzuron）

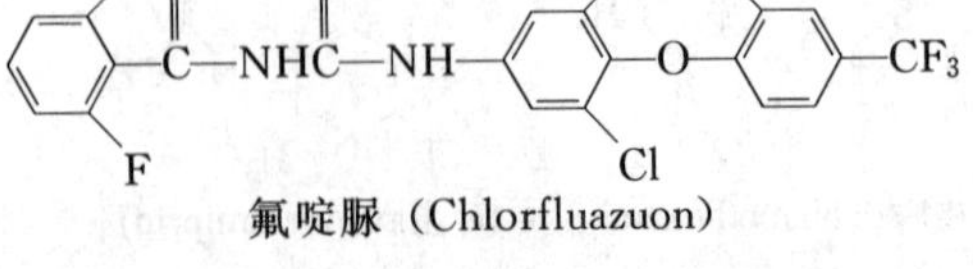

氟啶脲（Chlorfluazuon）

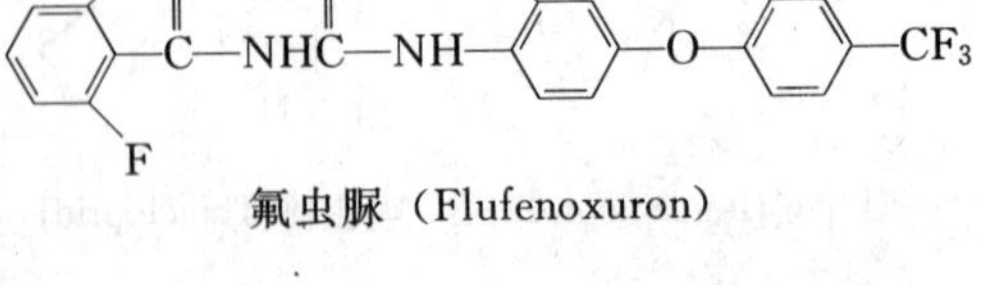

氟虫脲（Flufenoxuron）

灭蝇胺（Cyromazine）

6. 邻苯二甲酰胺类和邻甲酰氨基苯甲酰胺类杀虫剂

邻苯二甲酰胺类和邻甲酰氨基苯甲酰胺类杀虫剂属于神经毒剂，为广谱性杀虫剂，主要用于防治鳞翅目害虫的幼虫。其作用机制为作用于鱼尼丁受体，干扰肌肉收缩活动，导致神经传导中异常的电位变化，使昆虫中毒死亡。其代表产品如下：

鱼尼丁(Ryanodine)　　氟虫酰胺(Flubendiamide)　　氯虫酰胺(Chlorantraniliprole)

7. 保幼激素与蜕皮激素类杀虫剂

天然保幼激素是昆虫咽侧体分泌的，对昆虫的生长、变态和滞育具有重要的调控作用。1973 年合成了第一个保幼激素的类似物烯虫酯，目前广泛使用的吡丙醚为低毒品种，不仅有强烈的杀卵作用，还影响昆虫蜕变和繁殖。蜕皮激素是昆虫前胸腺分泌的一种昆虫内激素，1967 年 Williams 等提出了用昆虫激素类似物作为杀虫剂的设想，1985 年美国罗门哈斯公司合成了第一个非甾醇结构的酰肼类蜕皮激素类似物抑食肼，后来又推出了虫酰肼、氟虫酰肼、和氧虫酰肼，日本推出了环虫酰肼，我国开发了 JS118 等蜕皮激素高活性品种。这些品种对哺乳动物低毒，具有胃毒和触杀作用。该类产品结构如下：

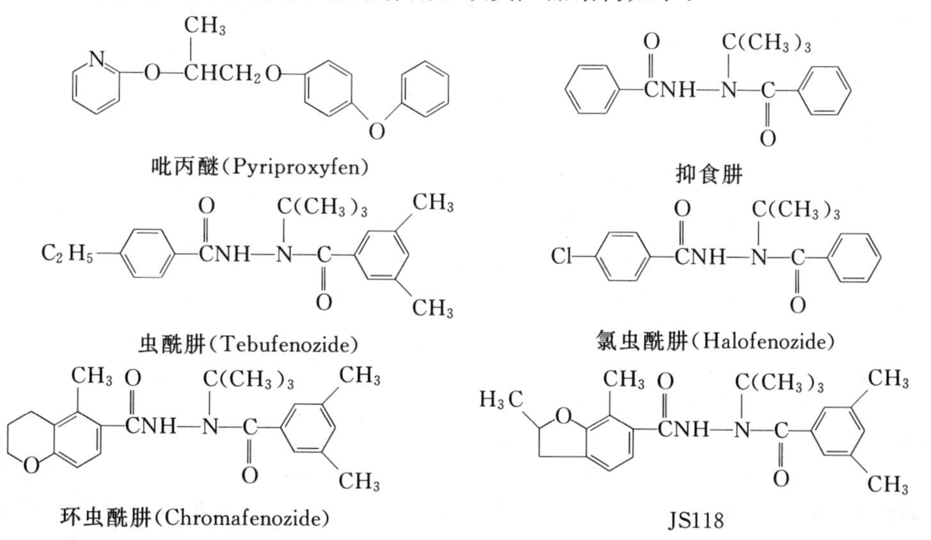

吡丙醚(Pyriproxyfen)　　抑食肼

虫酰肼(Tebufenozide)　　氯虫酰肼(Halofenozide)

环虫酰肼(Chromafenozide)　　JS118

8. 天然产物杀虫剂

天然产物杀虫剂是指以植物、动物、微生物等产生的次生代谢产物开发的杀虫剂，这类杀虫剂具有多样性和复杂性，易在自然界中降解，对昆虫具有选择性，毒性低、对人畜安全，但往往作用缓慢。常见的天然产物杀虫剂有以下几种。

① 植物源杀虫剂，包括烟碱、除虫菊素、鱼藤酮、印楝素、鱼尼丁、苦皮藤素、藜芦碱、苦参碱。

② 动物源杀虫剂，包括性信息素、聚集信息素、报警信息素、追踪素。

③ 微生物源杀虫剂，包括杀蝶素、杀螨素、阿维菌素、依维菌素、素橘霉素、华光霉素、多杀霉素。

第三节 杀 菌 剂

一、概述

杀菌剂是指对病原菌起抑菌或杀菌作用，能防治农作物病害的药剂。如波尔多液、代森锌、多菌灵、粉锈宁、克瘟灵等。主要起抑制病菌生长，保护农作物不受侵害和渗进作物体内消灭入侵病菌的作用。大多数杀菌剂主要起保护作用，预防病害的发生和传播。

杀菌剂的作用机理为：①破坏菌类蛋白质的合成；②破坏菌类细胞壁（糖类、纤维素、蛋白质等高分子组成）的合成；③破坏菌类的新陈代谢（生物体内的生物化学反应由酶催化，杀菌剂可破坏酶）；④破坏核酸的代谢；⑤诱导植物自身调节。

二、杀菌剂的结构与分类

按作用方式不同，杀菌剂可分为：①C14 脱甲基化酶制剂（三唑类、咪唑类、嘧啶醇类等含氮杂环杀菌剂）；②异构化酶和还原酶抑制剂（吗啉类、哌啶类、Spiroxamine 类化合物）；③配合物Ⅱ型抑制剂（琥珀酸酯脱氧酶制剂）；④配合物Ⅲ型抑制剂（Strobilurin 类、Famoxadone 类化合物）；⑤作用机制研究不明的杀菌剂（苯氨基嘧啶类、苯基吡咯类、Quinoxyfen 类、Dimethomorph 类、Iprovalicarb 类化合物）；⑥植物活化剂。

杀菌剂按其作用效果，可分为保护性杀菌剂、治疗性杀菌剂和铲除性杀菌剂。

杀菌剂又可按它渗入植物体内和传导到其他部位的性能，分为内吸性和非内吸性杀菌剂。非内吸性杀菌剂一般包括：①早期有机杀菌剂；②有机脂肪族硫化物类；③二甲酰亚苯胺类；④多氯烷硫基二甲酰亚胺类；⑤含氯苯衍生物类；⑥有机磷类。

早期有机杀菌剂包括：①无机铜杀菌剂，其代表品种波尔多液（硫酸铜与氢氧化钙反应的产物）至今仍是全球范围内应用最广的含铜杀虫剂；②无机硫杀菌剂，代表品种为石硫合剂（石灰与硫黄一起煮沸而成）。有机脂肪族硫化物类的代表品种为福美双（Thiram）、代森锰（锌）、代森锰锌。其他常见品种还有克菌丹（Captan）、腐霉利（Procymidone）等。

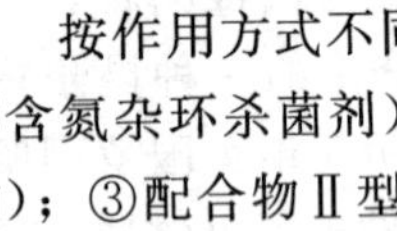

$$\begin{array}{l} CH_2NH-CSS \\ \quad\quad\quad\quad\quad\quad\;\; Mn \\ CH_2NH-CSS \end{array}$$

代森锰

$$(H_3C)_2N-\underset{\|}{\overset{}{C}}-S-S-\underset{\|}{C}-N(CH_3)_2 \quad (C{=}S,\ C{=}S)$$

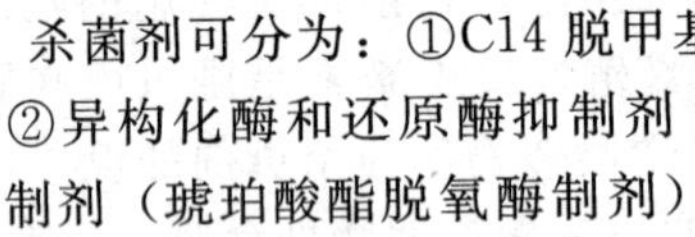

福美双

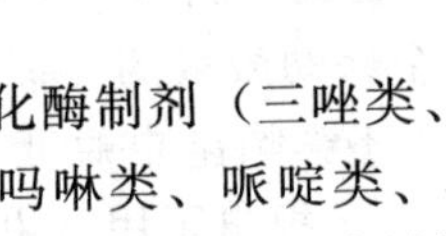

克菌丹

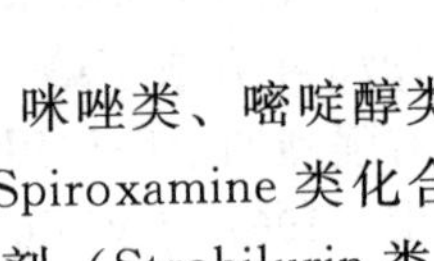

腐霉利

内吸性杀菌剂的抑菌（非杀菌）作用方式一般是生物合成抑制。内吸性杀菌剂一般包括：①丁烯酰胺类；②苯并咪唑类；③嘧啶类；④取代甲醇类；⑤三氯乙基酰胺类；⑥苯酰胺类；⑦多唑类；⑧有机磷杀菌剂；⑨噻唑、噁唑类杀菌剂。其代表品种为萎锈灵（Carboxin）、多菌灵（Carbendazim）、三唑酮（粉锈宁，Triadimefon）、嘧菌醇（Triarimol）、托布津（Topsin）等。常见的几种结构如下：

萎锈灵(Carboxin)　　多菌灵(Carbendazim)　　三唑酮(Triadimefon)

托布津(Topsin)　　灭菌丹　　嘧菌醇(Triarimol)

三、常用的几种杀菌剂

1. 代森锰锌（Mancozeb）

代森锰锌为代森锰和锌离子的配合物（含锰 20%、锌 2.5%），属于二硫代氨基甲酸盐（酯）类杀菌剂，1961 年由美国罗与姆哈斯（Rohm&Hass）公司开发。药害很小，可广泛用于蔬菜、果树、花卉、粮食及其他经济作物，防治由藻菌纲、半知菌纲所引起的霜霉病、斑病、疫病、赤霉病等。反应路线如下：

$$H_2C(NH-CSSNa)-CH_2(NH-CSSNa) + MnSO_4 \longrightarrow [H_2C(NH-CSS)-CH_2(NH-CSS)]Mn$$

$$[H_2C(NH-CSS)-CH_2(NH-CSS)]Mn + Zn(NO_3)_2 \cdot 6H_2O \longrightarrow [H_2C(NH-CSS)-CH_2(NH-CSS)]Mn-Zn$$

2. 百菌清（Chlorothalonil）

百菌清的化学名四氯间苯二氰（2,4,5,6-四氢-1,3-苯二甲腈），1963 年由美国 Diamond Alkali 公司推广。百菌清是光谱性杀菌剂，可防治各种真菌性病害，主要起保护作用，对某些病害有治疗作用。它属于取代苯类，反应路线如下：

$$C_6H_4(CH_3)_2 + NH_3 \longrightarrow C_6H_4(CN)_2 \qquad C_6H_4(CN)_2 + Cl_2 \longrightarrow C_6Cl_4(CN)_2$$

3. 抑霉唑（Imazalil）

抑霉唑化学名（±）-烯丙基-1-(2,4-二氯苯基)-2-咪唑-1-基乙基醚，1973 年由比利时杨森（Janssen）开发。本品属于咪唑类，为广谱内吸杀菌剂，对许多真菌病害有防效，尤其能防止水果收获后腐烂，还可防治谷物病害和种子处理。合成路线如下：

$$HO-CH(COOH)-CH(COOH)-OH \xrightarrow{HNO_3/H_2SO_4} NO_2O-CH(COOH)-CH(COOH)-ONO_2 \xrightarrow{NH_3,\ CH_2O,\ HCl} \text{4,5-二羧基咪唑啉 (HOOC)}_2 \xrightarrow{\triangle} \text{咪唑}$$

$$\text{咪唑} + Cl-C_6H_3(Cl)-\overset{O}{\overset{\|}{C}}CH_2Br \longrightarrow Cl-C_6H_3(Cl)-\overset{O}{\overset{\|}{C}}CH_2-N\text{(咪唑)} \xrightarrow{H_2O} Cl-C_6H_3(Cl)-\overset{OH}{\overset{|}{C}}HCH_2-N\text{(咪唑)}$$

$$\xrightarrow{H_2C=CH-CH_3} Cl-C_6H_3(Cl)-\overset{OCH_2CH=CH_2}{\overset{|}{C}}HCH_2-N\text{(咪唑)}$$

4. **稻瘟净** (Kitazine)

稻瘟净化学名 *S*-苄基-*O*,*O*-二乙基硫代磷酸酯（EBP），1965 年由日本阖原化学公司首先推出。稻瘟净主要用于防治稻瘟病，对苗瘟、叶瘟和穗茎瘟均有佳效，对水稻小粒菌核病、纹枯病、油菜菌核病也有一定防效，并可兼治稻飞虱和叶蝉。本品属于有机磷类杀菌剂，反应路线如下：

$$2C_2H_5OH + PCl_3 \longrightarrow (C_2H_5O)_2PCl \xrightarrow{H_2O} (C_2H_5O)_2POH$$

$$(C_2H_5O)_2POH + S + NaOH \longrightarrow (C_2H_5O)_2POSNa$$

$$(C_2H_5O)_2POSNa + ClH_2C-C_6H_5 \longrightarrow (OC_2H_5)_2POS-\overset{H_2}{C}-C_6H_5$$

第四节　除　草　剂

一、概述

农田杂草从不同方面侵害农作物，与农作物竞争养分、水分和光照，传播病虫害，降低作物的产量和品质。除草剂是专门用来防除农田杂草的药剂，如除草醚、杀草丹、氟乐灵、绿麦隆等农药。第一个除草剂是 1932 年法国发现的二硝酚。1942 年内吸传导性除草剂 2,4-滴的发现开辟了除草剂的新纪元，此后一系列新的除草剂被开发。目前，转基因除草剂作物的出现和推广改变了世界除草剂的格局，新品种的生态毒性的要求越来越严格，除草剂作用靶标的研究成为热点。

二、除草剂的结构与分类

根据其化学结构可分为：磺酰脲类、咪唑啉酮类、芳氧羧酸、环己烯酮类、二苯醚类、三唑啉酮类、吡唑类、三酮等和异噁唑类等。

根据其在植物体内的传导性，可分为触杀性除草剂和内吸性除草剂，前者被植物吸收后在体内不传导，只能用于防治由种子发芽的一年生杂草；后者吸收后在体内作共质体或非共质体传导，可以杀死多年生杂草。有些除草剂在使用浓度过量时，草、苗都能杀死或会对作物造成药害。

根据其对作物与杂草的选择性可分为：选择性除草剂和灭生性除草剂。选择性除草剂在一定的环境条件与用量范围内，能够有效防除杂草而不伤害栽培作物；灭生性除草剂对作物与杂草菌产生伤害作用，主要用于铁路、公路、工厂、仓库、森林防火道及非耕地。

按作用方式，可分为激素类除草剂、需光性除草剂、抑制氨基酸合成类除草剂。

根据使用方法，分为茎叶处理剂、土壤处理剂、土壤兼茎叶处理剂。茎叶处理剂是在杂草出苗后喷洒到茎叶上，使其死亡的除草剂；土壤处理剂是喷洒在土壤表面，以杀死未出土杂草的除草剂；土壤兼茎叶处理剂是既能用于土壤处理、也能用于茎叶处理的除草剂。

1. 激素类除草剂

激素类除草剂包括苯氧乙酸类、苯甲酸类、二取代苯胺及苯酰胺类、有机杂环类等；其共同点是，低浓度时表现出天然激素吲哚乙酸的性质，高浓度时不表现杀草作用；2,4-滴类除草剂的活性比吲哚乙酸强，2,4-滴可以使 RNA 的合成速度加快，随反常的细胞分裂而引起反常的生长，在植物体内药效持久。常见的品种还有氟乐灵、丁草胺，该类除草剂结构如下。

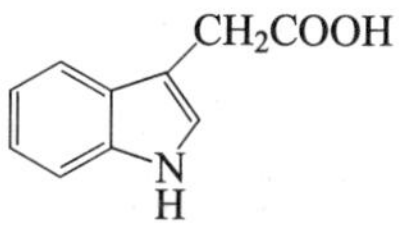

CH_2COOH 吲哚乙酸　OCH_2COOH, Cl, Cl 2,4-滴　$N(C_3H_7)_2$, O_2N, NO_2, CF_3 氟乐灵　Et, $CH_2OC_4H_9$, N, C—CH_2Cl, O, Et 丁草胺

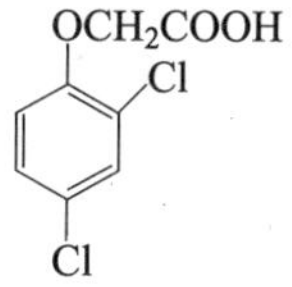

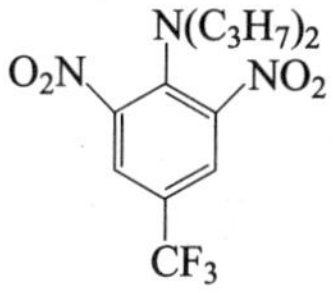

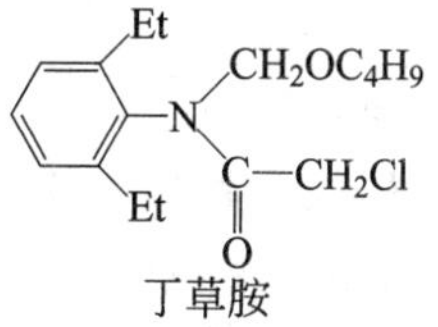

2. 需光性除草剂

需光性除草剂包括：酚类、二苯醚类、取代脲类、三氮苯类、有机杂环类等；其作用特点是对植物光合作用的破坏。其主要品种为禾草灵、绿麦隆、扑草净、百草枯。

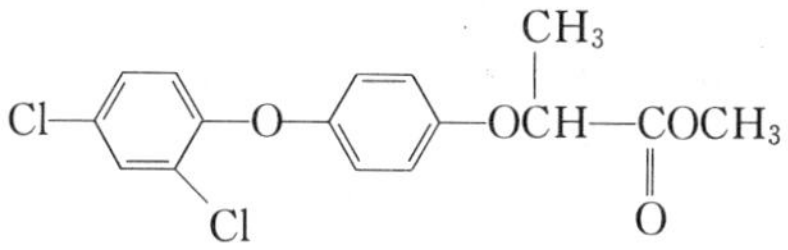

Cl—O—OCH(CH_3)—COCH$_3$(=O), Cl 禾灵草　Cl, H_3C—NHCN(CH_3)$_2$(=O) 绿麦隆

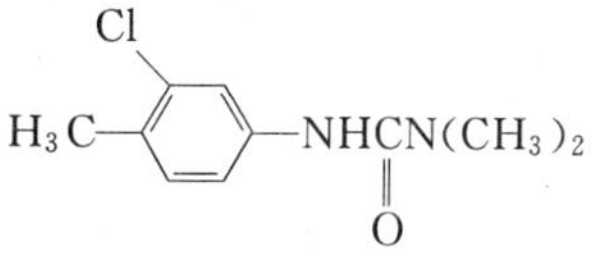

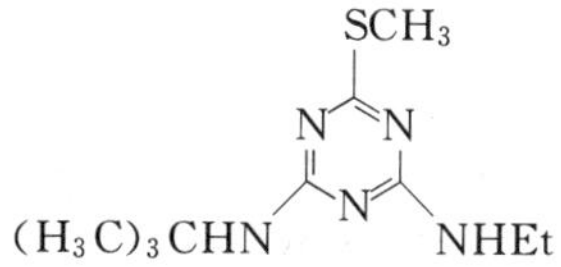

SCH_3, N, N, N, $(H_3C)_3CHN$, NHEt 扑草净　$H_3C-\overset{+}{N}$—$\overset{+}{N}-CH_3$ 百草枯

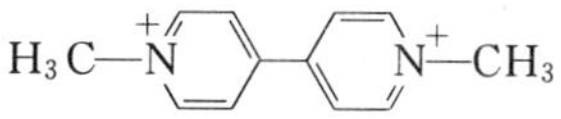

3. 抑制氨基酸合成类除草剂

抑制氨基酸合成类除草剂包括：抑制乙酰乳酸合成酶类（磺酰脲类、咪唑啉酮类）、抑制乙酰辅酶 A 羧化酶类（芳氧羧酸、环己烯酮类）、抑制原卟啉原氧化酶类（二苯醚类、三唑啉酮类、吡唑类）、抑制对羟基苯基丙酮酸酯双氧化酶（吡唑类、三酮等和异噁唑类）。

磺酰脲类除草剂的特点是通过植物的叶、根吸收，并迅速传导，在敏感植物体内能抑制某些氨基酸如颉氨酸、亮氨酸和异亮氨酸的生物合成而阻止细胞分裂，使敏感植物停止生长，而禾谷类作物都有良好的耐药性，照常生长。主要品种有绿磺隆、农得时、阔叶散等。

三、常用的几种除草剂

1. 均三嗪类除草剂

此类除草剂的命名有一规定，凡其中有两个碳被脂肪胺取代的为“津”；两个碳被脂肪胺取代，另一个碳被烷硫基取代的为“净”；两个碳被脂肪胺取代，另一个碳被烷氧基取代的为“通”。它们的水溶性以“通”最大，“净”次之，“津”最小。

① 西玛津（Simazine）　西玛津（丁玛津）化学名 2-氯-4,6-二(乙氨基)-1,3,5-三嗪，1956 年由瑞士嘉基公司开发，用于玉米、高粱、甘蔗、橡胶、香蕉等防除一年生阔叶杂草及禾本科杂草。反应路线如下：

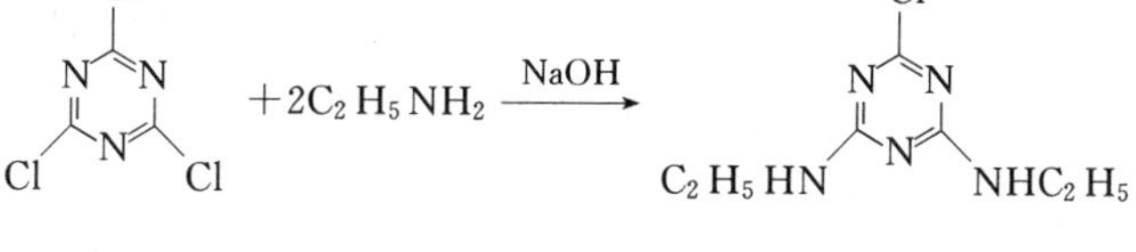

$$\text{Cl-triazine(Cl)(Cl)} + 2C_2H_5NH_2 \xrightarrow{NaOH} \text{Cl-triazine}(NHC_2H_5)(C_2H_5HN)$$

② 西草净（Simetryne） 西草净化学名2-甲硫基-4,6-二(乙氨基)-1,3,5-三嗪，为选择性内吸传导性除草剂，主要用于防除稗草、牛毛草、眼子菜、泽泻、野慈姑、母草、小慈草等，也可用于玉米、大豆、小麦、花生、棉花等作物田。反应路线如下：

$$\text{2-Cl-4,6-}(C_2H_5HN)_2\text{-1,3,5-triazine} + CH_3SONa \longrightarrow \text{2-}SCH_3\text{-4,6-}(C_2H_5HN)_2\text{-1,3,5-triazine}$$

③ 扑灭通（Pronetone） 扑灭通（2-甲氧基-4,6-双异丙氨基-1,3,5-三嗪），1959年由嘉基公司开发，适用于大多数一年生或多年生单、双子叶杂草。由2-氯-4,6-二(异丙氨基)-1,3,5-三嗪与甲醇反应生成。

2. 磺酰脲类除草剂

磺酰脲类除草剂的特点是活性最高、高效、低毒、低残留。1978年杜邦公司报道了该类超高活性的除草剂，并于1982年开发出麦田除草剂绿磺隆，使杂草防除进入超高效时代。

① 绿磺隆（Chlorsulfuron） 绿磺隆（氯磺隆），化学名2-氯-*N*-(4-甲氧基-6-甲基-1,3,5-三氮苯基-2-氨基羧基)苯磺酰胺，用于禾谷类作物田间除草。合成路线如下：

$$\text{2-Cl-}C_6H_4SO_2Cl \xrightarrow{NH_3} \text{2-Cl-}C_6H_4SO_2NH_2 \xrightarrow{\text{草酰氯}} \text{2-Cl-}C_6H_4SO_2NCO$$

$$\text{2-}NH_2\text{-4-}H_3CO\text{-6-}H_3C\text{-1,3,5-triazine} + \text{2-Cl-}C_6H_4SO_2NCO \longrightarrow \text{2-Cl-}C_6H_4SO_2NHCOHN\text{-(4-}OCH_3\text{-6-}CH_3\text{-1,3,5-triazin-2-yl)}$$

② 苄嘧磺隆（Bensulfuron） 苄嘧磺隆（农得时、超农、苄黄隆、稻无草）化学名α-[(4,6-二甲氧基嘧啶-2-基氨基甲酰氨基氨基磺酰基)邻苯甲酸甲酯]，主要用于水稻田间除草。

$$\text{2-}CH_3C_6H_4COOCH_3 + Cl_2 \longrightarrow \text{2-}CH_2ClC_6H_4COOCH_3$$

$$\text{2-}CH_2ClC_6H_4COOCH_3 + NH_2\overset{S}{\overset{\|}{C}}NH_2 \longrightarrow \text{2-}(CH_2S\underset{\|}{\underset{NH}{C}}NH_2)C_6H_4COOCH_3 \cdot HCl$$

$$\text{2-}(CH_2S\underset{\|}{\underset{NH}{C}}NH_2)C_6H_4COOCH_3 \cdot HCl + Cl_2 \longrightarrow \text{2-}CH_2SO_2ClC_6H_4COOCH_3$$

$$\text{2-}CH_2SO_2ClC_6H_4COOCH_3 + NH_3 \longrightarrow \text{2-}CH_2SO_2NH_2C_6H_4COOCH_3$$

$$\text{2-}CH_2SO_2NH_2C_6H_4COOCH_3 + ClCOCl + C_4H_9NCO \longrightarrow \text{2-}CH_2SO_2NCOC_6H_4COOCH_3$$

$$\text{(邻-}CH_2SO_2NCO\text{苯甲酸甲酯)} + H_2N\text{-(4,6-二甲氧基嘧啶-2-基)} \longrightarrow \text{(邻-}COOCH_3\text{苯基)}CH_2SO_2NHCO\text{—}NH\text{-(4,6-二甲氧基嘧啶-2-基)}$$

硝酸胍 ⟶ 缩合（丙二酸酯，乙醇钠）⟶ 氯代（三氯氧磷）⟶ 甲醚化（甲醇钠）⟶ 2-氨基-4,6-二甲氧基吡啶

邻甲基苯甲酸 ⟶ 酯化（甲醇）⟶ α-氯代（氯气）⟶ 缩合（硫脲）⟶ 酯氯化（次氯酸）⟶ 氨化 ⟶ 缩合（光气）⟶ 缩合（2-氨基-4,6-二甲氧基吡啶）⟶ 苄磺隆

3. 酰胺类除草剂

酰胺类除草剂占除草剂市场第二位，从美国 Monsanto 公司的烯草胺开始。用于防除一年生禾本科杂草和部分阔叶杂草。特点是杀草谱广、效果好、价格低廉、施用方便。

① 敌稗（DCPA）　敌稗化学名 3′,4′-二氯丙酰替苯胺，1960 年由美国罗门公司开发。敌稗为优异的种属间选择性触杀除草剂，主要用于水稻秧田，也可用于直播田防除多种禾本科和双子叶杂草，诸如鸭舌草、水马齿苋、水芹、三棱草、马唐、狗尾草、看麦娘、野苋菜、红蓼等杂草幼苗。该药合成路线如下：

$$O_2N\text{-}C_6H_4\text{-}Cl + Cl_2 \longrightarrow O_2N\text{-}C_6H_3Cl_2 \xrightarrow{Fe/HCOOH} H_2N\text{-}C_6H_3Cl_2$$

$$H_2N\text{-}C_6H_3Cl_2 + CH_3CH_2COOH \longrightarrow C_2H_5\overset{O}{\overset{\|}{C}}NH\text{-}C_6H_3Cl_2$$

② 丁草胺（Butachlor）　丁草胺（灭草特、去草胺、马歇特）化学名 *N*-(丁氧甲基)-α-氯-2′,6′-二乙基乙酰替苯胺，用于稻田和旱田中防除一年生禾本科杂草，1969 年由美国孟山都公司开发。合成路线如下：

$$2,6\text{-}(C_2H_5)_2C_6H_3\text{-}NH_2 + HCHO \longrightarrow 2,6\text{-}(C_2H_5)_2C_6H_3\text{-}N{=}CH_2$$

$$2,6\text{-}(C_2H_5)_2C_6H_3\text{-}N{=}CH_2 + ClCH_2COCl \longrightarrow 2,6\text{-}(C_2H_5)_2C_6H_3\text{-}N(CH_2Cl)(COCH_2Cl)$$

$$2,6\text{-}(C_2H_5)_2C_6H_3\text{-}N(CH_2Cl)(COCH_2Cl) + BuONa \longrightarrow 2,6\text{-}(C_2H_5)_2C_6H_3\text{-}N(CH_2OBu)(\overset{O}{\overset{\|}{C}}CH_2Cl)$$

③ 杀草胺（Shacaoan）　杀草胺（特定）化学名 *N*-异丙基-α-氯代乙酰替邻乙基苯胺，1966 年由我国的沈阳化工研究院开发，并于 1970 年投产。杀草胺为芽前除草剂，土壤处理

可杀灭芽期杂草，持效期达 15～20 天，主要用于水稻本田、大豆等旱田作物，可防除水田的稗草、鸭舌草、水马齿苋、三棱草、牛毛草及旱田的狗尾草、马唐、灰菜、马齿苋等一年生单子叶和部分双子叶杂草。合成路线如下：

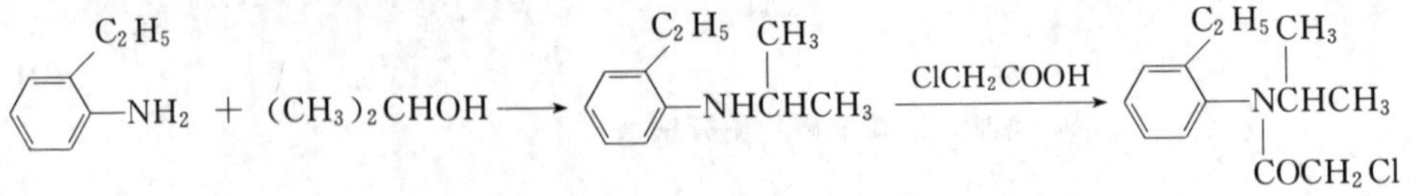

$$\text{C}_6\text{H}_4(\text{C}_2\text{H}_5)\text{NH}_2 + (\text{CH}_3)_2\text{CHOH} \longrightarrow \text{C}_6\text{H}_4(\text{C}_2\text{H}_5)\text{NHCH}(\text{CH}_3)\text{CH}_3 \xrightarrow{\text{ClCH}_2\text{COOH}} \text{C}_6\text{H}_4(\text{C}_2\text{H}_5)\text{N}(\text{COCH}_2\text{Cl})\text{CH}(\text{CH}_3)\text{CH}_3$$

生产工艺为：

邻硝基乙苯、铁粉 →（盐酸）还原 → 水蒸气蒸馏 →（异丙溴，氢氧化钠）烃化 → 分离（← 水层（含溴化钠，用以制备异丙溴））→（氯乙酸，三氯化磷）氯乙酰化 →（水）洗涤 → 原油

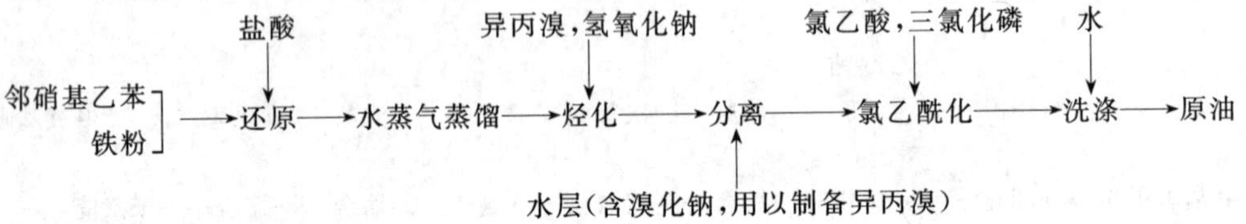

4. 咪唑啉酮类除草剂

美国氰胺公司（ACC）于 1983 年发现并开发出灭草烟后，咪唑啉酮类除草剂在 20 世纪 80 年代中后期短时间内迅速发展，开创了除草剂品种的超高效阶段。其优点是高效、广谱、选择性强、使用方便、低毒等。

① 灭草烟（Imazapyr） 灭草烟化学名 2-(4-异丙基-4-甲基-5-氧化-2-咪唑啉-2-基)烟酸，1984 年由美国氰胺公司开发。用于防除所有杂草、一年生和多年生单子叶杂草、阔叶杂草等。灭草烟合成路线如下：

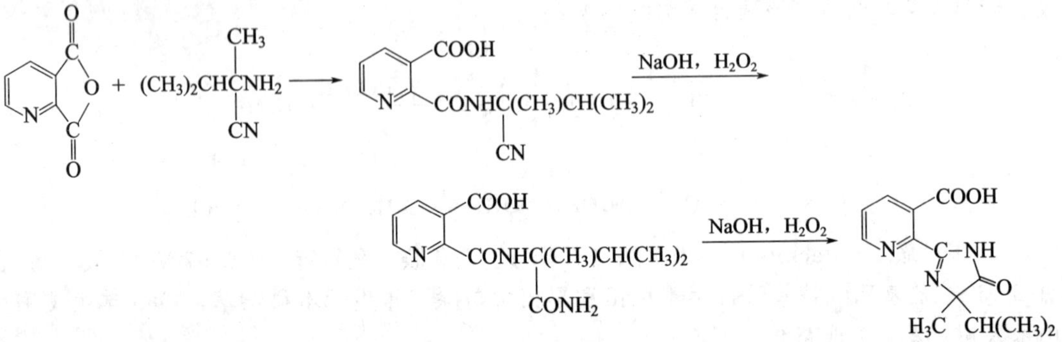

$$\text{吡啶-2,3-二甲酸酐} + (\text{CH}_3)_2\text{CHC}(\text{CH}_3)(\text{CN})\text{NH}_2 \longrightarrow \text{3-COOH-吡啶-2-CONHC}(\text{CH}_3)(\text{CN})\text{CH}(\text{CH}_3)_2 \xrightarrow{\text{NaOH},\ \text{H}_2\text{O}_2}$$

$$\text{3-COOH-吡啶-2-CONHC}(\text{CH}_3)(\text{CONH}_2)\text{CH}(\text{CH}_3)_2 \xrightarrow{\text{NaOH},\ \text{H}_2\text{O}_2} \text{3-COOH-吡啶-2-(咪唑啉酮环：C=N—C(H}_3\text{C)(CH(CH}_3)_2\text{)—C(=O)—NH)}$$

② 灭草喹（Imazaquin） 灭草喹化学名（*R*,*S*）-2-(4-异丙基-4-甲基-5-氧代-2-咪唑啉-2-基)喹啉-3-羧酸，用于防除大田中的阔叶杂草、禾本科杂草，以及鸭拓草、铁荸荠等杂草，1987 年由美国氰胺公司开发。该灭草剂合成路线如下：

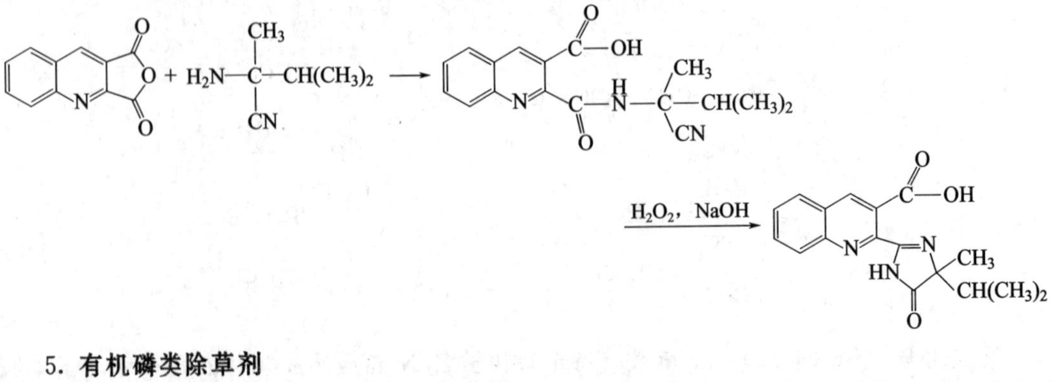

$$\text{喹啉-2,3-二甲酸酐} + \text{H}_2\text{N—C}(\text{CH}_3)(\text{CN})\text{—CH}(\text{CH}_3)_2 \longrightarrow \text{3-(C(=O)—OH)-喹啉-2-C(=O)—NH—C}(\text{CH}_3)(\text{CN})\text{—CH}(\text{CH}_3)_2$$

$$\xrightarrow{\text{H}_2\text{O}_2,\ \text{NaOH}} \text{3-(C(=O)—OH)-喹啉-2-(咪唑啉酮环：N=C—HN—C(=O)—C(CH}_3\text{)(CH(CH}_3)_2\text{))}$$

5. 有机磷类除草剂

1958 年最早开发伐草磷，后来又开发胺草磷、草甘膦（Glyphosate）等一系列有机磷

类除草剂，其中草甘膦已成为世界主要除草剂品种之一。

草甘膦（农达、镇草宁、膦甘酸）化学名 *N*-(磷酸甲基)甘氨酸，1971 年由美国孟山都公司推广。本品为非选择性内吸传导性茎叶处理除草剂，对一年生及多年生杂草具有很高的活性。目前，草甘膦正逐渐取代咪唑啉酮类除草剂成为新的主力军。代表性的反应路线如下：

$$ClCH_2CO_2H + NH_4^+ \xrightarrow{Ca(OH)_2} \xrightarrow{HCl} NH(CH_2CO_2H)_2 \xrightarrow{HCHO} \xrightarrow[(2)H_2O]{(1)PCl_3} (HO_2CCH_2)_2NCH_2\overset{\overset{O}{\|}}{P}(OH)_2$$

$$\xrightarrow{浓\ H_2SO_4} HO_2CCH_2NHCH_2\overset{\overset{O}{\|}}{P}(OH)_2$$

生产工艺为：

氯乙酸、氨水 → 缩合（氢氧化钙）→ 酸化（盐酸）→ 缩合（甲醛，三氯化磷）→ 氧化（浓硫酸）→ 成品

第五节　植物生长调节剂

一、概述

植物生长调节剂是专门用来调节植物生长、发育的药剂，如赤霉素（九二 O）、萘乙酸、矮壮素、乙烯剂等农药。这类农药具有与植物激素相类似的效应，可以促进或抑制植物的生长、发育，以满足生长的需要。其优点是用量少、收效快，在整个农药产量中虽然比重很小，但发挥的作用巨大。

植物生长调节剂的特点如下。①有特异的生物活性，所需浓度很低。②在调节不同生理现象上有基本作用。③随着发育的进程，各组织对生长物质的敏感性不同，且不同剂量对植物所产生的效应不同。④各类生长物质常不单一起作用，而是彼此相互作用。

根据其作用方式，植物生长调节剂分为：生长促进剂和生长抑制剂。生长促进剂能促进生长、生根、打破休眠、防止衰老，如生长激素、细胞分裂素和赤霉素等。生长抑制剂防止棉花、小麦疯长，防止大蒜、洋葱发芽等，如乙烯和脱落素等。植物生长调节剂也可分为生长素、赤霉素、乙烯类、细胞分裂素、脱离酸、油菜素甾醇类、水杨酸类、茉莉酸类和多胺。同一种物质，在浓度不同时的作用可能差别很大。如 2,4-二氯苯氧乙酸，低浓度时为植物生长促进剂，高浓度时为植物生长抑制剂，浓度更高时具有除草剂的作用。

根据其化学组成，植物生长调节剂一般分为：①芴酸衍生物；②脂肪羧酸及其衍生物；③芳羧酸及其衍生物；④季铵盐及磷盐；⑤杂环化合物；⑥有机磷化合物。

二、植物生长促进剂

植物生长促进剂是能促进植物细胞分裂、分化和伸长的化合物，根据其化学结构或活性的不同，又分为生长素类、赤霉素类、细胞分裂素类、乙烯类等。

1. 生长素类

生长素是最古老的植物生长调节剂，1928 年荷兰科学家 F. W. Went 首次分离出生长素，后来鉴定出其结构为 3-吲哚乙酸（3-Indoleacetic Acid，IAA）。随着天然生长素的合成

与应用，大量非天然生长素类植物生长调节剂被合成出来。生长素类植物生长调节剂可促进插条生根、果实膨大，防止落花落果，提高坐果率，达到增产的目的。生产中常见的品种有吲哚乙酸、萘乙酸、2,4-D、防落素等。

从化学结构上看，具有生长素生物活性化合物的分子结构特征为：①一个芳香环（吲哚环、苯环、萘环）；②一个羧基侧链（乙酸、丙酸、丁酸、羧酸酯、酰胺等）；③有些化合物在芳环和羧基侧链间有一个氧原子间隔。

3-吲哚乙酸可以经茎、叶和根系被植物吸收。它对植物生长有刺激作用，可影响细胞分裂、细胞伸长和细胞分化，也影响营养器官和生殖器官的生长、成熟和衰老，可促进植物生根，提高产量，是一种植物生根调节剂。当用于插枝生根的木本植物、草本植物时，可以加速根的形成；当用于处理甜菜种子时，可提高块茎产量与含糖率，也可以促进胡萝卜的生长。主要合成路线如下：

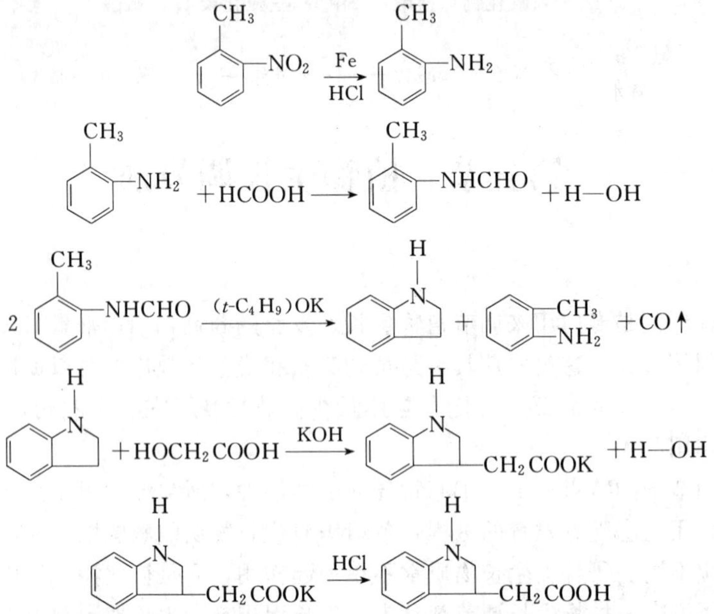

$$\text{(邻硝基甲苯)}\ \xrightarrow[HCl]{Fe}\ \text{(邻甲苯胺)}$$

$$\text{(邻甲苯胺)} + HCOOH \longrightarrow \text{(N-甲酰邻甲苯胺)} + H—OH$$

$$2\ \text{(N-甲酰邻甲苯胺)} \xrightarrow{(t\text{-}C_4H_9)OK} \text{(吲哚)} + \text{(邻甲苯胺)} + CO\uparrow$$

$$\text{(吲哚)} + HOCH_2COOH \xrightarrow{KOH} \text{(吲哚-3-}CH_2COOK) + H—OH$$

$$\text{(吲哚-3-}CH_2COOK) \xrightarrow{HCl} \text{(吲哚-3-}CH_2COOH)$$

萘乙酸（Naphthylacetic Acid），又称 α-萘乙酸、1-萘乙酸。用于防治苹果、梨、芒果收获前的落果；也用于苹果和梨的疏果，在落花期后，使用浓度 0.5～5.0g/100L；还用于刺激插条生根。其合成方法很多，主要有氯乙酸法和氯甲基化法，氯甲基化法如下：

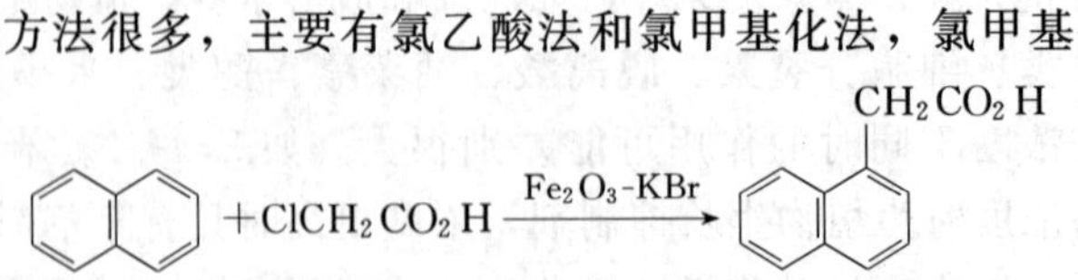

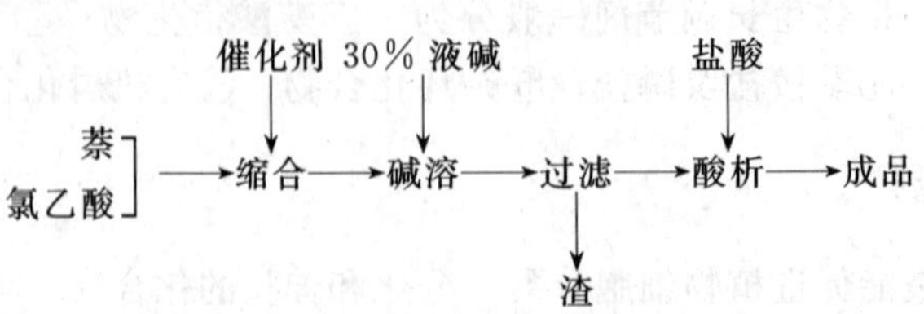

$$\text{(萘)} + ClCH_2CO_2H \xrightarrow{Fe_2O_3\text{-}KBr} \text{(1-萘-}CH_2CO_2H)$$

萘、氯乙酸 → 缩合（催化剂）→ 碱溶（30% 液碱）→ 过滤（→ 渣）→ 酸析（盐酸）→ 成品

2. 乙烯类

乙烯类植物生长调节剂可分为乙烯释放剂和乙烯合成或作用抑制剂。乙烯释放剂是指在植物体内释放出乙烯或促进植物产生乙烯的植物生长调节剂；乙烯合成抑制剂指在植物体内通过抑制乙烯的合成而达到调节植物生长发育的作用。乙烯释放剂产品有乙烯利、引熟酯、

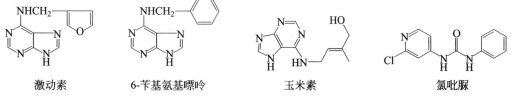

乙烯硅、脱落硅等。这些产品在结构上含有“$—CH_2CH_2—$”，当被植物吸收后，在植物体内两边的键断裂，生成 $CH_2═CH_2$。氨基乙氧基乙烯基甘氨酸和氨基氧乙酸是最常见的乙烯生物合成专一抑制剂，1-甲基环丙烯是罗门哈斯公司近年来开发的乙烯受体竞争性抑制剂。

① 乙烯利（Ethephon）　乙烯利（一试灵、乙烯磷、乙烯灵）化学名 2-氯乙烯基磷酸，最早由美国 Chemical 公司由乙烯中制得。乙烯利为一种用途广泛的植物生长调节剂，被植物吸收后能促进果实早熟或齐穗，增加雌花、促早结果、减少顶端优势、使植株矮壮、防倒及雄性不育等。主要用于棉花、高粱、小麦、蔬菜、果树、烟草、橡胶等作物。乙烯利的合成方法很多，最常用的是环氧乙烷法和氯乙烯法。其中环氧乙烷法如下：

$$PCl_3 + H_2C\overset{O}{—}CH_2 \longrightarrow P(OCH_2CH_2Cl)_3$$

$$P(OCH_2CH_2Cl)_3 \xrightarrow{加热} ClCH_2CH_2P(O)(OCH_2CH_2Cl)_2$$

$$ClCH_2CH_2P(O)(OCH_2CH_2Cl)_2 + 2HCl \xrightarrow{加热} ClCH_2CH_2P(O)(OH)_2 + 2ClCH_2CH_2Cl$$

三氯化磷 ⟶ 加成开环 ⟶ 重排 ⟶ 水解 ⟶ 成品
（加成开环 ↑ 环氧乙烷；水解 ↑ HCl）

② 引熟酯　引熟酯（吲唑酯，试验名称 J-455）国外商品名 Figaron，其有效成分为 5-氯-1*H*-3-吲唑基乙酸乙酯，日本日产化学工业公司开发并销售。引熟酯

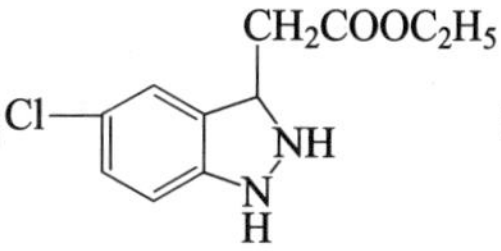

在日本允许作为农药使用的植物生长调节剂中的销售量仅次于赤霉素和青鲜素而居于第三位。

3. 细胞分裂素类

细胞分裂素类植物生长调节剂可被植物发芽的种子、根、茎、叶吸收，促进植物的细胞分裂，促进芽的分化，促进侧芽发育和消除顶端优势，延缓叶片衰老。主要品种有激动素、6-苄基氨基嘌呤、玉米素、氯吡脲等。结构如下：

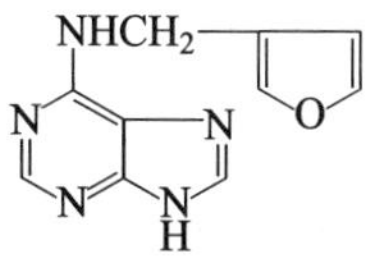

激动素

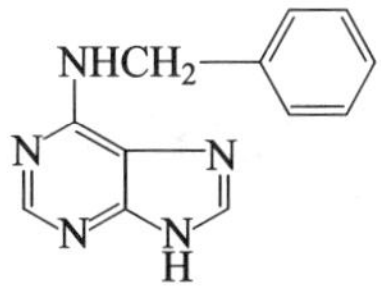

6-苄基氨基嘌呤

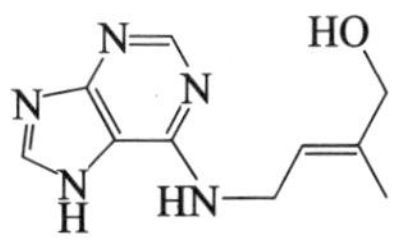

玉米素

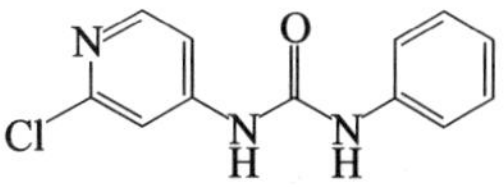

氯吡脲

4. 赤霉素类及其他植物生长调节剂

赤霉素类植物生长调节剂的主要用途之一是种植无核葡萄、促进成熟及果实肥大。赤霉素能够促进谷物种子的 α-淀粉酶的生物合成，对水稻、芹菜也有明显的增产效果。

其他植物生长调节剂如三十烷醇（TRIA，TAL，1-Triacontanol）、油菜素（Brassin）、油菜素内酯（Brassinolide）具有 GA 和 CTK 的作用，遇碱活性丧失，但再用酸处理活性可恢复，另外还有植物生长调节剂复合剂如普洛马林（Promailin），是 BA＋GA4＋7 的复合剂，它可以增加形指数、使果顶五棱明显。

三、植物生长延缓剂和植物生长抑制剂

植物生长延缓剂（Growth Retardant）主要是指抑制梢顶端分生组织细胞分裂和伸长的

药剂。它可被赤霉素所逆转。而生长抑制剂（Growth Inhibitor）则是指能完全抑制新梢顶端分生组织生长，它不能被赤霉素所逆转的药剂。如矮壮素（2-氯乙基三甲基氯化铵）、马来酰肼、甲哌𬭩、吡啶醇、丁酰肼（比久）、调节安（1,1-二甲基哌啶邻氯化物）、多效唑、嘧啶醇、整形素、青鲜素、三碘苯甲酸、调节膦，其效能是抑制营养生长，促进花芽形成，增加坐果，促进果实上色，提早成熟，适时开花和反季结果，提高抗旱性。

矮壮素是赤霉素的拮抗剂，化学式为：$[(CH_3)_3N^+CH_2CH_2Cl]Cl^-$；由叶片、幼枝、芽、根系和种子进入到植株体内，控制植株徒长，提高作物的抗旱、抗寒、抗盐碱及抗病虫害能力。

多效唑为内源性赤霉素合成抑制剂，对作物生长具有控制作用，促进矮壮多蘖、叶色浓厚、根系发达，还有抑菌作用。多效唑结构如下：

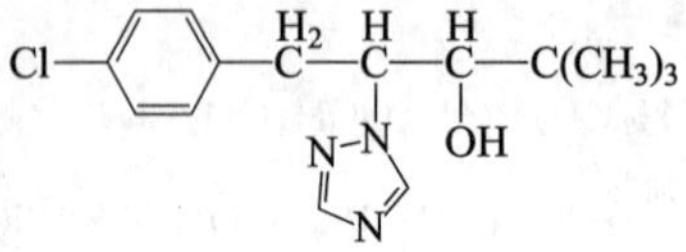

Cl—C6H4—$\overset{H_2}{C}$—$\overset{H}{C}$(1,2,4-三唑-1-基)—$\overset{H}{C}$(OH)—$C(CH_3)_3$

多效唑

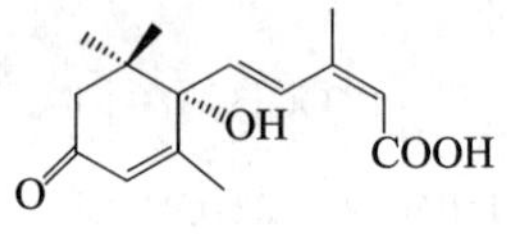

脱落酸

丁酰肼［比久、Daminozide、丁二酸单（2,2-二甲基酰阱）、二甲基琥珀酰阱］能抑制植物向上生长、促进矮壮，不影响开花结果，对作物有增加抗旱能力，防治落花、落果，促进结实增产等作用，其合成方法如下：

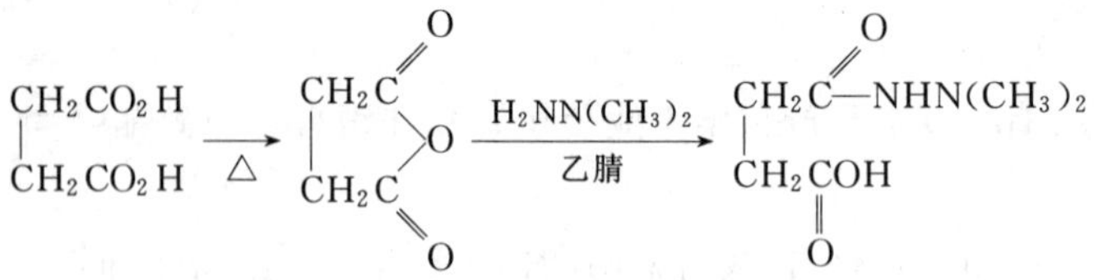

$$\begin{matrix}CH_2CO_2H\\|\\CH_2CO_2H\end{matrix}\xrightarrow{\triangle}\text{丁二酸酐}\xrightarrow[\text{乙腈}]{H_2NN(CH_3)_2}\begin{matrix}CH_2C(=O)—NHN(CH_3)_2\\|\\CH_2C(=O)OH\end{matrix}$$

偏二甲基肼 → 缩合

丁二酸——→脱水——→缩合——→分离——→成品

水 → 脱水

第六节　其他农药化学品

一、杀鼠剂

1. 概述

杀鼠剂是指用于控制鼠害的一类农药。狭义的杀鼠剂仅指具有毒杀作用的化学药剂，广义的杀鼠剂还包括能熏杀鼠类的熏蒸剂、防止鼠类损坏物品的驱鼠剂、使鼠类失去繁殖能力的不育剂、能提高其他化学药剂灭鼠效率的增效剂等。

2. 杀鼠剂的分类

杀鼠剂按来源分为无机杀鼠剂（如：磷化锌、氟化物、砒、钡盐）、有机杀鼠剂和天然植物杀鼠剂。

按作用方式分为胃毒剂和熏蒸剂、驱避剂和引诱剂、不育剂。①胃毒剂：药剂通过鼠取食进入消化系统，使鼠中毒致死。一般用量低、适口性好、杀鼠效果高，对人畜安全，是目前主要使用的杀鼠剂，主要品种有敌鼠钠、溴敌隆、杀鼠醚等。②熏蒸剂：药剂蒸发或燃烧释放有毒气体，经鼠呼吸系统进入鼠体内，使鼠中毒死亡，如氯化苦、溴甲烷、磷化锌等。优点是不受鼠取食行动的影响，且作用快，无二次毒性；缺点是用量大，施药时防护条件及操作技术要求高，操作费工，适宜于室内专业化使用，不适宜散户使用。③驱鼠剂和诱鼠剂：驱鼠剂的作用是把鼠驱避，使鼠不愿意靠近施用过药剂的物品，以保护物品不被鼠咬。诱鼠剂是将鼠诱集，但不直接杀害鼠的药剂。④不育剂：通过药物的作用使雌鼠或雄鼠不育，降低其出生率，以达到防除的目的，属于间接杀鼠剂量，亦称化学绝育剂。

按作用特点分为急性杀鼠剂（单剂量杀鼠剂）及慢性杀鼠剂（多剂量抗凝血剂）。急性杀鼠剂作用于鼠类的神经系统、代谢过程及呼吸系统，使之生命过程出现异常、衰竭或致病死亡；慢性杀鼠剂竞争性抑制维生素 K 的合成，在动物肝脏里阻碍血液中抗凝血酶原的合成，动物器官内部摩擦自动出血而不能凝固，从而造成死亡，该类药靠在鼠体内短期积累而生效。

3. 常用的几种杀鼠剂

(1) 急性杀鼠剂

急性杀鼠剂一般包括：①含氟脂肪酸类（如氟乙酰胺、氟乙酸钠等）；②脲及氨基甲酸酯类（如灭鼠优）；③杂环类；④有机磷、硅类（如毒鼠磷、溴代毒鼠磷）；⑤含氮杂环类（如毒鼠强、三环唑）。毒鼠强（Tetramine），化学名四亚甲基二砜四胺，毒性大，中毒发作快、死亡快，典型症状为阵发性抽搐，体内代谢、排泄慢。自然界不易降解，可二次中毒，已禁用。氟乙酰胺（1081）、氟乙酸钠（1080）剧毒，中毒死亡快。中毒症状与毒鼠强有相似之处，自然界不易净化，可导致二次中毒。其他的还有灭鼠优、鼠立死，有机磷类杀鼠药有毒鼠磷、溴代毒鼠磷等。急性杀鼠剂由于毒性大、安全性差，多数已禁用。现在只有磷化锌、灭鼠优仍有一定范围的应用。该类杀鼠剂化学结构如下：

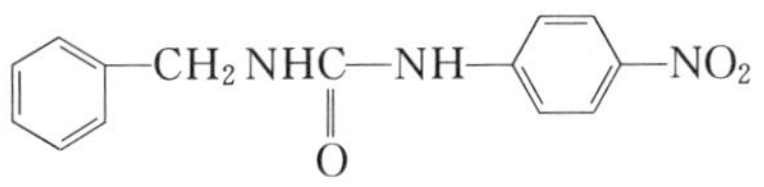

$C_6H_5-CH_2NHC(=O)-NH-C_6H_4-NO_2$

灭鼠优

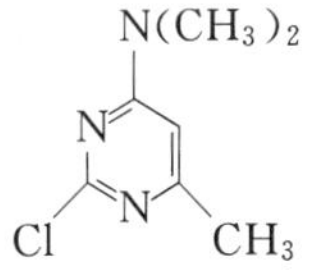

2-Cl-4-$N(CH_3)_2$-6-CH_3-嘧啶

鼠立死

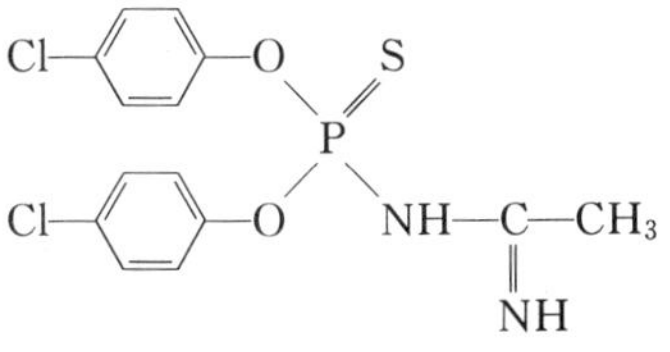

$(Cl-C_6H_4-O)_2P(=S)-NH-C(=NH)-CH_3$

毒鼠磷

$(Br-C_6H_4-O)_2P(=S)-NH-C(=NH)-CH_3$

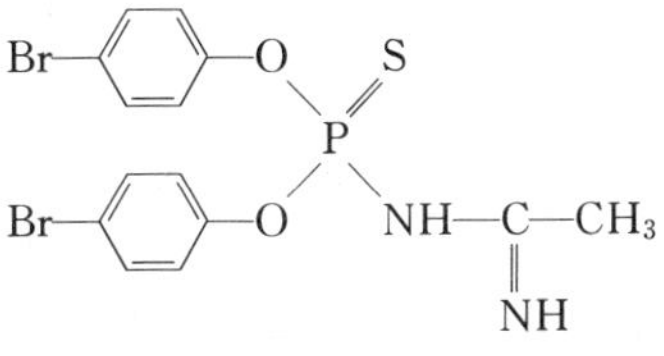

溴代毒鼠磷

(2) 慢性杀鼠剂

慢性杀鼠剂包括：①香豆素类（如杀鼠醚、杀鼠隆、溴敌隆），②茚满二酮类（如敌鼠、氯敌鼠）。香豆素类的结构慢性杀鼠剂包括第一代抗凝血杀鼠剂华法林和溴敌隆、第二代抗凝血杀鼠剂杀鼠醚和大隆。茚二酮类的结构杀鼠剂包括敌鼠、氯敌鼠、杀鼠酮、异杀鼠酮。这类杀鼠剂发展迅速。该类杀鼠剂化学结构如下：

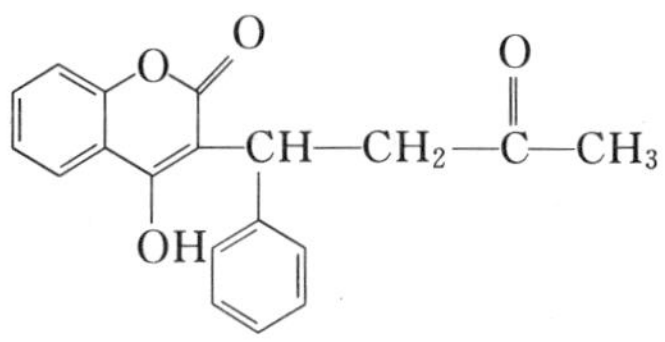

华法林

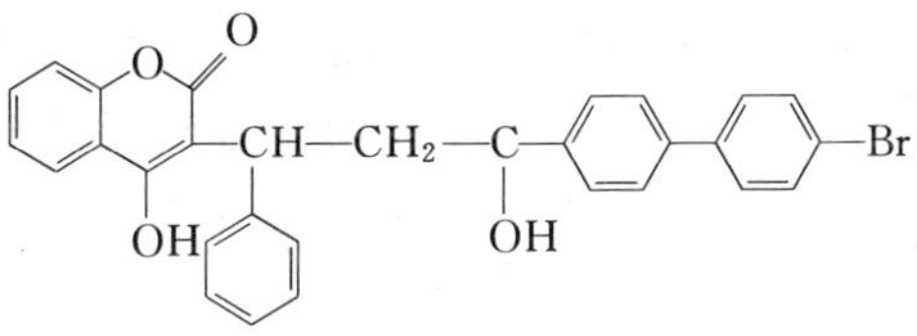

溴敌隆

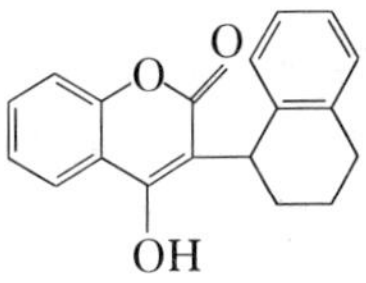

杀鼠醚

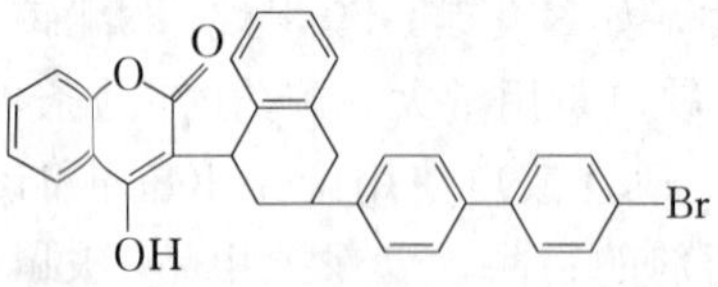

大隆 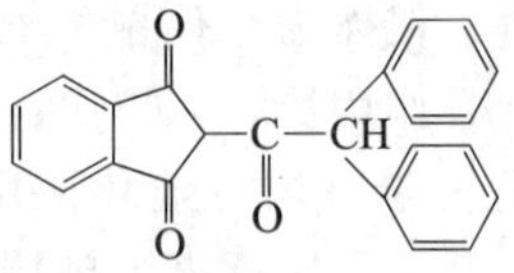　　敌鼠 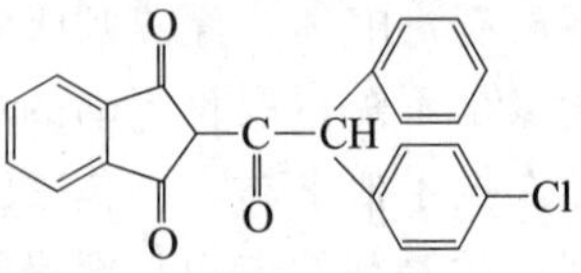　　氯敌鼠

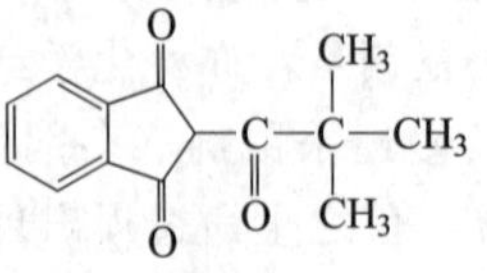

杀鼠酮 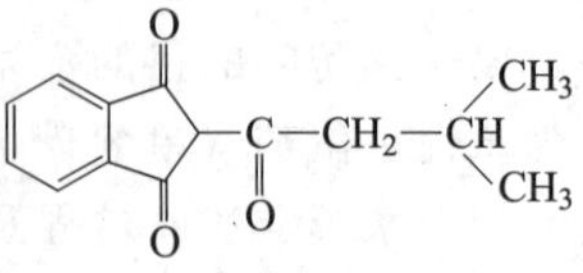　　异杀鼠酮

二、杀线虫剂

线虫属于线形动物门线虫纲，体型微小，通过土壤或种子传播，能破坏植物的根系或侵入地上部分的器官，影响农作物的生长发育，还间接地传播其他微生物引起的病害，造成很大经济损失。使用药剂防治线虫是现代农业普遍采用的方法，一般用于土壤处理或种子处理。

杀线虫剂是用于防治有害线虫的一类农药。适用于防治蔬菜、草莓、烟草、果树、林木上的各种线虫。杀线虫剂几乎全部是土壤处理剂，多数兼有杀菌、杀土壤害虫的作用，有的还有除草作用。杀线虫剂开始发展于 20 世纪 40 年代。大多数杀线虫剂是杀虫剂或杀菌剂、复合生物菌扩大应用而成。杀线虫剂在农药中虽占很小比例，但很重要。按化学结构分为卤化烃类、二硫代氨基甲酸酯类、硫氰酯类和有机磷类。

杀线虫剂有挥发性和非挥发性两类，前者起熏蒸作用，后者起触杀作用。一般应具有较好的亲脂性和环境稳定性，能在土壤中以液态或气态扩散，从线虫表皮透入起毒杀作用。多数杀线虫剂对人畜有较高毒性，有些品种对作物有药害，故应特别注意安全使用。

按照用途不同，杀线虫剂分为：①专性杀线虫剂，即在使用浓度下只对线虫有活性的农药；②兼性杀线虫剂，即在使用浓度下对土壤中大多数生物都有活性的农药。按照作用方式不同，杀线虫剂可分为熏蒸性杀线虫剂和非熏蒸性杀线虫剂。

按化学结构分类，常用的杀线虫剂主要有以下几种。①有机硫类，如二硫化碳、氧硫化碳。②卤代烃类，如氯化苦、溴甲烷、碘甲烷、二氯丙烷、二溴己烷、二溴丙烷、二溴乙烯、二溴氯丙烷、溴氯丙烷，多是土壤熏蒸剂。但毒性大、用量多，故其发展受到限制，总的来说已渐趋淘汰。③异硫氰酸酯类，如威百亩、棉隆，是一些能在土壤中分解成异硫氰酸甲酯的土壤杀菌剂，以粉剂、液剂或颗粒剂施用，能使线虫体内某些巯基酶失去活性而中毒致死。④有机磷，如除线磷、丰索磷、胺线磷、丁线磷、苯线磷、丙线磷、硫线磷、氯唑磷（米乐尔）。发展较快，品种较多、杀线虫谱较广，低残留，是目前较理想的杀线虫剂。⑤氨基甲酸酯类，如涕灭威、呋喃丹、丁硫克百威（好年冬）。⑥抗生素类，如爱福丁等。⑦其他，如二氯异丙醚、草肟威、甲醛。

复合生物菌类产品是最近兴起的最新型、最环保的生物治线剂，它不仅对线虫有很好的抑制杀灭作用，而且对根结线虫病具有很好的防治效果，其主要作用机理是：生物菌丝能穿透虫卵及幼虫的表皮，使类脂层和几丁质崩解，虫卵及幼虫表皮及体细胞迅速萎缩脱水，进而死亡消解，但是对线虫的杀灭需要时间周期，不如化学药品那样速效。

1. 熏蒸性杀线虫剂

熏蒸性杀线虫剂是通过在土壤中扩散起到熏蒸消毒作用的挥发性液体或气体杀线虫剂。

这是一类开发与应用最早的杀线虫剂类型，多数品种因药效差或环境安全性问题已被禁用，仅有棉隆等几个品种在生产上仍有应用，其中一些品种并非专用杀线虫剂，而是对病、虫、草甚至鼠都有效的杀生物剂。熏蒸性杀线虫剂主要包括卤代烃和硫代异硫氰酸甲酯两类。

① 卤代烃类 卤代烃类杀线虫剂具有较高的蒸气压，多是土壤熏蒸剂，通过药剂在土壤中扩散而直接毒杀线虫。主要品种有氯化苦、溴甲烷、碘甲烷、D-D 混剂、EDB、二溴氯丙烷（DBCP)、二氯异丙醚（DCIP)、1,3-二氯丙烯、1,2-二氯丙烯等。氯化苦具有广谱的杀虫、杀菌、杀线虫和杀鼠作用，进行土壤熏蒸可有效防治土壤中多种植物病原线虫。

② 硫代异硫氰酸甲酯类 硫代异硫氰酸甲酯类杀线虫剂能释放出异硫氰酸甲酯，使线虫中毒死亡。主要品种有威百亩和棉隆。威百亩和棉隆均是广谱的熏蒸性杀线虫剂，并能兼治土壤真菌、地下害虫及杂草，易在土壤及其他基质中扩散，杀线虫谱广，对绿色植物有杀伤作用，使用不当易产生药害，影响作物生长。棉隆不会在植物体内残留，但对鱼毒性较高，且易污染地下水。该类杀线虫剂化学结构如下：

Cl_3C-NO_2 氯化苦　　$(ClCH_2-CH(CH_3))_2O$ 二氯异丙醚　　$CH_3NH-C(=S)SH$ 威百亩　　棉隆

2. 非熏蒸性杀线虫剂

非熏蒸性杀线虫剂并非直接杀死线虫，而是起麻醉的作用，影响线虫的取食、发育和繁殖行为，延迟线虫对作物的侵入及危害峰期。非熏蒸性杀线虫剂处理后，虽然线虫密度没有明显下降，但是增产显著。目前使用的非熏蒸性杀线虫剂都具有一定的内吸性，只针对危害植物的线虫而不影响不危害植物的肉食性线虫，所以也称为选择性杀线虫剂。这类杀线虫剂在有效剂量下对作物较安全，在作物播种期和生长期均可使用。1955 年 Manzelli 报道的除线磷被公认为是第一个非熏蒸的土壤杀线虫剂。20 世纪 70 年代相继开发了丰索磷、胺线磷、丁环磷等 10 余个品种，并被广泛地应用于多种线虫病害的防治。有机磷杀线虫剂的开发，使杀线虫剂的应用由强熏蒸性作用的杀线虫剂发展到内吸、胃毒和触杀等多种作用方式的杀线虫剂，其用药方法多样化，施药时间更为灵活。

非熏蒸性杀线虫剂主要包括有机磷类、氨基甲酸酯类和三氟丁烯类化合物。以有机磷类和氨基甲酸酯类杀线虫剂为主。

(1) 有机磷类杀线虫剂

由于田间使用剂量过大等原因，除线磷、丰索磷外，胺线磷和丁环磷已停止生产。目前常用的专用有机磷杀线虫剂有苯线磷、灭线磷、硫线磷、氯唑磷、噻唑磷、丁硫环磷、虫线磷和甲基异柳磷。一些有机磷杀虫剂兼有杀线虫作用，如毒死蜱、乐果、辛硫磷、甲拌磷、三唑磷等。有机磷类杀线虫剂多数品种在水中溶解度较高，与甲苯、乙腈、二氯甲烷、甲醇、异丙醇等有机溶剂混溶。在中性和弱酸性条件下稳定，在碱性条件下迅速分解。蒸气压低，无熏蒸活性。该类杀线虫剂化学结构如下：

$H_3C-CH_2-O-P(=O)(S-CH_2-CH_2-CH_3)_2$ 灭线磷

$H_3C-CH_2-O-P(=O)(S-CH(CH_3)-CH_2-CH_3)_2$ 硫线磷

噻唑磷

杀线威

(2) 氨基甲酸酯类杀线虫剂

杀线威是专用的杀线虫剂。此外氨基甲酸酯类杀虫剂中一些品种兼有杀线虫活性，如克百威、涕灭威、涕灭砜威丁硫克百威等。氨基甲酸酯类杀线虫剂多数品种可溶于水，易溶于甲苯、二氯甲烷、异丙醇等有机溶剂。在中性和弱酸性介质中稳定，在碱性介质中易分解。蒸气压低，熏蒸活性差。

(3) 三氟丁烯类杀线虫剂

三氟丁烯类杀线虫剂是含氟的一类化合物。其水溶性较低，溶于多种有机溶剂。挥发性差，无熏蒸作用，主要作为杀线虫剂使用，杀线虫谱广，兼有杀虫、杀螨作用，其代谢机理与其他杀线虫剂不同，效果显著，具有良好的开发前景。氟原子具有模拟效应、电子效应、阻碍效应和渗透效应等特殊性质。在农药分子中引入氟原子，可显著提高其生物活性。

三、杀软体动物剂

防治有害软体动物的农药叫做杀软体动物剂。所谓有害软体动物，主要是指危害农作物的蜗牛、蛞蝓、田螺（俗称螺蛳）、钉螺（系血吸虫的中间寄主）等。

1922 年哈利尔报道硫酸铜处理水坑防治钉螺有效。1934 年吉明哈姆在南非开展用四聚乙醛饵剂防治蜗牛和蛞蝓的试验。1938 年在美国出现蜗牛敌饵剂商品，20 世纪 50 年代五氯酚钠开始用于杀钉螺、杀螺胺问世，60 年代又出现了丁蜗锡和蜗螺杀，之后杀软体动物剂发展缓慢。我国自 20 世纪 50 年代以来在用五氯酚钠治钉螺灭血吸虫病方面取得了巨大成就，在研究和开发新的灭钉螺剂（如杀虫丁和杀虫环）方面也取得了一定成绩。

1. 无机杀软体动物剂

杀软体动物剂按其化学组成分为无机和有机杀软体动物剂 2 类。无机杀软体动物剂为最早开发应用的杀软体动物剂类型，主要品种有硫酸铜、砷酸钙和氰氨化钙。但后来因发现其对植物、高等动物及环境影响较大，目前已停止使用。

2. 有机杀软体动物剂

有机杀软体动物剂仅 10 来个品种，按化学结构分为下列几类。①酚类，如五氯酚钠、杀螺胺、B-2。②吗啉类，如蜗螺杀。③有机锡类，如丁蜗锡、三苯基乙酸锡（百螺敌）。④沙蚕毒素类，如杀虫环、杀虫丁（硫环已烷盐酸盐）。⑤其他，如四聚乙醛、灭梭威、硫酸烟酰苯胺。目前生产上使用最多的是杀螺胺、四聚乙醛、灭梭威等 3 个有机杀软体动物剂。

有机杀软体动物剂与有机杀虫剂相比，起步较晚，发展缓慢。其研究始自吉明哈姆于 1934 年在南非开始用四聚乙醛饵剂防治蜗牛和蛞蝓试验，并于 1938 年在美国出现四聚乙醛饵剂商品（蜗牛敌饵剂），之后相继发现五氯酚钠、氯硝柳胺的灭螺效果。它们结构如下：

四聚乙醛(Metaldehyde)　五氯酚钠(PCP-Na)　氯硝柳胺(Clonitralide)　氧化双三丁锡(Biomet)

有机杀软体动物剂按照化学结构可分为5类。

① 酚类杀软体动物剂　该类杀软体动物剂主要作为杀螺剂使用，主要品种有五氯酚钠、氯硝柳胺和氯硝柳乙醇胺盐，其中五氯酚钠已被停止生产使用。

② 吗啉类杀软体动物剂　主要品种为蜗螺杀，因毒性问题2002年欧洲共同体的欧盟第2076/2002号法规中被禁用。

③ 有机锡类杀软体动物剂　主要品种有氧化双三丁锡（蜗锡）、三苯基乙酸锡（百螺敌）。

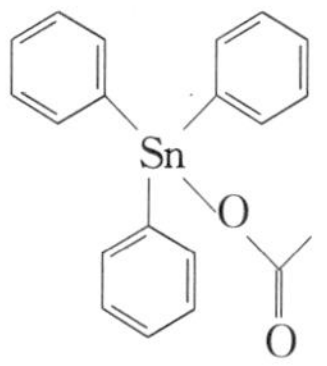

三苯基乙酸锡 (Fentinacetate)　杀虫环 (Thiocyclam) · HOOCCOOH　杀虫丁 (Shachongding) · HCl　灭梭威 (Methiocarb)

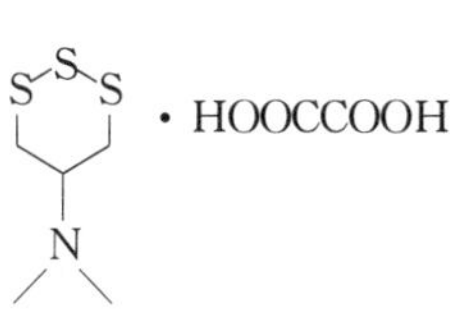

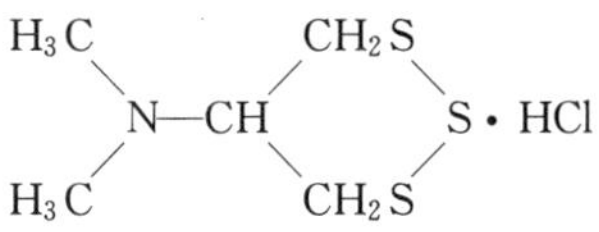

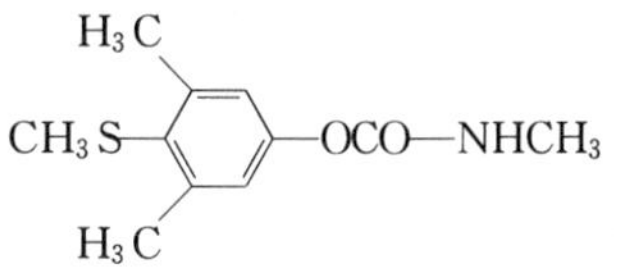

④ 沙蚕毒素类杀软体动物剂　沙蚕毒素类杀软体动物剂指从沙蚕毒素的分子结构衍生开发出的一系列有杀软体动物生物活性的化合物。主要品种为杀虫环和杀虫丁。

⑤ 其他类杀软体动物剂　主要品种有四聚乙醛、灭梭威（图13-15）、硫酸烟酰苯胺等。

四、杀螨剂

杀螨剂是专门防治螨类（即红蜘蛛）的药剂。杀螨剂有一定的选择性，对不同发育阶段的螨防治效果不同，有的对卵和幼虫或幼螨的触杀作用较好，但对成螨的效果较差。有的对活动态螨（成螨和幼螨、弱螨）活性高，对卵活性差甚至无效；有的对卵活性高。

早期使用的杀螨剂多为硫黄和无机硫制剂。第二次世界大战后出现一批有机氯螨剂，但使用时期长了害螨的耐药性在增加。目前杀螨剂的类型有很大发展，杀螨活性有较大提高，出现一些对捕食螨安全的杀螨剂。杀螨剂的发展趋势是向着既杀螨、又杀虫方向发展。

主要杀螨剂品种有以下几种。①哒嗪酮类：哒螨灵；②有机硫类：炔螨特；③有机锡类：三唑锡；④有机氮类：双甲脒；⑤苯氧基吡唑类：唑螨酯；⑥噻唑烷酮类：噻螨酮；⑦昆虫生长调节剂：螨威多（螨危）；⑧抗生素类：阿维菌素。

参考文献

[1] 宋小平，韩长日编．农用化学品制造技术．北京：科学技术出版社，2012.
[2] 宋文君，罗万春主编．农药学．北京：中国农业出版社，2008.
[3] 《实用小化工生产大全》编委会．实用小化工生产大全：第一卷．北京：化学工业出版社，1999.
[4] 全国农药标准化技术委员会，中国标准出版社第二编辑室等编．农药标准汇编：通用方法卷．北京：中国标准出版社，2010.
[5] 陈茹玉，杨华铮，徐本立．农药化学．修订本．北京：清华大学出版社，2009.
[6] 全国农药标准化技术委员会，中国标准出版社第二编辑室等编．农药标准汇编：产品卷（上、中、下）．北京：中国标准出版社，2010.
[7] 孙家隆主编．现代农药合成技术．北京：化学工业出版社，2011.
[8] 张一宾，张怿编．世界农药新进展．北京：化学工业出版社，2007.
[9] 李东光主编．精细化工产品配方与工艺（四）．第2版．北京：化学工业出版社，2008.
[10] 刘德峥等主编．精细化工生产技术．第2版．北京：化学工业出版社，2011.
[11] 詹益兴主编．精细化工新产品．第1集．北京：科技文献出版社，2007.
[12] 化学工业出版社组织编写．精细化工产品大全（上、下）．北京：化学工业出版社，2005.

[13] 陈文斌，金桂玉．含稠杂环新农药的研究进展 [J]. 农药学学报，2000，2 (4)：1-10..
[14] 钱旭红，徐晓勇，宋恭华，李忠．二十一世纪新农药研发趋势．贵州大学学报：自然科学版，2003，20 (1)：83-90.
[15] 宋仲容，高志强，何家洪，王林，徐强．农药研究现状及应用评述．农机化研究，2007，7：10-13.
[16] 贺红武，刘钊杰．国外农药开发的现状与发展趋势．湖北化工，1996，6：1-3.
[17] 屠予钦，袁会珠．农药和化学防治法前景广阔．农药，1996，35 (5)：6-9.
[18] 刘占山，刘爱中，黄安辉．现代农药发展中的问题及应用前景．农药研究与应用，2008，12 (5)：18-21.